FUTURE ROBOTS

TOWARDS A ROBOTIC SCIENCE OF HUMAN BEINGS

机器人的未来

机器人科学的人类隐喻

〔意〕多梅尼科·帕里西 著
Domenico Parisi

王志欣 廖春霞 刘春容 译

机械工业出版社
CHINA MACHINE PRESS

这本书的目的是要勾勒出关于人类的一种新科学——人类的机器人科 。这一科学的前设基础是，我们要成功地构建出和人类行为模式相似的机器人，它们也生活在类似人类社会的社会中。只有这样，我们才能真正对人类有所理解并进行解释。如果我们能成功地构建出这样的机器人，用于构建他们的理论或者说蓝图，就能够抓住人类行为与人类社会的基础，并做出相应解释。本书中所描述的机器人以一种高度简化的方式，再现了人类行为和人类社会有限的某几个方面。它们可以帮助人类更好地理解自身今天所面对的以及未来可能要面对的难题，并有可能会找到这些难题的解决之道。

图书在版编目（CIP）数据

机器人的未来：机器人科学的人类隐喻/（意）帕里西（Parisi，D.）著；王志欣，廖春霞，刘春容译．—北京：机械工业出版社，2015.11

书名原文：Future Robots：Towards a robotic science of human beings

ISBN 978－7－111－52464－9

Ⅰ．①机… Ⅱ．①帕… ②王… ③廖… ④刘… Ⅲ．①机器人技术-影响-未来学-研究 Ⅳ．①TP24②G303

中国版本图书馆 CIP 数据核字（2015）第 301212 号

机械工业出版社（北京市百万庄大街 22 号 邮政编码 100037）
策划编辑：坚喜斌 责任编辑：於 薇 静 刘林澍 杨 冰
责任校对：赵 蕊 版式设计：张文贵
涿州市京南印刷厂印刷

2016 年 2 月第 1 版 · 第 1 次印刷
170mm×240mm · 35 印张 · 1 插页 · 509 千字
标准书号：ISBN 978－7－111－52464－9
定价：98.00 元

凡购本书，如有缺页、倒页、脱页，由本社发行部调换

电话服务	网络服务
服务咨询热线：（010）88361066	机 工 官 网：www.cmpbook.com
读者购书热线：（010）68326294	机 工 官 博：weibo.com/cmp1952
（010）88379203	教育服务网：www.cmpedu.com
封面无防伪标均为盗版	金 书 网：www.golden-book.com

献给我的妻子克里斯蒂娜

译者序

提起智能机器人，你想到的是什么呢？是做清洁的 Roomba 和 Scooba，还是手术室里的机械手臂？抑或是亦舒笔下让人动容以至落泪的蝎子号？你有没有想过，机器人不但可以拥有人类的外表，还可以拥有和我们一样的身体和内心，会生病会受伤、有动机有情绪、需要配偶和家庭，以及有政治、经济、文化活动和社会生活？本书作者多梅尼科·帕里西就将带我们走入这样的“类人机器人”世界。

智能机器人在今天算不得新鲜，但“类人机器人”的确是个新理念。本书作者首先对人形机器人（humanoid robot）和类人机器人（human robot）进行了区分——前者拥有人类的外表，而后者则能够再现我们所了解的人类一切：人类的肉体和精神，人类的学习和发展，人类的过去和未来……对帕里西来说，类人机器人没有实际应用，只是单纯的研究工具而已。它就是人类的镜子，透过这面镜子，我们可以看到自身，并能更好地理解自身。

帕里西认为，用文字来表达有关人类的理论是远远不够的，甚至是纰漏百出的。如果用基于计算机的人工构造来作为表达理论的方式，则可以避免文字和数学符号的种种局限，让人类不再“盲人摸象”，最终可以完成有关自身的完整的并且客观的拼图。因此，与其说这是一本写给机器人科学家的技术报告，不如说它是写给人类科学家和全人类的哲学思考。

作者的写作意图在本书的副标题“机器人科学的人类隐喻”上表达得一清二楚，而书中的机器人们也将人类和人类社会的方方面面展现得淋漓尽致。译此书时，每每觉得，在帕里西笔下读到的机器人就是我们自己——既要吃饭，又因为伤病而需要停止活动的机器人折射的正是一位卧病多年的病人生活拮据的尴尬；既要出门寻找食物，又要照顾后代的机器人，表达了外出务工的父母和他们身后留守儿童的无奈；诚实机器人与不诚实机器人的割地而居让人秒懂什么叫“物以类聚，人以群分”……而瞬间将译者击中的，则是作者在谈到机器人的学习时，不经意的一句“机器人的生命是 8000 个周期，但机器人的妈妈在 2000 个周期之后就会去世。因此，在机器人出生后，它们必须跟着自己的妈妈，好学会它过世之后它们必须要做的事情”。生命轮回的隐喻客观无情，也因而无比深刻。

感谢上海机器人行业协会何建伟秘书长在人工智能方面的专业指导，感谢苏州市科技服务中心的姚建民博士就翻译问题给出的详细、中肯的建议。让我们和他们一起，共同走进帕里西的机器人世界吧！

推荐序一

社会科学的机器人化?

《机器人的未来》一书源于对机器人“科学”想象与探索的努力和研究，是作者多年工作的普及化尝试，充满自创的思想与方法。

对于对电子游戏、人工生命和计算社会科学感兴趣的读者，特别是相信或担心“奇点理论”“人工智能超过人类智能”“机器人统治人类”等言论，又想“拯救”人类的有志之士，《机器人的未来》几乎是一本必读之作。作者长期从事利用计算智能（主要是神经元网络和遗传算法）方法和人工生命模型来模拟分析个人和社会行为的工作，是计算神经认知功能模型 TRoPICALS 的提出者之一。本书可视为其研究成果的“自由”发挥，其目的是通过“Human Robot”（类人机器人）的方式，体现“theories as artefacts”（理论作为人工构造）的思想，构造一个人类的机器人科学，使之成为从事人类社会科学研究的一个不分学科的研究方向。

之所以用这种“机器人”的方式研究人类和社会，是因为作者相信这种方式能更好地理解人类及其社会。机器人组成的“社会”就像镜子，透过它们，人类可以看到自己，并加以研究和应用，进而帮助人类更好地理解自身所面对的和未来可能要面对的难题，并使人类找到这些难题的可能的解决方案。这不由让我想到自己关于平行系统的研究、耶鲁大学计算机教授 David Gelernter 的著作《镜像世界》（Mirror Worlds）以及科幻电影《未来战警 》（Surrogates）。这种想法的威力从两件事上可见一斑：①《镜像世界》出版后引起轰动，作者 Gelernter 收到一件邮包，打开时被炸，险些丧命，造成手眼永久性损伤。原来他的书引发了绰号为“Unabomber”的 Ted Kaczynski（一名邮寄炸弹的恐怖分子）的注意，此君反对工业革命和现代技术的进步，因此自做邮件炸弹杀死 3 人、伤害数十人。如果他不是被关在监狱里，今天的“奇点理论”和“机器超过人类”都不知会让他疯狂到什么程度。②后来，Gelernter 成立了“镜像世界”技术公司，开发 Scopewave 软件，但不成功；关闭后却因控告苹果公司在 Mac OS X 和 iOS 中的 Cover Flow、Time Machine 和 Spotlights 等技术侵犯其知识产权而获赔 6. 255 亿美元，因此名声大噪。当时，这是美国有史以来的第四大知识产权案件，可惜后来被美国地方法官推翻，美联邦法院又拒绝重审，此案至今还是没有判决结果。

由此可知此书目标之宏大、任务之艰巨，非凡人之功力可以完成。为此，本书作者特请来一名叫作“火星眼”（Martian Eye，书中简写为 ME，隐含“我”的意思?）的火星科学家来协助写作。为了成为科学，特别是研究人类及其社会的科学，作者要求 ME 具有如下三个原则的研究“哲学”：

——如果你想理解人类，就构建和人类行为一样的机器人。

——如果你想理解人类，就构建能再现人类并能再现人类发展过程的机器人。

——如果你想理解人类，就构建可以尽可能多地再现人类现象的机器人。

作者提出这三原则的目的就是实施“理论作为人工构造”的思想，限制或消除人类语言所具有的局限性和不确定性，特别是语言的价值导向和情感负荷，由此产生一门崭新的人类和社会科学研究学科。之所以如此，按这位对语言认知有深刻研究的作者看来，是因为对于科学而言，用文字表述科学理论始终是个问题，因为文字表达出来的理论让我们处于英国诗人托马斯·艾略特所说的“与文字及其意义角力的让人抓狂的境地”。因此，本书用 15 章、500 多页的文字试图指明一条逃离这种“抓狂的境地”的途径。

20 世纪 90 年代，我曾与亚利桑那大学人类与社会学领域的几位同事对此进行过深入研究，还十分积极地参加了圣塔菲研究所（SFI）的相关学术活动，与当时人工生命（Alife）的领军人物 Christopher Langton（也是“人工生命”一词的提出者）交流过。只是那时自己无法认同他的强人工生命（Strong Alife）的观点，所以在研究上试图保持距离。但我对利用人工生命构建人工社会，并用于研究社会复杂性问题却十分感兴趣，便与同事 Steve Lansing 合作写了相关文章，可惜后来他们都加入了 SFI。本书的内容也使我想起了这一方向的另一本重要著作，就是

Epstein 和 Axtell 的《生长人工社会》（Growing Artificial Societies），采用的是基于代理的方针，可视为本书 E-Puck 机器人的前身，而 E-Puck 又是软件定义的机器人（Software-defined Robots）的一个实例。在一定程度上，本书关于“类人机器人”（Human Robot）和“人形机器人”（Humanoid Robot）的定义与区别，与传统机器人中的概念和现状恰恰相反。

相当程度上，我自己关于平行系统和社会计算的研究也是由人工生命和人工社会的工作促成的。而且，我个人认为，本书的观点与我关于复杂性研究的 ACP 计算方法也几乎完全一致，都是基于人工社会（Artificial Societies，A）对复杂现象进行建模和表示，利用计算实验（Computational Experiments，C）对复杂问题进行分析与评估，最后通过虚实互动的平行执行（Parallel Execution，P）对复杂任务进行管理与控制。本书内容主要是关于 A 的层次，很多方面也涉及 C 的层次。本书以及《生长人工社会》有助于 ACP 方法的深入与推广，这也是为什么 10 多年前我曾组织学生学习并翻译 Epstein 和 Axtell 著作的原因。所以，希望更多的人关注本书描述的领域，并有更多的学者投入相关的研究。

通过构建行为表现像人类一样运转的人工制品（如 E-Puck 机器人）来阐释人类及其社会的理论，无疑是场社会科学的革命。正如德国诗人歌德所言：“所有理论都是灰色的，唯有生活之树常青。”对于社会科学的理论而言，这尤其合适。理论之“灰色”在于其抽象且“冷静”；而生命之“常青”是因为其“生动”且深不可测，还像树一样有自己的成长规律和周期。本书作者希望他的机器人人类学理论能像树一样常绿，尽管它是一株“人工树”。我祝愿作者的愿望早日成为现实。然而，这个愿景在“人类世”（Anthropocene）恐怕难以实现，只希望在“计算机世”（Computerocene）里能早日实现。至于到了“机器人世”（Robocene）（如果能到的话），这就不是是否实现的问题了，而是担心是否过度实现的问题了！

中科院科学家、复杂系统智能控制与
管理国家重点科学重点实验室主任
王飞跃

推荐序二

未来机器人的发展蓝图

如何再造一个人，使其能够替代人类劳作、服务于人类生活、增强人类的能力，以及帮助人类解决在未来发展中面临的各种问题，一直是人类的梦想。这个梦想在人类文明和技术发展的不同阶段会有不同的认知和不同的物理存在。本书从一位虚构的来自火星的科学家 Martian Eye（ME）的视角出发，综合人类发展历史长河中的各个因素，系统论述了未来机器人涉及的动机与情绪、行为学习、语言、心理生活、家庭与社会，甚至文化艺术、政治与经济等，进而构建出一种与人类行为模式相似的机器人。这种机器人已具有生命体的特征，想象丰富，描绘出了未来机器人的发展蓝图，引人入胜。

随着机器学习理论的发展，2015 年，机器人的目标识别率和语音识别率已超过了人类，但机器人在灵巧操作能力和情感交互方面的能力还不及出生不久的婴儿。与人类相比，机器人在精确定位和特定操作方面有很大的优势，但它不能做到一手多能——像我们人手一样从事多种操作，小到穿针引线、写字、倒水，大到灵活利用各种工具。本书提出了从神经、行为、计算等多种角度来深刻理解人手的感知、学习、信息传输、融合与决策机理，并将其转换为可计算的模型，再应用于机器人灵巧运动控制与操作。由于人类的脑-手运动感知系统具有明确的功能映射关系，所以理解人类脑-手运动控制的本质也是当前探索大脑奥秘且有望取得突破的一个重要窗口。这些突破将进而为理解脑-手感觉运动系统的信息感知、编码，以及脑区协同实现脑-手灵巧控制提供支撑，为未来的类人机器人研究提供理论与技术基础。

本书用一定的篇幅阐述了机器人的性别、家庭、社会、政治、文化和经济等问题，这些问题已跨越了生命体与人工系统的人机融合，由此可能引发社会结构、法律，甚至伦理上的问题。从目前的技术发展看，未来如在人的身体中植入芯片、更换人工肝脏，甚至人工脑，都是可能实现的。对比，我们不禁要问：那时的人究竟是人还是机器人？对于这个问题，我们目前还很难给出答案。

由此可见，人类在发明机器人的过程中，可能自己也改变了，生命体与人工系统之间的通道就有可能会被打开。最后引用爱因斯坦的一句名言“If at first the idea is not absurd, then there is no hope for it”。类人机器人很可能是我们人类通往未来的福星，它出现于我们人类，也必将服务并增强我们人类。

清华大学计算机科学与技术系智能技术
与系统国家重点实验室常务副主任
孙富春

推荐序三

人类的镜像：人工智能的理想模式

有两本书，陪伴我度过了2016年的元旦。一本是贝尔纳·加沃蒂的《肖邦传》，一本是帕里西的《机器人的未来》。加沃蒂笔下写尽了天才出脱于俗尘间的生命奇迹，肖邦冷静而高贵的艺术天赋卓然成为人类精神生活中的一抹亮色。帕里西的煌煌大作则试图构建出与人类行为模式相似的机器人，不仅有情绪、有意识，而且拥有自己的艺术、宗教和历史。作为机器人的他/她，会不会有一天不仅被肖邦打动，还能够写出似他那般天才的乐曲？

作别2015年之际，我们似乎站在一个时代的门边，并且隐约看到过去与未来。

类人和人类

人工智能技术虽是当下最热门的话题之一，但我在刚拿到这部厚厚的书稿时却有莫名的抵触感，可很快就被吸引了，因为这几乎是一部充满科幻色彩的冷峻写本。帕里西以极具想象力的方式描绘了类人机器人的发展简史。本书不着眼于应用，而是沉浸在实验室中，纯粹是对机器人学的研究，完成应然的那部分篇章。作者起笔于来自火星的科学家ME，从天外的角度审视这个地球，并且试图造出人类那样的机器人。组着凭理性运用超冷的笔法，去描绘从狂热到浪漫的主题。这真是一段充满乐趣的阅读经历。

这项课题其实已经超出了人工智能的探讨，进入了哲学家们关心的领域。

何为人？从某种意义上说，人是能思的动物。思想使人区别于世间万物。人类能够找到日常经验中规律性的部分，并且将其形式化，使之可以被传承。人类在积累与传承中获得进步，从经验的总结中形成知识，从知识的分析中预测趋势。人类对未来的成功预见彰显了思想的力量，其代表作就是科学。诺依曼曾经指出，科学“主要的作用是创建模型。这种数学结构的确定性可以准确地描述自然现象”。事实上，几乎西方知识的结构几乎都建立在亚里士多德逻辑的基础上。

按照这种逻辑，我们可以对人类思想的对象进行分类，由此形成概念，然后通过概念、判断和推理、论证来把握知识、预见未来。

按照这种逻辑，假如机器人具备了对既往经验知识化、结构化和数据化的处理能力，是否也就具有了预知未来的禀赋，以及传播“思想”与交流的力量？

不同的是，人类自以为高于自然的思想是由头脑产生的，寄托生命系统来维系，一旦生命结束了，这个人的思想也就停止了。这一想法决定了人的思想无法摆脱其生物学的属性。

恰在这一点上，机器人是否反而具备了某种优势呢？

撇开人类尊严的因素，我们不得不承认，人类存储/记忆和加工处理数据的能力极为有限，感觉系统的带宽/效率无法和当下机器人的分析、计算速度相比。一位生物学与医学博士曾经秒杀一堆计算机博士，告诉他们生命尚难以用计算机的方式去进行理论推导——人的 860 亿个脑细胞组成的运算系统实际获得的运算量很有限，因为身体无法解决耗能和冷却的问题。人体耗能机制每利用 1 份能量，就有大约 2 份能量要以热能形式散失。860 亿神经细胞是不可能在同一时刻全部进行工作的，只有极少数脑细胞（和当时行为有关的中枢部分）时常处于活跃状态。脑糖原含量很低，即便全身血糖加上其他细胞糖原量，也根本无法支撑大脑效率全开。就算解决了能量供应问题，也还有散热的问题。一个小小的 CPU 的温度一般都要超过 50 摄氏度，而人体细胞能够承受的极限温度约为 42 摄氏度。脑细胞一起开工的温度不仅可以煮熟鸡蛋，甚至可以切开钻石。所以当脑细胞过度运作时，会出现头晕、烦躁等症状，以阻止我们继续思考，这正是人类进化形成的一种自我保护机制，也是人类生物性的局限所在。

类人机器人会摆脱这种限制吗？本书的意义正在于，它并不局限于旁观一种

我 们

在研究人类的脑神经元结构时，科学家惊奇地发现，该结构与当下日益开放的互联网结构都是分布式的——这种似乎是为仿造创建的条件像是一种隐喻。当然，在可以预见的将来，分布式互联网络也将成为过去。随着机器人执行并行任务能力的提高，以无线网络、红外网络和身体网络的实现，未来的网络结构将是无处不在的智能微芯片离散状态。

在这种情形下，我们需要重新考虑人类与机器人和周遭一切的关系。

几十年来，生物学家一直在研究合作的进化机制。达尔文认为，进化是自然选择的结果，结论是竞争残酷、优胜劣汰，不要帮助别人。而最新研究的结果显示，合作并非竞争的对立面，而是共同推动地球上的生物的进化。互助与合作的机制适用于所有有机体，小到阿米巴原虫，大到斑马（甚至包括某些基因以及细胞组分）。这种普适性提示我们，合作可能一开始就是地球上各种生命体进化的驱动力。更重要的是，对其中一种生物——人类来说，其影响更为深远。

回溯文明的历程，人类在农业文明的阶段征服了有生命的其他物种，到工业文明时代征服了无生命的矿产、大气等各种能源；未来将进入的是人工智能时代，是智能物联和创造新生命的时代。在未来的人类合作图谱中，是否也有机器人的一席之地呢?

在人工智能的领地，一直有两种观点激烈交锋。提出“人工智能”（artificial intelligence）概念的美国数学家、计算机科学家麦卡锡早在1964年就开始了试图模仿人类能力以替代人的技术研发。而另一位科学家道格拉斯·恩格尔巴特则坚信，人工智能是用来加强人而非取代人。“取代人类”与功能增强这两种观点的冲突影响到了技术开发的基本理念。今天的科学家们在寻求悖论的融合可能。

人和类人机器人的关系，也是阅读帕里西著作后的一种自然联想。

“我们”，是人类与包括机器人在内的世界之间的一种妥协么?

美国哈佛大学生物学和数学教授、进化动力学研究项目主任马丁 A. 诺瓦克在他的《合作推动进化》中说，我们所发明的种种技术皆是合作的结果。基础都是因为人类具备成熟的语言系统，可以连接和进行信息交流。人类其实是最会协作的物种，可谓“超级合作者”（supercooperators）。只有合作，才能使人类获得物种延续和进化的动力；若视自我为世界的主宰或中心，结局便只能是孤独地消亡。这或许也就是未来人与机器人相处的一种理想模式。

感谢帕里西的《机器人的未来——机器人科学的人类隐喻》，它让我们看到“连接”及其意义。在今天人与人、人与物、人与世界的关系图谱中，或许会促使我们再度出发，去思考人类来时的路、将去的途。

杨 溟

新华网未来研究院

2016年1月1日

推荐序四

机器人的未来——人类文明的多维镜像世界

我平时阅读了不少与机器人相关的著作，但《机器人的未来——机器人科学的人类隐喻》一书却显得格外另类。作者不仅用另类的世界观去研发机器人，还用另类的世界观审视人类文明与人类社会。书中展现了真正的类人机器人作为桥梁与纽带，并最终为人类所用的巨大潜力。

从理论上定义的科学是一个建立在可检验的解释和对客观事物的形式、组织等进行预测的有序的、知识的系统。但人文科学却有不可校验和、不可实验、重复观察的特点，使得人类的动机和情绪、心理、人类社会、政治经济，以及包括宗教、哲学、艺术在内的人类文明，成为横亘在机器人未来发展历程中的一道道屏障，难以跨越。

但本书作者帕里西，以及位于罗马的意大利国家研究委员会下属的认知科学与技术中心的科学家们，却给未来世界提供了多种从技术和思想领域进行逆向突破的可能。

首先，他们运用仿真的伊普克机器人作为“物理”阿凡达，并用计算机神经网络的复杂反馈来支配机器人的行动，目标是构建出和人类的行为模式相似的机器人，且这些机器人也生活在类似于人类社会的模拟环境中。这里的伊普克机器人虽然是低智能的普通机器人，在实验环境中却表现出了“类人”的智慧。进化机器人技术的工作对象是那些从父母处获得了一组基因的机器人。“有动机”“有情绪”和“有心理生活”的机器人与对照组的普通机器人或机器人群体相比，在

"突变"中显现出了"进化优势"。

在书中，机器人被赋予"动机"，因为"进化"实验的结果也证明，行为的动机层面才是战略层面，而机器人认知仍然处于完成任务的战术层面。类人机器人的研究证明，在竞争中胜出并指导其行为的，是该时刻强度最大的动机。例如，机器人寻找交配对象的动机要比寻找食物的动机更强。而情绪回路不但对机器人的动机决定有积极影响，而且还会优化机器人的行为。

这里的机器人社会就像是人类社会的一个"机器镜像"。在机器世界的多维镜像中，人类反照自身，会产生一种恍惚感。数百万年来，那些人类自以为神圣的情感、语言、家庭，甚至宗教，原来机器人和计算机在设定好的进化环境中同样会根据算法和神经网络的复杂反馈做出类似的行为、得出类似的因果。实际上，所谓的"情感""语言"，难道不是在规定环境中适应进化的"算法"吗？

因此，作者声称：机器人是世界上的第四次革命，第一次是哥白尼革命，证明地球不再是宇宙中心；第二次是达尔文革命，证明人类是由自然创造，而非上帝创造；第三次是弗洛伊德革命，证明思维是无意识的；而机器人革命则证明人类不过是一种"肉体的机器"，情感无非是一种"算法"。过去几十年来，类人世已经逐渐变成类计算机世，人类的生存环境由计算机创造；类计算机世之后就将是类机器人世。作者相信类人机器人是未来的机器人，总有一天会建立起真正的机器人社会。

而人类的镜像世界当然远远不止一种，尽管研究者们的初衷是让类人机器人对人类文明有更为感同身受的理解与体悟。如果机器人最终能有意识的话，智能就将只是意识的一部分，而身体与心灵合一的生命则是意识的全部。作者寄望类人机器人不仅模仿人类的形体，还要在社会层面、心理层面和精神层面形成类人的动机、行为模式，乃至文明范式。

本书提出，一个机器人会有多种现象。从哲学意义而言，这也意味着未来的类人机器人将有多种镜像。反事实机器人和反事实机器人社会将成为人类文明的镜像世界，或者实验系统、参照体系。总之，机器人社会和机器人文明将与人类社会和人类文明平行，构成未来的多种平行世界与多维镜像。

未来的大千世界，可能不仅在人类世，更多是在机器人的乌托邦中演化。从这本厚重的书中以数据统计展现的机器人社会现实来看，有生命、有意识的机器人社会和机器人文明将不再是一种乌托邦。在未来，有可能将由机器人与人类共同构建起多维的乌托邦。

新智元创始人

杨　静

前　言

Preface

终你所始，我们方得降生。

布鲁奈拉·安东马里尼，少女机器

人类是科学最大的挑战。在构成现实的所有实体中，他们最为复杂。这是些有点儿尴尬的实体，因为他们的构成不但有物质的一面，而且有不属于物质的某些东西。很难用科学所要求的不带任何感情色彩的态度对人类进行研究，因为科学家本身同属于人类。这就解释了，为什么科学家对自然的了解和理解远胜于对人类的了解和理解。有人可能会想，我们必须要耐心等待，假以时日，科学一定能像了解现实中的其他所有现象一样了解人类。但这恐怕很难实现，除非关于人类的科学发生根本性变化。

这本书的目的是要勾勒出关于人类的一种新科学：人类的机器人科学。这一科学的前设基础是，我们要成功地构建出和人类行为模式相似的机器人，它们也生活在类似人类社会的社会中。只有这样，我们才能真正对人类有所理解并进行解释。如果我们能成功地构建出这样的机器人，用于构建他们的理论或者说，蓝图，就能够抓住人类行为与人类社会的基础，并做出相应解释。

但是，人类的机器人科学中所涉及的机器人，必须是真正的类人机器人（human robot），而不能是人形机器人（humanoid robot）。今天的人形机器人有着人类的外表，也可以做一些人类所做的简单事情，比如用手拿取东西、双腿行走等。类人机器人则必须逐渐再现我们所知道的人类的一切：他们的身体、大脑、基因、环境、起源，他们在一生中的发展，他们如何通过学习和模仿获取新的行为方式，他们的动机和情感，他们的精神生活，他们的家庭，他们的文化，他们的政治经济机构，以及他们本身和所属社会随着时间的推移发生了什么样的变化，还将继续有哪些变化。

过去这些现象分别由不同的学科来研究——生物学、神经科学、心理学、人类学、社会学、经济学、政治学、历史学，而这正是问题所在——因为科学的不同学科把现实划分成了不同的小块儿，但事实上，现实并没有因此而被分割成不同的小块儿。现实是不同现象的一个大的集合，所有的一切都互相关联。通常，要对一个学科所研究的现象进行理解和解释，必须要结合另一个学科所研究的现象。人类的机器人科学是关于人类的不分学科的科学。同一批机器人必须再现，目前不同的独立学科所研究的所有不同的人类现象。

今天的机器人大多是有实际应用的技术，而且几乎所有的科研经费都用在研究有实际应用的机器人上了。但我们的机器人没有实际应用，只是单纯的研究工具。我们之所以构建这些机器人，是因为通过这样的构建，我们可以更好地理解人类和人类社会。它们就像镜子——透过它们，人类可以看到自己。这就意味着，本书可能更适合那些研究人类行为和人类社会的学者，而不是机器人科学家。当然，机器人科学家也会从本书中受到启发，构建新型的应用型机器人。

但我们的机器人确实有一个实际用途，而这可能是机器人最重要的应用：它们可以帮助人类更好地理解自身今天所面对的以及未来可能要面对的难题，并有可能会找到这些难题的解决之道。

这是非常有雄心的研究计划，而这也是为什么类人机器人是未来的机器人。本书中所描述的机器人以一种高度简化的方式，再现了人类行为和人类社会有限的某几个方面。写这本书让作者更加清楚地认识到，还有很多与人类和人类社会有关的现象有待通过构建机器人来再现。毕竟，实现这个研究计划最初的几步已经迈出了，而这本书则是对这些努力的记录。

致　谢

本书中所提到的机器人都是由位于罗马的意大利国家研究委员会下属的认知科学与技术中心的同仁们构建的，他们中有人曾经在此工作，有些仍然在此工作。这些人有：Alberto Acerbi，Cianluca Baldassarre，Paolo Bartolomeo，Valerio Biscione，Anna Borghi，Daniele Caligiore，Angelo Cangelosi，Giovanni Sirio Carmantini，Federico Cecconi，Antonio Cerini，Federico Da Rold，Tommasino Ferrauto，Dario Floreano，Simone Giansante，Onofrio Gigliotta，Nicola Lettieri，Henrik Hautop Lund，Filippo Menczer，Orazio Miglino，Marco Mirolli，Francesco Natale，Stefano Nolfi，Fabio Paglieri，Giancarlo Petrosino，Fabio Ruini，Filippo Saglimbeni，Matthew Schlesinger，Massimiliano Ugolini，Alberto Venditti。

感谢 Cristina Delogu，Nicola Lettieri 和 Marco Mirolli 阅读本书的部分章节并提出改进意见，也非常感谢 Cristina Delogu，Emanuela Parisi 以及 Giuseppe Polegri 为准备本书图表所提供的诸多帮助。

目录

Contents

第一章　作为行为理论的机器人

Martian Eye（ME）是来自火星的一位科学家。有一天它来到地球，并决定对地球万物中的人类进行研究。ME 决定研究人类，而不是地球上其他的动物物种，这倒也没有什么特别的理由，只是因为人类是极其复杂的动物，所以对 ME 来说，他们代表着更大的挑战。但说实话，ME 选择研究人类还真有一个原因。人类有很多与自身有关的欲望和恐惧，而且这些欲望和恐惧模糊了人类对自己的认识；他们以为自己是自身所希望的样子，而不是自身所不喜欢的那样；并且他们无可避免地以自身为出发点去解释万物；他们认为自己是世界的中心，但他们不是世界的中心，而且他们的人类中心观扭曲了他们对自身的认识。科学家也是人，所以，人类只是构成现实的很多东西中的一种，这样的视角对他们来说同样困难，他们也很难以那种科学所要求的、必要的超然态度去研究人类。ME 不是人类的一员，它认为，如果要以科学理解现实中的其他现象的方式去理解人类的话，这一点非常重要。

ME 知道客观的量化数据是科学的基础，但仅有数据是不够的。科学必须回答关于“是什么”的问题，同时也必须回答“为什么”的问题；而要回答后者，科学需要理论来对数据进行解读。人类科学家用文字或数学符号来表达他们的理论。而 ME 是个火星人，它有自己的科学研究方法。为了解释自己的理论，ME 制造出了一些人工构造（artefacts），这些构造整合了它的理论，其行为模式和这些理论需要解释的相同。ME 的科学基于这样一个原则：“无论 X 是什么，要理解 X，就必须以人工对其进行再现。”只有当这些人工构造和人类行为一样时，ME 才会感到满意，认为它已经理解了人类，并对其进行了解释。

ME 到达地球的时候发现，人类科学家已经造出了外形与人类或其他动物相似的人工构造，而且他们把这些构造称作“机器人”。但是，人类科学家构建机器人主要是因为机器人有实际应用和经济价值；而 ME 的机器人则是纯粹的科学工具，必须要帮助它更好地理解人类究竟是什么。人类科学家把自己研制出来的那些与人类外形相仿的机器人叫作“人形机器人”（humanoid），ME 管它的机器人叫“类人机器人”（human robots）。

构建和人类行为相似并生活在类似人类社会环境中的机器人，这是个非常艰巨的任务。ME 也知道，它的机器人更像比人类简单很多的动物，真正的类人机器人是未来的机器人。但是，ME 的研究计划是非常清晰的。

ME 的科学有别于地球上的科学方式的另外一点是，对 ME 来说，不同的科学、学科之间的划分是不存在的。现实是不同现象的一个大的集合，并且这些现象互有关联。通常，要理解一个学科研究的现象，必须要考虑到其他学科所研究的现象。ME 的科学是关于人类的无学科分界的科学。ME 制造的机器人必须在各个方面再现人类行为，从身体和生理基础到所有的个体和社会现象，而这些在地球上是由心理学家、人类学家、社会学家、经济学家和政治科学家分别研究的。

ME 还认为，要理解人类，就必须要弄清他们是如何成为现在的样子的：他们是怎么从非人类的祖先进化过来的，他们在生命过程中的成熟和发展，他们如何从经验中学习，人类的文化、经济和政治机构是怎么产生的，以及他们经历了哪些变化，又将如何持续变化。这就意味着，ME 不能对它的机器人进行设计和编程，他们必须自主地演变成这个样子。

ME 非常清楚，和所有理论一样，它的机器人是对真正的人类和人类社会的简化。但它也知道，出于实用的考虑，所有科学理论都必须对现实进行简化。问题是，这样的简化必须恰如其分。ME 认为，如果同一个机器人和同一个机器人社会可以再现不止一个有关人类和人类社会的现象，而是再现尽可能多的现象，那么它的机器人所做的简化就是恰如其分的。

ME 的研究“哲学”可以总结为以下三个原则：

——如果你想理解人类，构建和人类行为一样的机器人；

——如果你想理解人类，构建能再现人类并能再现人类发展过程的机器人；

——如果你想理解人类，构建可以尽可能多地再现人类现象的机器人。

像火星上的科学幻想和思维实验科学家一样，ME 是位很有想象力的科学家。ME 是位真正的科学家，它制造真正的机器人，尽管目前它的大多数机器人还只处于计算机模拟阶段。而且，作为一名真正的科学家，ME 希望能和人类科学家讨论并合作。

1. 关于人类的科学理论存在的问题

试想一下，你对人类的行为和人类社会的运作感兴趣，打算像科学了解和理解现实中的其他各种现象一样，试着去理解人类和人类社会。你需要做些什么？你必须收集与自己感兴趣的现象相关的客观数据，很可能是量化的数据，因为对科学来说，现实首先是实证数据。从传统来看，有关人类行为和人类社会的科学理论都是用文字来表达的，而文字作为表达科学理论的工具有很大的局限性。文字的意义不够清楚，对不同的人来说，文字的意义可能不尽相同，而且通常含有价值导向和情感负荷——文字的这些属性都于科学无益。科学理论的一个关键要求就是，科学理论应该使清晰、明确的预测成为可能，以与实证数据进行对比。以文字形式表达的理论通常无法得出清晰、明确的实证推测。

科学家们会认为文字作为科学工具存在着这样的局限性，并且他们可以通过对其理论中使用的文字进行定义，或者以明确其使用的意义等方式来克服这些问题。或者，他们可以创造新的词汇，并用现有的词汇对其进行定义。但是，这显然是一种循环策略。文字通过其他文字不断地定义再定义，而用于定义这些文字的其他文字的意义同样不够清晰，并且，对不同的人来说也有不同的意思，也同样具有价值导向和情感负荷。所以，对于科学来说，用文字表达科学理论始终是个问题，因为文字表达出来的理论让我们处于英国诗人托马斯·斯特尔那斯·艾略特所说的“与文字及其意义角力的让人抓狂的境地”。

在科学中，文字还有一个属性问题。对于一个既定的单词来说，我们倾向认为总有一个与之相对的实体。这在日常的语言使用中也无所谓，但对科学来说则大为不妙。对于普通语言中的文字，科学的解释机制并不是一定要把该词所指的实体包含在内。比如，“信仰”（belief）和“目标”（goal）对日常生活来说非常合适，没有任何问题，但关于人类行为和人类社会的科学理论不需要这样的词语，而且不用这些词语也许才能更好地解释日常生活中我们用这些词语所指的现象。

用文字表达科学理论，这就解释了为什么人类行为的科学范例——人类学，只能算是半科学。哲学家研究人类的意识已有几千年历史了，而哲学家的研究则一直采用的是他们的典型方式：通过概念分析，通过推理并进而提出观点，通过与同事的讨论。100 多年前，心理学诞生了。在对人类意识的研究中，心理学是一场革命。心理学对人类意识的研究，采用的是对实验室里受控条件下的行为进行观察，以及其他客观的、量化的方法。因此，他们可以宣称，他们已经创建了有关意识的科学，采用和其他自然科学一样的研究方法，而不是像哲学那样局限于概念分析、论证和同事间的讨论。但科学需要的不仅仅是客观量化的数据，它也需要那些用于解读这些数据的理论。心理学的问题在于，虽然它的实证研究方法是科学研究中所使用的，它的理论词汇仍然是哲学词汇。如果你读心理学著作或论文的话，你会发现，其中使用的是和古代或近期哲学论著一样的词汇，或者用的是人们在日常生活中用来谈论自身或他人行为的词汇。以下就是这些词汇的一个样本：感受、认识、注意、记忆、思考、推理、预测、计划、动机，情感，所有不同的动机和情感、表现、概念、范畴、意义、目的、属性、行动、意图、目标、知觉、意识。这些词语无法成为科学词汇，因为其意义不够明确。对不同科学家来说，它们的意义不尽相同；而且，即使某位科学家对其中一个词语进行了精确的定义，这种定义也未必会被同行所接受。所以，用文字表达心理学理论会带来无休止的并且通常也是没有任何意义的讨论。这严重阻碍了心理学的发展。科学是基于理论和数据的良性循环——理论必须能够预测数据，而数据则必须与理论吻合。但心理学很难建立起这样的良性循环。心理学家们提出了理论，并进行讨论，但究竟哪种理论是正确的，大家很难达成共识。他们也进行了数据收集，并且通常是在实验室的控制条件下进行的，但这些数据很少由理论去阐明或解释，这就是为什么心理学只算的上是半场科学革命的原因。心理学采用了科学的实证方法，但继续使用哲学或日常生活的词汇来讨论人类行为和人类意识。

心理学是关于人类行为的科学范例，但很多其他学科也对人类进行研究：人类学、社会学、经济学、政治学、历史学。这些学科被统称为社会科学。在社会科学领域，问题就越发严重了。这些科学不但用语言表达理论，而且，因为它们通常无法在实验室控制条件下对自己感兴趣的现象进行研究，而且实证数据通常并不明确——甚至根本就不存在；因此，对于社会科学来讲，作为科学基础的理论与事实之间必要的对话便无法建立起来，因为这两个会话者实际都不存在。（这条规则唯一的例外是经济学，但经济学也有自己的问题，见后面的内容。）

社会科学的另一个弱点是，它们通常更像哲学，而不像科学。社会科学家的大部分工作是对其他社会科学家已有的言论进行注解，而且社会科学家给人们留下的印象是：他们并不是真的希望以科学了解和理解现实的方式去了解和理解现实；而是像哲学家那样，他们只想对现实进行“解读”（interpretation），并对其他解读表示支持或反对。而且，和哲学家的情况一样的是，我们也不清楚社会科学家们到底对人类和人类社会究竟是如何感兴趣的，还是他们只是在提议人类和人类社会应该是什么样的。

对于文字表述理论时所存在的问题，关于自然的科学已经找到了解决方法。物理学家、化学家、生物学家在定义他们所使用的词语时，并不是使用其他词汇，而是通过指向他们观察、计算和测量的东西；而他们详尽无遗地观察、计算、测量的一切抓住了他们所使用的词语的意义。这样一来，他们的理论就成了真正意义上的科学理论，因为他们观察、计算和测量的东西必然是一致的。研究人类的科学无法做到这一点，其理论也保留了固有的语言本质。他们用来表达理论的词语只能模糊并间接地指向他们实际观察、计算和测量的一切。而且，即使所指明确，观察对象也可以进行测量和计算，他们的观察、测量和计算也无法穷尽该学科的理论词汇的所有意义。

还有一个问题。研究人类行为和人类社会的科学所使用的理论词汇是由这种或那种西方语言的文字构成的——今天，多半是英语。但是，一种语言译成另一种语言后，多半不太精确。不同语言以不同的方式对现实进行分割和表达，谈论人类意识和人类社会的心理学家和社会科学家所使用的文字尤其如此。为什么要让一种特定语言，比如英语，抓住人类意识和人类社会的真正本质呢？对其他语言来说，比如，汉语或肯尼亚当地语言，可能并非如此。物理学家、化学家和生物学家，不管他们属于哪种语言或哪种文化，他们所指向的事物都是一样的——原子、分子、细胞、有机体，因为他们所使用的词汇的意义，完全是由他们运用工具进行观察以及进行计算和测量的东西所决定的。但是，正如前文所说，人类行为和人类社会科学中所使用的词汇并不是如此。

如果通过文字表达的理论含有前文所述的种种局限性，另外一种可能就是效仿物理学，用数学表达关于人类行为和人类社会的理论。数学符号和文字不同，具有清晰、明确的意义，在其他语言中也有准确翻译。数学是一个有力的工具，它不但可以精确且毫无争议地对观察对象进行描述，而且可以发现不同观察对象之间的精确联系，然后生成精确且毫无争议的实证预测——这是科学的关键要求。要是用数学来表达理论能否成为研究人类和人类社会的科学的解决之道呢？今天，内存大、数据处理能力高的计算机的存在，诱惑着很多研究人员将数学理论应用于行为科学和社会现象研究。目前仍然难以对他们的努力做出评判，因为这些努力还处于初级阶段，而且肯定会对行为现象和社会现象有所启发。但是，人类科学中的经济学更坚定、更彻底地支持用数学术语表达理论这一观点，却似乎未能超越对经济现象的浅层认识，它无法对经济现象做出预测，也不能就如何控制经济现象提出建议，更无法设想有别于市场经济的其他经济模式。

这一点，对其他试图用数学和统计学来研究行为和社会现象的努力来说，也是成立的。这些研究发现了大量数据（今天，随着计算机和因特网的普及，已经形成了“大数据”）中存在的规律性，但它们甚至未曾试着去识别隐藏于这些行为现象和社会现象之后的机制与过程，更不要说去解释了。在计算量与量之间的关系、做出量化预测方面，数学是非常有用的工具，但如果它的计算和预测不能抓住我们希望了解的现象的真正本质的话，我们就无法了解这些现象。出于某种科学自身应该能够找到的原因，尽管数学理论捕捉到了物理学研究中关于某些现象我们需要了解的一切，并且可以对这些现象进行解释，但当数学理论应用于行为科学家与社会科学家研究的现象时，这一切却无法成立。

让我们对上述观点进行小结。科学包括实证数据和解读这些实证数据的理论。研究人类和人类社会的科学家缺少好的理论，因为用文字表达的理论有严重的局限性。对他们来说，以数学方式表达的理论也一样。这就解释了为什么研究自然的科学在持续累积地前进着，而研究人类和人类社会的科学却无法做到这一点；也解释了为什么有关人类和人类社会的科学其实并不存在。如果这样描述事情的现状不失正确的话，我们是不是可以做些什么呢？

2．作为人工构造的理论（theories as artefacts）

我们确实可以做些事情。计算机为表达科学理论提供了新的可能。理论成为构建基于计算机的人工构造（computer-based artefacts）的蓝图，而这个构造就是这个理论。如果我们有兴趣去了解某一现实，并且成功地构建起一个能再现这一现实及其运作方式的人工构造，那么用于构建这一人工构造的理论就可以解释这一现实。根据这一新的科学规范，我们不应该问“X 是什么”或“怎么去解释 X”，而应该问“我们能在人工构造中再现 X 吗？”以及“怎么才能造出能再现 X 的人工构造？”在这一宏图大业中，计算机的作用非常关键，因为这一理论——人工构造，要么是在计算机上模拟出来的，要么是受计算机控制的人工构造实体（physical artefact）。

与通过文字表达的理论和以数学符号表达的理论相比，作为人工构造的理论有很多优势。不同于文字表达的理论，作为人工构造的理论一定准确明晰，因为如果这些理论不够准确明晰的话，这些人工构造就根本无法构建起来。作为人工构造的理论为文字提供了操作型定义（operational definition）。文字不再需要其他文字来定义，而是详尽无遗地转化成为人工构造的某个具体特征，并且我们随时可以“打开”这个人工构造，看看它是怎么被造出来的，又是怎么运转的。

作为人工构造的理论还有另外一个优势，那就是它们可以生成很多具体的、毫无争议的实证预测，因为人工构造的运行方式和它的所作所为都是由构建它的理论推导出的预测，并且它的一切都是在每个人的眼皮底下进行的，可以进行精确测量。如果人工构造的运行接近它试图解释的现实，我们就可以认为它所体现的理论是（暂时）正确的；如果不是这样，这一理论——人工构造就需要改进或者放弃。

这也解决了有关人类行为和人类社会的理论要用哪种语言表达的问题。今天，科学中应用的语言（大都）是英语。如前文所述，对于用文字表达的理论来说，这是个问题。因为英语中的词汇，和其他任何语言的词汇一样，其先决条件都是有关人类意识和人类社会的某种具体的且带有文化偏见的观点。用人工构造来表达理论就解决了这个问题，因为用人工构造表达的有关人类行为和人类社会的理论是非文字的理论，任何人——不管他的语言是英语、汉语还是肯尼亚当地语言——都可以对这个人工构造进行构建、观察和分析。这不但适用于语言，而且更普遍地适用于文化。科学家属于某种文化。一名科学家所属的文化对其头脑有塑造作用——这一点心理学家和人类学家非常清楚。如果行为或社会理论用一个或一批人工构造来表示的话，科学家就可以以一种文化中立的态度来面对这些理论——人工构造。

与数学理论相比，作为基于计算机的人工构造的理论也是有优势的。这样的理论不但抓住了实证数据中存在的规律性，而且可以确定隐藏在这些规律性之后的东西，并对其做出解释。因为，如我们上文所说，我们可以“打开”人工构造，看看是什么导致了它们的行为。计算机不但是个非常有用的工具，可以存储大量信息，进行漫长而艰巨的数学运算，以抓取数据中隐含的规律性，它还是我们希望了解并解释的现实的人工版本。

作为基于计算机的人工构造的理论，可以成为各种学科所研究的各种不同现象的理论，但它们对研究人类和人类社会的帮助尤其明显，因为关于人类和人类社会的理论有我们前文所提到的种种不足之处。如果我们要理解为什么人类的行为方式是现在这样的以及为什么人类社会以目前的方式运作，我们必须要做的，就是构建行为方式接近人类的人工构造和多批运作方式接近人类社会的人工构造。伽利略说过，“‘自然之书’是用数学符号写就的”——他说得对。到目前为止，“人类之书”是用字母符号（文字）写成的，但是字母符号缺少数学符号的精确性和单义性。这个问题的解决之道，就是在研究人类时放弃“书”的概念。如果你想了解人类，你需要的不是一本书，不管它是用数学符号还是字母符号写成的，你需要的是能够构建非自然人类的“工具箱”。

通过基于计算机的人工构造来表示关于人类的科学理论，还可以帮助解决折磨人类科学的另一难题，并且能够解释为什么与关于自然的科学相比，这些科学那么落后，那么不令人满意。关于人类，我们并没有形成完整的科学体系，因为有关人类的科学被分割成了独立的学科：生物学、心理学、语言学、人类学、社会学、经济学、政治学和历史学。把科学分割成不同的独立学科，就削弱了科学认识和理解现实的能力，因为现实并没有被分割成各自独立的部分。现实是不同现象的一个大的集合，这些现象互相关联，要解释一个学科所研究的现象，必须要考虑到其他学科所研究的现象。科学得以发展，是因为科学家们通力合作。通过共同的努力，他们对现实的了解要远远超过各自为战所能达到的程度（如图 1－1 所示）。

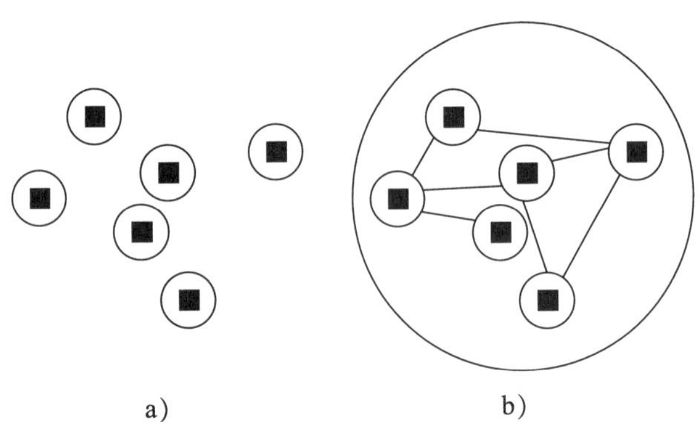

图 1－1　（a）如果 6 位科学家（黑色方块）独立工作、没有任何互动的话，他们所能了解的现实（围绕黑色方块的圆形）。（b）同样的 6 位科学家，合作所能了解的现实（更大的圆）。

这同样适用于不同的科学学科。如果没有学科划分所带来的局限，科学对现实的了解可能比现在还要多（如图 1－2 所示）。

有关自然的科学也被分为不同学科：物理学、化学、生物学。但是学科的划分并没有给自然科学带来什么麻烦，因为这些学科对物理、化学和生物现象之间的联系有非常清楚的认识，使用同样的实证方法（实验室实验法），有着类似的概念和理论传统。而且，关于自然，它们的观点是一致的：自然是由会产生物理效应的物理原因构成的，具有内在的量化特点。相比之下，把人类科学分割成独立的学科则带来非常不利的影响，因为行为科学和社会科学对于生物现象、心理现象和社会现象之间的联系缺乏清楚的认识。它们研究这些现象的实证方法不完全一样，它们的概念传统和理论传统各不相同，对于所研究的现象也没有统一的、共享的认识。这样所产生的后果就是，人类科学带给我们的是一片片各自独立的拼花图案，而不是关于人类的统一画面。

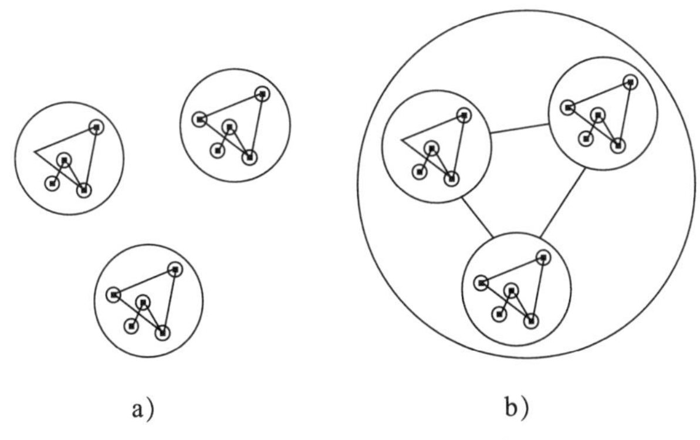

图 1-2　(a) 三个科学学科分支以及每个分支对现实的了解（小圆）。(b) 如果没有学科划分的话，科学对现实的可能了解（大圆）。

这一片片的小圆都是些什么呢？心理学研究人类个体以及这些个体之间的互动，但忽略了人类生存的社会、影响人类行为的文化以及社会文化过去的历史。心理学多半也忽略了人类行为的生物学基础，特别是进化生物学和遗传学范畴内的部分。直到最近，心理学家和神经科学家才有了交流。心理学的另一个问题在于，它忽略了人类生存的错综复杂的环境。心理学家收集到的最好的数据来自于实验室实验，但实验室是人工合成的高度简化的环境。行为就是与环境的互动，因此，实验室不可避免地只能给我们有限的知识。在真实世界中，人类通常想做什么就做什么，他们把自己暴露在很大程度上由自身行为形成的刺激下。在实验室里，“受试对象”或者说“参与者”——当“受试对象”是人时，有人喜欢用这个术语——做那些实验人员让他们做的事情，他们面对的刺激不是来自身行为，而是由实验人员决定的。而且，除非受试对象是笼中动物，否则做完一个实验之后，这些受试对象通常不知所踪，无法再继续接受实验，而更多的实验会让我们更好地理解他们的行为。

语言学研究一个非常重要的人类现象——语言，但语言学家并没有真正理解语言，因为他们将语言同其他人类行为割裂开来，并且忽略了人脑中的语言基础。社会科学家们不但忽略了心理学家所掌握的有关人类行为的大部分知识，还把人类社会分割成了不同部分——社会学家研究人类社会的整体结构，人类学家研究文化，经济学家研究经济体系，政治学家研究政治机构，历史学家研究过去。这些社会科学家们对不属于自己研究领域的部分所知甚少，对各部分之间的互相影响了解得也非常有限。社会科学的另一个问题是忽略了自然。实际上，社会科学和生物科学之间的联系几乎就是不存在的。这是个问题。因为人类就是自然，而且即使有人认为人类不仅仅是自然，人类也有自然的过去，在对现实的某个侧面的研究中，如果无法了解这一侧面是如何形成的，我们就不可能真正理解这一现实。最后，有些非常重要的人类现象，比如艺术、宗教、哲学以及科学本身，几乎完全被科学给忽略了。它们仍然属于哲学或人文学科的研究对象，尚未成为人类科学试图拼起的图案的一部分。当然，人类的拼图行为也收效甚微。

通过基于计算机的人工构造而得出的理论使得我们有可能把这些图案拼在一起。研究人类的不同学科就像摸象的瞎子，要努力去搞清楚自己摸到的是个什么动物。有人摸到了腿，有人摸到了长鼻子，另一个人摸到的是健硕的躯干，还有人摸到的是短短的尾巴，但他们都不能真正理解自己摸到的是什么动物。作为人工构造的理论、可以帮助我们认清这头大象，建立起关于人类的不分学科的科学。基于计算机的人工构造形式的理论是一种理论与方法的统一框架、一种“通用语”，可以促进生物学家、心理学家和社会科学家之间的对话，加快关于人类的综合科学的发展。同一个人工构造应该可以再现不同学科研究的现象，不同现象也应该可以在该构造中有所互动。在计算机出现之前，是不可能有这样一个关于人类的综合的科学的，因为每个科学家的大脑容量有限，不可能了解不同学科所研究的种种不同事实，也无法理解这些事实之间的关系。计算机的内存和处理能力远远超过人脑。如果科学理论用基于计算机的人工构造的形式来表达的话，理论就存在于人工构造之中，而非储存在科学家的大脑里。基于计算机的人工构造可以储存海量的信息，当不同信息出现交互作用时，可以快速而方便地对所发生的现象进行计算。

用人工构造来表示关于人类的理论还有一个重要的优势，这个优势在性质上和前边提到的有所不同。人类关于自身有很多欲望，也有很多恐惧，这些欲望和恐惧对于他们了解自身的能力来说是一种障碍，因为他们容易混淆自己什么样和自己希望自己什么样。科学家同属于人类，他们不可避免地在科学研究中带入他们的欲望和恐慌。这是个问题。因为只有当科学家以完全超然的态度、以不带有任何欲望与恐慌的头脑去看待现实的时候，他们才可以真正了解并理解现实。当科学家研究自然时，这一点很容易做到，但当他们研究人类和人类社会时，要做到这一点就难多了——这也解释了为什么科学家对人类和人类社会的了解远远不及他们对自然的了解。

基于计算机的人工构造来表达有关人类和人类社会的理论，解决了这个问题。理论——人工构造独立于我们而存在，它们是我们自身之外的物体。如果用文字来表达理论的话，这样的理论通常是有价值负载的对事实的"解读"，我们会倾向于从理论推导出与我们的价值观和意识形态一致的预测，而忽略其他与我们的价值观和意识形态对立的预测。如果理论是用人工构造来表示的话，我们就必须面对所有从这个理论推导出的预测。这时，理论的预测就是该人工构造的行为，它不可能只表现与我们的价值观和意识形态相符的行为，不表现与之相悖的行为。作为人工构造的理论就是一面镜子，我们在其中看见自己，不管我们喜不喜欢从中看到的形象。

这种科学与价值观的混合还有另外一种形式，特别是在社会科学当中。很多时候，社会科学家到底是想了解人类社会究竟是怎样，还是想提出人类社会应该是怎样的建议，我们并不清楚。出于科学的目的，这两者应该有明确的区分，因为科学的目的是要理解现实是什么，而不是现实应该是什么。但实际情况恰恰相反，社会科学家们到底做的是哪件事似乎并不清楚，经济学家和政治科学家尤其如此。这对科学和人类来说都不是件好事。如果社会科学家不能以自然科学家看待自然那种不偏不倚的态度来看待人类社会的话，就无法真正理解人类社会。如果他们不能真正理解人类社会，他们又该如何去帮助人类改变并完善人类社会呢？

用基于计算机的人工构造表示的理论也将科学和哲学区别开来。关于人类的科学与关于自然的科学不同，它和哲学仍然有着千丝万缕的联系。这一点对社会科学来说非常清楚，也同样适用于心理学。“认知科学”是一种跨学科的努力，旨在更好地了解人类大脑，哲学家对认知科学的贡献非常重要。作为人工构造的理论不属于“认知科学”，因为这些理论不是跨学科的，而是无学科的，而且它们将哲学完全排除在科学之外。哲学是由文字构成的，而作为人工构造理论的“座右铭”是“人工构造，不要文字”。根据奥地利哲学家路德维希·维特根斯坦的说法，“凡不能谈论的，就应该保持沉默”。科学家一定不能谈论现实，但他们必须再现现实。哲学是“智慧之爱”，科学则与智慧无关；哲学是，或者曾经是，一种生活方式，而科学不是生活方式。如果我们通过构建与人类行为接近的人工构造来理解人类的话，所有这一切就很清楚了。

作为科学理论的人工构造是基于计算机的人工构造，因为该构造要么是在计算机上模拟出来的，要么是由计算机控制的构造实体。但是计算机只是有用的工具，而且原则上，即使没有计算机，我们应该也能够把科学理论整合体现在人工构造中——我们已经做出了这样的东西。计算机之所以是必要的，不过是因为现实非常复杂，我们只有在计算机的帮助下才能对其进行再现。有人提出，人脑就是个计算机。但这与我们提议通过构建基于计算机的人工构造来表示科学理论并没有任何关系。任何东西都可以在计算机上进行模拟，那么任何事物——不仅仅是人的大脑——都可能是一台计算机。人脑和计算机之间唯一的联系在于，人脑发明了计算机。

我们已经说过，关于人类的这门新科学的“座右铭”是“人工构造，不要文字”。对于科学来说，语言是很重要的，因为科学是一项社会事业，科学家需要通过语言互相交流——这也是本书写作的原因，科学家也需要通过语言与自身交流，进行思考。但科学不是语言。人类如何命名各种东西是很重要的经验现象，哲学家约翰·奥斯丁有句名言——“文字是我们的工具”，这适用于哲学，但不适用于科学。科学要能超越语言。对于科学家来说，重要的是他们观察、计算和测量了什么——不需要使用文字。如果“没有书的房间就像没有灵魂的躯壳”，我们关于人类的科学就是一间没有书的房间和没有灵魂的躯壳。

对于科学来说，用人工构造表示的理论是非常重要的创新。目前，人类已经造出了人工构造，用以满足实际需求，还创造出了具有艺术性和象征意义的人工构造。作为科学理论的人工构造是一种创新，这是因为构建这类物体唯一的目的是让我们更好地理解现实。通过人工构造表示的科学理论缩短了科学与技术之间的距离，而这反映了一个普遍趋势：今天，科学越来越多地通过操纵现实和创建新的现实来理解现实。在“做而知”（knowing by doing）的路上，通过基于计算机的人工构造表示的理论是非常重要的一步。

3. 作为实际应用的机器人和作为科学的机器人

所以，如果我们想要理解人类，我们就应该构建起行为类似人类的人工构造。自从计算机问世以来，已经有了很多这方面的努力，构建有“大脑”且能够展现一定“智力”的基于计算机的人工构造，但是这些人工构造没有“身体”。行为是动物的身体与周围的物理环境互动的结果，因此，我们的人工构造不但要有“大脑”，还必须有个“身体”。以物质形式存在的、有身体的并且行为类似动物或人类的人工构造叫作机器人。所以我们必须构建机器人。本书中我们感兴趣的是类人机器人而不是动物机器人——行为方式接近人类，并且生活在类似人类社会环境中的机器人。

现在，机器人学是个非常活跃的领域。很多国家的很多人制造出了各种各样的机器人，机器人也是个很受媒体欢迎的主题。但什么是机器人呢？我们前文已经提到，机器人是一种人工构造，长得像动物或人类，行为也接近动物或人类。这是一个可以令人接受的定义。但是，就我们的目的而言，这样的定义是不够的。如果我们想真正理解什么是机器人，就必须先问一问我们为什么要构建机器人。机器人的构建可能有两个不同的目的。构建机器人，可能是因为它们有实际用途和经济价值。这些是作为实际应用的机器人。几十年来，我们已经很熟悉工业用机器人了。现在，也有很多研究把眼光瞄准在研发非工业用途的机器人上：家居清洁机器人、帮助老病人士的机器人、医药和手术机器人、农业用机器人、执行监管任务的机器人、探索太空的机器人、军事应用机器人以及用于教育和娱乐的机器人。

构建机器人的另一个目的则是纯粹出于科学目的。构建机器人可以帮助科学家理解并解释非人类动物和人类的行为。如果机器人的行为就像真正的动物或人类一样，机器人运作的模式就捕捉了动物和人类行为背后隐藏的东西，并能够对这些行为做出解释。这些就是作为科学的机器人。对构建机器人的两种不同目的进行区分是非常必要的，因为这两种目的会把研究推向不同的方向。实际目的和科学目的有并且也应该有，双向的联系，因为有实际应用的机器人可以检验科学理论，可以提出新的假设，并提出新的科学问题，而用于科学目的的机器人也可以提出新的实际应用。但这两种目的是不同的，而且必须进行区分，因为对实际应用机器人和科学机器人来说，对于成功的衡量标准是不一样的。对于用作实际应用的机器人，我们应该问：这个机器人有没有或者会不会有一些实际用途？对作为科学的机器人，我们则要问：这个机器人能否帮助我们更好地理解动物和人类？

当然，目前这种区分还没有出现。现在，构建机器人的时候，在多数情况下，究竟这个机器人是要解决实际问题的，还是要更好地理解动物和人类的行为的，人们对这一点并不清楚。这个问题对于作为科学的机器人来讲尤为突出，因为现在几乎所有的研究经费都投入到了作为实际应用的机器人上。制造作为实际应用的机器人的科学家，他们对理解动物和人类的行为并没有什么特别的兴趣，只是为了得到一些灵感，好制造出能实际应用的机器人。有实际应用的机器人具有经济价值，即使是对机器人的实际应用不感兴趣的科学家，在工作中也可能会无意识地受实际应用的左右。这是因为，只有关于有实际应用的机器人的研究才能得到资助。这很是问题，机器人在创建有关人类的新科学方面有着巨大的潜力，过于强调作为实际应用的机器人对开发这种潜力是一种阻碍。如果所有的科研经费都投给作为实际应用的机器人，科研题目的选择就会被应用的可能所左右，这无疑会导致人们忽略很多行为和社会现象，而构建能够再现这些现象的机器人能让我们对其有更好的理解。如果机器人必须有实际应用，谁还会去构建犯错误的机器人、患病的机器人、睡觉做梦的机器人、有自己的动机能自发选择做什么不做什么的机器人、既聪明又愚蠢的机器人、有不同性格可能会紧张或难过的机器人以及变幻莫测的机器人？这些机器人（至少在目前）没有什么实际用途，还可能引发问题，招致负面的情绪反应。但真实的动物确实会展现这样的行为，如果我们不能理解这些行为的话，我们就没法说理解了真正的动物，包括人类。因此，如果我们构建机器人的目的是理解动物和人类，机器人应该再现这些行为。

目前的机器人主要都是作为实际应用的机器人，这其中还有一个原因，那就是，作为有实体的人工构造的机器人，要么受计算机控制，要么是计算机上的模拟。因此，工程师和计算机科学家是机器人这个圈子里非常重要且必不可少的一部分。但是工程师和计算机科学家受到的训练，就是要构建能解决实际问题的人工构造，要设计对既定目标而言行为“优化”的系统。作为科学的机器人没有实用目的，也不应该具备“优化”行为，因为人类的行为不是“优化”的，或者说，并不总是“优化”的。作为科学的机器人是“纯粹的”科学，只有部分工程师和计算机科学家愿意成为“纯粹的”科学家，以理解和解释现实为唯一目标。

目前占主导地位的、对作为实际应用的机器人的兴趣，解释了为什么机器人科学中的大量研究都是针对机器人的物理身体以及这个身体的形状的，还有制作这个身体的材料以及这个身体的传感装置和行动可能。当然，对于作为科学的机器人来说，这样的研究也是重要的，因为机器人预设行为是一种“具身”（embodied）概念；也就是说，行为是动物的身体与周围的自然环境之间发生物理作用的结果，感知输入的神经表现既反映了感知输入本身，又反映了动物应对感知输入做出的行为输出。但是，对于作为科学的机器人来说，和真正的动物身体相比，机器人的身体可以是高度简化的，而且这可能不是研究的主要重点。而且，作为实际应用的机器人必须以物理形式来实现，作为科学的机器人则未必如此。作为科学的机器人可以在计算机上进行模拟，并且仍然会就动物和人类行为及其社会构成给我们一些有用的启示。

作为科学的机器人与作为实际应用的机器人之间的另一个区别，与机器人是怎么构建的有关。我们可以给机器人设计程序，指挥它们的行动。实际上，现有的大部分机器人都是人为设定程序的。对作为实际应用的机器人来说，这是合理的策略。我们头脑中有一个具体应用，然后我们就给机器人设定程序，这样它就可以进行这个应用必需的操作。但是设定程序对作为科学的机器人来说没有太大的意义。作为科学的机器人和真正的动物一样，必须自发习得它们能够进行的任何行为，这是不同的历史进程的结果。比如，机器人代际交替过程中的生物进化以及生命过程中的发展和学习；对类人机器人来说，还包括机器人社会的社会和文化变迁。

即使是能够进化或学习的机器人，也可能是作为实际应用的机器人，而非是作为科学的机器人。如果我们感兴趣的是作为实际应用的机器人，那我们的目标就是让机器人拥有我们希望它有的行为，因此，我们让机器人进化、学习，以使它们能够展现我们所希望的行为。作为科学的机器人则恰恰相反——我们感兴趣的不仅仅是让它们获取具体行为，我们还想了解它们获取这些行为的环境、方式和行为的不同组成，以及它们获取的其他行为、不同机器人个体的行为有什么不同、为什么有些机器人无法获取该行为。

在本书中，我们感兴趣的不是作为实际应用的机器人，而是作为科学的机器人。对我们来说，机器人是（进行科学研究的）工具，不是目的。如前文所说，作为科学的机器人的研究与作为实际应用的机器人的研究应该进行对话，因为这样的对话对双方都有利。但是，除非我们明确表示我们感兴趣的是作为科学的机器人，否则读者可能没法理解，我们为什么构建了本书中的很多机器人。

4. 一个机器人，多种现象

作为行为理论的机器人还是个科学的新事物，我们仍在探索该怎样最有效地利用它来解释动物和人类的行为。一个问题就是，机器人可能仅仅是有趣并有启发性的“玩具”，关于真实世界中的动物和人类，它们能告诉我们的其实非常有限。与真正的有机体相比，机器人高度简化——这倒不是问题，因为机器人属于科学理论，而科学理论必然要对现实进行简化。科学不是对现实的再描述，而是要努力抓住最基本的实体、机制和过程，这些均隐藏于我们所观察到的表象之下，并可以对事物的表象做出解释。科学需要的是奥卡姆的“剃刀”：“如果同一现象有多个理论，那就选择最简单的。”所以，机器人应该是简化了的人造有机体。

但是科学中还有一个原则我们应该遵守，以降低机器人仅仅是“玩具”的风险。这个原则是这样的：一个解释多种不同实验现象的理论和一个解释单一实验现象的理论，前者更受青睐。我们称之为“一个理论/多种现象”——对机器人而言，这个理论就是“一个机器人/多种现象”。作为实际应用的机器人只能再现单一行为，因为该行为就是这个应用的目的。作为科学的机器人不应该只再现单一行为，同一个机器人应该再现多种不同行为和这些行为的多个不同侧面。如果机器人只能再现某一行为的话，那么这样的机器人就更像是一个“玩具”，对理解真正的动物和人类没有多大帮助。如果同一个机器人再现多种不同行为和这些行为的多个侧面的话，我们可以更自信地认为，这个机器人已经捕捉到了现实，并告诉了我们动物和人类到底是怎么回事。

一个经典例子（当然，这个例子并不属于机器人学的领域）就是给计算机安装程序，这样一来，计算机似乎就可以和我们交流。我们对计算机说句话，计算机可以给出恰当的回应。计算机会问一些看起来很自然的问题，我们对这些问题作出答复。但是计算机并不真正理解我们说了些什么，它甚至也未必理解自己说了什么。要想宣称计算机有语言，计算机就应该可以在多种不同情境下以多种不同的方式使用语言。它应该在和物理环境的互相作用中使用语言，应该自发说话，除了人类问它的问题之外，它还应该和不同的人说不同的话。它不应该因程序设定而说话，而是应该自发地学习说话。现在会说话的计算机还只是个“玩具”而已，虽然这是个有趣好玩的玩具。

原因非常简单。让我们回到机器人身上——如果一个机器人只再现一种行为或这种行为的一个侧面的话，就会出现许多不同的机器人来再现同样的行为或者再现这一行为的同一侧面；而在这些不同的机器人之间做出取舍，具有极大的任意性。这正是机器人学目前的现状：每个研究人员（或研究小组）都有自己的机器人，而对于到底哪个机器人是正确的，或者说哪个最好，几乎不可能达成共识。

相反，如果同一个机器人再现多种不同的行为，或是再现有关动物或人类行为的多种不同现象，要制造不同的机器人来再现所有行为和现象就要困难得多。这样，我们就更有理由认为，这个机器人不是个“玩具”，它是确实捕捉到了动物和人类行为背后的东西，并可以对这些行为做出解释。

下边列举的就是同一个或同一组机器人应该可以再现的不同现象。

肉体

行为是肉体的不同部分对动物身体的感觉器官提供的刺激所做出的反应动作，那么，不同的肉体自然会有不同的行为——而且也会有不同的“思维”。心理学家倾向于在研究“认识”或“思想”时不把肉体考虑在内。直到最近，部分是由于机器人学的影响，认知和思维的“具身”理论开始出现。社会科学家倾向于完全忽视人类的肉体。其他通过构建“无实体的”的计算机人工构造来研究人类思维和社会的努力，比如人工智能、经典联结主义的神经网络、基于智能体的（agent-based）社会仿真等，也都忽略了肉体的存在。机器人是向“一个理论/多种现象”方向迈出的早期一步，因为机器人再现的不仅仅是行为，还有身体。实际上，在人类对自身的认识中，机器人是第四次革命。第一次革命是哥白尼的革命：人类生活的这个地方——地球，不再是宇宙的中心。第二次是达尔文的革命：人类不是上帝创造的，而是自然创造的。第三次是弗洛伊德的革命：在大多数情况下，人类的思维是无意识的。现在新的革命已经开始了——机器人革命——人类只是肉体。

肉体不仅仅是外在的形体，即身体的高矮胖瘦以及知觉与行动器官，还包括内脏器官和内部系统。这具肉体中的一个零件——大脑——尤其重要，因为大脑直接控制行为。但是，行为不仅仅是在大脑的控制之下，还受其他内脏器官的影响——比如心脏、消化系统和内分泌系统。目前的机器人有外在的形体，但是没有内脏器官和内部系统。未来的机器人体内应该有器官和系统，因为内脏器官和内部系统对于再现（解释）行为的很多侧面都非常重要，特别是在动机和情感方面。

大脑

很多动物体内都有一个直接控制其行为的特殊器官——大脑。“一个机器人/

多种现象”的原则要求，机器人不但要在行为上类似真正的动物，其行为也要由类似真正大脑的人工大脑来控制。我们把人工大脑称作神经。真正的大脑是由神经元和突触构成的，神经元的活跃程度有高有低，一个神经元可以通过突触来提高或降低另一个神经元的活跃程度，因此，神经网络由人工神经元和被称作连接（connections）的人工突触构成。神经网络基本是由感知神经元、运动神经元和内部神经元构成的。外部环境中或机器人体内的状态及事件会使感知神经元活跃起来，运动神经元的活跃程度则决定机器人身体的动作。感知神经元再连接发送给内部神经元，内部神经元再转而把连接发送给运动神经元。行为是特定的感知输入到特定的运动输出的映射，这种映射，即机器人如何应对不同的感知输入，取决于将不同神经元联系在一起的连接在数量方面的分量（重量）。

有大脑的机器人——神经机器人——遵循的是“一个机器人/多种现象”的原则，因为它们可以生成预测，而这些预测可以被两类实证数据——行为数据和神经数据——证实或推翻。机器人不但应该在行为方面与某种真实动物相类似，而且其神经网络的结构和运行方式也应该反映该动物大脑的结构和运行方式；并且机器人不但应该再现心理学家研究的现象，也应该再现神经学家研究的现象。既然人脑可能会发生故障，出现神经或行为方面的病理现象，那么“一个机器人/多种现象”的原则也应该推及神经和行为病理学。我们一旦造出了神经——机器人，就可以损伤机器人神经网络的不同组成部分，这样，大脑受损的机器人就可以再现我们在动物和人类身上观察到的不同病理性行为了。

环境

行为并非是动物的属性，而是动物和周围环境相互作用的结果。这里所说的环境既包括物理的“客观”环境，又包括被动物的感觉器官和运动器官过滤过的环境——可以称作是动物的行为环境。两只动物可以生存在同样的物理环境中，但因为他们的感觉器官和运动器官不同，所以他们所处的行为环境也各不相同。来自周围环境的刺激不能独立于动物的行为而存在，而应由动物行为进行自我选择。

心理学家们意识不到他们不能忽略动物生存的环境。这部分是由该学科的历史传统所致，但是也有实际操作和技术方面的原因。从时间和金钱两个方面来说，研究自然环境中的动物相当困难，并且花费不菲——很多时候几乎是不可能的。另外，在自然环境中，科学家无法对动物行为的表现条件进行控制和操纵，而这是个非常严重的问题，因为科学家必须能够控制并变化所观察现象的出现条件，以找到这些现象背后真正的原因。由于以上种种原因，自从心理学问世以来，心理学家所收集到的有关动物和人类行为的实证数据大多并非来自自然环境，而是来自实验室实验，这使他们可以在相对较短的时间内获取大量且准确的量化数据，而且实验人员可以控制和操纵一切。实验室实验是有用的，也是必要的。但是，如果我们研究的是行为的话，这种方法就会有三个方面的局限性。首先，实验可以告诉我们行为的直接原因，但不能告诉我们远因，而远因可能比直接原因更能揭示问题，并且可以解释直接原因。第二，实验室数据可能不是自然数据，在有些情况下甚至具有误导性，因为动物，特别是人，在实验室环境中的行为可能有别于真实环境下的行为。第三，很多人类现象是无法在实验室实验中进行观察的，因为这些现象会涉及很多人，发生在很大的空间中，并持续很长时间——这也是社会科学不进行实验室实验的原因。即使他们进行实验室实验，这些实验对人类社会所能有的了解，也可能还不如心理学实验对个体行为的了解。

如果接下去必须遵循“一个机器人/多种现象”这一原则的话，这一点就含义丰富了。机器人不能仅仅是人工身体和人工大脑，还必须生活在人工的“自然环境”中。机器人技术必须是环境机器人技术，因为只有环境机器人技术才能让我们明白，机器人曾经所处或现在所处的具体环境如何决定了其行为，其行为又怎样随着一生所处环境的不同而发生变化。另外，环境机器人技术让我们有机会进行“环境实验”，我们可以改变机器人所处的环境，发现生活在不同环境中的机器人的行为影响。我们无法对真实动物进行环境实验，因为我们不可能操纵真实动物所处的自然环境，但我们可以操纵机器人的周边环境，而机器人的环境实验能够帮助我们解读已掌握的有关真实动物的（很少的）环境数据，并提示我们应该去寻找什么样的新数据。

如果我们想构建类人机器人，那么研究机器人在环境中的行为就越发重要。人类环境基本属于社会环境，人的大多数行为都受其他人的行为的影响。另外，与非人动物不同的是，人类会对自身的环境进行改善，他们的“自然”环境已经逐渐演变成了自己所创造的“人工”环境，而且这种改善会不断进行下去。实际上，人类行为是与环境进行双向影响的结果——环境决定人类行为，人类行为也决定环境。环境机器人应该帮助我们了解这一双向影响。

但是，基于“一个机器人/多种现象”的原则，我们也需要进行机器人的“实验室实验”。将一个生活在“自然环境”下的机器人带入“实验室”——一个万事都在我们掌控之下的简化环境，然后收集在这种简化环境下机器人的行为数据。机器人的自然环境与实验室之间的对比也许可以给我们一些提示，帮我们找到很多跟真实有机体相关的非常有趣的问题的答案：为什么这个有机体——这个动物或这个人——在实验室里的行为是这个样子的？在实验室里有这样行为的有机体的自然环境应该是怎样的？对于生活在这样的自然环境中的有机体，我们应该进行哪种实验室实验？

行为作为历史进程的产物

人类和所有有机体一样，是历史进程的产物，逐渐发展成为今天的样子。如果我们不能了解人类是如何走到今天的，我们就没法真正理解人类究竟是怎么回事。因此，如果我们想构建出类人机器人，我们的机器人就必须能够再现人类的行为和人类社会的运行方式，还要能够再现人类发展出这样的行为以及人类社会发展到今天的模式所经历的过程。人类是多个不同“历史过程”的产物：他们代际生物进化的产物，是自身生命发展的产物，是拥有具体生命历程的产物，也是自身所属的文化、科学、技术和这些文化、科学、技术的历史的产物。类人机器人应该再现所有这些过程。

现在的很多机器人并不由我们设定程序，它们在进化、发展或学习中获取一些行为。进化机器人技术的工作对象，是那些从父母处获得了一组基因的机器人，这组基因可以对神经网络的属性进行编码。通常情况下，这指的是神经网络中的连接的重量，并因此决定机器人的行为。不同的机器人基因不同，因此，每个机器人各有不同的神经网络，其个体行为方式和其他所有机器人都不一样。机器人的再现是有选择性的——有些机器人的后代多过别的机器人，这主要取决于它们的表现是否良好。在后代机器人从父母处继承的基因中也加入了一些随机的变量（基因突变），这样，在某些情况下，后代机器人的基因便会优于父母的基因，表现也更加出色。第一代机器人的基因是随机的，所以，它们并不特别擅长进行保命和繁衍所必需的行为。但是，因为繁衍出后代的机器人是那些比别人表现更好的，所以结果就是，在代际传递中，机器人进化出了最初并不存在的行为模式。

这就是进化。发展就是机器人的一生中所发生的系列改变，这些改变会写进机器人的基因。进化所培育出的基因不但记录机器人的“初始状态”（initial state），还记录机器人一生中身体和大脑的变化。其他的机器人通过学习获取行为。会学习的机器人的神经网络会随着机器人在周围环境中的经历而改变，这样一来，机器人就可以获取新的行为和新的能力了。

这些不同类型的“变化的机器人技术”对于非人类动物来说可能已经够了，但是，如果我们的目标是要构建类人机器人的话，我们就还必须再现其他人类所特有的过程。人类的社会、文化、技术会随着时间的推移而发生变化，而人类行为会受到社会、文化、技术的影响，所以类人机器人必须生活在一个类似的机器人社会，其文化和技术便也会随时间发生变化。这就要求类人机器人技术不但要建立起与进化和发展生物学以及学习心理学的对话，也要建立起与社会科学、考古学和历史的对话。

这里有必要针对“构建机器人”这个词说上两句。如果我们的目的是要通过构建和人类行为相仿的机器人来了解人类行为的话，“构建”机器人这个概念就有些问题了。真实的有机体不是任何人构建出来的，它们是自主形成的。它们是历史进程（进化、发展、学习，就人类而言，还有社会与文化的历史）的产物，这些历史进程将它们塑造成了今天的样子。所以，如果机器人必须再现真实有机体的话，它们就是不能够由我们来构建的。它们必须进行自我构建，而且再现它们获取行为的过程这一目标和再现行为的目标同等重要。机器人代表了科学研究的一种新的一般性方法，这种方法可以用这样的说法来表达："如果你想理解 X，就必须在人工构造中再现 X"。但是有机体属于生物和历史现象，对于生物和历史现象来说，这个说法必须转化为"如果你想理解 X，就要在人工构造中再现 X，而且这个人工构造必须能够自主地发展成这个样子。"

这看起来似乎和机器人是基于计算机的人工构造这一事实相悖，因为计算机的概念是和程序的概念是关联在一起的。计算机程序指的是计算机为了产生某一结果而必须执行的一系列命令。如果由我们设计程序，机器人的一切就都是执行程序的结果，那么，机器人的自我构建又在什么意义上进行呢？答案就是，我们不能设定程序让机器人表现出我们预期中的行为，而是应该写一套程序，能让机器人进化、发展和学习它们所展现的行为。这里，和其他地方一样，作为科学理论的机器人和作为实际应用的机器人是不一样的。对于应用型机器人，我们已经知道了这些机器人应该表现出哪些行为。作为科学工具的机器人则不同。我们创建机器人的初始状态，让它们可以进化、发展、学习，然后我们要观察会出现什么样的行为以及这些行为是如何出现的。这些行为可能会让我们感到惊讶。通常情况下，让我们吃惊的机器人行为会更加有趣，与我们期待或希望它们展示的行为相比，这些意料之外的行为会告诉我们更多有关动物和人类的真实信息。而且这是一个递归性的策略。我们创建初始状态让 X 可以出现，然后我们退后一步，创建这些初始状态得以出现的初始状态，并依次在时间上不断后退——直到我们到达地球上生命的起点。

比较机器人学

人类和非人类动物不同，但是在我们眼中，人类特有的一切都可以追溯到其他某个物种，或在其他物种中以一种更简单的形式存在。因此，要构建类人机器人，我们必须采用比较的视角，必须将类人机器人与动物机器人进行比较。对于针对真实动物的研究来说，比较机器人学和比较生物学、比较心理学一样，是非常有用的学科。我们必须要构建类人机器人，同时，我们也要构建外形和行为与秀丽隐杆线虫这样的小虫子、鱼、老鼠或者猴子相仿的机器人，甚至是植物机器人。我们要对这些机器人进行比较，以发现它们各自的进化历史如何让它们变成了现在这样，这样我们才可以对它们之间的相同点与不同点进行解释。这种比较的方法也要推广至人类社会。人类社会有不同的文化、经济与政治体制。我们必须构建起有不同的文化、经济、政治体制的机器人社会，并对这些社会进行比较，以求更好地理解人类社会的每个构成部分是怎样相互影响、相互作用的。生物和社会实体有的简单些，有的则要复杂些。要理解更为复杂的实体，将之与简单实体进行比较通常是行之有效的做法。

但有一件事是比较机器人学可以进行的，但在比较生物学、比较心理学甚至比较社会科学中却是不可能完成的。我们可以构建反事实的机器人，即不像任何现存动物的机器人；也可以创建与任何现存人类社会或历史上曾经存在的人类社会都不同的反事实的机器人社会。这些反事实机器人和反事实人类社会就像反事实假设一样，是对可能但不存在的世界的假设。这样的世界虽然不存在，但通过基于计算机的人工构造表示的理论能使其成为可能。将比较的方法推广到这样的世界，是对科学工具的重要补充。在计算机诞生之前，我们只能凭想象去构建或用文字去描述反事实假设——或者，在社会或政治生活中，我们称其为“乌托邦”。我们只能在脑子里对这些“乌托邦”的影响进行揣摩。但计算机改变了这种情况。在计算机或由计算机控制的人工构造实体中，反事实假设成了确实存在的世界，我们可以对这些世界进行观察和实验，就像我们可以对真实世界进行观察和实验一样。行为理论必须生成预测，并可以与真实动物的行为进行比较。通过机器人来表达的理论所生成的预测，可以与真实动物的行为进行比较，也可以与机器人本身的行为进行比较。我们能不能预测我们构建的反事实机器人会有什么样的行为模式呢？我们能不能预测构建机器人时出现的始料未及的情形以及机器人会有什么样的行为？我们能不能预测反事实机器人社会会发生些什么？机器人不仅仅是理论，它们还是（人工）数据。从传统的角度来看，理论和实验是不同的实体。理论存在于科学家的脑海里，存在于科学家的语言中或数学符号里；实验是对外部现实的问询。在这种有关机器人的新的“人工”科学当中，理论以及理论打算解释的数据可以同时存在于人工构造中，人工构造可以既是理论又是实验室。真正的实验，或者，从更广义的角度说，真正的实证数据，显然仍是必需的。但如今的科学有了新的工具，对于研究像人类和人类社会这样极度复杂的现象的科学来说，这个新工具效力非凡。如果我们构建一个很像真实人类的类人机器人，但这个机器人没有手，那我们能不能预测这个机器人的行为呢？如果我们构建一个独自生活在其所在环境中的机器人，我们能不能预测出这个机器人的行为，而它的“意识”又是什么样的呢？如果我们构建出既非男性也非女性且不生活在家庭中的机器人，我们能不能预测这个机器人的感受？如果我们构建起一个没有“首领”的类人机器人社会，我们能不能预测这样的社会中会发生什么？如果我们构建起经济环境与现存经济环境均不同的机器人社会，我们能不能预测结果会怎样？当然，人类适应模式中的这些不同组成部分也许应该是互相联系的，如此一来，可能就构建不出可以称作“类人”的没有手的机器人了。但这本身就是个非常有趣的结果。而且，从更普遍的意义上讲，反事实机器人和反事实机器人社会对于理解真实人类和真实人类社会是大有帮助的——它们也可以帮助理解并预测自身的未来。

所以，如果我们要应用“一个机器人/多种现象”这一原则的话，机器人就必须要有身体和大脑，必须生活在某个环境中，必须是各种不同历史进程的结果，而且它们必须再现人类和其他动物。这些都是最基本的现象。如果我们想特别地把这个原则适用于类人机器人的话，有一长串的不同行为或不同社会现象需要同一个或同一批机器人来再现。我们会在接下来的部分提到这些不同的人类行为和人类社会现象，这也是本书不同章节的具体内容。

5. 类人（human）而非人形（humanoid）机器人

尽管比较机器人学非常重要，但本书中我们感兴趣的还是类人机器人，也就是与人类行为接近并生活在类似人类社会环境中的机器人。目前，类人机器人还不存在，现在有的是“人形”机器人。人形机器人的外表与人类相仿，可以进行简单的人类行为，比如伸手抓取物品、双腿行走或爬楼梯等。在有些情况下，人形机器人还有语言和情绪的表达，可以与我们进行交流。有一个与真实存在的动物相似的外形——这是机器人学中的一个重要要求，但如果将机器人作为一种理论来解读该动物的行为的话，形似是远远不够的，因为行为取决于身体，但行为并不是身体。今天的人形机器人所展示的都是很有趣的行为，但是人类行为相当丰富，而且这些行为只是人类全部行为中非常小的一部分，特别是当我们考虑到人类社会生活的重要性的时候。人形机器人似乎可以和我们交流，它们似乎表达了情感，但实际上它们并不理解我们所说的，甚至并不知道它们自己说的是什么，它们并没有真正感觉到自身表达出来的情感，更无法真正理解我们的情感。

所以类人机器人只能是未来的机器人，目前关于类人机器人的研究还非常少。机器人有实际应用，作为实际应用的机器人对工程师和计算机科学家都很有吸引力，但研究人类行为和人类社会的学者对此则没有那么大的兴趣。目前参与到机器人研究中的人类行为学者只有（很少几位）心理学家和神经学家，而社会科学家则几乎完全忽略了机器人，尽管有些社会科学家试图通过构建无实体的抽象“主体”来研究社会现象。

这种情形有多种原因。构建机器人或构建广义上的基于计算机的人工构造，要以某些技术能力作为前提，比如写计算机程序，而研究人类和人类社会的学者未必通晓这些技术。通过在机器人身上再现人类和人类社会来对其进行研究，这对人类和人类社会学学者来说是个完全异化的概念。而且本书中提到的机器人完全忽视学科划分，但有关人类的研究却仍有明显的学科区别。

如果我们想研究人类和人类社会的话，我们就必须构建行为接近人类、生存环境接近人类社会的机器人。而且，如果我们想把“一个机器人/多种现象”的原则用在类人机器人身上的话，我们构建的机器人就必须像人类一样有自己的语言，不仅用来和别的机器人交流，还用来和自己对话。它们还要有精神生活。它们的大部分行为是从其他机器人身上学来的；也不是生存在自然环境中，而是要创造自身生存的环境；需要的大部分东西不是取之于自然，而是取之于其他机器人；有像人类社会一样复杂的社会系统，有艺术和宗教，并且研究哲学和科学。

为什么我们感兴趣的是构建类人机器人，而不是类虫机器人或类猴机器人呢？这个问题有很多答案。其中一个就是，人是特别复杂的动物，因此，如果以机器人的方法研究行为的话，人类提出的挑战会更大。如果我们能够构建出行为接近人类的机器人的话，那比起构建类虫机器人或者类猴机器人来，就更能清楚地展示这一研究方法的强度和效力。但人又不仅仅是更复杂的动物。人类表现出非人类动物所没有的行为。这些行为的有些初级形式在这种或那种动物身上也有体现，因为正如达尔文所言："人类和高级动物在大脑方面的区别，尽管巨大，但肯定只是度的差别，而非质的不同。"这就是为什么我们虽然对人感兴趣，但也不能忽视其他动物的原因，我们需要了解人类的"动物性"过去。虽然所有的动物都是特别的，但人要更特别一些。

我们为什么要构建类人机器人？这个问题的另一个答案是：因为本书的作者和读者都是人，我们都是"物种自恋症患者"。我们听从苏格拉底的建议，渴望了解自身。但这又不仅仅是对这一物种的自恋。我们想要通过构建类人机器人来了解自己，是因为类人机器人可以帮助我们理解并解决人类今天面对的很多难题。这些难题大都是由人类自身造成的。地质学家表示，一万年前，一个新的地质时代开始了，那个时期的物理环境不是自然环境，而是人类创造的环境。他们把这个地质时代称为"人类世"(Anthropocene)(来自希腊语的人"anthropos")。当然，我们对"人类世"的理解不应局限为自然环境，还应包括精神和社会环境。如果机器人可以帮助我们更好地了解我们自身和我们创造的环境，我们就应该将机器人视为科学而进行投资，以期更清楚地认识我们目前的状况和未来的可能——这可能是机器人最重要的实际用途。

但是过去几十年来，类人世已经变成了类计算机世(Computercene)，这是一个人类生存的环境被计算机创造的时代，或者说，人类环境就是计算机。类计算机世之后就将是类机器人世(Robocene)。如果我们能构建出真正的类人机器人，我们的环境中就会有人工合成的人。和人工合成的人生活在一起，对人类来说意味着什么我们还不清楚。类人机器人可能会给人类带来心理上的困扰，当然，人类最后可能会习惯这些新人类并接纳它们。但是还有个更严肃的问题。既然人类自己决定要做什么，如果类人机器人真的和人类相似的话，它们也就必须自主决定自己的行为，而不需要由我们来告知。它们可能会决定把我们变成它们的"奴隶”（serf）。[“Serf（奴隶）”是机器人（robot）一词的本意，但此时的奴隶恐怕就是人了。] 或者，它们可能会决定要过没有我们的生活——它们可能有能力实现自己的愿望。这听起来可能像科幻作品，但这是一个研究项目的逻辑后果。我们要么不可能构建出真正意义上的类人机器人，要么就必须想象出一个与同我们确实相类似的机器人共存的世界。当然，人类也可能决定不去构建真的和我们自身一样的机器人，这时，我们要决定在何时、何处收手——也许，这本书并不应该出版。

6. 关于本书

类人机器人目前还不存在，但是我们可以迈出构建类人机器人的最初几步。我们可以勾勒出类人机器人需要再现的人类行为和社会现象的轮廓，可以确定必须要解决的问题，还可以构建类人机器人的极度简化版。这些就是我们在本书中努力想要做到的。

这本书有很多局限性。书中描写的是位于罗马的意大利国家研究委员会下属的认知科学与技术研究所现在和以前的同事所做的研究——当然，这本书反映的是作者关于该研究的观点，以及作者对机器人学的整体看法。所以本书是对一个研究项目的简要概述，而不是对该领域现有水平的陈述。这本书里描述的机器人在身体、大脑、环境、进化史、生命史、动机、行为、社会生活和社会等各方面都高度简化——很多时候它们的行为更接近非人类动物，与人类行为相去较远。另外，这些机器人都是在计算机上的模拟物，并没有实体。当然，我们现有的多数机器人都是被称作伊普克（E-puck）的小型物理机器人，用来控制模拟的伊普克机器人的电脑程序也可以转用在伊普克物理机器人身上，然后我们也许就可以看到物理机器人在物理环境中是怎样的一番行为。这些机器人的外形和人体大相径庭，但是，如果我们必须在长得像人，但只能再现一两个简单人类行为的人形机器人，和外表不像人，但所展现的行为现象酷似重要的人类行为现象的类人机器人，之间做出选择的话，我们要选后一种机器人。

本书的另一局限性在于，在有些情况下，我们的“机器人”并不是真正意义上的机器人——它们没有身体，也没有大脑，更像是基于智能代理的社会学仿真（agent-based social simulation）中的无实体的“代理”。基于智能代理的仿真技术是非常有用的科研工具，但是我们认为，如果要真正了解人类行为和人类社会，就不能忽略人类的身体和大脑——或者说，整体意义上的人类的生物规律。所以，我们的“代理”应该逐步被机器人所取代。

最后一点局限性在于，虽然本书中出现的大多数机器人确实已经被构建出来，而且在本书中也综合汇报了已经取得的进展，但在一些情况中，我们描述的机器人尚未被构建出来，但其构建却很容易。（本书最后一章将详细讨论我们的机器人的不足之处。）

现在我来说说本书的结构。第一章讲的是我们这个科研项目的整体“哲学”。第二章讲的是有各种不同动机的机器人，它们随时需要决定要通过行动来满足哪种动机；而且它们也有自己的情绪变化，以帮助自己更好地做出动机决定。第三章中的机器人逐渐获得了一些行为，因为它们不但是代际传递的结果，而且在自身生命过程中仍不断学习。这两章所涉及的行为现象非常重要，但并非人类特有，也存在于非人类的动物世界中。接下来的几章中所描述的现象，在非人类动物身上可能有某种萌芽期形式，但更多的是为人类所特有。第四章讲的是有自己的语言的机器人，而且它们的语言会改变世界在它们头脑中的模式。第五章中的机器人有一定程度的精神生活。其中所说的精神生活，指的是机器人的大脑可以自主生成自身的感知输入，不仅要对来自外部世界和自己身体的感知输入做出反应，还要对大脑自主生成的感知输入做出反应。第六章讲的是群居生活的利弊。第七章描述的则是有血缘关系的机器人以及男女机器人的家庭生活。第八章中的机器人可以通过模仿其他机器人进行学习，并发展自己的文化与技术。第九章描述的是可以拥有财物的机器人，这里的财物指的是放在外部仓库里的、只有机器人自己能够拿到的物品。第十章讲的是机器人的社区生活，它们也是有政治生活的，还有一个能替整个社区拿主意的首领。第十一章涉及的是机器人的经济生活，这一章中描述了以物易物、在以物易物中作为中介的商人、货币的出现以及工人机器人和企业家机器人之间进行劳动力和货币的交换。第十二章涉及的是机器人之间的个体差异以及有神经系统问题或心理问题的机器人。第十三章中所谈到的机器人有艺术和宗教信仰，其社会有一定的历史，可以从事科学研究，还可以对这些机器人进行玄学研究。第十四章列出的是我们这些机器人的不足之处和未来努力的方向。在本书的最后一章，即第十五章中，我们讨论了关于类人机器人对人类有何用处的问题。

附录

本书中所描述的机器人，几乎都已经有了实际构建，在每一章的最后都附有一些论文，其中列出了有关这些机器人的更多细节。大多数机器人是仿真的伊普克机器人（simulated E-puck robots）。伊普克机器人是一种物理机器人，其体积较小，有视觉和其他传感器，有两个轮子，可以在周围环境中活动（如图 1－3 所示）。

图 1－3　伊普克机器人

在我们最初的设想中，机器人生活在隔离环境中，其中包含食物成分，即食物令牌，机器人必须吃掉这些食物令牌，才可以维持生命并繁衍后代（如图 1－4 所示）

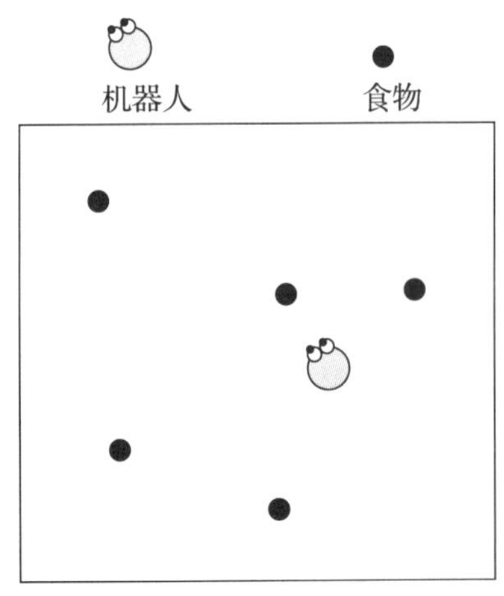

图 1－4　机器人生活在有 5 个食物令牌的环境中

当机器人接触到食物令牌时，系统就会默认该食物令牌已被机器人吃掉，另一个食物令牌便会出现在该环境中，以保持令牌总数不变。我们有一整套的机器人群体，其中每个机器人各有不同的大脑和行为模式，独自居住在各自的再现环境中。

机器人的行为由人工大脑来控制，这是一个神经网络，其中有感知神经元、内部神经元和运动神经元，由各种连接联系在一起。感知神经元把它们的连接发送给内部神经元，内部神经元又把自己的连接发送给运动神经元。这些连接可能是刺激性的，也可能是抑制性的（如图 1 − 5 所示）。

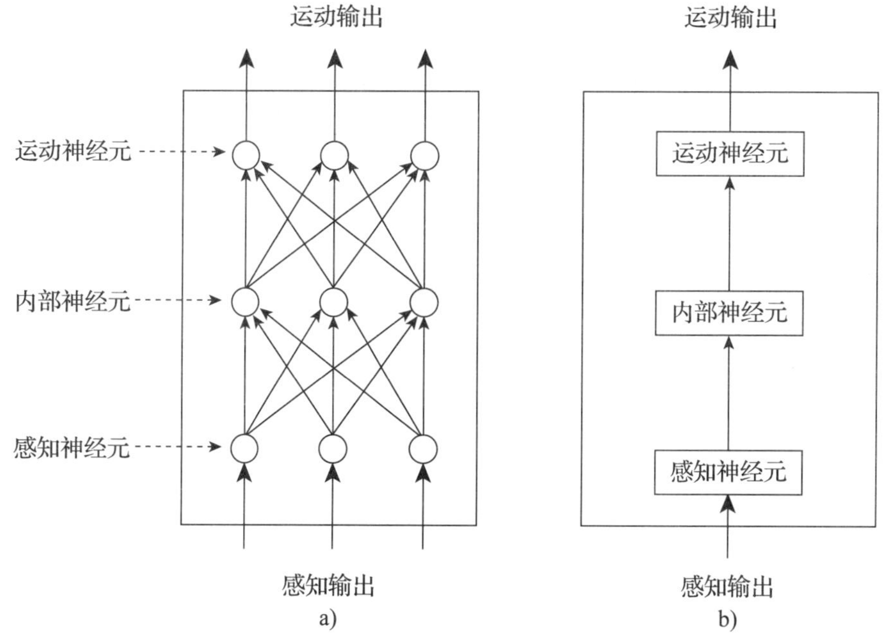

图 1 − 5　机器人的大脑是一个人工神经网络，其中的感知神经元把连接（箭头）发送给内部神经元，内部神经元又把自己的连接发送给运动神经元（a）。（b）是对（a）的概要表示。

机器人的生命就是一系列的指令周期。每个周期中的每个神经元都有一定的激活水平，不同神经元的激活水平不同。一组神经元的整体激活水平被称为该组神经元的激活模式。感觉（视觉）神经元的激活模式是由机器人视野之内的食物令牌产生的感知输入决定的（如图1－6所示）。感知神经元对内部神经元有兴奋或抑制作用，随之产生的内部神经元的激活模式则为感知输入的内在表现。这种激活模式会带来运动神经元的激活模式，决定机器人的两个轮子的速度，并因而决定机器人在周围环境中的活动。感知输入的内在表现既反映了感知输入，又反映了神经网络对感知输入的运动反应，因此这是一种感觉——运动体现。

图1－6　机器人的视野

如果机器人的视野中因没有食物令牌而导致视觉神经元未被激活，那么机器人也同样可以在周围环境中活动并探索，因为内部神经元和运动神经元有独立的内在激活水平，并可以附加在由其他神经元产生的激活水平之上。

一个神经元对另一个神经元的激活水平会产生多大的影响——不管是兴奋还是抑制，均取决于两个因素：①第一个神经元的激活水平；②连接第一个神经元和第二个神经元的连接的重量。因此，如果两个机器人的神经网络中的连接权重不同，那么这两个机器人对同样的感知输入的反应也会不同。

机器人的行为是靠基因遗传的（先天的），并在代际传递中不断进化。每个机器人都有一套记录其神经网络的连接权重、内部神经元及运动神经元的内在激活程度的基因，这些基因决定了机器人的行为。我们的第一代机器人的基因是随机的，因此，它们的神经网络中的连接权重也是随机的。每个机器人的行为模式都有别于其他机器人，但是这些机器人基本上无法够到并吃到食物令牌。这些机器人可以无性繁殖——要繁衍后代，一个机器人就够了。有些机器人纯粹是因为运气好——随机得到的基因比较好（神经网络中的连接权重比较好），因而吃得多，后代的数量也多。子代机器人遗传了父代的基因，但基因价值中有一些随机变化（基因突变），所以子代机器人的行为和它们的上一代并不完全一致。有时候，某个子代机器人可能比上一代更擅长够取并吃掉食物令牌，那么这个机器人就会在与兄弟姐妹的竞争中胜出，可能会被选中去繁殖下一代机器人。这个过程持续进行几代之后，机器人的行为就会逐渐优化，最后，机器人就获得了吃掉食物令牌的能力——当然，机器人与机器人之间的差别仍然存在。能够繁殖后代的机器人被认为有更好的“适应性”（fitness），这个适应性指的就是在同样长的一段生命中，每个机器人吃掉的食物令牌的总数。为了使结果具有统计学意义，我们把这个仿真实验重复进行了多次，每次开始时的初始连接权重都不同。

如图 1-7 所示的是经过连续 500 代之后，机器人的适应性有了何种程度的提高。第一代中，最好的机器人能吃掉大约 70 个食物令牌，而普通机器人只能吃掉大约 30 个；最后一代中，最好的机器人能吃掉大约 225 个食物令牌，普通机器人也能吃掉 175 个。

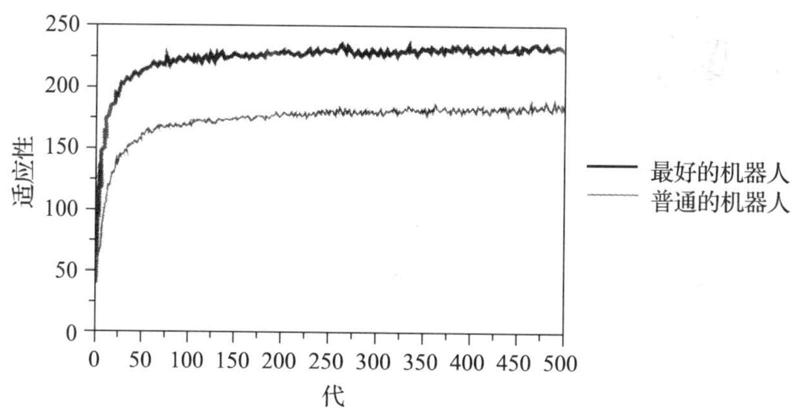

图 1-7　经过 500 代之后，机器人的适应性有所提高。适应性指的是在长度相同的生命中，每个机器人吃掉的食物令牌的总数。

这些就是我们的机器人的基本情况。本书中所描述的机器人生活在不同的环境中，除了吃饭之外，它们可能还有其他问题需要解决，可能足有更为复杂的神经网络；它们的基因所记录的，除了神经网络的连接权重之外，可能还有其他东西；它们可能既有代际传递的进化，又有自身生命过程中的学习；它们的学习可能既发生在与外部物理环境的互动中，又发生在与其他机器人的互动中。而且，它们可能是不同于伊普克的机器人，也可能是没有身体和大脑，只有抽象行为的“智能体”。如有必要，在本书写作过程中，我们会补充上相关的细节。

第二章　有动机和情绪的机器人

ME 到达地球的时候，发现人类的科学家有把人类意识与理性或智力等同起来的倾向。弗洛伊德是唯一一位认为意识中的动机部分比认知部分更为重要的著名心理学家。但即使是他，也认为要治疗心理方面的困扰，必须将意识中动机的一半置于意识另一半的控制之下，方才成为可能。ME 发现，关于意识的科学有被称作“认知”科学的倾向。“意识”已经变成了“认知”。

科学是某一人类文化的产物，这一文化就是西方文化。在西方文化中，认知比动机和情绪更为重要，因为认知是对现实的控制，是摆脱自然的独立，而动机和情绪则是这种控制与独立的缺乏。

ME 出生在火星。它虽然是名科学家，但却不是人类的科学家，而且它知道理性和智力只是人类意识的一半——属于认知的一半，而另一半则是动机与情绪。它有点同意法国哲学家拉·罗什富科（La Rochefoucauld）的观点：“意识总是感情的受害者。”ME 希望通过构建和人类行为相近的机器人来了解人类，但是，人类制造的机器人只具有意识中属于认知的一半，而 ME 的机器人则必须兼具意识的一半以及动机和情绪的一半。只有这样，ME 的机器人才能再现一些很重要的人类现象，比如，人类生活的心理方式，对一个人来说其他人意味着什么，为什么很多社交行为改变了别人的动机，为什么人与人之间不但认知能力不同，而且性格气质各异，那些让他们饱受折磨的花样百出的心理疾病以及为什么他们有艺术和宗教。

1. 行为的认知层面和动机层面

人们常常用外界刺激来解释行为。外界刺激到达动物的感觉器官，动物的大脑对此做出反应，告诉身体各部分要怎样行动以及做些什么。刺激与反应之间在大脑中所发生的过程可能非常复杂，但外界刺激仍被认为是行为的主要决定因素。这样一幅关于行为的画面，即使用最好听的话说，也是不完整的。想象一下有只动物，它发现了一样食物。只有当它饥饿的时候，它对食物的反应才会是吃掉它。如果不饿，它可能会对食物置之不理。这个例子说明，外界刺激只是行为的部分诱因。要解释这只动物的行为，我们需要考虑到时刻在控制其行为的动机。只有把动物当前的动机——在这个例子里是饥饿——和外界刺激结合起来，才可能预测动物的行为。只有外界刺激是不够的。

所有动物都有很多不同的动机，如果它们想要维持生命、繁殖后代或者活得好些，就必须用行动来满足这些动机。它们有吃的动机、喝的动机、避开捕猎者的动机、找一个伴侣来繁殖后代的动机、保障后代存活的动机以及身体受到伤害时需治愈的动机。对于人类来说，不同动机的数量还要大得多。人类有非人类动物所有的一切动机，还有很多动物所没有的动机。除了食物和水，人类还想要大量其他的东西——衣服、房子、汽车、个人饰品、手机，而且他们想要能够买这些东西的钱。他们有让别人了解自己的动机，有回避关于未来的糟糕设想的动机，还有了解和理解现实的动机。对现实的了解和理解，既是为了发展有用的技术，也是为了了解和理解本身。

这些不同动机的存在带来了问题，因为在多数情况下，一只动物无法同时满足两个或两个以上的动机。如果一只动物想同时满足吃的动机和避开捕猎者的动机，在有些情况下，它就必须在寻找食物和从捕猎者爪下逃开之间做出选择。同样的道理也适用于动物既想吃东西，又想找个伴侣繁殖后代的情况。它不能同时做这两件事。如果一个人既想赚很多钱，又想树立起一个对金钱不感兴趣的形象，他或她也必须在赚很多钱和树立对金钱不感兴趣的形象之间做出选择。

这就要求所有动物都要有一种机制，可以在任何时间决定由哪种动机控制它们的行为。实际上，所有动物的活动都在两个层面上进行：动机层面以及认知或行为层面。在动机层面，动物需要决定在任何特定时间，需要用行为来满足多个不同动机中的哪个。在认知层面，动物执行可以满足自身在动机层面所决定的动机的行为。为了维持生命和繁殖后代，动物需要在两个层面都活动良好。认知层面的重要性在于，这是行为的实际操作层面；而且，很显然，如果一只动物无法进行满足动机所必要的活动的话，这对它来说就是个问题。如果动物决定忽略食物、逃开捕猎者，可它跑得却不够快，那么这只动物麻烦就大了。但是，动机层面甚至比这还要重要。如果在捕猎者出现的时候，这只动物还继续吃下去的话，那它就死定了。

动机和行为之间还有一个区别。个体在行为层面的活动可以通过学习来提高。如果某个个体不知道该怎么去做某事，他可以去学做这件事。与此相反的是，正确决定应该用行为来满足哪个动机的能力却不是容易提高的——精神治疗师对这一点都很清楚。个体的动机与该个体为了满足不同动机而必须拥有的行为能力由来不同。动机系统是一个物种进化史的产物，被写入了基因，是每个个体在出生时遗传到的。可以满足动机的行为则与之相反，至少，人类行为多数是个体在生命过程中通过学习得到的。当然，人类在一生中也会学到很多新的动机，但每个人在出生时都有一套基本动机，这是人类作为一个物种进化发展的结果。

这一点对于构建机器人来说有非常重要的启发。如果机器人必须与真实动物接近，它们就不能由我们通过程序进行控制，因为真实动物不是由任何人能通过程序控制的。它们必须自发地成长为现在的样子。而且，和真实动物一样，它们发展成现在的样子，应该是两种不同过程的结果——进化与学习。它们必须在代际传递中完成进化，也必须从每个机器人个体一生的经历中学到东西。但是，进化和学习对机器人大脑在动机和认知层面的活动所起的作用并不一样。从理论上来讲，机器人是可能通过学习获得所有的行为模式和认知能力的，但是不可能通过学习获取基本动机，除非我们构建起一个机器人种群；而这些动机是机器人进化的结果，是它们环境适应过程的一部分。

前边已经提到，一般来讲，动物无法同时满足两种或更多动机。因此，动物需要有一种机制，以决定在每个特定时刻用行动来满足哪个动机。这个机制非常简单。每个动机都有一个量化的强度，这个强度不但有个体差异，而且每时每刻也不尽相同，在竞争中胜出并指导行为的，是该时刻强度最大的动机。动机的强度取决于多个不同因素。有些动机的强度本质上就高过其他动机，比如吃的动机、回避危险的动机、繁殖的动机、保障后代生命的动机等。这些动机固有的强度水平比较高。但是动机的强度也取决于动物身体当前所处的状态。如果动物体内能量较低，吃的动机强度就要大些，这个信息会以饥饿的形式传达到大脑。动机的强度也可能取决于当前动物所接受的刺激，这是由外部环境传达给大脑的。当动物看到捕猎者的时候，回避捕猎者的动机会非常强大；交配动机的固有强度本来就较高，但当动物看到异性个体出现的时候，该动机则会变得越发强大。就人类而言，每件事都更加复杂，因为人类不同于非人类动物，他们会在大脑内自发生成各种刺激，动机的强度也会受到这些自发生成的刺激的影响——受到他们想象、记忆、思索中的事物的影响。（关于能自发生成刺激并有精神生活的机器人，详见第五章。）

我们说在任何时刻，动物都要“决定”由哪种动机来支配行为，但是非人类动物并没有真正去“决定”应该用行为来满足哪种动机。大多数情况下，人类也是如此。不同动机在动物身体和大脑内展开竞争，强度最大的动机自动在竞争中胜出，获得对行为的支配权。

2. 今天的机器人没有动机

如果动物和人类活动在动机和认知两个层面展开的说法成立的话，我们的机器人也必须有这两个层面的活动。机器人必须有不同的动机，必须“决定”某一特定时刻以行动来满足哪个动机，还必须执行这些行为，使动机的满足成为可能。

今天的机器人没有动机，也不需要在不同动机中做出选择。几乎所有机器人学方面的研究都致力于行为的认知层面，动机层面则常常被忽略。我们经常听到“自治”（autonomous）机器人的提法，但是“自治”机器人指的是认知自治的机器人，而不是动机自治的机器人。非自治机器人通过传感器从环境中收集信息，并把信息发送给人，由人来决定机器人应该对这些信息做出什么样的反应。被称为“自治”的机器人有一个内部系统，即它的“大脑”，可以自主决定如何响应来自外部环境的感官输入。但是目前的自治机器人的自治是认知层面的，而非动机层面的。机器人可以自主决定在接收到外界传来的感官输入之后如何响应，但它们的响应总是与我们交给它们的任务有关。动机自治的机器人在决定如何响应感官输入时可以完全独立，与我们无关，亦与我们交给它们的任务无关。

没人构建动机自治的机器人，究其原因，还是因为今天的机器人学以应用为导向的问题。用比尔·盖茨的话说，构建机器人是为了“代表我们在物理世界完成任务”。如果构建机器人是为了替我们完成任务，那么这些机器人就不需要动机层面的活动，认知层面已经足够了。执行任务的能力是唯一一种机器人必须具有的能力。这一点在“robot”这个词的意思中已有暗示。“robot”一词是20世纪20年代由捷克作家卡尔·恰佩克创造出来的。恰佩克的“机器人”是“奴隶机器人”，是替我们做事情的人造工人。如果机器人是我们的奴隶的话，就应该由我们来决定哪种动机控制它们的行为，而不能由它们自己决定。作为实际应用的机器人不应该有动机层面的行为，因为有动机层面行为的机器人可能做一些我们并不希望它们做的事情；它们也不能有情绪，因为有情绪就意味着它们可能着急、生气、兴奋，并可能有各种心理上的病态表现。这样的机器人有什么实用价值呢？这样的机器人我们可不想要，甚至害怕要。机器人必须是个“自动装置”。人可不是自动装置。

现在的机器人，即使它们的构建不是为了实际的应用，而是作为科学工具来帮助我们更好地了解动物和人类，也依然没有动机层面的活动。机器人是以“一个机器人/一种现象”这样的理念为基础构建起来的。我们感兴趣的每一个任务，都可以制造一个机器人来完成，那么这个机器人就只有完成这一个具体任务的“动机”。但真实的动物不是这样的，它们有很多不同的“任务”，因为它们有各种不同的动机，其行为中很重要的一个方面就是要决定在某一特定时刻去完成哪个“任务”。如果我们构建机器人的目的是要理解真实的动物，那我们构建的机器人就必须要有多个不同的动机，还要有一种机制来决定每个时刻它的行为应该满足哪个动机。

我们不妨把行为的动机层面称作“战略”层面，而认知则属于“战术”层面。在战略层面，动物决定每时每刻该由哪种动机来指导行为，在战术层面，动物做出满足动机所必要的行动。但是在心理学和机器人学当中，“战略”和“战术”这两个词的用法是不一样的。如果满足某一动机的行为包含不同层次的行动和次级行动的话，那这一层级结构中处于较高位置的行动就属于“战略”型，处于较低位置的则属于“战术”型。如果我们决定要满足自己吃的动机，就需要做一系列不同层级的动作：必须出去购买食物，然后必须烹调这些食物；要出去购买食物，必须打开房子的大门，然后又必须去到食品杂货店；要打开房门，必须用力按住门把手，并向外推门。动作层级以此类推，直到达到身体肌肉的简单动作的一级。这是一个动作与次级动作的复杂层级结构。但是，就我们对行为的动机层面和认知层面的区别而言，所有这些动作都属于行为的认知层面。在认知层面之上的，是动机层面。在这个层面，我决定满足自己吃的动机，而不是其他一些动机，比如看电视。对行为的层级结构的研究是心理学和人工智能领域的经典话题，但我们有关行为的战略层面和战术层面的区别有些不同。战术层面指的是生成满足某一既定动机所需要的层次复杂的行为这一层面，战略层面指的是确定动机的层面。

行为的动机层面也要和所谓的“动作选择”区别开。有些动物非常简单，总是以同样的行为来响应某一特定刺激，所以我们可以说，它们只知道刺激——反应的联系。更复杂些的动物在对同样的刺激做出响应时，会根据情况的不同而有不同的行为。人类的一个例子就是伸手去够东西。一般来说，我们动的是胳膊，手画出的是从起始位置到该物体之间最直接的路线。但是如果有什么东西挡在手和该物体之间，我们就会选择另一个动作——手会沿着更为复杂的轨迹到达该物体，绕开障碍物。现在大家都在积极研究机器人的动作选择，这样的研究使得构建更为灵活、更为智能的机器人成为可能。但是对动作选择的研究不等于对行为的动机层面的研究。我们选择某一个动作，是因为在当时的条件下，那是满足当时的动机最好的方式。动机层面是对动机的选择。

本章要谈的是有不同动机的机器人，它们自主决定自身行为要满足哪种动机。这本身就是非常重要的研究目标，但有不同动机并且能够自主选择用行为满足哪种动机的机器人尤其重要，因为这是构建有情绪的机器人的一个先决条件，而情绪是动物和人类行为的关键组成部分。

有动机和情绪的机器人给机器人学提出了一个具有普遍性的问题。目前的机器人学是一种外部机器人学，关注的是机器人身体的外部形态以及机器人的身体和外界环境的互动。外部机器人技术对于抓住意识中属于认知的那一半，可能已经足够了，但是要抓住其中属于动机或情绪的一半，我们还需要内部机器人学，即我们构建的机器人体内要有内脏器官和内部系统，其大脑不但要和外界环境互动，也要和这些内部的器官和系统互动。（本章第7点会讨论内部机器人技术。）

3. 有动机的机器人

这部分我们要讲的是各种有两种不同动机的机器人，要维持生命，它们就必须满足这两种不同动机，并把基因传递给下一代。所有的机器人都有吃的动机；除了吃的动机之外，它们还有另一个动机。而且，因为它们不能同时满足两个动机，所以它们时刻需要决定到底是满足吃的动机，还是满足另一个动机。

（1）必须又吃又喝的机器人

为了维持生命并把基因传给下一代，这些机器人必须得吃饭喝水。它们体内有两个内部仓，一个存放能量，另一个存放水。这两个体内仓大小一样，并且机器人在神经网络的每个输入或输出周期中，为了保命所消耗的能量和水量是相同的。机器人所处的环境中既有食物令牌也有水令牌，这两种令牌的数量一样，随机分布在周围环境中（如图2－1a所示）。要对两个体内仓进行补充，机器人必须吃下食物令牌、喝下水令牌。这些机器人每隔一段时间会生成一个后代，它们的体能就是它们生命的长度。（但所有的机器人到了某个最大年龄值都会死去，这个年龄值对每个机器人来说都是一样的。）机器人的神经网络（如图2－1b所示）中包含视觉神经元，这些神经元会告诉机器人最近的令牌在哪里，以及这些令牌是食物令牌还是水令牌（食物令牌是黑色的，水令牌是白色的）。神经网络中同时也有饥饿神经元和口渴神经元，这些神经元的激活水平反映出机器人体内当前的能量和水量。

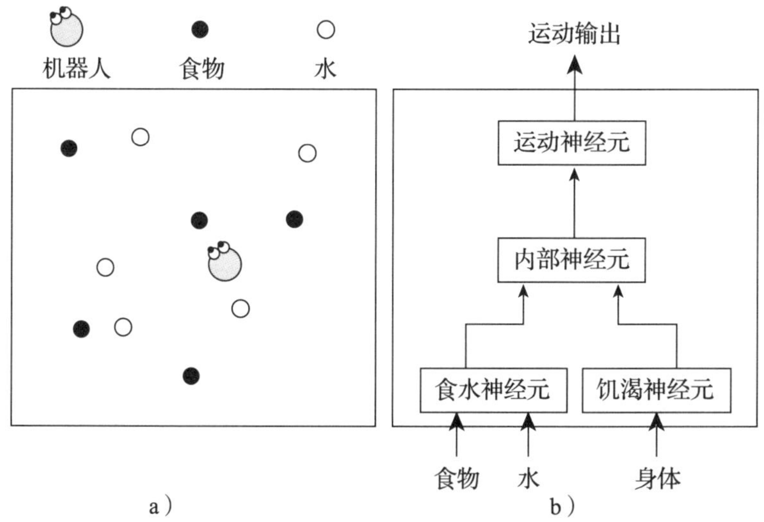

图 2－1　机器人生活在一个周边有等量的食物令牌（黑色）和水令牌（白色）的环境中（a）。机器人的神经网络中有视觉神经元，可以让它们看到食物令牌和水令牌，也有饥饿神经元和口渴神经元（b）。

食物令牌和水令牌中含有等量的能量和水，一旦机器人的身体接触到令牌，就可以认定该令牌被吃掉或喝掉了，这个令牌就会消失，而一个新的相同类型的令牌就会出现在该环境的其他位置上。问题是，机器人吃和喝的动作不能同时进行，由此，在任何时候，它都必须决定到底是趋近食物令牌并将其吃掉，还是趋近水令牌而将其喝掉。机器人要怎么做呢？当它看到一个食物令牌时，是应该过去把它吃掉还是应该继续寻找水令牌？当它看见一个水令牌时，是应该过去把它喝掉还是应该继续寻找食物令牌？如果机器人同时看到一个食物令牌和一个水令牌的话，它应该冲着哪个去呢？

如果体内的能量或水分达到零点的话，机器人就会死去，因此，机器人不能吃得很多但忘了喝水，也不能喝很多水而忘了吃饭。要活命并繁衍后代，机器人必须进行等量的吃喝；而且，可能更重要的是，它需要在恰当的时候吃喝。比如说，机器人不能在生命的第一阶段吃，而在第二阶段喝。当其体内的能量水平较低而水分水平较高时，机器人就需要吃；而当能量水平较高但水分水平较低时，它就必须得喝。

这些机器人简单地展示了行为的动机层面与认知层面的区别。决定到底去找食物还是水属于动机层面；操作身体的具体动作，以便机器人可以趋近并拿到食物令牌或水令牌则属于认知层面。机器人做出到底是去找食物还是找水的决定，是基于这两种动机当下的强度。之后，它就需要有能力去找到食物令牌或水令牌。

这两种动机当前的强度又取决于什么呢？最重要的因素就是机器人体内的能量和水量。当机器人饿了的时候，它必须趋近并吃掉食物令牌，而它要是渴了的话，则必须过去喝掉水令牌。但是这两种动机的强度也取决于另外一个因素：食物令牌和水令牌与机器人之间的距离。在机器人的饥渴程度相当的情况下，如果食物令牌比水令牌离它更近，那么在吃与喝的竞争中，吃的动机就会胜出。这一点告诉我们，机器人不但有吃与喝的动机，也有节省时间的动机。要活命并繁殖的话，机器人就必须用尽可能少的时间找到某个食物令牌或水令牌，这样它才有更多的时间去找更多的食物令牌和水令牌。

身处自然环境中的机器人是这么做的，但是，为了得到更准确的定量数据，我们要做个实验。我们把机器人放到只有两个令牌，即一个水令牌和一个食物令牌的环境中（如图 2－2 所示），这两个令牌都放在机器人的前方，然后我们改变这两个令牌到机器人的距离。如果这两个令牌距离机器人同样远近的话（如图 2－2a 所示），机器人就会用一半时间去拿食物令牌，另一半时间去拿水令牌。（我们给控制机器人的两个轮子的运动神经元的活跃水平中加入了少量的“噪声”，这样对同样的感知输入，机器人的反应可能会有轻微的不同。）但是，如果一个令牌比另一个更近的话（如图 2－2b 和 2－2c 所示），不管这是个食物令牌还是水令牌，机器人都会去拿更近的一个。机器人吃的动机与喝的动机的固有强度是一样的，但是两个令牌与机器人的距离不同，这就使得其中一个动机的强度大过另外一个，并因此决定了机器人的行为。这说明，除了吃的动机与喝的动机之外，机器人还有节约时间的动机。

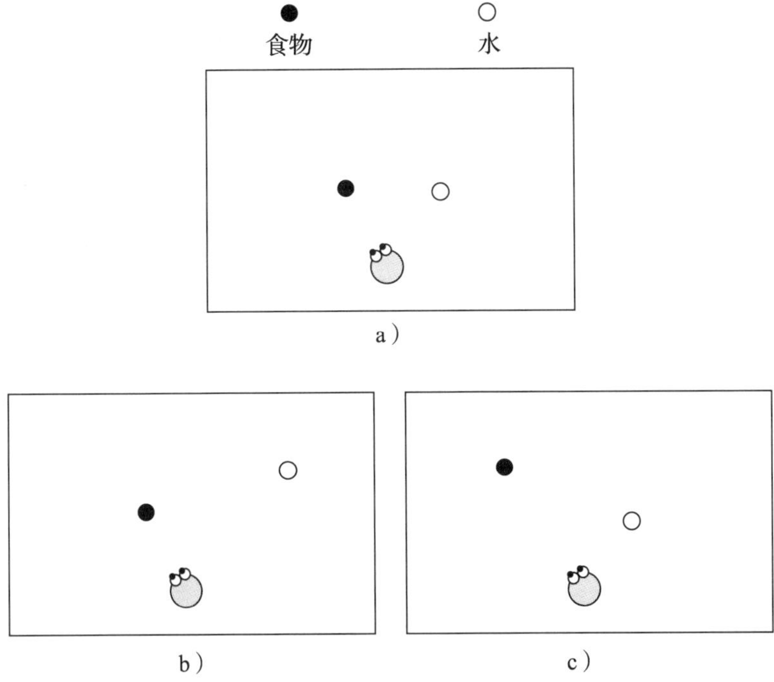

图2-2　实验室中的机器人的周围有一个食物令牌和一个水令牌。这两个令牌与机器人的距离可能相同（a）；也可能其中一个与机器人距离较近，另一个则较远［（b）和（c）］。

如果实验中的机器人饥饿和口渴程度相当的话，所发生的情况就是这样的。但是我们可以改变机器人的饥饿与口渴程度。如果我们把两个令牌放在距离机器人同样远近的地方，在饥饿比口渴更强烈的情况下，机器人会走向食物令牌；如果口渴比饥饿更强烈的话，它会走向水令牌。如果我们变化这两个令牌与机器人之间的距离，我们就会发现，这两种动机在决定机器人的行为时，会有交互作用。

一种动机强于另一种动机，这也可能是出于更为内在的原因。机器人的身体可能需要较多的食物、较少的水分，这时机器人吃的动机的内在强度就大过喝的动机。我们进化了新的机器人种群，这些机器人维持生命需要的食物多于水分。我们发现，在实验室中，如果食物令牌和水令牌距离机器人远近一样的话，机器人就会走向食物令牌，而不是水令牌，即使它的饥饿和口渴程度相当。

影响机器人的动机强度的另一个因素是机器人所处的环境。我们所描述的机器人，其周围环境中的食物令牌和水令牌的数量是一样的。我们在水令牌比食物令牌少的环境中（如图 2－3 所示）进化了新的机器人种群，并发现在该环境下，喝的动机天生强过吃的动机。

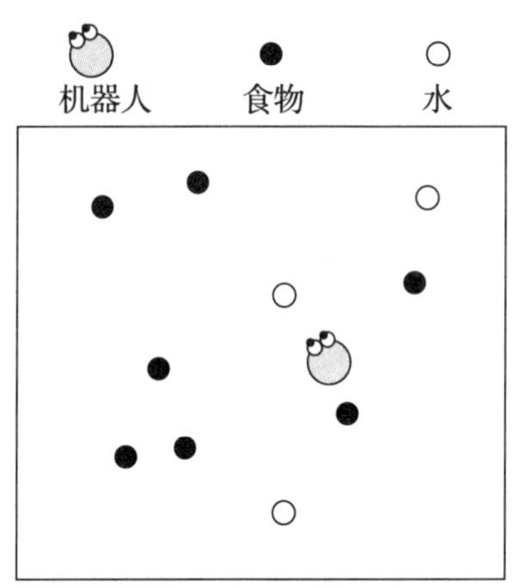

图 2－3　环境中的水令牌数量少于食物令牌

如果我们看看机器人在自然环境中的行为，我们就会发现，当机器人看到水令牌时，就会向水令牌靠近，但看到食物令牌的时候，它未必会这么做——除非食物令牌离得很近。很多时候，机器人会对食物令牌视而不见，这说明它在找水令牌；或者，当机器人同时看到食物令牌和水令牌的时候，它倾向于冲着水令牌移动。在实验室环境下情况也是如此。如果我们让机器人的饥渴程度相当的话，机器人会倾向于寻找水令牌，而不是食物令牌。即使我们把它们设计成饥饿程度高于口渴程度，机器人也仍然倾向于水令牌——除非它们非常饿，或者食物令牌离得非常近。

我们又构建了另一种机器人，它们生活在季节性环境中。有的季节食物多于水分，有的季节水分多于食物，这两种季节交替出现（如图 2－4 所示）。我们发现，机器人的动机的强度会随着季节发生变化，尽管它们并不清楚当时的季节是什么。在食物比水更为丰沛的季节里，机器人更喜欢选择水，而不是食物，因为它们的口渴程度会大于饥饿程度。在水比食物更丰沛的季节，机器人更倾向于选择食物，因为它们饥饿的频率大于口渴的频率。机器人对于季节性环境的适应反应在实验室环境下它们的行为中。在实验室里，机器人选择食物令牌还是水令牌更多地取决于它们的饥饿或口渴程度，而不是这两种令牌和它们之间的距离。令牌的距离，也就是节约时间的动机强度，不像在非季节性环境中那么重要。

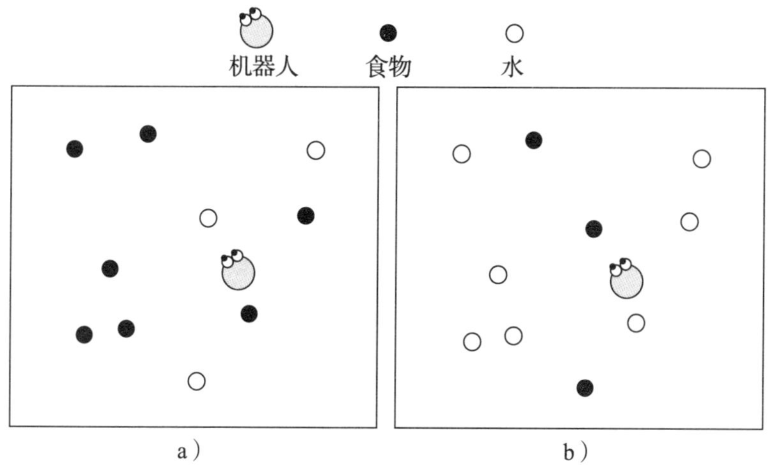

图2-4　机器人所处的是一种季节性环境，食物多于水的季节（a）和水多于食物的季节（b）交替出现。

我们最后的环境是这样的：该环境中的食物令牌和水令牌一样充足，但是食物令牌在一个区域，水令牌在另一个区域，两个区域由空档隔开（如图2-5所示）。

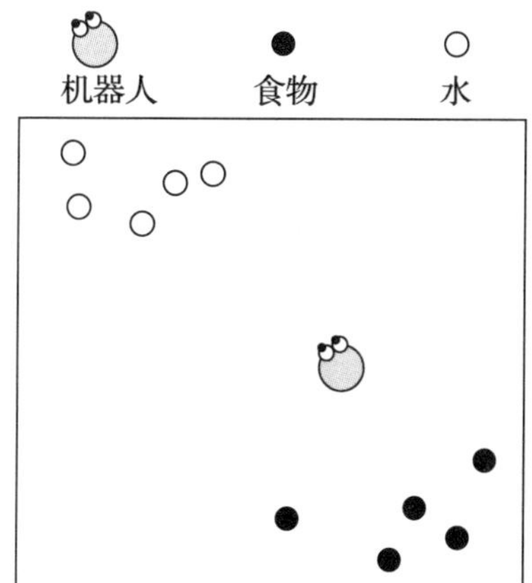

图2-5　机器人生活在食物令牌在一个区域、水令牌在另一个区域的环境中，这两个区域由空档隔开。

如果我们观察一下机器人在这个环境中的行为，就会发现，机器人往往在一个区域待上一段时间，这个区域可能是食物区域，也可能是水区域，然后它们会移动到另一个区域。同生活在季节性环境中的机器人一样，在实验室中，这些机器人的行为更多地取决于它们体内的能量和水量，而不是它们与食物令牌和水令牌之间的距离。机器人会更多地靠近在实验时间里含有它们身体所需——能量或者水分——的令牌。

这些机器人的适应模式更为复杂。因为食物和水在该环境中的两个不同的区域中，机器人必须避免不停地从一个区域到另一个区域，因为频繁地变换区域会意味着对时间的浪费，也意味着对体内储存的能量和水分的浪费。实际上，机器人在食物区域时，除非它们不再感到饥饿并且口渴难当，否则它们是不会离开食物区域的。水区域的情况也完全一样。机器人在水区域会大量饮水，然后才会离开水区域，穿越空档地区到达食物区域。这样它们可以减少穿越分隔食物区域和水区域的空档区，避免在穿越空档区时消耗时间和体内的能量及水分。这些机器人更加老谋深算，对体内的饥渴水平有一种微妙的依赖。

这些机器人都有一个大脑，可以接收到有关体内能量和水分的信息。机器人的神经网络中有饥饿神经元和口渴神经元，所以机器人的行为不但取决于它们在外部环境中的感知，也取决于它们对自己身体的感觉。如果机器人的神经网络中没有饥饿和口渴神经元会怎样呢？机器人体内的能量和水分在不断变化中，这一方面是因为它需要消耗能量和水分来维持生命，另一方面是因为机器人也在吃和喝。但是机器人不知道自己体内的能量和水分有多少。这样的机器人和有饥饿神经元与口渴神经元的机器人相比，孰强孰弱？有饥饿和口渴神经元的机器人是否比没有这些神经元的机器人的寿命更长一些呢？

这个问题的答案取决于机器人生存的环境。生存环境中的食物令牌和水令牌数量一样且随机分布的机器人，与生存环境中水总是不如食物充足的机器人一样，无论有没有饥饿与口渴神经元，其适应性都没有区别。饥饿和口渴神经元只对生活在季节性环境中以及食物和水分区中的机器人有影响。在这两种环境里，比起没有饥饿神经元和口渴神经元的机器人，有这两种神经元的机器人的适应性更好（活的更长）（如图 2－6 所示）。

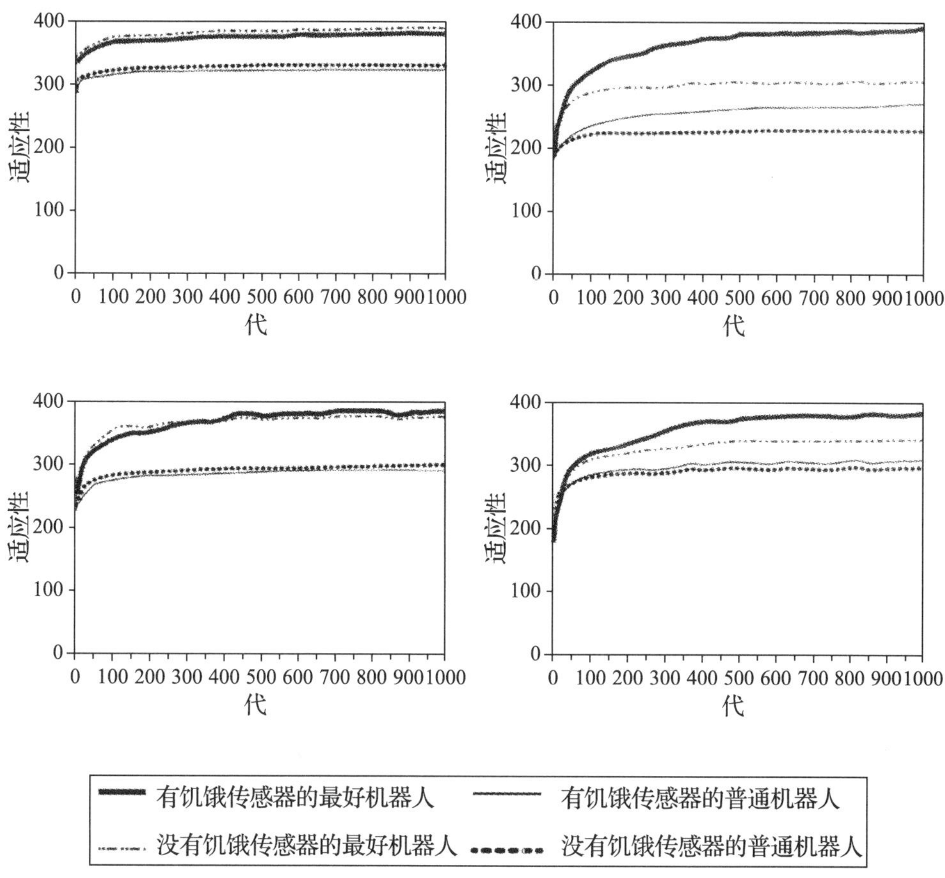

图 2-6　四种不同环境下有或没有饥饿与口渴神经元的机器人的适应性（生命长度）

什么决定动物动机的强度？动机的强度对动物的生存环境有什么样的依赖关系？我们从中可以看出一些很有趣的东西。在食物和水都同样充足的环境中，以及食物总是比水更充足的环境中，无论有没有饥饿和口渴神经元，机器人的表现都是一样的。如果食物和水同样充足，机器人采用的就是非常简单的策略：它们总是靠近最近的令牌，无论是食物令牌还是水令牌。这是可以理解的，因为在这种环境中，靠近最近令牌的行为，无论这是个食物令牌还是水令牌，都足以保证机器人的生命可以维持下去，而它不需要知道目前体内的能量和水量分别是多少。生活在水总是不如食物充足的环境中的机器人，采用的是另一种非常简单的策略：它们会优先选择水令牌，除非食物离得非常近。这个策略也是合理的。如果环境中的水总是少于食物，机器人就会选择靠近水而不是食物，因为食物总是非常充足的。尽管它们的注意力更多地集中在喝的动作上，但它们也总是吃得上食物的。在这样的环境中，它们同样不会感觉到饥饿或口渴。

另外两种环境中的情形则有不同。如果食物和水的充足程度取决于季节，而且机器人不去考虑当前处于哪个季节，也因此不管到底是食物更充足还是水更充足的话，那么这时对食物和水的视觉感知就不那么重要了，而是由机器人的身体来告诉它们应该怎么做。当它们感到饥饿的时候，它们会优先选择食物，而非水；当它们口渴的时候，则会选择水而放弃食物。食物和水处于两个不同区域也同此理。如果机器人处在食物区域，并且尽管体内水分所剩无几，但还是继续吃食物令牌，那么它们就会因为体内缺水而死亡。唯一的解决办法就是由身体告诉大脑，体内水分不多了——它们感觉口渴，这样它们才会离开食物区域，来到水区域。如果它们是处在水区域的话，也是一样的道理。

这些机器人有或者没有饥饿与口渴神经元，是由我们来决定的，但是动物拥有这两种神经元则是环境适应的结果，是由自主进化产生的。我们还没有构建出能够逐步形成饥饿和口渴神经元的机器人，但我们可以通过给机器人的基因类型中加入一个新的基因——“饥渴”基因——来构建这样的机器人。“饥渴”基因会对机器人神经网络中有饥饿神经元和口渴神经元的概率进行编码。最初几代机器人的“饥渴”基因值是随机的，所以，一个机器人有饥饿神经元和口渴神经元的概率为50%。然后，这个基因值会发生变化，这是最好的机器人选择性繁殖的结果，也是机器人的“饥渴”基因值中不断加入随机变量的结果。我们可以预言，生活在食物和水同样充足的环境中的机器人，以及生活在食物总是比水更充足的环境中的机器人，这个基因的均值会保持在50%上下。但是，对于生活在季节性环境中的机器人以及生活在食物和水处于不同区域的机器人来说，这个基因的值会上升，能达到几乎100%的程度。因为在这两种环境中，要维持生命并繁育后代，就必须拥有饥饿神经元和口渴神经元。

（2）既要吃，又要通过缓慢移动节约体能的机器人

前文讲到的机器人需要食物和水才能生存下去，现在我们又构建了另一种机

器人，它们只要有食物就可以维持生命。这样的机器人体内只有一个能量仓，如果体能到达零值的话，机器人就死掉了。它们只有一个动机，即吃的动机。从这个角度来讲，它们不需要在不同动机中做出选择。但是这些机器人有另外一个问题。之前提到的机器人，在每个循环周期消耗掉的体能是一样的，而这种新机器人的体能消耗会随着它在周围环境中的移动速度而有不同。移动要付出体能方面的代价。当机器人快速移动时，它们消耗的体能比缓慢移动要多。

我们比较了两个机器人种群。其中一个种群的机器人我们已经熟悉了——它们每个循环周期消耗掉等量的体能；另一个种群的机器人的适应模式更为复杂——如果它们移动速度快的话，其体能消耗就高。这两种不同的机器人的行为模式是否有所不同呢？

比起快速移动时不需要付出额外代价、固定的体能消耗只关乎生命的机器人，快速移动时体能消耗更高的机器人往往移动速度更慢。但是，如果我们测量这两种机器人的适应性，即它们的生命长度的话，就会发现，比起不需要承担快速移动的额外成本的机器人，因为这种额外成本的存在而移动缓慢的机器人的寿命更长。这怎么可能呢？答案就是能耗不定的机器人对体内能量水平的变化的反应模式是不一样的。所有的机器人都有饥饿神经元，给大脑提供有关当前体内能量的信息。但是，这个信息对能耗一定的机器人用处不大，因为无论体内能量水平如何，机器人总是会去寻找食物。相比之下，能耗不定的机器人则可能对决定体内能量水平的因素之一进行控制，因为它们可以调节移动的速度。机器人利用了这一可能性，饥饿的时候它们移动速度快；不那么饥饿的时候它们缓慢移动。这些机器人表现出一种更老练的行为，使得它们比能耗固定的机器人可以活得更长。

我们应该怎样解读这些更为老练的机器人的行为呢？这些机器人有吃的动机，以便维持生命；如果这是它们唯一的动机的话，我们就不能说它们做出了动机选择。但是这些机器人还有另外一个动机——节约能量的动机；它们每时每刻都需要决定，到底是满足吃的动机还是满足节约体能的动机。如果要满足前者，它们需要移动得尽可能快；如果要满足后者，它们就不能移动得太快。在所有的动机选择中，选择都取决于当前两种动机的强度。如果机器人体内的能量水平低，它非常饿的话，吃的动机的强度就会更大，机器人就会快速移动。如果机器人不是特别饿，在与吃的动机的竞争中，缓慢移动来节省能量的动机就会胜出，机器人移动得会更加缓慢。这从另一个角度展示了个体的不同动机是如何互动的，这些互动又如何决定了不同动机当前的强度，并因此决定了个体的动机选择。

(3) 既要吃，又要逃开捕猎者的机器人

饥饿和口渴这两种动机都基于发自体内、然后传递到大脑的信息。机器人大脑内有内在传感器，可以记录身体的状态。大脑利用来自身体的感知输入来决定某一时刻应该由哪个动机来控制自身行为。在其他情况下，帮助机器人做出合适的动机决定的关键信息并非来自机器人体内，而是来自外部环境。我们接下来要讲的就是这个。

我们的新机器人的生存环境中也有食物令牌，机器人必须吃掉这些食物令牌才能维持生命。但是这些机器人还有个问题：偶尔，在随机选定的时刻，会有捕猎者出现，试图抓住并杀死这些机器人（如图2-7所示）。（捕猎者是由我们布线控制的，所以不是机器人。）

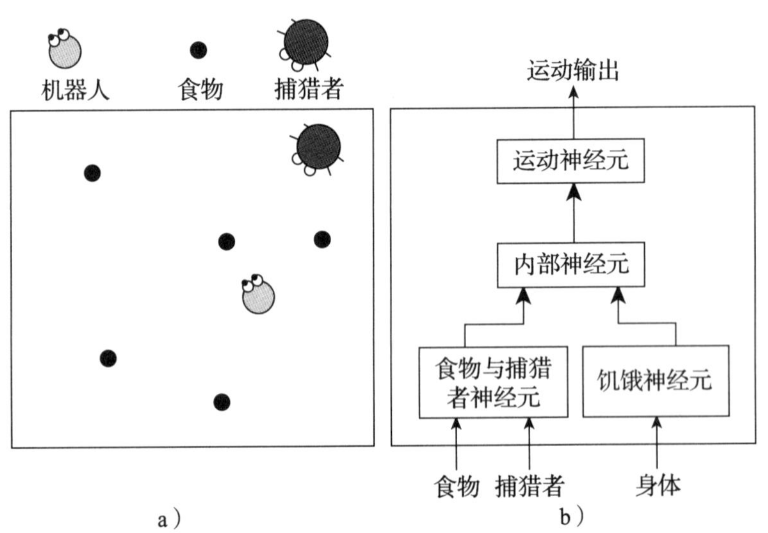

图2-7 机器人生存在有食物令牌的环境中，偶尔会有捕猎者出现。捕猎者一抓到机器人就会将其杀死（a）。机器人的神经网络（b）。

当捕猎者不在的时候，从外部世界到达机器人大脑的唯一感官输入就是食物令牌的位置，机器人必须对这一输入做出响应——靠近并吃掉食物令牌。但是，当捕猎者出现的时候，机器人神经网络中的另一套感官神经元就会对捕猎者出现的方位以及其距机器人的距离进行编码。因为捕猎者一旦接触到机器人，就会将其杀死，所以这些机器人有两个动机需要满足：吃的动机和避免被捕猎者杀死的动机。

吃的动机的强度取决于来自机器人身体的输入，它告诉机器人的大脑当前机器人体内还有多少能量（饥饿程度）。逃开捕猎者这一动机的强度取决于来自外部环境的感知输入——看见捕猎者。当捕猎者出现时，机器人必须决定是要继续追求吃的动机而无视捕猎者，还是要放弃食物转向逃开捕猎者的动机。逃开捕猎者的动机的内在固有强度是非常强的，因为如果捕猎者抓到机器人的话，它就会把机器人杀掉。但是我们可以操纵这一变量。我们让机器人在不同环境中进化，捕猎者会对机器人造成不同程度的伤害，但不一定会杀死它们。吃掉一个食物令牌可以使机器人的生存机会有一个定量提升，被捕猎者抓到会以另外的定量削减这样的机会，但是削减程度取决于捕猎者的危险性大小。

生存在捕猎者危险较大的环境中与生存在捕猎者危险较小的环境中，会产生什么样的后果呢？有些结果是可以预期的。生存环境中有危险性极高的捕猎者的机器人，比起捕食者危险性较低的环境中的机器人，会逐渐形成更好的避免被捕食者抓获的能力。对于前者，躲避捕猎者这一动机的固有强度非常高，形成有效逃避行为的进化压力也非常大。这些机器人所吃食物的量小于那些生存环境中捕猎者危险性较低的机器人，因为当捕猎者出现时，它们会完全忘掉食物，从捕猎者身边逃开。但是更有趣的，也是我们所没有料到的，是另外一种结果。会遭遇到危险性高的捕猎者的机器人，不但在捕猎者出现时吃得较少，即使是捕猎者不在场的情况下，吃得也比另一组机器人要少。它们比较低级的进食能力在实验室中也得到了证明：把机器人放入只有一个食物令牌的实验室中，并测量它找到食物需要的时间。生活在捕猎者危险性高的环境中的机器人，要花上比生活在捕猎者危险性较低的环境中的机器人更多的时间，才能找到食物。

这是为什么呢？一个假设是这样的：如果机器人的生活环境中捕猎者的危险性很高，那么机器人一半以上的神经资源，即神经网络中的神经元和神经元之间的连接，要用来执行逃离捕猎者的任务，用于执行吃的任务的神经资源则比较少，因此，这些机器人不太擅长进食。来自食物的感知输入和来自捕猎者的感知输入都由同一套内部神经元来处理，如果这些神经元超过一半的容量都用在处理极度危险的捕猎者身上，那么剩下来可以对食物做出适当响应的容量就比较小。这个假设可以通过检验机器人的神经网络来进行验证，观察内部神经元的激活模式与哪种感知神经元的激活模式协同变化更多——是编码捕猎者位置的神经元，还是编码食物令牌位置的神经元？这里的“协同变化”就是“体现”的意思。但我们还没有进行这样的实验。

另一个假设就是，如果生活环境中捕猎者的危险性高，从情感角度来讲，机器人就会更多地关注捕猎者，这会导致它们寻找食物的行为效率较低。这个假设与情绪有关，我们下一点会集中谈到情绪以及情绪在动机选择中的作用。

如果在机器人的周围环境中水总是不如食物充足，机器人喝的动机的固有强度就会超过吃的动机。同样地，这些机器人也展示了不同动机的内在重要性，在决定哪种动机控制机器人行为时所起的关键作用。对于这些机器人来说，寻找食物很重要，但逃开捕猎者更重要。但是这些机器人也告诉了我们有关动机决定的其他信息。动机决定不但必须是正确的，还必须要有一定的速度。在没有捕猎者的情况下，机器人要把注意力放在食物令牌上，否则它会死掉。但是当捕猎者出现时，机器人不但需要从寻找食物转为逃开捕猎者，还必须要以最快的速度完成这种转变。如果机器人做决定用的时间太长的话，即使动机决定是正确的，它的生存机率也会大打折扣。实际上，在进化的最后，机器人往往既能做出合适的动机选择，又能比较快地做出决定。当捕猎者出现时，它们马上能从吃的动机转为逃开捕猎者的动机。

（4）既要吃，又要找个伴侣繁衍后代的机器人

动物和人类最重要的动机都是繁衍，目的是把基因传给下一代。我们接下来

的一批机器人也有这样的动机，它们会告诉我们这个动机怎样进入它们的动机决定中。

前边讲到的所有机器人都是无性繁殖：它们每隔一段时间就生出一个后代，但并不需要交配对象。这些新的机器人则是有性繁殖——它们需要有交配对象才能生出后代。要维持生命，它们必须进食。但仅仅维持生命是不足以把基因传给下一代的，这些机器人还必须和另外的机器人交配。机器人的适应性和前边提到的不同，不是生命的长度，而是交配活动的数量。如果机器人接触到一个交配对象，这就算作一次交配活动。这些机器人仍然有吃的问题，这样，在任何特定时刻，它们必须决定到底是要寻找食物，还是要寻找交配对象。

在机器人的周围环境中，有一定数量的食物块（food patch），也有一个潜在交配对象（如图 2 - 8 所示）。

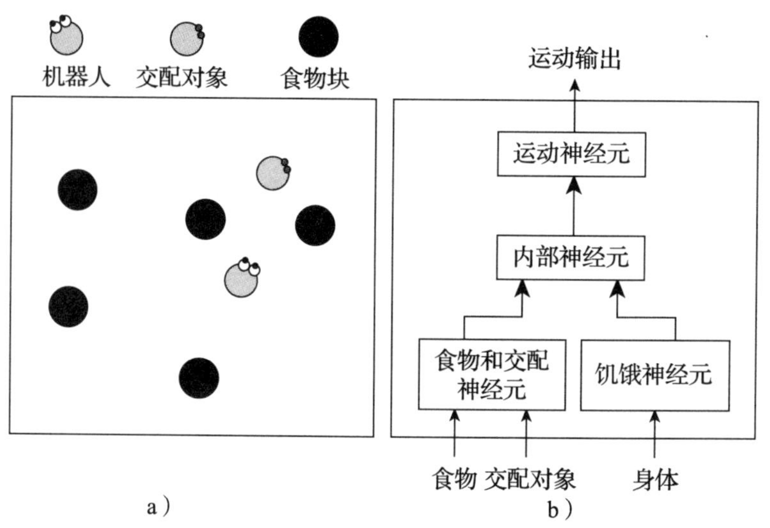

图 2 - 8　环境中有一定数量的食物块和一个潜在交配对象（a）。机器人的神经网络（b）。

食物块与食物令牌不同。一个食物令牌只含有一个能量单元，一旦机器人接触到（吃掉）令牌，令牌就会消失。一个食物块中含有多个能量单元，机器人在食物块上每度过一个循环周期，就会吃掉一个单元的能量，直到食物块中的所有能量都消耗殆尽。（我们选择用食物块，而没有用食物令牌，是因为食物块对机器人更具诱惑力。）潜在交配对象不是真正意义上的机器人，而是一个不会移动的物体，机器人可以凭颜色把它和食物块区分开来。当机器人接触到一个交配对象时，交配活动自动出现，并由此产生一个后代。交配活动过后，交配对象会消失，另一个潜在的交配对象会出现在该环境中随机选定的新位置上。要把基因传递给后代，机器人就必须找到食物块并吃掉在里边发现的食物，它还必须要找到一个交配对象并与之交配。如果机器人一直在寻找交配对象而忽略进食的话，它就会死掉，也就无法繁殖后代。如果机器人一直在找食物而忘了潜在交配对象的话，机器人的生命会很长，但它不能把基因传递给后代。吃的动机的强度是可变的，会随机器人体内当时的能量值而改变。和以前的机器人一样，这些机器人也有饥饿神经元，也会发出有关体内当前能量水平的信息。与此相反的是，交配的动机一直保持着较高的内在强度，但和捕猎者的情形一样，交配动机只有在机器人看到潜在交配对象的时候才会被激活。

到了进化的终点，机器人在决定满足哪种动机时，会把所有这些因素都考虑在内。它们把时间合理地分配给寻找食物（尤其是在它们特别饥饿的时候）和寻找交配对象。但是，寻找交配对象的动机比寻找食物的动机更强，这一点从机器人在实验室中的表现就可以看得出来。当它们面前既有一个食物令牌，又有一个潜在交配对象的时候，它们往往会奔着交配对象去——除非它们特别特别饿。

（5）既要吃，又要哺育后代的机器人

对很多动物来说，交配并生育并不足以让它们把基因传给下一代。在后代出生后的一段时间内，这些幼小的动物需要由父母来照顾，父母需要一直照顾它们到长大，使它们能够自己照顾自己。不然的话，幼崽会死掉，父母的基因也就从这个种群的基因库里消失了。这些新的机器人不需要进行有性繁殖。每个机器人隔上一段固定的时间，就可以生育一个后代。但是，和以前的机器人不同，这些机器人的后代不能独立，需要它们照顾才能存活。机器人必须要吃东西才能维持生命，但它们的适应性不是它们生命的长度，所以也不是它们所生育的后代数量的总和，而是它们花在照顾后代上的时间。

这些机器人的周围环境中有一个大大的食物块，还有一个窝，窝里住着机器人的后代。这些后代都是虚拟机器人，所以作为父母的机器人能看到的只有这个窝。这里的问题是，食物块和窝位于该环境中的两个相对的角落上，因此，机器人必须对时间进行分割，一部分时间花在食物块上，另一部分花在窝上（如图2－9所示）。

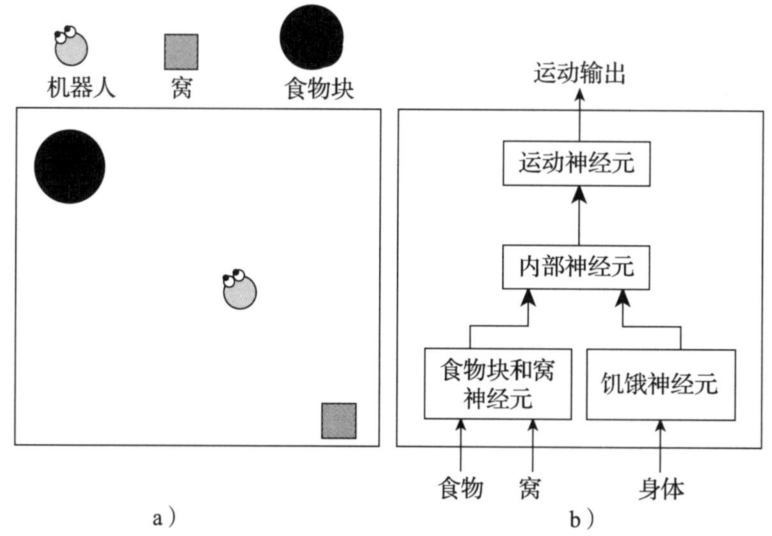

图2－9　机器人生活的环境中有一个食物块和一个窝，里边住着尚不能自立的后代（a）。机器人的神经网络（b）。

机器人每在食物块上度过一个循环周期，其体内的能量就会有一定量的增加；它每在窝里度过一个周期，其虚拟后代的成活概率就会有一定量的提升。我们前文提到，这些机器人是无性繁殖，每隔一段时间就会产生一个后代。但是，它们的适应性既不是其生命的长度，也不是其后代的个数，而是它们在窝里度过的时间。机器人必须要吃（在食物块中花费的时间），也必须要照顾后代（在窝里花费的时间）。如果不吃东西的话，机器人就会死掉，不能再有更多的后代，也无法照顾现有的后代；如果它不照顾后代的话，这些后代就会死掉，机器人就无法把自己的基因传给下一代。机器人必须在这两种动机之间找到一个合适的平衡点。这些机器人没有视觉神经元，所以它们无法从远处看见食物块或是窝。但是，除了饥饿神经元之外，它们的神经网络中还有嗅觉神经元，这些嗅觉神经元一旦被激活，就可以告诉机器人它们是在食物块中还是在窝里。这就是说，机器人必须在没有任何外部感知输入的情况下探索周围环境；但在食物块中或窝里，它们又必须有合理的行为。

机器人很快就发展出了对它们来说最为基本的能力：在接收不到任何外部感知输入时探索环境的能力。对环境的探索靠的是机器人的两个轮子的速度。如果这两个轮子的速度差别较大，机器人就会团团转，也就无法探索周围环境，所以它可能永远也找不到食物块或者窝。相反，如果两个轮子的速度差不多的话，机器人的轨迹会接近于直线，这会增加它最后停在食物块上或窝里的概率。（机器人所处的是用墙围起来的环境，如果撞到墙上，机器人会弹回。）进化的最初阶段几乎都是围绕着发展合理转动两个轮子的能力进行的，这样，机器人才能对周围环境进行探索。因为缺乏外部输入，所以转动轮子的能力取决于内部神经元和运动神经元固有的激活水平，能够繁殖的机器人的基因编码中的内在激活水平较高，因此，它们对周围环境的探索也更多。当它们偶然来到食物块中或窝里、嗅到食物块或窝的味道时，它们就逐渐能够更好地在待在食物块中吃东西和来到窝里照顾后代保障它们的存活之间做出合理的决定。

如果这些机器人要把基因传给下一代，它们也有两种动机需要满足。吃的动机的强度随体内的能量值（饥饿程度）而改变，而照顾后代的动机强度是不变的。通过对机器人行为的观察，我们发现，如果它们在窝里但感到非常饥饿，它们就会离开窝寻找食物块。如果它们在食物块中但感觉已经吃饱喝足了，它们就会离开食物块，试图回到窝里照顾后代。在进化的终点，机器人可以在究竟满足这两种动机的哪一个中做出合理的选择，并采取合理的行为来满足动机层面选择的动机。

（6）既要吃又因为受伤要停止活动的机器人

我们的最后一批机器人的身体都有损伤。当身体受到伤害时，机器人必须停止活动，以便从伤害中恢复。如果它们不停止活动的话，身体上的伤害就可能会威胁到它们的生存（如图2－10所示）。

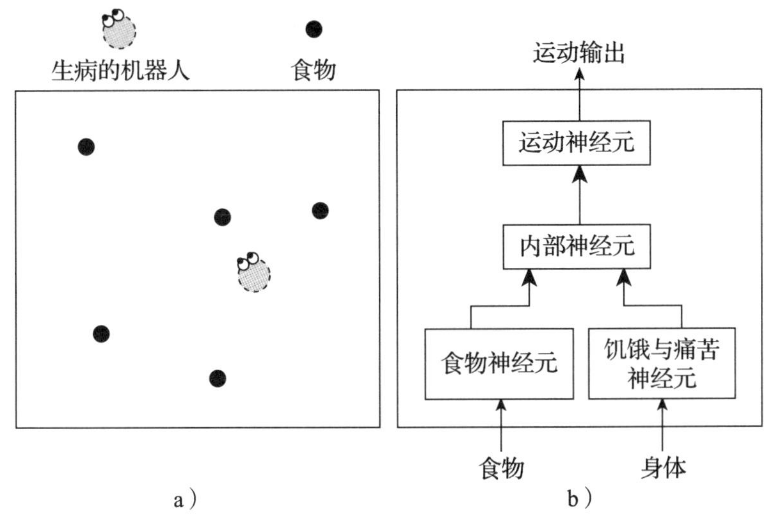

图2－10　生病的机器人（a）和机器人的神经网络（b）

这些机器人的环境中包含食物令牌，机器人必须吃掉食物令牌才能维持生命，但是有时候会发生一些外部或内部情况，使它们的身体受到损伤，因而机器人就病了。（这些外部情况或内部情况以及身体损伤由我们来决定，并没有清晰再现。）如果机器人生病之后还继续活动，即使它仍然吃东西，它死掉的可能性也还是会增大。这时机器人必须要停止活动（当然也要停止进食），因为停止活动可以加快身体的自然恢复。因此，这些机器人同样有两个不同的动机：吃的动机和伤后恢复的动机，即染病之后停止活动的动机。它们不可能同时做这样两件事。所以，当机器人生病之后，它必须决定是继续活动寻找食物，还是停止活动以便从伤病中恢复。

除了编码食物令牌位置的视觉神经元和饥饿神经元以外，这些机器人的神经网络中还有一个疼痛神经元，其激活水平从0到1不等。疼痛神经元的激活水平反映了机器人身体损伤的严重程度，激活水平为0表示没有任何身体损伤，激活水平为1则表示损伤程度最为严重。（身体损伤程度和持续时间都是随机决定的。）因为机器人可以以不同的速度活动，所以在身体受损程度一定的情况下，如果活动速度快，对适应性的影响就大；活动速度减慢，则影响减小。和其他机器人一样，这些机器人通过代际传递完成进化，决定哪些机器人可以繁殖、哪些机器人不能繁殖的适应性标准是用机器人吃掉的食物令牌数减去它生病后继续活动的周期数，适应性会随疾病的严重程度和机器人的活动速度而降低。

在进化的终点，机器人发展出了相当复杂的行为模式。如果疼痛神经元未被激活的话，它们对来自食物的感知输入的反应是靠近并吃掉食物。但是，如果疼痛神经元被激活了，它们对来自食物的相同的感知输入的反应是减缓移动速度，甚至是停止活动，而且机器人会根据疼痛神经元给出的身体损伤严重程度的信号，来调整活动速度。如果疼痛信号不是特别强的话，机器人就会继续活动并寻找食物，可能速度会降低。如果疼痛信号非常强，它们就会从顺应吃的动机转为顺应病后恢复的动机，甚至会停止活动。

这一部分提到的所有机器人都明显表现出了行为对动机的依赖，而这些动机、动机的强度以及决定动机强度的因素，都取决于动物生存的环境和该动物的环境适应模式——身体、大脑、感知与运动器官以及繁殖方式。

动机与动机选择就其本身而言非常重要，但尤其重要的是，它们是情绪产生的根源。下文会向我们展示动机与情绪之间有什么样的联系。

4. 有情绪的机器人

我们对动物行为的两个层面，即动机层面与认知层面进行了区分。在动机层面，动物决定要用行动来满足哪个动机；在认知层面，动物要用具体行为来满足动机层面已经决定了的动机。我们的机器人的活动也有这样两个层面，这一点体现得非常清楚——有些机器人在动机层面表现出色，但在认知层面表现不太好；有的机器人则恰恰相反。在捕猎者出现时，一个机器人可能很好地做出了停止进食并逃开的决定，但它逃跑的速度可能不够快——那么它可能会被捕猎者杀死。另一个机器人可能更擅长逃开捕猎者，但在捕猎者出现时，对于是否停止寻找食物它有些犹豫——它被捕猎者杀死的可能性也许更大。第十一章讲的是有心理疾病的机器人，在那一章中我们将会看到，有些机器人在动机层面有严重问题——当捕猎者出现时，它们无法决定应该继续寻找食物还是应该逃开捕猎者。它们什么也不做，待在原地不动——最后被捕猎者杀死。能够进行必要的行动来满足既定动机非常重要，但能够决定当前需要满足哪种动机显然更为重要。如果动机层面出了问题，这样的“错误”对于动物的生存和健康来说可能是致命的。

这也是为什么动物和人类会有情绪的原因。情绪或情绪状态（我们把这两者作为同义词来用）是动物的身体、大脑的状态，通过影响不同动机当前的强度来提高动物动机决定的准确度和有效性。如果动物必须做出选择的几个动机强度都不高，如果做出合理决定需要考虑的因素都比较简单并且数量有限，或者如果决策过程中的错误或迟缓不会降低动物的生存及生殖几率，动机决定就不需要情绪。情绪会影响动物的动机决定，但动机决定不一定要有情绪状态的伴随。某只动物可以从寻找食物转为寻找水，这种转变的决定中可能没有什么特别的情绪出现。如果动机决定对动物的生存和健康意义重大，而且动物必须快速做出决定的，情绪就会发挥作用。人类必须在为数众多的不同动机中做出选择，并且在做出正确决定的过程中需要考虑多种复杂因素，所以人类的情绪最多，特征也最明显。动物和人在动机决定中都可能犯错，也可能决定得太慢，这会影响到他们的生存与健康。情绪状态作为一种机制，可以使动机层面的行为更为有效，减少错误并提高速度。打个比方吧，情绪状态可以使一种动机比其他动机“声音更响亮”，以便在与其他动机的竞争中获胜。看到迫在眉睫的危险可能会引发动物的某种情绪状态，而这样的情绪会提高动物停止顺应其他动机并竭力避开危险的概率，其行动也会更快。看到一个潜在交配对象也会引发某种情绪，提高动物顺应交配动机而非其他动机的概率。对人类来说，有关危险或交配对象的念头甚至都可能引发情绪状态，提高避开危险或与交配对象在一起的动机的强度，后果就是这个人不太可能去顺应其他动机。（有思想和精神生活的机器人，详见第五章。）当然，正如动物和人类世界的所有事情一样，情绪可能会出现异常，这可能是不快与病态的重要原因。但我们的假设是，动物和人在进化过程中有了情绪，这是为了让他们在动机层面有更好的发挥。

关于伴有情绪的机器人目前已进行了大量工作，但这些机器人都不能算是情绪。它们只是表达情绪而已。机器人的脸部和身体的动作让我们认为它们在表达情绪，但是，因为它们没有情绪，所以实际上它们无法表达情绪。这些机器人表达的是“无感情的”情绪，而“无感情的情绪”这个概念本身就是自相矛盾的。有些机器人可以根据我们面部的动作和状态来分辨我们的情绪，但是，处理这些动作与状态对它们来说是纯粹的知觉任务，它们并不共享我们的情绪，因而对我们的情绪也缺乏真正的理解。

“情绪型”机器人不能算是真的有情绪，因为它们没有动机。情绪的存在是为了使动机决定机制运作得更为合理。现在的机器人没有动机，它们不需要决定行为应该顺应哪种动机，所以，它们不可能有情绪。

上一点中我们谈到了具有动机和认知两个层面的行为的机器人。最好的机器人在两个层面上的表现都很出色，稍差一些的可能在一个层面表现良好，在另一个层面则不行，最差的则在两个层面的表现得都不好。但是，这些机器人都不能算是有情绪，因为它们大脑中所进行的活动没有可以被称为是情绪或情绪状态的。所以，我们必须要问：我们怎样才能赋予机器人情绪？我们在控制机器人行为的神经网络中加入了一组特殊的神经元——情绪神经元，而且我们可以让大家看到，这些情绪神经元可以带来更好的动机决定，因而也可以产生更高的适应性。所以，动物身上都有动机决定机制。秀丽隐杆线虫只有大约 300 个神经元，身体细胞总共不超过 1000 个，即使是它这样的简单动物，在某些情况下，当外部刺激接触到它的身体时，它也必须决定是要去找食物还是要把身体蜷缩起来。但是我们是否可以认定这样的小虫也有情绪呢？这一点并不清楚。我们的机器人比秀丽隐杆线虫还要简单，它们的大脑里没有情绪神经元也一样可以生存并繁殖。但是如果我们在控制行为的神经网络中加入一套情绪神经元，它们就可以达到更高的适应性。

到目前为止，我们所谈到的机器人的大脑都很简单。这是一个神经网络，有感知神经元编码来自外部环境（食物、水、捕猎者、交配对象、后代的窝）

和身体内部（饥饿、口渴、疼痛）的信息，这些信息会传递给内部神经元；内部神经元又激活机器人的两个轮子的运动神经元。现在，我们在这个基本的神经网络中加入一套情绪神经元。这些情绪神经元是情绪回路的一部分，因为它们靠感知神经元来激活，再把自己的连接发送到机器人剩下的神经网络中，并以此影响机器人对感知输入的响应。有些机器人既要吃又要喝，它们的情绪神经元由饥饿和口渴神经元激活；另外一些机器人既要吃又要逃开捕猎者，它们的情绪神经元则由编码捕猎者出现的传感器激活；还有一些机器人既要吃又要寻找交配对象，它们的情绪神经元由编码交配对象的传感器激活；对于那些既要吃又要回到窝里照顾后代的机器人，它们的情绪神经元由窝的传感器激活；最好的是那些既要吃，又因为疾病而必须停止活动的机器人，它们的情绪神经元是由疼痛传感器激活的。

情绪神经元有三个特点，使它们有别于普通的内部神经元。第一，情绪神经元没有内在激活水平；也就是说，如果没有来自感知神经元的激活，它们就不会处在活跃状态，对机器人的行为就没有任何影响。第二，这些神经元有激活阈值。如果来自感知神经元的激活作用不够，那么情绪神经元仍保持不活动状态。第三，情绪神经元不但在被感知神经元激活的周期中处于活跃状态，还将在其后一段时间内保持活跃。其激活水平会在几个周期内保持增长，直到达到最高值，然后便逐渐衰减。情绪神经元的阈值以及延迟激活的三个变量都编码在机器人的遗传基因中；因此，它们的意义会逐渐提升，使情绪回路成为机器人神经网络的有益补充。

在上一点，我们谈到了五种不同的机器人，它们生活在五种不同的环境中。在这里，我们对这些神经网络中没有情绪回路的机器人与有情绪回路的机器人进行了适应性的比较。比较的结果是，有情绪回路的机器人的适应性好于没有情绪回路的机器人。这些机器人必须做出动机决定，而且如我们所见，即使没有情绪回路，它们也能做出合理的动机决定。但是，拥有情绪回路可以让机器人的行为效率更高、适应性更强。这一点得到了所有六种机器人的证实，即：必须要在吃与喝之间做出选择的，要在吃与逃开捕猎者之间做出选择的，要在吃与寻找交配对象之间做出选择的，要在吃与照顾后代之间做出选择的，要在吃与停止活动，以便从身体伤痛中恢复做出选择的。比较的结果如图 2－11 所示。

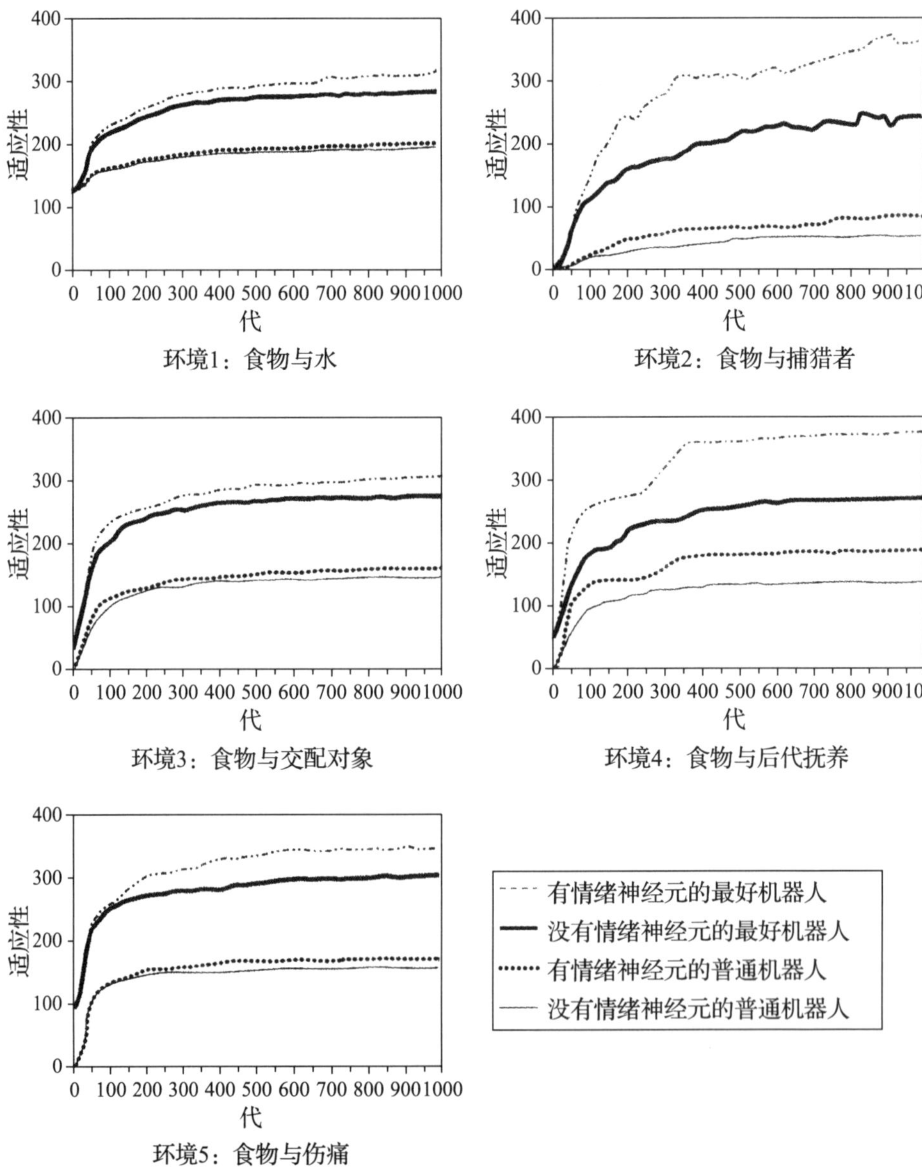

图 2－11　神经网络中有或无情绪回路的机器人的适应性的进化情况。这些机器人就是上一点中提到的那些。

我们说这些机器人有情绪，因为它们给我们提供了“情绪”这个词的操作性定义。这些机器人的情绪就是它们的情绪神经元的激活模式。情绪神经元有功能性（有益的）作用，因为它们提高了机器人的适应性。也许有人会有不同意见，认为任务在机器人的神经网络中加入情绪回路只是增加了其内部神经元的数量，这样会使大脑容量更大、功能更强，而这足以解释为什么有情绪神经元的机器人比没有这些神经元的机器人的适应性更好。但事情并非如此。我们进化了一些新的机器人种群，它们的神经网络中没有情绪神经元，但普通内部神经元的数量更多，并比较了这些机器人与有情绪神经元的机器人的表现。我们发现，普通内部神经元更多的机器人与内部神经元少些的机器人相比，其表现大致都是一样的。这就说明，情绪神经元对机器人的行为有帮助，并非简单地是因为加强了机器人大脑的计算能力，而是因为它们的特有属性。

为了更好地理解情绪神经元怎样影响机器人的行为，我们比较了两种不同的神经元体系结构。在一种结构中，情绪神经元把激活信息发送给普通内部神经元，在另一种结构中则直接把激活信息发送给运动神经元（如图 2－12 所示）。

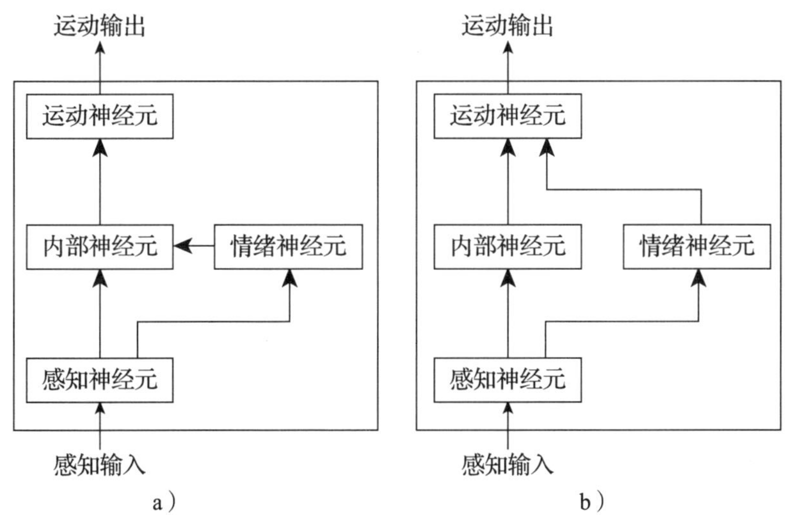

图 2－12　有情绪的机器人的两种不同神经元体系结构。一种结构中，情绪神经元把连接发送给普通内部神经元（a）；另一种结构中则直接把连接发送给运动神经元（b）。

哪种结构会产生最好的结果呢？答案是要看是哪种机器人。情绪回路直接与运动神经元相连的结果对食物及捕猎者、食物及交配对象、食物及窝类的机器人来说更好；而情绪回路连接到普通内部神经元的结构对食物及水、食物及伤痛类的机器人更为合适。这个结果很有趣。当情绪神经元被外部感知输入激活时，直接与运动神经元相连的情绪回路（如图 2-12b 所示）可以产生较好的效果；这样的外部输入包括：看到捕猎者、看到交配对象、看到窝。相反，与内部神经元相连的情绪回路只是间接地与运动神经元发生联系（如图 2-12a 所示），如果由来自身体的内部输入——饥饿、口渴、疼痛——激活，则结果较好。为什么会这样呢？对于这个问题，我们并没有答案，不过我们注意到外部与内部感知输入对大脑的影响有所不同。来自外部环境的感知输入往往比来自体内的感知输入（认知）的信息量更大。看到捕猎者、交配对象或窝，不但给机器人的大脑提供了与动机相关的信息，而且提供了认知信息（捕猎者、交配对象或窝在哪里）。相比之下，来自身体内部的感知输入认知信息比较贫乏，普遍包含的是动机相关信息（饥饿、口渴、疼痛的强度）。对于这样的结果，下边的假设可以提供一种解释。在接收到认知信息更为丰富的外部输入时，情绪回路直接奔向运动神经元，不需要经过大脑的认知部分，即普通内部神经元。相反，如果激活情绪神经元的是认知信息较弱的身体输入（饥饿、口渴或疼痛），那么情绪回路必须首先穿过普通内部神经元，这样才能更好地把信息传递给运动神经元，机器人才能知道应该朝哪个方向移动。

为了更好地理解大脑中有了情绪回路所产生的效果，我们更仔细地观察了有情绪回路的机器人的行为。我们只观察了必须在进食与避开捕猎者之间做出选择的机器人，因为这些机器人可以特别清楚地展示情绪对行为的影响。如前文所述，有情绪回路的机器人比没有情绪回路的机器人的适应性更好（寿命更长）。这些机器人的适应性取决于两个因素：机器人寻找食物的能力和捕猎者出现时逃开的能力。这两者都属于认知能力。但是对于机器人的适应性更为关键的，是能够恰当地从一种行为转换为另一种行为的能力，这属于动机能力。有趣的是，我们发现这两群机器人——其中一群有情绪回路，而另一群没有，在这三种能力方面都有不同，其中两种属于认知能力，即靠近食物和逃开捕猎者；另一种则属于动机能力，即从寻找食物转为在看见捕猎者之后逃开。如果我们在只有食物而没有捕猎者或只有捕猎者而没有食物的实验室中观察这些机器人，我们就会发现，在这两种情况下，有情绪回路的机器人都比没有情绪回路的表现更好。当食物是它们唯一的问题时，有情绪回路的机器人比没有情绪回路的吃得更多；当它们唯一的问题是捕猎者时，有情绪回路的也更擅长逃开。情绪回路的存在不但帮助机器人的大脑做出更正确的动机决定，也使大脑的认知部分与动机和情绪部分可以进行更好的劳动分工，这对认知部分也是有利的。

在自然环境下，当捕猎者出现时，这两种机器人的反应同样也很有趣。捕猎者刚一出现并被机器人发现时，有那么一会儿，没有情绪回路的机器人会对捕猎者没有任何反应，而是继续进食。只有当捕猎者靠近时，它们才会停止进食并逃开。大脑中有情绪回路的机器人的表现则不同。一旦发现捕猎者，这些机器人马上就会停止寻找食物。一开始，它们会随机地朝某个方向跑；只有当捕猎者靠近时，它们才会朝着与捕猎者靠近的方向相反的方向跑。这说明有情绪回路的机器人可以比没有情绪回路的机器人更快地从一种活动（寻找食物）转换到另一种活动（对捕猎者的出现做出反应）；而且，尽管它们对捕猎者的即时“情绪”反应可能是不够“理性”的，它们的反应也有实际效果。因此，理性行为并不一定总是适应性最强的行为。

如果我们看看那些被赋予了情绪回路的机器人的神经网络内部发生了什么，就可以给这种分析找到支持。这些机器人的情绪回路中只有一个神经元，一旦捕猎者出现并被机器人发觉，这个神经元就会被激活。但是，当捕猎者靠近时，情绪神经元的激活不再继续，转而由普通内部神经元控制机器人的行为，这些内部神经元处理有关捕猎者靠近方向的具体信息，以便让机器人从反方向逃走。如果分析一下情绪神经元的激活水平，我们就会发现，该神经元的激活水平随捕猎者的距离发生变化，而与捕猎者到来的方向无关。这就是说，情绪神经元对机器人行为的控制，是在捕猎者刚出现时，机器人必须飞快地从寻找食物转为逃开捕猎者。它引发的是对捕猎者首次出现的反应（向随机选择的方向逃开），这个反应可能不够准确，但却极为迅速。当捕猎者越来越近时，对机器人行为的控制就从情绪回路转为了认知回路——普通内部神经元，可以编码捕猎者靠近的方向。基于这些更具体的信息，运动神经元会发出与捕猎者到来方向相反的动作——当然，这是适应性很高的反应。

要理解情绪回路在机器人行为中所发挥的作用，另一种方法是让情绪回路的机能受损。我们估计，情绪回路受损的机器人的行为“适应性”甚至低于没有情绪回路的机器人。为了检验这个想法，我们损伤（除去）了既要吃又要避免被捕猎者杀害的机器人的情绪回路，并在只有捕猎者的环境下对受损的机器人进行实验。结果表明，情绪回路受损的机器人在躲避被捕猎者时，甚至还不如从来没有情绪回路的机器人。情绪回路的存在使机器人神经网络的整体结构发生了变化，由普通内部神经元构成的认知回路和由特殊神经元构成的情绪回路的任务分配也因此而不同。（请参考上文中有关大脑有了情绪回路之后，活动的认知与动机层面的分工更为优化的论述。）这也解释了为什么人类在负责情绪的器官运作不良的情况下，会表现出非常不适应（病态）的行为，因为人类情绪对其行为的影响很复杂。

到目前为止，我们讲到的机器人动机都有自相矛盾的不同动机，而从外部世界到达大脑的刺激只与其中一种动机相关。比如，食物与吃的动机相关，而捕猎者则与逃走的动机相关。因此从动机角度来说，我们的机器人所接受到的刺激是非常清晰的。但是刺激在动机层面也可能很模糊。我们构建了另一种机器人，在它们生活的环境中，捕猎者不是随机出现的，而是在机器人每吃掉一个食物令牌之后马上出现。（也许在机器人吃食物令牌时发出了一些声音，被捕猎者听到了。）对于这些机器人来说，食物在动机层面是个模糊概念。它既与吃的动机相关，又与逃避捕杀的动机相关，因为吃掉食物就相当于宣布了捕猎者的到来。这些机器人对食物令牌的反应，与那些生存环境中捕猎者随机到来的机器人不同。当它们看到食物令牌时，它们会靠近；但是，当它们接近食物令牌之后又会犹豫，只有大脑收到体内能量不足的信息时，即非常饥饿时，它们才会吃掉食物令牌。

对这些机器人来说，食物在动机上不但是模糊的，也是矛盾的。要满足食物引发的两种动机，不但需要不同的行为，而且这些行为是无法兼容的——动机矛盾的刺激可能会引发病态行为。

这些食物会带来矛盾动机的机器人之所以有趣，还有另外一个原因。只有看见捕猎者才会激活情绪回路，因为只有编码捕猎者出现时，感知神经元与情绪神经元相连。我们现在进化了另外一种机器人，其神经网络略有不同。在这些新机器人的神经网络中，与情绪神经元相连的，是编码食物的存在与方位的感知神经元，而非捕猎者出现与方位的神经元。这些机器人的情绪回路在看到食物时被激活，看到捕猎者时并不会被激活。我们从这些机器人身上发现，一套由食物感知激活的情绪神经元比一套由捕猎者感知激活的神经元，更能提高机器人的适应性。捕猎者对动机而言是非常清楚的，但食物会引发矛盾的动机，因此，由食物引发的情绪反应比由捕猎者引发的情绪反应，对机器人的动机决定帮助更大。

所以，情绪存在是因为可以更好地帮助机器人做出动机决定。我们预计，如果将大脑具备情绪回路的概率编码在机器人的基因中，随着代际传递，这个概率将会不断提高，最终机器人就会有了情绪回路。前文也曾提到，情绪也有黑暗的一面，在有些情况下，情绪可能会导致对机器人的生存与健康不利的行为，甚至会导致心理方面的病态。但是，总体来看，情绪能够帮助动物和人类更好地做出动机决定，这一优势，要大于上述不利因素，否则的话，情绪早就从动物和人类的适应模式中消失了，而现在，情绪是适应模式中的一个关键部分。

5. 动机、情绪和内隐注意

动机与情绪在注意力中发挥着关键作用。在任何时间，无论是非人类动物还是人类，都接收到来自环境的很多不同的感官输入，我们必须无视大多数感官输入，只对那些与满足当前动机相关的输入做出响应。这种能力就是注意。应注意，这种能力可以有外在的表现，比如身体、面部和眼睛的动作，心理学家称之为“外显”注意。动物把身体、面部、眼睛转向与满足当前动机相关的事物，或者转向其他动机。但是注意也可以只发生在大脑内部，而没有任何身体动作——这样的注意，心理学家称之为“内隐”注意。关于有外显注意的机器人，目前已经有了一些研究——它们移动身体、面部、眼睛，以更好地感知与自身必要行为密切相关的事物；但是关于有内隐注意的机器人，目前几乎还没有任何研究。这一部分我们要讲讲有内隐注意的机器人。既然我们的机器人有神经网络，就有可能不必考察机器人的身体，而是通过考察它们的大脑来了解它们关注的是什么。每时每刻都有大量的感知输入从外部环境或机器人的身体到达其大脑的感知器官，但大脑只对部分输入进行处理。机器人隐秘地把注意力给了这些刺激。

要证明我们的机器人身上的内隐注意的存在及其与动机的关系，我们要回到水令牌数量不如食物令牌数量充足的环境中，这种环境下的机器人的喝的动机在本质上强过吃的动机。如果我们看看电脑屏幕上的这些机器人，我们就会发现，如果它们同时看到一个水令牌和一个食物令牌，机器人就会冲着水令牌去，而无视食物令牌。这是外显的，也就是行为的，注意。要测量内隐的，或者说是纯粹神经的注意，我们就要把机器人带到实验室，在不同的实验中，让机器人只接触一个水令牌，只接触一个食物令牌。或同时接触一个水令牌和一个食物令牌，在机器人刚刚感知到刺激且还没有任何动作时，我们测量机器人内部神经元的激活模式。既然这些机器人喝的动机在本质上比吃的动机更强，那么我们估计，当机器人感知到一个水令牌和一个食物令牌时，其内部神经元的激活模式应该接近于机器人只看到水令牌时同一批神经元的激活模式，因为机器人的大脑只处理来自水令牌的感官输入，所以机器人只“看见”了水令牌。相反，当机器人只感知到一个食物令牌或感知到一个食物令牌和一个水令牌时，其内部神经元的激活模式会有不同，因为在前一种情况下，机器人看到的是食物令牌，而后一种情况下看到的则是水令牌。为了比较内部神经元激活模式，我们计算了每组神经元激活水平的差异，然后我们取了这些差值的平均数。

内隐注意的研究也可以在处理感官输入的后期进行，不是比较内部神经元的激活模式，而是比较机器人神经网络中运动神经元的激活模式。这仍属于内隐注意，因为运动神经元的激活模式还没有转化为机器人两个轮子的移动。机器人已经准备好了移动身体，但身体仍未移动。

两种情况的研究结果是一样的（如图2-13所示）。当只看到一个水令牌或同时还看到一个食物令牌时，机器人感知到的是同样的东西；当它只看到一个食物令牌或同时还看到水令牌是，它感知到的是两个不同的东西。这种差异在运动神经元层面比在内部神经元层面更为显著。

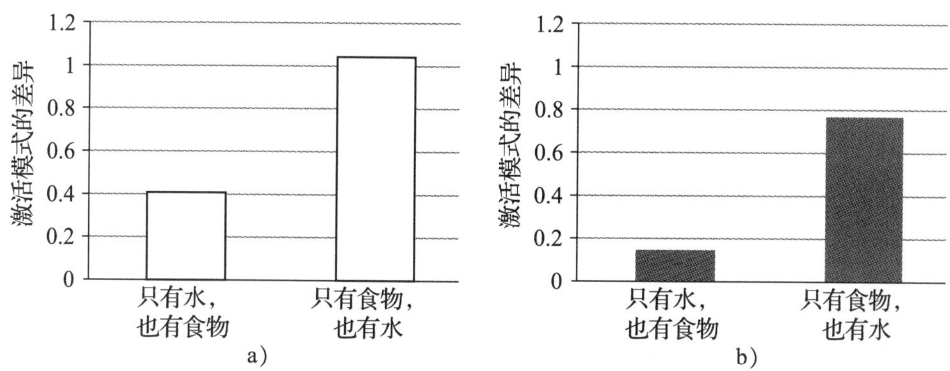

图2-13　当机器人只看见一个水令牌或还看见食物令牌，与只看见食物令牌或还看见水令牌，是内部神经元（a）和运动神经元（b）激活模式的差异。

如果像我们揭示的那样，动机对注意力有一定影响，情绪作为行为在动机层面的子机制，很可能也对注意力有影响。实际上，我们发现，内隐注意是对所有感知输入中的一部分的选择性处理。它对大脑中有情绪回路的机器人的影响，远比对没有情绪回路的机器人的影响更大。我们测量内隐注意的方法是，在机器人看到某些东西，但身体还没有任何动作时，来检验它们的神经网络中的运动神经元的激活模式，我们在既要吃又要在捕猎者出现时逃开的机器人身上进行了这样的检验。我们已经知道，拥有情绪回路对这些机器人来说是一种优势，因为情绪回路可以让它们更迅速地从追逐吃的动机，转为当捕猎者出现时努力逃开捕猎者的动机。我们现在在实验室中对这些机器人进行实验，让它们暴露在捕猎者面前仅一个周期，或是给捕猎者加上一个食物令牌。结果，没有情绪回路的机器人的运动神经元的激活模式在有食物与没有食物的情况下多少有些不同。这就意味着，即使捕猎者已经出现了，但机器人的大脑仍在继续处理食物令牌。与此形成反差的是，有情绪回路的机器人无论有没有食物，其运动神经元的激活模式均基本相同。捕猎者刚一出现，这些机器人的内隐注意就从食物上转移到了捕猎者身上（如图 2－14 所示）。

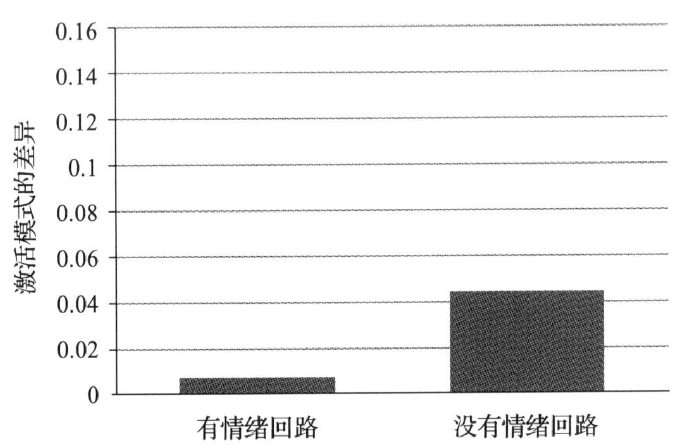

图 2－14　有无情绪回路的机器人的运动神经元激活模式的差异。有情绪回路的机器人几乎是一看到捕猎者就不顾食物了。

如我们所见，情绪回路不但对机器人的动机决定有积极影响，而且还优化了机器人的行为。有情绪回路的机器人比没有的更擅长获取食物令牌。现在我们想问：当这两种机器人看到食物令牌时，它们的大脑中究竟发生了什么？我们比较了当机器人看到食物令牌与什么都没看到时，它们的运动神经元的激活模式。（还记得吗？运动神经元有固有的激活水平，因此，即使机器人什么也没看见，这些神经元也仍是活跃的。）结果，与没有情绪回路的机器人相比，有情绪回路的机器人对食物的关注更多——它们在看见食物时与什么都没看见时，运动神经元激活模式的差异要更大（如图 2－15 所示）。对食物的注意是靠近并获取食物所必需的，这也解释了为什么有情绪回路的机器人比那些没有的更擅长靠近并获取食物，也吃得更多。

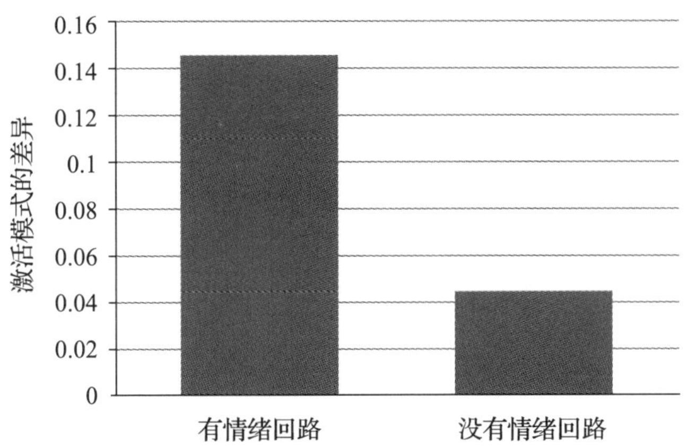

图 2-15　机器人看到食物令牌与什么都没看到时，运动神经元激活模式的差异。有情绪回路的机器人对食物关注得更多，即使没有捕猎者在场。

在实验室中，我们也对既要吃、又要找到交配对象繁殖后代的机器人进行了实验。在实验室中，机器人既可以看到一个食物令牌，又可以看到一个潜在的交配对象，在不同的实验中，我们变换了潜在配偶与机器人之间的距离，但食物与机器人的距离保持不变。结果，有情绪回路的机器人在交配对象离得远的时候会关注食物，但如果交配对象离得更近一些，它们就不顾食物了。没有情绪回路的机器人表现出来的差异则较小，它们无法以同样高效的方式控制自己的注意（如图 2-16 所示）。

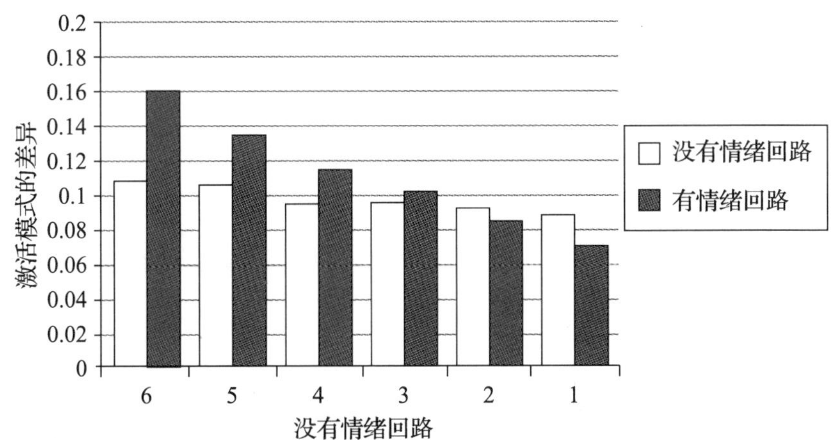

图 2-16　有情绪回路的机器人在交配对象离得远时关注食物，但在交配对象移近后会把注意力从食物转移到交配对象身上。没有情绪回路的机器人的转换能力较差。

因此，在我们的机器人身上，动机和情绪对外显注意和内隐注意都有影响。如果机器人已经决定了要满足哪种具体动机，它就会移动身体来感知那些与满足当前动机相关的信息。这就是外显注意。但内隐注意也是存在的。内隐注意不是机器人身体的活动，而是大脑的活动——当机器人感知到两个不同的东西时，只有一个与当前动机相关。机器人的大脑只处理关乎当前动机的事物的信息。我们的研究结果表明，情绪也会影响内隐注意。通过影响不同动机的强度，情绪回路对合理过滤感知输入做出了贡献——这正是内隐注意的功能。

6. 内部机器人技术

我们构建机器人是要检验两个假设。第一个假设是，动物和人的活动都在两个层面进行，即动机层面和认知层面，要生存、繁殖、过得好，必须两个层面都运行良好。在动机层面，它们必须选择某一特定时刻由哪种动机来控制自己的行为；在认知层面，它们必须要能够执行这样的行为，以满足在动机层面选择的动机。第二个假设是，情绪是存在的，因为情绪可以帮助动机决定机制更快更好地做出动机选择。这就是情绪的适应作用。这两个假设在我们的机器人身上都有体现。由此，我们已经证明了，机器人所表现的行为，与真正有机体的行为有一定的相似，并且机器人可以为这两个假设提供一些支持。我们还证明了，大脑中具备情绪回路不但可以帮助机器人优化动机层面的行为，而且对认知层面也有帮助，并且动机和情绪对外显和内隐注意都有影响。

接下来的一步是要在机器人身上重现其他与动机和情绪有关的现象：个性和性格的个体间差异，精神病态行为，与社交生活有关的动机和情绪，为促进社会交往的情绪的外在表达，构建“情绪人工构造”（emotional artefacts），比如宗教和艺术制品。这些现象有的要在本书其他章节中进行讨论，现在我们要讨论的是动机和情绪对机器人学的一般性意义。

我们的机器人的大脑极其简单，我们应该逐渐使其大脑变得复杂，这样一来，机器人大脑的结构和活动才能更好地与我们了解的真实大脑的动机和情绪相匹配。但仅有大脑是不够的。动机和情绪并不在大脑里。它们是大脑和身体其他部分互相作用的结果。机器人的情绪神经元应该和体内的特殊器官与系统相互影响与被影响，这些器官和系统相当于心脏、肠、肺、内分泌以及免疫系统。但这是一个属于未来的任务。在这里，我们要考虑一个更一般但也非常重要的问题：现在的机器人技术都是外部机器人技术，但如果机器人必须要再现动物和人类行为，或者更具体地说，再现它们的动机和情绪，那我们就需要内部机器人技术了。

动物和人类都是物理存在，它们生活在物理环境中，并与物理环境展开互动。它们的行为取决于它们身体的外部形态（大小、形状等），取决于它们感觉器官的性质，还取决于它们身体的不同部位可以怎样活动。对外部世界的了解让它们可以生存并繁殖，这种了解来自动物身体与外部世界之间的物理作用。通过移动身体的不同部位，动物可以改变其感觉器官与外部环境之间的物理关系，或者改变外部环境本身，这两种情况都可以对它们从环境中接收的感知输入有积极影响。而外部环境之所以能够为动物所了解，是因为它对动物活动的回应是动物的大脑能够预期的。

机器人技术对我们理解动物和人类行为非常重要，因为它非常清晰地指出了：动物和人都是物理存在，都生活在物理环境中，并与环境互相影响。但到目前为止，机器人学止于外部机器人技术。外部机器人技术关注的是机器人的身体与外部环境之间的相互影响。到达机器人神经网络的感知输入源自外部环境，神经网络的输出也会对外部环境产生影响。但是外部环境只是动物大脑的两个信息输入来源之一，也只是与大脑互有影响的两种环境中的一种。动物的大脑不但与体外的世界——外部环境互相影响，也与动物体内的器官与系统——内部环境——互相影响（如图 2-17 所示）。这就是说，我们需要的不仅仅是外部机器人技术，还有内部机器人技术。如果我们希望通过构建行为模式接近某种动物的机器人来了解该动物的行为，那么我们在机器人身上，不但要再现该动物的外部形态以及动物大脑与外部环境的相互影响，还需要再现动物身体的内部结构以及动物大脑与体内器官的相互影响。

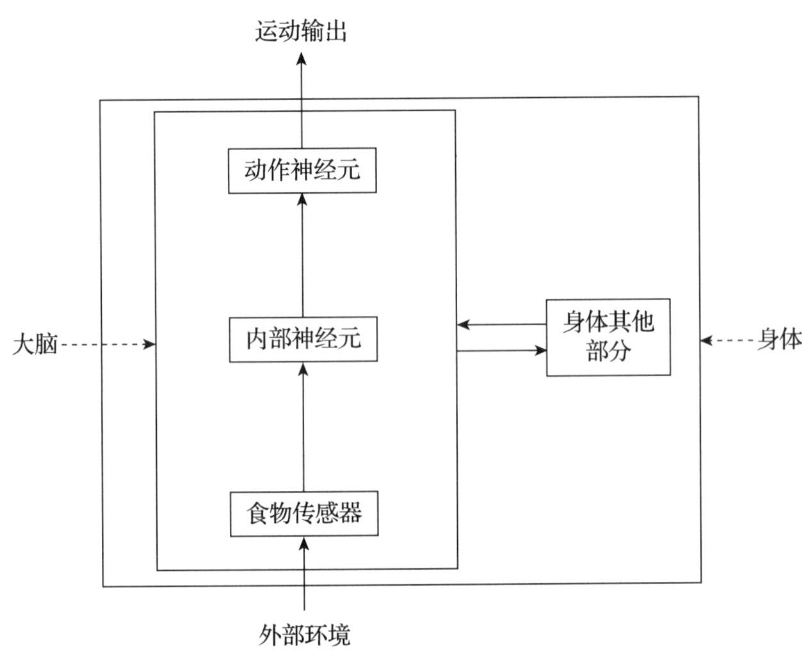

图 2－17　动物的大脑不但与外部环境互相影响，还与动物的体内结构互相影响

内部机器人技术还要求我们清楚地认识到，大脑只是神经系统的一个组成部分，而动物行为则是外部环境以及神经系统之外的体内组织与整个神经系统相互影响的结果，并非只是与大脑的相互影响。目前的神经网络只是大脑的模型，不是整个神经系统的模型。神经系统由中央神经系统（大脑和脊髓）和自主神经系统（交感神经、副交感神经与肠神经等子系统）构成，这些不同部分的性质与功能各不相同。内部机器人技术要求机器人的行为由整个人工神经系统控制，而不是仅仅是由人工大脑来控制（如图 2－18 所示）。

说得简练一些，就是动物生活在两个世界里，一个外部世界和一个内部世界，机器人应该帮助我们理解动物的外部世界和内部世界。（人类还有一个世界，精神世界。我们会在第五章讨论人类的精神世界。）下边罗列的就是机器人需要再现的这两个世界的区别，类人机器人需要特别注意。

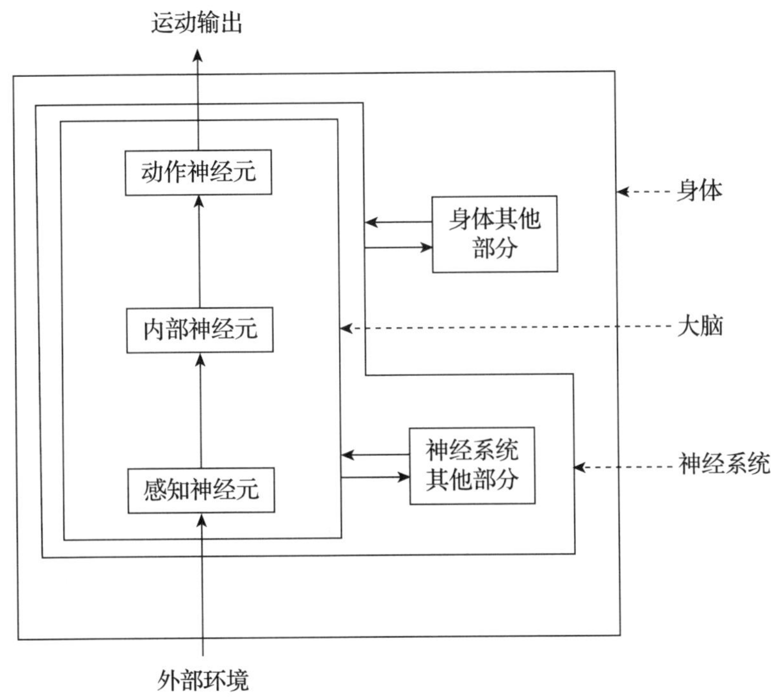

图 2-18 机器人的行为由整个人工神经系统控制

大脑与外部环境的相互作用主要是物理作用，而大脑与内部环境的相互作用主要是化学作用。

大脑对外部环境的影响主要是由于动物身体的活动。大脑编码眼睛、头、胳膊、手、腿、发声——发音器官的动作，这些动作及其后果在物理学的学科范畴内就可以进行研究。大脑也可能通过产生在外部环境中的扩散的化学分子，比如气味，来间接影响外部环境，但这种情况要少见得多，至少人类是如此。而且，从外部环境到达大脑的感知输入主要是由物理能造成的（光，声音），只有在某些情况下，外部环境才会通过化学分子（气味、味道）作用于大脑。

与此相反的是，大脑与身体内部的互相作用主要是化学作用，需要借助化学的帮助才能进行研究。大脑对身体内部的作用，很多情况都是大脑产生了影响体内不同结构的化学分子，或者是大脑刺激了产生化学分子的内部器官和系统。反过来，身体的其他部位对大脑的影响则是通过产生化学分子，并把这些分子发送到大脑中去——当然，身体向大脑发送的输入有时也与外部环境的输入很接近。比如，由身体的姿势和活动以及身体内部器官所造成的躯体感觉（somatosensory）输入与本体感觉（proprioceptive）输入。

大脑与外部环境之间的相互作用主要是物理作用，而与身体其他部位之间则是化学作用，这一区别对研究机器人和机器人的大脑意义重大。神经网络研究通常把细胞生物学作为生物学科进行参考。神经网络的“单元”是细胞（神经元），这些“单元”之间的连接是细胞的扩展（神经元的轴突）。要研究大脑与身体内部的互动，必然要求我们在生物实体的层级上更进一步，那么我们就要面对分子生物学。内部机器人技术会使神经网络的研究更贴近生物学与医学的最新发展，这两个学科也有前进一步，在化学层面解释生物现象的倾向。

传统机器人的身体是机械而无意识的。这些机器人由惰性物质而非生命体构成。机械身体从动作、动作对环境的影响以及折断概率等方面来看是有局限性的；为了消除这些局限，现在有些机器人科学家构建了“软”机器人，用类似生命体的物质做成，身体灵活，抗折断性能更好。但是软机器人学仍属于外部机器人技术。人们试图做得更软、更灵活的是机器人的外部身体及其与外部环境的物理作用。内部软机器人学尚不存在，而且，如前文所述，这不但需要重现生物体的物理属性，而且需要重现其生物属性。

对大脑的两种不同影响

神经网络中的一个神经元影响另一个神经元，是因为两个神经元之间有连接，而非二者在物理空间上彼此接近。但是，内部器官和系统对大脑的作用往往是通过散布在细胞间大片区域的化学分子的产生而间接实现的，这些化学分子以相似的方式影响大量空间接近的神经元，而不是以单个神经元为目标。与外部环境相互作用的大脑可以用神经元的网络来进行模拟，在网络中可以指定哪个神经元与哪个神经元相连，而不需要顾及这些神经元的空间位置。与身体内部器官与系统相互作用的大脑则是另外一种结构，每个神经元都有一个空间位置，不同神经元之间的距离的作用很关键。在大脑与外部环境的相互作用中，信号把信息从一个神经元传递到另一个神经元（神经传递）。在大脑与身体内部的相互作用中，信号会调节这种信号传递（神经调节）。

> 大脑与外部环境之间的相互作用是与一个独立实体的相互作用，而大脑与身体其他部位的相互作用是两个实体之间的相互作用，这两个实体都是进化的结果，同时又共同进化。

“大脑—外部环境”回路穿过一个物理系统，即外部环境，这个系统并没有与大脑一起进化，因此有不受与大脑相互作用影响的独立特点。“大脑—身体其他部位”回路也穿过一个物理系统，即身体其他部位，这个系统与大脑一起进化，因此该回路的特点受到了与大脑相互作用的影响。外部物理环境对于所有生活在同一个环境中的动物物种来说都是相同的，尽管一个物种的行为环境可能不同于另一个物种。与此相反的是，内部物理环境——身体内部——在物种之间各有不同，因为大脑和身体其他部位共同进化、共同适应。

从这个角度来看，人类有别于非人类动物。对于人类来说，不但他们的内部环境与行为共同进化，外部环境也如此，因为人类用行为改变外部环境。当然也有一些非人类动物可以改变外部环境，比如鸟会筑巢，但在这个问题上，人类是独一无二的，因为他们的生存环境几乎是由自己创造的。因此，如果我们希望我们的机器人成为类人机器人，那么这些机器人就必须改变外部环境，以让外部环境适应它们，而不能仅仅是改变自己去适应不变的外部环境。

> 对大脑来说，外部环境可以是存在的，也可以是缺失的，不同时间可以大有不同；但身体的内部环境是随时存在的，并且几乎是不变的。

身体其他部位是大脑感知输入的稳定来源，创造了一个无时不在的并且几乎永远保持不变的世界。与此相反的是，外部环境创造的是一个可能在、也可能不在的世界——比如，当你入睡时，这个世界就是缺失的；同时，这个世界在不同时刻可以大有不同，因为动物可能从一个环境转移到另一个环境，或者环境可能不受动物的影响而发生变化。身体其他部位的稳定性与持久的可得性成为大脑中“自体”出现的基础，与外部环境的“异体”形成对照。

> 源自体内的因果影响可以产生一个私人世界，而源自外部环境的因果影响会界定一个公共世界。

由于生理构造的原因，发生在体内的事件和过程只对单个个体的大脑产生影响，这个个体拥有或者就是这具身体，而发生在外部环境中的事件和过程可以在很多个体的大脑中产生同样的或类似的效应。这就是私人世界与公共世界的差别出现的基础。当然，这种区别可能只存在于像人类这样有比较复杂的社会性的动物之中。比如，只有人类知道，来自体内的某一感知输入会对他们的大脑产生影响，但不会影响到别人的大脑，而来自外部世界的感知输入既会影响到他们自己，也会影响到别的个体。因此，我们只有发展出内部机器人技术和社会机器人技术，才能重现“私人”世界与“公共”世界的区别。（医学及信息技术使旁人也可以了解某个个体体内发生的事情，但是这些技术并未消除“私人”世界与“公共”世界之间的区别——当然，这在未来也许会发生变化。）

> 大脑与外部世界的相互作用显示了行为的认知部分，而动机与情绪部分则体现在大脑与身体其他部位的相互作用中。

行为的认知部分很大程度上可以通过只考虑大脑和外部世界的相互作用而得到解释。在这样的相互作用中，个体获得并展示出个人的才能、解决问题的能力和智力。相反，行为的动机与情绪部分则是由于大脑和身体内部的相互作用，如果忽略身体内部的情况，我们就无法对这些部分做出解释。如果机器人的身体没有“内部构造”，或者它们的大脑和身体内部没有相互作用的话，我们就只能再现情绪现象的外部表征——表情动作的发生和对他人的表情、动作的识别。要构建确实能够感受并识别情绪，而不是“假装”能感受和识别情绪的机器人，内部机器人技术是必要的。

> 大脑与外部环境的相互作用对外部环境有影响，是人类可以预测的，因此，可以是人类有意为之，而大脑与身体内部的相互作用所产生的影响是人类无法预测的，也是不由自主的。

人类大脑与外部环境的相互作用往往产生自主行为，并对外部环境造成蓄意影响。相反，即使是对于人类来说，大脑对身体其他部位的影响也是不由自主的。行为的自主特点与预测后果的能力相联系，而行为对外部环境的影响可以在预期的限度之内，而大脑对身体内部的影响往往并不是这样。（关于有预测能力的机器人，见第四章有关精神生活的论述。）

但是人类想出了一些对策，使得大脑对身体其他部位的影响以及身体其他部位对大脑的影响更可预期并更可控。对策之一就是通过思考或其他的身体、大脑控制手段来获取有关身体内部情况的更多知识（控制）。另一对策则是将自身暴露于来自外部世界的感知输入之下，这些输入对大脑产生影响，大脑又对身体其他部位产生影响。这样的例子有和他人谈话——亲戚、朋友、心理治疗师，或者把自己交给宗教或艺术产物。

现在我们来总结一下这一部分的内容。人类生活在两个世界中：由大脑和外部环境的相互作用所产生的外部世界，这是一个认知的、公共的、可预期并可控的世界；由大脑和身体内部的相互作用所产生的内部世界，这个世界是情感的、私人的，远不如外部世界可预期和可控。外部机器人技术构建的是有外部形态、外部感知与运动器官的机器人，感兴趣的是机器人的大脑与外部环境的相互作用。内部机器人技术构建的是除了外部形态和外部感知与运动器官外，还兼备内部器官与内部系统的机器人，感兴趣的是机器人的大脑与内部器官及系统的相互作用。如果我们要构建模拟真实动物和真实人类的机器人，我们需要的不仅仅是外部机器人技术，还有内部机器人技术。

7. 有生物钟的机器人

这一章中，我们讨论了内部机器人技术，因为动机和情绪基于大脑与身体内部的相互作用，因此，要在机器人中重现动机和情绪，内部机器人技术是必需的。现在的机器人只有身体，没有内部器官与内部系统，但将来的机器人一定会有内部器官与系统，并且其情绪神经元与这些内部器官与系统之间也会有相互作用。

内部机器人技术是未来的机器人技术。本部分中我们要讲的机器人，可以重现内部机器人技术中的一个关键方面：与外部环境不同，机器人的内部环境与大脑共同进化。

这种新的机器人会睡觉。它们的生存环境要求它们必须吃掉其中的食物令牌才能维持生命，并且该环境中有光的时段（白天）和无光的时段（夜晚），并形成固定循环（如图 2－19 所示）。

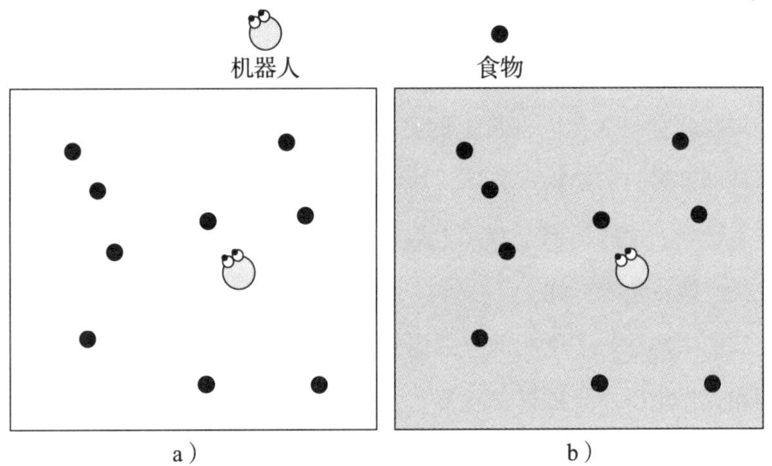

图 2－19　机器人的生存环境中，有光的时段（白天）（a），之后是无光的时段（夜晚）（b）。机器人在夜里看不到食物令牌。

在没有光线的情况下，机器人看不到食物令牌；既然活动会消耗体能，因此，机器人在夜里应该停止活动，以避免体能的白白消耗。实际上，在进化的终点，我们发现这些机器人白天探索环境、寻找食物，但是到了夜里它们就停止活动并睡觉休息，直到第二天开始。它们睡觉。

这些机器人的神经网络如图 2－20 所示。它们有视觉神经元，可以编码最近的食物令牌的位置；它们也有明神经元和暗神经元，这些神经元白天会激活，但夜里处于怠惰状态。夜晚的降临或结束并不突然，而是一个逐渐的过程，这一点反应在明神经元和暗神经元的激活水平上。这些神经元在正午达到最大激活状态；当夜晚开始时（傍晚）激活程度逐渐下降；当夜晚结束时（黎明），激活程度开始上升。夜里，我们在机器人的食物视觉传感器的激活水平中加入了一些随机噪声，这样一来，机器人就看不到食物令牌了。这就意味着为了节约体能，机器人在夜里要停止活动（睡觉）。

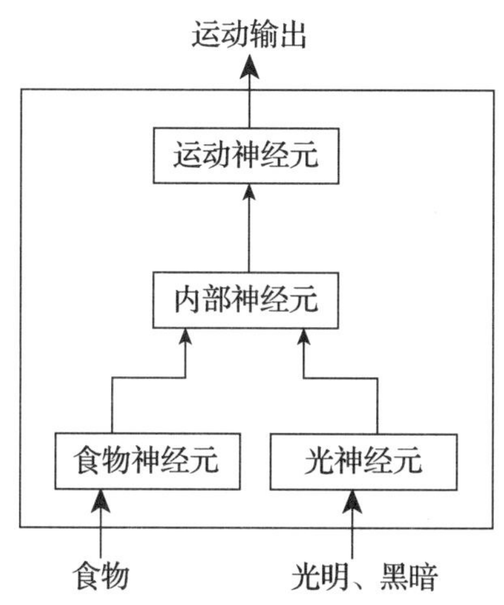

图 2-20　生活在有光的时段（白天）与无光的时段（夜晚）交替出现的环境中的机器人的神经网络。

这些机器人必须满足两种动机——白天吃的动机以及夜里睡的动机，同时它们也进化出了根据光传感器提供的信息而做出正确判断的能力——光传感器会告诉它们何时是白天、何时是黑夜，它们需要决定何时活动来寻找食物以及何时去睡觉。机器人在我们所描述的环境中进化了若干代之后，就会转移到一个新的环境中。新环境其他方面都和以前的环境完全一样，唯一的不同是有若干洞穴。每个洞穴都是环境中的一个区域，光线无法穿透这里，所以一直是黑暗的（如图 2-21 所示）。这给机器人提出了新的问题。如果它们碰巧进了某个洞穴，洞穴中没有光，那么这样一来，它们就会以为夜晚已经降临了并停止活动。显然，这并不是适应性行为，因为它们需要做的是继续活动并走出洞穴。它们看不见洞中的食物，因此它们无法进食，而且黑夜无穷无尽，它们面临余生都必须在洞中度过的风险。

为了解决这一问题，机器人进化出了生物钟。我们在机器人的神经网络中加入了新的一组内部神经元，这些神经元与运动神经元相连，会影响到机器人的行为（如图 2－22 所示）。

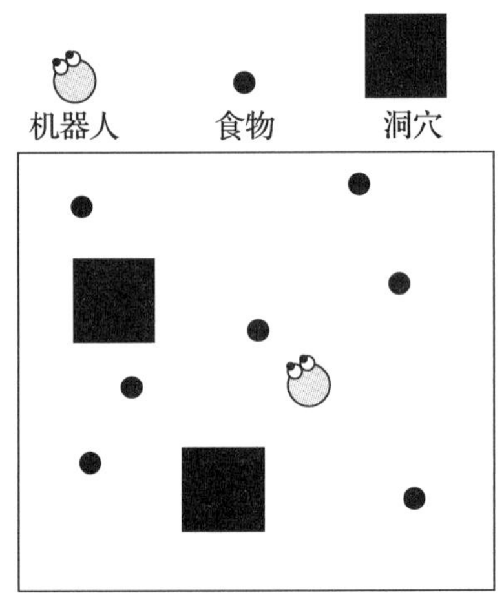

图 2－21　机器人迁入的新环境中有日光无法穿透的洞穴。

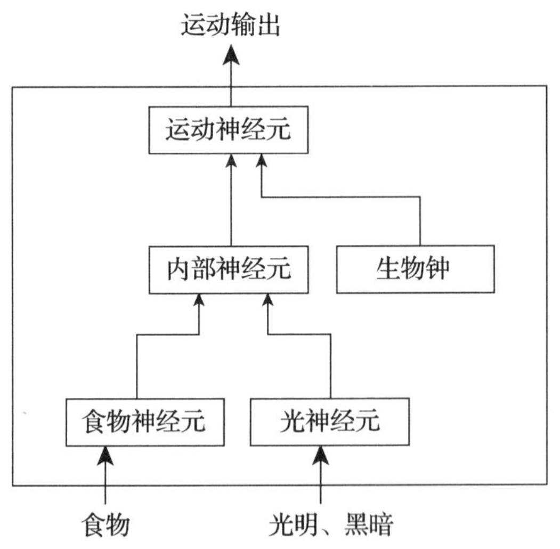

图 2－22　机器人的神经网络中有一组新的神经元（生物钟），对决定机器人的行为有一定影响。

这些新的神经元不是从外部激活的，而是周期性地自我激活。周期的长度，即生物钟，并不是由我们决定的，而是编码在机器人的遗传基因中。当机器人迁入有洞穴的新环境时，其生物钟的周期长度是随机的，每个机器人都不一样，并且很少与日、夜的周期吻合。这样一来，机器人的适应性水平会较低，因为当它们进入洞穴时，它们认为那是夜里，往往会永远地留在洞穴中。它们的明神经元和暗神经元处于怠惰状态，对它们来说，这就意味着黑夜。但是若干代以后，情况发生了变化。在拥有最好生物钟的机器人的选择性繁殖以及编码生物钟周期长度的基因中，随机加入的突变因素，逐渐提高了机器人生物钟的质量。现在，生物钟可以不依赖明神经元和暗神经元的激活水平，便能告诉大脑什么时候是黑夜、什么时候是白天。大脑利用了这一信息，这样一来，不管机器人是在洞穴内还是洞穴外，在夜里它们会停止活动，白天它们会从洞中出来，即使它们看不到任何光线。机器人的动机决定了受到的生物钟的影响，而生物钟是它们身体的一部分。

这一章前边讲到的机器人的动机决定受到了来自体内的感知输入的影响——饥饿、口渴、疼痛。但是有生物钟的机器人又告诉了我们一些新的东西。前边那些机器人来自身体的输入是我们通过硬连接控制的。当机器人的体内能量仓逐渐变空时，我们决定机器人的饥饿神经元被逐渐激活，口渴神经元的激活也是这样。当机器人身体出现损伤时，我们决定它们的疼痛神经元被激活。这批新机器人的生物钟并不是我们硬连接的，它是在代际传递中自主进化出来的。

这就是我们希望睡觉的机器人所展示的。外部机器人技术的环境是外部环境，外部环境的属性是独立于机器人而存在的，但内部机器人技术的环境在机器人体内，这一内部环境随着机器人的大脑和行为一起进化。动物的所有感官都是进化的结果，包括外部感官和内部感官。但是，对于内部感官来说，进化的不仅仅是感官，还有感官输入的来源。

8. 意识的两半

这一章的真谛就是，人类意识是由两部分构成的——认知的一半和动机以及情绪的一半。如果科学不能理解并解释意识的两个部分以及这两部分之间的相互作用，就不能算是理解并解释了人类行为。科学是西方文化的产物。在西方文化中，认知比动机和情绪更重要，因为认知是对自然的控制，并独立于自然而存在，而动机和意识则是控制的缺乏和对自然的依存。这也解释了为什么有关意识的科学往往强调认知，但忽略动机和情绪，也解释了为什么在今天，心理学正在演变为认知科学——“心智”（psyche）正逐渐等同于“认知”。

比起动机和情绪，关于意识的科学更青睐于认知研究，这里也有一些技术方面的原因。对于科学来说，研究意识或其他任何东西最好的实证方法就是进行实验室实验；也正是出于这个原因，实验心理学被认为是心理学中最为科学的部分。但是，虽然意识的认知部分可以在实验室中进行研究，但却不太适用于意识的动机、情绪部分。在实验室中，“受试对象”或“参与者”不能选择用行为来满足哪种动机，它们要做的仅仅是听从实验指令而已，也就是说，它们要满足的是实验者（experimenter）的动机。另外，意识的动机和情绪部分与人类的进化史有直接的联系；在实验室中可以对学习和行为进行研究，但无法研究进化——除非是研究极度简单并且生命周期非常短暂的动物的进化。

实验心理学多研究意识的认知部分，而不研究其动机和情绪部分，这还有另外一个原因：个体的认知能力可以通过智力测验或其他测验进行量化测量，而动机和情绪特点的识别、检验和量化则难得多。科学喜欢能够被客观测量的东西。心理学家想做科学家，因此，他们不可避免地会把意识中属于认知的一半看作是意识的全部。

意识的认知部分显然构成意识的全部的科学是经济学。经济学家（个别除外）假设，人类不但理性地决定需要做什么来满足某一特定动机，而且决定应该用行为来满足哪种动机。但是人类只有在能明确预测行动后果的情况下才能理性地决定应该用行动来满足哪种动机，而且只有某些人在某些情况下，才能这么做。人类的意识不但由两部分构成——一半属于动机和情绪，另一半属于认知，而且动机和情绪的一半比认知的一半更为重要，因为这一半更久远，也因为这是包括人类在内的动物整体适应模式构建的基础。如果科学无视意识中动机和情绪的一半，就无法理解行为是如何主要由动机和情绪来决定的，也就无法理解有些技术手段会在多大程度上影响经济行为，这些手段试图改变购买者的动机，而不是让他们更好地思考与行动。机器人必须同时有意识的两个部分。它们必须是人工生命，而不是人工智能。智能只是意识的一部分，生命则是意识的全部。如果我们构建出兼具意识的认知与动机和情绪部分的机器人，我们就能以科学要求的精确与客观来了解意识的两部分。

第三章 机器人如何习得行为

地球的历史很长。在这漫长历史的起点，只存在着今天物理学家们研究的那些现象。然后，出现了需要化学家、生物学家和动物学家来理解和解释的新现象。人类的出现只是最近的事情，而且有很多不同的科学家在研究人类——心理学家、人类学家、社会学家、经济学家、政治学家和历史学家。ME 觉得，要理解现实中的任何现象，必须了解该现象过去的历史，了解它如何发展成了现在的样子，这个原则尤其适用于那些最近才出现的现象。人类和他们的社会是现实中的最新现象，因此，要理解这些现象，ME 需要构建出不但能重现人类行为和人类社会活动方式，还要能重现人类行为和人类社会过去的历史的机器人。ME 对人类历史的各个方面都有兴趣：智人的进化史、人的成熟和一生的发展、个体的经历怎样影响自身并让该个体学到新的行为方式、人类社会和人类文化的起源和历史。重现这些变化是项非常复杂的任务，ME 决定从生物进化和个体学习开始，并关注进化和学习的交互作用。

1. 为什么会学习?

所有动物都是逐渐进化成现在的样子的，除非我们了解动物进化的过程，否则我们不能声称对它们有了理解。因此，不能由我们编程来使机器人展现出某种期望中的行为，而是必须让它们自主习得行为。第二章中提到的机器人通过代际传递进化出了它们的行为，因此，它们的行为完全是先天的——编码在它们的基因中，而且在它们的整个生命过程中保持不变。但生物进化并不是动物习得行为的唯一途径。个体的大脑可能会因为在环境中的经历而发生变化，由此，个体的行为也会发生变化。这种获取新的行为和新的能力的过程就被称为学习。动物越复杂，它们的行为也越复杂，学习所起的作用就越大。实际上，人类的大多数行为都是通过学习获得的，或是被学习修改过的。学习发生在所有动物身上，即使是最简单的动物。

这就提出了一个有趣的问题：动物为什么学习？为什么进化不足以让动物拥有生存与繁殖所必需的所有行为？答案就是环境的基因不可预测性。如果动物将要在其中度过一生的环境完全可以被该动物的基因所“预测”，那么进化就足以让动物具备维持生命及繁衍后代所需要的所有行为。但是，如果动物的基因无法“预测”个体将要度过一生的具体环境，那么进化就是不够的，学习就成了必须。

从基因角度来看，环境不可预测，这其中有多种可能的原因。环境可能因为自身原因发生改变，或者因为动物迁入新环境而发生改变，或者可能是因为人类改变了自身的生存环境。但从基因角度来看，环境不可预测，可能并非是因为环境的变化，而是因为动物的适应模式太复杂，动物必须会做的事情太多，导致同一个体实际生活在多个不同环境中，不同个体的环境更是不同——对人类来讲尤其是这样。所以在这些情况下，基因无法囊括生成所有必要行为个体大脑所需的一切信息。基因编码了个体行为能力的一般性质，但能力的凝练与提高必须通过学习来完成，这样个体行为才能更好地适应具体的环境。

这就是动物既进化又学习的原因。它们的行为不但一代与一代不同，在一生中也会发生变化。但动物的进化和学习不是分开进行的，因为进化和学习互相作用、互相影响。心理学家以及其他研究行为的学者很少研究进化与学习之间的相互作用。很难了解某种动物的进化，因为进化在代际传递中发生，因而研究所需的时间会很长；而且，这样的研究依赖于自然环境，全面且准确地收集某一动物现在所处环境的信息已经非常困难，收集有关过去环境的信息也几乎是不可能的。人们通过研究动物化石或其他间接途径“重构”进化过程，但进化不太可能在发生过程中被研究，除非是实验室里极其简单的动物。学习则恰恰相反，这是心理学家研究最多的现象之一，以至于对某些心理学家——比如对行为主义者来说，心理学就是学习理论的代名词。但是在自然环境中研究学习是不太可能的，因为在自然环境中，我们无法对学习出现的环境进行控制。这也是为什么心理学家在实验室里研究学习的原因，因为他们可以收集很多准确的量化信息，可以控制和操纵学习发生的条件。问题是，实验室条件下的学习可能有别于自然环境中的学习；在实验室中研究学习，会难以理解学习与该物种的进化史之间的联系。在自然环境中，动物会接收到多种不同的刺激，这在很大程度上取决于动物自身的行为，而动物需要根据目前不同动机的强度来自主决定该怎么做。实验室是一种简化了的人工环境，“受试者”要对实验人员决定好的动机做出回应，它们做的都是实验者希望它们做的。关于行为和学习，实验室实验让我们明白了很多，并一定会让我们明白更多；但是，如果动物的自然环境和进化历史对于了解它们怎样学习以及学习什么非常重要的话，要是我们只通过实验室实验来研究学习，我们一定会漏掉学习的某些关键方面。

机器人技术虽然不是完全无视进化与学习的相互作用，但却在很大程度上把这部分遗忘了。进化机器人技术是目前非常活跃的一个研究领域。机器人在“自然”环境中生活并繁殖，它们的行为经过代际传递发生改变，并逐渐习得一开始没有的行为与能力。第二章中我们看到了各种各样的进化的机器人，这本书中我们还将看到更多这样的例子。学习也是机器人学中一个非常活跃的研究领域。实际上，关于机器人的大多数工作都是研究能学习的机器人的。但是进化与学习的研究往往是分开进行的，很少有研究关注机器人身上学习与进化之间的相互作用。真实的动物在自然环境中学习，但机器人的学习环境相当于实验室。它们回应的是由研究人员决定的感知输入，学习的是研究人员想让它们学的东西。真实的动物并不只是被动接收感知输入，它们也不学习我们想让它们学的东西。它们生活在独立于自身之外的物理环境中，但它们与行为环境相互作用——这种行为环境部分由它们自己的行为决定，而且是非常重要的一部分。它们学什么、怎么学由行为环境，而非物理环境来决定。如果机器人在类似于实验室的环境中学习，就只是被动接收由我们决定的输入信号，而它学习回应这些感知输入的方式也是由我们决定的。如果机器人的学习是基于奖励与惩罚的话，奖励和惩罚的标准就是由我们决定的。如果我们的兴趣在于研究机器人身上的进化与学习的相互作用，我们就不能这样做，因为进化和学习都是对自然环境的适应，而不是对实验室的人工环境的适应；而且，什么该奖励、什么该惩罚也不能由我们来决定。

进化与学习互相作用，意思是进化影响学习，学习也影响进化，但本章中我们将集中讨论进化对学习的影响。进化影响学习的一个重要途径就是进化创造了学习的初始条件。目前的机器人从零学起。最初，机器人的神经网络被随机分配了连接权重，然后该连接权重会随着机器人的生活经历而发生变化，机器人就会逐渐表现出一开始所没有的行为。真实动物的学习并非是从零开始的。遗传基因会决定动物学习的起始状态，而这种起始状态会影响动物学习的内容和方式。这也是会学习的机器人应该同时进化和学习的一个重要原因。

进化影响学习的另一主要方式是，进化会对刺激进行正负赋值。学习多半取决于奖励与惩罚。奖励作为一种刺激，可以提高引发奖励的行为将来出现的概率，而惩罚则是降低这种概率的刺激。如果吃掉 X 会产生有奖励值（味道“好”）的刺激，动物就更可能吃掉 X；如果吃掉 Y 会产生有惩罚值（味道“差”）的刺激，它们就不太可能吃掉 Y。但是，决定什么对动物是种奖励、什么是种惩罚的是进化；因此，进化也决定了动物要学习什么。一开始，神经刺激可以在动物的一生中获得奖励值或惩罚值，这样一来，动物就可以学会大量的新行为——这在人类身上非常典型，但最初的奖励和惩罚却应该归于进化。构建同时进化并学习的机器人让我们可以重现进化在给予刺激——奖励值与惩罚值中所起的作用，因此也可以重现进化在决定动物一生该学什么中所起的作用。

我们在本章中要讲的机器人并不是在等同于实验室的环境中进行学习的，它们像真实动物一样，在自身的生活环境中学习。我们前边已经提过，当动物的基因不能包含其在所处环境中生存与繁殖所必需的所有信息时，学习就是必要的。我们要呈现在不同环境中进化和学习的机器人，并向大家展示，机器人的生存环境越无法从基因角度来预测，则学习对机器人的适应性就越重要。如果环境非常简单且不会发生无法预测的变化，机器人就不需要学习。但是，如果环境更加复杂，并提出基因所无法预测的挑战的话，则机器人需要学习。

构建同时进化并学习的机器人也是对“一个机器人、多种现象”原则的实践。目前的机器人要么进化，要么学习；而我们的机器人不但进化，而且学习。但是我们用另外的方式实践“一个机器人/多种现象”的原则。我们的机器人不但在自然环境中学习，也在相似于实验室的环境下学习。我们从机器人的生活环境中抽取一个机器人，把它带到控制环境中，让它接受一生中从未遇到过的刺激——然后我们让大家看到，机器人学着对这些刺激做出合理的反应。另外，我们不但重现动物学习的事实，也重现在非人类动物和人类身上进行多种实验室实验的结果。而且，我们也应用“一个机器人/多种现象”的原则，使用同样的学习模式，在我们的机器人身上重现不同的学习类型。下一部分我们会详细介绍这种学习模式。

2. 学习机器人的神经网络

控制我们这些机器人行为的神经网络是由人工神经元构成的，把这些神经元联系起来的，是被称作“连接”的人工兴奋性突触和抑制性突触。每个神经元对机器人的整体行为所起的作用均取决于该神经元当前的激活水平。感知神经元的激活是由外部环境或机器人体内存在或发生的情况决定的。感知神经元通过与内部神经元之间的连接来刺激或抑制内部神经元，内部神经元又通过与运动神经元之间的连接来刺激或抑制运动神经元。这样一来，机器人就可以对某种感知输入做出一定的运动输出。

一个突触前神经元和一个突触后神经元之间的连接可强可弱，这反应在连接的权重值上。如果某一突触前神经元与某一突触后神经元之间的连接的权重值高，那么该突触前神经元对突触后神经元的影响就比较大；如果权重值低，影响则较小。因此，突触前神经元能够对突触后神经元产生多大的刺激和抑制取决于两个因素：突触前神经元的激活水平以及突触前神经元与突触后神经元之间连接的正（兴奋性的）和负（抑制性的）权重（如图 3 - 1 所示）。

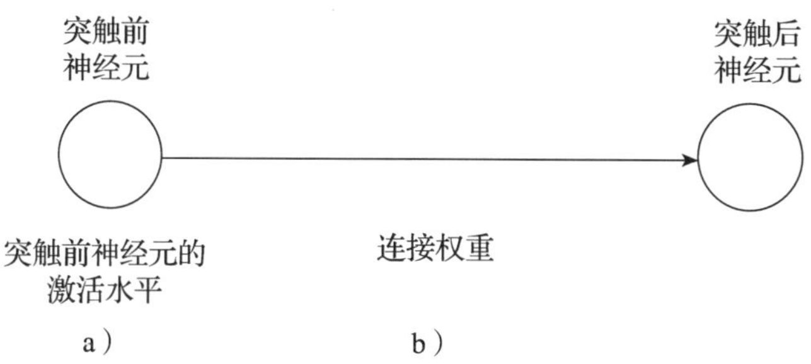

图3-1 突触前神经元对突触后神经元的激活作用由两个因素决定：（a）突触前神经元的激活水平；（b）突触前神经元与突触后神经元之间的连接权重。

机器人从其父母处遗传到的基因决定了自身神经网络中的连接权重，因此也决定了机器人会怎样回应感知输入。如果这些权重在机器人一生中都不发生改变，机器人就将自始至终对感知输入做出同样的回应，其行为就永远不会改变。如果神经网络的连接权重因为生活经历而发生改变，则机器人在学习。连接权重的变化会更改机器人的行为，也就是说机器人习得了新的行为。

这就是神经网络学习的典型模式。在学习过程中发生变化的是连接权重。但我们的学习机器人的神经网络有所不同。大脑中一个突触前神经元会影响一个突触后神经元，这是因为突触前神经元会释放一定数量的被称作神经递质的分子到两个神经元之间的空间——突触间隙中，这些分子会被突触后神经元外膜的感受分子捕捉到。突触前神经元释放的神经递质的数量取决于两个因素：突触前神经元的激活水平，以及由突触前神经元与突触后神经元之间的连接的权重所模拟的突触前神经元的固有属性。但是真实大脑中还有一个因素会决定突触前神经元对突触后神经元有多大影响，这个因素就是突触后神经元对那个特定的突触前神经元的感受性。如果突触间隙中突触前神经元所释放出的神经递质数量不变的话，这些神经递质对突触后神经元的兴奋或抑制作用就会随该神经元对那一特定突触前神经元的感受程度的高低而发生变化。突触后神经元对某一特定突触前神经元的感受性就是突触后神经元外膜的某一具体点位，即突触点上感受分子的数量。

我们学习机器人的神经网络可以重现真实大脑的这一特性。突触前神经元到底在多大程度上对突触后神经元有兴奋或抑制作用并不只是取决于两个因素，而是三个因素：①突触前神经元的激活水平；②突触前神经元与突触后神经元之间的连接权重；③突触后神经元对该特定突触前神经元的感受性（如图3－2所示）。

这对学习有影响。前文已经提到，在传统的学习神经网络中，学习过程中发生变化的是神经网络中连接的权重。我们的学习机器人，其连接权重并不发生改变，变化的是突触后神经元对其每一个突触前神经元的感受性。如图3－2所示的范例只适用于神经网络中内部神经元的一个子集，我们称之为学习神经元。其他内部神经元都是传统神经元，如图3－1所示，学习过程中这些神经元没有任何变化。但是因为学习神经元与运动神经元相连，如果学习神经元的感受性改变，机器人的行为也就跟着改变。

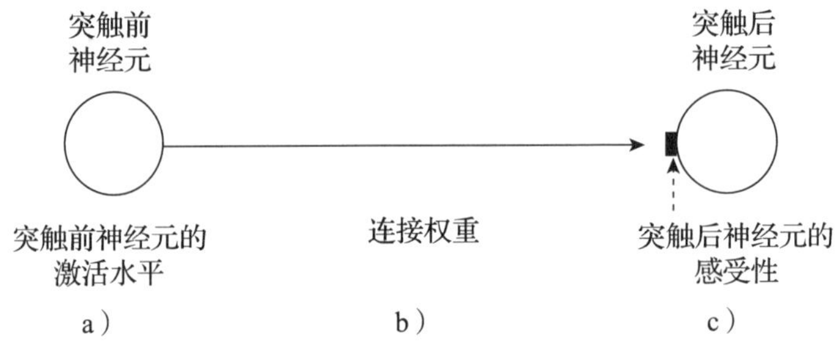

图3－2 突触前神经元对突触后神经元的激活水平的贡献，是图3－1中的（a）和（b）两个因素，加上（c）突触后神经元对该特定突触前神经元的感受性所构成的函数。

学习神经元的感受性怎么改变呢？当一个感知神经元刺激或抑制一个学习神经元时，就会在学习神经元的突触点上留下那个感知神经元的标记。这个标记的值与来自感知神经元的激活成比例，但是，除非同一感知神经元在接下来的周期中继续激活学习神经元，否则这个值会逐渐衰减。只有当感知神经元向学习神经元发送的激活总值超过既定的阈值时，学习神经元才会被激活。达到激活阈值之后，该学习神经元对在其突触点上留下标记的感知神经元的感受性就被更改了。如果学习神经元的激活水平超过某个阈值，则其感受性提高；如果激活水平低于另一个较低的阈值，则感受性下降。这些变化在神经科学文献中被称为长时程增强和长时程抑制，是永久性的。另外，因为学习神经元影响运动神经元，所以机器人的行为也就永久地被更改了。

在这种学习模式中，进化与学习相互影响。遗传基因编码机器人神经网络中的连接权重，也编码描述每个学习神经元特点的参数值：标记值如何在接下来的输入/（输出）周期中逐渐衰减，激活阈值是多少，其激活水平何时高到或低到可以提高或降低对在其感受点上留下标记的感知神经元的感受性。

我们把该学习模式应用到生活在有食物令牌和有毒令牌环境下的机器人种群中。食物令牌是黑色的，有毒令牌是白色的；为了生存和繁殖，机器人必须学着吃掉食物令牌并避开有毒令牌。食物令牌有甜味，有毒令牌的味道则是苦的。机器人的神经网络中有视觉神经元，可以编码这些令牌的颜色；也有味觉神经元，可以编码令牌味道（如图 3－3 所示）。

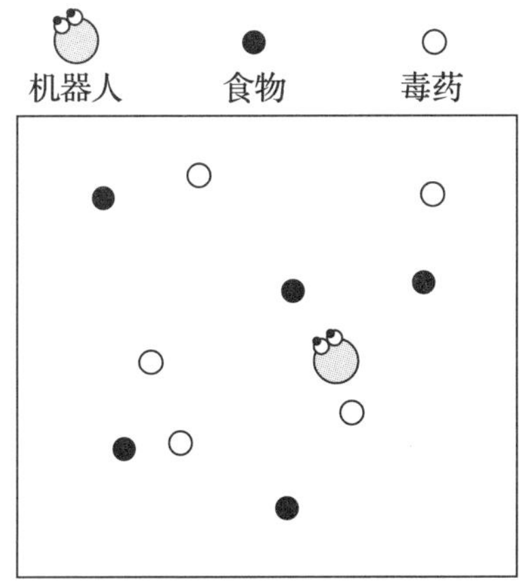

图 3－3　该环境中含有食物令牌和有毒令牌。机器人的神经网络中有可以编码食物令牌（黑色）和有毒令牌（白色）颜色的视觉神经元以及编码其味道（甜和苦）的味觉神经元。

学习的发生是因为机器人的神经网络将黑色与甜味、白色与苦味联系起来。因为黑色令牌带有甜味，所以学习神经元会提高对在其突触点上留下标记的视觉神经元的感受性，这样一来，当机器人看到另外的黑色令牌时，走过去吃掉黑色令牌的概率就会增大。与此相反，因为白色令牌有苦味，所以学习神经元的感受性会降低，机器人过去吃下白色令牌的概率也会降低。甜味是一种“奖励”，苦味是一种“惩罚”，给甜味赋予奖励值并给苦味赋予惩罚值的是进化。学习神经元的活动方式是由机器人的基因确定的，这是进化过程的结果。在这个过程中，学会将食物与甜味联系起来、将苦味与毒药联系起来的机器人比没有学会这一点的机器人留下的后代更多。

今天的机器人大多从零开始学习，因为学习在于改变其神经网络中的连接权重，而这些权重值在最初是随机的。这样一来，进化在学习中就起不到任何作用了。如果机器人既进化又学习的话，进化就会创造学习的起始状态——机器人基因中编码的神经网络的连接权重，但是进化会停止影响机器人的行为，因为学习会改变它们的连接权重。在我们的机器人身上，随着学习发生变化的不是连接权重，而是学习神经元的感受性，这意味着基因不但创造了学习的最初状态，也对学习过程有所帮助，并在机器人的一生中持续发挥作用。

考虑到我们的“一个机器人、多种现象”原则，检验我们的学习模式的一个方法就是在这种模式下，我们可以重现多种不同的学习方式，并重现与学习相关的多种不同现象。这就是本章中我们要展示给大家的内容。但首先，我们想解释一下“动物为什么在进化之外还要学习”这个问题，为什么我们的答案是环境的基因可预测性。

3. 环境的基因可预测性

当动物的生存环境无法被动物基因“预测”时，学习就成为一种必需。动物的行为可以是完全天生的，即完全由基因来决定，但这只有在非常简单、永远不变、永远不会提出新挑战的环境中才能成为可能。如果情况并非如此——即使是非常简单的动物，其生存环境也很少能达到这个要求，那么动物的行为就不可能完全是天生的，因为编码在动物基因中的信息所决定的动物行为，并不能总是很好地适应其生存的环境。这样一来，动物就必须学习。

环境会变，并且环境变化的方式多种多样。环境的变化可能有与其他因素无关的自身原因。一个例子就是气候变化。气候变化可能非常缓慢，机器人可以通过在代际传递过程中改变基因，从而进化出新的行为来适应这种改变，并不需要学习。气候变化也可能非常突然，无论是否学习，机器人都会灭绝。（可参看千万年前恐龙的灭绝以及今天由于人为原因造成的很多动物的灭绝。）另外，不需要学习的还有环境变化和季节的改变。从一个季节到下一个季节，环境循环变化，但是一代又一代下来，这些变化总是一样的，所以仍可以从基因角度进行预测。动物生来就具有既编码适合一种季节的行为，也编码适合另一种季节的行为的基因。动物生存的环境也可能因为动物迁入新的环境而发生改变。但是，如果迁徙的过程比较缓慢，进化就足以使遗传基因发生在新环境中生存所必需的变化。因季节迁徙的周期性和重复性，也可以从基因角度预测，并不需要学习。

另一种基因可预测的变化是由于动物生命早期身体和大脑的发育所带来的变化。动物的环境不是物理的“客观”环境，而是取决于其身体的形状和大小、感知和运动器官以及大脑。如果动物的身体、感知和运动器官和大脑由于成熟和发育的缘故在动物的成长过程中发生改变，那么动物的行为环境也将随之改变。但是这样的改变在一代又一代动物身上都是一样的，因此是可以被基因预测的，其本身并不足以使学习成为必然。

这些都是从基因角度来看可预测的变化，对学习没有要求。但是，即使是在基因基本可以预测的环境中，学习也是有帮助的。环境在空间意义上并非是均衡的，生存在同一环境中的不同位置的两个个体可能需要有不同的行为。基因无法对动物生存的所有不同的小环境进行预测，所以一定的学习还是必要的。即使两个机器人生活在相同的物理环境中，只有基因可能也是不够的。前文已经提到过，我们必须对物理环境和行为环境进行区别。既然每个个体的基因与其他个体的基因都不相同，并因此使得每个个体的行为也有别于所有其他个体，那么每个个体就都生活在不同的行为环境中。这样一来，通过基因遗传到的信息就不足以保障该个体对它所处的独特行为环境的适应性，仍然需要一定的学习。这一点可以通过让两个具有相同基因的机器人生活在完全相同的环境中来进行展示。我们估计，如果两个机器人没有学习，它们的行为会一模一样；但如果它们学习，其行为就会因为生命过程中的具体经历而发生变化，它们的行为就会有所不同。

但是环境的基因可预测性要低得多，对于人类来说尤其如此。人类的适应模式极其复杂，行为方式也多种多样且富于变化。这些不同的行为使得他们的环境越发复杂，多种不同实体居于其中，这样复杂的环境要求人类必须学习，因为基因不可能对此做出预测。人类的另一特征是，他们通过创造文化、语言、人工技术产品等改变环境，这些变化往往来得非常迅速，进化无法跟踪，学习成为必然。实际上，人类是唯一一个行为基本全靠习得的动物物种，这一点恐怕要归因于这些变化。文化、语言、技术产品等对学习提出要求，不仅仅是因为它们本身在持续变化着，也是因为它们使人类的生存环境更为丰富多变。在这样一个人工产品、行为和社会习惯都如此丰富的环境中，个体的基因不可能包括适当的行为所必需的所有信息，学习就成了唯一的出路。这也解释了为什么人类学习在很多情况下都是教学：提供学习必需的奖励与惩罚的，不是自然，而是其他人类。

在接下来的两部分中，我们要谈谈生活在基因不可预测程度较高与不可预测程度较低的环境中的机器人。我们想说明，没有任何一种环境是可以完全靠机器人的基因来预测的。

4. 生活在基因可预测环境中

这些机器人生活在我们的基本环境中，该环境中有一定量随机分配的食物令牌，如果机器人想要繁殖，它们就必须吃掉这些令牌。食物令牌是黑色的，并且有甜味。当机器人触及食物令牌时，它会将其吃掉；该食物令牌会消失，环境中会出现一个新的食物令牌，这样一来食物令牌的总数便一直保持不变。所有机器人的生命都是等长的，吃掉更多令牌的机器人可以繁殖。第一代机器人的基因是随机的，因此，这些机器人并不是很擅长吃掉食物令牌。然后，适应性最好的机器人的选择性繁殖以及遗传基因中不断加入的随机变化，会逐渐提高机器人吃掉的食物令牌的数量。

这就是我们最基本的有进化的机器人。我们把这些机器人与另一组，不但在代际传递中进化，而且在生命过程中学习的机器人进行比较。前一种群的机器人的神经网络不允许它们进行学习（如图 3 - 4a 所示），而另一种群的机器人的神经网络则允许学习的发生（如图 3 - 4b 所示）。

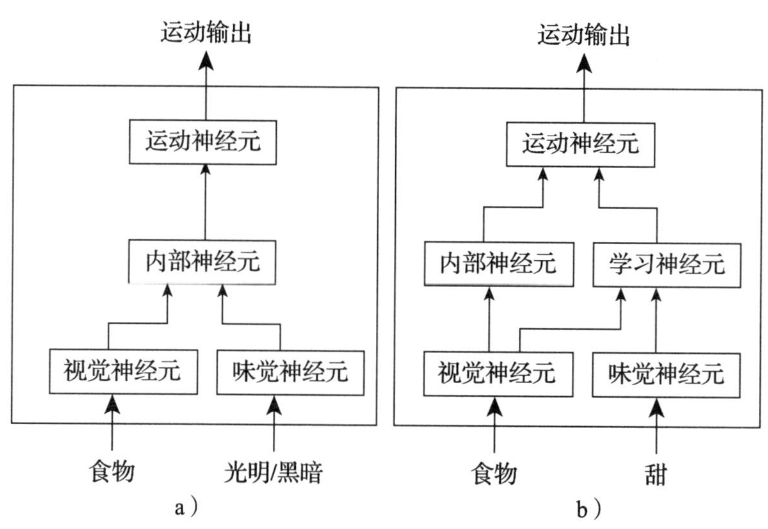

图3-4 不学习（a）与学习（b）的机器人的神经网络。

这两种机器人的神经网络中都有两组感知神经元：视觉神经元与味觉神经元。视觉神经元编码机器人视线范围内的食物令牌的方位与距离，味觉神经元则编码食物令牌的甜味，并在机器人接触（吃掉）食物令牌时被激活。这些感知神经元把连接发送给内部神经元，内部神经元又把连接发送给动作神经元；动作神经元控制机器人身体的活动，可以让其在环境中进行位置移动。到这个程度，两种机器人的神经网络是完全一样的。将学习机器人的神经网络与不学习机器人的神经网络区分开的，是前者的学习网络中有另外一组内部神经元，即学习神经元。这些神经元的感受性会随着机器人在该环境中的经历而在生命过程中发生变化。视觉感知神经元把连接发送给普通内部神经元和这些学习神经元，而味觉感知神经元则只把连接发送给学习神经元。学习神经元把自己的连接发送给动作神经元，既然学习神经元的感受性在机器人的一生中会发生变化，那么机器人对食物的反应就会随之改变。

当我们对这两种机器人进行比较时，结果如何呢？经过500代之后，学习机器人与不学习的机器人的适应性差不多是一样的：它们吃掉的食物令牌的数量大致相同。但是，在代际传递中，学习机器人适应性的增长要比不学习的机器人略快（如图3-5所示）。

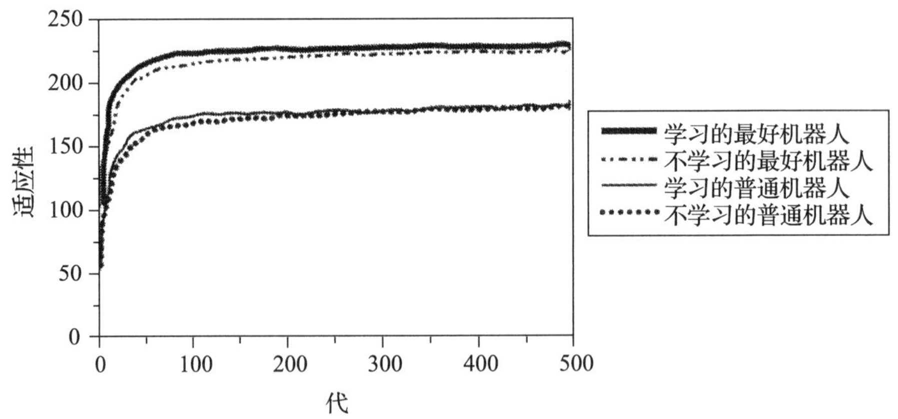

图 3－5　学习机器人与不学习的机器人的最佳适应性与一般适应性。

有人可能会认为这根本无关痛痒，因为机器人的适应性最终是一样的。但，在生物学中，时间非常重要。一个种群的机器人进化出吃掉食物令牌的能力需要多少代，这个数值非常关键。想象一下我们在机器人的基因型中加入“学习基因”，由此确定机器人神经网络中包含学习神经元的概率，这样它们在生命过程中就可以学习了。在第一代机器人中，这个“学习基因”的值在 0 到 1 之间随机选定，这就是说，平均起来，50% 的机器人学习，50% 不学习。但是，如果若干代之后，学习机器人的适应性高于不学习的机器人，那在这个过程中，比起“学习基因”值较低的机器人，“学习基因”值较高的机器人更有可能繁殖。我们还没有构建出这样的机器人，不过我们预测，最终这个种群中的所有机器人的“学习基因”值都会比较高，所有机器人都会学习。进化造就了它们的学习能力。

这些机器人的环境非常简单，只包含食物令牌，机器人要解决的唯一问题就是靠近并吃掉食物令牌。如果环境更为复杂，就更难以从基因角度进行预测，因为机器人的基因不可能包含在该环境中使行为恰当所必需的所有信息，在这样的环境下，进化机器人会是怎样的情形呢？

我们在两种更为复杂的环境下进化机器人。第一种是季节性环境，食物令牌的颜色随季节发生变化——在一个季节食物令牌是黑色的，下一季节则是白色的，如此循环（如图 3－6 所示）。

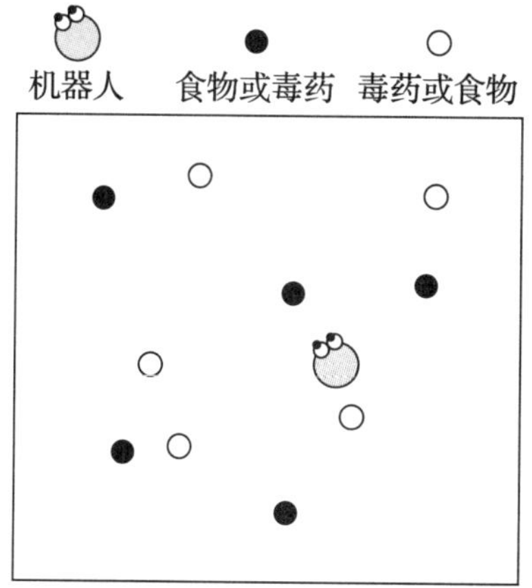

图 3-6　季节性环境，其中一个季节的食物令牌是黑色的，而有毒令牌是白色的；下一个季节的食物令牌是白色的，而有毒令牌是黑色的。依此往复。

第二种环境中有三种不同的食物令牌，分别是三种不同颜色——黑、灰、白。在生命过程中，机器人要经历成熟、发育的过程，这会改变它们的感知能力（如图 3-7 所示）。（该发育过程由我们通过硬连接控制。）刚出生时，机器人只能看到黑色令牌；然后，经历若干周期之后，它们可以同时看到黑色和灰色令牌；在发育结束时，它们可以看到所有的三种食物令牌——黑色的、灰色的和白色的。

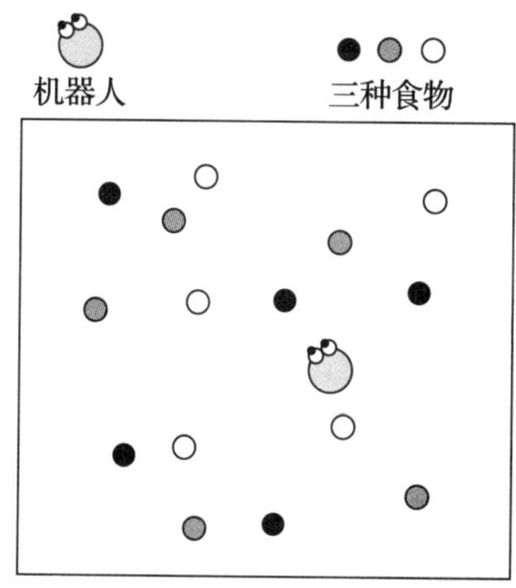

图 3-7　有黑、白、灰三种不同颜色的食物令牌的环境。出生时机器人只能看到黑色令牌；随着发育，它们可以看到灰色令牌；在生命后期，还可以看到白色令牌。

当我们对这些更为复杂的环境中的学习机器人与不学习的机器人进行比较时，

我们发现，学习机器人的适应性一直略高于不学习的机器人（如图3－8所示）。

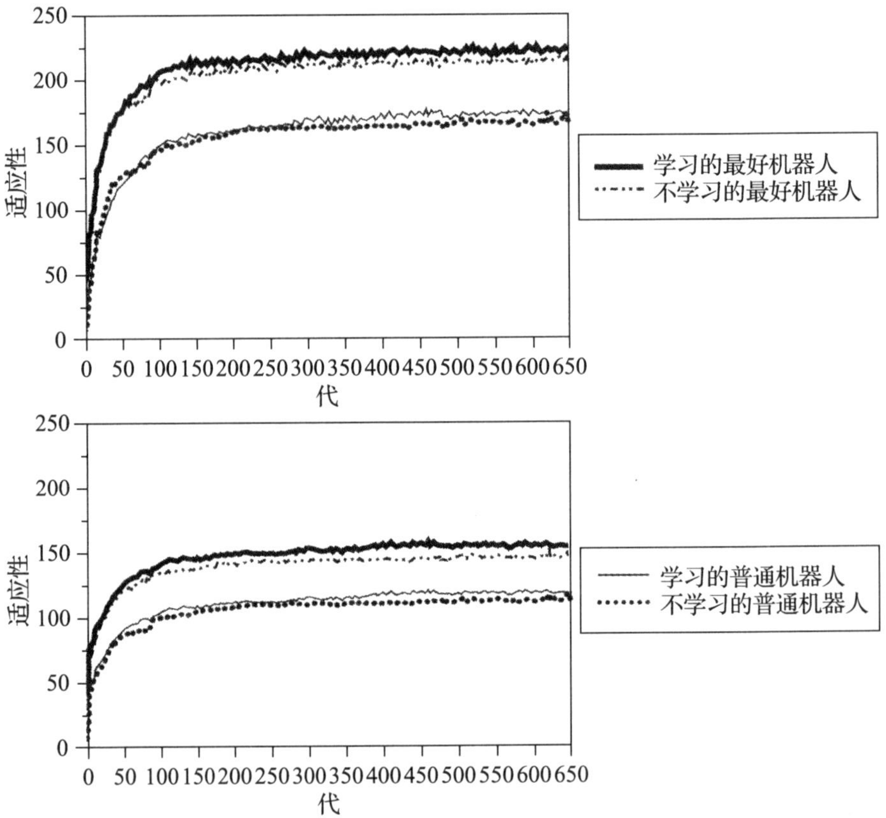

图3－8　生活在一个季节食物是黑色的，而下个季节食物是白色的环境中的机器人的适应性，以及在生命过程中不断发育，逐渐可以看到一种、两种、三种食物的机器人的适应性。

这很有意思。这些环境看起来也可以从基因角度进行预测，因此，进化应该足以产生能够很好地适应环境的基因，学习应该不是一种必需。但是，在这些从基因角度可以预测的环境中，学习直到最后都略显优势。这是怎么回事呢？一个可能的答案就是，这些环境更为复杂，因为其中涉及季节交替，或者包含有不同种类的食物令牌，并且机器人的视觉能力在生命过程中不断发育。这些更为复杂的特点，使得这样的环境无法完全由机器人的基因进行预测。

环境的可预测性是个关键变量。可以证明这一点的就是，如果我们在从基因角度可完全预测的环境中进化机器人，学习就没有必要了，并且代价会很大。新环境中只有黑色的食物令牌，但和前边提到的机器人所遇到的情况不同，这些令牌在环境中并非是随机分布的。它们的位置是完全可以被预测的，因为它们总是构成一个方形（如图 3－9 所示）。另外，这些令牌被吃掉之后并不会再次出现，这样一来，我们就排除掉了令牌随机出现在新的位置上，会使不同机器人遭遇不同环境的可能性。最后，在生命开始的时候，机器人被放置在该环境的同一位置上，其视野的方向也完全一样。有了这些特点，便完全可以从基因角度对该环境进行预测，因为无论是哪代机器人，生活的环境都一模一样。

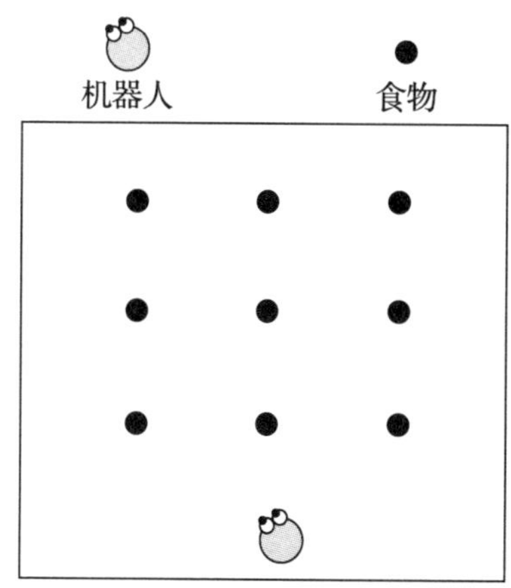

图 3－9　完全可预测的环境。

如果机器人生活在这样一个完全可以由基因做出预测的环境中，学习机器人的适应性就会比不学习的机器人低。这很有意思。在至少是一定程度上无法从基因角度进行预测的环境中，学习对适应是非常有帮助的。如果环境完全规律，从不改变，并且对所有机器人来说都完全相同，学习就会成为无用的负担，对机器人的适应性反而会有负面影响。考虑到学习机器人不仅有常规的内部神经元，还有学习神经元，所以它们的神经网络要比不学习的机器人更为复杂，因此，比起不学习的机器人，学习机器人的基因必须编码更多的信息。如果机器人生活在一个不能完全被基因预测的环境中，那么学习提供的优势就可以抵消掉这样的成本；但如果机器人生活在可以完全被基因预测的环境中，学习就只有成本了。没有任何动物生活在能够完全被自身基因所预测的环境中，这就是所有动物都学习的原因。

还有一个结果也非常有趣，与该结果相关的是生命过程中不断发育，逐渐可以看到更多颜色，并因此能看到更多种食物的机器人。在进化结束时，我们在人工实验室的受控条件下对这些机器人进行了检验。实验室中只有一种食物令牌，令牌也只有一种颜色。我们测量了机器人找到食物令牌需要的时间（机器人神经网络的输入、输出周期数）。机器人“生”下来就被放进这个实验室，这时它还没有任何机会学习，而且，针对这三种颜色的不同令牌，每种都做了若干次实验。

实验结果如图 3－10 所示。结果显示，学习机器人在实验过程中确实有学习。对于不学习的机器人来说，找到食物令牌需要的时间一直不变，但是学习机器人在实验过程中所需的时间逐渐减少了。

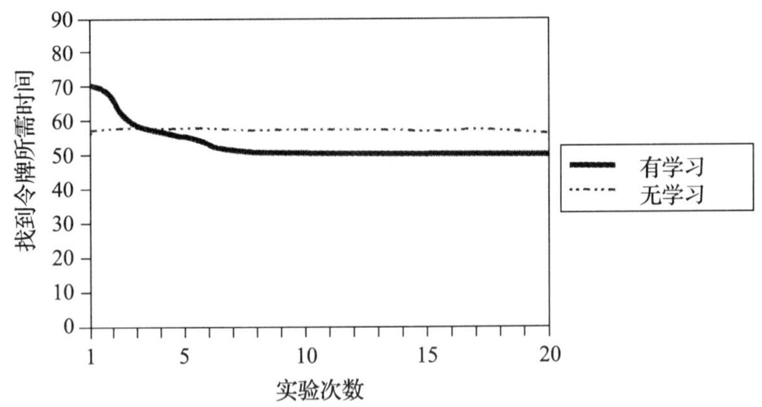

图 3－10　找到食物令牌需要的周期数。在实验初期，学习机器人找到食物令牌需要的时间比不学习的机器人更长，但它们学得很快，找起食物令牌也比不学习的机器人更快。

不过有趣的是另外一个结果。前文已经提到过，机器人一生下来就能看到黑色令牌，但它们后来逐渐才能看到灰色和白色令牌。该实验结果显示，不学习的机器人找到灰色令牌需要的时间比找到黑色令牌长，而找到白色令牌需要的时间则更长（如图 3－11 所示）。这可能是因为，对于整个生命过程中都能看到的令牌（黑色令牌）它们的反应机会多于只能在生命后期看到的食物令牌（灰色和白色令牌）。换句话说，这些机器人的行为反映了生命过程中由于自身发育造成的行为环境的改变。与此相反的是，学习机器人在环境中具有更高的自主性，因为它们在生命过程中可以根据环境调整自己的行为。结果就是，无论它们是在什么年龄看到的某种令牌，它们找到所有三种令牌的能力都是完全一样的。这很有意思，因为这表明学习会削弱基因对行为的影响。

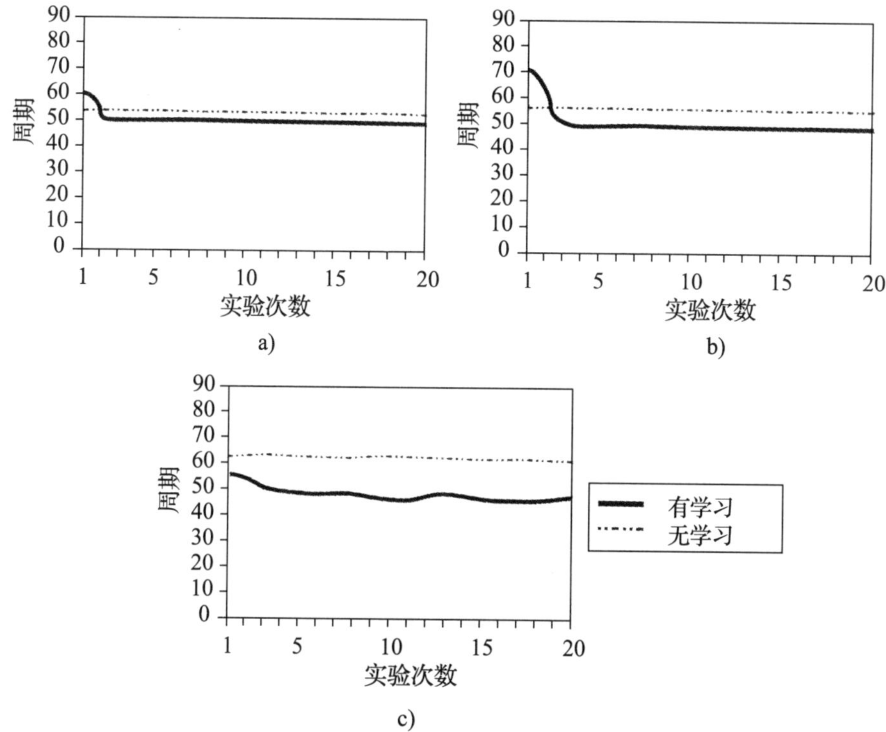

图 3－11　不学习的机器人找到生命后期才能看到的食物令牌所需要的时间更长。学习机器人找到黑色令牌（a）、灰色令牌（b）和白色令牌（c）都很容易。

5. 生活在基因不可预测环境中

前文中的机器人告诉我们，即使机器人生活的环境在很大程度上可以从基因角度进行预测，学习也可以带来更高的适应性。但是，如果环境不能从基因角度进行预测，那么基因无论如何都不能让机器人做好应对生存环境的准备，学习就会越发重要。

我们在两种基因不可预测环境中进化机器人。第一种环境划分为四个区域，每个区域中有不同颜色的令牌，但只有一个区域的令牌是食物令牌，并且是甜味的。其他三个区域的令牌不含有任何能量，也没有任何味道，吃掉这些令牌对机器人没有任何影响。问题是，有能量值的令牌的颜色会随着一代又一代的机器人而发生变化，并且无法预测。因此，当机器人出生时，它并不知道哪种令牌是食物令牌，哪种不是（如图 3－12 所示）。

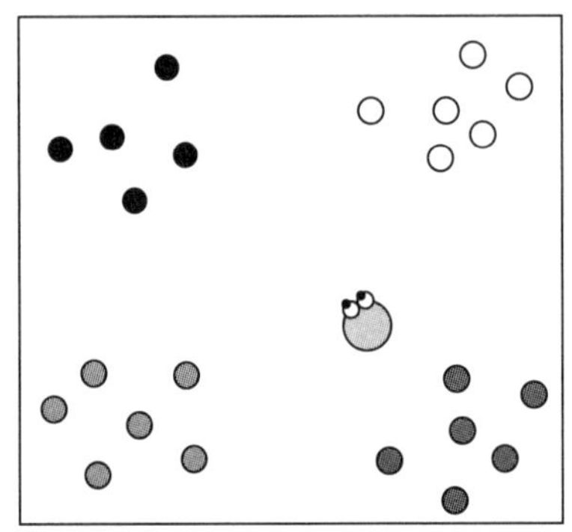

图 3－12　该环境中有四种不同颜色的令牌，分布在四个不同的区域中。只有一种颜色是食物令牌，而且食物令牌的颜色每代都有不同，并且无法预测。

第二种基因不可预测的环境中有两种令牌，属于两种不同颜色——黑色和白色，这些令牌分布在整个环境中。其中一种颜色的令牌是食物，有甜味；另一种颜色的令牌有毒，是苦味的。问题是，每一代的食物令牌和有毒令牌都会发生不可预测的变化（如图 3－13 所示）。

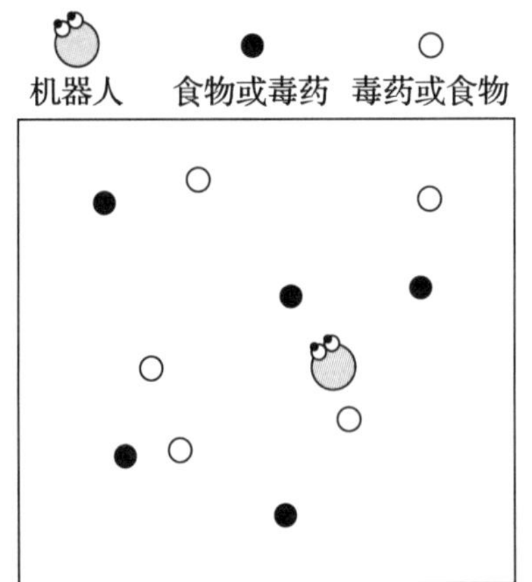

图 3－13　该环境中有两种不同令牌，随机分布在整个环境中。一种令牌是食物，另一种令牌有毒，但是食物令牌和有毒令牌的颜色每代均有变化，并且无法预测。

在这两种环境下，学习能力不但是有益的，而且是必需的。学习机器人和不学习的机器人之间适应性的区别要远远大于生存在基因可预测环境中的那些。在有四种不同令牌分布在四个不同区域的环境中，基因无法预测哪些令牌含有能量，不学习的机器人唯一可用的策略就是吃掉每种令牌，既吃掉有能量的，又吃掉不含能量的。显然，这种策略成本很高，而且也解释了为什么不学习的机器人适应水平较低。相反，学习机器人吃掉不同令牌后，根据食物的甜味就明白了哪些是食物令牌。它们只吃这些令牌，因此其适应性相当高（如图3－14所示）。

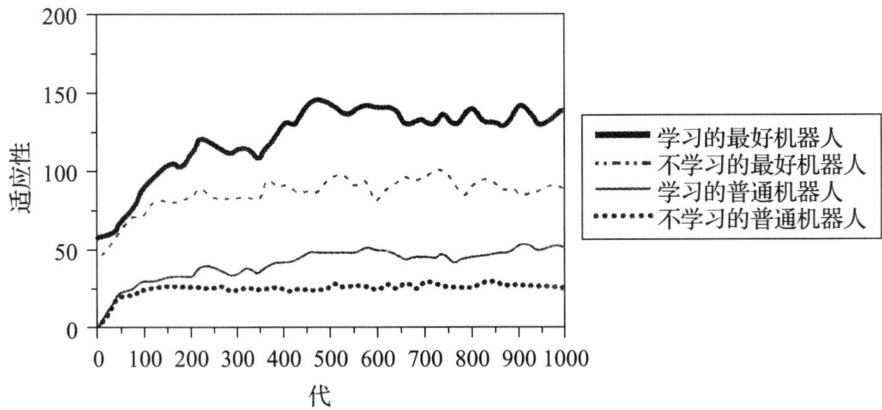

图3－14　机器人生活在分成四个区域的环境中，每个区域中有一种令牌。只有一种令牌是食物，但食物令牌的颜色每代都有变化。

另一些机器人生活的环境问题甚至更为复杂，因为有些令牌是食物，有些令牌有毒，但这两种令牌的颜色每代都随机发生变化。如果机器人不能学习，它们就别无选择，只好既吃下含有能量的令牌，又吃下含有毒素的令牌——这样的行为策略不但代价高昂，而且会有灾难性后果。学习机器人则相反，可以根据令牌的味道来搞清楚哪些令牌是食物、哪些有毒，如此一来，它们便可以很容易地适应出生时的环境（如图3－15所示）。

最后，这些机器人清楚地证明了我们在本章开头就提过的观点。机器人通过学习认识到它们必须吃掉的令牌的颜色，以及它们一定不能吃的令牌的颜色。食

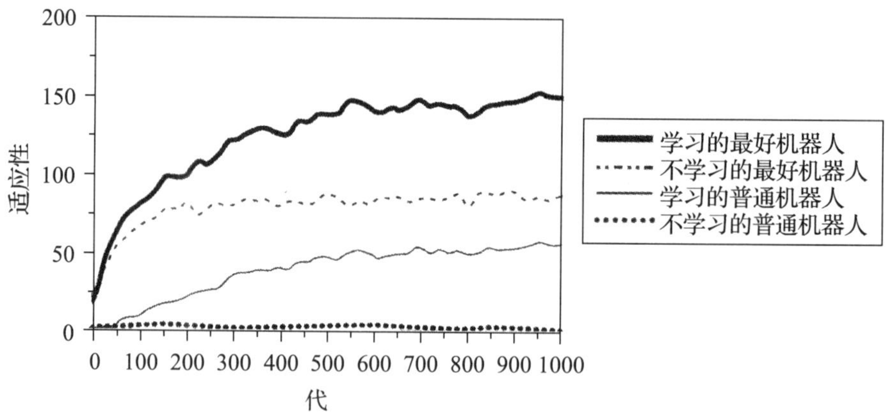

图 3－15 生活环境中有可食用和有毒两种令牌的机器人的适应性。这两种令牌的颜色每代都发生变化，不可预测。

物令牌有甜味，有毒令牌味道苦，但甜和苦是纯粹“客观”（物理或化学）的属性，给甜味赋予奖励值并给苦味赋予惩罚值的，只能是进化。实际上，对有些动物来说，苦味可能意味着食物，甜味则表示有毒。我们可以把食物令牌做成苦味的，把有毒令牌做成甜味的，什么都不会变。这是进化影响学习的重要方式。学习是以奖励和惩罚为基础的，但是赋予外部刺激奖励值与惩罚值的，则是进化。

6. 生活在实验室中

机器人学作为一门科学，一个基本原则就是“一个机器人/多种现象”——宁要一个机器人再现与动物行为有关的多种不同现象，也不要一个机器人只再现一种现象。这也是为什么既进化又学习的机器人优于只进化或只学习的机器人的原因。在这一部分我们将继续应用该原则，将我们的机器人带入实验室，目的是要复制被心理学家称作工具性学习和经典条件反射中的实验结果。工具性学习是指学做某事可以让动物得到预期的结果。比如，老鼠学着按压杠杆，因为按下杠杆之后食物就会出现。经典条件反射是指，如果同时经历一种新的刺激和一种已经历的刺激，学着以回应已经历的刺激的方式来回应新的刺激。如果钟声之后总是有食物送到嘴边，小狗听到钟声就会流口水。

参与这些实验的机器人是我们的最后一批机器人，就是那些在有食物令牌和有毒令牌的环境中进化出来的机器人，这两种令牌的颜色——黑色和白色——每代都有变化且不可预测。我们已经看到，拥有学习能力对这些机器人来说非常重要。这些机器人是在同一种颜色的令牌可能是食物也可能是毒物的环境中进化出来的。因此，要生存和繁殖机器人，就必须学会基于味道（甜或苦）来判断一个令牌是食物还是毒物。

我们一次一个地把这些机器人放入一间有灰色令牌的实验室中，机器人以前从未见过这个灰色令牌，因此在实验的前期，这个令牌一点儿吸引力也没有，机器人甚至有些厌恶这个令牌，它基本上是随机地在实验室中移动。但是，如果机器人碰巧接触到这个灰色令牌，它眼前马上就会出现一个黑色令牌。机器人过去吃掉这个黑色令牌，接下来发生的事情取决于这个黑色令牌是甜的还是苦的。如果黑色令牌味道甜（奖励），那么在接下来的实验中，机器人过去触摸灰色令牌的概率就会提高（如图 3－16 所示）。如果黑色令牌味道苦（惩罚），机器人过去触摸灰色令牌的概率就会下降，它还会避开灰色令牌（如图 3－16 所示）。我们还进行了一个控制实验。在这个实验中，在机器人接触到灰色令牌后并不出现黑色令牌。也就是说，在这些条件下没有任何学习。在接下来的实验中，机器人触摸灰色令牌的次数没有增长，也没有降低。

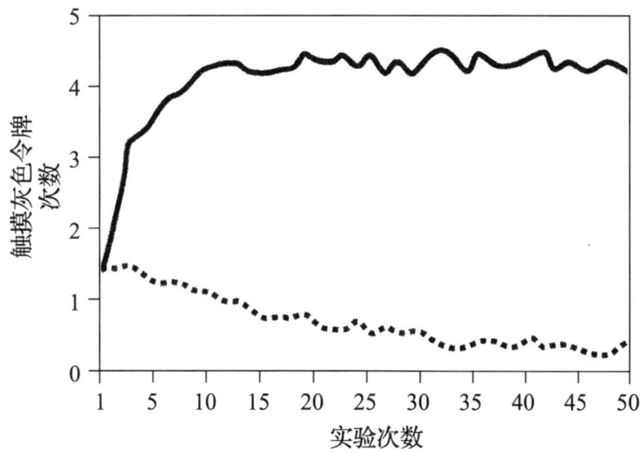

图 3－16　工具性学习。触摸灰色令牌后，出现的令牌有甜味（奖励）（高次曲线）或苦味（惩罚）（低次曲线）时，机器人触摸这个从未见过的灰色令牌的次数。

我们的机器人是神经机器人，所以我们可以看看，当机器人学着走近或避开灰色令牌时，发生在神经网络内部的情况。我们描述了黑色令牌味道甜（奖励）所以机器人知道去接近灰色令牌这样的结果；但当黑色令牌味道苦（惩罚）时，机器人知道避开灰色令牌，这样的结果与前者相仿。前文提过，学习神经元有一定的激活阈值，只有在达到这一阈值的情况下，学习神经元才会被激活并影响机器人对当前感官输入的反应。在实验初期，灰色令牌无法激活学习神经元，只有甜味的黑色令牌才能激活。但是灰色令牌在机器人学习神经元的感受点上留下了痕迹；考虑到这个痕迹，甜味的黑色令牌的出现逐渐提高了灰色令牌激活学习神经元的概率。实际上，在实验过程中，学习神经元往往在黑色令牌出现之前就逐渐被激活了；而且，到了实验末期，灰色令牌一出现，学习神经元就被激活了。因为机器人对学习神经元被激活的反应是接近激活这些神经元的令牌，所以在若干次实验尝试之后，机器人的反应就是接近并触摸灰色令牌（如图 3-17 所示）。

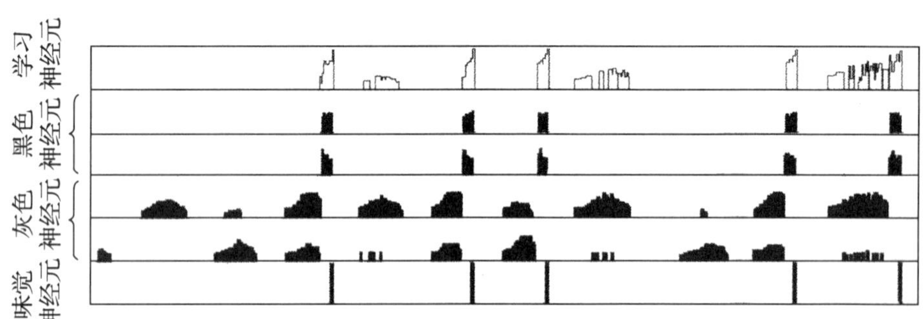

图 3-17　实验初期，只有当黑色令牌出现时学习神经元才被激活。后来，如果看见灰色令牌后总能看见黑色令牌，机器人一看见灰色令牌，学习神经元就被激活了。

机器人还复制了其他在真实动物身上进行的实验室实验中所观察到的现象。其中一个现象被称作消亡：如果某种反应之后不再伴随奖励性刺激，这种反应就会逐渐消失。如果在机器人学会接近并触摸灰色令牌后，触摸灰色令牌后不再有甜味的黑色令牌的出现，那么机器人触摸灰色令牌的次数就会逐渐减少，触摸灰色令牌的行为也会被压制（如图 3-18 所示）。

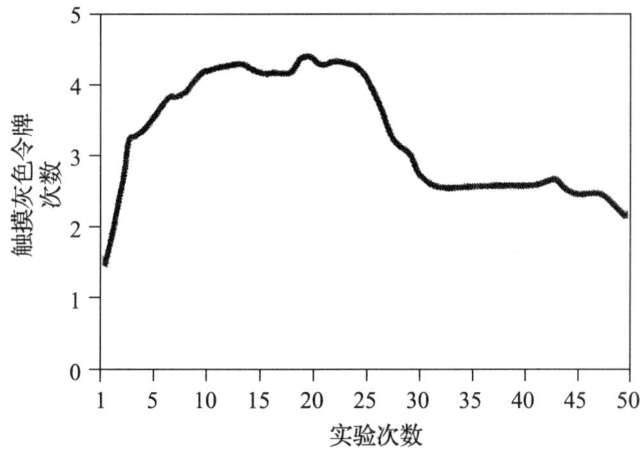

图 3-18　消亡。机器人学会触摸灰色令牌之后，如果触摸灰色令牌后并不会出现甜味的黑色令牌，触摸灰色令牌的行为概率会逐渐降低。

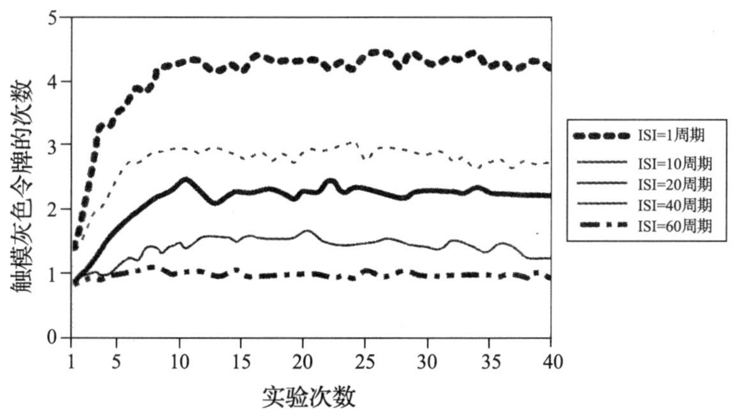

图 3-19　触摸灰色令牌与甜味黑色令牌出现的五种刺激间隔（ISI）的学习曲线。

另一个结果与事件的时间控制有关。只有当动物反应与奖励出现的时间间隔不太长的情况下，动物学习才会出现。如果改变机器人触摸灰色令牌与甜味的黑色令牌出现之间的时间间隔的长度，我们会发现，间隔拉长，学习会逐渐减弱。如图 3-19 所示的学习曲线（机器人够取并触摸到的灰色令牌数），所对应的是灰色令牌出现（条件刺激）与黑色令牌出现（无条件奖励）的五种不同的时间间隔：1 个周期、10 个周期、20 个周期、40 个周期、60 个周期。随着时间间隔拉长，学习逐渐减少，因为间隔越长，机器人的大脑把触摸灰色令牌的行为与甜味的黑色令牌的出现（奖励）联系起来的难度就越大。之所以会出现这样的结果，是因为对我们的机器人来说，学习神经元的突触点上留下的标记会随着时间的流逝而消失。

在真实动物身上进行的实验室实验的另一个结果是，动物只有在有学习动机的前提下才会学习——如果老鼠不饿，它就不会学着按下杠杆得到食物。为了复制这一现象，我们进化了一种新的机器人，这些机器人和前边的机器人一模一样，只是它们体内有个能量仓，如果机器人必须维持生命并留下后代，能量水平则不能降为零。机器人吃掉一个食物令牌，能量水平就会有一定量的提升；它吃掉一个有毒令牌，能量水平则会有等量下降。机器人的神经网络中有一个饥饿传感器，其激活水平反映了当前机器人体内的能量。这些机器人每隔一段时间就会产生一个后代，因此，对这些机器人来说，适应性并非体现为用吃掉的食物令牌数减去有毒令牌数，而是它们不会因缺乏能量而死掉的能力。在其他所有方面，这些机器人都与上一批机器人一样。

我们在这些机器人身上用灰色令牌进行了同样的工具性学习实验，结果，只有在实验时机器人恰巧也较饿的情况下，学习才会发生。如果机器人不饿，它们就不会学习接近并触摸灰色令牌。如图 3 - 20 所示，学习取决于实验开始时机器人的饥饿程度。

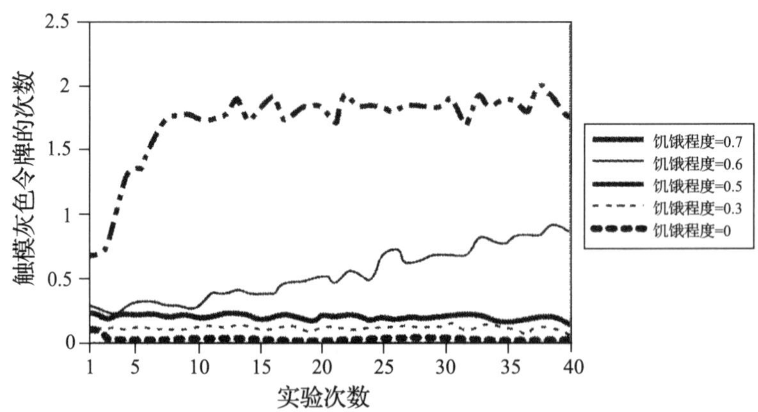

图 3 - 20　实验初期五种饥饿水平的学习曲线。饥饿程度高的机器比饥饿程度低的机器人学得多，饥饿水平为零的则完全没有学习。

和真实动物一样，这些机器人饿的时候会学习，不饿时则不学。但是，如果一个机器人因为饥饿而学会了触摸灰色令牌，那么我们再在它不饿的时候进行实验，又会怎样呢？结果就是机器人会无视灰色令牌。如果机器人不饿，灰色令牌对它来说就没有价值。（心理学家把这个现象称为“贬值”。）如图 3－21 所示，在实验的前 40 次尝试中，机器人学会了接近并触摸灰色令牌，此后，根据机器人的饱足程度——这是由我们操纵的，机器人触摸灰色令牌的次数急剧减少；在它完全满足的情况下，次数会降为 0。

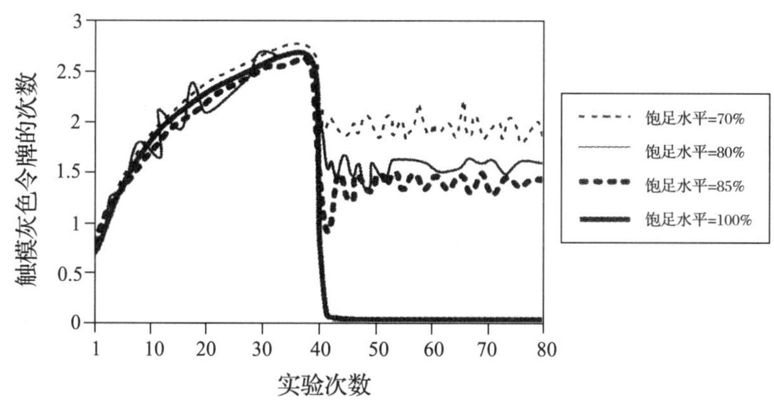

图 3－21　机器人学会接近并触摸灰色令牌后，我们操纵它们的饱足水平（第 40 次），发现机器人接近并触摸灰色令牌的次数取决于其饱足程度。

这些机器人复制了工具性学习实验中取得的各种结果。如果做某事之后会有符合进化倾向的回报出现，则机器人学做某事——实际上，我们的机器人实验和学会按下杠杆获取食物的老鼠的真实实验非常相似。但是我们的机器人也可以复制其他实验结果，那些经典的或巴普洛夫式学习的结果：如果在钟声后会有食物送到小狗的嘴边，则小狗对钟声的反应会逐渐演变为流口水。

我们的实验是这样的。机器人看到一个前所未见的灰色令牌；在一定间隔之后，一个甜味的黑色令牌出现。在前边的实验中，只有当机器人触摸灰色令牌之后，黑色令牌才会出现；而在这次的实验中，灰色令牌出现后再经过若干周期，黑色令牌会自动出现——这就是工具性学习和经典条件反射的区别。在这个实验中，机器人不能移动，我们也没有真的重现流口水的行为；但是，当机器人神经网络中的学习神经元被激活时，我们假定机器人会流口水。一个灰色令牌（条件刺激）出现，短暂的时间间隔后消失；又经过短暂间隔，一个黑色令牌（无条件刺激）出现。机器人的大脑中都发生了什么呢？一开始，只有在黑色令牌出现时，学习神经元才被激活（并且自动出现流口水的现象）。但是，经过若干次尝试之后，学习神经元往往是灰色令牌一出现就被激活。如果我们改变灰色令牌消失和黑色令牌出现之间的间隔（刺激间隔），我们就会发现，刺激的时间间隔小，则学习速度快；随着刺激的时间间隔拉长，学习逐渐减慢；到了刺激间隔特别大的时候，就完全没有了学习行为（如图 3－22 所示）。这是在真实动物身上进行真实实验的另一个结果。

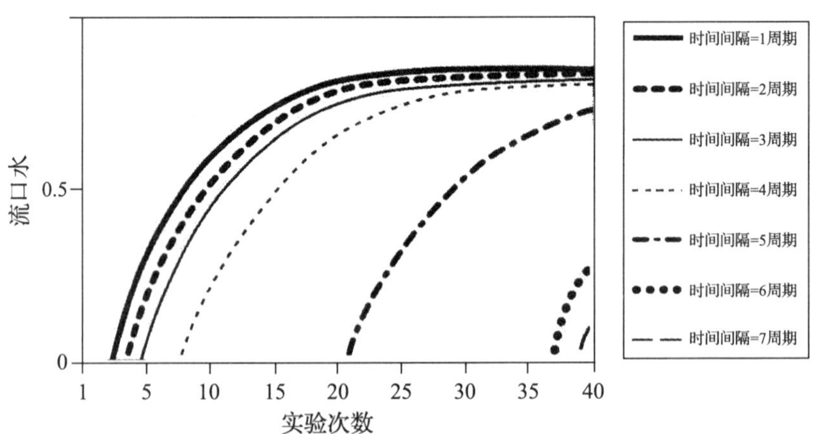

图 3－22　经典条件反射。根据条件刺激和无条件刺激的时间间隔（ISI），对条件刺激做出反应（流口水）的概率增大。

7. 来自母亲的印记和学习

上一部分中提到的机器人复制了真实动物的不同实验结果，但是学习也可以有其他形式；考虑到我们的“一个机器人/多种现象”原则，我们必须把我们的学习模式应用到其他的学习形式中去。这就是本部分的内容。但是这一部分的目的也在于探索进化和学习互相影响的其他方式。我们的机器人复制了进化和学习互相作用的三种不同形式。首先，进化解释了为什么动物必须学习，学习可以使动物适应不能完全被基因预测的环境。其次，进化赋予刺激奖励值或惩罚值，而奖励值或惩罚值对于学习至关重要。最后，进化不但形成了学习的起点，而且继续在学习中起作用，因为大脑的遗传属性（即机器人神经网络的连接权重），与学习过程中大脑内部发生变化的部分（即学习神经元），有交互作用。但进化和学习的相互作用也表现在其他方面，其中的两个渠道就是通过获得另外一个个体的“印记”（通常是自己的母亲）以及为了向另外一个个体学习而进行效仿。在本部分，我们要讨论获得母亲印记的机器人以及向母亲学习并效仿她的行为的机器人。

有些动物身上会留下出生后看到的第一个移动“物体”的印记，人类一生中对待这个“物体”都有别于其他所有物体。康拉德·洛伦兹㊀（Konrad Lorenz）的那一群实验用动物之所以跟着他，是因为他是它们出生后看到的第一个移动的物体。人类婴儿与第一个照顾他们的人关系紧密，这个人通常是妈妈。印记这种学习形式可以阐释进化与学习相互作用的另一种方式：与母亲关系密切的趋势是编码在基因中的，但婴儿必须通过学习来得知谁是他们的妈妈。我们能在机器人身上再现这种印记吗？

一个刚出生的机器人生活在有两个成年机器人的环境中。这两个成年机器人中有一个是它的妈妈。为了提高适应性，新生机器人必须靠近妈妈并一直待在她附近。这个妈妈和另一个成年机器人并不是真正的机器人，而是两个不同颜色的物体——一个黑色、一个灰色。当新生机器人接触到一个成年机器人时，不管这是它的妈妈还是另一个成年机器人，这个成年机器人都会消失，并重新出现在该环境的另一个位置上。如果要活下去，新生机器人就必须靠近并接触自己的妈妈。问题是，对于每一个机器人来说，它必须靠近并接触的成年机器人——它的妈妈的颜色可能是黑色的，也可能是灰色的，颜色选择完全随机。所以，在出生时，机器人并不知道它到底是应该接近黑色成年机器人还是灰色成年机器人。机器人出生时会被放在妈妈附近，这样它就可以获知妈妈的颜色；在成长过程中，它可

㊀ 康拉德·洛伦兹是（1903—1989）是奥地利动物学家，习性学创始人之一，开创了在自然条件下观察动物行为的方法，对鸟类行为的研究做出了独特的贡献，并提出了动物本能行为的固定行为模式和动物学习的印记等概念。——译者注

以靠近并接触自己的妈妈，同时避开另一个成年机器人（如图 3－23 所示）。

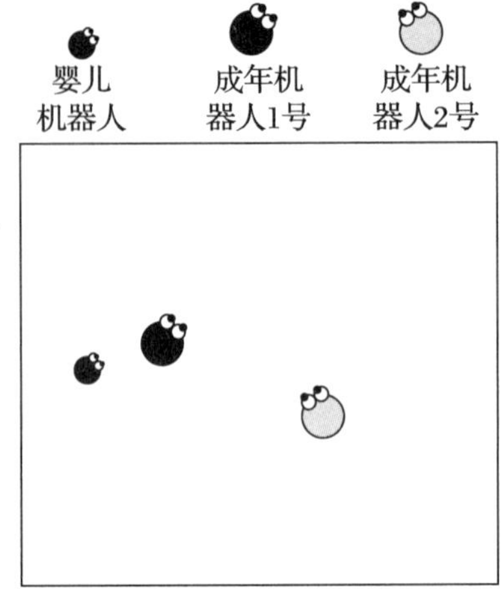

图 3－23　机器人出生在有两个成年机器人的环境中，这两个成年机器人一个黑色、一个灰色。新生机器人必须学着靠近自己在出生时看到的机器人，也就是它的妈妈，即图中的黑色机器人，同时还要避开另一个机器人。

我们比较了两个不同种群的机器人。其中一个种群的婴儿机器人出生后就可以活动，另一个种群的婴儿机器人在出生后 100 个周期内不能活动，在此期间，该婴儿持续看到同一个成年机器人——它的妈妈。比较结果如图 3－24 所示。

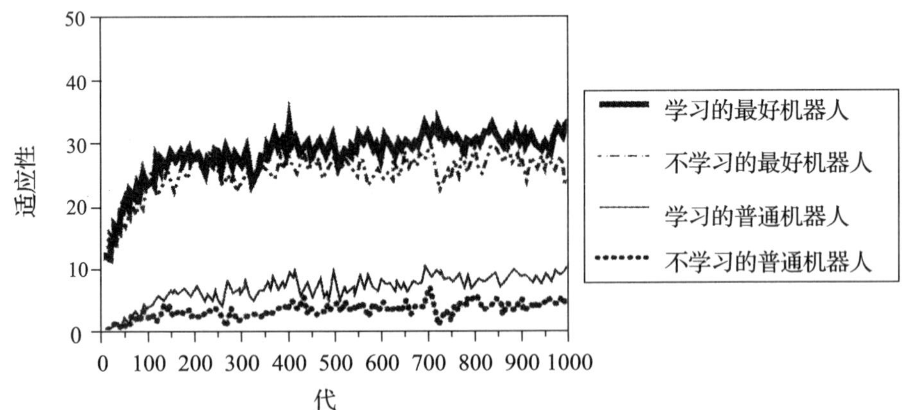

图 3－24　学习机器人的适应性与不学习的机器人的适应性：前者因为前 100 个周期不能活动，所以逐渐得知它们出生时看到的机器人（它们的妈妈）的颜色；后者一出生便可以活动，因此没有学习过程。

出生时不能活动的机器人有 100 个周期的时间来熟悉自己妈妈的颜色，比起那些出生时就能活动，但因此就没有机会了解自己妈妈颜色的机器人来说，它们的适应性更高。

两个种群的新生儿机器人都能逐渐明白哪个成年机器人是自己的妈妈，因为自己的神经网络中有学习神经元。但是新生儿机器人需要在 100 个周期的时间里不间断地看着自己的妈妈，才能打上她的印记。一出生就能四处活动的机器人没有这样的机会烙上来自妈妈的印记，因此，它们漠然地接近自己的妈妈和另一个成年机器人，适应性明显打了折扣。印记的重要性体现在以下事实中：如果我们从新生儿机器人有 100 个周期的时间打上母亲印记的种群中挑一个新生儿出来，在它出生时就损伤（去除）它的学习神经元，那么这个新生儿机器人就没法学习哪个是它必须接近的成年机器人——它的妈妈，因此，它的适应性也就大大下降。

对于这些机器人来说，是由我们来决定它们在出生后 100 个周期内不能活动，以打上来自母亲的印记。但这些机器人的特点也应该自主地在机器人中进化。我们预计，如果我们在机器人的基因型中加入一个基因，明确婴儿机器人可以在环境中活动的年龄，则新生儿获得来自母亲的印记的需要就变成了一种进化选择的压力，可以进化出生命初期新生儿机器人不能活动的时间。我们还没有构建出这样的机器人，但新生儿机器人可以在环境中活动的年龄与获得来自母亲的印记的必要性——这两者之间的关系，是进化与学习的另一种有趣的互动。

很多动物的新生儿都有来自母亲的印记，这样好可以待在她身边得到她的照顾。但是人类的新生儿在有能力四处活动之后，仍然继续跟着妈妈，这不但是为了得到她的照顾，也是为了跟着她学习。我们的下一批机器人就会说明这个问题。

这些新的机器人生活在只有两个令牌——一个食物令牌和一个有毒令牌——的环境中。如果机器人接触到（吃掉）令牌，不论是食物令牌还是有毒令牌，便都会消失，另一个同样类型的令牌则会出现在该环境的另一位置。问题是食物令牌和有毒令牌的颜色每代都有变化且不可预测，因此，新生儿机器人必须通过学习来摸清它们出生的环境中的食物令牌和有毒令牌的颜色。新生儿机器人的环境中还包括它的妈妈，而它的妈妈知道哪些令牌是食物，哪些有毒——无论令牌是什么颜色。机器人的妈妈并不是真正意义上的机器人，而是由我们通过电路来告诉她应该做什么；当然，她也可能是从她的妈妈那儿学到了哪些令牌是食物哪些令牌有毒。

新生儿机器人要活下去，必须要做些什么呢？它必须得跟着自己的妈妈，好学习妈妈吃的令牌（食物令牌）是什么颜色的以及妈妈躲开的令牌（有毒令牌）是什么颜色的（如图 3－25 所示）。

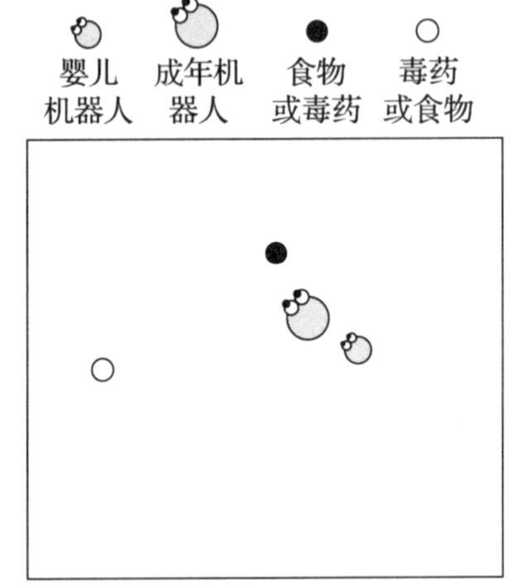

图 3－25　环境中有一个食物令牌和一个有毒令牌，这两个令牌的颜色每代都不一样。新生儿机器人进化出跟随自己妈妈的行为，以便跟着她学习哪个是能吃的、哪个是有毒的。

和前边提到过的机器人不同的是，这些机器人没有味觉传感器，因此，它们没法学习把一种颜色和食物（有甜味）联系起来，而把另一种颜色和毒物（有苦味）联系起来。对它们来说，区别食物令牌和有毒令牌的唯一办法就是跟着自己的妈妈，学着吃她吃的令牌，避开她躲避的令牌（如图 3－26 所示）。

这一点至关重要，因为新生儿机器人的生命是 8000 个周期，但它的妈妈在 2000 个周期之后就会去世。因此，在机器人出生后，它们必须跟着自己的妈妈，好学会妈妈过世之后自己必须要做的事情。如果我们仔细研究上一代的机器人，就会发现，这些机器人吃的是妈妈们以前吃的令牌，也避开妈妈们避开的令牌（如图 3－27 所示）。

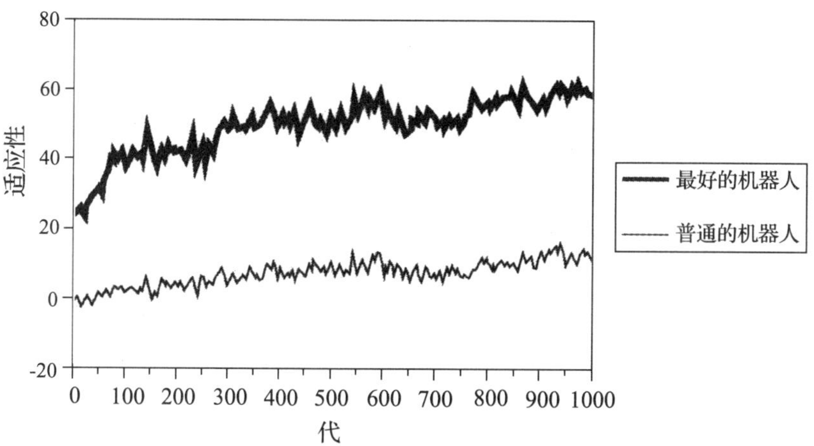

图 3－26　进化出跟随自己的妈妈这一行为的机器人的适应性不断提高，它们可以向妈妈学习，吃她吃的令牌，避开她避开的有毒令牌。

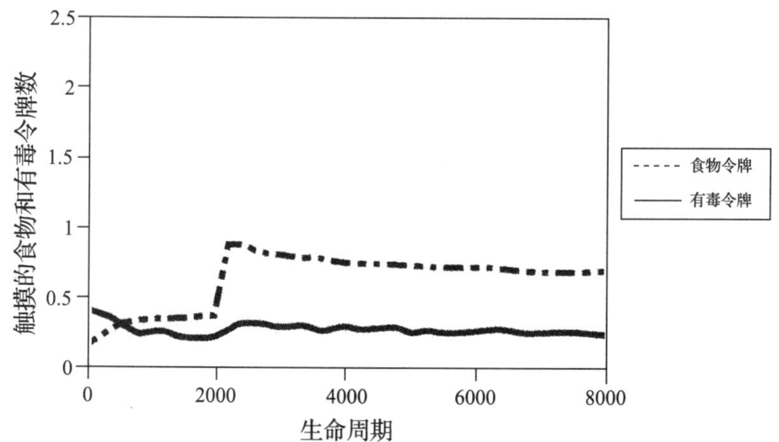

图 3－27　最后一代机器人吃下的食物令牌和有毒令牌。在前 2000 个生命周期中，它们跟着妈妈，向她学习食物令牌和有毒令牌的颜色；妈妈去世之后，它们就运用这些知识。

这是进化与学习相互作用的另一种方式。机器人进化出了跟随自己妈妈的行为，这样它们可以跟着她学习食物令牌的颜色和有毒令牌的颜色。这些机器人从妈妈那儿学到哪些令牌是食物、哪些令牌有毒，但是它们已经知道必须接近食物令牌并避开有毒令牌，因为这些行为是进化出来的，也就是说，是天生的。第八章中我们将谈到的机器人，它们的行为完全是靠模仿其他机器人学来的。

8. 学习对学习的影响

学习必然要从已经编码在基因中的内容开始，因此，进化一定会对学习产生影响，而学习也会受到动物之前学到的内容的影响。动物一生中要学很多东西，因此它们已经学习到的东西不可避免地会成为学习新行为的初始条件。心理学家把这种现象称为学习迁移。这种影响可能是积极的——学习一种行为可以促进对另一种行为的学习，也可能是消极的——学习一种行为使得学习另一种行为更加困难。现在的机器人从零学起，不仅仅是因为进化没有为它们创造出学习的初始条件，而且不能给它们的学习提供什么帮助，还因为这些机器人通常只学习某种单一行为。这样一来，就不可能研究学习一种行为对学习另一种行为会有什么样的影响。

我们下边提到的机器人要学习两种行为，一种行为在先，另一种在后。这些机器人不但再现学习一种行为可以如何促进另一种行为的学习，而且再现学习第二种行为不会破坏有关第一种行为的知识。这些机器人是在食物令牌的颜色和有毒令牌的颜色每代都有变化的环境中进化出来的，所以，这些机器人必须学习在它们碰巧遇到的环境中，哪些令牌是食物，哪些令牌有毒。进化结束时，我们在实验室对这些机器人进行检验，在若干周期内，食物令牌是黑色的，有毒令牌是白色的；然后将情形颠倒过来，食物令牌是白色的，有毒令牌是黑色的。这非常接近机器人所处的自然环境的情形，但是，在自然环境中，食物令牌和有毒令牌的颜色每代都发生变化，实验室里的令牌在实验过程中也会发生颜色变化。所以，机器人要先学习吃掉一种颜色的令牌，避开另一种颜色的令牌，然后又必须学习反其道而行之，因为令牌颜色发生了变化。开始的时候，机器人学习食物令牌是黑色的，有毒令牌是白色的（一种行为）；此后情形发生变化，机器人必须学习黑色令牌是有毒的，白色令牌是食物（另一种行为）。结果如图 3-28 所示。与开始学习第一种行为相比，机器人学习第二种行为的起点要更高。这就是学习的正迁移——学习一种行为可以促进对另一种行为的学习。

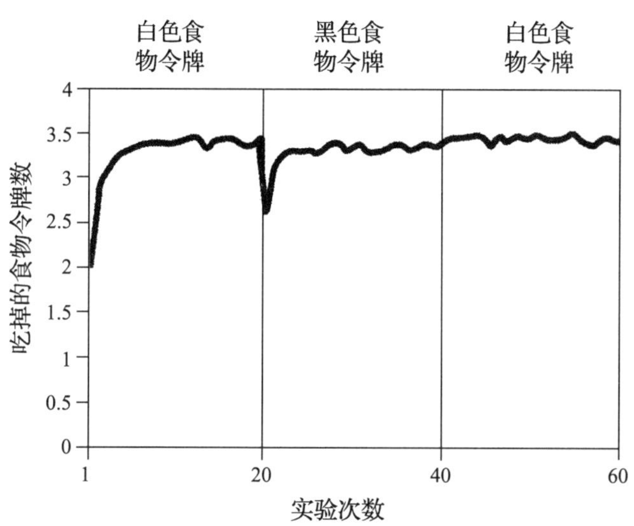

图 3-28　学习一种行为可以帮助机器人学习另一种行为（第 20 周期），而学习第二种行为并不会破坏机器人的有关第一种行为的知识（第 40 周期）。

但是，如果情形再度发生变化，食物令牌又变回黑色，有毒令牌又变回白色，会怎样呢？连续学习两种行为之后，现在的机器人会出现所谓的“彻底遗忘”——第二种行为的学习破坏了它们有关第一种行为的认知。这是因为，现在的机器人之所以能够学习，是因为它们的神经网络的连接权重发生了变化；它们学习的内容编码在基因权重中，学习另一种知识会改变权重，因此关于第一个任务的知识就被破坏了。对真实动物来说，事情并非如此。当动物学习一种行为之后再去学习另一种行为，它们有关第一种行为的知识基本保持完好。我们的机器人学习的并不是改变神经网络的连接权重，而是改变学习神经元的感受性。那么，它们会不会也出现彻底遗忘呢？答案是否定的。如图 3-28 所示，当食物令牌的颜色恢复为白色时，机器人并没有忘掉实验初期它们学到的内容，也没有出现彻底遗忘——这是于我们的学习模式非常有利的论据。

9. 通过进化出的神经元体系结构进行学习

这一章以及本书其他章节中提到的机器人的神经网络，均是由若干神经元以某种形式连接在一起而构成的。这种神经元体系结构是由我们决定的，对某一种群的所有机器人来说都是一样的。但是，大脑的结构体系同身体的其他部位一样，也是不断进化的。而对每种动物物种而言，进化可以发展出最合理的大脑结构。这一部分中我们要提到的机器人的神经网络结构不是由我们决定的，每个机器人各不相同，在代际传递中不断进化。

这些机器人和我们常见的机器人不同。它们没有身体，也不移动；但它们有视网膜，在每个输入（输出）周期，其视网膜上的某个位置可以看见一个物体。机器人必须学习分辨这个物体是什么，以及该物体在视网膜的哪个位置。这些机器人有编码视网膜全部内容的视觉神经元，还有两套不同的输出神经元——“什么”神经元和“哪里”神经元。“什么”神经元可以分辨出物体的形状，“哪里”神经元可以辨认物件在视网膜上的位置。比如，如果一个 T 形物体出现在视网膜的左下方，“什么”神经元必须能够辨认出这是一个 T 形物，“哪里”神经元则需要能够确定它出现在视网膜的左下方（如图 3 - 29）所示。这些机器人的输出神经元不是运动神经元，因为辨认出该物体的形状并明确其在视网膜上的位置，这只是决定要对该物体采取什么举动的初步准备。但是，我们不管机器人会把该物体怎么办，这里的神经网络只是它们的整体神经网络的一部分。

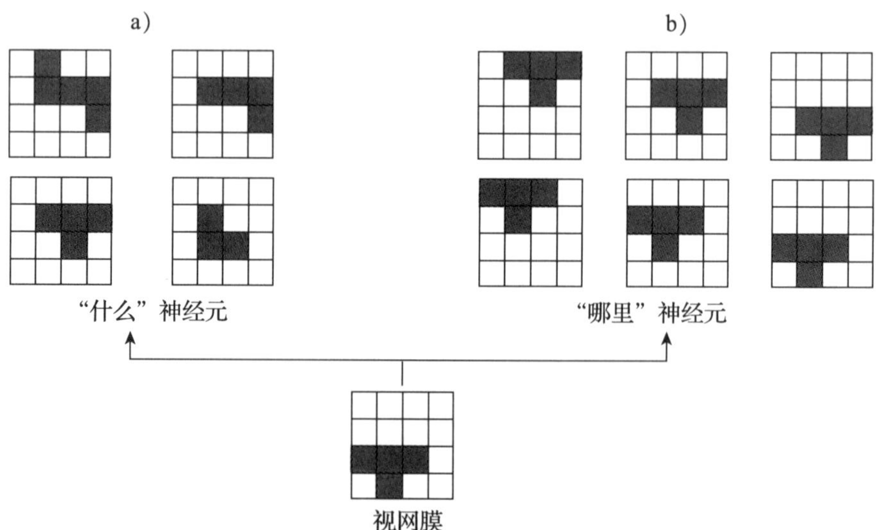

图 3 - 29　在每个周期中，机器人只能看到 4 个物体（a）中的一个，这些物体分布在机器人视网膜的 6 个不同位置上（b）。现在，该机器人看到的是位于其视网膜左下方的 T 形物体，它必须能够识别出该物体的形状及其在视网膜上的位置。

我们没有使用我们的学习模式来让这些机器人学习，而是应用了另一种学习模式：反向传播学习算法。（我们会在本章最后一部分对此做出解释。）机器人在出生时，其神经网络的连接权重是随机的，因此，机器人无法辨别物体的形状，也搞不清该物体在视网膜上的位置。但是机器人开始了学习。在每个周期中，机器人都会看到一个物体，神经网络的反应则是“说出”这个物体的形状和它在视网膜的位置。机器人之所以能够学习，是因为我们“告诉”它们怎么做出正确的反应。机器人把它们自己的反应和来自我们的“教学输入”进行比较。比较的结果就是它们的神经网络的连接权重逐渐发生变化，直到最后机器人可以做出正确的反应。

但让我们感兴趣的，不是机器人是怎么学习的，而是它们的神经网络结构。这些机器人的神经体系结构不是由我们决定的，而是编码在基因中，又通过代际传递进化出来的。所有机器人都有同等数量的视觉神经元，用来编码其视网膜的内容；另外还有同等数量的内部神经元以及同等数量的外部神经元，可以“说出”物体是什么和在视网膜的哪个位置。所有机器人的视觉神经元都会把连接发送给所有的内部神经元（如图3－30a所示）。

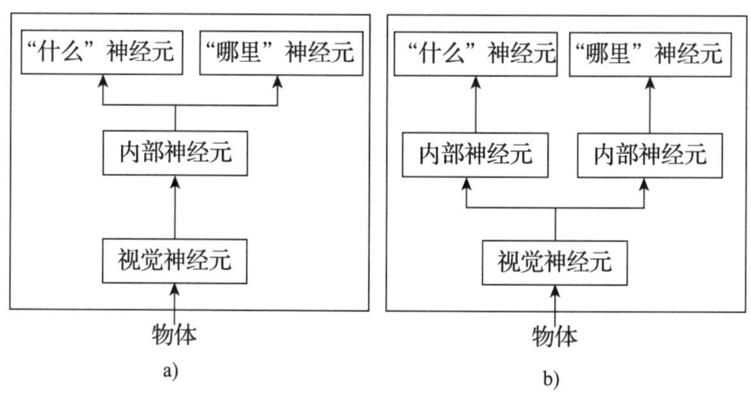

图3－30　开始时，机器人的神经网络是非模块化的（a），但到了进化的最后，它们的神经网络转为由两个模块构成，更多的神经元用于辨识看到的物体是什么，较少的神经元用于确定该物体在视网膜的哪个位置上（b）。

这一点在整个进化过程中保持不变。进化中发生改变的是内部神经元与“什么”神经元和“哪里”神经元之间的连接方式。第一代机器人的连接数量可能有多有少，并且是随机的。一个机器人的内部神经元可能连接到一个“哪里”神经元或一个“什么”神经元，也可能同时连接到这两个神经元；另一个机器人的连接则可能不同。能更好地辨识物体形状及物体在视网膜何处的机器人可以繁殖。它们的后代遗传到了父母一代的神经体系结构，同时也加入了一些随机变化，可能会增加或删除内部神经元与“什么”以及“哪里”神经元之间的一个或多个连接。

在进化结束的时候，我们发现，这些机器人的神经网络由两个不同的模块构成。有些内部神经元只把连接发送给“什么”神经元，而其他的内部神经元则只把连接发送给“哪里”神经元（如图 3－30b 所示）。一个模块是用来辨认物体是什么的，另一个模块则用来确定该物体在视网膜上的位置。为什么会有这样模块化的结构呢？知道物体是什么以及知道物体在视网膜的哪个位置属于两种不同的能力，机器人的神经网络通过把一个模块用于一种能力、把另一个模块用于另一种能力来把这两种能力区分开。在非模块化的神经体系结构中，所有的内部神经元都与所有的外部神经元相连接，这样就会混淆这两种不同的能力，并导致它们互相干扰。这些机器人所拥有的，被神经科学家称为“什么”神经通路和“哪里”神经通路。

但是，如图 3－30b 所示，还有一个有趣的结果：“什么”模块比“哪里”模块更大。更多的内部神经元担当起了辨识物体是什么的任务，而负责搞清楚该物体在视网膜上的位置的内部神经元的数量则较少。比起弄清楚物体在视网膜的“哪里”，认准该物体是“什么”是个更为复杂的任务。

关于进化与学习的关系，这些机器人又给了我们哪些启示呢？这些机器人神经网络的结构体系是进化的结果，但机器人在生命过程中不断学习物体是什么以及物体在视网膜的哪个位置上。如果我们完全排除学习，让进化不但进化出神经网络的结构体系，而且进化出连接权重，情况会是怎样呢？结果并不太好。机器人的基因编码神经网络的结构体系和连接权重，因为机器人不学习，所以连接权重在机器人的一生中都不会发生改变。问题就出在这里，因为，如果一些随机突变改变了后代机器人的神经体系结构，那么突变后的神经结构所要求的连接权重就可能有别于机器人从父母处所遗传到的，而机器人就可能无法完成“哪里”和“什么”任务。有了学习，这个问题就解决了。后代机器人遗传到了父母的神经体系结构，但是学习可以找到最适合这种体系结构的连接权重。进化和学习都很重要，它们必须通力合作。

10. 本章所述的机器人的局限性

这一章讲的是行为的习得。行为可以在代际传递，即进化中习得；也可以在个体的生命过程中习得，是个体的特定经历——学习的结果。在构建机器人时，我们以多种方式应用了“一个机器人/多种现象”原则。同样一批机器人，既进化，又学习。机器人不但在自然环境中学习，也在实验室中学习。我们运用相同的学习模式再现了多种不同的学习——工具性学习、巴甫洛夫条件反射、印记以及跟着母亲学习，同时也再现了影响学习的不同因素——事件的时间选择和个体动机；我们还再现了学习一种行为对接下来学习另一种行为的积极影响，以及学完一种行为后，再学习另一种行为如何不消除对第一种行为的认知。

但是我们的机器人也有很多不足之处，还有很多问题有待讨论，在这最后一部分中，我们就把这些局限和问题一一列出来。

第一个问题就是，第 2 部分中所描述的学习模式是否能够再现所有不同形式的学习。是不是所有的学习都基于同样的基本原理呢？学习辨认物体在视网膜上的位置以及物体形状的机器人所应用的是另一种学习模式——反向传播算法。我们还将使用反向传播算法构建其他的学习机器人：第 5 章中可以预测未来事件的机器人以及第 8 章中通过模仿其他机器人来进行学习的机器人。我们的学习模式是否能够替代反向传播算法，这样我们就可以说所有的学习都是基于同样的基本原理呢？根据反向传播算法，神经网络收到外来的“教学输入”，并把自身的输出与该“教学输入”进行对比，从而改变自身的连接权重，使其输出逐渐与“教学输入”趋同。如果我们假设进化会赋予神经网络输出与“教学输入”一致的一个奖励值，而赋予二者不一致的惩罚值，那么我们的学习模式就可以推广到今天所有使用反向传播算法来重现的不同的学习方式。

我们的学习模式需要能够重现的其他学习方式有敏感化和习惯化。敏感化是指随着同一刺激的不断重复出现，反应会不断放大。习惯化则与敏感化恰恰相反，是指刺激反复出现之后对刺激反应的削弱。敏感化和习惯化可以看作是经典条件反射形式，既然我们已经通过我们的学习模式重现了经典条件反射，也许我们的学习模式也可以重现敏感化与习惯化。

我们的学习模式能不能重现学习的其他方面以及行为的其他变化呢？我们是否可以构建这样一些机器人呢——在学习复杂行为时，比如模仿驾驶行为，机器人不能对其他无关的刺激做出反应，但当该复杂行为已经习得，并成为一种无意识行为之后，它们在执行该复杂行为时可以对那些无关的刺激做出回应——比如，边开车边与他人聊天？当某种行为成为无意识行为之后，控制这种行为的责任在很大程度上就从外部感知输入转移到内部感知输入了。低龄婴儿在挥动胳膊时会看自己的手——一种外部感知输入，但是随后对胳膊的控制就转移到了从手臂肌肉到达大脑的本体感受输入——这是一种内部感知输入。婴儿不再去看自己的手，因为他们不用去看就知道自己的手在哪里。内部感知输入往往比外部感知输入更简单，而这有利于使行为变得无意识。我们的学习模式能重现这些现象吗？

还有一些学习和行为变化现象是未来的机器人应该能够再现的。如果不继续练习的话，已经习得的行为往往会被遗忘——比如弹钢琴；已经习得的东西也常常需要略做调整来适应新环境，行为也可能因为非学习的原因而发生变化。想象一下，在生命的某个阶段，机器人突然眼盲或者两个轮子中的一个不能正常活动了，机器人的行为会因为眼盲或轮子受损发生什么样的变化？或者一个机器人因为生活中的某些经历而在行为中出现精神病症状，然后，这种病理状态因为某种形式的精神疗法而得到缓解或根治。这些都是人类和非人类动物一生中在行为方面确实会出现的变化形式。我们必须确定第 2 部分中提到的学习模式是否能再现行为中的所有这些改变，或者，这些行为改变是否需要其他东西。

但是，如果我们感兴趣的是行为的习得与改变方式，那么，我们的机器人就有两个很严重的局限。行为取决于身体——身体的大小、形状以及感知和运动器官。我们的机器人有身体，但这个身体是由我们决定的，而不是在代际传递中进化出来的，而且一个种群中所有的机器人都是一样的。未来，每个机器人的身体应该各不相同，这是进化的结果，完全适应该机器人所生活的环境。一个非常简单的例子就是，有一个种群的机器人大小不同。我们的机器人每碰触到一个食物令牌，就会吃掉这个令牌，因此，体型较大的机器人吃掉的令牌比体型小的机器人更多。如果机器人的体型不同，并且体型是编码在基因中的，那么机器人的体型就可能会在代际传递中有所增大。但是，如果体型大会消耗掉更多的能量，那我们预计在进化结束时，机器人的体型将会是中等大小。中等体型够大，可以吃掉足够多的食物令牌；但是又不会太大，可以避免能量消耗过高。我们没有构建这样的机器人，但这些机器人的构建并不难。

我们的机器人的另外一点不足是，它们再现了进化与学习，但没能够再现发育。因为个人经历的原因，个体一生中的行为会有变化，这就是学习；但是行为也会因为基因原因而发生变化，这就是发育。所有动物出生时都有一套基因，这套基因不仅决定了动物出生时是什么样，还决定了它们一生中可能会有的变化。学习与发育是不同形式的改变，但它们互相影响，如果不能理解这二者的相互作用，就没法理解学习和发育。个体学习的内容取决于个体的经历，也取决于其年龄。个体的基因会决定该个体在某些年龄段的若干变化，但变化出现的方式以及出现的确切时间则受个体经历的影响。

首先发育的是身体。身体会变大，形状也会发生改变。而且，因为大脑是身体的一部分，所以大脑也和身体的其他部位一同发育。就人类而言，神经元的数量在出生时已经非常庞大了，但在出生后相当长的时间里，神经元之间的连接还会继续增加。如果身体和大脑发生变化，则行为也会发生变化。人类在某个年龄段学会以手取物，在另一个年龄段学会走路，而学会说话的年龄段又不相同，这些年龄节点都被编码在基因中。这一章中提到的有些机器人在生命过程中也有发育，因为它们在不同的年龄看到的颜色不同，但这种发育是由我们决定的，不是进化出来的。对真实动物来说，发育是进化的结果，进化真正重要的任务不是创造一个有机体的起始状态，而是为该有机体设定发育计划，即人生历程。再现行为中这至关重要的一面——行为如何因为个体基因中编码的改变而发生变化，这仍是未来要完成的任务。

对一个种群的人口统计来说，发育也非常重要。我们的机器人的很多种群大小是固定的。但是，即使因为某些机器人未活到最大年龄就去世，或是因为新的机器人出生而导致种群规模发生变化，这些机器人也还仅仅是“机器人”而已。它们没有一个可以生育的年龄和停止生育的年龄，也没有所谓的老龄。我们的有些机器人——比如，关于机器人家庭的第 7 章中所描述的，这些机器人具有部分这样的属性，但同样地，这些属性是由我们决定的，不是进化与发育的自然过程的产物。有人口统计学的机器人属于未来的机器人。

我们的机器人的另一个重要不足是，它们再现了进化对学习的影响，但忽视了学习对进化的影响。进化是达尔文式的，不是拉马克式的。因为学习而产生的大脑和行为的改变对基因没有影响，也不会传给下一代。但是，个体的适应性不是其基因型的适应性，而是这个具体个体，即表型的适应性，而表型会随着学习发生改变。一个个体能够维持生命并繁殖后代，不仅仅是因为其基因，还是因为该个体在生命过程中的学习。因此，学习对进化有间接的影响，可以引导进化向某些方向发展。而且，对今天的人类来说，到底是什么决定了个体的繁殖概率，就更不清楚了。

还有一点不足也与进化有关。本章中的机器人并不是从零开始学习的，而是像真实动物一样，它们学习的起点是出生时所得到的遗传。但是，它们的进化是从零开始的，因为第一代机器人的基因是随机的——因此其神经网络也是随机的。而对真实动物来说，情况并非如此。真实动物的进化是从过去已有的进化结果开始的，这一点可以解释很多重要现象，比如新物种的起源以及进化生物学家所谓的“预适应”和“扩展适应”，前者指已经进化出的行为可能成为进化另一行为的有利条件，后者指已经进化出的行为可能习得新的适应功能。如果我们打算构建能够重现这些现象的机器人，那么未来机器人的进化就不能从零开始，而是要以过去进化的结果为起点。

最后，也是非常明显的一点不足是，这一章的机器人和上一章的机器人一样，更像非人类动物，而不像人。比起非人类动物，人类有更多不同的方式来习得行为。它们在学习中所接受到的奖励和惩罚有很多并非来自自然，而是来自其他人。它们在生命过程中不但有行为改变，而且它们的文化和技术也不断变化，这些变化对它们的行为会产生非常重大的影响。在本章开头我们就说过，我们无法真正认识和了解人类，除非我们认识并了解人类是怎样演变成今天这样的。在本章结尾，我们想说，要做的工作还有很多。

第四章　有语言的机器人

当ME将人类与非人类动物进行比较时，它惊呆了——它发现，人类花那么多时间彼此谈论各种各样的事情；它相信，人类的社会生活和人类社会之所以这么复杂，都是因为人类的语言太复杂。ME非常清楚，语言首先是一种交流工具。它赞同古代哲学家高尔吉亚（Gorgias）的说法，“用最小的几乎觉察不到的身体，语言完成了最神圣的事业”。但是ME感兴趣的不是作为交流工具的语言，而是语言怎样改变了人类大脑中的世界的模型，并如何指引人类的行为。语言把非语言经历分割成独立的小块，这些小块又可以重新结合，于是，人类头脑中的世界模型就比非人类动物的世界模型更丰富、更清晰，他们的行为也更有效力。另外，语言使得人类不但生活在由“感知—动作—经验”所构成的具象世界中，而且生活在只有抽象实体的世界中，因为文字会忽略其使用时所指的不同事物的具体特点——这个东西是个计算机，但“计算机”不是这个具体的东西。ME认为，这有利亦有弊，其弊端之一就是语言诱使人类认为世界是有“本质”的，并努力去寻找这些“本质”，但现实并不是由“本质”构成的，寻找“本质”完全是浪费时间。

考虑到语言在人类适应模式中的中心作用，ME考虑把构建有语言的机器人作为其研究计划的重中之重。但是人类语言太复杂了，ME构建的机器人只能再现语言非常基本的几个方面，很多工作还有待将来完成。

1. 有语言的认知后果

人类为什么会有语言？语言有哪些适应方面的优势可以解释人类为什么有语言？有了语言，人类可以互相交流信息、讨论、劝说别人做或不做这件或那件事、跟别人一起制订计划、协调自己的行为来配合他人。实际上，人类用语言所做的事情远比他们用手或工具所做的要多。正是因为有语言，人类的社会生活和人类社会才会如此复杂。要说明语言的重要性，只要想想如果人类没有语言，他们的社会生活会是个什么样就够了。估计和非人类动物的生活不会有太大区别。

这就是语言作为交流工具的作用，也是拥有语言的社会优势。但是语言也是一种认知工具，它同时具有认知优势。语言把人类经验的特定部分独立出来，在大脑中形成更为丰富清晰的“世界模型”，使人类对世界的行为更具效力。这可能是人类语言与动物交流之间最大的区别。动物的交流方式只是社会交往的工具。而人类语言既是社会交往的工具，又是在头脑中形成更好的世界模型的工具。语言的认知优势非常重要，人类语言最初的进化可能是因为语言不仅仅使社会生活效率更高，也使之更具智性。语言帮助人们把精力集中在生活经历的特定方面，以新的方式把经历的不同部分重新组合起来，将问题进一步细化，并制订解决复杂任务的计划。非人类动物只是互相之间进行交流，而人类使用语言不但是为了和其他人交流，也是为了和自己交流——他们会自言自语。（下一章将介绍有精神生活的机器人，我们要讨论自言自语的问题。）

语言是人类非常重要的特点。如果我们想构建可以真的被称为人的机器人，这些机器人就必须掌握一门人类语言，这种语言不但可以让机器人进行复杂的互动，还要能够在它们的大脑中形成对它们所处世界的更好的反映。关于机器人的语言需要做的工作很多，但大多数工作面向的都是作为交流工具的语言，而不是作为认知工具的语言。我们构建本章所述的机器人的目的，就是要更好地了解拥有语言的认知后果。

2. 意义作为声音和非语言经验的共变

语言是由有“意义”的声音构成的。对于语言中的音位来说，有意义是怎么一回事呢？语言中的音位之所以有意义，是由于特定音位和特定非语言经验之间的共变，而个体的大脑捕捉到了这些共变。“ball”（球）的发音对说英语的人来说有意义，是因为它和看见一个球、摸到一个球以及玩球这样的非语言经验发生共变。我们的机器人也是这样。如果机器人在某些非语言经验过程中听到同样的声音，机器人的大脑就会捕捉到这种共变，在听到这个声音时做出合理的反应（语言理解），并在适当条件下发出同样的声音（说话）。我们知道，某个声音对机器人来说是有意义的，我们也知道这个声音对机器人有什么意义，这不仅仅是因为我们可以看到机器人对声音的反应，还是因为我们可以检查机器人的大脑，看看声音和某些非语言经验的共变是怎样被机器人的大脑所吸收的。比如，当机器人第一次听到“ball”这个音的时候，这个音对机器人神经网络的内部神经元产生了某种模式的激活，这种激活模式只反映“ball”这个音。当“ball”这个音对机器人来说逐渐有了一定意义之后，激活模式便会发生改变，它反映的不仅仅是“ball”这个音，还有当机器人听到这个音时的非语言经验。

但是对于人类语言来说，重要的一点是，语言中的声音不是和全部的非语言经验共变，而是和非语言经验中的某些特定部分共变。非人类动物的经验都是整体的。人类的经验由不同部分构成，因为人类有语言。如果语言中的某个音与非语言经验中的某个特定成分共变，但不与非语言经验的其他部分共变，则该成分会从非语言经验的其他成分中独立出来，并在大脑中有表征。

机器人也是这样。机器人看见球落在地上，并且听见“ball”这个音。然后，在另一个场合，机器人看见一个球在地上滚，也同样听到“ball”这个音。这两种经验不同，但它们又有共同之处。“ball”这个音和机器人的非语言经验中的一个特殊部分——球——发生共变，但和该经验的其他部分——球的落下或滚动——没有共变。听到“ball”这个音，会把球从机器人非语言经验的其他方面独立出来，而且球会在机器人大脑中有单独的表征。对于“fall”和“roll”两个音来说，情形也是一样的。如果机器人看到一个球或一个盒子落到地上，并且在这两种情况下它都听到了“fall”这个音，机器人的大脑就会捕捉到“fall”这个音与落下这一事件的共变；这个音与其非语言经验中的其他部分，即球和盒子，则没有共变。如果球是白色的，机器人会听到“ball”这个音，还会听到“white”这个音。如果机器人看到一个白色盒子时，也会听到“white”这个音，机器人就会把球的颜色同球分开，白色会在机器人的大脑中有单独的表征。通过这种方式，语言中不同的音使世界在机器人的大脑中表现为由不同的成分所构成，这对机器人的行为有非常重要的影响。机器人可以去找一个球或一个盒子，不管它是什么颜色的，也可以去找白色的东西，不管那是个球还是个盒子。重要的是，机器人对新体验可以做出恰当的反应。体验是新的，但构成体验的不同部分是机器人所熟悉的，因为机器人已经把语言中不同的音与这些不同部分的共变整合进其大脑结构和活动方式了。机器人可能从未见过白色的球掉到地上，但是它可以对“white，box，fall”这一连串的音做出恰当的反应——这使得机器人的行为更具创造性和适应性。

语言有助于将非语言经验分割成独立的片段，也有助于将完整的非语言经验分割成连续而独立的非语言经验片段。下边这个例子可以告诉我们，这种分割作用将如何使机器人的行为更具效力。

这些机器人并非我们常见的那种机器人，它们有类人（模拟）的外形。这些机器人有胳膊，由臂和前臂两部分构成，这两部分可以分别活动。在臂的下端是手，并有手指，可以活动以抓取物体。机器人的神经网络包括三种不同的感知神经元：视觉神经元、本体感觉神经元和触觉神经元。视觉神经元告诉机器人物体在哪里；位于手臂肌肉的本体感觉神经元编码手臂当前的位置，使机器人即使看不见，也可以知道自己的手在哪里；当手指接触到物体时，触觉神经元会被激活。运动神经元控制机器人手臂和手指的动作（如图 4 - 1 所示）。

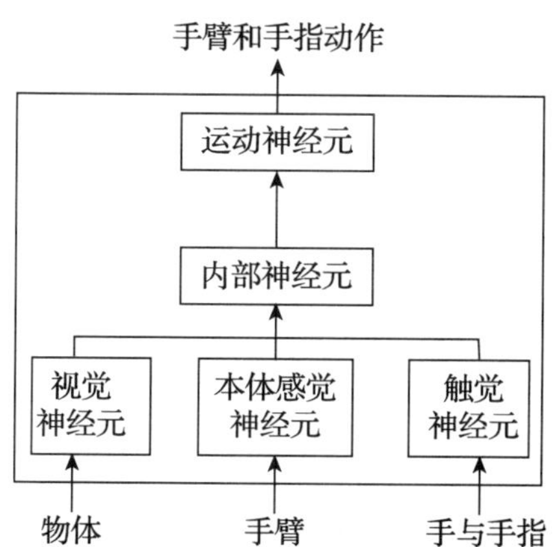

图 4 - 1　机器人的神经网络接受来自物体的视觉输入、来自手臂的本体感觉输入和来自手与手指的触觉输入，并通过移动手臂和手指来对这些输入做出响应。

这些机器人神经网络的连接权重通过代际传递来进化。机器人的一生就是一系列的片段，在不同的片段里，物体的位置以及机器人手臂的位置都是不同的。可以繁殖的是那些能更好地活动手臂，并用手够到物体、用手指抓住物体、然后把物体移动到另一位置的机器人（如图4－2所示）。

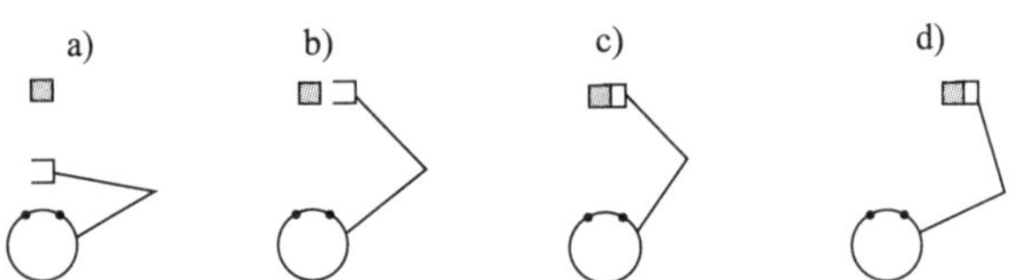

图4－2 机器人看到一个物体（a），伸出手臂去够这个物体（b），用手指抓住它（c），并把这个物体移动到另一位置（d）。

我们比较了两个种群的机器人，其中一个种群有语言，另一个没有。没有语言的机器人通过来自眼睛、手臂、手指的非语言感官输入来进化出合理的行为。有语言的机器人的神经网络中有一组额外的听觉神经元（如图4－3所示），当它们必须移动手臂，并以手去够物时，它们会听到一个声音［“reach”（够）］；当它们必须用手指抓取物体时，它们会听到另一个声音［“grasp”（抓）］；当它们必须把物体移动到另一位置时，它们会听到又一个不同的声音［“move”（移）］（如图4－4所示）。

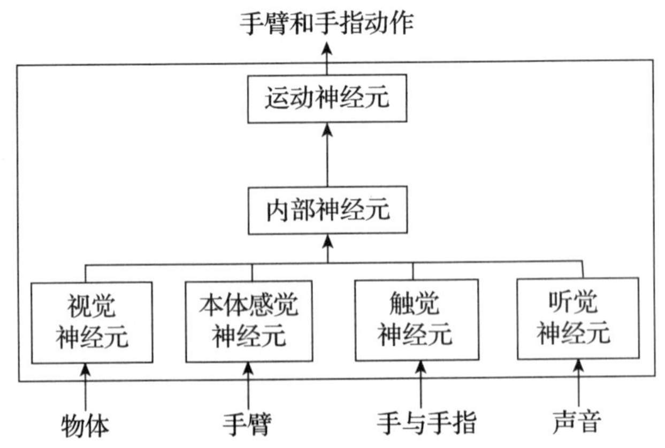

图4－3 机器人的神经网络：除了物体和自身手臂以及手指的感官输入之外，机器人还可以听到连续三个不同的音：“reach”“grasp”“move”。

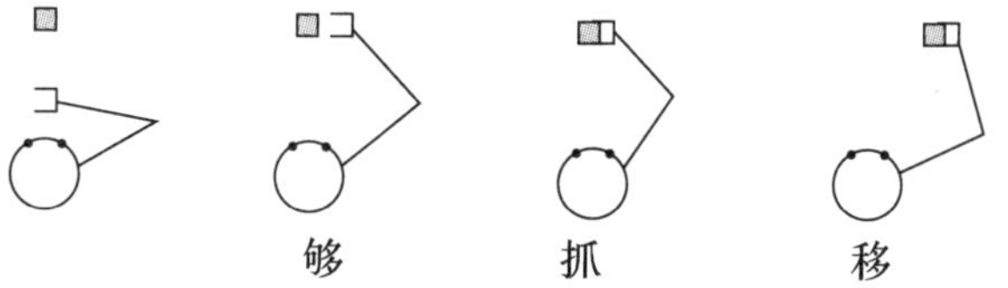

图4-4　机器人必须以手去够取物体时会听到“reach”(够) 这个音，必须用手指去抓取物体时会听到“grasp”(抓)，抓到物体之后必须把它移到另一个地方，此时它会听到“move”(移)。

结果怎么样呢？在进化结束的时候，有语言的机器人比没有语言的机器人的适应性更高。它们在必须进行的动作方面比没有语言的机器人表现得更好，尤为突出的是在已经抓取物体之后将其移到另外一个地方。为什么会这样呢？语言把机器人的“感知—运动经验”分割成了一系列独立的片段，以帮助机器人完成特定时刻必须完成的动作。这对于把物体移到另一个位置的动作尤为重要。当机器人的手触及物体时，它会接收到来自手指的触觉感知输入，但只有当机器人的手指真的把物体抓起时，它才可以把物体移到另外的地方。听到“move”（移）可以帮助机器人判断什么时候移动物体。这是一个非常简单的展示，可以让大家了解语言如何把“感知—运动经验”以及现实分割成不同的片段，并使行为更具效力。

3. 语言中的音的不同类别

现在我们要问一个问题，在讨论语言问题时，这个问题似乎是无法避免的：语言中不同的音是否属于不同的类别呢？我们能否构建起可以说是拥有了动词、名词、形容词和副词的机器人呢？我们下一批所述的机器人就将回答这个问题。

和上一批机器人一样，这些新的机器人有一条胳膊和一只手，并且有手指，但在每个片段开始的时候，它们的手指就已经抓到了某个物品。这些机器人可能听到下边两个音中的一个：“push”（推）或“pull”（拉）。如果机器人要生存并繁殖后代的话，这两个音就是它们必须遵循的命令（如图4-5所示）。

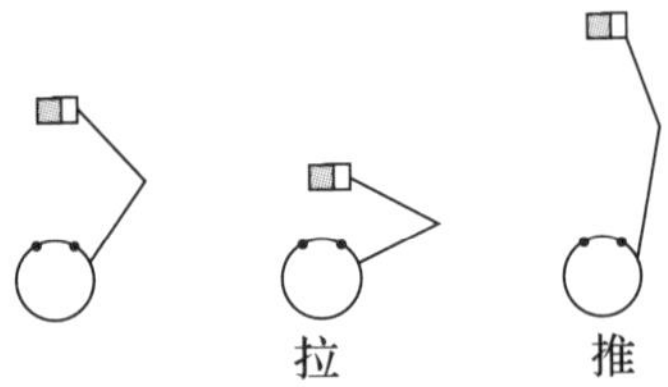

图4-5　机器人手里抓着一个物体，对于“pull”（拉）的音，它必须做出把物体拉向自己的响应；对于“push”（推）的，它则要把物体往外推。

这些机器人的神经网络中没有视觉神经元，因此机器人看不到物体，也看不到自己的手臂。但是它们知道自己手臂的位置，因为胳膊的肌肉上有本体感受神经元，然后可以告诉机器人的大脑其手臂目前的位置。另外，它们的神经网络有听觉神经元，这样它们就可以听到“push”或“pull”的音，而机器人的适应性就取决于它们对这两个音的响应。当机器人听到“push”这个音时，它必须移动手臂，把物体从自己的身体往外推开；当它听到“pull”时，则必须把物体拉向自己的身体。机器人的神经网络有运动神经元，可以编码手臂的动作；在代际传递中，机器人进化出了恰当地响应“push”和“pull”这两个音的能力。这两个音和机器人必须进行的动作共变，与作为动作对象的物体没有共变——而且这两个音不能与动作对象共变，因为机器人的世界中只有一个物体。因此，对于机器人来说，“push”和“pull”这两个音是动词。

动词就是那些与机器人的动作共变，但不与作为动作对象的物体共变的音。如果我们把机器人的情形再稍微调整一下，就可以更清楚地看到这一点。机器人必须用手抓取以及必须推或拉的物体并不总是同一个，它可能是个球，也可能是个盒子。也就是说，它可以是形状不同的两个物体（如图4-6所示）。

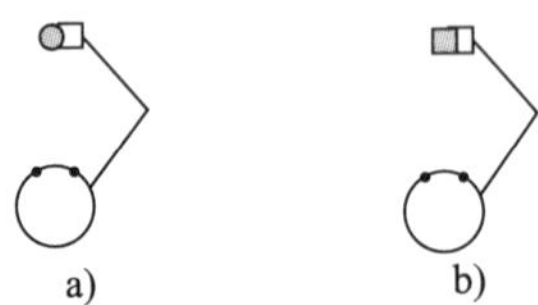

图4-6　机器人在用手抓取球（a）或盒子（b）。

和前边提到的机器人一样，当听到“push”（推）的音时，这些机器人必须把球或盒子从身边推开；当听到“pull”（拉）时，它们必须把球或盒子拉向自己。但是，与前边的机器人不同的是，这些机器人的神经网络有视觉神经元，所以机器人可以看见它们手里抓着的是球还是盒子。机器人可以看清球和盒子是不一样的，但它们必须忽略这两种东西的不同。听到“push”或“pull”的音帮助它们忽略球和盒子的不同——将注意力从二者的不同上转移开。这就是为什么我们说“push”和“pull”这两个音是动词。

如果动词与机器人的行为共变，但不与行为作用的对象共变，那么名词又是怎么回事呢？为了构建有名词的机器人，我们对前边的脚本进行了改动。在每个片段开始的时候，机器人可以看到一个球和一个盒子，但它们手里并没有抓着任何东西（如图4－7所示）。机器人的手臂处于随机位置，它们现在要做的就是移动手臂够到球或盒子。同样地，机器人这时会听到两个音中的一个，这两个音分别是“ball”（球）和“box”（盒子）。在进化结束的时候，它们在听到“ball”音的时候会去够球，而听到“box”的时候会去够盒子。够取的动作是一样的，但动作所作用的对象却有不同。对机器人来说，“ball”和“box”这两个音就是名词。

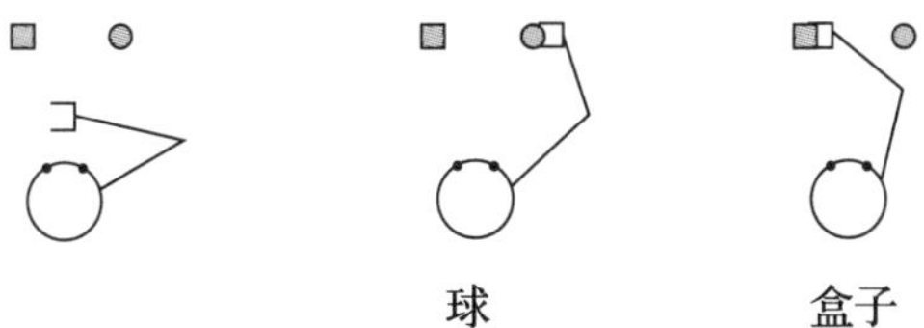

图4－7　机器人听到“ball”（球）的音时，会用手去够球；听到“box”（盒子）的音时会去够盒子。

为了更好地理解动词和名词的区别，我们设计了一个更为复杂的脚本，使用了更为复杂的语言。前边提到的这些机器人都只能做一个动作，即移动手臂取物的动作，所取的对象或者是球，或者是盒子。这些新的机器人可以做两个不同且更为复杂的动作：它们可以够到球或盒子，然后再把球或盒子从身上推开；也可以够到球或盒子，并拉向自己的身体。在每个片段中，机器人都是既能看见球，又可以看见盒子，所以对这些机器人来说，只听到一个音的话，并不足以让它们了解自己该做什么。这些机器人需要听到两个音。（声音的发生需要时间，所以这两个音会构成一个时间序列，但是对于这些机器人来说，两个音的时间顺序并不重要）。它们必须知道要做的是什么——推还是拉，还得知道动作中涉及的是哪个物体——球还是盒子。在不同的片段中，两个音会有四种不同的组合序列："push ball"（推球）、"pull ball"（拉球）、"push box"（推盒子）、"pull box"（拉盒子）。机器人听到的是其中的一种。这些序列都是动词—名词句子。动词与机器人必须执行的动作共变，名词则与动作的对象共变。动词—名词句子可以让行为在机器人的大脑中有更为清晰的表征，因为这样的序列把行为分割成了两部分：机器人必须要做什么以及动作涉及哪个物体。

我们已经提过，对于这些机器人来说，"push" 和 "pull" 是动词，"ball" 和 "box" 是名词。但是，对机器人来说，"ball" 和 "box" 这两个音真的是名词吗？这两个音可以是名词，也可以是形容词，不与物体发生共变，而是与物体的形状共变。对球来说，意味着圆形，而盒子则意味着方形。那么，形容词是什么呢？我们又如何区分名词和形容词呢？

机器人接下来所使用的语言中就含有形容词，它们听到的音的序列是由一个形容词和一个名词所构成的。机器人的环境中有一个球和一个盒子，这两种物体均有两种不同颜色——灰色和白色——有一个灰球一个白球，还有一个灰盒子和一个白盒子。机器人的语言由 4 个音构成："ball"（球）的音与球共变，无论其颜色是灰是白；"box"（盒子）的音与盒子共变，同样与颜色无关；另外的两个音，一个是 "grey"（灰），与灰色共变，另一个是 "white"（白），与白色共变，无论呈白色或灰色的是球还是盒子。在每个片段中，机器人可以同时看到四个物体——灰球和白球以及灰盒子和白盒子，它必须响应语言命令，用手臂去够取四个物体中的一个。（这些机器人不需要动词，因为他们必须要做的自始至终只有一个动作：够取物体。）在这种情况下，命令也不可能是一个音，因为一个音只能界定要够取的物体（球或盒子），而无法明确其颜色；或是可以明确物体的颜色，但无法指定物体。无论是哪种情况，机器人都无法得知要伸手去够取哪个物体。命令必须是由两个音构成的序列，其中一个音与要够取的物体共变，另一个音与其颜色共变（如图 4 - 8 所示）。

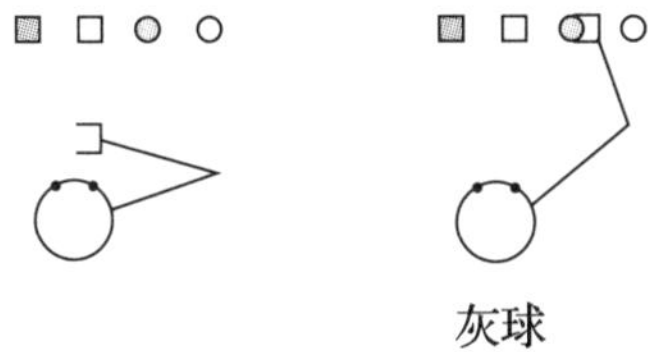

图 4-8 机器人看见两个球，一个灰色、一个白色；还看见两个盒子，一个灰色、一个白色。它会听到“grey ball”（灰球）这样的音，并伸手够取灰色的球。

对于说英语的人来说，这两个音其中一个是名词［“ball”（球）或“box”（盒子）］，另一个则是形容词［“grey”（灰）和“white”（白）］。但是对我们的机器人来说，是否也是这样呢？球和盒子的形状不同（圆或方），因此，“ball”和“box”这两个音可能不是两个名词，而是两个形容词——“round”（圆）或“square”（方）。考虑到这些机器人所处的极为简单的环境以及它们的极为简单的行为动作目录，机器人的神经网络无法区分表示名词的音以及表示形容词的音。那么，为什么我们把有些音称为名词，而把另一些音称为形容词呢？如果我们看看与名词和形容词共变的非语言经验（这是我们判断任何与语言相关的问题的终极标准），我们就会发现，名词往往与人类那些以具体动作来响应的非语言经验共变，而形容词却并非如此。对讲英语的人来说，“ball”（球）这个音是个名词，因为与其共变的往往是它们用动作来响应的东西——滚动这个东西或者玩这个东西。“box”（盒子）这个音也是个名词，因为与其共变的东西人们也用动作来响应——打开这个东西或者往里边放点儿什么。“grey”（灰）和“white”（白）这两个音是形容词，因为它们不与英语使用者用动作来响应的东西共变。很多不同的东西都可以是灰的或是白的，但说英语的人对这些灰色或白色的东西的响应并不一样。这就意味着，如果我们要构建可以被称为有能力区分名词和形容词的机器人，那么这些机器人的环境和行为目录就必须要更为复杂。这些机器人必须能够进行多种不同的动作，环境中也必须包含多种形状不同、颜色不同的物体。

副词之于动词恰如形容词之于名词。在每个片段的开始，每个机器人手中都抓着这个物体。如果它听到“push”（推）的音，它的响应是把物体从身边推开；如果它听到“pull”（拉），它的响应则是把物体拉向自己。但是现在，机器人可以用两种不同的方式推或拉某物。它可以慢慢地推或拉，也可以更迅速地推或拉。在每个片段中，机器人都会听到两个音构成的四种可能序列中的一种，这四种序列分别为："push slowly"（慢推）、"push quickly"（快推）、"pull slowly"（慢拉）和"pull quickly"（快拉）。序列中的一个音与动作共变，机器人必须按照命令要求做出这个动作——推或拉物体，另一个音与动作方式共变——快或慢。要遵循命令，当然也是为了生存和繁殖的需要，如果第二个音是"slowly"（慢），机器人就必须缓慢执行推或拉的动作；而如果第二个音是"quickly"（快），机器人就必须快速执行动作。这两个音就是副词。

我们构建最后一种机器人，它们的语言更复杂一些，因为该语言包含了前边几批机器人具有的全部 8 个音——"push"（推）、"pull"（拉）、"ball"（球）、"box"（盒子）、"white"（白）、"grey"（灰）、"slowly"（慢）、"quickly"（快）。每个命令都是由四个音组成的序列："push white ball slowly"（慢推白球）、"pull white ball slowly"（慢拉白球）、"push black ball slowly"（慢推黑球）、"push white box slowly"（慢推白盒）、"push white ball quickly"（快推白球）等。这里的语言只有 8 个音，但是机器人可以正确响应数量很多的不同命令。这是人类语言所特有的。人类的语言有声音（句子），这些音是由更短的音构成的（单词），一个声音序列的意义就是构成该序列的各个音的意义的组合。这是语言非常重要的特征。人类利用有限的单词——约数万个，可以表达和理解几乎不计其数的句子。而且，更重要的是，有了合成式语言，人类就可以产出并理解他们从未产出或理解过的声音序列。我们在机器人身上也发现了这一点。在进化结束的时候，机器人接收到的命令是一个它们从未听过的声音序列，它们也对该命令做出了恰当响应。

我们把我们的机器人语言中不同类别的音称作名词、动词、形容词和副词。语言学家把名词、动词、形容词和副词称为"语法类别"。一种语言只有在有句法的情况下才会有语法类别。我们的机器人的语言没有句法，因此也没有语法类别。没有句法意味着我们的机器人将无法区别"put ball on box"（把球放在盒子上）这样一个语音序列与"put box on ball"（把盒子放在球上）不同，因为它们无法把发音的顺序考虑在内。它们也无法识别某些语音序列是错误的，比如"push pull white slowly"（推拉白慢）或"push ball box quickly"（推球盒快）这样的序列，因而也无法对这样的序列做出合适的响应。语言学家会说，这样的语音序列违反句法规则。但我们的机器人没有句法规则。构建语言中有句法规则的机器人是未来的一项重要任务，因为句法规则是人类语言的重要特点——将人类语言与动物交流体系区别开来。

4. 语言帮助人类对环境进行分类

在真实世界中，万物各有不同，但是，出于生存和繁殖的必要，动物必须把某些不同考虑在内，并忽略掉其他不同。每一株植物都有别于其他任何植物，但是动物对有些植物的反应是吃掉它们，对另一些植物的反应则是躲开。动物必须忽略掉第一种植物彼此之间的不同，也需要忽略掉第二种植物彼此间的不同，但必须要考虑这两种植物之间的区别。如果动物对很多不同的东西报以同样的反应，则这些东西属于同一类别；如果动物对不同的事物有不同的反应，则这些事物属于不同的类别。对类别的这一定义是从行为角度出发的，但是我们会发现，也可以从神经方面对类别进行定义。

拥有语言非常重要的一个优势就是，语言帮助人类对构成其生存环境的各种存在更好地进行分类，因此，人类的行为也会得到优化。如果一个人在经历两种不同的事物时听到同样的声音，那么这个声音可以让此人更容易地认识到，这两种不同的事物属于同一类别，因此他或她应该对这两种事物做出相同的反应。如果一个人在经历不同的事物时听到不同的声音，那么这些不同的声音会使他更容易地了解这些事物属于不同的类别，他或她要对这些事物做出不同的反应。这是我们的下一批机器人要展示的。我们比较了有语言及没有语言的机器人，发现有语言的机器人比没有语言的表现得更好，因为语言优化了机器人对事物的分类在其大脑中的表征。

这些机器人生活在既有食物令牌，又有有毒令牌的环境中。所有食物令牌都是圆滚滚的，所有有毒令牌都是有棱有角的。但问题是，同类令牌的形状并非是一模一样的。食物令牌的形状都是圆圆的，但没有哪两个令牌是完全一样的圆形并且看起来一模一样，有棱角的有毒令牌的情况也是如此（如图 4 - 9 所示）。因此，机器人每看见一个令牌，就必须先将该令牌分类，以辨明这是食物还是毒物，然后才知道该怎样对待这些令牌。

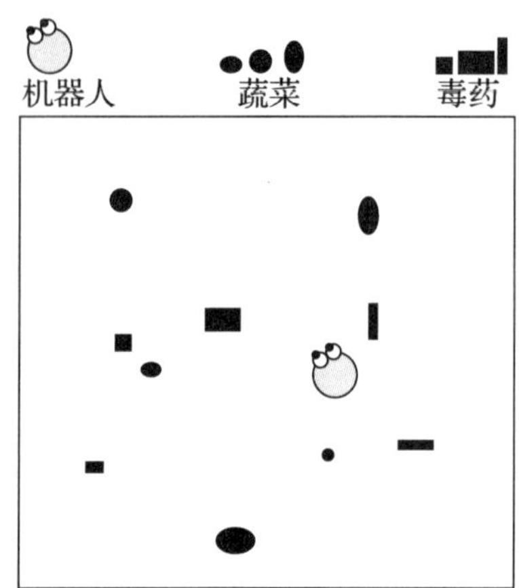

图 4-9　该环境中有呈圆形的食物令牌以及棱角分明的有毒令牌，但食物令牌的圆形各不相同，有毒令牌的棱角形状也各不相同。

没有语言的机器人的神经网络就是我们基本的神经网络，由视觉神经元编码令牌的形状和位置。这些视觉神经元连接到内部神经元，内部神经元又与运动神经元相连接。运动神经元控制机器人两个轮子的速度，并由此控制机器人在环境中的活动（如图 4-10 所示）。

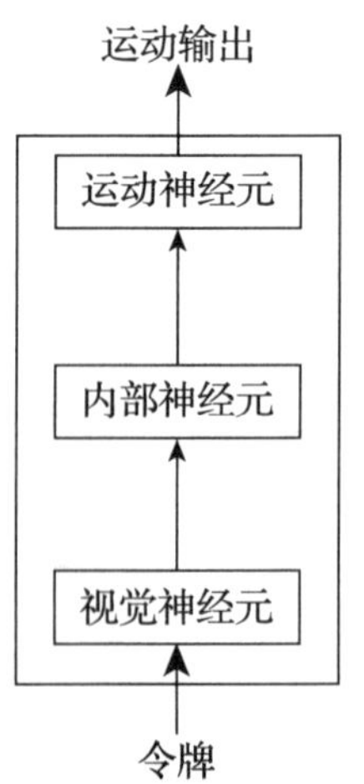

图 4-10　没有语言的机器人的神经网络。这些机器人会看到一个呈圆形（食物）的令牌或有棱角（毒药）的令牌，它们必须做出接近或避开这些令牌的响应。

吃掉一个食物令牌可以增加机器人的能量，吃掉一个有毒令牌则会减少能量；既然拥有更多能量的机器人才能繁殖，那么机器人就必须吃掉食物令牌并避开有毒令牌。实际上，在代际传递中，机器人进化出了合适的行为——也就是说，它们可以根据圆形或棱角来分辨出食物令牌和有毒令牌。

现在我们构建了另一种群的机器人，这些机器人和前边的机器人在其他方面都完全一样，只是当这些机器人看到一个令牌时，它们同时会听到两个声音中的一个，这两个声音分别是“food”（食物）和“poison”（毒药），并且与令牌的种类共变。（这些“声音”是由一个虚拟机器人发出的，意在帮助机器人吃掉可食令牌并避开有毒令牌。）当机器人看到一个食物令牌时，不管这个食物令牌的形状如何，它都会听到“food”（食物）这个音；当它看到一个有毒令牌时，不管该令牌的形状怎样，它也都会听到“poison”（毒药）这个音。这些机器人的神经网络更为复杂，因为它由两个模块构成——非语言模块和语言模块（如图 4 - 11 所示）。

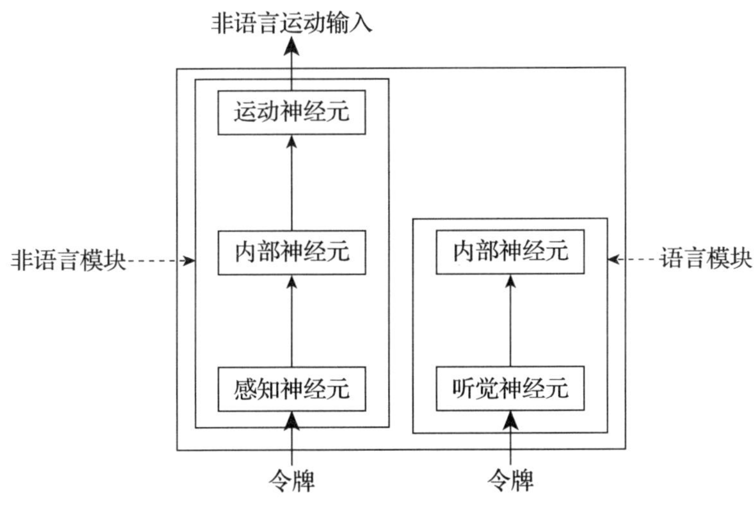

图 4 - 11　有语言的机器人的神经网络中有两个模块——一个非语言模块和一个语言模块。

非语言模块和没有语言的机器人的整体神经网络一模一样。语言模块则由听觉神经元构成，这些神经元编码机器人听到的声音，并把连接发送给一套独立的内部神经元。但是，因为语言模块的内部神经元要把连接发送给非语言模块的内部神经元，所以机器人看到令牌时所听到的声音就会影响它对该令牌的响应。和通常一样，第一代机器人的连接权重是随机的，因此，这些声音对机器人的行为没有显著影响。接下来，在代际传递中，遗传的连接权重会发生变化。在连接权重改变之后，我们发现，听到这两个声音可以帮助机器人识别令牌的种类并做出恰当的响应。有语言的机器人比没有语言的机器人的适应性更好。

比起没有语言的机器人，为什么有语言的机器人能更好地吃掉食物令牌并避开有毒令牌呢？要表现出合理的行为，机器人就必须考虑到属于两种不同类别的令牌之间的区别，还需要忽略同类令牌的内部差异。同类令牌之间的内部差异只是感知“噪声”，机器人的大脑必须对其视而不见，而语言则能够帮助排除掉这些感知“噪声”。证据是，如果我们在另外的环境中进化机器人，让所有的食物令牌都有一模一样的圆形外观，所有的有毒令牌都有完全一样的棱和角，那就不存在任何感知“噪声”了，有没有语言不会造成任何差别。

我们已经从行为的角度对类别进行了定义。一个类别指的就是所有机器人会以同样的方式进行响应的所有令牌。但我们的机器人是神经型机器人，如果我们看看机器人的大脑，也许可以更好地理解，语言是怎样帮助机器人对不同令牌进行分类的。当机器人看到一个令牌时，该令牌会激活机器人神经网络中的内部神经元，每个内部神经元都有一定的激活水平，我们把所有内部神经元的激活模式称为该令牌的内部表征。每个令牌的形状都不同，因此，每个令牌都会在机器人的神经网络中产生一个不同的内部表征。有语言和没有语言的机器人都符合这种情况，但二者又有不同。如果机器人没有语言，内部表征就完全取决于令牌的形状。对有语言的机器人来说，令牌的内部表征不仅取决于令牌的形状，还取决于机器人看到该令牌时听到的声音，因为声音会影响令牌的内部表征。也正因为如此，语言才会有重要的作用。如果我们检视一下不同令牌在机器人大脑中的内部表征，我们就会发现两个情况。比起没有语言的机器人，有语言的机器人的大脑中属于同一类别令牌的内部表征的相似度更高，属于不同类别的令牌的内部表征差异更大。语言降低了感知“噪声”，即同一类别中的一个令牌与另一个令牌的区别，语言同时又放大了两个不同类别的令牌之间的区别。

这一点可以用下边的方法进行精确的，即量化的测量。既然这些机器人的神经网络中只有两个内部神经元，那我们可以想象一个有两个维度的抽象空间，其中一个维度属于一个内部神经元，另一个维度属于另一个内部神经元。令牌的内部表征就是这个抽象的二维空间中的一个点。对于该空间的任何一个维度来说，这个点所处的位置都反映了相应的内部神经元的激活水平。如果两个令牌的内部表征相似，则这两个点在内部表征的抽象空间中就会非常接近；如果两个令牌的内部表征不同，则这两个点就会离得比较远。

最早的一代机器人的神经网络的连接权重是随机的，因此，对应不同令牌的点会随机分布在内部表征的整个空间中（如图 4 - 12a 所示）。机器人还不知道该如何在神经层面表示这两类令牌，它们把食物令牌同有毒令牌混淆起来，因而无法对这两种令牌做出恰当的回应。然后，随着代际传递，机器人神经网络的连接权重发生了改变，机器人进化出了区分食物令牌和有毒令牌的能力。如果我们检进化结束时机器人的神经网络，我们会发现，表示令牌内部表征的点在内部表征的抽象空间构成了两团分开的“云”。食物令牌的内部表征变得更为相似，这些点彼此距离接近，构成一团“云”。有毒令牌的内部表征也变得更为接近，它们的点构成另一团与食物令牌分开的“云”。这两种类别的令牌的内部表征则越来越不同，反映在这些点所构成的“云”之间的距离上（如图 4 - 12b 和 4 - 12c 所示）。

一团点“云”就是神经意义上的一个类别。机器人以同样的方式响应所有内部表征均属于同一团“云”的令牌，而以不同的方式响应内部表征属于另一团“云”的令牌。机器人会靠近食物令牌，避开有毒令牌。在进化的初级阶段，这两团“云”非常大，因为同类令牌的内部表征仍有很多不同，而且两团“云”有重合的地方——这意味着机器人可能会误认为食物令牌是有毒令牌，反之亦然。在进化结束的时候，这两团“云”小了很多，并且分得很开，这就解释了为什么机器人可以对两类令牌做出恰当的响应。无论机器人有没有语言，这一点都是成立的。但是，如果我们比较这两种不同机器人的两团点“云”，我们会发现，比起没有语言的机器人的大脑，有语言的机器人的大脑中的两团“云”更小，“云”之间的距离更大。

这就解释了为什么语言可以帮助机器人对构成其环境的存在进行分类，并改善机器人针对这些存在的行为。我们已经展示了名词——“food”（食物）和“poison”（毒药）在这方面的表现，动词、形容词和副词的作用也可以被展示。机器人可以用不同的方式抓取物体，两个红色的（red）物体的颜色不一定一模一样（形容词），两个机器人可能走得都很慢（slowly），但它们行走的速度却未必完全一致（副词）。语言降低了同一非语言经验类别中的不同所产生的感知“噪音”，强调了两个不同类别之间的区别。

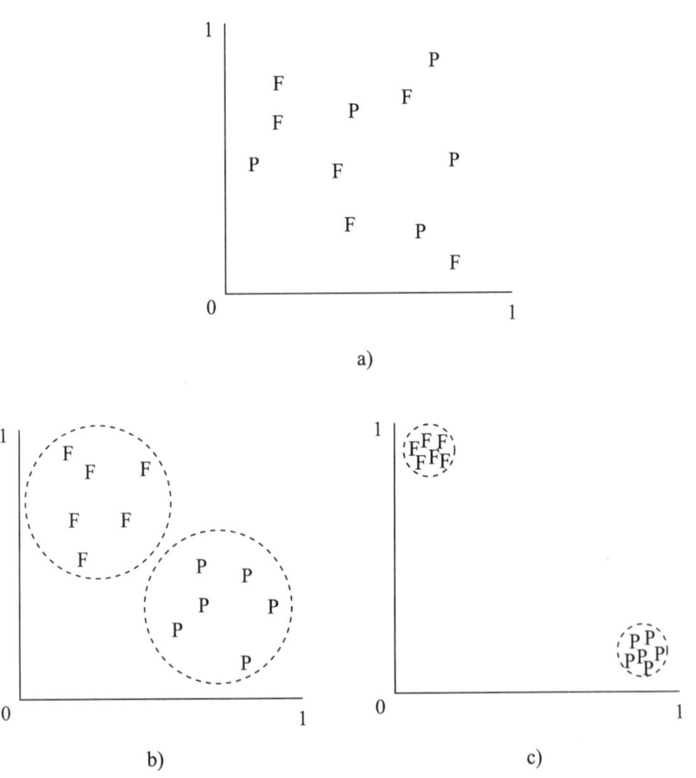

图4-12　在进化的初期，食物（F）与毒药（P）的内部表征混杂在一起（a）。在进化结束时，它们形成了两团独立的“云”（b）。相比没有语言的机器人，有语言的机器人形成的云团更小，云团与云团之间的距离更大（c）。

但是，语言不仅仅帮助机器人将其所处的环境进行分类，还可以在机器人大脑中形成分类层级，具有对环境的层级表征是拥有语言的另一个优势。我们的下一批机器人就要展示这一点。

新的脚本是把前边的脚本变得更为复杂一些。机器人的环境中仍然有圆滚滚的食物令牌和棱角分明的有毒令牌。有毒令牌仍属于同一类，但食物令牌却被分成了两种不同的类别，因为它们含有不同种类的能量。食物令牌的颜色标志了能量的种类：含有一种能量的食物令牌是白色的（肉类），含有另一种能量的食物令牌是黑色的（蔬菜）（如图4－13所示）。

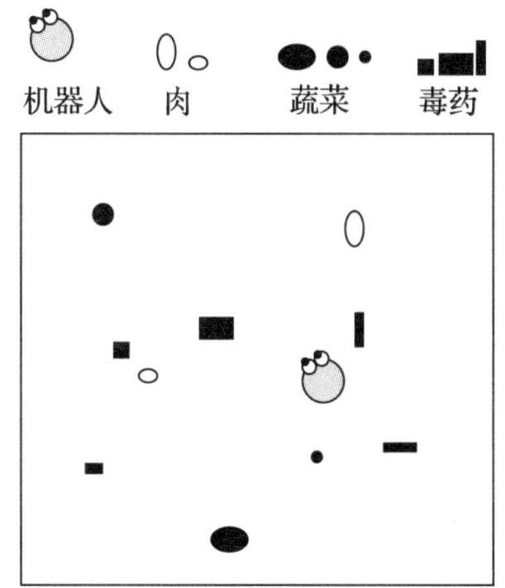

图4－13　环境中包含有棱角的有毒令牌和圆形的食物令牌，但所有的有毒令牌都是黑色的，有些食物令牌是白色的（肉类），另一些食物令牌也是黑色的（蔬菜）。

机器人必须避开有毒令牌，但由于它们的身体需要两种不同的能量，所以它们必须既吃白色令牌，又吃黑色令牌。机器人知道自己的身体需要什么，因为其神经网络中有两种不同的饥饿传感器，其激活水平反映了当前机器人体内两种能量的多少。当机器人需要第一种能量时，它必须寻找白色的圆形令牌；当它需要第二种能量时，则必须要寻找黑色圆形令牌。它们不但要根据形状区别食物令牌和有毒令牌，而且必须根据颜色来区分两种不同的食物令牌。

对这些机器人来说，最有用的语言是什么呢？该语言肯定需要包括一个音——“poison”（毒药），这个音与所有有毒令牌共变，帮助机器人识别并避开有毒令牌。但是，食物令牌怎么办呢？有三种可能的语言。在第一种语言中，除了“poison”这个音之外，只有另外一个音——“food”（食物），这个音与所有食物令牌共变，包括白色的食物令牌和灰色的食物令牌。第二种语言中还有另外两个音，一个音是“meat”（肉），与所有白色令牌共变；还有一个音是“vegetable”（蔬菜），与所有的黑色食物令牌共变。第三种语言是最为复杂的，除了“poison”“meat”“vegetable”这三个音之外，还有另外一个音“food”，同时与白色及黑色食物令牌共变。如果我们比较一下拥有第一、第二、第三种语言的机器人的适应性，结果会怎样呢？

第一种语言中只有两个音，“food”（食物）和“poison”（毒药），这个语言用处不大，因为它不能帮助机器人区分白色食物令牌和黑色食物令牌。机器人必须对这两种食物令牌进行区分，因为根据它们的身体状况，一种情况下可能需要吃白色令牌，另一种情况下则可能需要吃黑色令牌，但语言并不能帮助它们知道自己必须要吃的是什么。第二种语言中有三个音，“poison”（毒药）、“meat”（肉）和“vegetable”（蔬菜），这比第一种语言要有用得多，因为它帮助机器人解决了刚刚提到的问题。但是，指向最高适应水平的，则是在“poison”“meat”和“vegetable”这三个音之外，又多了一个“food”（食物）的语言。

为什么更为复杂的、同时还包含了“food”这个音的语言比没有“food”的第二种语言更好呢？想象一下，机器人非常年幼，尚不能对自己的身体状态做出恰当的响应。它们的身体有时候需要的是白色食物令牌中所含有的能量，有时候需要的又是黑色食物令牌中含有的能量。声音是由想给它们提供帮忙的父母发出的。（和前边一样，声音是由我们通过由硬连线控制的虚拟机器人发出的。）做父母的了解自己孩子的身体状况，因此，如果父母知道孩子只需要一种能量，就会发出“mean”（肉）或“vegetable”（蔬菜）的音。但是，如果父母知道孩子两种能量都需要的话，他们就可以发出“food”（食物）的音，这个音与所有食物令牌共变，不管令牌颜色是黑是白。这对机器人幼儿来说是有帮助的。当它们听到“meat”的音时，它们会去找白色的食物令牌；听到“vegetable”时，它们会去找黑色的食物令牌。但是，如果它们听到的是“food”，它们会找任意食物令牌，不管它是什么颜色的。

这些机器人展示了语言如何帮助机器人把非语言经验整理成类别层级。这里有食物这一类别，包括肉和蔬菜两个子类。在机器人神经网络的内部表征中，如果一个类别是抽象空间中的一团点“云”，那么白色食物令牌和黑色食物令牌的内部表征就会构成两团不同的“云”，即肉类的“云”和蔬菜的“云”。但是还会有另外一个更大的“云”，即食物的“云”，这第三团“云”就包含了前边两团较小的“云”（如图 4－14 所示）。当机器人听到“food”（食物）时，它们会忽略食物令牌的颜色，只关注其形状，因为区分食物令牌与有毒令牌的是令牌形状。没有语言的机器人的大脑中也存在着这样的分类层级结构，但语言使分类的层级更加清晰，对机器人的行为有正面影响。

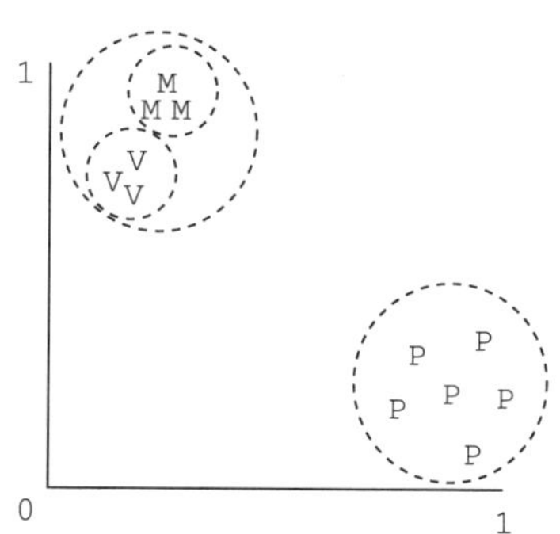

图 4－14　在内部表征的抽象空间中，食物令牌与有毒令牌形成两团分开的点“云”，而食物令牌形成的点“云”又包含肉类令牌（M）和蔬菜令牌（V）两团“子云”。

所有这些机器人都告诉了我们有关词汇非常重要的东西：词汇意义的抽象本质。我们谈的不是抽象词汇的抽象性，而是所有词汇的抽象性——包括抽象词汇和具体词汇，比如“桌子”和“正义”。分类，就其本身而言，需要抽象化。要对不同的事物做出同样的响应，所有动物都需要把这些食物之间的不同抽象化；而要对相似的事物做出不同的回应，则需要将相同之处抽象化。语言帮助人类对世界进行了分类，让他们不但生活在非语言经验构成的具象世界中，而且生活在抽象的内部表征中。我们对所有词汇的抽象性定义都是从神经角度出发的。每个令牌都有不同的形状，因此，当机器人看到一个令牌时，该令牌不可避免地要在机器人的神经网络中产生有别于任何其他同类令牌的内部表征。该内部表征在内部表征的抽象空间中对应特定的某个点，由相同动作来响应的同类令牌所产生的内部表征表现为距离相近的点，这些点构成一团“云”；但远离其他类别的令牌所对应的点所构成的“云”。在某一类别中，更为典型的令牌的内部表征所对应的点位于该类别点“云”的中央部位，而不那么典型的令牌所对应的点则分布得更靠边缘，但是没有任何两个令牌的内部表征对应同一个点。无论是有语言的机器人还是没有语言的机器人，情况都是这样。但是，如果机器人属于类人机器人并且有语言，那么当它看到一个令牌时，也会同时听到一个语音。在它的经验里，该语音与该令牌共变，这样一来，令牌的内部表征就会是离“云”的中心非常近的一个点，也就是说，它抽象化了该令牌与同类其他令牌之间的区别。也正是因为这个原因，语言可以使人类把世界看作是由抽象存在构成的。对所有词汇来说都是如此，并不仅仅限于“食物”“毒药”“肉”“蔬菜”这样的名词，因为所有的非语言体验都会在内部表征的抽象空间中产生点“云”，而所有词汇都在把这些非语言体验的内部表征推向它们“云”的中心。看到一件事发生在另一件事之后是一回事，会用“after”（在……之后）这个词则是另外一回事；看到一件事导致了另一件事是一回事，会用“cause”（导致）和“because”（因为）这两个词则是另一回事；有自我意识是一回事，会用“I”（我）这个词也是另外一回事。词汇导致大脑中产生抽象的内部表征，这样的内部表征往往在不同经验构成的点“云”的中心位置上，因此，这些内部表征忽略掉了经验之间的不同。这个现象不但适用于以语言来讨论物理存在的事物的情况，即适用于我们的机器人的情况，而且当语言用于讨论非物理存在的事物时，该现象会更加显著。当语言讨论非物理存在的事物时，词语的意义就是抽象的，因为它会是一个位于内部表征空间中心的点，没有任何具体的非语言经验与之对应，因此，没有哪个词可以激活构成其意义的点“云”的正中心——当然，所有词汇的使用都有一定的情境，哪怕是仅仅由其他词语构成的上下文。

在本部分结束之前，我们必须再问一个跟语言对行为的影响有关的问题。我们的机器人对所有食物令牌的响应都是一样的——它们“吃掉”食物令牌。但是既然食物令牌大小不同、形状各异，那么机器人的动作就应该适应它们看见的令牌的不同规模和形状。如果机器人有嘴的话，要吃掉一个大的令牌，它们就需要把嘴张得比吃小些的令牌更大。在决定应该对所见或以另外某种方式所感知到的事物做出什么反应时，分类非常重要，但行为应该因当前所感知到的该类别的具体成员而异。语言是否会因为可以使分类变得容易，而也会帮助我们调整对某类别中具体成员的行为呢？

5. 语言的发明

目前，我们所描述的机器人进化出了对听到的语音做出恰当响应的能力——语言理解能力，但它们还没有进化出看到令牌时发出恰当语音的能力——说话的能力。它们听到的语言本来就存在，当它们看到食物令牌时，我们通过硬连接控制的虚拟机器人发出“food”（食物）的音；当它们看到有毒令牌时，虚拟机器人发出“poison”（毒药）的音。但是，有那么一段时间，几万年前，语言是不存在的，是人类发明了语言。我们能不能构建出可以发明语言的机器人呢？最初，机器人没有语言，但是，它们不仅可以习得在适当情况下发出语音的能力，还能够习得对这些语音做出恰当响应的能力。要了解语言的发明是非常复杂和艰难的，我们的下一批机器人就试着解释一下这个问题。

这些机器人就是生活在有圆形的食物令牌和有棱角的有毒令牌环境中的那批机器人，但是现在没有我们硬连接控制的虚拟机器人在适当的时候发出“food”（食物）和“poison”（毒药）的声音来帮助它们了。这些新机器人的神经网络更为复杂（如图 4-15 所示）。和前边提到的机器人一样，它们的神经网络由一个非语言模块和一个语言模块构成，但现在的语言模块更为复杂，有自己的运动神经元来编码机器人通过发音—发声器官发出的声音。另外，这两个模块的内部神经元现在有双向的连接：不但有语言模块的内部神经元把连接发送给非语言模块的内部神经元——语言理解，非语言模块的内部神经元也会把连接发送给语言模块的内部神经元——语言产出。

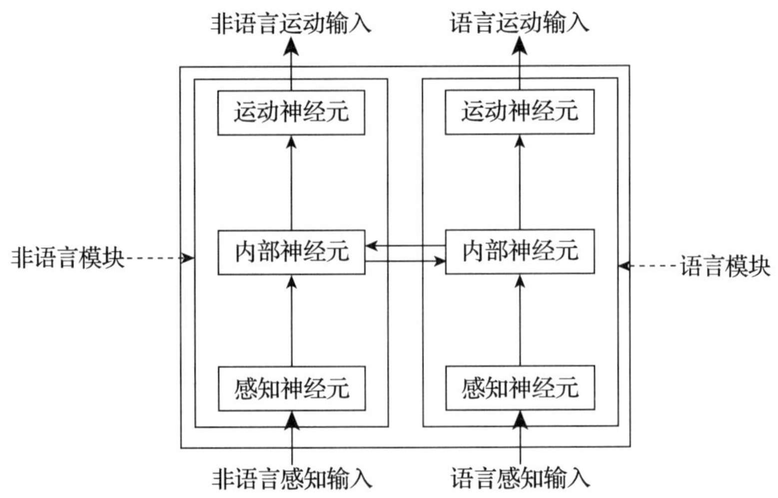

图 4-15　既能产出语言，又能理解语言的机器人的神经网络。

当机器人看到一个令牌时，我们随机选取另一个机器人，把它放在离第一个机器人很近的地方，这样两个机器人便都可以看到这个令牌。第二个机器人是个会说话的机器人。它看到一个令牌，发出声音来响应（如图 4-16a 所示）。当第一个机器人听到这个声音时，它的响应是接近或避开这个令牌（如图 4-16b 所示）。基于这样的安排，所有机器人在不同场合都能说或能听。

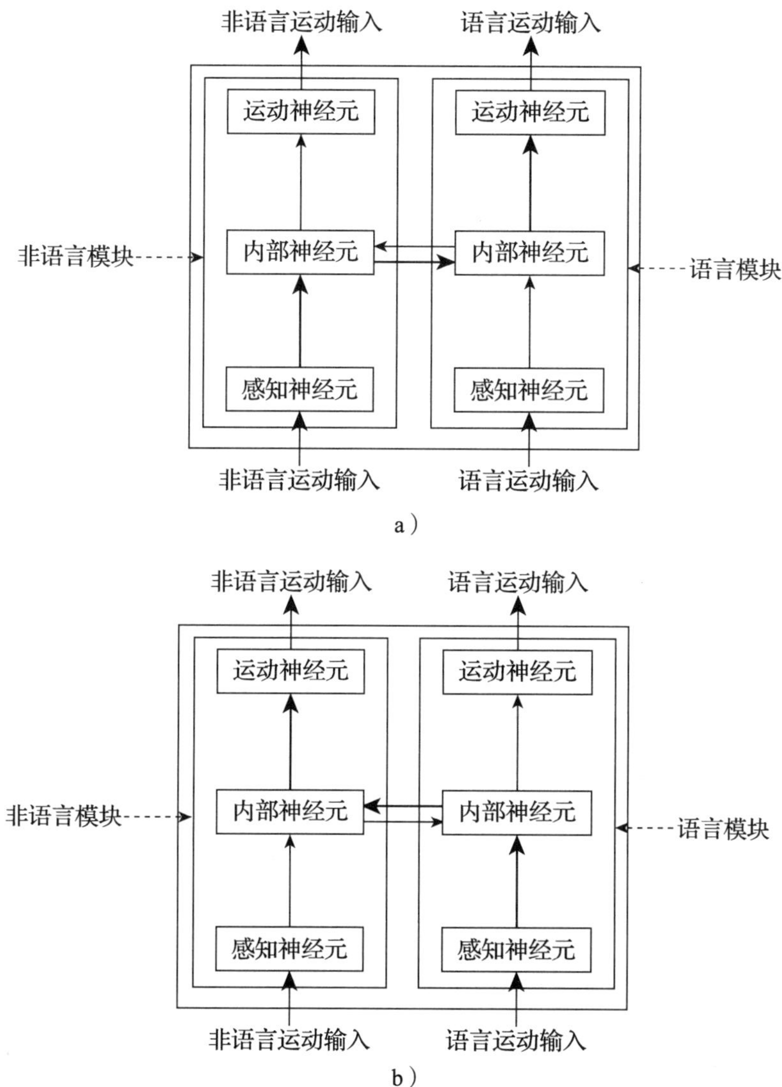

图4-16 既能产出语言，又能理解语言的机器人的神经网络——产出语言时为（a），理解语言时为（b）。

这些机器人不但进化出了对听到的语音做出恰当响应的能力——语言理解，而且进化出了在恰当的时候发出某些语音的能力——说话。我们已经了解了语言的理解是怎么回事。语言的理解即为在大脑中体现某些听到的声音与特定非语言经验的共变，共变对这些非语言经验做出更好的响应。如果这就是语言的理解，那么说话又是怎么回事呢？对我们的机器人来说，说话就是在看到食物令牌时，通过发音—发声器官发出一个音，而看到有毒令牌时则发出另一个音。但是，因为机器人说话的目的是要被其他机器人理解，因此，语音与特定非语言经验之间同样的共变，要同时体现在发出这些音以及理解这些音的机器人的大脑中。既然所有机器人在有些情况下是说话者，在另一些情况下是听话者，那同样的共变就要体现在所有机器人的大脑中。

显然，这些机器人需要解决的问题更为复杂。前边提到的机器人从已经存在的语言开始，而这些新的机器人的起点为零。第一代这样的机器人没有语言，因为它们既没有说话的能力，又没有语言理解能力。它们的神经网络的连接权重是随机的，因此，当它们作为说话者出现时，它们看见一个令牌时会随机发出一个声音；而当它们听到声音时，它们会以随机行为来响应。在代际传递中，这些机器人必须进化出一种语言——“语言”在此处的意思就是，发出声音的机器人的大脑和听到并理解这些声音的机器人的大脑需要呈现同样的音与特定令牌的共变，并且这个种群所有机器人的大脑中都要体现同样的共变，因为所有的机器人在不同的情况下都可能是说话者，也可能是听话者。

问题是，在我们的脚本中，尽管某个机器人听到声音后做出恰当的响应会提高该机器人生存及繁殖的概率，但我们并不清楚为什么说话的机器人看到食物令牌时发出的是一个音，看到有毒令牌时发出的则是另一个音。对我们的机器人来说，说话的适应优势在哪里？对我们的机器人来说，说话是一种利他行为，可以提高听话的机器人的生存/繁殖概率，而不是说话者自己的。既然机器人需要为生存和繁殖相互竞争，它们为什么要进化说话能力呢？但是如果没有机器人会说话的话，就不会有理解这些话的机器人，也就不会有语言。这恰恰是我们在机器人身上所发现的。最后，机器人发出不同的音来响应属于同类的令牌，还可能发出同样的音来响应食物令牌和有毒令牌，而且每个机器人都有自己的发音。这些机器人并没有进化出语言，结果就是，它们的适应性和没有语言的机器人一样低。

那么，语言又该如何进化呢？如果说话是一种利他行为，那么，假如听话者的基因相同的话，机器人就可能愿意说话。在描述机器人家庭的第七章，我们将会发现，有同样或相似基因的机器人（父母和子女、兄弟姐妹等）往往会相互做出利他行为。说话可能对说话者的生存概率没有影响，甚至可能会降低这个概率，但如果两个机器人的基因是一样或相似的，则编码说话这一利他行为的基因就会留在种群的基因库中，机器人就会说话来造福别的机器人。

语言是这样进化的吗？我们构建了另一种群的机器人，其中说话的机器人不是从该种群中随机选定的，而是听话机器人的一母同胞，因此，这两个机器人的基因非常接近。我们发现，在这种情况下，语言确实出现了。机器人进化出了在适当情况下发出适当的声音以及对听到的声音做出恰当响应的双重行为，前者为说话，后者即语言理解。所以，语言可能首先是在有基因关联的人群中进化出来的。

当然，这个问题更为复杂，因为语言本身就更复杂，而且语言的使用也有多种不同方式。对我们的机器人来说，说话是一种利他行为，受益的是听话者而非说话者，但语言还有很多其他的用途。在这些其他用途中，很多情况下，说话者说话是为了自身的利益——比如，说话者请求或命令听话者去做对说话者有利的事情，或者语言也可以同时让说话者和听话者受益。

但是，真正的难点在于，和我们的机器人的语言不同，人类的语言不是天生的并编码在基因中的，而是在生命的初期通过学习获得的。编码在人类基因中但并未编码在非人类动物的基因中的，只是学习语言的能力，但人类所讲的具体语言是通过在生命初期模仿周围已经在讲这种语言的人而学到的——一开始是模仿父母，后来则是其他人。经济学家与心理学家赫伯特·西蒙（Herbert Simon）提出，人类天生就有向他人学习的倾向，这是通过基因遗传下来的。这个假设有一定的道理，因为我们在第二章已经提过，人类的大多数行为都是从别人那儿学来的。（关于从他人处学习的问题，可参见第八章“有文化的机器人”。）为了检验西蒙的假设，我们构建了一种新的机器人，这些机器人出生时期的神经网络语言模块的连接权重是随机的，因此在出生时它们既不会说话，又听不懂语言。这些机器人学习语言是通过模仿上一代机器人的语言。一个机器人的一生分为两个阶段：婴儿期和成人期。婴儿期机器人唯一的任务就是要学习语言，因为父母会喂给这个机器人婴儿在环境中所能找到的食物令牌，并让机器人婴儿远离有毒令牌。

但是，当这个机器人成年之后，它必须自己去寻找食物令牌并避开有毒令牌。我们让这些机器人通过反向传播算法学习语言。在每个周期中，成年机器人和婴儿机器人会看到同一个令牌，它们都会发出一个音。婴儿机器人把自己的发音和成人机器人的发音进行对比——“教学输入”，它的神经网络的连接权重逐渐发生变化，最后，婴儿机器人学会说成年机器人所使用的语言。理解语言也是同样的过程。成年机器人和婴儿机器人看到同样的令牌，并且听到同样的声音（由虚拟机器人发出）；成年机器人对“food”（食物）的响应是吃掉令牌，对“poison”（毒药）的响应是避开令牌，而婴儿机器人对两个语音的响应则是随机的。但是婴儿机器人会把自己对令牌的响应以及成年机器人对同一令牌的响应进行对比，它的神经网络的连接权重会逐渐发生变化，然后学会对这两个声音做出和成年机器人一样的响应。婴儿机器人就此学会了理解语言。

婴儿机器人为什么要模仿成年机器人的行为呢？根据西蒙的假设，我们赋予每个机器人一个“温顺基因”（docility gene），这里的“温顺”是一种遗传下来的向别人学习的倾向。这个“温顺基因”的值从 0 到 1 不等，如果该基因的值高，则说明向别人学习的倾向强，值低则说明向别人学习的倾向比较有限。最初一代机器人的“温顺基因”的值是随机的，也就是说，该基因的均值是 0.5。很多机器人没有学习语言，结果，它们发现很难区分食物令牌和有毒令牌。机器人是否能够繁殖，取决于它们吃掉食物令牌并避开有毒令牌的能力，并不取决于它们运用语言的质量。但是，因为语言能力强可以帮助它们把食物令牌和有毒令牌区分开，所以从婴儿时期起就有了学习语言的进化压力。实际上，经过若干代之后，我们发现“温顺基因”的均值几乎达到了最大值 1，这意味着机器人已经进化出了婴儿期学习语言的倾向。

这也可以解释为什么人类会有不同的语言，为什么语言随文化的不同而有不同，但与基因无关。人类有一种通过基因遗传的学习语言的能力，但他们学习的具体语言是他们所处的社会中所使用的语言。这种语言可能从上一代到下一代都会发生变化。第八章讲的是有文化的机器人，在那一章我们会发现，从别人那里学到的东西会发生变化，这是因为有些行为比另一些行为更容易被复制，还因为人们会发展出新的行为或复制其他文化的行为。语言也是一种行为，语言的文化传递性解释了语言为什么会有变化，也解释了为什么如果语言社区被隔开、不再有交流，则语言差异会越来越大。(关于这一点，请见第八章中对印欧语言进化的模拟。)

6. 语言产出与语言理解的不对称

人类说话且理解语言，但是说话和语言理解并不是对称的能力。儿童先学会理解词语，然后才学会说出同样的词语。上了年纪的人记不住一些专有名词，但他们听到同样的名词时理解起来没有任何问题。另外一个能表明说话和理解是不是对称能力的现象就是“就在舌尖上”现象。人们可能想不起来要说的词，但听到这个词的时候却能马上反应过来。我们能不能构建出可以重现说话与语言理解的不对称性的机器人呢?

在上一小部分中提到的机器人的神经网络中，非语言模块和语言模块的内部神经元的数量是一样的。但是人类大脑有所不同，因为人类大脑更多的资源用于处理非语言行为，而不是处理语言。我们接下来的机器人反映了这种不对称性，因为在它们的大脑中，非语言模块的神经元数量多于语言模块（如图 4-17 所示)。

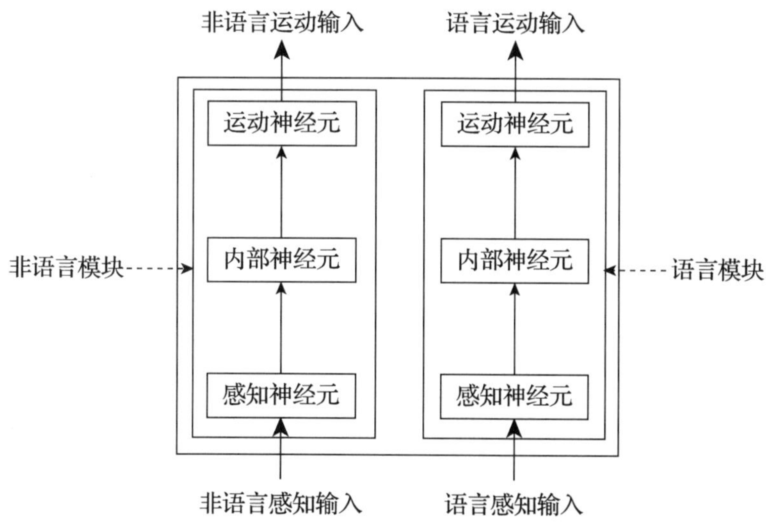

图 4-17　非语言模块神经元数量大于语言模块神经元数量的神经网络。

这种不对称性会带来什么结果呢？这些新机器人的环境中有多种不同的令牌，因此也有多个不同的语音。这些机器人的语言不是通过代际传递进化的，而是已经存在的，机器人在生命早期会学习语言，这样更接近现实。为了让机器人学习语言，我们使用了一种新的学习算法，通常称作赫布算法（Hebbal gorithm）。赫布算法要求，一个模块中所有的内部神经元之间都有相互连接，这样一来，这些神经元的激活水平不但取决于来自感知神经元及其他模块的内部神经元的信息，而且取决于来自同一模块的其他内部神经元的信息。学习的发生是这样的：每个周期，如果两个内部神经元的激活水平相近，则这两个神经元之间双向连接的权重会增加；如果激活水平不同，则连接权重会降低。经过若干周期之后，机器人的神经网络会达到稳定状态，连接权重的值不会再发生变化。我们发现，机器人这时已经学会了语言。当机器人听到一个声音时，该声音会唤起非语言模块中相应令牌的适当的内部表征，也就是说，机器人理解了这个声音；当机器人看到一个令牌时，该令牌会唤起语言模块中适当语音的内部表征，也就是说，机器人学会说话了。

但是，尽管机器人学会了说话和理解语言，但它们更擅长理解语音，而不太擅长发出语音，这是因为非语言模块的内部神经元的数量多于语言模块（如图4－18 所示）。鉴于同一模块的内部神经元之间都有相互连接，所以听到一个声音如果可以唤起非语言模块中某一令牌内部表征的一部分的话，就足以让该令牌的内部表征全部出现在非语言模块上——机器人理解了这个声音。与此相反的是，语言模块中可以互相激活的内部神经元数量较少，因此，找到命名一个令牌必须要发出的那个音会更困难些。机器人理解一个词，但这个词的音它们可能发不太好。

我们还发现，如果非语言模块与语言模块之间连接得较少，则语言产出与语言理解之间的不对称会更加明显，这可以解释本部分开始时提到的现象（如图4－18 所示）。

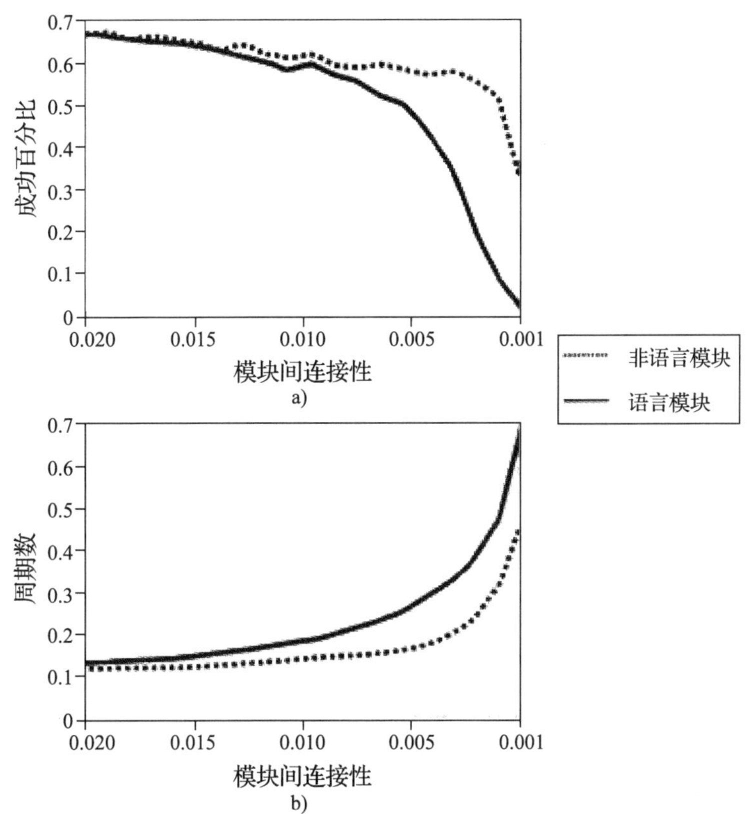

图 4-18　如果非语言模块与语言模块之间的连接性较弱，则成功的百分比会降低（a），而达到稳定状态所需的周期数会增加（b）。

如果小孩出生时两个模块之间的连接较少，但在孩子学习语言的过程中，连接数量会增加，就可以解释为什么儿童先学会理解语言，然后才学会说话。如果人到老年，有些连接不能继续正常工作，非语言模块和语言模块之间的连接就会减少。而且，因为这可能会给语言产出带来问题，所以对语言理解的影响则没那么严重，我们的机器人也许可以解释为什么老年人说出专有名称会有困难，但理解这些名称却困难不大。这两个模块之间的不对称也可以解释“就在舌尖上”的现象。

7. 计数和测量的机器人

拥有语言的另一认知优势是，语言使机器人可以计数和测量，能够计数和测量又会使人类大脑中的世界模型与非人类动物大脑中的有所不同，并且更为强大。我们并没有真正构建出可以计数并测量的机器人，但我们可以概述一下构建的方法。

计数机器人看到一个食物令牌，会发出“one”（一）的音进行响应。如果该机器人看到两个食物令牌，她会发出“two”（二）的音；看到三个食物令牌，它的响应则是产出名词“three”（三），以此类推。如果机器人看到的不是食物令牌，而是有毒令牌，或捕猎者，或其他什么东西，情形也一样。这些音与计数的数量共变，不与被计数的具体事物共变。

机器人并非生来就具有计数的能力，它经过连续两个阶段而习得这样的能力。在第一个阶段中，机器人只是简单地学习发出某个语音序列，这是通过模仿已经掌握了这个语音序列的其他机器人所发出的音来实现的。在这个阶段，机器人并没有对任何东西计数，它只是简单地学习发出由任意语音构成的一个固定序列。在一个周期中，机器人发出“one”（一）的音；在下一个周期中，它听到上一个周期中它已经发出过的“one”，其神经网络对此的响应是发出“two”（二）的音；机器人听到“two”，神经网络则会发出“three”（三）的音，以此类推（如图 4－19 所示）。

机器人是在第二阶段开始学习计数的。如果令牌或者其他任何需要计数的东西，一个接一个地出现在机器人面前，数这些令牌相对来说就比较简单。机器人学习发出序列中的每个音，不但是对前一个音的响应，也是对目前它所看到的令牌的响应（如图 4－20 所示）。

如果需要计数的令牌同时出现在机器人面前，那么机器人的任务就会更艰巨些，因为机器人必须学习通过对令牌的注意行为来给令牌排序（如图 4－21 所示）。

学习对一组令牌计数可以分为两个子期。在第一个子期中，注意行为会涉及令牌的物理存在。机器人用手抓住它刚刚数过的令牌，并把这个令牌移到另外的地方。在第二个子期，注意行为并不涉及令牌，只涉及机器人。机器人把目光从一个令牌移到下一个令牌，或者用手指指向下一个要计数的令牌。这个任务更艰巨些，因为机器人还得学习记住哪些令牌已被数过，这样，数完所有令牌时它才会知道任务已经结束了。如果令牌数量不大，这个任务会相对容易些；如果令牌数量更多的话，这个任务就难得多了。如果令牌数量较多，但在空间的分布有一定的规律的话，比如形成连续的行，机器人就会学习利用这样的规律，它可以先数第一行中的令牌，再数第二行中的令牌，直到数完所有的行。但是，如果令牌数量较多并且随机分布在空间的不同位置上的话，那对大多数机器人来说，计数就是不可能完成的任务。机器人能做的，就是发出接近令牌数量的一个音。

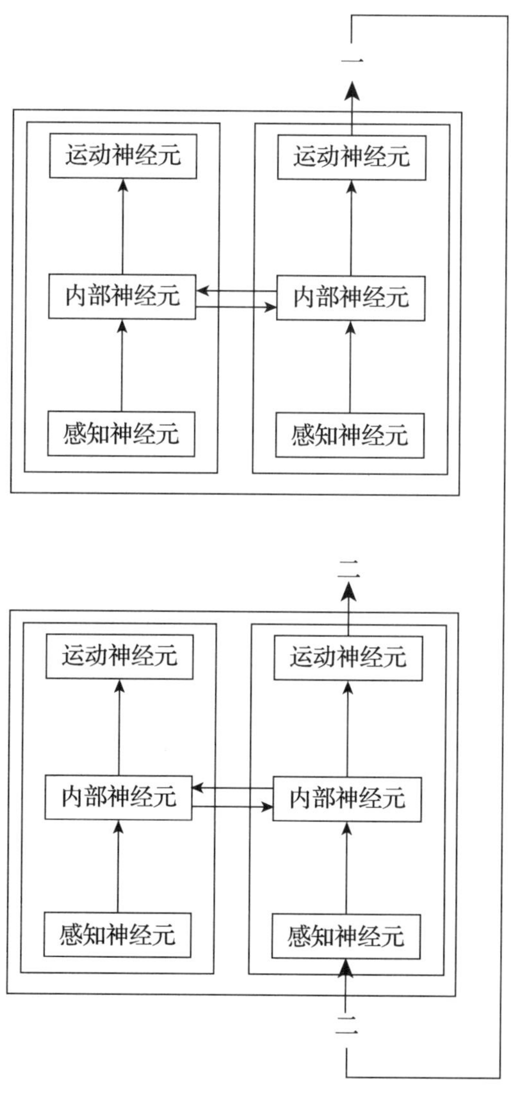

图 4－19　学习计数词汇的序列。机器人发出“one”（一）的音，然后它会听到自己刚刚发出的“one”。对此，它的反应是发出“two”（二）的音。

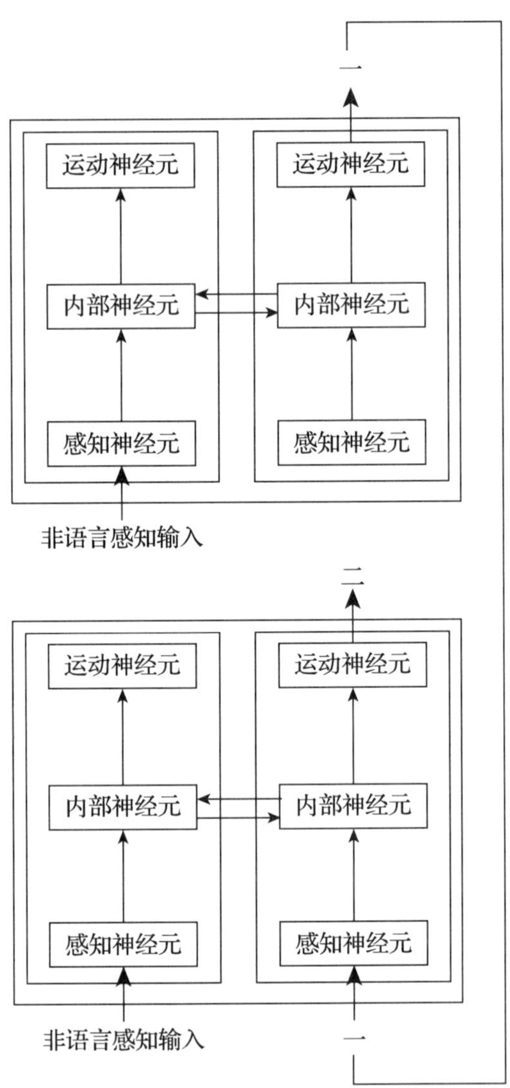

图 4－20　学习对一个序列的令牌进行计数。机器人发出“one”（一）的音来响应一个令牌，然后发出“two”（二）来响应自己刚刚发出的“one”以及序列中的下一个令牌，以此类推。

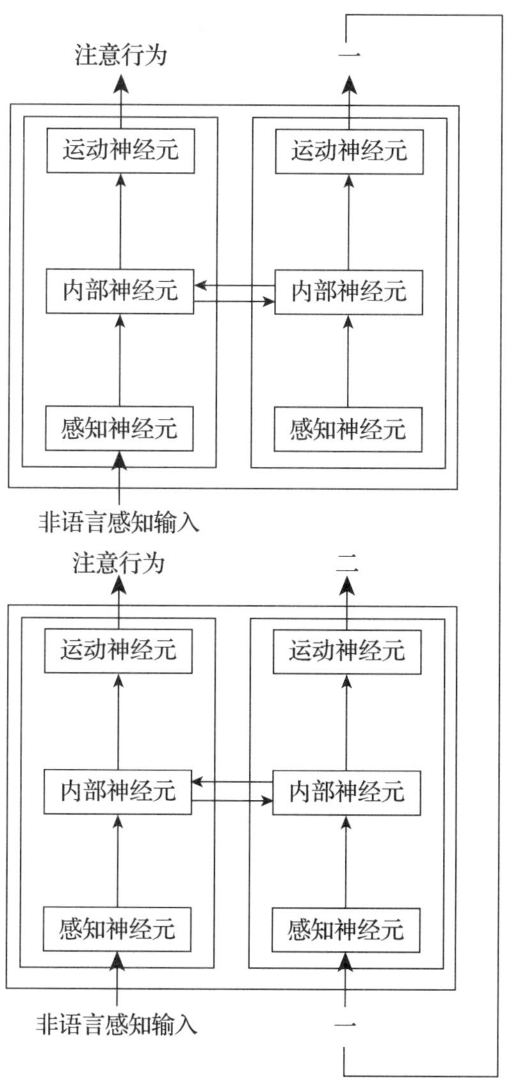

图 4-21 学习对一组令牌进行计数。机器人对一个令牌的响应是对该令牌的注意行为以及发出“**one**”（一）的音。机器人听到这个音后的响应是将注意力转移到下一个令牌上并发出“**two**”（二）的音，以此类推。

我们的机器人表示数量的音是完全任意的："one"（一）、"two"（二）、"three"（三）。在人类语言中，用来表示大量物体的数字的发音不是任意的，而是合成的。像句子一样，这些音是由更小的音组成的序列。以英语为例，从"one"（一）到"ten"（十）的发音是任意的。但是，如果我们要数多于 10 个的物体，音就是合成的了——当然有一些例外，比如"eleven"（11），"twelve"和"twenty"在一定程度上也可以被看作是例外。比如"twenty-three"（23）这个音就是由"twenty"（20）的音后边跟上"three"（3）的音合成的。我们估计，如果最初几个音是任意的，而接下来的音都是合成的，那么，机器人会发现，学习长串的数字语音会更加容易。这里提出两个有趣的问题，均与机器人神经网络的性质有关：学习长序列任意语音的机器人比起学习合成语音序列的机器人，其神经网络的容量是否需要更大？学习合成语音序列的机器人的神经网络是否会模块化，一个模块给个位，一个模块给十位，一个模块给百位，一个模块给千位，等等？

但是，我们在前边也提到过，除了发出序列合适的数字语音之外，计数机器人还必须具备其他能力，比如，进行注意行为，把某物从经验中的其余部分分离出来；"创建"物体组，好知道哪个令牌属于这个组，哪个令牌不属于这个组——哪些在计数范围内，哪些不应该算在内。拥有语言对这些能力帮助很大，能够体现这一点的就是，如果房间里的"东西"既没有名字也没有语言描述，则数桌子上有多少支笔比房间里有多少"东西"更容易。

我们的机器人还告诉了我们与计数有关的另外一件事，那就是，无论我们数的是什么，我们数的总是自己的活动，而且，因为活动在时域中发生，所以计数也与时间紧密联系在一起。一个机器人可以数七个食物令牌或者数七个有毒令牌，但在这两种情况下，它数的都是一样的东西——它看或用手去指每个需要数的令牌的次数。计数意味着从所数食物的具体属性中抽离出来，因为我们数的不是东西，而是我们自己的行为。

一旦我们构建出了计数机器人，这些机器人就应该可以重现心理学家和神经科学家在实验室里所研究的各种各样的现象。比如，机器人必须解释，为什么当需要计数的东西数量较小的时候，比如少于 7 个，即使这些东西看起来都挤在一起，实验对象也依然可以进行计数，而且时间短得根本不可能让它们执行时域内的一系列动作。与此相反，如果要计数的东西数量庞大的话，它们就没法数清楚，只能给出一个大概的答案。这是不是和他们能把一组少量物体的形象储存在大脑里有关？这样它们就可以不就物体本身，而是就这组物体的存储形象进行注意行为了。另一个例子是，为什么有些非人类动物表现出能够把少量物体的数量考虑在内的行为，尽管我们不能说它们是在计数？最好的一个例子与神经科学而非心理学相关——计数机器人的神经网络在多大程度上与会数数的人类的大脑相仿？

机器人的周围环境是由可计量的事物构成的，要构建有如此认知的机器人，构建计数机器人只是第一步。计量意味着机器人要从其他机器人处学习，搞清楚计量的不同单位（米、小时、升、公里等），并将这些单位用于空间距离、时间长度、液体、固体等，还要对它们的计量对象包含多少这样的单位进行计数。下一步就是要构建可以进行算术运算的机器人，比如可以做加法的机器人。机器人的神经网络接收到两个音——“three”（三）和“two”（二），作为输入，它还接收到“add”（加）的音；作为输出，机器人会发出“five”（五）的音。减法、乘法和除法也一样。能够进行算术运算很重要，因为算术运算可以用于计量，将算术运算用于计量可以解释人类社会和人类历史的很多问题。计数、计量以及进行算术运算在机器人大脑中创建起了更为清晰的世界模型，但这些也是交流的工具，在社会生活中起着重要作用，比如，时空中行为的协调以及物物交换。（关于物品交换的机器人，详见第十二章“机器人的经济体系”）。当然，计数、计量和进行算术运算还是科学的基础。（关于进行科学研究的机器人，详见第十一章。）

8. 我们的有语言的机器人的局限性

人类语言比本章中所描述的机器人的语言复杂得多。有些词语与私密的非语言经验共变，但不与公共经验共变，与意识的动机和情绪相关的词语尤其如此，比如“pain”（疼痛）、“sad”（悲伤）、“happy”（快乐）等，这些词不仅具有认知意义，还有情感意义。有些词语逐渐产生了某种意义，并非是因为这些词语与听话者的非语言经验共变，而是因为它们与其他词语共变，而这些词语对听者来说已经具备了某种意义。当我们用其他词语来定义一个新词时，就属于这种情况，但这是一种更具有普遍性的情况，因为所有词语都会有某种意义取决于通常一起使用的其他词语。很多词语不止有一种意义，而是有多种或相关或无关的意义，这样的词语在听话者意识中产生的具体意义，取决于它们出现的语言或非语言情境。我们的机器人可以说已经拥有了名词、动词、形容词和副词，但是人类语言还有冠词、代词、介词和连词——不同于英语的语言可能还有其他词类。机器人需要区分诸如“reaches”“is reaching”“will reach”“reached”“has reached”“to reach”这样的音，它们必须能够理解并产出由部分构成的单词（形态学），理解“this”（这）、“that”（那）这样的指示词和代词，包括“I”（我）、“you”（你）这样的人称代词以及专有名词和普通名词、物质名词和可数名词、具体和抽象词汇、单数和复数名词、动词隐喻等。

和语言相连的另一重要现象与空间和时间有关。所有的有机体都生活在空间和时域当中，但是，是不是可以说它们就“了解”时间和空间呢？这一点我们并不清楚。动物也许比植物更“了解”时空的概念，因为动物不同于植物，它们可以移动身体的不同部位，而且从一个地方到另一个地方也需要时间。但是人类对时空的“了解”又有不同，因为他们有语言。要了解他们有关时空的“知识”，我们需要构建可以产出并理解“under”（在……下）、“above”（在……上）、“on the left”（在左）、“on the right”（在右）、“inside”（在……内）、“outside”（在……外）这样的语音以及“now”（现在）、“before”（从前）、“after”（之后）这样的语音的机器人。如果机器人通过发展时间和空间计量单位而了解如何对时间和空间进行测量的话，那么时空的概念在机器人头脑中就会更为清晰。（关于可以计数和计量的机器人，详见前边几部分。）

我们的机器人的另外一个比较严重的缺陷是，听到一个语音会在它们的大脑中产生一个静态的实体：机器人非语言模块内部神经元的激活模式。这一点，符合词语的意义是一个定义清晰的静态实体的观点。但是，语言学家和心理学家大都认为，词语的意义并不是一个有明确定义的静态实体。听到一个音不应该在我们机器人的非语言模块中产生静态的激活模式，而应该是产生一连串的激活模式，并且这串激活模式在不同情况下会有所不同，要看词语出现和理解的具体情况，不应该是完全一致的。另外，和机器人的语言不同的是，词语的意义既有认知成分，又有情感成分，因为一个词激活的不仅是常规（认知）的内部神经元，同时还会激活我们在第二章中讨论过的情绪神经元。(这也是人类为什么创造阅读诗歌小说的原因。)

词语的意义是一个界定清晰的静态实体，这种理念可能会产生重要的影响。语言使人类大脑中的世界模型更加清晰，也使他们的精神世界中充斥着各种互相对立且界限分明的实体——非人类动物的精神世界却未必如此。在听到“ball”这个音的同时看见球这一非语言经验，不但把球从其他的非语言经验中分离了出来，而且让球成为一个边界分明的实体，使其身份不同于其他任何实体。哲学家认为构成世界的是“本质”。词语的意义并非是一种“本质”或“概念”，而是如奥地利哲学家路德维希·维特根斯坦所想的那样，词语的意义是我们对这个词的使用。我们还想加上一句，是我们听到或说出这个词时我们大脑中所发生的一切。

我们已经提到过我们的机器人的另一个局限性。与本章中描述的大部分机器人的语言所不同的是，人类语言并不是编码在基因中的，而是在生命的早期习得的。语言学习能力编码在人类基因中，但没有编码在其他动物的基因中，人类是通过模仿周围人所讲的语言来学习具体语言的。语言学习是一种连贯的步骤：①婴儿能够自发发出类似语言的声音；② 他们模仿自己发出的声音（牙牙学语）；③ 他们模仿周围人的声音；④ 他们在大脑中形成某些音与特定非语言经验的共变；⑤ 他们学着把词组合在一起，发展出句法。构建通过这样一系列的步骤来学习语言的机器人，是我们未来重要的任务。

人类习得语言，但是前文已经说过，学习语言的能力是编码在基因中的。因此，语言是进化与学习相互作用的一个重要方面（见前边一章）。本章中，我们描述了进化或学习语言的机器人，但对一个没有语言的动物种群是怎样变成有语言的动物种群的，这一点尚不清楚。我们的机器人的“词语”都是一些任意关联到意义的音——而这正是人类语言所特有的。在英语中用来指食物的音“food”也有可能会是另外的音。实际上，在意大利语中，确实也是另外的音——“cibo”。人类在交际时也适用一些手势，这些手势与意义之间的关联并不是任意的，或者说，这种关联起初不是任意的。这就提出了一个问题：人类语言到底是先进化出来手势语，然后才发展成了任意的有声语言的？还是与生俱来就是一种任意的有声语言？这是古人类学家、语言学家和心理学家争论颇多的问题。机器人应该可以帮助我们更好地理解这个问题，找到正确的答案。

但是，人类语言中最重要的属性，而恰恰又是我们的机器人语言中所没有的，就是句法。单词序列的意义取决于构成该序列的单词的意义，但是这些单词的意义必须按照语言学家所说的“句法规则”放在一起——当然，也有一些单词序列，其意义并不是构成该序列的单词的意义与句法规则的叠加，这些我们称为习语。句法规则具有递归性。一个单词序列可以取代句中单个单词的位置，这使得人类能够产出与理解的单词序列的数量是无穷的（从理论上来讲）。

这一章所描述的机器人的最后的一点不足是，它们可以再现语言学家与心理语言学家研究的某些非常基本的现象，但是，对于其他学科研究的语言的其他方面，它们能够显示的为零。与真正的人脑相比，我们这些有语言的机器人的大脑极为简单，未来的类人机器人的大脑应该更接近人类大脑，尤其是大脑中负责语言的部分（神经语言学）。我们还应该能够通过适当损伤机器人神经网络的不同部分来再现不同的语言病状，比如不同形式的失语症。未来的机器人应该也可以再现语言的不同用途——提供信息、寻求信息、发表评论、劝服、讨论、制订计划以及协调多个个体的行为（语言语用学）。我们必须构建有语言的机器人的社区，还必须要研究语言在它们的社会交往以及社区生活中的作用（社会心理学和社会语言学）。我们必须构建有书面语言的机器人，并研究书面语言在它们的社会的政治、经济、司法组织中的作用（政治、经济、司法制度）。语言是通过模仿已经会说这门语言的人来习得的，但又会不断加入新词汇，通常是从其他语言中借过来的；现有词汇的意义和句法规则也会发生变化，并且会有新的语言出现。因此，我们的机器人的语言需要在代际传递中发生变化，不同社区的机器人语言也应该不同（历史与比较语言学）。最后，讲不同语言的人可能意识中对世界的认识也是不同的——考虑到我们这一章讨论过的语言的认知影响，这一假设尤为重要，我们也应该构建讲不同语言的机器人来验证这一假设（人类语言学）。

本章中，我们感兴趣的只是语言的一个侧面——拥有语言的认知影响，我们希望已经说明了，人类并非是因为大脑特别复杂才有了语言，而是因为有了语言，人类的大脑才这么复杂。但是有语言的机器人在很大程度上还是未来的机器人。

第五章　有心理生活的机器人

人类的另一件让ME感到惊讶的事情是，与非人类动物不同，人类生活在两个世界里：一个是真实世界，另一个是心理世界。从外界到达大脑的感知输入构成真实世界，而心理世界是大脑自我产生的感知输入。大脑自行产生关于存在或不存在的事物的意象、对过去事件的记忆以及对未来事件的预测。而且人类会对这些自行产生的感知输入做出响应，自行产生其他感知输入，以至于迷失在心理世界中。心理生活的各个方面都很重要，但预测未来尤其重要，因为，如果人类大脑可以预测自身行为的影响，它们就可以在行动开始之前对其影响进行评估，以决定是否真的要实行某一行为。从这个角度来说，ME同意人类和非人类是不一样的，人类有“自由意志”，可以说，他们做的都是自己“想”做的事情。

ME知道人类有心理生活，因为他们谈论自己的心理生活，谈论他们记得的、想象的和预料的。但是语言对心理世界非常重要，因为人类的心理世界通常是语言心理世界。人类使用语言，不单单是同其他人类交流，也是和他们自身交流。他们听到的词语不是别人发出的，而是大脑自行发出的。因为语言使其大脑中的世界模型更清晰、更复杂，与自己交流则会使心理世界越发清晰和复杂。他们向自己描绘所看到的一切，还向自己讲述过去发生的事件以及他们预计将来会发生的事件，他们把计划要做的事情的可能后果付诸语言，这样他们就可以更好地对这些后果进行评估，并决定是否去做他们本打算做的事情。自言自语的另一个影响是，人类和别人交流时会做的事情，他们自言自语时也会做。他们会自己评论自己的真实生活和心理生活，会和自己讨论，会根据已有的观点生成新的看法，会劝说自己做或不做这事或那事。自言自语的优势太大了，ME相信，自言自语是由来已久的人类行为，甚至是人类语言出现的导火索之一。

1. 心理生活作为自行生成的感知输入

如果我们对是什么使人类有别于非人类感兴趣，一个必然选项就是拥有心理生活。非人类动物只有行为，而人类既有行为，又有心理生活。并且，考虑到心理生活对人类的重要性，构建有心理生活的机器人是能把我们的机器人称作类人机器人的关键要求。

但是，心理生活究竟是什么呢？“心理生活”这个提法可以用来指种种难以捉摸清楚的现象，机器人应该帮助我们对这个词进行界定，给出一个可操作的定义。我们对具有心理生活的机器人的定义是这样的：大多数到达大脑的感知输入都源于外部世界或身体内部。外部世界或身体内部所发生的情况导致感知输入到达大脑，大脑做出某些行为来响应这些感知输入。心理生活就是大脑自行产生的感知输入。大脑的感知输入是由其自身生成的，并且大脑会对这些自行生成的感知输入做出响应。

有心理生活的机器人的神经网络是什么样的呢？我们的机器人的神经网络中有感知神经元、内部神经元和运动神经元。机器人神经网络之外所发生的事情使感知神经元产生一定的激活模式，这种激活模式又会使内部神经元产生一定的激活模式，内部神经元的激活模式则会使运动神经元产生某种激活模式。这就是有行为但没有心理生活的机器人的神经网络。有心理生活的机器人的神经网络中多出来一组内部神经元，这些内部神经元的激活模式有点儿像感知神经元的激活模式。感知神经元的激活模式是由机器人神经网络之外的事件激发的，但这些内部神经元的激活模式与神经网络之外的事件无关，它们的激活模式是由神经网络自行生成的（如图 5－1 所示）。这种激活模式就是机器人的想象、记忆、思考、预测、计划、幻觉或梦想。大脑内部自行生成的感知输入肯定有一定的适应值，类人机器人应该帮助我们发现这一适应值。

我们怎么知道人类有心理生活呢？我们之所以知道人类有心理生活，是因为人类会谈论他们的心理生活。所以，我们要做的就是构建谈论他们的形象、记忆、思想、预测、计划、幻觉和梦想的机器人。人类不但在大脑内自行生成感知输入，有一种“内在”心理生活，而且他们也有可以被称为“外在”的心理生活。他们创造了各种各样的人工制品，从文字记录到艺术品和象征物，这些物品不但把感知输入发送到了别人的大脑，也发送到了他们自己的大脑中。通过研究（再现）这些人工制品，我们可以了解人类确实有心理生活，也可以了解他们的心理生活是什么样的。

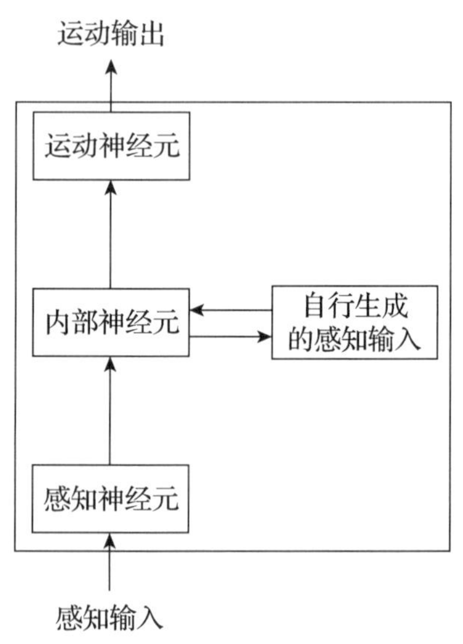

图 5-1　大脑能够自行生成感知输入的机器人的神经网络。

本章中，我们所描述的机器人有非常简单的心理生活，我们试着去理解拥有心理生活的适应值。我们从有心理意象的机器人开始，但本章大部分内容讲的是预测未来感知输入的机器人。在本章最后一部分，我们讨论有语言的机器人的心理生活，因为人类心理生活的大部都是语言心理生活——人类会自言自语。

2. 心理意象

心理意象是心理生活最典型的表现。机器人“看到”或“听到”什么，但在外部世界中的正常情况下，导致这种看或听出现的东西是不存在的。这些感知输入是机器人的大脑自行生成的。如果心理意象正好对应机器人过去经历过的感知输入，那么拥有这样的心理意象就是回忆。如果机器人的大脑自行生成的心理意象与机器人过去经历过的任何东西都不像，或者是把过去感知输入的不同部分以奇特的方式结合在一起，就是想象或发明。

回忆、想象和发明的适应值可以通过构建进化回忆、想象和发明能力的机器人来展示，因为做这些事情可以提高它们的适应性，使它们更健康。比如说，心理意象可以是“搜索意象”，在机器人找东西时给它们提供帮助，因为清楚地知道要找的是什么，可以使机器人的搜索行为效率更高。（据说有些非人类动物也有“搜索意象”。）作为记忆的心理意象具有适应性，因为这样的意象可以让机器人记得需要做的事情，避免过去犯过的错误，并在大脑中重建与积极情绪状态相关联的旧日事件。作为想象的心理意象可以让机器人发明有用的东西。心理意象在创造艺术制品或感受艺术制品中发挥着至关重要的作用。（关于有艺术的机器人，详见第十三章。）在其他情况下，心理意象的适应值没有这么清楚。心理意象可以在机器人睡眠时出现，即机器人做的梦，但这些梦的适应值并不清楚。回忆某些过去的事件可能会导致消极的情绪状态，而且对机器人为什么会记得这些事件也不清楚。心理意象也可能是病态的，机器人可能会把心理意象和现实混淆起来。这就是机器人的幻觉，而幻觉是不利于适应的。

实际上，心理意象的适应本质并不总是那样清晰，如果我们构建有快乐和愁苦情绪的机器人，这一点很容易就能看得出来。非人类动物没有人类意义上的快乐或愁苦。动物和人类都可能有好的体验，也可能有糟糕的体验（见第二章的动机与情绪），但是，不能说动物快乐或愁苦——当然，人类和非人类动物之间的区别永远只是度的区别。能够解释这一区别的就是人类有心理生活。人类不但有使自己产生积极或消极情绪状态的经历，而且还能回忆过去的经历并想象将来，这些回忆或想象中的经历同样会产生积极或消极的情绪状态。快乐并不是简单的有一次美好的经历，愁苦也不仅仅是有一次糟糕的体验。快乐是在大多数情况下经历美好，愁苦则是在大多数情况下体验糟糕。这就解释了为什么心理意象作为回忆或想象，或是从更普遍的意义上讲，心理意象作为自行产生的感知输入，是快乐或愁苦的先决条件。和非人类动物一样，人类实际经历的美好或糟糕往往非常有限，但是他们有心理生活，所以他们可以不断地回忆和想美好或糟糕的经历——而这让他们快乐或愁苦。

如果我们构建出快乐或愁苦的机器人，我们就可以通过这些机器人重现很多与快乐或愁苦相关的有趣的现象。其中一个就是个体与个体之间关于快乐和愁苦的感觉往往不同，而这些个体差异通常都有基因基础。有些机器人可能比别的机器人更快乐，但不是因为它们比那些不怎么快乐的机器人经历过更多的美好，而是因为它们倾向于更多地回忆或想象美好的经历，或者是因为它们能够不去回忆或想象糟糕的经历，而不那么快乐的机器人则做不到这一点。另一个现象是快乐或愁苦与心理病理学及心理治疗的关系。有些心理病态就在于无法不去回忆或想象糟糕的经历，心理治疗师可以通过不同的手段来限制这种倾向。糟糕的经历可以在无意识的情况下——这里的意识指的就是自言自语（见本章第 10 部分），心理治疗的很多形式就在于通过讲述让患者意识到这些糟糕的经历，以使他们学着不去回忆或想象这些经历。另一种心理治疗方式是冥想。冥想就是废止心理生活。一个人可以把注意力集中在一件不好也不坏的事情上，通过这种方式学习不去回忆或想象任何事。冥想可以帮助人们不去回忆或想象不好的经历，这样就不会不快乐，而没有不快乐也是快乐的一种形式。

我们还没有构建出具有心理意象的机器人，因此也无法通过机器人重现这些现象。但是，关于能自行产生感知输入的机器人的神经网络，我们有一个假设，这也是为什么我们觉得构建起有心理意象的机器人并非不可能的原因。在下一部分中，我们所描述的机器人的神经网络可以自行产生感知输入，并可以利用这一网络来预测将来的感知输入——这些机器人我们已经构建出来了。

3. 能预测的机器人

心理生活的一个非常重要的形式就是预测未来的感知输入的能力。虽然感知输入尚未到达机器人的感知神经元，但机器人的大脑自行产生了与未来的感知输入颇为接近的感知输入。能预测的机器人的神经网络由两部分构成：一个感知—运动模块和一个预测模块。感知—运动模块就是我们的机器人的基本神经网络：感知神经元、内部神经元和运动神经元。预测模块则是新的。它包括一套内部神经元——预测神经元，这些神经元接受来自感知—运动模块的连接并把自己的连接发送给感知—运动模块。如果感知神经元的激活模式与下一个输入—输出周期，或者更广义地来讲，与将来会出现在感知神经元的激活模式一致，则机器人可以预测。

预测分为两种。机器人可以预测独立于机器人行为之外的将来的感知输入。看到天空中的乌云，机器人预测会下雨。环境的变化不受机器人的支配，这些变化会对机器人的神经网络产生一系列的感知输入。如果这些系列感知输入中有一定的规律，机器人就可以在目前感知输入的基础上预测接下来的感知输入。图 5 - 3 所示的就是能够进行这类预测的机器人的神经网络。预测神经元的激活模式是由当前的感知输入（天空中的乌云）造成的，如果预测神经元的激活模式与下一周期中（下雨）机器人的感知神经元的激活模式一致，则我们就说机器人可以预测。

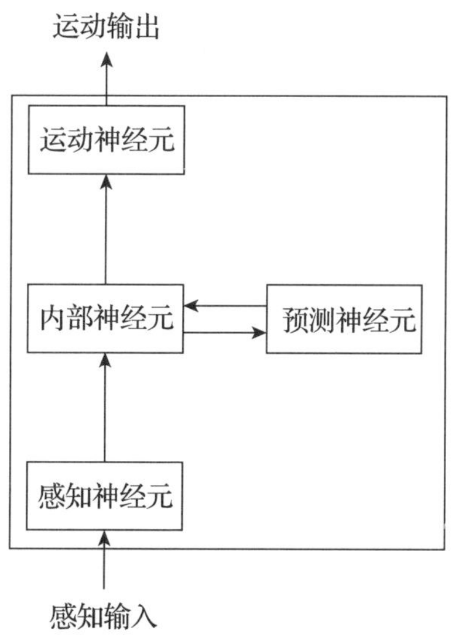

图 5 - 2　能预测的机器人的神经网络。

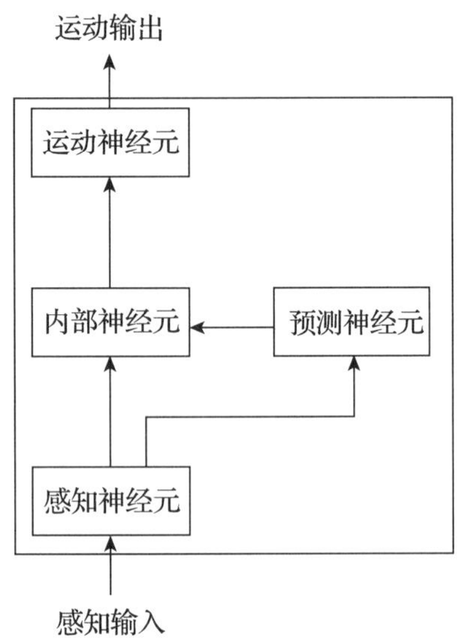

图 5-3　只根据当前感知输入来预测接下来的感知输入的机器人的神经网络。

第二种预测则是对取决于机器人行为的未来的感知输入的预测。比如，预测发音—发声器官以某种方式运动时，机器人可能听到的声音，当机器人让玻璃杯落到地上时，预测杯子将会破碎。机器人的行为改变了外部环境——产生了声音，玻璃杯破碎，而接下来的感知输入取决于机器人的行为所带来的改变。要说机器人可以预测，那么预测神经元就必须在机器人实际做出任何行为之前就已经激活。机器人身体的活动（让杯子落到地上）已经编码在了运动神经元中，但是身体还没有执行这些动作，因为一旦已经实际执行了这些动作，再来预测已经存在的感知输入，可就太晚了。对于前边提到的所有机器人，当某个激活模式出现在其运动神经元中，则机器人身体相应的动作会马上自动得到实际的执行。预测自身行为影响的机器人则不同。动作编码在运动神经元中，但动作的实际执行会被阻止。机器人的神经网络就是，根据已经界定但尚未实际执行的动作由预测神经元生成对下一感知输入的预测。预测生成之后，机器人的身体实际执行动作，动作改变环境，这些改变导致感知神经元新的激活模式的出现。预测的感知模式和实际的感知模式相同。

预测的感知输入可能只是机器人行为的结果，也可能是机器人行为和环境共同作用的结果。如果机器人移动发音—发声器官来发出某个音，这个音的性质完全是由机器人发音—发声器官的活动决定的——与风和环境中的其他声音无关。但在更多时候，接下来的感知输入不但取决于机器人的行为，也取决于环境。机器人用手抓着一个玻璃杯，它计划松开手，玻璃杯会怎样不但取决于机器人的行为，也取决于玻璃杯本身。如果落在地上的不是玻璃杯，而是一个橡皮球，机器人不会预测橡皮球会打碎。机器人关于玻璃杯会打碎的预测必须同时考虑到计划中的动作和玻璃杯的属性。

预测取决于自身行为的未来的感知输入的机器人的神经网络，如图 5－4 所示。

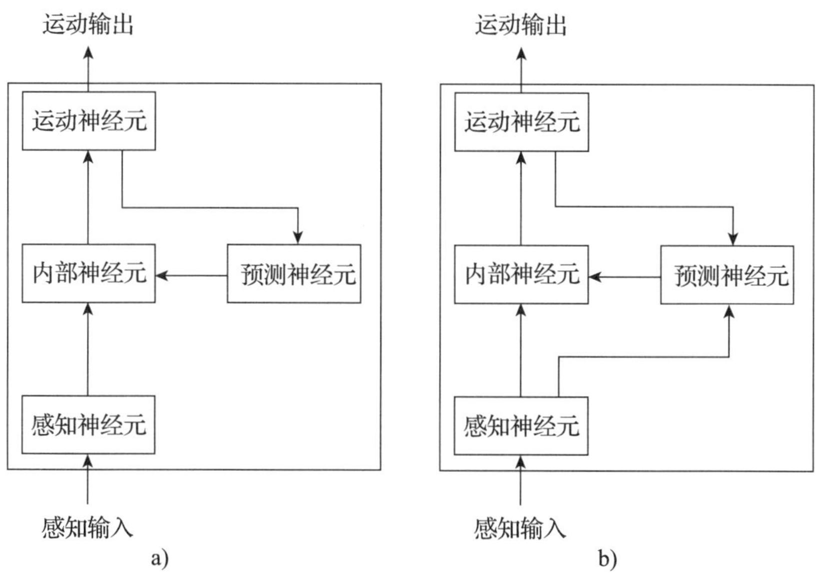

图 5－4　根据机器人的计划行为做出预测的神经网络。预测不但取决于机器人的计划行为（a），也可能由计划行为和环境共同决定。

图 5－4a 中的神经网络所预测的接下来的感知输入完全取决于机器人的行为——机器人的发音—发声器官发出的声音。图 5－4b 中的神经网络所预测的接下来的感知输入则同时由机器人的行为和环境决定——如果机器人让玻璃杯落到地上，杯子会怎样。这两种情况下，预测模块都由编码计划动作的运动神经元来激活，但在第一种情况下，这已经足以预测接下来的感知输入了，而第二种情况中的预测模块还必须接受到来自感知神经元（来自玻璃杯）的连接，才能对接下来的感知输入做出预测。

预测的能力，更具体地说，预测自身行为后果的能力，是典型的人类能力，这一点可能源自下述事实：与非人类动物不同，人类几乎所有行为都是在生命过程中学习得来的，因此，他们不可能已知自己行为的后果。人类有一种通过遗传而进化出来的预测行为后果的能力，而且，可能是进化中手的出现——这是直立行走的原因和结果，产生了关键性的进化压力，导致了预测行为后果的能力的产生。非人类动物的全部行为很有限，它们的自身行为能够对环境产生的影响也不太大。因此，对它们来说，预测自身行为的后果没有人类那么重要。有了双手之后，人类可以对环境直接或间接地产生各种各样的影响，他们发现预测这些影响非常有用，因为可以决定做什么和不做什么。

要检验这一假设，可以构建基因型中含有“预测基因”的机器人，这些预测基因的值从 0 到 1 不等。这里的 0 表示神经网络中含有预测模块的概率为 0，1 则表示含有该模块的概率为 100% 。如果机器人的适应模式由少量不同行为构成，则这些行为多半都是天生的，而不是在生命过程中学习得到的，因此，“预测基因”值增长的压力也很小，因为对于机器人的基因和大脑来说，机器人行为的后果是“已知的”。非人类动物的情形就是这样的。与此相反的是，如果机器人的行为多种多样，并且多数是在生命过程中通过学习获得的，那么大脑就不可能已知这些行为的后果，机器人就会把它们的“预测基因”的值进化到接近 1。这个情况在人类身上已经发生了，所以人类大脑中都有一个预测模块。

我们还没有真正构建出机器人来检验这个假设，但是我们已经构建出了神经网络中有预测模块的机器人，并且，通过使用这个模块，机器人正学着预测自身行为的后果。它们的神经网络就是图 5－4b 中所示的那种。当机器人计划某种行为时，出现在预测神经元中的激活模式取决于将感知神经元和运动神经元与预测模块连在一起的连接的权重。在机器人出生时，这些权重是随机的，这就意味着机器人无法预测自身行为的后果。刚出生的机器人让玻璃杯落到地上，但是它无法预测杯子会摔碎——杯子摔碎时它没准会大吃一惊。然后机器人开始学习。为了让机器人学习，我们使用了反向传播算法。机器人的神经网络把预测神经元的激活模式与下一个周期中出现在感知神经元中的激活模式进行比对，在比对的基础上，感知—运动模块与预测模块之间的连接权重发生改变。改变的结果就是，预测的感知输入与下一周期的实际感知输入的差距逐渐缩小，最后，机器人可以预测下一周期中的从环境到达感知器官的感知输入。

4. 预测与预期

在讨论拥有预测能力的好处之前，我们有必要区分一下预测和预期。如果从环境到达动物大脑的一系列感知输入存在某种内在规律——很多情况下都如此，则动物大脑会发生改变，其大脑结构和运作方式会吸收进来这些规律，结果就是，动物在对感知输入做出响应时，会考虑到来自外部环境的下一个感知输入。这就是对环境的预期。对环境的预期不要求自行生成未来的感知输入。即使神经网络中只有基本的感知—运动模块，机器人也可以对环境做出预期。我们的下一批机器人要说明的就是这一点。

这些机器人有眼睛，并且眼睛可以活动。环境中有一个移动物体，该物体在机器人前方从左向右移动。机器人必须要做的就是移动眼睛，以保持物体处于其视野的中心位置（视网膜中央凹）。机器人眼睛的移动由神经网络控制，神经网络中的视觉神经元编码物体的当前位置，运动神经元则编码机器人眼睛的动作。机器人的眼睛并不需要追踪物体的运动，但它们必须预期这些运动。当物体处于某一位置时，机器人必须移动眼睛做出响应，其目光应该注视在下一个输入或输出周期中物体所处的空间点。出生时，机器人的连接权重是随机的，因此无法用眼睛去预期物体的移动。然后，机器人神经网络的连接权重发生改变（机器人通过反向传播学习算法进行学习），在若干周期之后，我们发现，机器人能够用眼睛去预期物体的移动。

在这些机器人的环境中，物体始终以同样的速度从左向右移动。我们构建了另一批机器人，在它们的环境中，物体会以不同的速度移动。显然，这使机器人的任务变得更为艰巨。为了帮助机器人能够预期这些以不同速度移动的物体的位置，我们在它们的神经网络中加入了一套记忆神经元，以对过去进行记录。在每一个输入或输出周期中，内部神经元的激活模式会被复制在记忆神经元中；在下一个周期中，记忆神经元再将这一信息返还内部神经元。通过这种方式，记忆神经元结合来自物体的视觉输入，来共同决定机器人眼睛的移动。记忆神经元捕捉到了物体移动的速度，结果就是，不管物体以什么速度移动，机器人都可以预期物体的移动（在一定限度内）。机器人能做的甚至还有更多。最后，即使物体移动的速度有别于学习过程中机器人已经体验过的速度，甚至是，即使物体不是匀速移动，而是速度有增有减，机器人的眼睛还是可以预期物体的移动。

这些机器人告诉了我们一些关于行为与环境的很有趣的东西。如果环境改变，并且环境改变中有某些规律，那么无论是动物还是人，将这些规律吸收进大脑并在行为中加以利用，就都是有适应性的。（植物所属环境的改变远没有那么频繁，也缓慢得多，这可能就是为什么植物以及非常简单的动物没有大脑的一个原因吧。）我们的移动物体就是这样的规律的实例。该物体给机器人提供一系列感知输入，反映物体移动时所占据的连续空间位置。机器人神经网络的连接权重蕴含了这些连续感知输入的规律性，利用这些规律并通过眼睛的移动，来预测下一个周期中物体的位置。在一定程度上，所有动物都能根据前期输入来预期来自环境的下一感知输入，它们利用这一能力并针对环境做出更合理的行为。其中两个例子就是预期运动中的猎物的下一个位置以抓住猎物，或预期捕猎者的下一个位置以逃避被捕猎者抓住。甚至简单动物的某些行为动机也是因为掌握了这种预期环境的能力——一种内在动机，而不是被吃或规避危险这样的实际动机所驱动的。

但是预测与预期不同。预测是大脑中清晰地自行生成即将从环境传来的感知输入的能力，这要求神经网络中具备预测模块。这也是为什么预测是心理生活的一个方面的原因，也是为什么预测有很多重要影响的原因，这一点我们将在下边几部分中看到。动物和人类都可以预期，但只有人类可以预测。

5. 评估预测的行为后果

能够预测某一计划行为的后果最关键的好处，就是可以在实际执行这一行为之前对后果进行评估，并在评估的基础上决定到底要不要执行该行为。我们下边的机器人就要展示这一点。

这些机器人有胳膊、有手，它们的生活是一系列的片段。在每个片段开始的时候，它们手中都握着一块石头，它们必须把这块石头扔出去，击中——并杀死——猎物，那些更擅长用石头击中猎物的机器人会有更多的后代。石头的重量不同，猎物的距离也不等，因此，机器人必须决定在每种情况下用多大的力气投掷石头。我们比较了两个种群的机器人。一个种群的机器人的神经网络只有感知—运动模块。机器人通过胳膊和手上的感知神经元来得知手中石头的重量，并通过视觉神经元来得知猎物的距离，它们的反应是以已经编码在运动神经元中的力度来掷出石块。另一种群的机器人的神经网络要更复杂些。除了感知—运动神经元模块之外，还有一个预测模块，可以根据石块的重量和机器人投掷石块的力度来预测石块的落点。但是，还有更多。预测模块与成功和失败模块相连接，成功和失败模块中的神经元有两种激活模式，一种“成功”激活模式和一种“失败”激活模式。这个成功和失败模块又与运动神经元有连接，只有当成功/失败模块的激活模式为“成功”时，投掷动作才会执行（如图5-5所示）。结果怎样呢？结果就是，可以预测计划中的投掷动作能否真的会导致击中猎物的机器人，比只有更简单的、完全是反应性的神经网络的机器人的适应性更高，后者的神经网络不允许它做出预测。

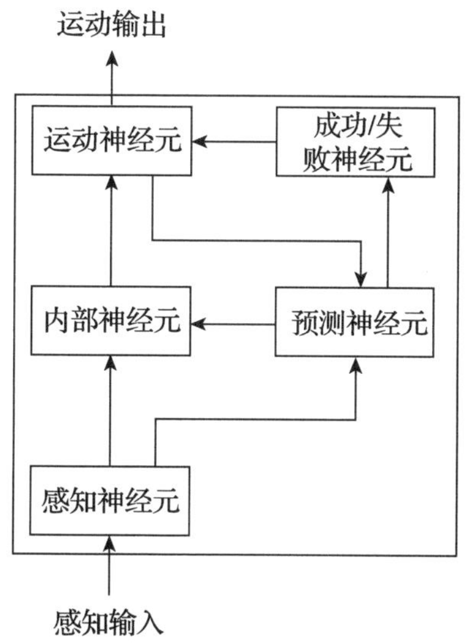

图5-5　神经网络中有一个预测模块和一个成功和失败模块，后者对计划行为的预测后果进行评估，并且只有在评估为“成功”时才让感知和运动模块实际执行行为。

机器人神经网络中所有的连接权重都是基因进化的结果，并在出生时进行遗传，只除了感知—运动模块与预测模块之间的连接。出生时，这些权重是随机的，在机器人的生命过程中则会发生变化，使得机器人可以逐渐学习预测计划中的投掷行为是否真的可以击中猎物。

这些机器人告诉我们，在人类一生的历程中，婴儿期发挥了什么样的作用。婴儿期是一段受到保护的时期，这时一个人可以学习多种成年之后用得上的能力。为了检验这种观点，我们比较了两个种群的机器人，它们都在生命过程中学习预测计划中的投掷行为能否成功。但是，这两个种群的机器人的生命史不同。两个种群的成年期一样长，但其中一个种群在成年期之前有一段婴儿期。在没有婴儿期的种群中，新出生的机器人就必须已经能够用石块击中猎物，这样才有东西吃。在另一个种群中，出生后有一段时间机器人不需要击中猎物就有东西吃，因为这个阶段它们的（虚拟）父母会喂食它们。这两个种群的机器人在出生后都要学习做出预测，但是与没有婴儿期的机器人相比，有婴儿期的机器人有个优势。在生命之初的一段时间，机器人学习预测计划中的投掷行为会成功还是会失败，因此它们不可避免地会做出很多不成功的投掷行为。但是，没有婴儿期的机器人会为不成功的投掷付出代价，因为它们吃得会较少，而对有婴儿期的机器人来说，情况则完全不是这样。在婴儿期，这些机器人并不需要为学习成年后用得上的能力付出任何代价。当它们成年之后，有婴儿期的机器人已经学会了预测投掷行为是否会成功，因此，它们可以避免做出很多不成功的投掷行为来。这就是为什么有婴儿期的机器人比没有婴儿期的机器人的适应水平更高的原因。

如果这是真的，就可能会有进化的压力，要发展出一段“安全”的婴儿期，以便在此期间个体可以学习成年之后用得上的能力。想象一下我们在机器人的基因型中加入一个“婴儿期基因”，其值从 0 到 1 不等。如果“婴儿期基因”的值为 0，则携带该基因的机器人没有婴儿期，为了吃，它必须马上就击中猎物。如果该基因的值不是 0，则机器人会有一段婴儿期，其长短取决于遗传的“婴儿期基因”的值。当然，该基因的值不能为 1，因为其值为 1 的话就意味着婴儿期会占据其整个生命。我们还没有构建出这样的机器人，但我们认为，如果我们在开始时给一个种群的机器人的“婴儿期基因”随机赋值，该基因的平均值就会在代际传递中增长，因为拥有婴儿期是有优势的，机器人可以在这个时期学习避免不成功的投掷行为。人类的婴儿期相当长，我们的机器人可以告诉大家这是为什么。

实际上，人类做事情是出于两个原因：可能是为了某些实际的结果（外在动机），也可能是为了了解要获得实际结果他们必须做什么（内在动机）。婴儿期是一段特别的生命时期，人类在此期间所做的很多事情都是受了解自身行为的后果的内在动机所支配，当然很多人，特别是科学家和艺术家，在整个生命过程中都继续保持这样的内在动机。

6. 意志的自由

能够预测自身行为的后果，这一点和哲学家所谓的拥有“意志的自由”联系在一起。机器人能有意志自由吗？机器人是否不仅能做它们所做的，还可以想做它们所做的？有些情况下，人类是不自由的，因为有些外部条件使得人类无法去做他们想做的事情。他们在监狱里，就不能想去哪儿就去哪儿；没有钱，就不能买想买的东西；他们想做某事，但是又不能做，因为做了某事他们会受到惩罚。这一类的自由缺失可以很容易地通过机器人再现，但并没有真正涉及意志自由的问题。（关于因为做了某事会被惩罚所以不做某事的机器人，详见第六章的“社会机器人学”。）意志的自由提出来一个更为基本的问题，甚至可以说是一个哲学意义上的问题——意志的自由能否与机器人兼容？机器人属于物理存在，在它们的大脑中以及大脑与外部和内部环境的互动中所发生的一切，都属于物理原因产生物理效应的过程。这一点不但对于在物理意义上实现了的机器人是显而易见的，也同样适用于在计算机上模拟的机器人，因为模拟机器人是模拟物理机器人。因此，如果拥有意志自由需要物理原因产生物理效应的物理过程之外的某些东西，则机器人不能有意志自由。但是人类可以拥有意志自由，做他们想做的事情。如果机器人因为是物理实体而无法具有意志自由的话，那么又怎么可能构建类人机器人呢？

如果机器人只是简单地对某种感知输入做出某种运动输出的响应，我们就不能说机器人想做它实际做的事情。但是，如果机器人的神经网络中有一个预测模块，那么机器人在执行行为之前就可以预测行为的后果，我们就可以构建出有意志自由、做自己想做的事情的机器人。作为对某种感知输入的响应，机器人神经网络的运动神经元会出现一种激活模式；但是，在运动神经元中编码的行为尚未实际执行之前，机器人的神经网络就预测了该行为的后果——到目前为止，这个机器人都和我们的预测机器人很像。但是新机器人的神经网络中还有另外一个模块：好或坏模块（如图 5 - 6 所示）。预测模块的神经元把连接发送给好或坏模块的神经元，好或坏模块的神经元可能有两种激活模式：或者是“好”激活模式，或者是“坏”激活模式。如果激活模式为“好”，则计划中的动作会得到具体执行；如果是“坏”，则计划中的动作不会被执行。发送到好或坏模块的连接以及从该模块发出的连接的权重在代际传递中进化，这就意味着，像我们在第二章中提到的那样，进化告诉机器人做某事是“好”还是“坏”——当然，要真的和人类一样，机器人就还应该在生命过程中学习，看看它们学到的行为的预测后果是“好”还是“坏”。

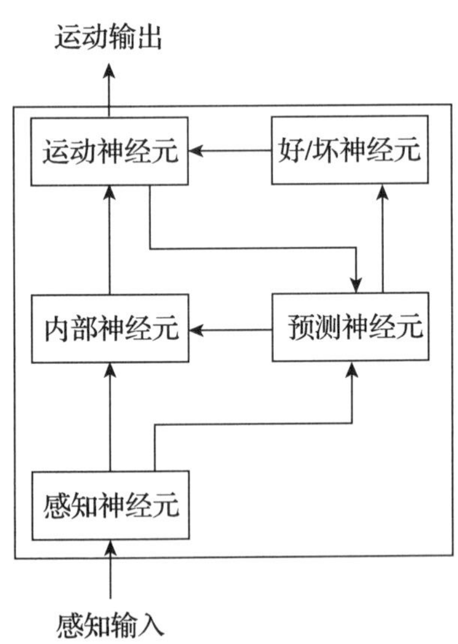

图 5 - 6　预测行为后果并判断这些后果的好坏的机器人的神经网络。

在执行动作之前预测并判断动作后果的机器人可以帮助我们搞清楚做某事和想做某事之间的区别。现在的机器人在做事情，但我们还不能说它们想做它们实际所做的事情。只有当机器人预测行为的后果，并且在行为执行之前对这些后果做出好坏判断，我们才能说机器人想做它所做的事情——而且，会为它的作为负责。

这就提出了一些有趣的问题：只有人类才想做他们所做的事情吗？是不是也有非人类动物想做它们所做的事情？在简单的做某事和因为想做某事而做某事之间，是有清晰的分界呢？还是一个连续统一体？要回答这些问题，我们应该构建具有不同的神经网络和适应模式的机器人，看看它们的表现，并研究它们的生命史。

无论如何，人类都比非人类动物复杂。他们预测自己行为的后果（第二类预测），还会预测这些后果的后果（第一类预测），以此类推。一个机器人计划让玻璃杯落到地上，并且预测自己行为的后果：玻璃杯会打碎。如果机器人神经网络中的好或坏模块判断打碎的玻璃杯为"好"，则机器人准备好让玻璃杯落到地上。但是机器人并不会就此打住。机器人把破碎的玻璃杯当成是已经存在的感知输入，并预测这一（预测的）感知输入的后果：另一个机器人会责备它打碎了玻璃杯。机器人的好或坏模块会把这一后果判断为"坏"，机器人因此宣布放弃让玻璃杯落到地上。

人类不但预测自身行为后果的后果，还制订包含系列行为在内的计划。机器人的运动神经元编码动作 A，其预测神经元预测动作 A 的后果。接着，在执行动作 A 之前，机器人的运动神经元编码另一动作 B，该动作会考虑到所预测的动作 A 的后果，以此类推，直到机器人可以判断其计划行为的最终结果是好是坏。（人类在制订计划时所做的还要更多：他们用语言表达自己的行为以及行为的后果。关于这一点，详见本章第 9 部分。）

7. 预测的感知输入代替缺失的感知输入

预测未来感知输入能力的另一个优势是，预测的感知输入可以代替缺失的感知输入。来自环境的感知输入可能因为种种原因而缺失。比如，一个机器人在接近食物令牌，这时一个无关物体插入机器人与食物令牌之间，这样机器人就看不到食物令牌了。在这种情况下，对环境的预测监控让机器人可以对来自食物令牌的预测感知输入做出响应，而不是对来自阻碍物的真实但无关的感知输入做出响应，这样机器人可以保持行为的有效性。我们的下一批机器人就要展示这一点。

这些机器人生活在有食物令牌的环境中，它们必须吃掉食物令牌以维持生命并繁殖后代。机器人的视觉神经元编码最近的食物令牌的位置，机器人的响应则是靠近并吃掉该食物令牌。这些是我们最基本的机器人，它们的环境中只有食物令牌，没有别的。现在我们进化出了另一个种群的机器人，它们也必须吃掉食物令牌，但这些机器人面临一个问题：不时会有一个物体插入它与想够取的令牌之间，并且这个物体会挡住它的视线，让它看不见食物令牌。显然，这种环境困难更大，因为当拦路的物体挡住机器人的视线时，机器人就不知道该怎么办了。实际上，如果我们比较生活在有阻碍物环境中的机器人以及没有阻碍物环境中的机器人，我们就会发现，第一种机器人吃得比第二种机器人少（如图 5 - 7 所示）。

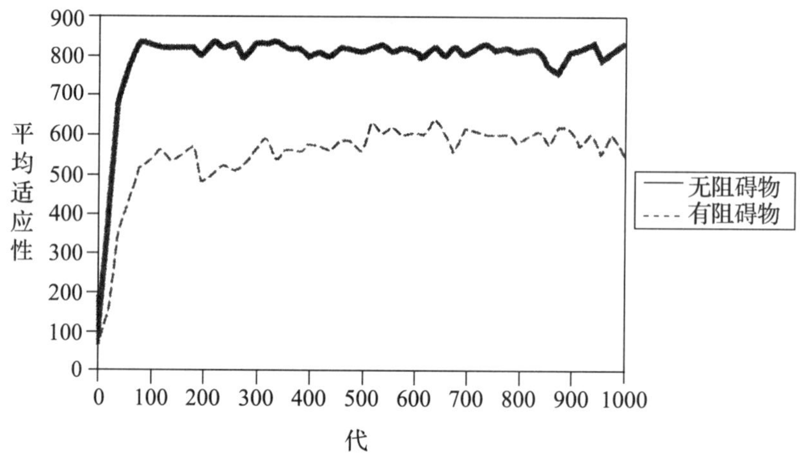

图 5 - 7　两类机器人吃掉的食物令牌的平均数：一类环境中没有阻碍物，另一类环境中有阻碍物挡着机器人，不让它们看到食物令牌。

对于生活环境中有阻碍物的机器人来说，做出预测的能力有很大的优势。如果机器人可以在因为阻碍物的出现而无法看见食物令牌时，预测来自食物令牌的视觉输入，它们就可以对来自食物令牌的预测视觉输入做出响应，而不去响应来自阻碍物的无关视觉输入。我们在有阻碍物的环境中进化了另一个种群的机器人，现在这些机器人的神经网络有了一个预测模块。机器人利用这个模块，根据当前来自食物令牌的视觉输入以及它们计划用来响应这一视觉输入的动作，来学习预测即将从食物令牌上传来的视觉输入。机器人在出生时是无法做出这样的预测的，但是，它学得很快。在机器人生命的早期阶段，预测视觉输入与实际视觉输入之间的差距会逐渐缩小，这就意味着，在大部分时间里，机器人都知道如何根据计划以及在其后得到执行的动作来预测接下来即将从食物令牌上传来的视觉输入。这一预测能力对这些机器人来说非常有用。当因为阻碍物而导致来自食物令牌的视觉输入缺失时，机器人就会对预测的视觉输入做出响应，而不会去响应真实的视觉输入，阻碍物并不会打断机器人的行为。这些机器人吃掉的食物令牌的数量，和生存环境中没有阻碍物的机器人一样多（如图 5－8 所示）。这再度证明了预测能力的适应性价值。

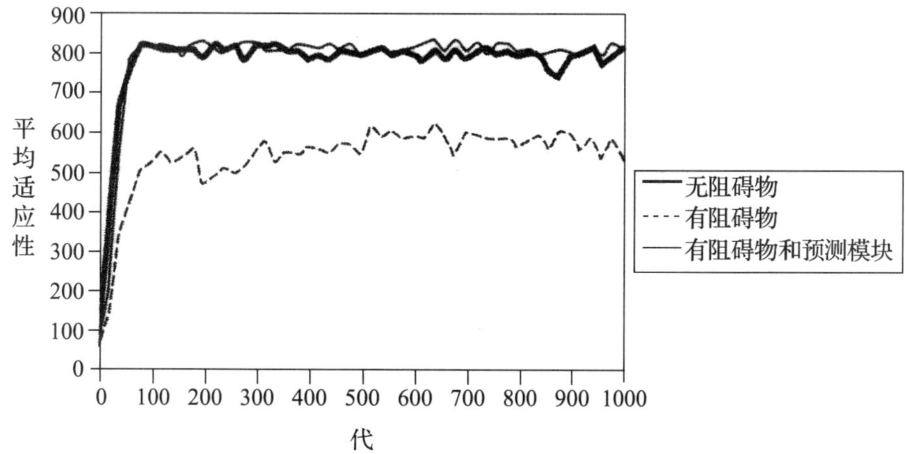

图 5－8　各种机器人平均吃掉的食物令牌数：生活在没有阻碍物环境中的机器人，有阻碍物但没有预测能力的机器人，有阻碍物且有能力预测被阻挡的食物令牌位置的机器人。

我们通过硬连接方式控制这些机器人，让它们在视觉输入不是来自食物令牌而是来自阻碍物时，也不要对真实视觉输入做出响应，而是要响应来自食物的预测视觉输入。我们能不能把机器人的自主性再提高一些呢？它们是不是可以自己判断当前的视觉输入是来自阻碍物而不是来自食物令牌，因此它们应该对预测的视觉输入做出响应而不去响应真实的视觉输入呢？

这些自主程度更高的机器人的神经网络中有两个额外的模块：一个相同/不同模块以及一个执行模块（如图 5－9 所示）。

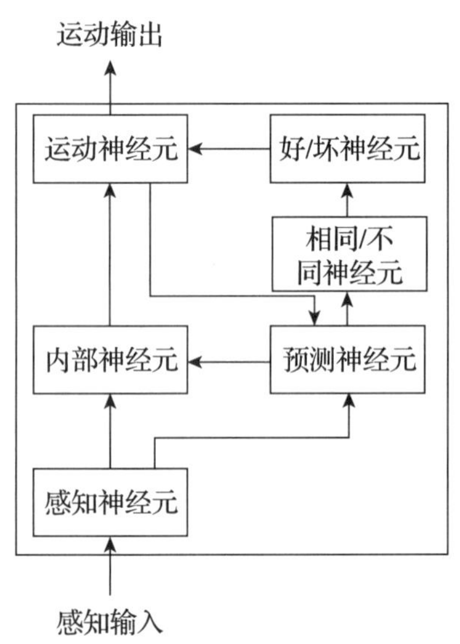

图 5－9　判断预测输入与实际输入是“相同”还是“不同”。判断结果为“相同”时，响应真实输入；判断结果为“不同”时，响应预测输入的机器人的神经网络。

相同/不同模块的神经元接收来自视觉神经元和预测神经元的连接，它们可以有两种不同的激活模式：要么是“相同”激活模式，要么是“不同”激活模式。当实际视觉输入与预测视觉输入相同时，它们的激活模式为“相同”，这意味着没有任何阻碍物，机器人看得到食物令牌。当实际视觉输入与预测视觉输入不同时，它们的激活模式为“不同”，这意味着有物体阻挡了机器人的视线，它们看不到食物令牌。这就是相同/不同模块。还有一个执行模块。执行模块的神经元是由相同/不同模块的神经元激活的，当相同/不同模块的激活模式为“相同”时，执行模块让神经网络去响应真实视觉输入；当前者激活模式为“不同”时，它让神经网络去响应预测视觉输入。这样一来，当物体阻碍了机器人的视线，它们看不到食物令牌时，机器人自发地对来自食物令牌的预测视觉输入做出响应，而不去响应来自阻碍物的真实视觉输入。我们已经看到，这对机器人来说是有好处的。评估模块、执行模块以及感知—运动模块之间的连接权重在代际传递中进化，并和感知—运动模块的连接权重一起，通过基因来遗传。这就意味着，机器人在生命过程中学习预测自身行为的后果，并且它们生来就具有判断能力，可以判断实际后果与预测后果是“相同”还是“不同”；它们会利用判断结果来决定到底是要响应真实视觉输入，还是要响应预测视觉输入。

这些自主程度更高的机器人的适应性如图 5－10 所示。我们用硬连接的方式来控制机器人，让它们响应预测视觉输入，而非真实视觉输入；这些机器人吃的食物略有些少，但是比起不能预测的机器人，它们吃掉的显然要更多。

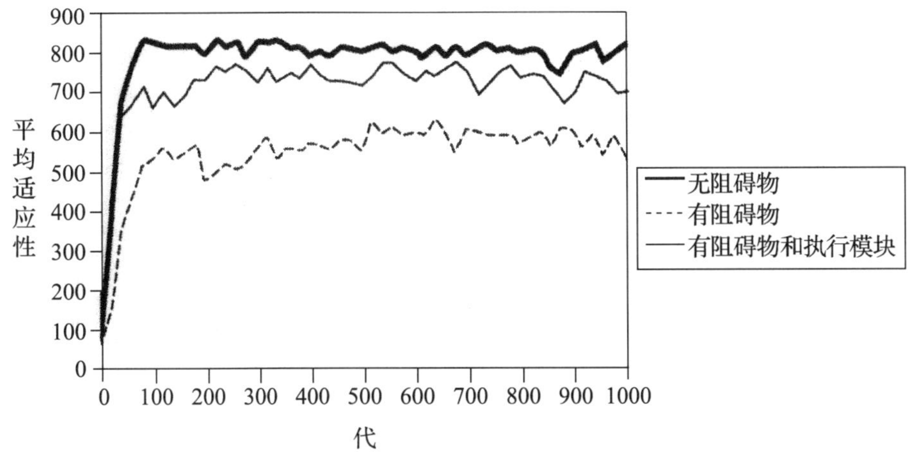

图 5－10　判断来自环境的真实感知输入与预测感知输入是“相同”还是“不同”，并据此决定响应哪种感知输入的机器人的平均适应性。

这些机器人提出了一个有趣的问题。如果机器人可以预测来自环境的下一个感知输入，那机器人为什么还要响应来自环境的真实感知输入，而不是一直响应预测感知输入呢？预测来自环境的下一感知输入的能力使机器人能更好地从环境中脱离出来——这种独立自主是心理生活所特有的。但脱离了环境的自主，也就是心理生活，可能会走得太远。能够根据当前的感知输入来预测下一感知输入机器人，可能仅仅考虑到了来自环境的第一次感知输入，而忽略了接下来的所有的感知输入。机器人计划好了响应第一次感知输入的行为，并预测了这一计划行为的结果。然而，它并没有执行这一计划行为，而是计划了另一行为，以响应对第一次计划行为的预测结果，如此循环往复。这样的一个机器人活在心理世界里，它并不生活在现实世界中；如果该机器人真的特别擅长预测，则它的行为会和生活在真实世界里并响应真实世界的机器人一样成功。但这显然是不可能的。人类不可能一直生活在心理世界里，这有两个原因。第一个原因是，这些预测很少是完全正确的，只是大概正确。如果下一个预测的基础是在前一次预测，而不是来自环境的真实感知输入，则预测错误会不断累积，个体行为会逐渐表现出适应不良。第二个，也是非常关键的原因是，人类的环境比我们的机器人的环境复杂得多。人类环境从本质及不同角度来说，是不可预测的，因而也无法被大脑完全采集到。

为什么无法生活在心理世界的第一个原因，即预测错误的累积，可以通过生存在有食物令牌和阻碍物环境中的机器人来展示。在生命的早期，机器人学会根据计划和随后实际执行的动作来预测来自食物的下一视觉输入，之后机器人便生活在心理世界中。首先，它们计划某一行为来响应来自环境的真实视觉输入，并预测这一行为的后果，然后它们就完全抛弃了真实世界。它们并不实际执行计划的行为，而是计划另一行为，来响应前一个计划行为的预测后果，并如此循环很多周期。机器人脱离了真实世界，生活在心理世界中。

结果会怎样呢？尽管环境非常简单并且可以预测，但机器人的行为效率却并不高。预测的视觉输入差不多是正确的，但从来都做不到完全正确。预测错误逐渐累积，经过一段时间之后，机器人脱离了真实世界，再也拿不到食物令牌了。这些机器人所表现出来的行为可被称作是一种病态，它们的繁殖概率大大降低。这就是为什么没有机器人（也没有人）可以只生活在心理世界中的原因。机器人必须不时地关注真实世界（来自环境的真实视觉输入），并根据真实世界调整心理世界。

8. 预测能力的其他影响

预测能力在人类的适应模式中占据中心地位，这也是为什么如果我们要构建类人机器人，我们的机器人就要能够预测的原因。在这一部分，我们简要地谈一下人类适应模式中还有哪些方面也可能是预测能力的结果。

如果机器人要有涉入感（sense of agency），预测能力就是必需的。如果机器人可以预测自身行为的后果，它就会意识到，有些事件的发生有独立的原因，而有些事件的发生则是因为它本身行为的缘故。人类有涉入感，可以通过下边这个实验来展示：要求实验参与者按两个按钮中的一个，按下其中一个按钮之后，间隔固定的一段时间，会出现一个声音；按下另一个按钮的话，出现的就是另一个声音。当实验结束时，询问参与者他们是否懂得声音产生的原因时，如果行为之后出现的是恰当的，也就是预料之中的声音，并且时间间隔正常，则参与者回答是；如果按下按钮之后出现的声音不对，或者按下按钮与声音之间的时间间隔过长，则参与者回答否。人类觉得自己是某些事件的原因，这是因为他们已经学会了根据自身行为预测出这些事件。能够预测行为后果的机器人可能会有同样的涉入感。

比起非人类动物，人类更容易感到惊讶，也更容易表现出惊讶。这一点也可以通过把惊讶与预测能力关联起来得到解释。在机器人已经学会预测某个事件之后会出现另一特定事件之后，如果这样的预测有一次出现了错误，机器人就会很惊讶，也应该会显得惊讶。惊讶有两个构成成分：一个是认知成分，另一个是情绪成分。认知成分就是机器人试图弄明白为什么它的预测是错的。如果乌云过后没有下雨，它会抬头看天；如果玻璃杯没碎，它会检查玻璃杯。如果预测是错误的，则机器人希望知道，它们为什么错了，这样才能提高预测的能力。（这可能是科学的开始。关于有科学的机器人，详见第十三章。）机器人的惊讶的情绪成分源自这样的事实：后来证明是错误的预测意味着机器人不太擅长进行预测，也意味着机器人还没有掌握现实的某些方面。这可能会使机器人忧心忡忡焦躁不安。当然，只有可能性很高的预测被证伪时，才会导致惊讶的产生。如果我期待和约翰一起吃午饭，并且了解约翰的为人的话，我就不会因为约翰爽约而感到惊讶。

但在人类感到惊讶的能力中，有一个方面是我们目前的机器人还不能复制的——人类会因为他们预测的某件事没有发生而感到惊讶，也会因为某件他们没有料到的事情发生了而感到惊讶。如果玻璃杯掉到地上，他们会因为玻璃杯没有打碎而惊讶，但他们也会因为某个玻璃杯没有任何明显原因的破碎而感到惊讶。在第一种情况下，我们的机器人也会感到惊讶，但在第二种情况下则不会，除非我们假设它们总是能够清晰地预测发生的每件事情，而那显然不太合理。因此，构建出因为发生了没被预测到的事情而感到惊讶的机器人，是未来的任务。

能够预测自身行为的后果，这可能也是理解自己的所作所为的基础。现在的机器人就像非人类动物，它们做一些事情，但我们不能说它们明白自己做的是什么。心理学家让·皮亚杰对成功做某事和理解成功的原因做了区分，并且说明，儿童从可以做某些事情来取得某种结果，但不理解为什么他们的行为能取得这样的结果的阶段，过渡到了能够理解为什么他们的所作所为会有某种结果的阶段——当然，通常来说，他们做事情的唯一目的就是要知道这些事情的结果。构建能够预测自身行为后果的机器人，是把皮亚杰所指出的区分用机器人技术表达出来的第一步。能预测自身行为后果的机器人不仅可以做一些会产生某种后果的事情，还可以理解为什么自己的行为会产生这样的后果——这里的理解指的是通过改变行为来确定导致这些后果出现的行为的具体属性（这是迈向科学的另一步。）

预测能力可能还是另外一种典型的人类特有能力的基础，这就是构建并使用技术制品的能力。构建人工制品要求具备预测自身行为对该人工制品的影响的能力——比如，石头的形状可能因为某人的行为而发生变化。使用人工制品的前提是，在行为以人工制品为中介时（比如用改造过的石头杀死猎物），具有预测自身行为对环境之影响的能力。预测能力也可以通过仿制已有的人工制品而在人工制品构建中发挥作用。（关于仿制已有的人工制品来构建人工制品的机器人，详见第八章。）

预测能力带来的另外一个影响可能就是通过模仿别人来学习。人类的很多行为都是模仿其他人学来的，能够预测是通过模仿他人来学习的一个先决条件，至少是达成更复杂的模仿的一个条件。一个机器人可以模仿另一个机器人，是因为这个机器人比较了自身行为的预测后果和它观察到的另一个机器人的行为的后果，并能利用结果中的差异来调整自身神经网络的连接权重。最后，这个机器人的行为可以产生和另一个机器人同样的后果，因此，这个机器人的行为就会和另一个机器人很像。（关于向别的机器人学习的机器人，详见第八章。）

通过模仿别人来学习是典型的人类行为，比如，学习语言就是学习模仿其他人的语言。在生命最开始的 4 ~ 5 个月的时间里，婴儿发出各种各样的声音，这样他们就可以学习预测他们的发音—发声动作的声学后果。从第5个月到第7个月，牙牙学语出现了——他们学着模仿，也就是说，重现他们自己的声音（自我模仿）。从第7个月到第12个月，孩子发出的声音开始接近其所处环境中具体语言的声音——孩子在学着模仿别人发出的声音。从一岁起，孩子真正的语言开始出现：孩子学着发出与同样情况下其他人发出的一样的声音——来响应同样的物体或行为。（关于有语言的机器人，详见第四章。）如果通过模仿他人来学习需要具备预测能力的话，那么这一能力在语言学习中可能发挥重要作用。

但是拥有预测能力最为重要的影响可能是大脑中的因果世界模型。如果机器人可以预测A之后会发生B，那对于机器人来说，A就是B的原因。当然，如果说A是B的原因，则机器人必须控制多种因素。它必须观察到很多次A之后都会出现B，并且需要搞清楚为什么在有些情况下A之后没有出现B，以及A需要有哪些属性才能保证其后会出现B。它还必须搞清楚是否存在一个X，A是X产生的原因，而X又是B出现的原因。这样，机器人的大脑中就会有一个完整的、相互关联的现实模型，这个现实模型是由各种产生收效的起因构成。做所有这些事情，并以一种精确、量化、社会共享的方式去做，是人类适应的另一种情况——科学。（关于科学的机器人，详见第十三章。）

预测自身行为后果的能力或倾向有很多好处，但这也会使人类的行为方式看起来不具有那么明显的优势。我们在第5部分已经提到，如果机器人计划某个行为，而机器人的神经网络对该行为后果的判断是“糟糕”，并引发如害怕之类的负面情绪的话，则机器人不会执行该行为。但是，如果在过去某个行为之后并没有出现负面后果，比如死亡、生病、被某个“父亲”角色惩罚等，则机器人就有可能在该行为和没有负面后果之间建立起来并不存在的因果关系，机器人会继续执行该行为，以“防止”负面后果的出现。机器人的行为可能会得到自我强化，因为其后没有负面后果出现。有关这样的行为的例子包括强迫性行为和仪式化行为。强迫性行为属于个体行为：某个个体“发明”了这样的行为，但没有进行社会共享和文化传递。这样的行为包括有反复洗手、避免脚踩人行道的边线、总是以同样的方式和同样的顺序做无用的事情。强迫性行为帮助个体不再害怕未来

“糟糕”的事情，因为个体“预测”这些行为之后不会出现“糟糕”的事情，而且这些预测是对的。仪式化行为属于社会行为，其社会性表现在两个方面：这样的行为属于群体行为，且服从明确的社会强制规则。这样的行为不但可以帮助人们不去害怕将来“糟糕”的事情，这一点和强制性行为一样，同时还能建立并维持群体的凝聚力和合作。从这一点来看，仪式化行为有点儿像合唱和集体舞。

能够预测还有最后一个非常重要的影响。能够预测可能会建立起时间观念。所有动物都生活在时域中，但对于非人类动物是否有时间观念这一点，我们并不清楚。我们观察到的机器人的预测神经元的激活模式指向未来的事件，因此，不仅仅能够预期，还能够预测的机器人的大脑中有时间，尽管这只是将来的时间，而不是过去的时间。就预测的整体而言，可能确实如此，但如果预测的内容形成文字并对自己说出来，时间观念可能就会变得更清晰。下一部分我们就来讨论形成文字及自言自语。

9. 自言自语

心理生活作为自行产生的感知输入，是人类的典型特征，尽管某些非人类动物很可能也有某种原始形式的心理生活。但是，如果自行产生的感知输入是语音的话，那么心理生活就是人类所独有的了，因为只有人类才有语言。语音首先是一种社会行为，到达某一个体的声学传感器的语音是由另一个体的发音—发声器官的活动造成的。当一个人和另一个人说话时，第一个人能听到自己的声音，但这些音是对着另一个人发出来的，对这些声音做出响应的是另一个人。

但是人类也会自言自语。他们发出的语音不是给别人听的，而是说给自己的，他们会对自己发出的语音做出响应。有些时候，这些语音确确实实发出来了，因此别的人也能听到。这个人在“边想边说”（如图 5－11a 所示）。但在大多数情况下，发音—发声活动并没有被真正执行，因而没有实实在在的声音让别人听到。只有发出这些声音的人才能“听到”这些声音并做出适当的响应。这个人在思考（如图 5－11b 所示）。

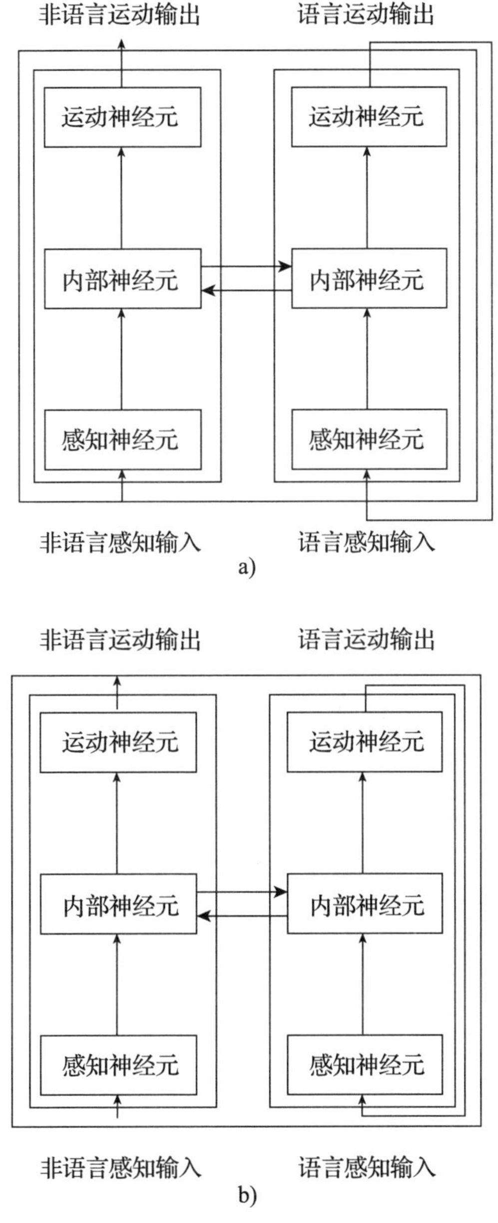

图 5－11　出声（a）或不出声（b）的自言自语的机器人的神经网络。

如果心理生活就是感知输入的自行产生，那么从它的定义来看，自言自语就是心理生活的一部分。我们在讲语言的那一章中已经提到过，语言影响机器人体验世界的方式。语言把机器人的感知—运动经验分割成独立的片段，这些独立片段可以以新的方式重新组合起来。词汇在机器人的大脑中创建出各种不同的实体（物体、动作以及物体和动作的属性），帮助机器人对这些实体进行有利于其行为的分类，并使机器人在大脑中形成抽象的世界模型。这些都是拥有语言所带来的影响，这些影响扩展到心理生活中，使机器人的心理生活更加清晰，也更富有创造性。诸如记忆、想象、发明这样的心理具象，不但是自行产生的感知输入，还会唤起自行产生的语音，使机器人可以对心理具象和记忆进行分析，并以更复杂的方式来响应这些具象和回忆。对自身行为的预测就变成了推理与计划——“如果X发生，则Y发生”“如果我做X，那么Y会发生”——这使机器人的行为更为“理性”。

语言对心理生活的影响并不只是局限于认知方面。当人类使用语言与其他人交流时，他们做各种各样的事情。他们提醒别人，跟别人讨论，为别人解惑，指挥别人，也试图说服别人做或不做这样或那样的事情。自言自语的时候，人类就和自己做这些各不相同的事情。他们提醒自己，和自己讨论，给自己解惑，指挥自己，说服自己做或不做这样或那样的事情。这使得他们的心理生活和所有行为更加复杂和高效。类人机器人必须能够自言自语，他们必须能够用语言来做那些他们用语言和别的机器人交流时所做的各种各样的事情。

自言自语可以被称为“意识”。这个词有多种不同的意思，并且定义都不明确，我们可以把所有的心理生活都称作“意识”。但是词汇对科学来说并不重要，我们可以操作性地把意识定义为自言自语。如果X导致机器人大脑中出现某个语音的内部表征，而该语音又系统地与机器人经验中的X共变，则机器人有X的意识。比如，机器人看到一个令牌，并对自己说“food”（食物）。食物令牌的内部表征是由外部世界中的某物——食物令牌——促成的，但是机器人之所以能够意识到外部世界，是因为它生活在一个有语言“注释”（linguistically commented）的世界中。

机器人也可以意识到自己的心理生活。机器人想象一个食物令牌，并对自己说“food”（食物）。食物令牌自行产生的内部表征促成了自行产生的“food”这个音的内部表征。而且，如果语言改变非语言经验（详见前一章），那么语言也会改变自行产生的非语言经验。

（在言语层面）意识到自己自行产生的内部表征，这对于诸如推理和计划这样更高层面的认知能力来说至关重要。如果一个人不能用语言为自己描述清楚事件、事实和动作以及自己对其后果的预测，那么推理和计划做起来就会非常困难。我们在有关语言的一章中已经看到，语言的内部表征空间比一个人实际所见所为的内部表征空间要小，因为语言模块的内部神经元比感知—运动模块少。而且，比起在较大的非语言内部表征“空间”中活动，在较小的语音“空间”中活动以及通过词汇进行思考，要更容易些。

拥有语言心理生活的影响多且广，通过构建机器人来理解（重现）这些影响是机器人作为一门科学最重要的目标之一。如果机器人知道如何响应来自别的机器人的语音以及它自己大脑内自行产生的语音，就会强化机器人关于生活在两个不同的世界里的感觉，其中一个是外部世界，另一个是内部世界。能够自行产生描述自身过去经历的语音的机器人，更容易把自身看作是拥有独特历史的个体，更容易发展出“自我意识”。如果机器人有语言心理生活，它就不会按现状去适应环境，而是会想象其他的环境，并会想象如何改变环境以使其变得更好——这是人类的典型行为。运用语言记住一些东西也有优势，因为把记忆分配给语言模块就可以让非语言模块来处理其他对配合环境有用的信息。

自言自语甚至还可能在语言的进化和出现中发挥了作用。现在有一种说法，认为语言最初是作为交流工具进化出来的，只是在很久以后，当语言已经发展得比较完好，变得非常精密、深奥并且句法复杂之后，人类才开始使用语言同自己说话——也就是，思考。但是即使是由单个词汇构成的简单的原始语言，也可以用来自言自语；而且，考虑到自言自语的好处，这也可能是语言进化的一个压力。这就是我们这一章最后一批机器人所要展示的。

这些机器人的生存空间里有食物令牌和有毒令牌的，食物令牌的形状是圆滚滚的，有毒令牌则有棱有角，但是没有哪两个令牌的形状是完全一样的。我们在讲语言的一章中已经看到，由“food”（食物）和“poison”（毒物）两个音构成的语言，可以帮助机器人辨认令牌到底是食物还是毒物。但是，我们也发现，该语言的进化比较困难，这是因为，虽然对于听到别人发出的语音的机器人来说，语言是有用的，但是发出语音的机器人的好处就没那么明确了。这些机器人并没有面临选择压力，必须要在恰当的情形下发出恰当的声音，它们的繁殖概率取决于它们吃掉的令牌的数量，而不是发出的声音正确与否。而且，更糟糕的是，如果一个机器人在另一个机器人在场的时候，在恰当的情形下发出了恰当的声音，说话的机器人就提高了听话的机器人的繁殖概率，直接把有利条件给了竞争对手。结果就是良性稳定的交流系统没有进化起来。

在关于语言的一章中，我们已经讨论过了这个问题，我们提到了人类解决这一问题可能用到的各种方式。说话机器人和听话机器人可能有相同的基因，因此，它会有利他行为，做出有利于听话机器人的行为。或者机器人可能通过基因遗传到了向别人学习的倾向——温顺，而这会使它们通过模仿已经在说话的机器人而学会说话。说话也有可能会对听话者和说话者双方均有利。我们这里要补充的是，使用语言和自己交流可能是语言起源的另一个原因。

这些新的机器人发出两个语音，“food”（食物）和“poison”（毒物），这不仅是要帮助其他机器人区别食物令牌和有毒令牌，在它们独处时也会发出这些语音。看到一个食物令牌，它们会发出“food”（食物）的音；看到一个有毒令牌，它们会发出“poison”（毒物）的音。结果就是，这些既用语言和其他机器人交流同时还自言自语的机器人，比起只用语言和别的机器人交流的，具有了更高的适应性。但是，只有在恰当的情形中发出恰当的语音的时候，这些机器人自行发出的语音才能帮助它们辨认一个令牌是食物还是毒物，否则的话，机器人就会误导自己。这可能是促使语言进化的另一压力——不但用于和别人交流，还用于自言自语。这些机器人告诉我们，自言自语的优势并不要求一定要有句法复杂的语言。自言自语在语言进化过程中可能发生得很早，在从简单的原始语言向现代人类非常成熟的组合性语言过渡之前。

心理生活使人类生活在自然的“增强现实”中。动物或人类与现实相互作用。人类生活在“增强现实”中，这是因为他们不但与大脑之外的现实——外部环境或身体内部——相互作用，还同自己的大脑所创造出来的现实相互作用。有语言的心理生活使这一增强现实更为清晰，也更为复杂。人类具有心理学家马科斯·韦特墨（Max Wertheimer）所说的“生产性思考”，即把经验的不同部分重新组合以解决新问题的能力。自言自语使这一能力效果更好。

心理生活不但是认知心理生活，也是情绪心理生活。一个人的大脑自行产生意象与记忆，而这个人的大脑又通过自行生成情绪状态来响应这些意象和回忆。语言和有语言的心理生活在这种情绪心理生活中也会发挥作用，比如，它们可能在心理生活中的一个重要现象——做梦中发挥作用。做梦属于意识中动机和情绪的一半，而不是认知的一半。做梦是心理生活的一部分，因为梦境是人在睡着之后大脑自行产生的具象和经验。但是人醒来时可能还会记得梦境，并可以把做的梦用语言讲给自己和别人听——不管是对做梦的人还是别人来说，梦境都可以透露有关做梦人的很多情况。我们可以监视机器人入睡后其神经网络的活动，这样就可以知道机器人是否做梦了，也许还可以知道它做了什么梦。但是，如果机器人有语言，我们就可以通过听机器人用语言描述它的梦境而得知它做了什么梦。但请注意，类人机器人要做的应该是人做的梦，而不是“电子梦”。

第六章　社会机器人

ME到达地球的时候，关于人类，它注意到的第一件事就是，人类几乎从不独处。人类的大部分时间都是和其他人一起度过的，他们相互交往，一起做事。而且，即使是在独处时，人类通常想的也是其他的人，想别人是怎么想他们的，想他们应该怎么对待别人，以及别人会希望他们怎么对待自己。人类如此沉浸于和他人的关系中，能解释这一点的，就是他们的所需所欲大多只能从他人处获得的事实。人类有一种极端的社会依赖形式。

这使得ME相信，如果机器人真的要像人类一样，那么机器人就必须要有丰富并且复杂的社会生活。但是ME希望能够循序渐进。和别人生活在一起有很多优势，但也有弊端，因为如果一个人和别人生活在一起，那么这个人就有可能被另一个人伤害。因此，ME决定先构建能够重现群居生活弊端的机器人，这些机器人也将重现人类社会为阻止伤害他人的行为所做的努力，这样的努力可以避免群居生活因为弊大于利而导致人类倾向独处。但是，ME也会考虑群居的优势，这样的优势也是非常多的。ME感兴趣的还有另外一件事：对于一个人来说，另一个人是环境中非常特别的一个组成部分，有别于所有其他构成该环境的事物。关于如何重现这些不同，ME已经有了一些想法，但是构建这些不同是将来的任务。

1. 目前尚无社会机器人技术

大多数动物都生活在由静物、植物和其他种类的动物所构成的环境中，但有些动物也生活在由同类的其他成员构成的环境中——一种社会环境。当然，所有的动物都生活在同一个物理环境中，即地球上。但是，社会生活还有另一个更有局限性但也更有趣的意义，在这个意义上，如果一群同类的个体生活在空间相近的环境中，可以互相看得见、相互交往，并合作完成任何一个个体无法单独完成的事情，那么他们的生活就是社会生活。社会生活是个度的问题。对于所有有性繁殖的动物来说，两个性别不同的个体要在一起交配；很多物种的父母要留在未成年子女身边，喂养并保护他们。但是，也有些物种的社会化程度比其他物种更高，这些物种的成员生活在一起，并不仅仅是出于交配或照顾后代的需要。人类就是这样一个社会化程度非常高的物种，而且他们的社会化形式非常复杂。他们所需的或想要的东西，大部分来自其他人，他们的大多数行为是向其他人学来的，他们对环境更为了解，这是因为他们了解其他人对环境的了解。人类所作所为的唯一的目的，通常就是让别人做他们想让对方做的事情。人类特别在意别人对自己的看法，因为别人对自己的看法决定了别人会怎么对待自己。人类的意识中充满了社会性，我们甚至可以说，人类的意识是一种社会意识。

如果社会性是人类适应模式中非常重要的一个组成部分，那么要真正开发出机器人来帮助我们理解人类的潜力，就必须构建拥有丰富而且复杂的社会性的机器人。现在，社会机器人技术的名义之下构建的是能够跟我们交往的机器人，而不是它们自己互相交往的机器人。属于不同物种的动物是可以互相交往的（比如人和动物），但是社交通常只限于同物种，而非跨物种——至少，从目前来看，人类和机器人还是两个不同的物种。现在的“社会机器人技术”之所以是机器人和我们之间的交往，而非机器人内部的相互交往，是因为机器人的构建通常需要考虑实际应用，而很多实际应用都涉及机器人和人类的交流：照顾老人或病人的机器人、家用机器人、治疗机器人、娱乐用机器人、和人类合作从事生产的机器人，等等。这些机器人都是非常实用的，但如果机器人要帮助我们更好地理解社交，我们就需要构建和其他机器人交往而不是和我们互动的机器人。

这个规则有一个例外，就是集体机器人技术，或者称群体机器人技术或蚂蚁机器人技术。这是机器人技术的一个领域，致力于构建集体做事的机器人。但是，正如这些术语所示，集体机器人技术涉及的主要是像昆虫、鸟、鱼这样的简单动物的社会性，而这些动物的社会性与人类的社会性大相径庭。对于构建一起做事的机器人群体，这可能是个有趣的选择，因为可以取代单个机器人来完成某些实际任务。比起单个机器人来，机器人群体的行为可能更灵活，在遇到伤害时也会更健壮，而且可能对环境有更全面的了解。但是，集体机器人技术中的机器人群体只有一个该群体所有机器人所共有的目标，也是这个应用的目标，即，我们的目标。人类有自己的目标，一个人的目标可能和另一个人不太类似，甚至可能和别人的目标截然相反。因此，我们在人类身上观察到的很多现象，集体机器人技术都没有涉及，尤其是没有涉及利己和冲突以及机器人如何处理利己和冲突的问题。利己主义和社会冲突是人类社会生活中某些最值得注意的现象的根源，集体机器人技术之所以还不是我们了解人类所需要的那种社会机器人技术，这一点是最重要的原因。

集体机器人技术还有另外一点不足。集体机器人技术中的机器人团队几乎总是由完全相同的机器人个体组成；然而，在真实的动物世界中，没有任何两个动物是完全一样的，个体间的差异对社会交往和社会现象有非常重大的影响。集体机器人技术中的机器人群体由一模一样的机器人构成，还有一个更明确的局限性：生物学告诉我们，基因相近的个体（亲属）的行为往往与基因不同的个体（非亲属）的行为有别。虽然非人类动物在大多数情况下的生存方式是由基因相连的个体构成一个群体，但人类社会在超过一定规模之后，却是由没有基因关系的个体构成的。因此，如果我们感兴趣的是人类的社会生活，我们就必须要区分有相近基因的机器人群体（机器人家庭）和有不同基因的机器人群体。

集体机器人技术的另一个局限性与行为的奖赏方式有关。在集体机器人技术中，如果机器人因为一些行为而受到奖赏，它们会集体受到奖赏，个体不被奖励；而在人类社会中，如何奖励集体成就是个开放式问题。另外，集体机器人技术中的机器人群体往往是“水平”结构的，没有哪个机器人去告诉别的机器该做什么。人类社会则与此相反，是“垂直”结构的，其中有一个“首领”，它告诉该集体中的其他成员必须要做什么，这些人通常也听从它的命令。

考虑到这些局限性，尽管集体机器人技术非常有趣，也颇具启发性，但如果我们构建机器人是为了更好地理解人类的社交和人类社会的话，我们就必须超越集体机器人技术，发展真正的社会机器人技术。

本章中我们描述的机器人可以重现与社交有关的一些非常基本的现象：共同生活的后果如何，共同生活的弊端有什么，人类社会怎么来控制损害他人的行为以避免因为群居的弊大于利而消亡。本章中我们只会谈到群居的一个优势：机器人群体可以充作“信息中心”，这样一来，一个机器人不但可以了解它自己直接获得的有关环境的信息，还可以了解其他机器人所了解的一切。但是在本书接下来的几章中，我们会谈到群居的很多其他有利之处。我们会谈到以家庭为单位生活的机器人，向其他机器人学习的机器人，生活在有“首领”的社会里的机器人——首领会告诉其他成员它们必须要做哪些事，这样每个社会成员都为“共同利益”做出贡献，专门生产一种货物，然后把自己的货物和其他机器人交换，开发货币以及以货币为基础的经济体制的机器人，还有组织起来生产任何机器人独自都无法生产的货物的机器人。但在本章的结尾处我们要讨论人类社交中的一个关键方面：社会环境与非生命物体所构成的环境有何不同，对待其他人的方式与对待非生命物体的方式有何不同。

2. 群居

虽然社会行为会改变另一个个体的环境，但并非所有改变另一个个体环境的行为都属于社会行为。一个机器人可能会吃掉另一个机器人所处的环境中的食物，结果就是，另一个机器人所处的环境中的食物变少，它便不得不到其他地方去吃。这一行为就其本身而言并非是社会行为。社会行为是指因为影响了其他个体的行为而存在的行为。如果第一个机器人吃掉食物的目的是逼迫第二个机器人去别处，那么第一个机器人的行为就是社会行为。而且，至少对于人类来讲，社会行为还需要满足一个条件：另一个机器人必须“明白”第一个机器人的行为是以迫使他（她）去别处为目的。

在这一部分我们要谈的并不是有社会行为的机器人，而是满足社交的一个先决条件的机器人——住在近距离意义上的群居。今天，因为货物运输与信息传递技术的发展，即使别人住在很远的地方，人类也可以和他们交往。但是，即使是在今天，很多社会交往也要求空间距离接近。几千年来，近距离是社会交往不可避免的条件——这一点很重要，一定要记在脑子里，因为我们在第一章就已经提到过，如果我们要理解人类，我们就必须了解人类过去是什么样的，以及他们是如何走到今天的。

动物与植物不同，它们可以在环境中自主活动，并且可以独立活动，不受其他动物的影响，还可以离群索居。那么，为什么有些物种的成员彼此离得那么近呢？一个原因就是资源的空间分布，我们的下一批机器人要展示的就是这一点。

如果食物平均分布在整个环境中，就不会出现空间聚集现象，机器人可以在任何地方生存，并且彼此独立（如图 6－1 所示）。但是，如果环境中只有某些区域有食物，则机器人往往会聚集在这些区域，特别是在机器人看不到彼此，只能看到食物令牌的情况下。在这些新一批机器人的环境中，有四个区域含有大量的食物令牌，被只有很少量食物的空间隔开（如图 6－2a 所示）。

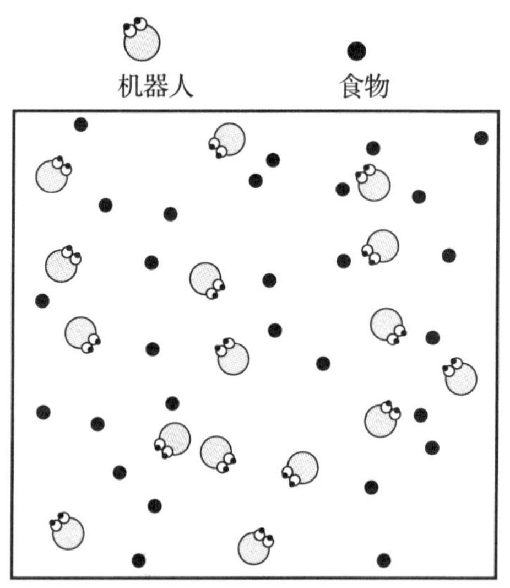

图 6－1　机器人生活在同一个环境中，但彼此离得较远，因为环境中到处都有食物。

出生时机器人被放置在该环境中随机选定的位置上，并不一定处在某个食物带上；因此，开始的时候，机器人并不太擅长抓取食物，它们漫无目的地在环境中游荡（如图 6－2b 所示）。然后，就像以前一样，最佳机器人的选择性繁殖以及遗传基因中加入的突变使机器人越来越善于抓取食物，并且，由于环境的特点，机器人往往离其他机器人很近，如同生活在四个食物区域中的一个（如图 6 - 2c 所示）。这只是很简单地演示了环境固有的特点可以导致居住空间的接近——前文已经提到过，这是社交的一个先决条件。尽管就这些机器人来说，我们还谈不到社交，因为这些机器人看不见彼此，它们趋近的只是食物令牌，并非是其他机器人。

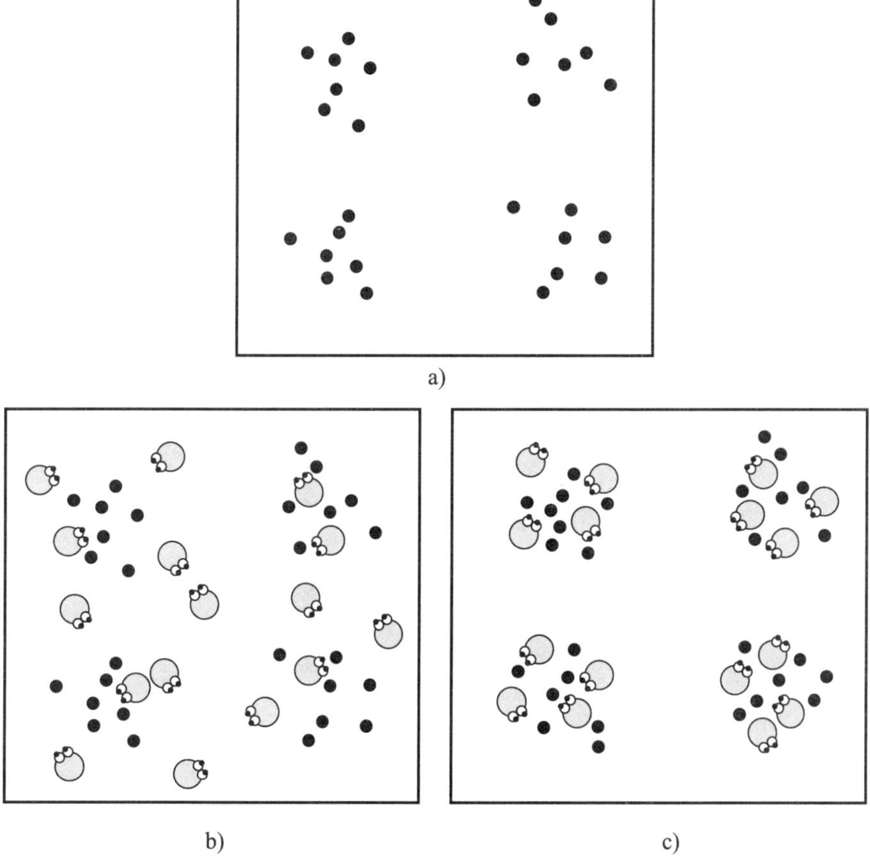

图 6 - 2　食物分布在环境的四个区域中，被无食物空间隔开（a）。一开始，机器人分散在整个环境中（b），但是，它们随后集中在四个食物区域内，因此，它们往往离其他机器人很近。

所有机器人都在同一时间死去，并由新一代机器人取代它们。因此，不存在代际重叠，机器人后代也不与父母生活在一起。现在我们构建另一个种群的机器人，它们会在无法进食时死亡，这样一来，不同的机器人过世的年龄也会不同。只要机器人活着，每隔上固定的一段时间，它就会产生一个后代；这个后代机器人马上会被放置在机器人环境中，这样它生命中就至少有一部分是和父母生活在一起的。但是，和上一批机器人不同的是，刚出生的机器人并不会随机被放在环境中的某个位置上，而是会被放在父母身边，这更符合实际。和上一批机器人一样，这些机器人往往聚集在四个食物区域内，但是，因为后代机器人出生时离父母很近，而父母住在四个食物区域中的一个，所以社会性聚合程度会越来越高，也越来越快。但是更重要的还是另外一点。就上一批机器人而言，群居在同一食物区域中的机器人没有基因关联。它们出生在环境中被随机选定的位置上，只是碰巧最后都到了同一个食物带中。这批更接近现实的机器人恰恰相反，它们的后代在出生时就在父母身边，这些机器人往往组成有同样或相似基因的机器人群体。对于社交来说，这非常重要。这些机器人的行为是由它们的基因决定的，因此，基因相近的机器人（父母、子女、兄弟姐妹）的行为往往也相近。行为的相似性对社交来说是个有利条件，因为这会使别人的行为更可预测，而且能够预测别人的行为对社会交往有利。（在本章最后一个部分我们会回到社会行为与行为的可预测性之间的关联上。）这些机器人也不能说有社交，但是，对它们来说，导致社交的两个重要条件都已经实现了：空间临近性与行为相似性。

在这些机器人身上，我们还可以观察到与社交有关的另一有趣现象。前文已经提到，该环境中有四个食物区域，在这些区域内食物是非常充足的，分隔这些区域的空间尽管不是完全空白的，但所含的食物也非常少。有些机器人试图穿越食物区域之间的空间，但只有少数机器人成功到达另一食物区域。这就给居住在不同区域的机器人群体造成了地理隔离。这些地理隔离再加上遗传基因型中不断加入的随机突变就产生了所谓的遗传分化，随之而来的就是行为分化。居住在同一食物区域的机器人不但通常会有基因关联并因此行为相近，而且会变得和其他食物区域的机器人越来越不一样。居住在某个食物区域的机器人所表现出来的行为，与居住在另一食物区域的机器人的行为差异会逐渐增大，这样的行为分化可能会不利于社会交往，因为社会交往要求行为的相似性与可预测性。环境的空间结构不但有助于生活在同一区域的机器人之间的社会交往——因为它们行为相近，同时也会使居住在不同区域的机器人之间的社会交往越来越困难——因为它们行为不同。

这些机器人的行为完全是天生的——编码在基因里。这些机器人一生中没有学习任何东西，它们的生命体验对它们的行为没有任何影响。但如果这些机器人是类人机器人的话，它们的大多数行为就不会被编码在基因中，而是会通过学习获得，并且会通过向他人学习获得。向他人学习就需要空间的临近，因此，这是空间临近导致行为同质的另一种方式——虽然现在行为同质源于文化，而非基因。两个离得近的机器人会互相学习，这样它们的行为会越发相似。遗传与文化之间的相似也可以推广到行为分化上。因为住在同一食物区域中并互相学习的机器人会发展出一种共同文化，它们的文化不但在群体内部同质性日益明显，同时，该文化与居住在其他食物区域的其他机器人群体的文化差异也会日益增大。（关于向他人学习并有文化的机器人，详见第八章。）

这些机器人告诉我们，群居可能是环境内在特征的结果。如果环境中某个区域的食物更多，那么机器人往往会聚集并生活在这个区域中。这同时适用于人类和非人类动物，但对于人类来说，环境在决定空间聚集和群居方面可能起着更为重要的作用，因为人类构建了自己生存的环境。城市是构建出的环境，城市也是能找到很多物品（一个人想要的东西）的地方，就像我们的机器人在食物区域中可以找到食物一样。城市之外的环境（农村、大海、高山）没有什么物品，就像分隔我们的机器人的四个区域的空间里没有什么食物一样。人类会改造自身的生存环境，且希望所拥有的大部分物品分布在特定地点，因此生活在这些（特别拥挤的）地方。（今天，人类半数以上生活在城市中。）

我们还没有构建出生活在城市中的机器人，但我们已经构建出了改造自身生存环境的机器人，它们聚集在某些特定区域中，并不是因为环境本身固有的特点（像前文所提到的机器人那样），而是自身行为的结果。与之前提到的机器人不同的是，这些新的机器人生活在同质环境中，该环境的各部分均有食物，即图 6-1 中的环境。因此，环境本身并不会造成空间聚集和群居。但是，这个新环境有季节变化。当机器人吃掉一个食物令牌时，这个食物令牌会消失，但并不会马上有新的食物令牌出现来取代它。在每个季节开始之初，环境中有很多食物令牌，但是食物令牌的数量会逐渐减少，因为机器人会把它们吃掉。然后，下一个季节开始了，环境中又会有很多食物。和之前的机器人一样，这些机器人如果没有吃的，就会死掉。它们每隔一段时间就会产生一些后代，后代机器人出生时会被放置在父母身边。

从与生活的空间位置相近的角度来看，这些机器人都经历了些什么呢？机器人的经历取决于季节的长度。如果季节短暂，那么食物很快就会重新出现，并且一直保持充足，不会发生任何特别的事情。一开始，机器人分别处在环境的各个位置上，并且会继续分布在环境的各个位置上，不会出现空间聚集。但是，如果季节很长的话，这个种群就会消亡。在下一个季节开始之前，机器人就会把所有的食物令牌都吃光了，因此，它们会因为缺少食物而死掉。这些结果都是可以预测的，没有特别有趣之处。有趣的是，如果季节的长度不长不短会发生什么，因为如果季节长度中等的话，我们会看到周期性迁徙浪潮的出现（如图6-3所示）。

出于纯粹偶然的原因，某个区域的食物可能会比其他地区更多，机器人会集中在这个区域中。但是，大量机器人的出现会导致这个区域的食物数量飞速减少，机器人便不得不离开该区域。在机器人集中在有较多食物的区域的这段时间里，其他地区的机器人数量很少，因此，那些地区的食物并没有减少，依然还在。这样一来，机器人就会分散在环境中，因为它们被其他区域中丰富的食物所吸引。过上一段时间之后，这些区域的食物仍然很少，因为机器人吃掉了大部分食物，而原来那个区域却又重新充满了食物，所以机器人就会回到原来的区域。这个过程不断地循环往复，形成周期性迁徙浪潮。

这些机器人告诉我们，导致空间聚集并因此造成社会交往的，不一定是环境内在的属性。环境是同质的，机器人本来可以生活在该环境中而没有任何空间聚集，是机器人吃食物令牌的行为改造了环境，使空间聚集受到了青睐。以有利于空间聚集的方式改造环境是人类的典型行为，这很可能是他们复杂的社交生活发展过程中的一个重要因素。

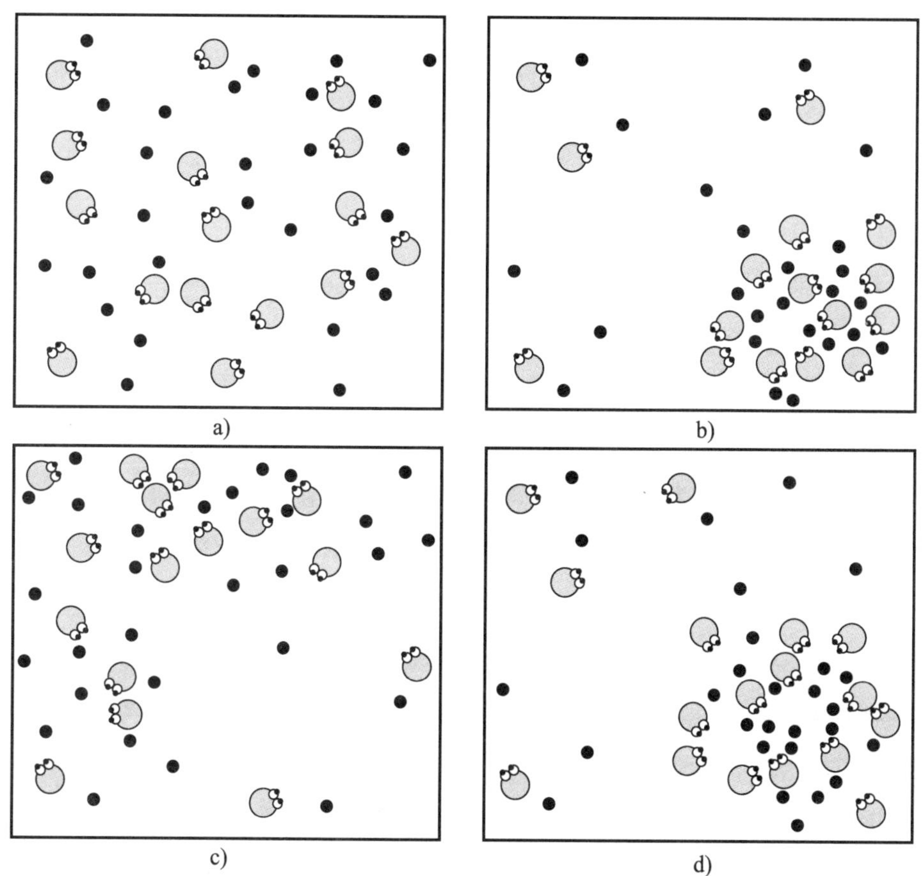

图 6-3 食物随机分布并按季节重现的环境（a）。机器人聚集在碰巧食物较多的区域，但在吃掉该区域的所有食物之后，它们会分散在环境中（c），过后又会重新集中在原来的区域（d）。

3. 为何不群居

但是，很多动物群居在一起并不是由环境的本质所决定的，也不是因为它们改造了环境，而是因为他们居住的空间位置接近，它们可以互相交往并享有社交生活——社交生活有很多好处。到底都是些什么好处呢？如果我们想想群居可能有哪些不利之处，这个问题的重要性就很清楚了——除非群居真的大有益处，否则一个人应该是宁愿自己生活，而不愿和别人生活在一起。在这一部分中，我们的机器人会告诉大家群居的先决条件，即空间临近，有哪些不利之处。

居住空间临近可能因为纯粹的物理原因而带来一些问题。和真实的有机体一样，机器人也是本体，而本体都是不可穿透的。所以，如果一个机器人和其他机器人生活在一起，那么别的机器人就可能会成为这个机器人在环境中活动时的物理障碍。我们的下一批机器人要展示的就是这一点。

这些机器人居住在食物只存在于某单一区域的环境中，为了吃上食物并维持生命，机器人必须到达食物区域并尽可能地一直待在食物区域中。在生命之初，机器人随机分布在环境中。这些机器人有视觉传感器，可以从远处看到食物，还有一些其他的传感器，可以让它们知道自己已经在食物区域之内了。我们比较了两个不同的机器人种群。在一个种群中，每个机器人独自生活在环境中，而另一个种群的机器人则群居在同样的环境中。两个种群的机器人都进化出了接近、到达并留在食物区域的能力，但就适应性（取决于留在食物区域的总时长）而言，群居的机器人低于独居的机器人。这个结果解释起来很简单。作为本体，机器人的身体是无法穿透的，因此，对于靠近食物区域或是试图进入食物区域的机器人来说，它们会构成物理障碍。或者，一个努力接近食物区域的机器人可能会发现去往食物区域的路上还有另外一个机器人，这个机器人也会成为它活动的障碍。试图深入食物区域内部的机器人可能会发现，食物区域已经被其他机器人占满了，因此，对于这个机器人来说，进入食物区域就成了一件难事。因此，与独居的机器人相比，群居的机器人到达并进入食物区域的难度更大。它们在食物区域中待的时间更少，因此，吃的东西也更少（如图6－4所示）。

即使机器人不但能看到食物区域，同时也能看见彼此，情况也是如此。当机器人看到另一个机器人出现在自己和食物区域中间时，它必须要避开这个机器人，这就需要习得另外一种能力，到达食物区域所消耗的时间也会更多。显然，对这些机器人来说，群居是一种不利因素。如果环境过于拥挤的话，这种不利就会越发突出。如果我们在同样的环境中投放更多的机器人，我们就会发现，进入食物区域的机器人的比例会逐渐下降。

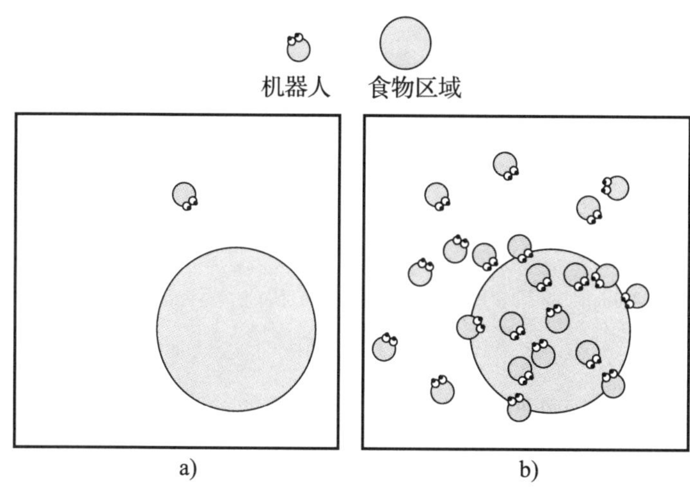

图 6-4　环境中只有一个食物区域。如果机器人独居，那么到达并进入食物区域没有任何障碍（a）。如果很多机器人群居在一起，它们就可能会无法到达或进入食物区域，因为该区域已经被其他机器人占满了（b）。

群居还可能因为本体的物理不可穿透性之外的原因而对个体不利。某个个体可能会改变环境，而这种改变会伤害其他个体，这也可能是群居不利的原因。现在让我们回到图 6-1 中生活在食物令牌随机分布环境中的机器人。我们再次对每个机器人独居于自身环境中的种群与群居在同一环境中的机器人种群进行对比。在后一个种群中，机器人互相看不到，它们只能看到食物令牌。两个种群都进化出了吃掉食物令牌的能力，但同样地，群居的机器人吃掉的食物令牌比独居的要少。因此，对这些机器人来说，群居也是不利的。原因并不是本体的物理不可穿透性，因为这些机器人的身体是可以穿过的，并不会对另外的机器人形成物理障碍。这里的不利之处也不是因为机器人吃掉食物令牌之后，其他机器人可以获取的食物量会减少——机器人每吃掉一个食物令牌，环境中就马上会出现一个新的食物令牌。那么，对于这些机器人来说，为什么群居仍然是不利的呢？这些机器人有另外的问题，并且它们的问题要简单得多。当机器人接近食物令牌时，食物令牌可能会突然消失，因为这时它可能被另一个机器人吃掉了。和其他机器人群居在一起的生活难度更大，因为机器人可能浪费时间去接近会突然消失的食物令牌。

这些机器人看得见食物令牌，但看不见彼此。大家可能会想：如果机器人能看到彼此，那么问题就解决了——如果别的机器人离某个食物令牌更近，就别浪费时间去接近这个食物令牌了。但是问题并不会因此而消失。我们构建了另一个种群的机器人，它们不但看得到食物令牌，也看得见彼此。但同样地，和其他机器人群居一处的机器人吃掉的食物少于独居的机器人。如果我们注视计算机屏幕上的机器人，就会发现，机器人往往互相避开。如果我们测量一下机器人之间的距离，会发现，能看得见彼此的机器人之间的距离，大于看不见彼此的机器人之间的距离。看得见彼此的机器人进化出了这样一种倾向：它们往往和其他机器人保持一定的距离。

如果我们让机器人在另外的环境中进化，食物随机分布在整个环境中，但是在生命之初，所有机器人都处于某一个限定区域中，我们就可以直接观察到机器人和别人保持距离的行为。那些看不到彼此的机器人往往留在出生时所在的限定区域中，而能够看见彼此的机器人则会分散在整个环境中，因为它们倾向于不和别的机器人离得太近（如图6－5所示）。

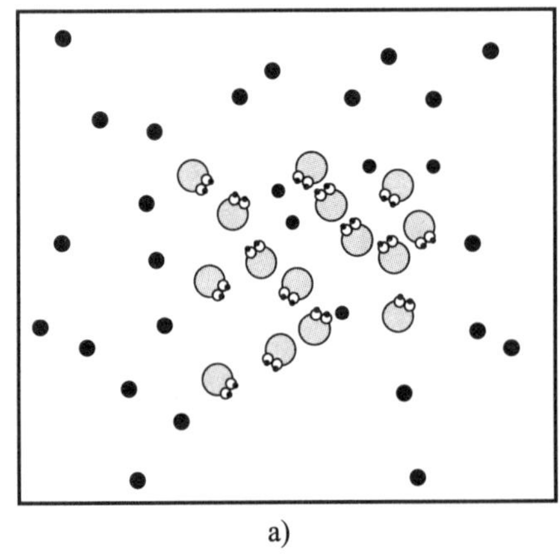

a)

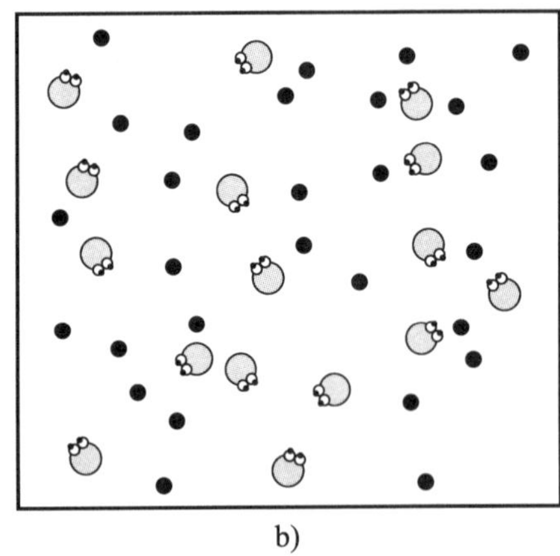

b)

图6－5　机器人出生于环境的中央位置（a）。看不见彼此的机器人往往留在这个区域中，而看得见彼此的机器人则分散在整个环境中，以此和其他机器人保持一定距离。

这些机器人“知道”其他机器人可能使它们够取食物的行为变成无用功，为了适应这种环境，它们进化出的不是一种行为，而是两种：它们进化出了接近并吃掉食物令牌的行为，它们还进化出了和其他机器人保持一定距离的行为——这就是为什么这些机器人会分散在环境中。群居对这些机器人来说是不利的，因此，它们倾向于不群居。

4. 社会伤害行为以及如何控制该类行为

所以，如果一个人和别人生活在一起，他就可能会被他人的行为所伤害。所有的社会动物都有伤害他人的行为，但是，这种行为在人类中太过普遍，如果人类不能找到一些办法来降低这类行为出现的概率，人类社会就有解散的危险，因为群居的不利之处要大大超出其有利之处。为什么社会伤害行为在人类当中比在动物当中更为普遍呢？有两个假设可能是成立的，这两个假设可以通过构建群居的机器人来检验。第一个假设是，非人类动物群居者之间有基因联系，而人类与基因无关的人群居，如果别人和自身基因不同的话，一个人更有可能去伤害对方。第二个假设是，人类的物品大多数不是取之于自然，而是取之于他人。因此，他们和别人交往的机会更多，在交往中伤害对方或被对方伤害的概率也就更大。

如果一个人伤害另一个人，受伤害的一方可能会以这种或那种方式来惩罚加害的一方，这就降低了社会伤害行为的概率。受到惩罚降低了个体的生存、繁殖机会和幸福感，因此，加害者将来在伤害别人时会犹豫。但是，在人与人之间，受害的一方可能并不知道自己受到了伤害，或者不知道受到了谁的伤害，或者没有能力去惩罚加害的一方，这最后一点甚至更为重要。而且，能伤害别人的不单是人类个体，还有由个体组成的整个组织，这样的加害者组织更难被发现，也更难惩罚。出于这些原因，要继续生存下去，人类社会必须具备某种发现并惩罚社会伤害行为的机制。在这一部分中，我们要讲的机器人会以一种极度简化的方式，重现人类的群体为控制社会伤害行为所做的努力。

这些新的机器人是抽象机器人。实际上，它们是“智能体”（agent），而不是机器人。它们没有身体，也不存在于物理环境中，也没有通过身体的动作来响应感知输入这一意义上的行为。但是它们可以做“事情”，而且，因为它们群居在一起，所以它们的所作所为会影响到其他机器人。这些机器人有两种行为——诚实或不诚实的行为，这里的诚实与不诚实是由行为的影响来定义的。如果机器人的行为提升了自己的幸福感，同时也没有降低其他机器人的幸福感，那它的行为就是诚实的。相反，如果机器人的行为提升了自己的幸福感，但降低了另一个机器人的幸福感，它的行为就是不诚实的——比如，这个机器人杀害了另一个机器人，或偷了另一个机器人的物品，或以其他方式伤害了另一个机器人。每个机器人都有一个“诚实数字”，这个数字的值从 0 到 1 不等，是在任何一个给定周期内机器人行为诚实或不诚实的概率。比如，一个机器人的“诚实数字”是 0.8，那么这个机器人在其 80% 的生命周期内行为都是诚实的，而另外一个“诚实数字”为 0.3 的机器人只在其 30% 的生命周期内行为诚实，在其余 70% 的周期内，它的行为都是不诚实的。为了简单起见，我们把“诚实数字”大于 0.5 的机器人称作诚实机器人，把“诚实数字”小于 0.5 的机器人称作不诚实机器人。但是，既然这个数字从 0 到 1 不等，所以机器人的诚实程度或不诚实程度也有不同。每个机器人都有一定的幸福水平，在机器人的一生中，它的幸福水平会因自身行为和其他机器人的行为而发生变化。机器人可以通过诚实或不诚实的行为来提高自己的幸福水平，但是，如果它的行为不诚实的话，它就会降低另一个随机选定的机器人的幸福水平，这个机器人就是受害机器人。但是机器人的幸福水平也可能因为另外的原因而下降，当然这只适用于不诚实的机器人。如果机器人在某个周期中有不诚实行为，那么这个机器人就有可能会被发现并受到惩罚，而受到惩罚则意味着幸福水平会有定量的下降。

第一代机器人的“诚实数字”是随机决定的，这就意味着大约半数的机器人行为诚实，半数不诚实（如图 6－6 所示）。

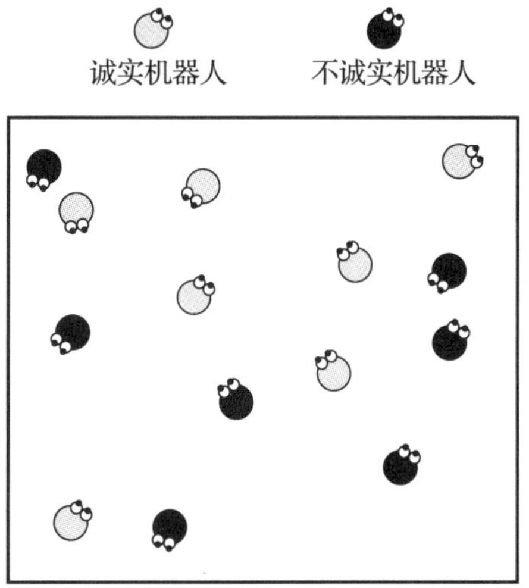

图 6-6　在模拟的开始，半数机器人行为诚实，半数不诚实。

所有机器人生命的长度都是一样的，是连续的周期。在每个周期中，机器人根据其“诚实数字”确定的概率发生诚实或不诚实的行为；受其行为的影响，机器人的幸福水平发生改变。如果机器人行为诚实，则它的幸福水平会有定量的增长，没有其他影响。如果机器人行为不诚实，后果则比较复杂。机器人自己的幸福水平会有增长；同时，另一个随机选定的机器人，即受害机器人的幸福水平会下降，并且不诚实机器人还有被发现和因其行为而受到惩罚的可能，而这意味着幸福水平的降低。在生命的终点，这些机器人被第二代机器人替换。每个第二代机器人都会复制第一代机器人的“诚实数字”，同时也会加上小的随机变化，使得机器人的诚实程度与模板相比略有上升或下降。每个机器人都会选择上一代的一个机器人作为模仿的模板，但是选择并非是随机的。幸福水平较高的第一代机器人更可能被第二代机器人模仿。这个过程持续若干代，最后我们会数一下诚实机器人与不诚实机器人的数量：在模拟的最后，有多少诚实机器人？有多少不诚实机器人？什么可以解释诚实机器人与不诚实机器人的数量？

最后，诚实机器人与不诚实机器人的数量取决于多个因素。一个因素就是不诚实行为受到惩罚的概率。如果一个机器人行为不诚实，它就可能会受到惩罚，但它并非一定会受到惩罚，因为不诚实的行为首先要被发现，然后机器人才会受到惩罚，在不同的机器人群体中，我们改变了被发现和受惩罚的概率。另一个因素是惩罚的严重程度。有些机器人群体中惩罚比另一些群体更为严重，这就意味着，如果不诚实的机器人因其行为受到惩罚，它的幸福水平下降的幅度便可大可小。第三个因素是，机器人行为诚实时，它的幸福水平上升多少，不诚实时幸福水平又上升多少。在有些群体中，行为诚实比行为不诚实更为实用，而另一些群体则恰恰相反，不诚实行为所提升的幸福水平是诚实行为的两到三倍。

当我们改变这些因素时，发生了什么呢？前文已经提到，被选定作为模仿模板的，是那些幸福水平较高的机器人。什么样的机器人幸福水平更高呢？是诚实的还是不诚实的？如果不诚实行为比诚实行为更能提升机器人的幸福水平，那不诚实行为就几乎无法破除，大多数机器人的行为最终都会不诚实（如图 6 – 7 所示）。要减少不诚实行为，就必须让不诚实的机器人感觉到，被发现和被惩罚的概率是 100%，并且惩罚是很严重的。如果惩罚不太严重，即使被发现和受惩罚的概率是 100%，也会有半数的机器人继续不诚实的行为。而且我们知道，在人类社会中，很难保障所有的不诚实行为都会被发现并受到惩罚。如果受惩罚的概率不是 100% 或接近 100%，那所有机器人的行为都会不诚实，这与如果被惩罚的话，惩罚程度是否严重无关。

这种情况发生在不诚实行为比较实用时，因为不诚实行为比诚实行为更能提高幸福水平。如果行为诚实和行为不诚实同样合算，那么控制不诚实行为就更为容易些。只有当被发现的概率较低并且惩罚不太严重时，不诚实机器人才会维持较高的数量，而且其他情况下几乎所有机器人都会行为诚实。如果行为诚实比不诚实获益更多的话，情况甚至会更好。如果机器人通过诚实行为得到的比通过不诚实行为得到的更多，则不诚实行为（几乎）会完全消失（如图 6 – 7b）。

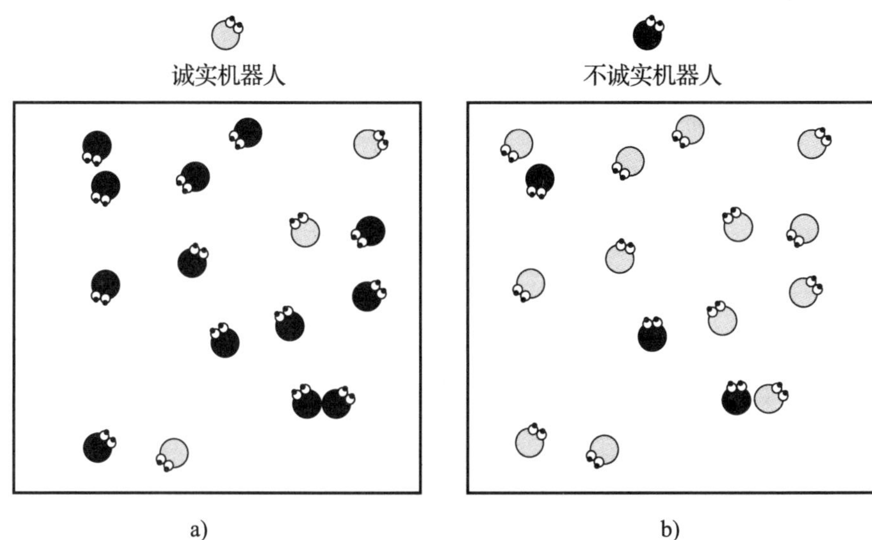

图 6-7　有些群体中大多数机器人行为不诚实（a），另一些群体中的大多数都诚实（b），这取决于机器人通过诚实行为能够获益多少、被惩罚的概率和惩罚的严重程度。

这些机器人告诉我们，控制不诚实行为最好的方针不是提高不诚实行为被发现和被惩罚的概率，或是提高惩罚的严重程度，而是创造机会，让群体的所有成员都可以通过诚实行为达到较好的幸福水平。只要采取这个策略，不诚实行为就会几乎完全被消除，不管发现和惩罚这些行为的概率是高是低、惩罚是轻是重。

在人类社会中，惩罚伤害别人的行为是国家最重要的任务之一，但我们的结果表明，对国家来说，控制社会伤害行为并不是那么容易的事情。最好的策略是预防性的，这样的策略在于提高可以通过诚实行为达到的幸福水平。但是这一策略要求有一定的经济政策，出于多种原因，这样的经济政策并不容易找到并实施。行为不诚实可以提升一个人的幸福水平，在某种程度上，几乎无法保障群体所有的诚实成员。在今天的人类社会中，这一点尤为突出，即使幸福水平很好的人也可能行为不够诚实，因为所谓的“好的幸福水平”在不断提高。控制社会伤害行为的另一策略是在不诚实行为发生后，（通过警察、调查团体、法庭）提高这些行为被发现和被惩罚的概率，这一策略代价较高，并且成效可能并不太明显。

还有另外一个因素也限制了国家控制社会伤害行为的能力，这个因素我们还没有用机器人再现出来：社会伤害行为伤害的可能不是特定的某些个体（像我们的机器人那样），而是整个群体（腐败、舞弊、逃税以及其他面向整个群体犯下的罪行）。这些社会伤害行为很难被发现并被惩罚，因为这些行为通常涉及属于国家机构的个体，因此，国家会陷入一种矛盾之中，既是实施惩罚者同时又是被惩罚的对象。

但是还有另外一个原因，使得国家发现很难控制社会伤害行为。我们的机器人通过模仿上一代的机器人，学会了行为诚实或不诚实，所有的学习都是在出生时完成的——这显然很不合情理。我们现在构建了另一个机器人群体，这些机器人仍然从前一代机器人身上学习该有的行为，但是它们一生中会继续学习和模仿同代机器人。上一代机器人一生中的行为保持不变，或诚实或不诚实，而新机器人的行为在一生中可能会发生变化，会因为与其他同代机器人的交往而变得更诚实或更不诚实。但是模仿上一代机器人和模仿同代机器人之间有两点不同。在这两种情况下，模仿别人都意味着复制另一个机器人的诚实数字，然后再给该数字加上一些随机的变化。但是，上一代机器人中被选定作为模仿对象的都是幸福水平较高的机器人，而在一个机器人模仿同代另一个机器人时，则与另一个机器人的幸福水平不相干。一个机器人模仿同代的另一个机器人，这是因为它们之间有交往。另一个区别是，同代不同成员之间的模仿是相互的。如果机器人 A 模仿机器人 B，那么机器人 B 也会无意识地模仿机器人 A。这些机器人因为相互交往而相互模仿，我们用节点网络来表示这些交往。每个节点就是一个机器人，如果两个节点连接在一起，就表示这两个节点所代表的机器人互相交往、互相模仿。

这个网络的结构是由什么决定的呢？谁和谁交往？一开始，节点之间的连接是随机的，所以一个机器人可以和任何其他机器人交往。但是，网络结构随后会发生变化，因为模仿上一代中同一个机器人的机器人会无意识地相互交往并相互模仿。这样就创建了行为趋同的机器人的亚群体，有行为诚实的亚群体，也有行为不诚实的亚群体（如图 6－8 所示）。

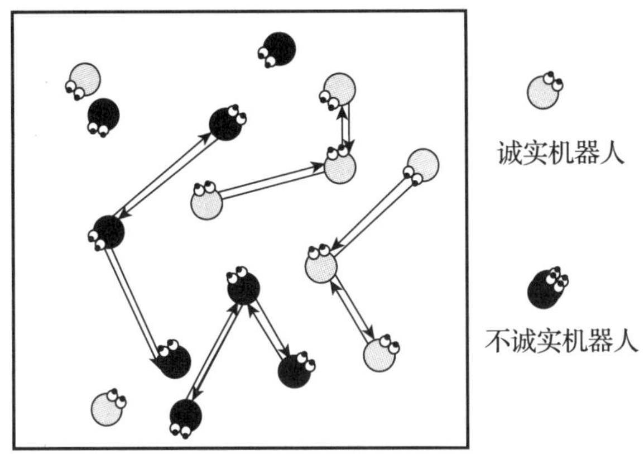

图 6-8　互相交往互相模仿（机器人之间的连接）的机器人往往构成诚实机器人和不诚实机器人的亚群体。

当这些机器人生活在同质的诚实机器人或不诚实机器人群体中时，会发生什么样的情况呢？同样的因素会影响这些机器人的行为。当被发现和被惩罚的概率低或惩罚程度不太严重时，不诚实机器人的数量更大；但是，决定不诚实机器人数量的主要因素是通过行为诚实或不诚实所能达到的幸福水平。如果行为不诚实能让机器人生活得更好，就会出现更多不诚实的机器人。

但是还有一些新的、有趣的情况：诚实机器人与不诚实机器人的同质群体的存在，增加了不诚实机器人的数量。诚实与不诚实机器人都会互相模仿，虽然它们属于同一个亚群体，但是对属于同一个诚实机器人亚群体和同一个不诚实机器人亚群体的机器人来说，模仿的后果也会有不同。诚实机器人之间的模仿对机器人的行为没有显著影响。如果机器人本来就诚实，又模仿另一个诚实机器人，它仍保持诚实。相反，模仿其他不诚实机器人的不诚实机器人会越发抗拒惩罚。机器人的不诚实行为应该受到阻止，因为不诚实行为有受到惩罚的危险。但是，如果这个机器人是不诚实机器人亚群体中的一员，那么惩罚就没有什么效力了，因为不诚实行为会通过模仿其他不诚实机器人而不断强化。因此，不诚实机器人亚群体的存在增加了不诚实机器人的数量。

同样有趣的是，如果节点之间连接更多，即机器人之间交往更多的话，那么效果就更为明显。我们构建了两个不同的机器人群体，其中一个群体中，机器人之间的平均连接较少，另一个平均连接较多，这里“连接较多”的意思就是，机器人受该群体中其他机器人的影响更大。我们发现，机器人之间连接更多时，由于不诚实机器人亚群体的存在而导致的不诚实机器人数量的上升更为显著。惩罚会减少行为不诚实的概率，但是惩罚的效力会降低，因为有对抗力量的存在——模仿其他的不诚实机器人。我们发现，如果不诚实机器人亚群体中的内部连接过多的话，这种对抗力量会尤其强大。

这些机器人还可以并且也应该重现与社会伤害行为有关的其他很多现象。下边列举的就是这些现象。

两个机器人之间存在着连接，这意味着两个机器人会互相模仿。但是这些连接也意味着共同工作的机器人组织网络的存在，不诚实机器人的组织网络可以进行单个不诚实机器人无法进行的不诚实行为——有组织的犯罪。属于某个不诚实机器人的组织网络——犯罪网络——可能会降低被发现和被惩罚的概率。无论是被发现并受到法律惩罚的不诚实行为，还是危害整个社会法律更难以界定的不诚实行为，都是如此：成为权力人物的组织网络的一部分，获取公共契约、重要职位和对其有利的法规——权力网络。

对我们的机器人来说，如果一个机器人伤害了另一个机器人，被伤害的机器人是随机选定的。我们可以改变这一点，让机器人知道群体中其他机器人的幸福水平，不诚实机器人可能会利用这一认知来选择要伤害的机器人。在我们的机器人中，不管被伤害的机器人的幸福水平是高是低，不诚实机器人的幸福水平提升幅度都是一样的。如果伤害一个幸福水平较高的机器人——一个富有的机器人，不诚实机器人的幸福水平提升的幅度大于伤害一个幸福水平较低的机器人，我们估计，不诚实机器人会选择伤害富有机器人，而不是贫困机器人。

伤害了他人的机器人会被发现并受到惩罚，这个概率是由我们决定的，对所有机器人来说都一样。我们可以让机器人因为社会伤害行为受到惩罚的概率取决于它的幸福水平。比起贫困机器人，富有机器人被发现和被惩罚的可能性更低，因为它们可以用自己的钱来避免被发现；被发现后也可以花钱来逃避惩罚，比如，它们可以付钱请更好的律师。我们还可以做的，就是让机器人被惩罚的概率取决于了解其社会伤害行为的其他机器人告发的概率。决定一个机器人告发另一个机器人的社会伤害行为概率的是什么呢？诚实机器人是否比不诚实机器人更有可能告发不诚实机器人？

我们的机器人并没有生活在物理空间中。它们形成了诚实机器人和不诚实机器人的亚群体，这只是从属于同一亚群体的机器人互相模仿的意义上来讲的。但是，如果我们的机器人真的生活在物理空间中，如果它们可以选择生活在哪里，那是不是诚实机器人会愿意住得离诚实机器人近，而不诚实机器人愿意离不诚实机器人近呢？对于诚实机器人来说，住的离诚实机器人近可以减少被不诚实机器人伤害的可能；对于不诚实机器人来说，离其他不诚实机器人近可以减少因为社会伤害行为而被告发的概率。这样可能会在环境中建立不同的地带，有些地带住的是诚实机器人，另一些地带则住着不诚实机器人。

现代技术往往让物理空间变得越来越不重要。随着客货运输以及信息与货币传输技术的进步，人类的生存环境越来越全球化，不诚实行为也变得全球化。这就提出了新的问题。全球化是经济和文化意义上的，但是，至少在现在，政治主权仍属于国家。每个国家自行决定法律法规，本国居民必须遵守，但他国居民不需要遵守，这就造成了全球化和本地法律法规之间的冲突。随着社会伤害行为本身的全球化，这一点我们已经提到了，这种冲突会越发严重。构建多个有不同法律体系、相互之间有各种经济文化关系的机器人国家可能会帮助我们理解这些问题，并且也许能帮我们找到可能的解决方案。

另一个重要现象是人类社会不断变化，这些变化会产生新的社会伤害行为。今天的社会尤其如此，因为现今社会变化很快，并且变得越来越复杂。科学与技术、金融经济、各种各样不断增加的交通和营销方式以及数字技术，都对人类生活和人类社会的冲击越来越大。这种冲击对人类社会既有帮助，又有损害，但是人类社会更愿意看到帮助，不愿意看到损害。构建有科学与技术、金融经济体制、现代交通和营销技术以及数字技术的机器人社会，可以帮助人类确定损害社会的冲击是什么，并且找到弱化这些冲击的办法，同时又不会失去这些技术带来的好处。

今天社会的变化还因为人类行为越来越多地以损害社会的方式改变了环境。一个例子就是环境污染。环境的污染是每个人行为的结果，就这种类型的社会伤害行为而言，无所谓诚实的人与不诚实的人的区别。我们接下来的机器人就将以极度简化的方式重现这一行为。

这些机器人就是我们的基础机器人，生活在食物令牌随机分布的环境中，必须吃掉食物令牌以维持生命并繁殖后代。这些机器人必须在环境中活动，才能找到并吃掉食物令牌，显然，活动更快可以吃到的食物就更多。实际上，我们发现，经过若干代之后，机器人活动得已经非常快了，并且会吃掉很多食物令牌。现在我们又构建了另一种群的机器人，这些机器人在环境中活动时会污染环境，而生活在被污染的环境中会降低机器人存活及繁殖的概率。机器人的适应性不是吃掉的食物令牌数，而是吃掉的食物令牌数减去机器人在环境中活动的速度。这些机器人需要解决两个互相矛盾的问题：尽最快速度活动以吃下更多以及不要活动太快以避免污染环境。如果每个机器人独自生活在所处环境中，机器人进化出一种行为，可以把两个问题都考虑在内：它活动的速度够快，可以吃到食物令牌；但又不会太快，以避免污染环境（如图6－9所示）。但是，如果机器人群居在同一环境中，情况就变了。所有机器人都倾向于快速活动，环境污染非常严重。这是因为，同一环境中不但有很多机器人生活，而且所有机器人的活动速度都很快。机器人的活动速度很快，是因为每个机器人都“知道”，即使它自己活动速度减慢，吃得更少，其他机器人也会活动得更快以吃得更多（如图6－9b）。这个问题甚至可能会更严重。我们的每一代机器人在生命开始之初都有一个清洁环境。但是，如果更现实一些的话，每一代新的机器人都应该继承上一代的环境，那么机器人生存的环境污染程度会越来越严重。这个问题尤其有趣，因为未来的世代还不存在，它们也就无法捍卫自己的利益。

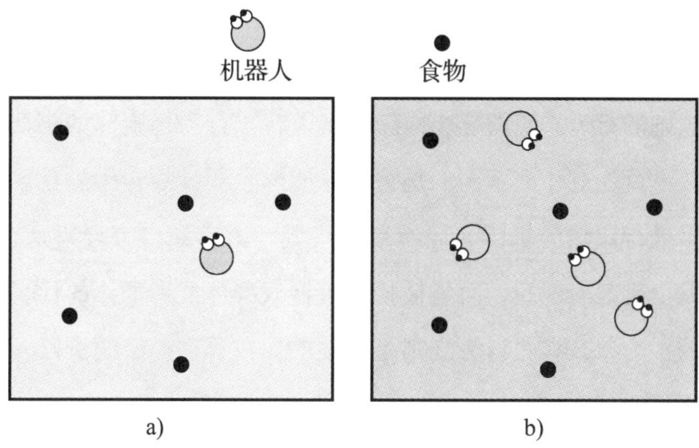

图 6-9　独居机器人的环境污染并不严重（浅灰），因为机器人会努力不去污染环境（a）。如果很多机器人群居一处，则环境污染要严重得多（深灰），因为机器人不在乎环境污染（b）。

与社会伤害行为相关联的其他现象性质不同，但同样也很有趣，应该通过机器人来重现。社会伤害行为通过惩罚来控制。惩罚在所有动物的行为中都是非常重要的因素。如果某一行为之后所出现的事件会降低该行为在将来执行的概率，那么这一事件就是一种惩罚。在第三章，我们谈到了基于惩罚进行学习的机器人。但是社会伤害行为提出了新的问题。被“自然”惩罚，比如，用手指去摸滚烫的物体，是否与被另一个人惩罚有所不同呢？被国家惩罚是否与被个人惩罚有所不同？在其他人面前接受惩罚是否与受惩罚时无他人在场有所不同？

另一个问题是，惩罚对社会伤害行为的效果可能有不同，取决于社会伤害行为是“有意”的还是“无意”的。第五章时，我们谈到了不但能做某事而且想做某事的机器人，但是仍有很多问题有待解决。如果做某事之后出现的是惩罚，那么对只做某事和不仅做某事还想做其他事的机器人来说，惩罚的影响分别是什么？人类是在什么年龄开始想做某事的？是否会有一些病状导致人类没有能力想做某事，于是他们和非人类动物一样，只能做某事？

另外一个重要问题涉及什么样的行为具有社会伤害性。我们的不诚实机器人直接伤害其他机器人，但是，对于人类来说，社会伤害行为远不止直接伤害他人的行为。人类社会只有按照规则行事才能存在，因为只有按规则行事，社会成员才能协调彼此的行为，并感觉社会中发生的事情可以预测，可以信赖。这也是为什么对于人类社会来说，社会伤害行为不仅仅包括直接伤害他人的行为，还包括不尊重社会规则的行为。我们能否构建可以说有“行为规则”的机器人呢？行为规则与文化共享行为有什么不同？是否只有能够预测计划行为的后果并在执行行为之前对后果进行评估的机器人才有行为规则？语言和自言自语是否也是必要？不是被另外哪个机器人惩罚，而是被整个机器人群体或者群体的代表惩罚，这是否也是必须的？为什么有些行为规则是成文的？在哪种类型的机器人社会中，行为规则是成文的？

最后一类应该由机器人的法律科学重现的现象是人类社会在应对社会伤害行为方面的差异以及法律体系的历史变化。机器人法学应该构建拥有不同文化和历史的不同的机器人社会，并比较这些不同的社会如何应对社会伤害行为以及法律体系在历史过程中经历了哪些改变。国家有惩罚社会伤害行为的责任，但是人类社会有或曾经有过不同的国家类型和惩罚社会伤害行为的不同体系。显然，国家比构成这个群体的个体权力更大，这也是为什么国家可以惩罚伤害他人的个体的原因。但国家可能指的是某个等级、某个阶层或某个世系，适用于群体中其他成员的“法律”可能不能拥有这些等级、阶层、世系的成员。只有在现代人类社会中，“法律”才适用于群体的所有成员。因此，我们必须构建一个法律适用于所有群体成员的机器人社会，并要构建并非如此的机器人社会，还要看看在不同的机器人社会中，法律体系与经济、政治、宗教机构有什么样的关联。

在现代社会中，肩负发现并惩罚社会伤害行为并由此控制这些行为之责任的，是国家，但是，我们已经看到，对国家来说，要完成这一任务并不容易，因为社会伤害行为可能收益较大，而且也很难被发现并被惩罚。这解释了为什么人类社会还有另外两个机制来控制社会伤害行为。一个机制就是互惠与名誉。如果一个人做了伤害另一个人的事情，另一个人就可能会马上或在将来某个时候反过来做出惩罚第一个人的事情，包括拒绝和这个人交往，对人类这样极度社会化的动物来说，这一点可能极具惩罚性，并可能会阻止社会伤害行为。这就是互惠。还有名誉。如果群体的其他成员都知道某个人伤害了另一个人，尽管这个人并没有伤害他们，他们也可能会惩罚这个人。如果这些社会惩罚造成的损失大过社会伤害行为所带来的好处，个人就会避免以伤害他人的方式行事。

另一个控制社会伤害行为的机制是宗教或世俗的道德感。道德感是自我惩罚。一个伤害了别人的人，因为自己的行为而惩罚自己，这种自我惩罚降低了这个人将来再做伤害他人的事情的概率。而且，他们不仅可以为做了伤害他人的事情而惩罚自己，还可以为想做伤害他人的事情惩罚自己。人类的道德感可能有直接的基因基础，或者，通过基因继承的可能不是道德感本身，而是学习他人行为的倾向（见第八章）。父母利用这一倾向来教育孩子不要做伤害他人的事情，社会和宗教机构则告诫每个人：自己的行为不得伤害他人。

人类社会需要这两种额外的机制来控制社会伤害行为，还有另外一个原因——国家惩罚某些类型的社会伤害行为，但不是所有类型。一个人可能会杀害或抢劫另一个人，这些行为会受到国家的惩罚；但是一个人也可能会损害另一个人的社会形象，可能会拒绝帮助一个需要帮助的人，会做出让别人心理上感到痛苦的事情。这些都是社会伤害行为，但国家通常并不会惩罚这些行为，因此，他们需要社会名誉和道德感。

但是国家仍然是控制社会伤害行为最重要的机制。在非人类动物之间，如果一个动物避免伤害另一个动物，那么可能是因为另一个动物更强壮或更聪明，或者可能会做出惩罚第一个动物的反应。人类不一样。我们已经说过，如果甲做了伤害乙的事情，乙可能并没有意识到这种伤害，也可能不知道施害者是谁，也可能因为比不上甲强壮或聪明而没有能力惩罚甲。这就是为什么由一个有“首领”的国家来控制社会伤害行为如此重要，也说明了为什么在过去 5000 年来的人类社会中，国家在控制社会伤害行为方面是不可或缺的角色。实际上，发现并惩罚社会伤害行为是国家生产的最重要的“货物”之一，并且该货物会被分配给每个公民。(关于机器人国家，详见第十章的“政治机器人技术”。)

现在，国家在发现和惩罚社会伤害行为方面甚至更为重要，因为自我惩罚作为一种社会伤害行为控制机制，无论是其宗教形式还是世俗形式，在西方文化中的力量都减弱了。宗教作为一种生活方式，在西方文化中变得越来越不重要，家庭角色的弱化、经济和文化的原因、越来越多的人生活在城市里的事实，导致了个体主义极端形式的出现——人们较少考虑到个体行为对他人的影响，除非受到国家的惩罚。国家控制社会伤害行为的方式也发生了变化。过去国家有“权威”，可以不必惩罚也能控制社会伤害行为，因为每个公民都尊重国家的权威。现在，国家的权威减弱，因此，发现并惩罚社会伤害行为正逐渐成为人类社会控制此类行为的唯一办法。

5. 为什么群居？作为信息中心的团体

如果群居意味着可能会被同种个体伤害，那么群居的好处又是什么呢？什么样的好处可以解释为什么所有人类都不独居，而是与其他人群居在一起呢？当然，群居的好处很多。群居可以让一个人去帮助和他有相同基因的另一个人，也可以得到来自后者的帮助，还可以向他人学习；可以专门研究一种物品的生产，通过物品交换从他人处获得其他物品；可以建立起个人组织，生产任何个体都无法独自生产的物品。（关于可以做这些事情的机器人，详见后边四章。）在本部分，我们要谈机器人重现群居的一个基本优势：机器人之所以群居，是因为群组可以提供有关环境的信息，任何一个机器人独居都无法获得这样的信息。有关环境的信息对于在该环境中生存下去至关重要，因此，这也可能是群居的一个充分条件。

一群机器人生活在有捕猎者的环境中，捕猎者的行为由我们通过硬连接来控制，而不是出现在机器人环境中。如果捕猎者能够接触到机器人，它就会把机器人杀死。能够繁殖的是那些在捕猎者出现时逃开并避免被杀掉的机器人。这些机器人有视觉传感器，在捕猎者出现时会告诉它们，但在很多情况下，当机器人看到捕猎者时，已经太晚了。捕猎者的行动非常快，机器人可能还没看见它或者还来不及跑开，就被捕猎者捉住了。但如果机器人不但能看见捕猎者，也可以看见其他机器人，还能看见其他机器人什么时候跑开，那么这就是这些机器人群居有好处的原因：机器人不但在看到捕猎者时跑开，它们在看到别的机器人跑开时自己也会跑开。（跑开的行为是由我们通过硬连接控制的。）

既然机器人只有在离别的机器人很近时才能看到别的机器人跑开，那对机器人来说，保持接近别的机器人的状态是有适应意义的，这样一来，如果别的机器人看到捕猎者的话，它就可以看见它们跑开。实际上，这种行为是在代际传递中出现的。第一代机器人神经网络的连接权重是随机的，对于有关其他机器人方位的视觉信息，它们并不太知道要做出趋近其他机器人并待在其附近的响应。因此，开始的时候，每个机器人都倾向于独居。但是，因为住在其他机器人附近降低了被捕猎者杀死的概率。在代际传递中机器人的行为发生了变化，最后，机器人往往待在彼此附近，形成或大或小的机器人群组。而且，如果一个机器人因为看见了捕猎者或者看见别的机器人跑开而跑开，它往往会回来继续留在其他机器人身边（如图6－10所示）。

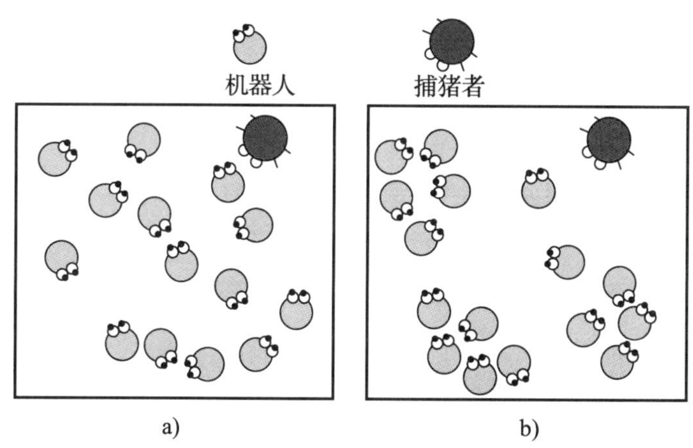

图6－10　最初，机器人独居（a）。最终，机器人以群组方式生活，因为当它们看到本组另外一个机器人跑开时，它们就知道捕猎者要到了，它们也可以逃开，避免被捕猎者杀死（b）。

这些机器人以一种极度简化的方式，向我们展示了群居的一个重要优势。对于群组所有成员来讲，群组作用类似“信息中心”。所有动物都需要有关自身所处环境的信息。但是，每个个体的感知器官，或者，从更广义的角度来讲，每个个体的经历，能够允许该个体收集的有关自身所处环境的信息，都是非常有限的。群居则解决了这个问题。群组的作用就好比一个信息中心，可以收集到与环境有关的更多信息，并使所有群组成员都能获得这些信息。这就是为什么很多非人类动物和所有人类都群居的原因。

一个机器人通知别的机器人捕猎者来了，并不是因为这对信息发出者或接受者有利，而是因为这个信息是逃开捕猎者这一行为的自然的副产品，而跑开的行为的确是对信息发出者有利的行为。真实的动物，甚至人类，确实存在这种“无意识的”交流。进化的不是通知其他机器人捕猎者来了的行为，而是对其他机器人交流的信息做出恰当响应的行为。这些机器人并没有“说话”，但它们“理解”。（有关说话与理解，详见第四章关于语言。）

但是，和群组其他成员交流群组中某一个成员所获得的信息的行为，也可以是一种进化出的传信行为，这对信号的发出者和接收者都有适应意义。在第九章，我们谈到了作为捕猎者而不是捕猎对象的机器人。它们生活在只有一个大型猎物的环境中，要攻击并杀死猎物，必须要有足够数量的机器人同时出现在猎物附近。当某个机器人看到猎物时，它会告诉其他机器人猎物在哪里，其他机器人则利用这一信息向猎物靠拢。在这个脚本中，群组也发挥了“信息”中心的作用，但无论是向群组中其他成员传递信息的行为，还是对信息做出恰当响应的行为，都是进化的结果。

从那些看到别的机器人跑开自己也会跑开的机器人身上，我们还可以学到另外一课，这一课与集体行为的自我强化特点有关。对我们的机器人来说，离别的机器人近些是有好处的，而群组的规模越大，好处也越多。即使只是成双成对地在一起，也好过独居。但是，如果机器人生活在大的群组中，那么机器人获得捕猎者来了的消息的可能性就会大大提高，因为当捕猎者到来的时候，某个群组成员看到捕猎者的可能性更大。为了检验这一想法，我们在机器人的神经网络中加入了一些视觉神经元，这些神经元可以告诉机器人其附近的机器人群组的大小。机器人则利用这一信息，进化出靠近并加入最大的群组而不是任何群组的行为。这就意味着，群组可能具有一种固有的不断增大的趋势。在人类历史上，人类的群组总是逐渐增大的，也许这一趋势可能是解释之一。

在这一部分中，我们谈到的机器人重现了群组生活的一个优势：群组可以作为所有群组成员的信息中心。我们的机器人更像动物，而不太像人类，人类的群组作为信息中心远比动物群组更为有效，因为人类有语言；而有了语言之后，群组的每个成员都可以很容易地把自己了解的有关环境的消息传递给其他成员。但是，我们也提到，在群居畜类分享有关环境的信息之外，还有很多其他的优势。在本书的其他章节，我们会谈谈重现某些其他优势的机器人。

6. 小群体生活与大群体生活

人类生活的群体可大可小，人类历史的特点之一就是人类群体规模的不断增大。几千年来，人类曾经有过数量巨大的非常小的群体，但是后来，人类群体的数量不断减少，而规模不断增加——今天，全球化正在导致一个包括所有地球人在内的单一群体的出现。为什么会这样呢？这个现象有很多可能的原因，我们下一批机器人要复制其中的两个原因。

这些机器人的生存环境中有一定数量随机分布的食物令牌，机器人必须吃掉食物令牌才能维持生命并繁殖后代。这个环境有季节变化。在每个季节开始的时候，食物令牌出现在环境中；但是到了这个季节快结束的时候，机器人已经吃掉了大部分食物，因此，机器人就面临着在下个季节开始之前要如何维持生命的问题。和以前一样，第一代机器人神经网络的连接权重是随机的，它们并不太擅长吃掉食物令牌，因此，其数量急剧减少。然后机器人逐渐习得了接近并吃掉食物令牌的能力，其数量也有所增加，直到有一天，机器人的数量与环境的承载能力相当——即达到了这一具体环境中所能生存的机器人的最大数量。这时我们创建了两个完全一样的复制环境，让半数的机器人生活在其中一个环境中，另外半数生活在另一复制环境中。生活在其中一个环境中的机器人都属于同一个大型群体，该群体的领地就是整个环境，因此，机器人可以各处去寻找食物。生活在另一个环境中的机器人被分成几个小的群体，每个小群体都在自己有限的领地内生活，每个群体的机器人只能在自己的领地内寻找食物，而不能到其他群体的领地中去。这两个种群的机器人会怎样呢？结果如图 6－11 所示。属于同一个大型群体并且可以到处去寻找食物的机器人的数量基本保持不变，甚至稍微有所增加；而第二个群体，即生活在各自小块领地的独立群体中的机器人，灭绝了。

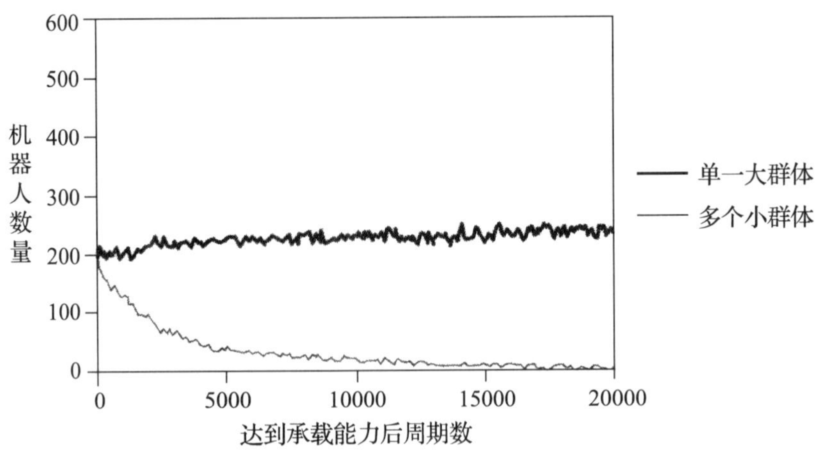

图 6-11　生活在有大块领地的单一大型群体中的机器人数量不变，而被分割成许多领地的小群体的机器人灭绝了。

结果为什么会这样呢？这个问题有两个答案。因为食物随机分布在环境中，而环境又有季节变化，所以有可能在某些时段，一个特定区域的食物已经很少了，而另一区域的食物还较多。构成一个单一的大型群体的机器人可以从环境中食物很少的一个区域移动到食物更多的区域——通过这种方式，它们可以活下来。但是生活在小领地的小群体中的机器人，情况却并非如此。即便它们的小领地中食物很少，机器人能做的也不多，这也解释了它们为什么会灭绝。

另外一个答案则与基因有关。机器人在出生时，被放置到了与父母相同的环境中，这就意味着，属于同一个群体、生活在同一领地的机器人有基因关联。这一点意义重大。对于生活在单一大型群体中的机器人来说，擅长发现食物的机器人的寿命长并且后代数量多，而另一个不能找到食物的机器人就没这么幸运了。因此，对于这些机器人来说，选择性繁殖的机制充分发挥了作用，因为最好的机器人就是那些育有后代并把自己的基因传递给下一代的机器人。但生活在小领地小群体中的机器人却不是这样的。在那里，就繁殖而言，重要的不是机器人寻找食物的能力，而是机器人所在的小领地中碰巧有多少食物。因此，育有后代的机器人不一定是更擅长找到食物的机器人，而可能是碰巧生存领地中食物暂时比较充足的机器人。对于这些机器人来说，最好机器人选择性繁殖的机制并没有什么作用，机器人寻找食物的能力不断下降，直到有一天完全灭绝。

因此，生活在领地较大的大型群体中是有优势的，这也许可以解释为什么在人类的历史进程中，其群体以及领地的规模不断增大。在第八章，我们会发现，这一点对于创造技术产品的机器人来说也是成立的。机器人大型群体的技术产品比小群体的技术产品要好，因为生活在大型群体中增加了机器人选择复制的人工产品的可能范围。

7. 社会环境与非社会环境大不同

本章中我们远距离地研究了社会交往，但并没有考虑到当一个机器人与另一个机器人交往时，实际发生了什么，也没有考虑是什么使社会行为有别于非社会行为。在这最后一部分中，我们要更近距离地看一看社会交往。我们列举了一些使社会行为有别于非社会行为的东西，因此，这些也是将来的社会机器人应该能够做到的。

人类是社会化程度非常高的动物。他们的大多数所需或所欲都取之于其他人类，因此，人类所处的环境在很大程度上是一种社会环境，而人类与其他人类的交往也大大有别于他们和无生命物体或植物的互动。其他物种的动物，比如狗，也是人类环境的一部分，这些动物很有趣，因为人类与它们互动的方式，比起人与人之间的交往，既有相同，又有不同。

社会环境与由静物和植物构成的环境（从更广泛的意义上来讲，也包括其他种类的动物）之间最重要的区别就是，当人要从植物或无生命物体处获得他们想要的东西时，必须直接对植物或无生命物体有身体行动；而当人要从另一个人那里得到什么的话，却必须通过另一个人的大脑。我们的机器人吃掉食物令牌，或者使用食物生产工具来生产新的食物。但是，一个机器人无法像对食物令牌或食物生成工具那样，通过直接的身体动作而从其他机器人处获得某样东西。另一个机器人的行为必须允许第一个机器人得到它想得到的。而且，因为另一个机器人的行为是由大脑控制的，所以第一个机器人必须对另一个机器人的大脑产生影响，这样，另一个机器人才会做第一个机器人想让它做的事情。显然，要影响另一个机器人的大脑，这个机器人必须有身体行动，因为身体行动是机器人唯一能做的。但是，机器人必须要做的，仅仅是让某些特定的感知输入到达另一个机器人的大脑，并通过这样的方式影响另一个机器人的行为。这些感知输入必须要做的又是什么呢？答案是：它们必须改变另一个机器人的动机。我们在第二章中已经看到，机器人的行为很大程度上是由其动机所决定的。机器人——动物和人也一样——有很多不同的动机，而它们需要做的，就是满足目前大脑和身体中强度最大的动机。因此，要从另一个机器人处得到自己想要的，机器人就必须改变另一个机器人的动机的当前强度，并加入新的动机。这就是社会行为：改变别人的动机，这样他们才会做你想让他们做的事情。机器人可以发送各式各样的感知输入到其他机器人的大脑中，改变其他机器人的动机，有时甚至蒙骗或者误导其他机器人。机器人可以同其他机器人交谈，可以通过身体、面部、声音来表达情感，可以通过穿衣打扮来改变自己的外在形象，还可以摆布其他机器人所处的环境，引诱它们来买自己想卖的东西。

一个有趣的问题是社会行为是否要求机器人在互相交往中，既“有意”于某事的发生，又能“理解”所发生的情况。第一个机器人是否“有意”去做它所做的事情？另一个机器人是否必须“理解”第一个机器人在做的事情，以及理解为什么第一个机器人这么做？对于人类来说，答案可能是肯定的，而对于非人类动物来说，答案可能是否定的。而且，即使是对人类来说，也可能在某些情况下答案是肯定的，而在另一些情况下答案是否定的。在这里，我们并不试图去回答这些问题，我们只想说，“有意”和“理解”的机器人是能够预测自身行为并能够评估行为后果的机器人。（我们在第五章谈到了能预测的机器人。）但是，预测无生命的环境和预测社会环境有着重要差别。要预测一个静物会发生什么情况，机器人必须要考虑的，只有从该物体传来的、到达它的感知器官的感知输入以及它对该静物要采取的行动。要预测另一个机器人会做些什么，机器人就必须考虑到达另一个机器人的感知器官的感知输入、另一个机器人知道什么、另一个机器人的动机有哪些、当前控制另一个机器人的行为的动机是什么、另一个机器人当前的情绪状态如何。还有另外一个问题。所有静物都遵循同样的“规律”（laws），这些规律相对简单，即使是普通机器人也不难发现这些规律。另一个机器人的行为不但遵循更复杂的“规律”，而且，因为每个机器人都和所有别的机器人不一样，所以它的行为不能只靠“规律”去预测。（关于机器人之间的个体差异，详见第十二章。）

社会化生活就是生活在这样的环境中——机器人不是从自然中，而是从其他机器人处获得自己想要的大多数东西。但是别的机器人为什么要给某个机器人它想要的东西呢？答案是在多数情况下，别的机器人以其他东西作为交换，给这个机器人它想要的东西。这可能是相互认识的机器人之间一种非正式的物品交换，也可能是毫无关系的机器人之间的一种经济交换，在这种交换中，所有的一切都有明确的定义：甲给乙什么，乙给甲什么，交换什么时候发生。（关于物品的经济交换，详见第八章，“机器人的经济体制”。）在有些情况下似乎并没有发生交换：机器人甲给了机器人乙某个东西，并没有以任何东西为交换。但实际上，这种情况下也有物品的交换：机器人甲给了机器人乙某些东西，是为了不被机器人乙惩罚。这关系到一个非常重要的社会现象——权力。如果机器人乙可以让机器人甲做它本来不愿做的事情并以此作为不被机器人乙惩罚的交换，那么，机器人乙可以支配机器人甲。权力可以是非正式的，但是人类社会也有社会公认的权力和机构性权力，非正式权力和正式权力是人类社交生活和社会生活的基础。

但是，另外还有更深层次的东西把作为机器人所处环境一部分的其他机器人和静物区别开。静物是一些“奇怪”的存在，和机器人大为不同，而其他机器人之间则非常相像。它们有着同样的机器人外表（大体上），它们的行为方式相同（大体上），它们有相同的动机和情绪状态（大体上）。因此，机器人对自身了解到什么程度，它对与之交往的机器人也就了解到什么程度，并且它可以把对自身的了解投射到其他机器人身上。如果机器人知道自己对某一事件会有什么样的反应，它就可以预测其他机器人对同一事件会有什么样的反应——这里的反应既指行为，也指情绪状态。当然，其他机器人和这个机器人并不是一模一样的，它们谁和谁都不是一模一样的。因此，机器人必须得了解每个机器人个体对这个或那个事件的反应，但是，在某个基础层面上，在默认状态下，机器人可以把它自己的反应推广到其他机器人的反应上。并且这个过程是对称的。了解其他机器人如何行事以及它们的想法和感受之后，机器人也就知道了该如何行事，以及该有什么样的想法和感受。

生活在社会环境中还有另外一重意义，因为社会机器人生活在两个世界中：一个公共世界和一个私人世界。到达机器人的感知器官的某些感知输入，同时也会到达附近其他机器人的感知器官。比如，当机器人看到某个东西时，机器人知道附近的另外一个机器人也能看到这个东西，因此，这个机器人可以预测这个东西会激发另一个机器人什么样的反应——假设它知道目前控制着另一个机器人行为的是哪种动机。但是，另外一些感知输入的作用则会有不同。当机器人感觉饥饿、处于某种情绪状态下或者在自言自语时，这个机器人就无法假设这些感知输入也是其他机器人经历的感知输入。机器人通过第一类感知输入了解的是公共世界，而它通过第二类感知输入了解的则是私人世界。

在这一点上，人类有别于非人类动物，这种差异应该通过构建动物机器人和类人机器人来重现。有些自然事件只给一个机器人带来感知输入，而另一些自然事件则会对物理距离较近的所有机器人产生感知输入，这是物理事实，并适用于所有类型的机器人——动物机器人和类人机器人，社会机器人和非社会机器人。但是，只有人类，因为具备复杂的预测能力，才同时生活在公共世界和私人世界中。当一个类人机器人试图预测另一个机器人的行为时，这个机器人注意到，它可以利用自身的一些感知输入——比如，来自某个物理对象的感知输入——来预测另一个机器人的行为，而其他的感知输入——比如，告诉机器人它饿了或者它正处于某种特定的情绪状态中的感知输入以及自发产生并构成机器人心理生活的感知输入——在这一点上却没什么用。

这就意味着，虽然机器人发现预测静物环境中所发生的事情相对来说比较简单——至少本地的、短期的预测是这样的，但是，预测另一个机器人会怎么做、它有什么样的感觉却难得多。这不仅仅是因为，与静物相比，机器人是更为复杂的物理存在，还因为要预测另一个机器人的行为、感受和想法，机器人需要知道很多信息，而大部分信息却是它无法获得的。还有另外一个原因。静物环境大体上总是一样的，机器人在生命的早期就可以学着去预测对环境进行预测所需要的一切，但社会环境却在不断发生变化，因为机器人所了解的那些机器人会变，并且它总会遇上新的机器人。因此，学习预测其他机器人会怎么做、它们会有什么样的感受和想法，这是机器人一生都要进行的任务。

这的确是个问题，因为社会化的生活要求对别人的行为进行预测并信赖。为了解决这个问题，人类有文化、行为规则和成文法，这些机制都是为了让群体内的所有成员行为一致，这样他们的行为才更可预测。这也解释了为什么人们愿意和自己行为相近、文化相同的人生活在一起——他们可以更容易地预测和信赖别人的行为。

这也和社会常规化有联系。第三章中我们讨论了作为一种学习形式的常规化。机器人在学习某种行为时，比如学习开车，它的行为会有变化，会逐渐常规化，而这里的常规化指的就是减少机器人在执行行为时需要考虑的感知输入的数量——这样机器人在开车时才可以和另一个机器人聊天。这也可以推广到社会常规化上。当一群机器人共同做某事时，每个人都必须响应来自其他机器人的感知输入，这样一来，常规化就变成了社会常规化——减少来自其他机器人的感知输入。在个体层面，社会常规化甚至比常规化更为重要。在社会组织行为中，传递到机器人的各种感知输入数量巨大，因为这些感知输入取决于其他机器人，而其他机器人的行为每分每秒都会有变化，且每个机器人的行为又有不同。因此，每个机器人通过行为常规化来限制传到其感知器官的输入数量。但这是不够的。必须所有机器人都有同样的常规化行为，才能减少它们向群组其他成员提供的感知输入——就像人类跳舞时、参加社会仪式时或共同建造什么东西时那样。

这对社会行为以及更广义上的社会生活有深远影响。对于某个个体的身体向该个体的大脑所发送的感知输入，其他个体是无法得知的，但是其他个体的大脑却可以自行产生与这些感知输入相同的感知输入。（大脑中负责这一部分的神经元被称作“镜像神经元”。）通过看到另一个人或听到另一个人体的声音，我们的感觉和感受可以和另一个人一样。当我看到你的胳膊移动时，我能接受到从我自己并未移动的胳膊上传来的同样的本体感受输入；当我看到你的脸或听到你的声音表达某种情绪时，我能感受到与你相同的情绪状态。了解别人知道什么和有什么感受，这在所有社会交往和社会组织行为中都起着核心作用，是一个非常重要的现象，未来的类人机器人应该能够重现。

关于社会环境，我们还想说最后一件事。社会环境并不是每个人都与每个人交往的同质环境，而是由社会网络构成的环境。一个人可能和某些人交往较多，而和另一些人来往较少，社会生活可以看成是由不同节点构成的网络，这些节点就是一个个的个体，节点之间的连接就是每两个个体之间的交往，一个节点和某些节点之间的连接，可能多过和另一些节点之间的连接。在第 4 部分，我们已经看到，不诚实机器人的社会网络可以降低惩罚对不诚实行为的冲击，但社会网络存在于所有形式的社会生活中——家庭网、朋友网、同事网、社会活动家网、权力网——一个人是什么样的人，很大程度上可以通过了解这个人所属的社会网络而得知。这就是为什么类人机器人不但必须是社会机器人，还必须是不同社会网络中的节点。

在本章的末尾，我们想说，人类的社会性是其适应模式中非常重要的组成部分，必须写入人类基因。从出生之日起，人类就积极响应来自其他人的感知输入，他们通过基因遗传下来的社会性可以解释人类行为的很多方面，比如他们往往认为自然是由和他们自身类似的实体构成的，并且愿意和这些实体进行交流；他们会对艺术作品做出回应，就像和这些作品“说话”一样；更普遍的情况是，他们给现实赋予了“意义”，这里的意义一定是别的某个人的意思，也包括他们自己。这可能就是宗教、艺术甚至哲学的起源，这也是构建进化出来的具有复杂社会性的机器人的重要原因。（关于艺术和宗教的机器人，详见第十一章。）

第七章　机器人家庭

ME 知道，对所有生物来说，最基本的要求是把基因传给下一代。这就要求生物不能过早死亡，并能繁衍后代；但对很多动物来说，维持生命和繁衍后代是不够的。特别是人类，如果他们的基因必须继续成为人口基因库中的一部分，那么在子女出生后很长一段时期内，生身父母就必须帮助其子女维持生命，使他们将来也能够繁衍。为了帮助他们的子女维持生命，父母必须在其子女附近并给予他们需要的东西；而子女则必须在其父母附近，从而获得他们需要的东西。这就解释了为什么人类生活在家庭里，以及为什么家庭对人类生活如此重要。

ME 注意到关于人类的另一件事是，像很多其他动物一样，人类有两种性别——男性和女性，且男性和女性在繁衍中扮演不同的角色。ME 对一个不同点特别感兴趣。与男性交配后，在一段时间内，女性变得无生殖力，而男性可以在他们想要的任何时候进行交配繁衍——只要他找到具有生殖力的女性。这给人类生活带来了很多影响，ME 决定建造男性机器人和女性机器人，以便更好地了解这些影响。

ME 还注意到，基因上有关联的人类群体一起住在被称为“家”的地方，而这些家往往彼此靠近。家的群体变得越来越大，特别是今天，这对人类生活产生了越来越大的影响力。

1. 基因家庭和社会家庭

人类不仅仅是人类。他们被分为男性和女性，还被分为幼年、儿童、青少年、成年人和老年人，他们与其他人在基因上有关联或无关联——并且由于生物和文化方面的原因，他们的行为反映出这些特征。女性的行为举止与男性不同。同一个人在某一个年龄的行为举止与其在另一个年龄时也不同。人们对待其亲属的方式与对待其非亲属的方式不同，并且有亲属关系的人们往往以家庭为单位住在一起。

现在的机器人没有其中任何一个特征。没有女性和男性机器人——虽然很多机器人有男性或者女性的外观，而且机器人没有一个明确的年龄——除了一些机器人有人类幼年的外观以外。机器人在基因上与其他机器人没有关联，而且它们对待基因上有关联或无关联的机器人的方式相同。它们只是机器人而已。但是，如果理论上机器人必须做出真实动物的行为，那么这就是机器人技术的另一个需要改变的方面。我们必须制造男性机器人或女性机器人、不同年龄的机器人以及有基因关系并能在行为举止上反映这些基因关系的机器人。如果我们的目标是通过制造机器人来了解人类，那么我们的机器人就必须是从女性机器人中出生，并且女性机器人需超过一定的年龄下限（女性的生育年龄），与男性机器人发生性行为并度过相当于9个月的怀孕期；幼年机器人只有在其父母为其提供食物的条件下才能存活；形成一组生育对的女性机器人和男性机器人必须和年幼的子女住在一起，并且在各方面互相帮助；在某个年龄，女性机器人不再具有繁殖能力——绝经期——而机器人会在不同的年龄时死去。这些人口学特征必须影响机器人的行为，如果文化和医疗技术改变其中一些特征，机器人则必须重现这些变化及其影响。

本章专门讨论机器人的家庭。人类生活在家庭里，因此，类人机器人也必须生活在家庭里。但什么是家庭？我们必须区分基因家庭和社会家庭。基因家庭是指因为有同一个祖先而有相似基因的人组成的群体，但由于基因相似性的程度不同，所以基因家庭是一种相对的概念。例如，兄弟姐妹比堂兄弟姐妹或表兄弟姐妹在基因上更具关联性，而嫡堂兄弟姐妹或嫡表兄弟姐妹比远房堂兄弟姐妹或远房表兄弟姐妹在基因上更有关联性。事实上，基因家庭没有内在限制，而整个人类物种可以被视为一个基因家庭——人类家庭——因为所有的人类都起源于同样的祖先。

鉴于这种定义，基因家庭存在于所有动物中。相比之下，社会家庭只存在于某些动物中，这些动物有以基因为基础的社会形态。社会家庭是指一群基因上有关联并且在一起生活和交往的人。基因家庭的概念完全是生物性的，而社会家庭的概念既是生物性的又是社会性的。这种区别非常重要，因为人们对于基因上有关联的人的行为举止往往与对基因上无关联的人的行为举止不同，而类人机器人对与其基因上有关联的机器人的行为举止必须同与其基因上无关联的机器人不同。而且，如果文化改变了什么是——或被视为是——家庭的定义，那么类人机器人就必须重现这些变化及其影响。

正如前一章所述，社会交往意味着——或者在过去意味着——空间接近性。

较之基因上无关联的人之间的交往，空间接近性对基因上有关联的人之间的交往更为重要。而事实上，空间接近性往往会随着基因关联性而变化：两个人在基因上关联得越紧密，他们生活的空间就越接近。例如，父母照顾需要抚养的子女，而这需要空间接近性。紧密关联的人们通常会住在同一个被称为“家”的地方，他们有“家庭”生活和活动。家保护其免受不利条件和不良事件的伤害，并且让家庭成员彼此靠近并住在同一个地方。

作为一个社会现象，家庭在社会、政治、经济和历史的很多方面都必须由机器人技术重现。古代人类社会是家庭等级社会，即小型社会，他们与有血缘关系和无血缘关系的亲属组成的大家庭相一致。然后，人类社会的规模不断扩大，它们包含多元化的家庭，而社会已变成基因上无关联的人们组成的大群体。人类社会的规模变得越来越大，如今有出现单一社会的趋势，它包含了所有居住在地球上的人类。在政治方面，家庭与——或曾经与——政治权利有关，因为社会的“首领”是最强大的和最富有的家庭的成员。在经济方面，家庭与财产继承和财富差异有关。在本书的其他章节中，我们将会描述机器人如何重现某些政治和经济现象，但在本章中，我们仅限于讨论由父母和子女组成的核心家庭以及包含祖父母的家庭，并且试着用机器人重现基因关联性是如何影响行为的。和其他机器人一样，本章中描述的大多数机器人都是单性机器人，它们可以进行无性繁衍。因此，我们讨论的是母亲机器人、女儿机器人和外祖母机器人。但在最后一部分中，我们将描述男性机器人和女性机器人，它们通过交配进行繁衍。

2. 母亲和女儿

在很多动物中，在出生后或多或少的一段时间里，一个新生儿无法获得其生存所需的资源，因此，如果父母想要维持子女的生命，他们就必须提供其所需的必要资源。在真实的动物中，尤其是人类，父母为需要抚养的子女提供各种各样的资源，以便维持其生命及健康（食物、水，并保护其免受各种危险和不利条件，以及如何为人处世的知识等），但接受抚养的机器人只需要食物便能存活，所以父母只为其提供食物。

（女性）机器人生活在食物令牌随机分布的基础环境里，它们必须吃下食物令牌来维持生命。

母亲机器人定期生育女儿机器人，在一段时期内，女儿机器人无法移动，因此它必须被别人喂食才能存活。既然母亲将自己的一些食物分给需要抚养的女儿，会减少它自己长寿和生育其他女儿的机会，那为什么母亲应该喂养女儿，而不是吃下自己能够找到的所有食物呢？答案是亲缘选择理论。为了保证把自己的基因传给后代，所以对母亲来说，重要的不是女儿的数量，而是成年的、可以自己生育的女儿的数量。因为幼年机器人无法移动，如果不照顾它们，它们就会饿死，所以母亲把它的基因传给后代的唯一一个机会就是将它自己的一些食物给予需要抚养的女儿。如果母亲机器人行为自私，没有喂养女儿，那么母亲机器人就可以吃下更多的食物，也可以有更多的女儿，但这些女儿在达到成年期前就会死亡，这样一来，母亲的基因就将会从该群体的基因库中消失。

这些机器人的基因不仅将其神经网络中的连接权重进行编码，而且对母亲机器人分给其需要抚养的女儿一些食物的可能性进行编码。机器人的基因中包括“照顾后代”的基因，它的数值范围从 0 到 1，0 表示母亲机器人有 0% 的概率把新寻找到的食物令牌分给幼年的女儿，1 表示有 100% 的概率出现此种行为。母亲机器人的“后代基因”数值由其女儿继承，其中会出现一些随机突变，这些突变可能增加或减少这个数值，使其在对待女儿方面表现得更无私或更自私。

我们没有重现母亲机器人的幼年的女儿和喂养幼年的女儿的实际行为，我们只重现了这种行为的影响。若母亲机器人发现食物令牌，它要么吃下食物令牌，要么将食物令牌分给年幼的女儿。“照顾后代”的基因数值为 1 的机器人会将其能够寻找到的所有食物都分给女儿——完全无私的母亲，而基因数值为 0 的机器人不会将任何食物分给女儿——完全自私的母亲。“照顾后代”基因的数值随机分配给第一代机器人，因此，该基因的平均数值是0.5，且一般的母亲有50%的概率将其食物留给幼年女儿。然而，经过若干代后，我们发现，机器人不仅逐步发展了其在环境中寻找食物的能力，此外，母亲机器人将其食物分给幼年女儿的概率增加到了约75%。若母亲机器人寻找到食物令牌，则它有四分之三的概率会将食物分给自己的幼年女儿。正如亲缘选择理论所预测的，机器人会逐步发展出对女儿无私奉献的趋势。它们减少了自己长寿和拥有更多女儿的机会，以保证现有女儿的存活。因此，它们的基因得以继续传给一代又一代。

这种行为仅限于基因上有关联的机器人，这一事实得到其他机器人的证实，它们也可以将其食物分给幼年机器人，但并非是可选择性的。

这些机器人把食物分给随机选择的幼年机器人，而非专门分给自己的女儿。这些机器人的基因包括与前一类机器人相同的“照顾后代”基因，但是现在，若母亲机器人决定按照其“照顾后代”基因中指定的概率给予食物，食物则会被分给随机选择的幼年机器人，而不一定是这个机器人的女儿。和前一类机器人一样，该群体中的“照顾后代”基因的初始值是0.5，这意味着一般来说，最初一代的机器人会分一半的食物给幼年机器人。但是现在，经过若干代以后，基因数值不增反降，并接近于零。进化后的机器人是自私的：它们吃下能够寻找到的所有食物，且不会分给幼年机器人任何的食物。

还有另外一个有趣的结果。如果我们测量那些非选择性的，且不一定喂养自己女儿的母亲机器人寻找食物的能力，我们会发现，它们比选择喂养女儿的母亲机器人更加不擅长寻找食物。为什么呢？答案是，选择性地喂养自己的女儿，比任意随机选择需要喂养的机器人产生一种更强大的进化压力，使母亲机器人逐渐发展出自己寻找食物的能力。因此，这种能力会达到更高水平。更擅长寻找食物的母亲更长寿，且拥有更多的女儿。由于女儿继承其连接权重，所以它们的女儿将来也会擅长寻找食物和生育很多女儿。因此，通过喂养自己的幼年女儿，而非任意随机选择的幼年机器人，母亲能够保证像它一样擅长寻找食物的机器人存活下来。相反地，如果母亲擅长寻找食物，但并非是有选择性地，而是将其食物分发给所有幼年机器人，那么它喂养的幼年机器人就可能不太擅长寻找食物，因此，要想使寻找食物的能力在该群体出现，就将会有更多的困难。这可能是人类相较于非人类动物更有智慧的原因之一。在子女出生后需要长期喂养他们，这一需求向人类施加压力，从而使其变得更有智慧。

到目前为止，幼年女儿纯粹是虚拟机器人，只有当其所有的母亲机器人死去以及新的一代开始之际，它们才能成为真实的机器人。这就使得母亲能够喂养它们的虚拟女儿，并且不需要在空间上接近它们。然而，在现实中，要被母亲喂养，女儿机器人就必须在身体上靠近母亲，这向女儿施加了压力，使其待在母亲附近并与其互动交流——这是社会家庭概念的一部分。我们的下一批机器人会重现组成家庭的这一方面——当母亲在环境中四处移动寻找食物时，幼年女儿会跟随着它们的母亲。

我们构建了一个新的机器人群体，在这个群体里，一旦女儿出生，就会立即被放置到它的母亲所在的环境中，因而，母亲和女儿一起生活在同一个环境里。机器人的生命被分为两个时期：幼年期和成年期。在幼年期内，机器人看不到食物令牌，只能看到它的母亲，所以幼年机器人无法直接获取它们需要的食物来维持生命。

然而，当机器人成长为一个成年人并且有了自己的女儿后，这种情况就会发生逆转。成年机器人的视神经元将最近的食物令牌位置进行编码，但它无法看到自己的女儿——我们可能会说，这是因为它正忙着寻找食物。当一个成年机器人拿到食物令牌时，如果它还尚未生育女儿，它就会吃下这个食物令牌。但是，如果成年机器人有一个或多个幼年女儿，它就会把食物令牌分给自己的女儿。（这些机器人没有“照顾后代”的基因，母亲会自动将其食物分给女儿。）这就使得机器人的幼年女儿能够存活，直到它们达到成年期，能够直接获取食物并且也能进行繁衍。

然而，这些机器人有一个新的问题：母亲只有在女儿的身体靠近自己时，才能将食物分给幼年女儿。由于母亲看不到自己的幼年女儿，并要在环境里四处寻找食物，所以它们无法与自己的女儿保持近距离，因此，在女儿和母亲之间保持一小段距离就成为女儿的责任。为了获得母亲的喂养，幼年机器人必须跟随着在环境里四处移动以寻找食物的母亲。正如我们之前所说，第一个进化的是成年机器人通过接近并获得食物而对食物的感官输入做出反应的能力，第二个则是幼年机器人通过保持与母亲的近距离而对母亲的视觉输入做出反应的能力。一开始，由于机器人神经网络的连接权值是随机的，所以成年机器人不是很擅长寻找食物，它们常会过早死去并且生育极少的女儿——而且，在任何情况下，它们都几乎没有食物分给自己的女儿。同样地，幼年机器人无法跟随在环境中四处寻找食物的母亲，因此，它们也会过早死去，因为它们的母亲几乎没有食物分给它们，并且它们无法跟随母亲以拿到母亲所能给予的很少的食物。然而，在一代又一代的进化中，由于最好的机器人进行选择性的繁衍，所以机器人神经网络的连接权值进化了——最好的机器人一定是既擅长在幼年期跟随母亲，又擅长在成年后寻找食物喂养自己的年幼的女儿——最后，一切都改变了。成年机器人寻找食物令牌的能力已经进化了，因此，它们更长寿，有更多的女儿，并且能够喂养自己的女儿。幼年机器人跟随母亲的能力也进化了，能够从母亲那里获得食物，而且，通过这种方式，它们可以达到成年期并接着进行繁衍（如图 7 - 1 所示）。

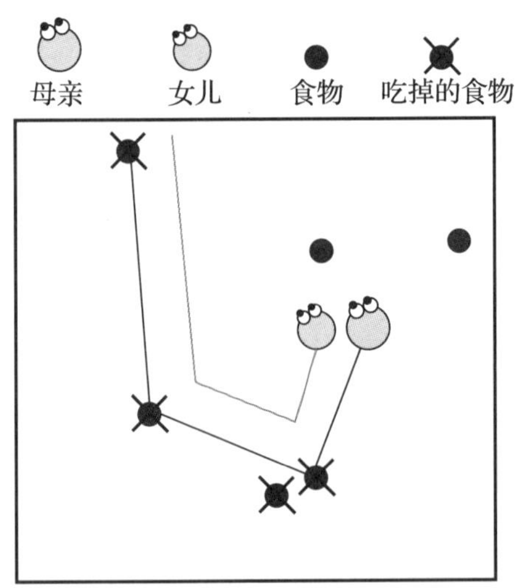

图 7 - 1　当母亲在环境中寻找食物时，幼年机器人跟随母亲以获取食物。

在这些机器人中，每一个母亲机器人都和女儿一起单独生活在环境中。因此，幼年机器人必须跟随环境中存在的唯一一个成年机器人，这种能力得到进化并在其基因中被编码。但是，如果很多母亲机器人及其子女一起生活在同一个环境里，那么就要求幼年机器人记住谁是它的母亲，这种学习方式被称为“印记”。幼年机器人必须学会跟随它们出生时见到的第一个成年机器人，因为这个成年机器人很可能就是它们的母亲，而且只有它们的母亲愿意喂养它们。我们已经在第三章中描述了机器人从母亲处得到“印记”。

本部分中的机器人拥有两种行为，皆因基因关联性而产生：母亲选择性地喂养自己的女儿，而不是其他幼年机器人；女儿跟随母亲，而不是其他成年机器人，来得到喂养。这些行为是家庭的基础，而家庭就是基因上有关联的人生活在一起且互动交流。在下一部分中，我们将扩大视角，介绍外祖母机器人。

3. 外祖母

到了一定的年龄，女性不再具备生育能力，这种现象被称为绝经期。在大多数非人类动物中，包括非人灵长类动物，女性往往会在不再具备生育能力后没多久就会死去。相反地，人类女性在绝经期后还会继续生活一段时期，甚至可能会延续几十年。出现这种差异的原因是什么？如果女性在绝经期后无法再有子女，那为什么他们在绝经期后还能活很长时间？有人提出一种假说来解释人类女性在绝经后仍长寿的现象，即“外祖母假说”。正如我们从先前的机器人中看到的，母亲为女儿提供它们维持生命所需的食物，直到它们的女儿能够自己直接获取食物。母亲倾向于这样做，是因为把食物给予需要抚养的女儿提升了它们将自己的基因传给后代的概率。

根据“外祖母假说”，女性在绝经期后仍能够继续生活，是因为它们可以帮助成年女儿为孙辈提供所需的食物——以及其他益处，例如保护他们免受危险和不利条件的伤害。绝经后的生活没有直接的适应值，因为女性绝经后无法再有子女；但却有间接的适应值，因为绝经后的外祖母可以帮助他们的孙辈维持生命。

我们的下一批机器人是针对“外祖母假说”的一项测试。在这些机器人中，寻找食物的行为没有得到进化，而是进行硬接线处理，且所有的机器人都同样擅长寻找食物令牌。机器人只是按照最短的路径来接近并获取最近的食物令牌。然而，机器人可能会发现自己正处在没有食物的环境里，它可能会死去，因为它没有食物可吃。机器人都是女性，并且进行无性繁衍：成年女性机器人定期生育女儿机器人。寻找食物的行为是被硬连接的和未经进化的，但在这些机器人中的其他一些东西发生了进化。机器人有一种基因，即“自然死亡年龄”基因，它们从母亲身上继承这个基因，而这个基因指定了机器人的预期死亡时间。所有的机器人一定会在其年龄上限死去，但是机器人也可以在这个年龄之前死去，这不仅因为机器人缺乏食物，还因为其“自然死亡年龄”基因指定了一个较早的死亡时间。机器人的女儿在继承其母亲的“自然死亡年龄”基因时发生随机突变，增加或减少了预期的生命长度。

机器人的一生可以分为三个阶段：幼年期、成人期和老年期。在幼年期内，机器人无法移动，只有靠母亲和（或）外祖母为其提供食物才能继续存活。成年女性可以移动和寻找食物，并且它们通过最多生育三个女儿来进行繁衍。当幼年女儿的能量达到一定的低临界值时，母亲会自动将其食物分给女儿。年老的女性也可以移动和寻找食物，但它们不能繁衍，因为女性达到老年就会经历绝经期。这些机器人比普通的机器人更现实，因为它们有一个“生命史”——它们的生命是一连串不同的阶段——还有一个更大的世代重叠，因为幼年机器人与母亲和外祖母一起生活（如图7－2所示）。

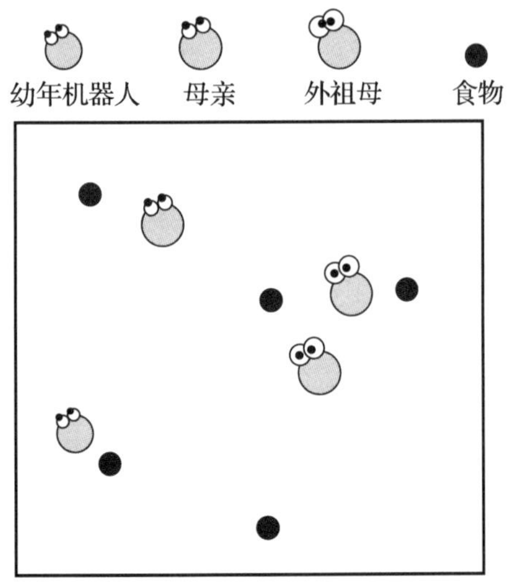

图7－2　一个幼年机器人和它的母亲及外祖母。

母亲会自动将其食物分给需要食物的女儿，但外祖母不同。我们比较了两个机器人群体。在一个群体中，外祖母是无私的，它们将食物分给自己的孙女；在另一个群体中，外祖母是自私的，它们将所有的食物留给自己，而无视自己的孙女。外祖母对于其外孙女的行为，会给机器人“自然死亡年龄”基因指定的预期死亡年龄带来什么影响呢？请注意，“自然死亡年龄”基因只会对年老的女性有影响，因为只有年老的女性才会在自然年龄死亡。幼年和成年女性只会死于饥饿，而年老的女性既可能会死于饥饿，又可能是因为它们的“自然死亡年龄”基因指定了一个较早的死亡年龄。

第一代机器人的“自然死亡年龄”基因有一个值，它是在老年期的开始和终止之间随机选择的。较于母亲的预期死亡年龄而言，带有随机突变遗传的基因可以提前或延迟女儿的预期死亡年龄。我们感兴趣的是，在进化结束之时，在有无私或自私外祖母的机器人群体中，其基因型中指定的预期死亡年龄是多大。

结果是，在有自私外祖母的群体中，机器人在绝经期后不会活很久。自私外祖母的基因型中编码的自然死亡年龄在绝经期后通常只有 11 个周期。相反地，如果外祖母是无私的，且将自己的食物分给孙女，那么普通女性在绝经期后会继续生活很长一段时间——92 个周期。这与“外祖母假说”相一致。人类女性在停止生育后通常还能活很久，因为通过这种方式，它们可以帮助自己的子女维持孙辈的生命。有无私外祖母的群体比有自私外祖母的群体规模更大——459 人:353 人。无私的外祖母更长寿，从而可以帮助它们的孙女维持生命，这导致了人口规模的扩大。

我们现在有另一个问题。正如我们先前所说，老年女性的死亡有两种不同的原因：自然原因——因为它们的遗传基因型指定了一定的死亡年龄——或者因为它们不能吃食物且其能量降为 0 而死。无私的外祖母的死亡原因与自私的外祖母一样吗？答案是否定的。在无私的外祖母的群体中，老年女性更可能因其不能吃食物而死亡；而在自私的外祖母的群体中，它们更可能因为自然原因而死亡（达到了它们的“自然死亡年龄”）。无私的外祖母更长寿，但由于它们会将自己的食物分给孙女，所以它们可能会死于饥饿。

自私的外祖母往往会较早死亡，不是因为它们不能吃食物，而是因为它们没有长寿的压力，而且它们的基因型指定了一个较早的预期死亡年龄。两个机器人群体的不同人口构成显示，无私的外祖母的群体中比自私的外祖母的群体中有更多的孙女拥有一位活着的外祖母。

在这些机器人中，成年女性最多可以生育3个女儿，且母亲是在其生育期早期生育的所有这3个女儿——即集中出生。现在我们要构建另一个机器人群体，在这个群体中，母亲生育这3个女儿的时间跨越整个生育期——即间隔出生。然后我们在这些新的机器人中对比有无私的外祖母的群体和有自私的外祖母的群体。间隔出生的结果是什么？最终证明，在间隔出生的机器人的“自然死亡年龄”基因中编码的预期死亡年龄，高出集中出生的机器人，然而令人惊讶的是，这在有无私的外祖母的群体和有自私的外祖母的群体中都适用。这会与“外祖母假说”相互对立吗？“外祖母假说”是指在有着无私的外祖母的群体里（不是有着自私的外祖母的群体里），在女性停止生育后，群体的基因型将会进行编码以使其更长寿，因为通过这种方式，它们可以帮助自己的女儿喂养孙女。我们的结果说明，对于母亲在其生育早期生育女儿的这一群体，“外祖母假说”是成立的；但对于母亲跨越整个生育期生育女儿的这一群体，这个假说尚未得到证实。如果母亲是跨越整个生育期生育女儿，基因型中指定的死亡年龄对于无私的和自私的外祖母均有所增长，这与“外祖母假说”是相互对立的。如果外祖母不能帮助自己的女儿喂养外孙女，那为什么它们需要活这么长时间呢？

这一结果可以通过“母亲假说”进行解释。“外祖母假说”表示，女性机器人在绝经期后能够继续活着，是因为它们可以帮助自己的女儿维持孙女的生命。但是，如果母亲在其生育期末期生育子女，那么同样的问题也适用于母亲。（而且如今，在西方社会中，母亲通常在其大龄且临近生育期末期才生育子女。）若母亲生育子女，它们会临近绝经期，因此，它们可能需要在达到绝经期之后照顾自己的幼儿。这意味着对母亲施加选择性的压力，要求其在绝经期后活得更长。这不仅适用于有无私的外祖母的群体，还适用于有自私的外祖母的群体，因为这是给母亲而非外祖母的压力。母亲一定是无私的。外祖母可以相信自己的女儿能够照顾孙女，因此它们可以自私，并且可以忽视自己的孙女。然而母亲对自己的女儿一定是无私的，因为在幼儿无法照顾自己的群体中，这是母亲将其基因传给下一代的唯一可能。

因此，如果母亲能在生殖末期生育女儿，就将会有选择性的压力要求它们在绝经期后活得更长，不管它们的母亲——即女儿的外祖母——做什么。这再一次对机器人的人口构成产生了影响。间隔出生的人口规模比集中出生的人口规模更大，因为在绝经期后长寿对母亲施加的压力高于对外祖母的。但是外祖母仍然很重要。在间隔出生的群体中，有无私的外祖母的人口规模仍然大于有自私的外祖母的人口规模。

这些机器人重现了一些与家庭和生活经历有关联的非常基本的现象，将其作为基因中指定的一连串生命阶段。显然，即使是这些基本现象，在我们的机器人中也是极为简化的。我们的母亲机器人固定最多可以有 3 个女儿，并且由我们来决定出生的间隔以及外祖母是无私还是自私的。所有的这些参数都应该被编进机器人的基因中并且自主进化，这样一来，我们可能会更好地了解它们是如何进化的，以及是如何共同进化并相互影响的。我们已经采用了一种完全的生物视角，而在人类之中，这些参数还会受到文化的影响并会随着文化而改变。我们的机器人所处的环境非常简单，其中包含数量固定的食物令牌，因为任何被吃下的令牌都可以立即被一个新的食物令牌所取代。在一个有较少食物的环境中，或在一个食物数量依季节而变化的环境中会发生什么事呢？我们预测，较少的食物或季节性食物意味着对外祖母施加更大的压力，让它表现出无私且在绝经期后活得更长。我们的机器人的最后一个缺陷是，无私的外祖母喂养自己的孙辈，但在其因年老而无法自己寻找食物时，却没有人照顾它们。人类照顾自己年迈的父母，是不是因为他们希望得到帮助？与非人类动物不同，人类在整个生命中都保持他们的“印记”吗？（在第九章中，我们会回到这最后一个问题。）

4. 姐妹

到目前为止，所描述的机器人的无私行为的对象是连续世代的机器人——母亲对自己的女儿表现得无私，外祖母对自己的孙女表现得无私。现在我们会问：机器人会对和它同一代有亲属关系的机器人——它的姐妹——表现得无私吗？我们用下面的机器人来回答这个问题。

机器人生活的环境中既包含食物令牌，又包含一些非食物令牌，即通过一种简单的农业生产新食物的工具。当机器人拿到一个食物令牌后，它吃下这个食物令牌，食物令牌消失且不会被一个新的食物令牌所取代。

当机器人拿到一个食物生产工具后，这个工具也会消失，但是另一个食物令牌会出现在环境中被随机选择的位置上。（一个食物生产工具仅可用来生产一个食物令牌，然后它就必须被扔掉。）吃掉食物令牌是一种适应性行为，而接近和拿到食物生产工具也是适应性的，因为它增加了机器人可以吃掉的食物令牌的总数。

像往常一样，机器人起初无法拿到食物令牌并吃下它们，也无法拿到食物生产工具并生产新的食物令牌。机器人吃到的食物很少，生产出的新食物也很少。因此，更擅长拿到并吃下食物令牌的机器人的选择性繁衍，使得机器人吃掉现有食物的能力在一代又一代中持续增长。那么，机器人拿到食物生产工具并生产新食物的能力会发生什么状况呢？如果一个机器人无法生产新的食物，那么它就只能吃掉自然存在于环境中的食物。如果机器人能够生产新的食物，那么机器人不仅可以吃掉自然存在于环境中的食物，还可以吃掉它生产的新的食物。人类与其他动物不同，因为在过去的 10 000 ~ 12 000 年中，他们采用了一种更有适应性的策略，即通过农业和动物养殖来生产新食物，而不是仅仅在打猎和采集中收集现有的食物。因此，如果我们的目标是建造类人机器人，那么我们的机器人就必须拥有生产新食物的能力。

机器人能生产新的食物吗？如果每一个机器人都独自生活在自己的环境里，而没有其他的机器人（如图 7 - 3 所示），那么答案是肯定的。机器人能够进化出吃掉现有食物的能力和生产新食物的能力。这些机器人的健康（在固定的生命长度中吃掉的食物令牌的总数）优于只能吃现有食物的基础机器人的健康——这是可以理解的，因为新的机器人拥有更多可食用的食物。

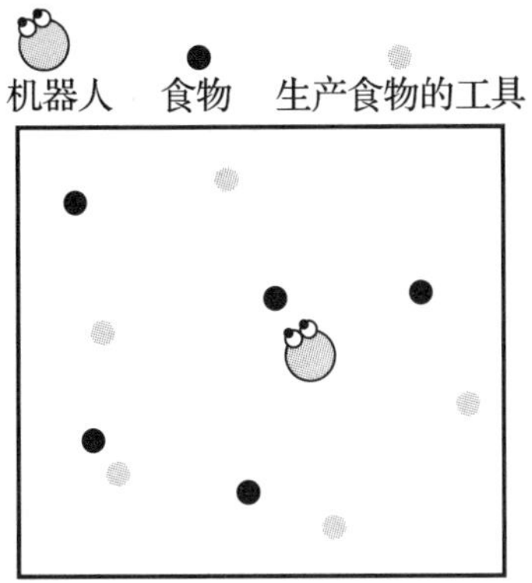

图 7－3　一个机器人独自生活在既有食物令牌，又有生产新食物令牌的工具的环境中。

然而，这是每一个机器人独自生活在自己的环境里会发生的事，因此，生产新的食物令牌的机器人确信没有其他机器人会吃掉自己生产的食物令牌。如果很多机器人一起生活在同一个环境里会发生什么事呢？机器人生产的食物令牌会出现在环境中随机选择的位置上，而不一定会出现在生产出它的机器人附近。因此，新的食物令牌不是被生产它的机器人吃掉，而是被另一个恰巧靠近这个新的食物令牌的机器人吃掉。（这些机器人不拥有这些东西，而且它们没有产权。我们将在第九章描述拥有东西的机器人。）生产新食物的行为是无私的，因为它减少了食物生产机器人的存活和繁衍机会——机器人本可以利用自己的时间吃下现有的食物令牌，而不是生产新的食物令牌——并且它增加了其他机器人存活和繁衍的机会。因此我们会问：生产新的食物令牌的行为会在这些机器人中进化吗？

答案取决于哪些机器人一起生活在环境里。环境里只包含四个机器人，但重要的是这四个机器人是谁。

我们进化了两个机器人群体。在一个群体中，生活在同一个环境中的四个机器人从同一代所有的机器人中随机选择。在另一个群体中，一起生活的四个机器人是同一个母亲的女儿。它们是姐妹机器人，因此，它们有同样的——或非常相似的——基因（如图 7－4 所示）。

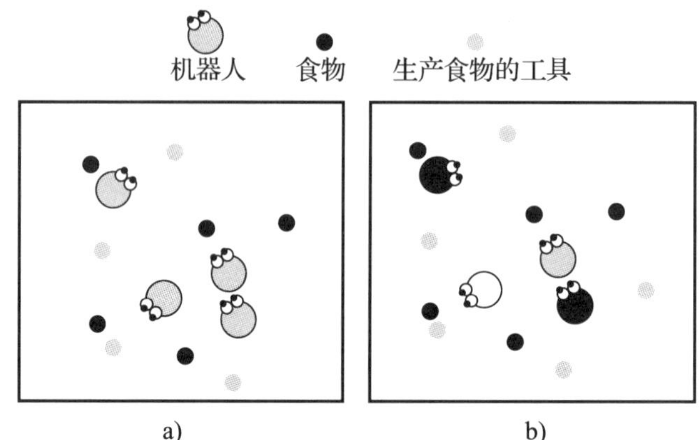

图 7-4　四个机器人一起生活在同一个包含食物令牌和生产新的食物令牌的工具的环境里。这四个机器人是姐妹（相同的颜色）a)，或者它们是基因上无关联的机器人（不同的颜色）b)。

与基因上无关联的机器人住在一起，和与基因上相似的机器人住在一起的结果是什么？机器人是否会只吃自然存在于环境中的食物，还是会花费自己的时间来生产会被其他机器人吃掉的新食物？结果是，如果机器人和它们的姐妹生活在一起，它们就会进化生产新食物的行为；如果它们和基因上无关联的机器人生活在一起，则不会进化这种行为。原因显而易见。当机器人生产出新的食物令牌时，这个食物令牌可能不会被生产它的机器人吃掉，而是会被另一个机器人吃掉。因此，生产食物的机器人所做的工作就降低了自己的存活机会，但却增加了另一个机器人的存活机会。在姐妹的群体中，花费自己的时间去生产新食物的机器人的个人存活和繁衍概率将降低，但机器人的姐妹的存活和繁衍概率将增加。这里，亲缘选择理论再一次发挥作用。由于生产食物的机器人的无私行为，所以它可能不会活得很久，也不会有很多女儿，但它的姐妹会活得更久，也会有更多的女儿。由于机器人姐妹的基因与无私机器人的基因相似，所以无私机器人的基因也会出现在下一代当中。这些基因编码出生产新食物的倾向，因此，这些机器人会变成生产食物的机器人。相反地，如果一个机器人和基因上无关联的机器人生活在一起，那么生产新食物的行为就增加了不一定倾向于生产新食物的机器人的繁衍机会。因此，生产新食物的行为并没有进化。

生产新食物的行为使得机器人的生活条件得到改善，因为机器人不仅可以吃到自然存在于环境中的食物，还可以吃到自己生产的食物。事实上，我们发现，和自己的姐妹生活在一起并进化出生产新食物的行为的机器人所吃掉的食物令牌的总数，高于和基因上无关联的机器人生活在一起且未进化出生产新食物的行为的机器人所吃掉的食物令牌的总数。这些机器人的人口规模是固定的。但是，如果人口规模在一代又一代中发生变化，我们就会发现，生产新食物的机器人多于不生产新食物的机器人。这也解释了在人类中出现的生产新食物的战略——农业和动物养殖——而不是仅仅吃那些通过采集和打猎所得到的现有的食物。

发生在这些机器人身上的事有两层含义。第一层含义（预测）是，人类由在基因上有关联的人组成的团体——家庭——之中兴起了农业，这也可能导致其他行为的出现，例如制造工具、进行夜间修理，或是利用现有的产品生产出新的产品。所有这些新产品都首次出现在由基因上有关联的人所组成的团体中。另一层含义是，生产可被其他人使用的产品可能是一种压力，要求其与基因上有关联的人生活在一起——即生活在家庭里——因为生活在家庭里保证了生产的产品可被基因上有关联的人使用。

当然，后来通过引入私有财产以及处罚那些吃其他人所生产的食物或使用其他人所生产的工具的个人，人类发现了在由基因上无关联的人组成的团体中发展农业和生产新产品的方法。但在本章中，我们对农业的出现或财产权及其他社会现象的出现不感兴趣。我们只想解释为什么基因关联性是一个重要的决定性因素，决定着人们如何对待其他人，以及与那些有亲属关系的人生活在一起可能是很多特定的人类现象的起源。

5. 男性和女性

到目前为止，书中所有描述过的机器人只有一个性别，它们进行无性繁衍。（第二章中的交配对象只是虚拟机器人。）但是人类以及很多其他动物都有两种性别——男性和女性，并且一个个体和另一个异性个体交配才能繁衍。因此，类人机器人应该是男性或女性，且它们应该进行有性繁衍。在本部分中，我们会描述男性机器人和女性机器人，且它们通过交配进行繁衍。性与家庭的存在有关，因为母亲和父亲往往生活在一起，从而照顾他们的子女并再次交配。

男性机器人如何不同于女性机器人？在男性机器人和女性机器人中，我们只发现一个差异：交配对男性机器人和女性机器人会产生不同的影响。交配后，男性可以立即与另一位有生殖力的女性进行繁衍交配；而在成功交配后，女性由于怀孕、荷尔蒙改变、哺乳和其他因素，会有一段无生育力的时期。男性机器人和女性机器人之间的这种差异所带来的后果是什么？

机器人共同生活的环境里包含食物令牌，它们必须吃下这些食物令牌来维持生命。和之前的机器人一样，这些机器人有视觉传感器，可以告诉它们食物令牌在哪儿。它们必须对此做出反应，然后接近并吃下食物令牌。然而，对这些机器人来说，吃食物和长寿并不足以将它们的基因传给下一代。一半的机器人是男性，一半的机器人是女性，若要繁衍，一个男性机器人必须和一个女性机器人交配。机器人的视神经元不仅会告知机器人最近的食物令牌的位置，还会告知靠近它们的机器人的位置，以及哪个是同性机器人或异性机器人。当一个机器人接触到另一个异性机器人时，会进行交配，但交配的结果对男性和女性不同。在男性和女性交配后，男性可以立即与另一位有生育力的女性交配，并生育另一个后代。而在女性和男性交配后，女性在一段固定的周期内会变得无生育力，只有在无生育力的周期结束后，它才会重新有生育力，并且可以与同一位男性或另一位男性再次成功交配。

男性机器人和女性机器人有不同颜色的身体，但是，当女性机器人无生育力时，它的身体会发生改变。男性机器人是黑色的。当女性机器人有生育力时，它们是灰色的；但当它们变得无生育力时，它们会变为带有部分白色的灰色（如图 7-5 所示）。

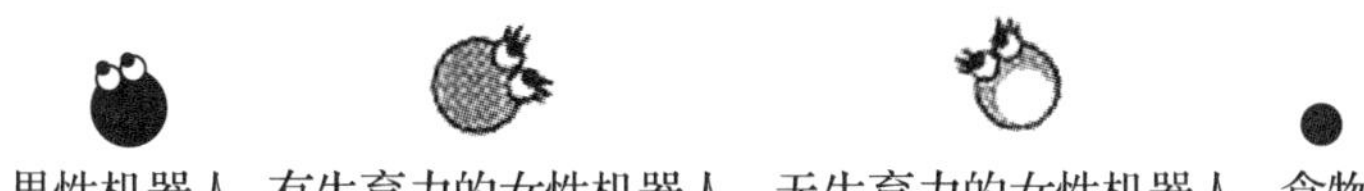

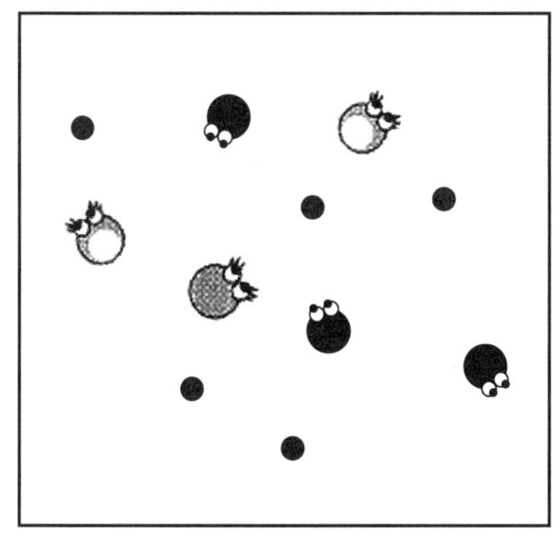

图 7-5　三个男性机器人、一个有生育力的女性机器人和两个无生育力的女性机器人一起生活在同一个环境里。

所有机器人都有视觉传感器，使得它们可以看到自己周围的事物，并且分辨出男性机器人、有生育力的女性机器人、无生育力的女性机器人和深灰色的食物令牌。但是男性机器人和女性机器人的大脑并不相同，因为女性机器人的大脑会通知其当前状态——有生育力或无生育力。除了能够编码任何靠近女性机器人物体的位置和颜色的视神经元外，女性机器人的神经网络中还有内部感觉神经元，可以用于编码女性机器人当前的生育力状态。这使得女性机器人的适应模式比男性机器人的适应模式更复杂，因为在它们的行为中，女性机器人必须考虑其身体的状态。

所有机器人的年龄上限都相同，但如果一个机器人体内的能量达到零，它就会过早死亡。然而，对这些机器人来说，维持生命不足以将自己的基因传给下一代。为了生育后代，一个机器人必须和异性机器人交配，当两个异性机器人接触到对方时会发生交配行为。因此，为了把它们的基因传给下一代，机器人必须能够在寻找食物和寻找交配伴侣之间合理地分配时间。然而，正如我们之前所说的，女性机器人不同于男性机器人。女性机器人与男性机器人交配后，女性机器人在一段固定时期内会变得无生育力，如果一个男性机器人和无生育力的女性机器人发生交配行为，则不会生育后代。

当一代中的所有机器人都已死亡后，男性机器人会被按照其一生中所发生的生育性交配事件的数量排名，排名最高的男性机器人生育出一定数量的男性机器人后代来继承其父亲的基因。对女性机器人也进行同样的排列，排名最高的女性机器人生育出一定数量的女性机器人后代。（这显然是一种简化，因为在真实的动物中，后代的基因型是由部分父亲的基因型和部分母亲的基因型组成。）新的男性和女性机器人构成下一代机器人，它是由相同数量的男性机器人和女性机器人组成的。

最初，机器人不太擅长吃食物，也不太擅长交配，这也就意味着它们只有短暂的生命，并且它们在短暂的生命里很少进行交配。接着，进化的过程产生出更好的机器人，它们能吃得更多、活得更久，而且更频繁地进行交配。我们的问题是：男性和女性机器人的行为会有所不同吗？男性和女性机器人之间唯一的差异是，男性机器人在任何时间都能交配成功，而女性机器人在交配成功后却有一段无生育力的时期。男性机器人和女性机器人在行为上的唯一的性别差异会产生什么后果？

正如我们之前所说的，机器人正逐渐进化出接近并与另一个异性机器人成功交配的能力，最后我们发现，平均一个机器人会有6段成功交配的经历——生育6个后代——这个数量对于男性和女性机器人来说一定是一样的。然而，如果我们查看最佳男性机器人和最佳女性机器人，我们就会发现，最佳男性机器人的后代数量（约15个）高于最佳女性机器人的后代数量（约10个）（如图7－6所示），而最差男性机器人的后代数量少于最差女性机器人的后代数量。这表示女性机器人通常有数量差不多相同的后代，而一些男性机器人则比其他男性机器人拥有更多数量的后代。这也意味着男性机器人比女性机器人有更大的选择性压力。女性机器人十分确定它们会有自己的后代，而男性机器人则必须和其他男性机器人竞争才能有后代。

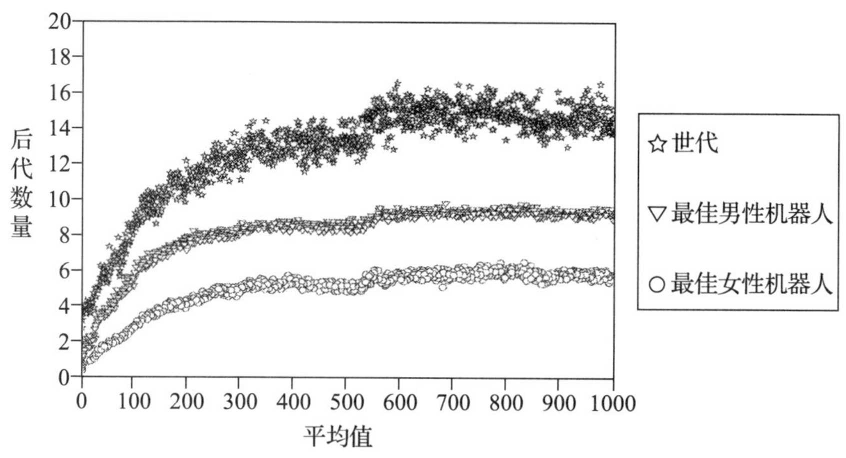

图7－6　男性和女性机器人的平均后代数量一定是相同的，但在所有世代中，最佳男性机器人却比最佳女性机器人有更多的后代。

但由于我们的机器人必须维持生命以交配和生育后代，而它们又必须吃食物才能维持生命，所以，成功交配的平均数量有所增加意味着，我们的机器人不仅进化出了成功交配的能力，而且进化出，吃食物的能力。这是两种不同的能力。两个机器人可以有数量相同的成功交配活动——数量相同的后代——但是一个机器人可能非常擅长吃食物，因此，它可以长寿，但不是特别擅长成功交配；而另一个机器人可能不太擅长吃食物，因此，它可能在达到死亡年龄下限之前就会死去，但在其较短的生命中却非常擅长成功交配。从这两种能力的角度来看，男性机器人和女性机器人该如何进行比较?

如果我们查看普通男性机器人和普通女性机器人，我们会发现，男性机器人比女性机器人活得更久，这意味着男性机器人比女性机器人吃得更多。事实上，如果我们计算男性机器人和女性机器人在其一生中吃掉的食物令牌，我们就会发现，男性机器人吃的食物令牌比女性机器人更多。为什么男性机器人比女性机器人吃得更多且活得更久呢?正如我们之前所说的，这似乎可以解释为，相较于男性机器人，女性机器人有一种更为复杂的适应模式。女性机器人的大脑必须处理更为丰富的感官输入，包括内部身体输入，它告诉女性机器人当前的生殖状态，而女性机器人必须回应这种额外输入，以便在有生育力和无生育力时有不同的行为表现。男性机器人则没有这个问题。它们的大脑只从外部环境中接收感官输入，而它们的行为必须一直保持一致：寻找有生育力的女性，同时吃下所能找到的所有食物令牌。

如果我们查看计算机屏幕中的机器人，就会发现，女性机器人不仅行为表现不同于男性机器人，而且它们在有生育力和无生育力时的表现也不同。男性机器人往往移动得更多，且会在环境中探索更多的区域，但这仅适用于有生育力的女性机器人，而无生育力的女性机器人却并非如此（如图 7－7 所示）。男性机器人往往比较活跃，且一直在寻找，不是寻找食物就是寻找有生育力的女性机器人。有生育力的女性机器人不会移动太多，只有当它们变得无生育力时，才会像男性机器人一样不断地移动和探索。这些行为上的差异与不同的交配策略有关。男性机器人的交配策略是在环境里移动，从而寻找有生育力的女性机器人，一旦它们能够找到，就会接近并与它们交配。有生育力的女性机器人的策略是待在原地，以等待男性机器人找到它们并与之交配。这些不同的行为策略对吃食物和生存会产生不同的影响。尽管相较于食物，男性机器人对有生育力的女性机器人更感兴趣，

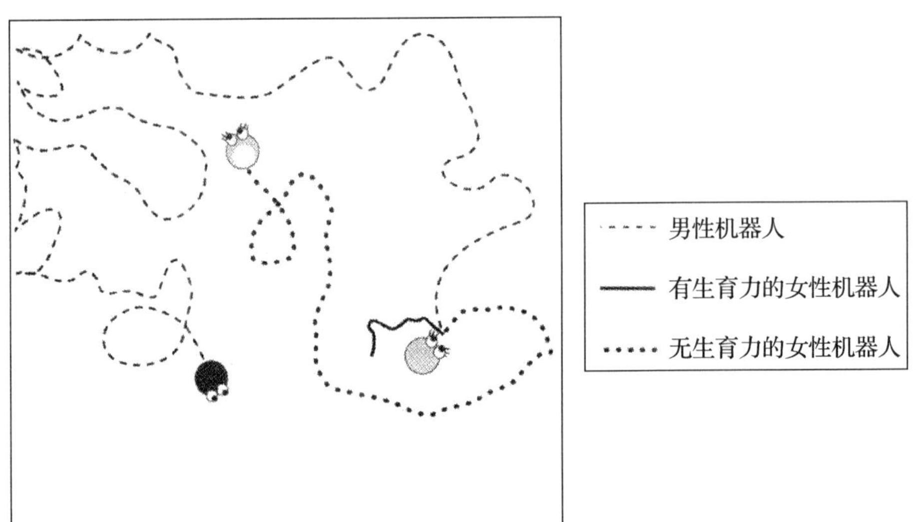

图 7－7　环境中的部分区域由一位男性机器人、一位有生育力的女性机器人和一位无生育力的女性机器人在相同的周期数内进行探索。男性机器人会比有生育力的女性机器人探索更多的环境。而无生育力的女性机器人则在两者之间。

但它们比女性机器人吃得更多，因为总的来说，它们移动得更多，所以能比女性找到更多的食物。只有当女性机器人无生育力时，它们才能变得更加活跃，并去寻找食物。

男性和女性机器人之间的另一个差异与男性和女性机器人的生命长度及交配成功度——后代的数量——如何相互关联有关。

那些活得更久的机器人是有更多后代的机器人吗？对女性机器人来说是这样的，但对于男性机器人来说却并非如此。所有的女性机器人活着的时间都差不多相同，且它们有数量差不多相同的后代；而有些男性机器人虽生命短暂，但却比其他活得更久的男性机器人有更多的后代（如图 7 - 8 所示）。男性和女性机器人有两种不同的适应策略。由于交配后的无生育力时期，所以女性机器人在其整个生

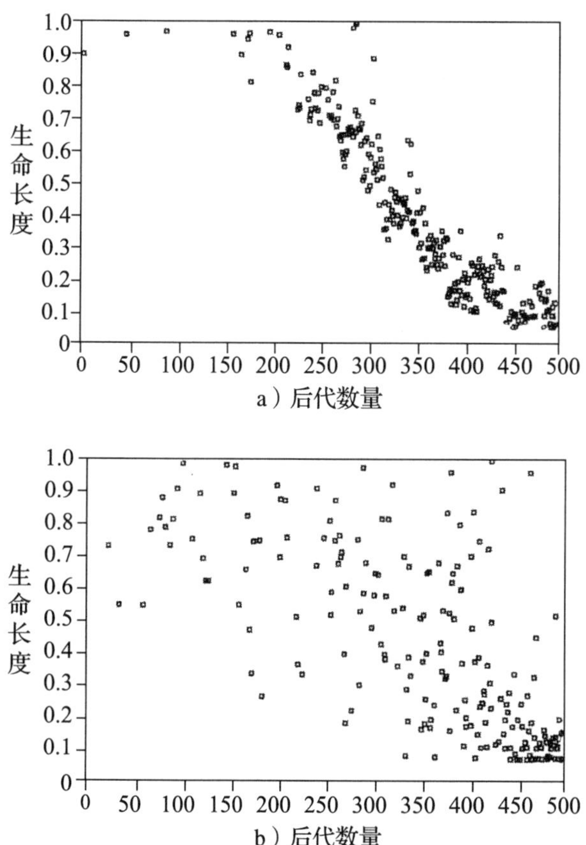

图 7 - 8　活得更久的女性机器人有更多的后代 a)，但对于男性机器人却并非如此 b)。男性机器人可以有很多的后代和短暂的生命，或者很少的后代和漫长的生命。

命中只能有后代数量的上限。男性机器人则没有这种限制，因为从理论上讲，它们在其生命中的每一个周期都可以有一段成功的交配活动，而繁衍的成功仅由可得到的有生育力的女性所限制。男性机器人的繁衍成功是由其寻找有生育力的女性机器人进行交配的能力来衡量的，而不是取决于寻找食物的能力。相反，有生育力的女性机器人不需要寻找男性机器人，因为男性机器人会寻找它们，而它们唯一的问题是吃食物和活得更久，以便发挥其最大的繁衍潜力。然而，矛盾的是，男性机器人更大的流动性使得男性机器人吃掉更多的食物，因此，它们比女性机器人活得更久。

为了证实这个对男性和女性机器人行为的解释，我们测量出了不同机器人的流动程度，以及它们探索环境的多少。我们将环境分成一定数量的单元，以便计算在一段对所有机器人来说都相同的固定时期内，男性机器人、有生育力的女性机器人及无生育力的女性机器人分别探索过多少不同的单元。结果是，男性机器人比有生育力和无生育力的女性机器人探索了更多的环境单元，且移动得更快（如图7－9所示）。

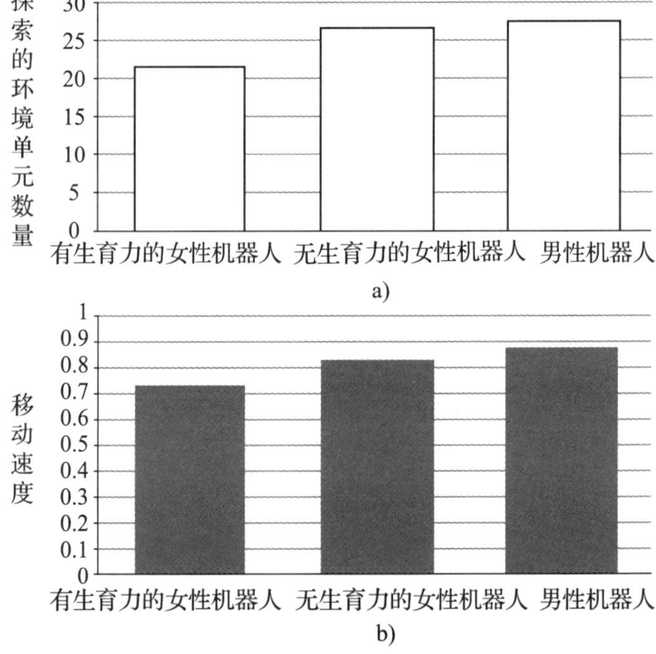

图7－9　有生育力的女性（RF）、无生育力的女性（NRF）和男性（M）探索的环境单元数量a）及移动速度b）。

为了更好地理解男性、有生育力的女性和无生育力的女性在其行为中如何有不同的表现，我们检查了机器人在实验室中是如何表现的。在此环境下，它们需要在两个选项中选择一个。我们考虑所有可能的选择。在一个实验中，男性需要从有生育力的女性和食物令牌中进行选择；而在另一个实验中，同一个男性在有生育力的女性和无生育力的女性中进行选择；在第三个实验中，它需要在食物令牌和另一个男性中进行选择，以此类推。对于有生育力和无生育力的女性来说也同样如此。它们在男性和食物令牌中进行选择，在男性和有生育力的女性中进行选择等。虽然作为实验对象的机器人可以随意移动，但实验对象之外的机器人却必须选择不会移动。

每一个实验持续固定数量的周期，针对每一个实验，我们都采取三种测量方式：①机器人的选择是什么；②机器人需要花费多长时间拿到其中一个选项——机器人或食物令牌；③机器人似乎对其必须进行选择的两个选项都不太感兴趣的实验的数量，因为在实验结束时，机器人没有拿到两个选项中的任何一个。

结果如下。若男性必须在有生育力的女性和食物令牌之间进行选择，它显然更愿意选择有生育力的女性，而如果它们必须在有生育力的女性和无生育力的女性之间，或有生育力的女性和男性之间进行选择，它们会表现出对有生育力的女性更明显的选择倾向。当男性必须在食物和无生育力的女性之间，或食物和另一个男性之间进行选择，这种情况也会发生逆转：男性几乎会一直选择食物。在所有情况下，男性都移动得非常迅速，而且它们从未表现出犹豫不决。一项实验很少因其没有在两个选项中选择一个而结束（如图 7－10 所示）。

与男性相比，有生育力的女性在食物和男性之间偏向食物。甚至当有生育力的女性必须要在一个男性和一个有生育力的女性之间进行选择时，它们才会多一点选择男性，而非有生育力的女性。在这两种情况下，特别是第二种情况，有生育力的女性表现得非常犹豫，且行动缓慢（如图 7－11 所示）。另一个有趣的发现是，当有生育力的女性必须在一个有生育力和另一个无生育力的女性中进行选择时，它们更倾向于选择有生育力的女性，尽管在这种情况下，它们会表现出十分犹豫不决和移动不太多的倾向。就有生育力的女性而言，这似乎意味着一种特定的交配策略：它们往往会靠近其他有生育力的女性，从而增加吸引男性的概率。

相反，当女性变得无生育力时，它们会彻底改变其行为。

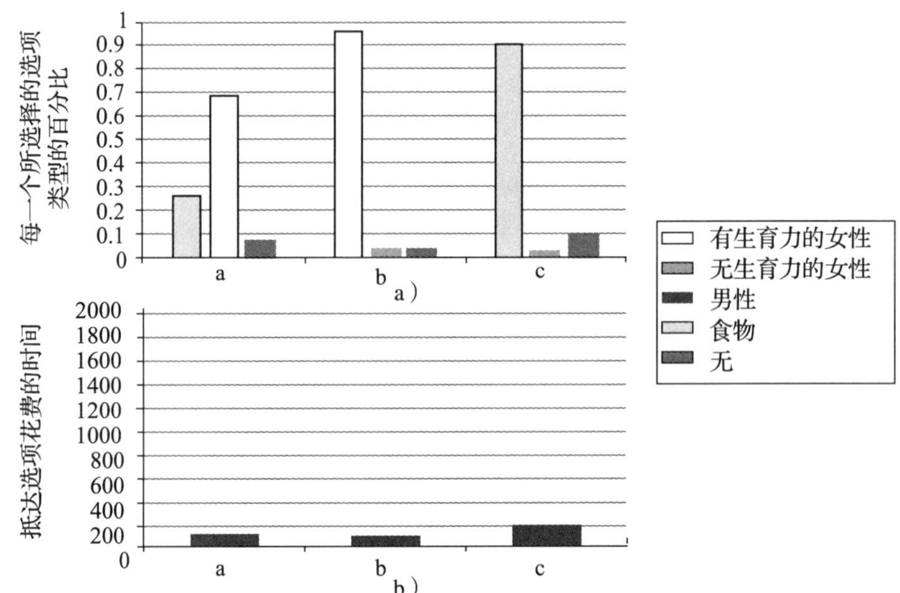

图 7-10　男性在实验中的选择偏向。图 **a**：男性在食物和有生育力的女性、有生育力和无生育力的女性及食物和无生育力的女性之间进行选择。图 **b**：男性抵达其选项所花费的时间。

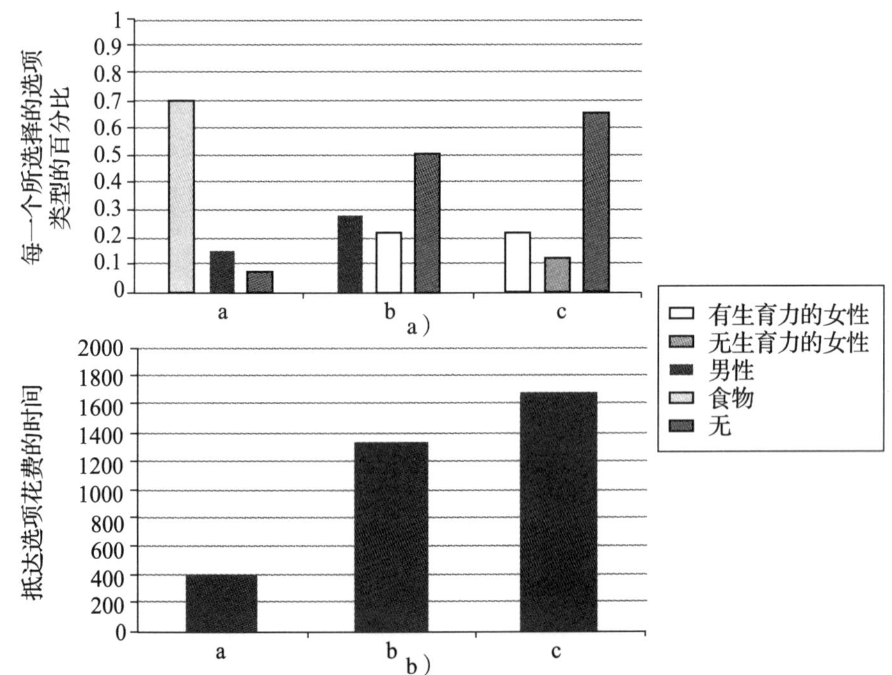

图 7-11　有生育力的女性的选择偏向。图 **a**：有生育力的女性在食物和男性、男性和有生育力的女性及有生育力和无生育力的女性之间进行选择。图 **b**：女性得到其选择所花费的时间。

无生育力的女性在食物和其他所有事物之间会选择食物，而且它们几乎像男性一样迅速和果断（如图 7－12 所示）。而当食物不是两个选择中的任意一个时，无生育力的女性对选择也不感兴趣。

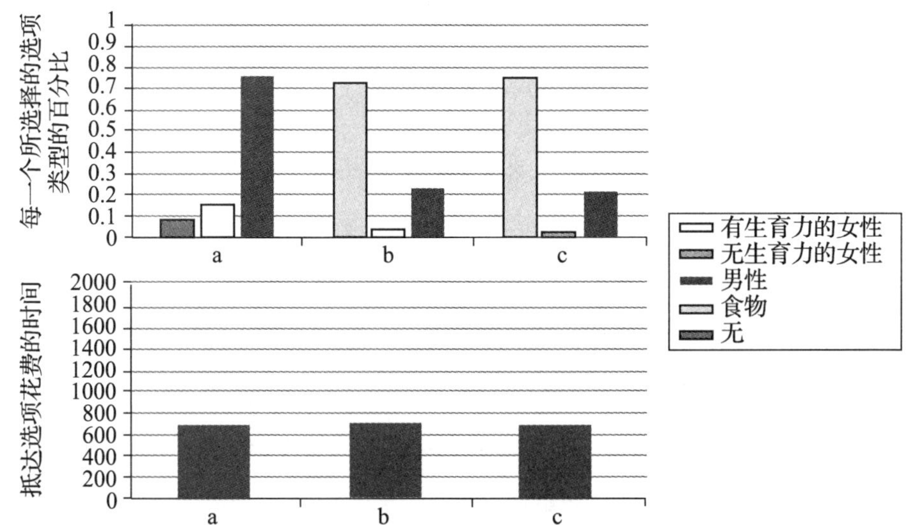

图 7－12　无生育力的女性的选择偏向。上图：无生育力的女性在男性和有生育力的女性（a）、食物和有生育力的女性（b）及食物和男性（c）之间进行选择。下图：女性得到其选择所花费的时间。

这些实验的结果总结如下。男性通常总是以同一种方式行事。它们更容易被 有生育力的女性吸引，在有生育力的女性和其他所有事物（包括食物）之间会选择有生育力的女性。然而，若有生育力的女性不在其视线范围内，男性则更容易被食物吸引，因为它们总是非常活跃和具有探索性，所以会吃掉很多食物。相反地，女性在有生育力和无生育力时的表现不同。当女性在有生育力时，它们在食物和男性之间倾向于选择食物。此外，有生育力的女性在男性和另一个有生育力的女性之间会稍稍倾向于选择男性，而且它们有一定的被其他有生育力的（而非无生育力的）女性吸引的倾向，因此，这增加了吸引男性的概率，因为两个有生育力的女性在一起要比一个有生育力的女性可能有更多机会吸引到男性。

但是在所有的情况下，它们的行为通常都很缓慢且犹豫不决。然而，当女性因交配而变得无生育力时，它们会像男性一样变得非常活跃。但与男性相反，它们会在食物和其他所有事物之间会选择食物，且不会被其他任何事物所吸引。

在这些机器人生活的环境里，所有的食物令牌都是相同的，而且它们都包含同样多的能量。如果机器人生活在包含不同食物类型的环境里，那么男性机器人和女性机器人的行为还会有其他差异吗？例如，男性和女性如何应对包含不同量的能量的不同食物类型？他们如何应对危险食物？

新机器人生活的环境里包含两种不同类型的食物令牌，这两种类型的令牌有不同的颜色。一半的令牌是黑色，一半的令牌是白色，且黑色令牌比白色令牌包含多两倍的能量。

在这个环境里，这是两种食物类型之间唯一的不同。而在另一个环境里还有另一个差异，这个差异和风险有关。黑色令牌比白色令牌包含的能量多两倍，但它们有 30% 的概率是有毒的。如果机器人吃下有毒的食物，它的能量就会降低。在这个环境里的男性和女性会做出什么选择呢？

男性机器人和女性机器人在这些更复杂的环境中进化之后，我们像测试之前的机器人一样在实验室中对它们进行测试。机器人被放置在两个食物令牌的前方的固定位置上，一个是白色而另一个是黑色。我们测定在一段固定时间内，机器人会拿到哪一个令牌。男性机器人只测试一次，而女性机器人测试两次：在其有生育力和无生育力时各测试一次。结果是，在两种环境里，男性机器人没有对一种或另一种食物有任何选择偏向。它们接近和吃掉任意一种类型的食物，与食物中包含的能量多少无关，也与更富有能量的食物相关的风险无关。相反地，女性有明显的食物选择偏向，但它们的偏向在两种环境里都是不同的。如果在它们进化的环境里，更富有能量的食物不存在任何风险，女性往往在更富有能量和更少能量的食物之间选择更富有能量的食物。然而，如果更富有能量的食物有 30% 的概率是有毒的，那它们在更少能量但无风险的食物和更富有能量但有风险的食物之间就会选择能量更少但无风险的食物。

这是一个实验的结果，在这个实验中一切都由我们控制。但如果我们计算在其自然环境中，机器人吃下的两种类型的食物令牌的数量，我们就会得到不同的结果。在食物令牌只有能量大小不同的环境里，女性和男性都会吃下更富有能量的食物令牌，而不是能量更少的食物令牌。在另一环境里，更富有能量的食物如果因具有一些含毒的概率从而更有风险，那么情况就会相反，男性和女性都会吃下能量更少但无风险的食物，而不是更富有能量但却是潜在的含毒食物。

机器人在自然环境中的行为和在实验室中的行为之间的这些差异可能会令我们大吃一惊，但也可以得到解释。在实验室受控制的条件下，我们记录了机器人对这两种类型食物的内在选择偏向，从某种意义上讲，机器人在实验室中的反应完全取决于其大脑中编码的食物偏向。相反地，机器人在自然环境中的行为不仅是在其大脑中编码的一种食物选择偏向的机能，而且是在任何指定时间都能找到自己的一种特殊环境的机能。我们的机器人的环境是社会环境，而社会环境就是因为其他机器人的所作所为所形成的。在自然环境里，男性会吃掉更多更富有能量的食物，因为男性一直在寻找有生殖力的女性，而有生殖力的女性也更偏向选择更富有能量的食物。因此，寻找有生殖力的女性的男性更有可能发现自己靠近更富有能量的食物。这个解释也得到了其他两个测试的支持。

我们将一个男性机器人放置在半自然的环境里，除了机器人是完全单独的之外，这个环境和自然环境是一样的：没有女性和其他男性，而且只有食物。在另一项测试中，环境包含其他男性机器人，但没有女性机器人。在这些半自然的环境里，男性机器人对这两种类型的食物没有表现出选择偏向，这和在实验室中的测试结果完全一样。这也就证实了，男性实际上并未在其大脑中刻入食物选择偏向，但在女性中却存在这样的偏向，使得它们会吃掉自己偏向的食物。这就和人类男性去茶馆而不是酒馆，去与潜在的女性伴侣见面一样，它们最终选择喝花草茶，即使他们更喜欢喝啤酒。（但是今天，男性和女性可能都更喜欢喝啤酒。）

机器人在其自然环境中的行为和在实验室中的行为之间的差异使我们得出一个重要的方法论观点（我们已在本书的第一章中进行讨论）。实验室中的实验被认为是收集经验数据的最佳方法，不仅在自然科学领域它们是最佳方法，而且在心理学领域以及越来越多的社会科学领域也是如此。但是行为取决于环境，而实验室的实验环境与自然环境却非常不同。行为科学家的任务是了解并解释人类在日常生活中的行为。机器人是有帮助的，因为我们可以研究它们在自然环境和实验室中的行为。我们可以比较它们在这两个环境中的行为，如果存在差异，我们可以做出解释。而且它们在以下两点上尤其有帮助：首先，它们可以让进行人类行为研究的学生意识到实验室中的实验的局限性；其次，因为他们可以针对为什么人类在实验室和日常生活中会有不同的行为表现方式而提出假设。

如果我们改变机器人场景中的另一件事，我们就会发现男性和女性行为之间的其他差异。对于到目前为止描述的男性和女性机器人来说，交配和生育后代足以把基因传给下一代。但是，正如我们之前所说的，在很多动物中，后代生来就没有喂养自己的能力，因此，如果它们必须存活并达到生育年龄，就必须得到别人的喂养。亲缘选择理论预测，父母将会喂养自己的幼儿，因为通过喂养幼儿，它们提高了在未来几代中发现自己的基因副本的概率——在本章第 2 部分中，我们已经描述过了单性机器人，它们放弃自己的一些食物去喂养幼儿。如果机器人是男性和女性，而且繁衍是有性的，会发生什么事呢？母亲和父亲会喂养它们的幼儿吗？

我们在机器人的基因型中增加了第 2 部分中描述的相同的“照顾后代”的基因。“照顾后代”的基因可以在 0 和 1 之间变化，0 是指具有该基因的机器人吃掉所有它能找到的食物，而没有将任何食物分给自己的幼儿；1 是指机器人将自己所有的食物都分给了后代。

我们建造两个不同的机器人群体。在一个群体中，只有女性有“照顾后代”的基因，男性则没有。因此，只有母亲会将自己的食物分给后代。而在另一个群体中，男性和女性都有“照顾后代”的基因，因此父亲和母亲都可以喂养自己的后代。在只有母亲喂养后代的群体中，女性机器人进化出平均值为 0.60 的“照顾后代”的基因，这意味着母亲会把它们能找到的超过一半的食物分给自己的后代——这也证实了我们已经发现的有关第 2 部分中所描述的单性机器人的情况。在母亲和父亲都可以喂养后代的群体中，母亲和父亲进化出的“照顾后代”的基因值差不多是一样的，虽然略低于只有母亲具有“照顾后代”基因的群体（因为后代现在能得到双亲的喂养，而不是只有其中一个）。如果母亲和父亲都会喂养后代，对它们来说负担就会较小。

即使父亲和母亲都有喂养自己后代的基因遗传倾向，也可能存在一个基因影响父亲喂养其后代的倾向，这个因素便是父亲的确定性。母亲可以确定它们的食物实际上都分给了自己的后代，但父亲却没有那么确定。男性可能并未将食物喂给了自己的后代，而是喂给了另一个男性的后代，因为母亲可能已与另一个男性交配了。为了重现这种现象，我们稍微调整了我们的机器人。母亲完全确定它们喂养的是自己的幼儿，而当男性机器人决定将它们的食物分给自己的幼儿时，它们的幼儿实际上只有50%的概率获得食物，而将食物分给其他随机选择的幼年机器人占另外50%的概率。这个结果证实了父亲确定性的重要性。在这个群体里，父亲不太确定它们到底是将食物喂给了自己的后代还是另一个男性的后代，所以父亲的“照顾后代”的基因值（0.39）低于女性（0.52）。由于男性不太确定它们是将食物喂给了自己的后代还是其他男性的后代，所以它们不太愿意将自己的食物分给需要喂养的后代。

但与男性相比，女性有较高的“照顾后代”的基因值——这意味着女性对自己的后代的投入比男性更多——可能会得到一个更全面的解释。自然选择理论预测，男性和女性将会以增加这种概率的方式行事——这样，它们的基因能够继续传给下一代。然而，考虑到它们在繁衍中的角色不同，所以男性和女性可能会采用两种不同的策略来达成这个目标。女性强烈希望自己被限制数量的后代能够达到生殖年龄，并能继续繁衍。因此，女性往往会在自己的后代身上投入太多。相反地，男性通常会采用一种基于“大量”的策略。它们花费时间试图找到数量尽可能最多的伴侣，以求能够得到最多数量的后代，但它们却不太愿意在现有的后代身上投入太多。为了保证它们基因的未来，男性依赖这样一种可能性，即鉴于大量的机器人有与它们相同的基因（它们的后代），那至少其中有些机器人可以存活和繁衍。

另一个有趣的结果是，如果机器人必须为自己，同时也为后代寻找食物，那么食物对机器人来说就变得更加重要了。我们已经对具有“照顾后代”基因的机器人进行了测试，实验室的设置与用来测试没有“照顾后代”基因的机器人时一样。机器人可以在两个选项中进行选择，我们要测定它会选择哪个选项，花费多长时间进行选择，或者它是否根本不会进行选择。结果是，如果机器人有需要依靠父母喂养的后代，那么对机器人来说，食物的重要性就会增加。在所有的选择中，如果机器人必须从两个不同的选项中进行选择，且其中一项是食物，那么必须喂养后代的机器人选择食物的可能性将会高于后代无须依赖它们喂养的机器人。

我们来总结一下关于男性机器人和女性机器人的发现。我们强加于机器人的唯一不同点是，女性在交配后有一段无生育力的时期，在这段时期内，交配不会受孕，而且女性的身体会告知大脑目前的生育状态是什么。这对于可在任何时间成功交配的男性来说是不适用的——如果它们能够找到一个有生育力的女性。我们已经发现，男性和女性行为的很多差异都来源于男性和女性面临不同的选择性压力这一事实。有生育力的女性对于男性而言是“稀缺资源”，因为在任何指定的时间中，很多女性都是无生育力的。因此，男性必须和其他男性竞争“稀缺资源”，寻找有生育力的女性、没有食物吃和长寿是男性面临的主要挑战。相反地，对女性而言，男性并不是“稀缺资源”，因为在任何指定的时间里，所有的男性都是潜在的伴侣。女性在整个生命中都可以生育最大数量的后代，而男性在每一个生命周期内可以（从理论上讲）生育一个后代。因此，我们的女性机器人面临的挑战不是找到伴侣，而是尽可能活得久一些。

这些不同的选择性压力导致男性和女性的行为产生很多差异。男性通常会一直积极地探索环境。它们总是寻找有生育力的女性，而且偏向选择有生育力的女性，而非其他任何事物。如果食物是生存的必需品，那么男性会如何采取这种行为呢？与基于男性选择有生育力的女性而非食物得出的猜测相反，男性会吃下更多的食物，且平均而言，它们比女性更长寿。这个问题的答案是，男性一直积极地探索环境，寻找有生育力的女性所代表的“稀缺资源”；而在它们探索环境时，它们能够找到很多食物。然而，一旦发现有生育力的女性，男性通常就会忽略食物，接近并与女性进行交配。

有生育力的女性的行为表现非常不同。尽管它们没有寻找男性，但由于有生育力，所以它们可以与男性成功交配。即使在它们寻找食物时，也不是非常积极，且行动非常缓慢。

男性和女性行为的差异是由于男性和女性具有不同的（对称的）繁衍策略：男性积极寻找有生育力的女性，而有生育力的女性则等待男性靠近并与之交配。有生育力的女性不但不会寻找男性，而且不会积极地寻找食物，因为它们更喜欢待在原地，这样男性可以更容易地找到它们并与之交配。在我们的实验室的实验中，我们甚至发现，有生育力的女性有待在其他有生育力的女性附近的倾向，这似乎是吸引男性的另一个策略。

我们的机器人必须吃食物来维持生命，虽然维持生命不足以把它们的基因传给下一代，但这是必要的前提条件。因此有人会问，既然女性机器人不会积极寻找食物，那它们如何维持生命。答案是，有生育力的女性机器人很快会变得无生育力，因为很多男性会找到它并与它交配。女性在无生育力时，行为表现非常不同。同一个女性，在其有生育力时，不会非常活跃，也不会积极寻找食物，只会等待男性与之交配，但当它交配成功且无生育力时，它会变得非常活跃，会积极寻找食物而忽略其他一切事物。

男性机器人可以说有一个更简单的生活，从某种意义上讲，它们一直在做同一件事。它们必须积极寻找有生育力的女性机器人，吃掉在寻找有生育力的女性过程中所能找到的所有食物。相反地，女性的生活更复杂，因为它包括两个不同的状态或时期。当女性机器人有生育力时，它不会非常活跃，而是会等待男性与之交配。当它变得无生育力时，它的行为会发生改变。它会开始积极寻找食物，并对其他任何事物都不太感兴趣。尽管它们生活在同一个物理环境里，但是男性和女性却生活在不同的行为环境里。动物生活的物理环境不依赖于动物，但其行为环境却取决于动物的特征，包括它们的繁衍策略。男性和女性在繁衍中的角色不同，因此它们的生态位是不同的。这导致它们的行为有很大的差异。

男性和女性适应模式的差异也出现在更复杂的环境里，这个环境中包含不同类型的食物。男性没有食物选择偏向。它们的取食策略是，在其积极探索环境以寻找有生育力的女性时，它们会吃掉碰巧找到的所有食物，不管食物的能量值是多少，也不管更富有能量的食物的相关风险有多大。女性则更有判别力。由于它们主要的适应风险是尽可能活得久一些，所以它们偏向选择更富有能量的食物，而非更少能量的食物。但当更富有能量的食物含毒而且有风险时，它们表现出相反的偏向于选择能量更低的食物，而非更富有能量的食物。

若要把基因传给后代，不仅需要生育后代，还有必要喂养后代来维持它们的生命，那么男性和女性的适应模式也会出现其他差异。

父亲和母亲有一样的倾向，会将它们的食物分给需要喂养的后代，因为亲子确定性对男性和女性来说都很重要，而较于女性，男性更不确定喂养的是否真是自己的后代；男性也更不愿意喂养自己的（所谓的）后代，相较于男性，女性则更愿意喂养自己的（确定的）后代。

我们的机器人并不以重现任何特定的动物为目的。它们是非常简单而“普通的”动物。例如，在我们的机器人中，女性的生育力状态是外部可见的，因为它们在有生育力和无生育力时有不同的颜色。这对于一些非人类灵长类动物是适用的，但在人类中，女性的生育力状态是被隐藏的，而这显然会产生一连串重要的影响。但有趣的是，我们已强加于机器人单个的差异（且这普遍存在于自然中），它使得女性（而非男性）在交配后经历无生育力时期，这导致我们的男性机器人和女性机器人的行为存在很多的差异，这些差异通常在很多真实的动物和人类身上都可以发现。所有的女性都有几乎数量相同的后代，而一些男性的后代数量却多于其他男性。男性积极探索环境，因此，如果它们能够学习，就应该可以学到更多有关环境的知识——自然环境，不一定指社会环境。男性表现出冒险的行为。与食物相比，男性对交配更为重视；而与女性相比，男性对后代的投入更少。

在真实的动物中，与男性相比，女性对后代的投入更多，这是由多种因素造成的结果。其中一个因素是，女性的卵细胞与男性的精子细胞的规格不同：卵细胞规格更大，且比精子细胞需要更多的能量才能存活下来。因此，卵细胞对女性来说，比精子细胞对男性来说更为重要；而且相较于男性，女性对交配（繁衍性）也更为小心。另一个因素是父母的努力，女性比男性付出的努力更大，因为相较于男性，女性在受孕后要花费更多的时间来帮助自己的后代，不管它们是在母胎中还是出生后。我们的机器人表明，即使没有这些因素，女性也比男性对后代投入更多，因为它们可能只会有较少数量的后代，并且它们有更大的亲子确定性。

然而，还有一个方面显示了我们的机器人不同于人类：我们的男性机器人比女性机器人活得更久一些，而人类女性通常比男性活得更久一些。为了重现这一现象，在建造机器人时，我们应该增加忽视的其他因素。例如，移动不会给我们的机器人带来任何损耗。从更实际的角度来看，如果我们增加了移动成本，男性的生命就可能比女性更短暂，因为它们比女性移动得更多。或者，男性可能在身体上或其他方面与其他男性竞争，以便接近女性，这可能会导致男性比女性有更短暂的生命长度，因为男性必须消耗资源才能与其他男性进行竞争。

如果母亲比父亲耗费更多精力照顾自己的后代、维持它们的生命，那么女性就比男性面临更大的压力，并要活得久一些，以便照顾它们的后代和孙辈（参见第 4 部分中关于外祖母的部分）。

通过为我们的机器人增加其他特性，可以重现其他现象。我们的机器人是男性或女性，且两种机器人的类别可以通过它们的颜色进行区分。但是同性的机器人之间没有可以和其他机器人区别开的个体间差异。如果属于同一性别类型的机器人并不完全相同将会怎样？如果两个机器人属于同一性别类型，但有不同的特征，那么另一个机器人会对其有不同的行为表现吗？男性机器人的体格可能会更大或更小，且另一个机器人可能会感知一个男性机器人的体格大小，并对其他机器人的行为产生影响。例如，如果一个男性机器人必须与另一个男性机器人竞争一个有生育力的女性，那这两个机器人的体格大小可能是决定这两个机器人表现如何的一个因素——体格更小的男性可能会选择离开。

属于同一性别类型的机器人的个体间差异与一个非常重要的现象有关——性别选择。由于不同的个体有不同的基因，所以不同的个体生育的后代有不同的存活和繁衍概率。如果个体的基因质量反映在这个个体的身体和行为中，那么男性和女性就都应该开发能力，以便识别与潜在伴侣的优质和劣质基因有关的生理和行为特征，并且基于这些特征选择伴侣。这是性别选择，也是基于性别选择的特征而构成的一个个体的性别吸引力（美）。男性和女性之间的美是不同的。如果男性的生理和行为特征与其寻找食物（在现代人类中则是金钱）或保护它们的伴侣和后代免受其他所有危险的伤害有关，那么它们通常会被女性选为伴侣。如果女性的特征与其有能力更易生育、生育更健康的后代、用母乳喂养需要照顾的后代以及用体贴细心的方式与后代交流有关，那么它们通常会被男性选为伴侣。在很多动物中，相较于男性，性别选择对女性而言更重要，从某种意义上讲，女性会选择自己的交配伴侣，而男性则不太选择。这在我们的机器人中也同样适用，因为女性对于男性而言是“稀缺资源”，而男性对于女性而言则不是“稀缺资源”。如果男性有一些生理或行为特征通常能够提高它们被女性选为性伴侣的概率，那么这些特征应该也会在这个群体中出现。这可能涉及被称为“代价信号”的理论：拥有的特征实际上并未有太大的帮助，它消耗了资源，但增加了被选为伴侣的概率。（一个例子就是雄性孔雀漂亮的尾巴。）在人类中，与男性花费资源去吸引女性相比，女性会花费更多的资源去吸引男性；而使得一个个体对另一个异性个体有吸引力的因素，对于男性和女性来说往往是不同的。

另一个需要用机器人重现的与性别吸引力有关的现象是，男性往往喜欢的是女性中的同一个性格特征，而女性则会喜欢男性中两种不同类型的生理或行为特征。男性的一些性格特征更男性化，展现出优质的基因，保护女性免受其他想要与之交配的男性干扰的能力，以及获取资源的智慧和能力，但他们不一定有为后代投入精力的倾向。吸引女性的其他类型的男性特征则更女性化，展示出对其他人的需求更敏感，以及更易于帮助别人的性别特征。女性和男性之间的差异可以解释所有的女性（有特例）往往都很“女性化”，有些男性更“男性化”，而其他男性则更“女性化”的现象。还有一个需要机器人重现的现象是，当女性有生育力时，它们似乎喜欢第一种类型的男性特征（男性化），而且它们寻找的是拥有优质基因、可以保护它们并能够获取资源的男性；而当女性无生育力时，它们喜欢第二种类型的男性特征（女性化），而且它们需要能够照顾自己及其后代的男性。

交配和照顾后代是有内在强大力量的动力，这在控制动物的行为时通常能够赢得与其他动力的竞争。在第二章中，我们已经表明，在机器人的神经网络中增加一项特别的“情绪电路”通常会使机器人更高效，也会提高机器人的存活和繁衍概率，因为这个电路状态（情绪状态）能够帮助机器人做出更合适的激励性决定。情绪状态基于大脑和身体的其他部位之间的相互作用，它们不仅会引起身体内在器官和系统的变化，还会引起身体姿势、行动和其他外部特征的变化。其他机器人可以感知到这些变化（情绪表达）。这使得一个机器人可以让其他机器人知道自己的情绪状态，而这可能会影响其他机器人的激励性决定。在交配和照顾后代这一部分，外部的情绪表达在邀请和拒绝交配企图、父母和后代之间建立感情和其他方面发挥着非常重要的作用。

男性和女性的适应模式之间的差异也反映在男性和女性的动力和情绪状态中。例如，男性和女性通常有两种不同的嫉妒方式。女性的嫉妒往往是“情感上的”，而男性的嫉妒则往往是“与性有关的”。如果这种行为暗示出自己的伴侣与另一个女性有情感上的牵扯，女性就会更厌恶自己（稳定的）伴侣的行为。如果这种行为暗示出自己的伴侣与另一个男性发生性关系，男性则更受到其伴侣行为的打击。女性的男性伴侣与另一个女性产生情感上的牵扯，可能意味着该伴侣有对自己的家庭（妻子和后代）减少投入的倾向。

因此，女性对伴侣的情感“背叛”更敏感，而相对来说对它们的性“背叛”则不那么敏感（如果只是一次出轨）。另一方面，男性对自己的女性伴侣与另一个男性发生性关系更敏感，因为这会减少其对女性的后代是否是自己后代的确定性，而它对其情感的“背叛”则不那么敏感，因为女性不得不投入精力来照顾后代。男性和女性之间的差异非常有趣，我们应该在我们的机器人中重现出来。

6. 家

在本章一开始，我们已经定义了，社会家庭是指一群基因上有关联的个体在一起生活和交往。即使它们在空间中移动，这群个体也可以一起生活和交往，因为它们可以在空间中一起移动——这也是在很多动物中都会发生的事。但是一起移动给人类带来很多问题。它减少个人的行动自由，因为一个人必须和其他人一起移动，因此，他或她可以更少地探索环境。非常年幼的人不能移动，所以他们必须由成人带着。如果一个人与团队失去联系，那么这个人可能无法再加入这个团队。如果人们将自己的食物储备在外部储存区中，那么外部储备就不能太多，也不能包含太多的食物，因为它们必须经由人们进行传输。（参见第九章，有外部储备的机器人。）

所有这些问题的解决方案是家。家是环境中的一个地方，所有的家庭成员可以定期返回。家使得家庭成员在环境中自由移动成为可能，并通过回家来再加入其他的家庭成员。无法移动的年幼的家庭成员可以待在家里。家可以是储备所有家庭成员所需的各种资源的地方。它们可以提供保护，使人们免受危险以及严寒和雨水等不利条件的伤害。一些非人类动物也有“家”——它们在巢穴、常去之地和住所中储备食物——而且有的“家”是亲属的家。人类已在其悠久的历史中拥有家庭住宅，然而今天，越来越多的人住在个人住宅里。

前文描述的男性机器人和女性机器人在一起只是为了交配，因此，它们没有家庭，因为家庭是由基因上有关联的个体组成的群体，它们几乎永远住在一起。但是我们可以改变我们的机器人，并重现机器人的家和机器人的家庭。我们的女性机器人在有生育力和无生育力时都可以自由移动；我们还发现，它们在无生育力时期比有生育力时期移动得更多，且更积极地寻找食物。但在真实的动物中，尤其是人类中，事实并非如此。

当怀孕了且必须母乳喂养和照顾自己的幼儿时，人类女性无法轻易移动，并且她们只能寻找靠近自己的食物。通过制造拥有以下行为的机器人，我们也许可以重现这一现象——但实际上我们没有制造这些机器人。当一个男性机器人和一个女性机器人进行了交配，它们构建成了一个家，女性机器人和无法移动且需要母亲喂养的后代住在这个家里，而它们的父亲则是定期返回。家还有另一个功能：提高父亲的确定性。为了确定它们喂养的是自己的后代，而非其他男性的后代，男性机器人往往会更靠近它们的“妻子”，因此，它们与自己的“妻子”和幼儿一起住在家里。（家还可以是储备食物的地方。在第九章中我们会描述有家庭储备的机器人。）

家还有另一层含义，与空间能力有关。女性机器人在它们的家附近寻找食物——女性是觅食者，男性机器人则在远离它们的家之外的更大的空间内寻找食物——男性是猎食者。女性机器人不需要空间地标，因为它们通常待在家附近的地方，它们唯一的地标就是家。但是男性需要空间地标，以便从遥远的地方回家——这可能使得男性比女性拥有更发达的空间能力。为了展示空间地标的重要性，我们进化出了三种不同的机器人群体，它们必须在环境中收集完食物后再返回自己的家里，而对这些机器人而言，适应度是其回家所要花费的时间。第一个群体的环境不包含地标，因此，机器人只能或多或少地随意探索环境，直到它能找到自己的家（如图7－13a所示）。第二个群体的环境包含一个无方向性的地标——一个白色的物体。这个地标非常靠近机器人的家，所以当机器人看到并接近这个地标时，通过在地标周围移动，它能找到自己的家（如图7－13b所示）。第三个群体的地标是有方向性的地标——一个半白半黑的物体。当机器人看到这个地标时，它无须接近这个地标，因为它的家始终是在地标黑色的一边，因此，机器人可以直接向家移动（如图7－13c所示）。

结果是，生活在无地标环境中的机器人要花费大量的时间返回自己的家，因为它只能在环境里四处移动，直到它们碰巧找到自己的家，因此，它们只有低水平的适应度。生活在无方向性地标环境的机器人有高水平的适应度，因为它们能利用地标返回自己的家。而生活在有方向性地标环境的机器人有更高水平的适应度，因为它们能看到地标并跟随地标指示的方向，在更短的时间内返回自己的家（如图7－14所示）。

为了更好地了解机器人如何应对方向性和无方向性地标，我们在实验室中对机器人进行了测试。我们将机器人放置在方向性地标或无方向性地标前，并让其移动一段时间，然后我们测量在这段时间内机器人与地标间的平均距离。与生活在无方向性地标环境中的机器人相比，生活在有方向性地标环境中的机器人与地标保持更大的距离。这表明，方向性地标可以在机器人无须靠近地标时，告知它们哪儿是自己的家。

这些机器人是单性机器人。但是，如果男性机器人比女性机器人更广泛地探索环境、寻找食物，那么相较于女性的大脑，男性的大脑会面临更大的进化压力去开发出地标导航和“空间地图”。

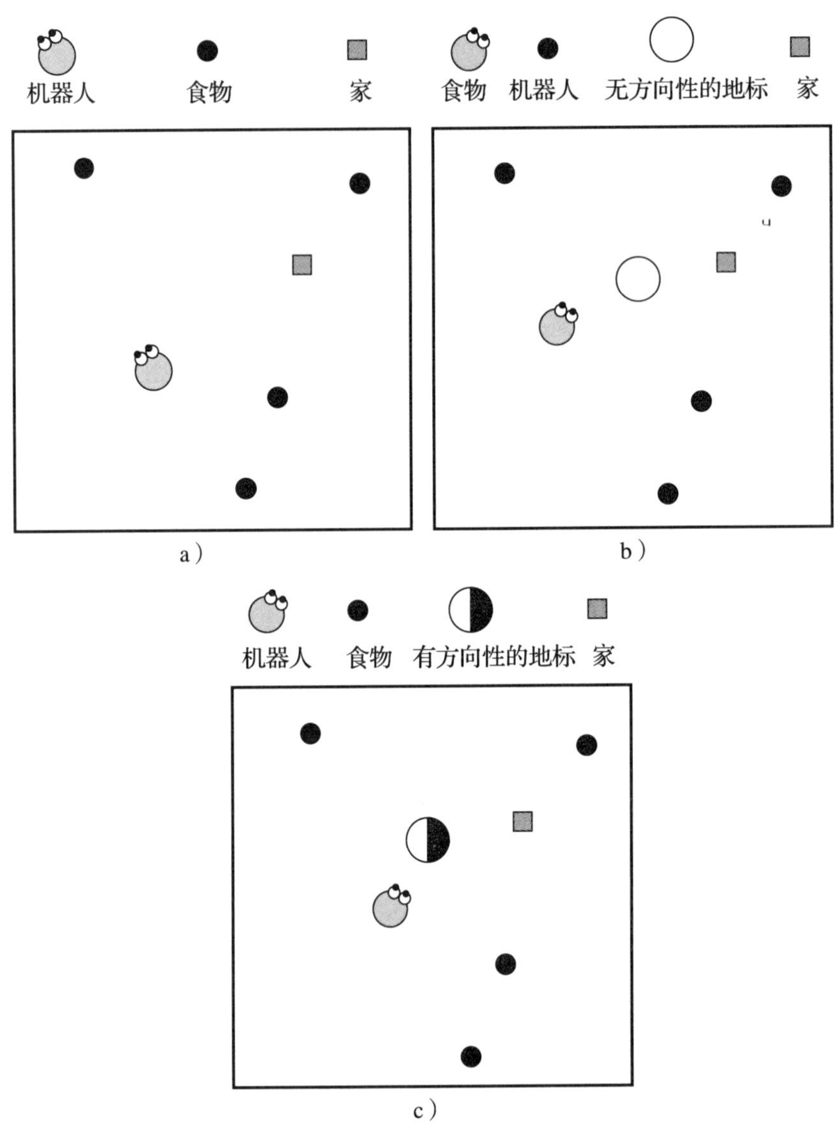

图 7-13　机器人在环境中收集完食物之后必须回家，它们的环境可以不包含地标（a）、包含无方向性的地标（b）或包含有方向性的地标（c）。

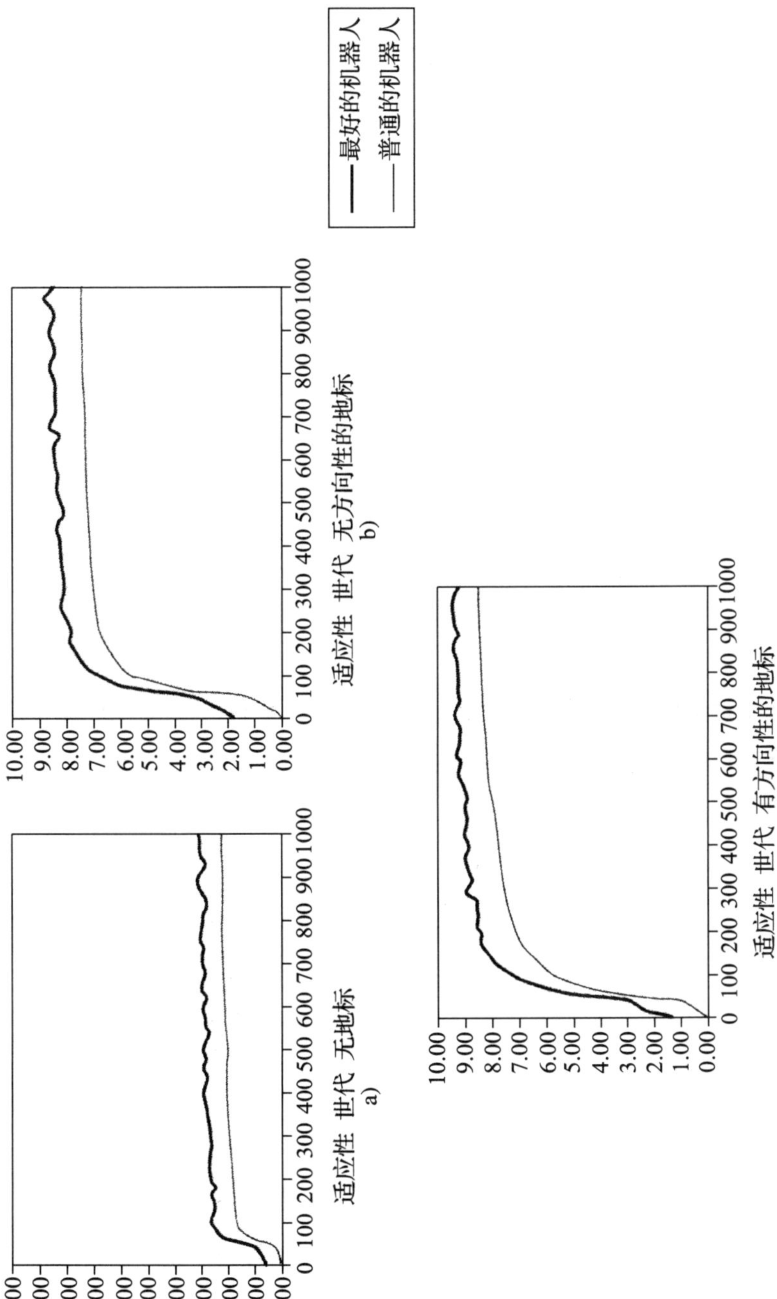

图7–14 生活在没有地标（a）、无方向性的地标（b）和有方向性的地标（c）环境里的机器人的适应性。

7. 结论

本章一直致力于研究机器人如何对待与其有相同基因的其他机器人，还研究必须一起交配才能生育后代的男性机器人和女性机器人，以及生活在家庭里的机器人。我们的结果可以用亲缘选择理论来解释。根据该理论，一个个体不仅可以通过生育后代，还可以通过帮助那些在基因上与自己有关联的个体来维持生命并拥有自己的后代，从而确保其基因将来留存在群体的基因库中。在第九章，我们将回到家庭这个话题上，第九章致力于研究储备食物的机器人，它们将食物储备在外部储存区中，而不是立即吃掉它们在环境中找到的所有食物，原因是人类的外部储存区不是个人储存区，而是所有家庭成员都能进入的家庭储存区。在那一章中，我们将会描述那些重现与家庭有关的其他现象的机器人，例如物品的继承、家庭成员在其整个生命中的相互帮助以及基因上有关联的家庭需要住在相互靠近的家里——这也是村庄和城市的开始。

亲缘选择理论也可以解释，为什么人类的一个男性和女性可以住在一起且互相帮忙，虽然他们没有相同的基因。他们住在一起且互相帮忙是因为这能让他们生育其他的后代，且维持他们已有的后代的生命。这产生了很多有趣的问题，未来的机器人会为之提供一个答案。对后代的爱不同于对伴侣的爱吗？为什么伴侣可以停止去爱对方，但这种情况却几乎永远不会出现在父母和后代之间？对人类而言，什么是“爱”？爱是行为？还是感情和精神生活？其他的问题与亲缘选择理论的关联没那么明显。我们的机器人在个体间是有差异的，因此我们可以问：它们如何选择自己的伴侣？我们可以预测出哪种性别的个体会被哪种异性个体吸引，以及何时这种吸引会是相互的吗？我们可以预测出一个特定的男性和一个特定的女性可以在一起多久吗？亲缘选择理论如何解释同性伴侣？

在本章中，我们已经从一种完全的生物学视角研究了机器人的家庭，但是人类家庭还取决于社会、经济和文化因素，它们影响了人类家庭如何运转，以及它们在人类历史中如何进行改变并在今天继续（非常迅速地）发生改变。重现这些社会、经济和文化因素对机器人家庭的影响是未来另一个非常重要的任务。

第八章　向其他机器人学习，发展有文化和技术的机器人

ME 确信，人类之所以生活在一起，其中最重要的一个原因就是他们通过一起生活，可以向他人学习。非人类动物大部分行为是由基因编码天生就决定的，与它们不同的是，人类在生活中要学习几乎所有的行为，还有他们的信仰以及价值观；而且，他们不是通过与自然的互动来学习所有的事情，而是通过与其他人类的互动。其结果是群体里的人通过互动往往会具有相同的行为、相同的信仰和相同的价值观——也就是所谓的文化。并且，一个群体和另一个群体之间如果没有互动，也不向彼此学习，那么它们的文化就会不同。但是，ME 也注意到了人类的文化会改变，因为一代人的行为、信仰以及价值观只有一部分会被传给下一代，而且新奇的事物会不断地被创造出来或从其他文化被引入。

ME 为之震撼的是，人类为了满足自身的需求，创造了大量的人工制品——这也是区别人类与非人类动物的另一方面。一个群体的人工制品是这个群体文化的一部分，因为如何构造一件人工制品以及如何使用该人工制品都是向他人学习的行为，而且这些人工制品会因为在代代相传过程中的变化与发明而发生改变。最近，人类已经发明出了一种人工制品，不仅可以与附近的人互动，还可以与地球上任何地方的其他人互动。ME 认为这导致了一种单一文化的出现，这种单一文化则是西方文化。

1. 向他人学习

所有动物都学习，但是人类与非人类动物不同的是：非人类动物是通过与无生命的环境互动而学习，但是人类则多数是从其他人那里学习。人类通过模仿其他人来学习，通过其他人的口述来学习，通过使用其他人用过的同样的人工制品来学习。因为两个人彼此互相学习，所以他们的行为、信仰和价值观往往会变得更加相似，群体里一起互动的人会形成一套共有的行为、信仰和价值观，这被称为群体文化，并且由于这一代的成员向上一代的成员学习而使这种群体文化代代相传。

文化和行为通过文化传播对人类来说相当重要，因此人类机器人学必须包含一种文化上的机器人学。我们必须构造向其他机器人学习的机器人，我们必须在互动的机器人群体中重现一种共享文化的产生过程以及这种文化在代代相传中如何发生改变。现今，不存在文化机器人学，这是由当前机器人学的应用方向造成的。如果构造机器人是为了帮助我们实现实际的目标，那机器人就必须做我们想让它们做的事情。即使构造向其他机器人学习的机器人实际上是有用的，但实际上，机器人却不能选择它们学习的机器人对象，它们不能拥有一种能自主进化和改变的文化。当前，多数机器人做的事情是被我们编程的，即使机器人学习一些行为，也是由我们来决定它们必须学习哪些行为。我们构造一些机器人，是为了让它们与我们互动，这些机器人也可能会向我们学习。但是，在这种情况下，也是我们来决定它们必须学习的事情。就像多数的人类机器人学一样，文化机器人学是一种未来机器人学。

文化机器人学是社会机器人学的一部分。如果机器人必须学习其他机器人的行为，那么这些机器人就必须一起生活、一起互动，而且向其他机器人学习的可能性一定是住在一起的最重要的优势之一。我们已经在前两章中描述了一起生活，在这一章，我们特别感兴趣的是机器人互相学习以及机器人文化的出现。

我们先介绍通过模仿其他机器人而学习的这类机器人。这类机器人是我们基本的机器人，它们生活在一个随机分发食物令牌的环境中。机器人看见食物令牌后，必须通过接近和吃掉食物令牌来回应。这里有两种类型的机器人——成年机器人和儿童机器人，当每个成年机器人在这种环境里移动着寻找食物时，它要随身带着自己的一个儿童机器人（如图8－1所示）。

该成年机器人已经知道了如何获得食物令牌。其神经网络的连接权重使机器人能看到食物令牌，并通过接近和获得食物令牌来回应。相反，儿童机器人不知道如何获得食物令牌。儿童机器人的神经网络的连接权重是随机的，这就意味着，如果对其置之不理，它将会用随机动作来回应看到的食物，而且还吃不了很多。成年机器人和儿童机器人在环境中一起移动，它们就会从环境中获得相同的感官输入，并且以同样的方式看到最近的食物令牌。当两个机器人看见食物令牌时，两个机器人神经网络的运动神经元便会编码一个具体的动作，但只有在成年机器人运动神经元里编码的动作被真正执行了——成年机器人在空间上做出了实际移动。

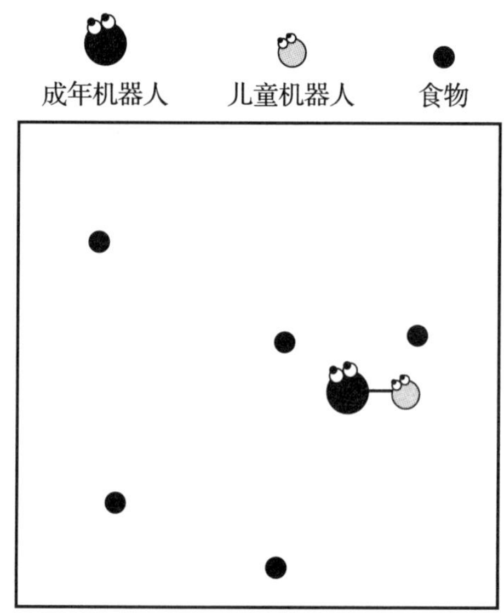

图8－1　在寻找食物时，一个成年机器人带着一个儿童机器人。儿童机器人通过模仿成年机器人的行为来学习如何接近食物令牌

在儿童机器人运动神经元里编码的动作没有被真正执行，至于儿童机器人能在空间中移动，是因为它被成年机器人带着。

但儿童机器人并不是被动的。儿童机器人观察成年机器人看到食物令牌后如何回应，并且通过模仿成年机器人的行为来学习。这两个机器人从食物令牌中获得相同的感官输入，但是它们的神经网络的连接权重不同，因此它们的运动神经元会编码不同的动作。儿童机器人把自己的运动神经元的激活模式与成年机器人的运动神经元的激活模式相比较，在此基础上，它的连接权重发生了变化。该变化使儿童机器人回应来自食物的感官输入的方式与成年机器人对同样的输入的回应方式逐步相似。（如图 8－2 所示）（为了使机器人学习，我们使用反向传播规则，将成年机器人运动神经输出作为儿童机器人的教学输入。）因为成年机器人已经知道如何去获取食物令牌，所以儿童机器人也学习了去获取食物令牌。获取食物令牌的能力是从社交或人文方面由成人机器人传输给儿童机器人的。

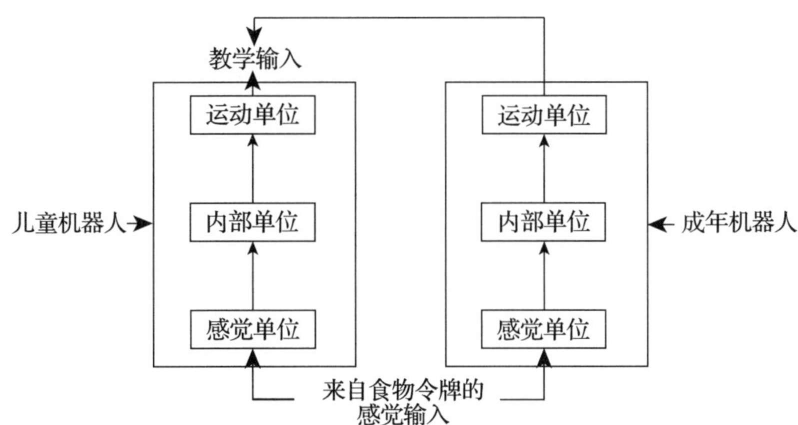

图 8－2　一个儿童机器人通过模仿一个成年机器人学习。儿童机器人将它的行为与成年机器人的行为对比（教学输入），结果是它的行为发生变化并越来越类似于成年机器人的行为。

儿童机器人通过模仿成年机器人来学习，但是向他人学习却远远不止于此。一个机器人可以通过模仿另一个机器人来学习，无论这个机器人和另一个机器人的年龄多大。一个机器人作为被模仿的模范，另一个机器人通过模仿这个模范来学习（如图 8－3 所示）另一个机器人可以是一个基因上有关联的机器人，例如，机器人的父母、或朋友、或任何其他机器人。

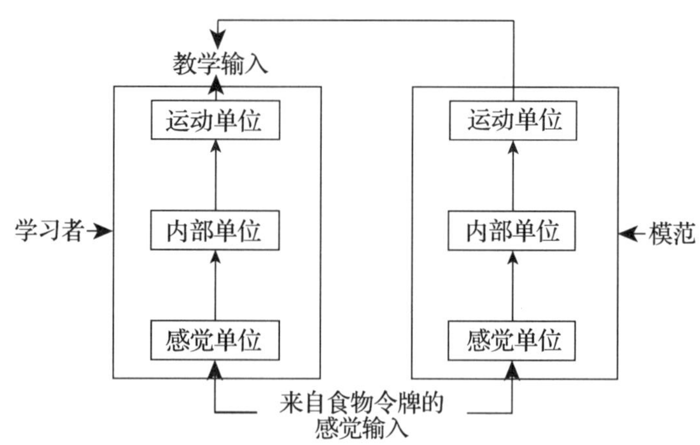

图 8－3　一个机器人可以把任何其他机器人作为模范来模仿。

向他人学习可以是相互的：机器人甲向机器人乙学习，机器人乙向机器人甲学习。从别人那里可以学到的可能不仅仅是行为，也可能是信仰、价值观以及如何构建和使用科技人工制品。人类学家使用“文化特性”这个词来指可以从别人那里学习的任何事情，第 7 部分我们描述更抽象的机器人时，我们将会使用这一术语。更抽象的机器人向其他机器人学习，但并没有明确它们所学的东西。

如果一个机器人通过模仿另一个机器人来学习，那么被模仿的机器人就可能是一个被动的角色。它仅仅是一个被学习的模范。但是一个机器人也可以是老师，可以通过展示，或告诉另一个机器人如何去做出反应，或通过向学习者指出它们学习时必须注意的环境里的某些方面，来积极地使另一个机器人学习。假设儿童机器人正在学习语言。儿童机器人和成年机器人生活在一个有着不同类型令牌的环境中。成年机器人知道不同令牌的名称，但是儿童机器人却不知道。儿童机器人通过模仿成年机器人命名令牌的行为来学习令牌的名称。成年机器人和儿童机器人同时看见相同的令牌，成年机器人会发出一种特定的声音——令牌的名称——作为回应。儿童机器人看到这个令牌的同时听到成年机器人发出的声音，它便会将这两种感官输入做出反应，即通过发音器官发出一种声音。儿童机器人的神经网络会将成年机器人和它自己发出的这两种声音作比较，其神经网络的连接权重也发生改变，逐渐使自己在对令牌做出反应时发出的声音和成年机器人发出的声音一样。这样，儿童机器人就学会了令牌的名称。

成年机器人命名这些令牌可能有它们自己的理由，但是它也可以通过命名这些令牌来让儿童机器人学习这些令牌的名称。在这种情况下，成年机器人不仅是一个被模仿的模范，还是一名老师。成年机器人作为老师的角色甚至可以更加积极主动。如果机器人面前有两种不同的令牌，这两种令牌有不同名称，那么成年机器人就会用手指指着其中一个令牌并发出恰当的声音。这样，成年机器人就主动把儿童机器人的注意力吸引到了那个被命名的令牌上，这样就促进了儿童机器人对令牌名称的学习。

2. 文化行为的出现

迄今为止，成年机器人已经知道了如何获取食物令牌，也已经知道了这些令牌的名称；因为它们已经拥有这两种能力，所以这些能力可以被传给儿童机器人。但是成年机器人是如何拥有获取食物令牌的能力或命名食物令牌的能力的？到目前为止，我们所重现的是从一个机器人到另一个机器人的行为的文化传播。一个机器人具备一些行为，这种行为由另一个机器人通过模仿第一个机器人而学到。但是人类不仅只有文化传播，他们还有文化创新。行为的文化传播导致了新的行为的出现。一种行为本来不存在，然后通过文化传播，逐渐出现，从而使群体成员具备的行为贮存库发生了变化。我们的下一批机器人就出现了这样的情况。

我们开始用一组神经网络具有随机连接权重的机器人，因此没有任何机器人能够获取食物令牌。机器人出生后，生存一段时间，然后死去。当一个新的机器人出生时，父母到下一代之间没有基因传递，而新生机器人的神经网络具有随机的连接权重——这就意味着新生机器人不知道如何获取食物令牌。新生机器人通过模仿上一代机器人的行为来学习，但问题是上一代机器人的神经网络中也存在随机的连接权重，因此它们也不知道如何获取食物令牌。那么，它们能教给下一代机器人什么呢？

因为机器人神经网络的连接权重是随机的，所以每个机器人看到一个食物令牌时都会以不同的方式进行回应——这是至关重要的变量。尽管没有机器人具备获取食物令牌的能力，但是由于纯粹的运气的原因，一些机器人仍比其他机器人拥有更好的连接权重，所以在获取和吃掉食物令牌时，这些机器人会有略微的优势。现在我们来做一种假设。我们假设带着儿童机器人在一个环境里移动的机器人不是随机选择的，而是根据它们获取食物令牌的能力来选择的。这些机器人由于纯粹的运气的原因，会拥有更好的连接权重，因此会更善于寻找食物令牌，它们也会被第二代机器人所模仿。这些机器人所教给第二代机器人的虽然并不多，但也不是什么都没有。尽管它们寻找食物的能力非常有限的，但是这种能力也会传递给第二代机器人。

现在我们做另一个假设。当第二代机器人向第一代机器人学习时，学习者并不是要学会与其模范一模一样的行为举止。学习者的行为与模范的行为相似，但与模范行为不完全一样，里面还有新的成分。这可能是因为学习从来都不是完美的，因为学习者可以向他们学到的东西里面添加新的成分，因为一个机器人可以用一些新奇的方法，或是为了其他理由，将其从不同的机器人那里所学到的东西结合在一起。我们重现了所有这些要素，在学习者感知模范机器人动作的过程中任意添加进了一些噪声，这样，学习者在学习过程临近结束时，其行为会略不同于模范机器人。许多时候，学习者的行为不如模范机器人。但在极少数情况下，学习者会表现得比模范机器人更好。重要的是，如果学习者最终的表现不如模范机器人，那么它就不会被下一代机器人选为典范；反之，如果它的表现比模范机器人更好，那么它就很可能会成为下一代机器人的典范之一。这样，始终伴随着文化传承过程的不规则噪声所造成的行为进步被保持下来，并在整个机器人群体中传播开来。

文化从一代到另一代的传播过程在若干代机器人中重复着。最后我们发现，所有的机器人都拥有了找到食物令牌的能力，尽管它们之间存在着明显的个体差异。它们最初并没有这种找寻食物令牌的能力，但是行为举止中伴有的文化传承已经为它们创造了这种能力。两种机制决定了后续世代的机器人吃掉食物令牌的平均数呈递增趋势，这两种机制分别是选择一代中的最优个体作为下一代的典范和在传输过程中添加不规则噪声。这时就出现了伴有文化传统的行为举止。

这种文化行为的出现和生物行为的出现有许多共同点。正如生物进化中将父母的基因拷贝进子女的基因一样，在文化进化中是由下一代模仿上一代的行为举止。在两种进化中，传承都是具有选择性的。从遗传学角度来讲，有些个体有后代，有些则没有。从文化角度来讲，上一代中的一些成员会在下一代中有模仿者，有些则没有。那些有后代的机器人是它们那一代中最为成功的，而被下一代机器人视为模仿范例的机器人同样也是成功的。以上两种情况在传承过程中都有“噪声”的参与。不规则的基因突变导致后代不同于自己的父母，有的还优于父母。文化传承中的各种因素保证了学习者在举止方面不会完全地效仿模范机器人，一些学习者最终甚至优于模范机器人。这使得文化进化相同于生物进化。但是两者间也有不同之处。一个不同之处是基因突变是随机的，而人类行为的结果却是可以预知的。因此，学习者能够有意而非随便地往自己通过模仿而学习到的行为中添加一些新元素。另一个不同之处是一个个体只有两个生身父母，而同样的个体则有许多个文化学习典范。拥有双亲而不是单亲给生物传承添加了一些新奇性，因为个体的基因是一个新的混合体，它包含了母亲和父亲各自的基因分型。拥有许多的文化学习典范就会往文化传承中添加更多的新奇因素。个体向其他的许多个体学习，既可以从上一代那里学习，又可以从同代那里学习。人类还能通过研究文物或阅读书籍来向已经死去的人学习，然后他们用全新的方式将他们学到的东西重新合并起来，就发明了新的事物。最后一个不同之处关系到选择库的大小，个体从这个库里选择自己的伴侣来进行生物性传递，并且同样选择自己需要模仿的典范来进行文化的传递。在生物传递中，尽管个体能够从自己的群体或其他群体中选择自己的配偶，然而选择库的大小却更加受限制。在文化进化中，个体所在的群体和从中选择模仿对象的群体的规模起着至关重要的作用。在本章的后面，我们会讲述群体规模对文化进化会起到怎样重要的作用（第 6 部分）和现代科技是如何趋向于使空间邻近性在文化学习过程中变得无关痛痒（第 8 部分）。所有的这些因素都是使文化变化快于生物变化的原因。

3. 靠近他人，学习他人

一个机器人要模仿另一个机器人的举止，不但要看到另一个，而且要看到那个机器人看到了什么和做了些什么——这就需要相应的空间邻近性。今天，技术使得一个个体去学习另一个体成为现实，哪怕两者身处异地。但是空间邻近性还是为学习他人提供了更加优越的条件。有趣的是，空间邻近性不单是学习他人的先决条件，也是向他人学习所导致的一个结果。因为学习他人的优势可能会促使自己住到他人的身边。目前为止，在描述向他人学习的机器人时，我们把空间邻近性看作既成前提。成年机器人带着儿童机器人在环境里四处移动，儿童机器人向这个成年机器人学习。我们可以想象这些成年机器人是儿童机器人的父母，但是只有非常幼小的机器人才由父母带着四处移动。一年后，年幼的机器人可以自主地在环境里移动，但它们仍然需要靠近父母，因为父母给它们提供食物、保护和其他物品。（关于这点，可参看前一章关于机器人家庭的描述。）对于人类也是一样，年幼的后代生活在父母身边，并且从他们身上学习。这种现象很常见。所有个体都想生活在其他个体身边向他们学习，学习他人是生活在一起的一个重要原因。我们将通过下一批机器人来展示这一现象。

这些机器人居住在同样的环境中，它们生存、繁殖并逐渐掌握了一种技能，这种技能不是靠基因遗传获得的而是从其他机器人身上学来的。为了强调这个现象的普遍性，我们选择了一种任意的非常抽象的能力——判断两个事物是否相同。机器人的神经网络有两个输入神经元。在每一个神经循环周期中，每个输入神经元各有一个激活水平值 0 或者 1。如果输入神经元的激活模式是 00 或 11，那么得到的回复值一定是 1，即两件东西相同；如果它们是 01 或 10，那么回复值一定是 0，即两件东西不同。有后代的机器人在这项识别能力测试中更多地给出了正确的答案。刚出生时，机器人的神经网络有不规则的连接权，这意味着机器人不能辨别事物是相同还是不同。为了加快这一过程，我们随机抽选了少数的机器人，并告诉了它们正确的答复。使用反向传播学习法，这些机器人用我们告诉它们的正确答复来对比它们自己的答复，正如第 2 部分中提到的儿童机器人，它们通过改变连接权重而使自己的答复逐渐接近正确答复。其他机器人并没有被告知正确答复，但它们通过模仿其他机器人来学习该怎么答复。机器人用随机抽选的另一个机器人的答复来对比自己的答复，然后它的神经网络连接权重发生了改变，这一改变使它的答复变得更加接近其他的机器人。我们期望我们教给少数机器人辨别两件东西是否相同的能力会扩散到整个机器人群体中。

但是这就出现了一个问题。一个机器人只有在接近另一个机器人的时候才能够进行学习。学习者必须观察到它的模范机器人所观察到的两件同样的事物，此外，它还必须观察它的模范机器人会怎么回应这两件事物。只有当两个机器人相互接近时，以上所述才能实现。因此，机器人必须相互接近并保持邻近的状态才能学习对方。离群索居的机器人不但不能学习他人，并且生存和繁衍下去的可能性也不是很大。机器人的神经网络由两个模块组成。（如图 8－4 所示）

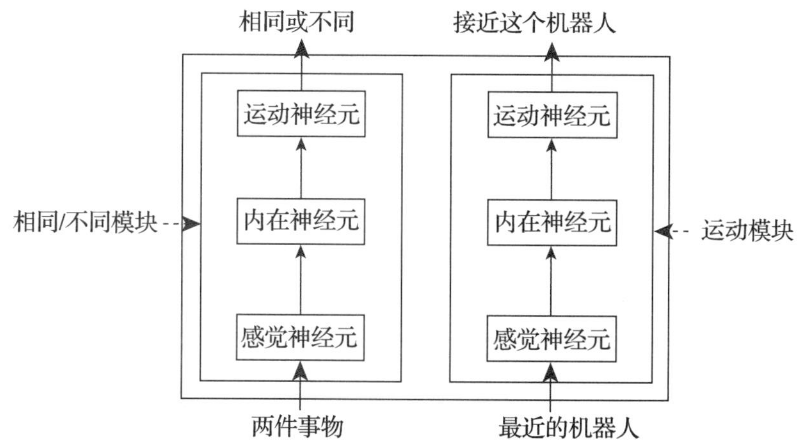

图 8－4　机器人的神经网络可分为两个模块：一个模块用来向其他机器人学习如何判断两件事物是相同的还是不同的，另一个模块是驱使它们去接近其他机器人并向其学习。

一个模块让机器人学着辨别两件事物是否相同。这个神经模块的连接权重在机器人出生时是随机分配的，并且由于它们通过模仿而向其他机器人学习，所以这些连接权重在它们的生命中就不断发生变化。第二个神经模块控制着机器人在环境中的移动。这个模块中的视觉神经元对邻近的另一个机器人所处的位置进行编码，然后运动神经元为机器人的行动编码以促使它移动。第二个神经模块的连接权重是子女从父母的基因中继承来的，这些连接权重在机器人的整个生命中不会有什么变化，但是却会在后续几代的繁衍过程中得到进化，因为被选来进行繁衍的都是善于辨别两件事物是否相同的机器人。因此，机器人是否被选来进行繁衍并不取决于它们能否接近其他机器人，而是取决于它们辨别两件事物是否相同的能力。而这个辨别能力是通过后天学习而获得的。

起初，机器人不知道怎样接近其他机器人，也没有能力辨别两件事物是否相同。它们独自行动，且辨别两件事物是否相同的能力也没什么提高，因为它们不靠近其他机器人，所以它们无法向其他机器人学习。后来，经过一连串的繁衍，情况日益改变。机器人从生物方面进化出一种相互亲近的趋势，因为这样它们就可以向其他机器人学习如何辨别两件事物是否相同。（如图 8－5 所示）

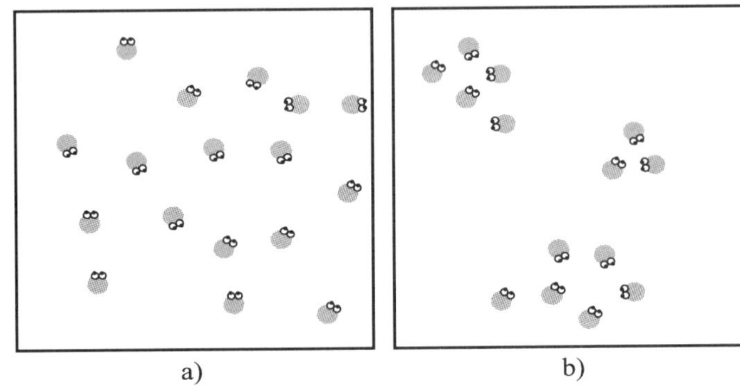

图 8－5　起初，这些机器人散布在整个区域（a）里，然后，由于只有在它们接近另一个机器人时才能向该机器人学习，所以它们就进化出了接近其他机器人的行为（b）。

这些机器人使我们明白了两件事。第一，群居使相互学习成为可能，因为人类能从他人身上学习到大量的行为与信息，所以他们倾向于群居。第二，生物进化和文化学习相互影响。在我们的机器人中不存在生物学上所说的出现邻近行为的直接选择性压力。有更多后代的机器人不是那些接近其他机器人的机器人，而是善于辨别两件事物是否相同的机器人，但辨别两件事物是否相同的能力却是从其他个体身上学来的，而且学习他人需要有足够的空间邻近性。因此，生物学上所说的出现邻近行为的间接的选择性压力还是存在的。（参见第二章，那一章研究机器人的进化和学习）。学习他人促使生物学上邻近行为的出现，因为只有当两个机器人相互接近了，它们才能相互学习。

4. 青少年应该学习成年人还是其他同龄人？

孩子无可选择地把父母当作典范来学习，但是当他们成长为青少年时，他们的选择范围就更广了。正如我们已经了解的，文化行为的出现是基于选择上一代最好的机器人来作为学习的模范。但如果机器人生活在祖代重叠的环境中，那么它既可以学习上一代的机器人又可以学习同代的机器人（同龄人）。这两种不同形式的文化学习的结果是什么呢？机器人是应该向自己的前辈学习还是向自己的同龄人学习？

答案取决于机器人所生存的环境，尤其取决于环境是一成不变的还是一代代变化的。环境包括食物令牌和有毒令牌。为了生存和繁衍后代，机器人必须吃掉食物令牌并避开有毒令牌。我们进化了两个生活在不同环境里的机器人种群。在一个环境中，食物令牌永远是黑色的，而有毒令牌永远是白色的。在另一个环境中，食物令牌和有毒令牌的颜色会一代代随意地改变（如图 8－6 所示）。

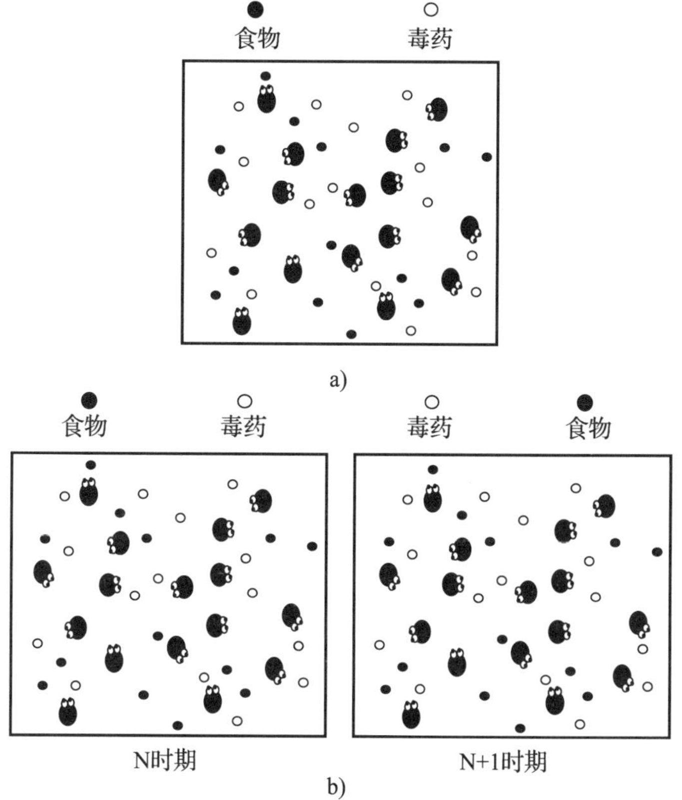

图 8－6　机器人生存在一个食物永远是黑色，毒药永远是白色的环境中（a）。机器人生存在一个食物令牌和有毒令牌的颜色一代代随意发生改变的环境中（b）。

吃掉食物令牌和躲避有毒令牌的能力不是由生物进化来的也不是从基因遗传来的，而是通过文化进化和后天学习得来的。所有机器人在出生时都有不规则的神经网络连接权重，因此它们不知道哪些令牌是食物、哪些是毒药。但正如在第3部分中所描述的机器人，它们通过模仿其他个体来学习这两种能力。

一代机器人选择上一代中最好的机器人作为学习的模范，并且我们会在它们学到的能力中加入一些不规则的噪声，在有些情况下，这使得学习者会优于它的典范。这促成了一代代之间以及吃掉食物令牌和躲避有毒令牌的文化能力的出现。

但问题是，机器人向谁学习呢？我们对比了这两个种群的机器人。在一个机器人群体中，上一代最优秀的机器人（成年人）选为被效仿的模范。在另一个群体中，扮演模范角色的是同代中最好的机器人（同龄人）。结果如何？如果环境不改变，食物和有毒令牌也一直保持颜色不变，那么向上一代学习的效果就会比向同龄人学习要好得多（如图8－7所示）。

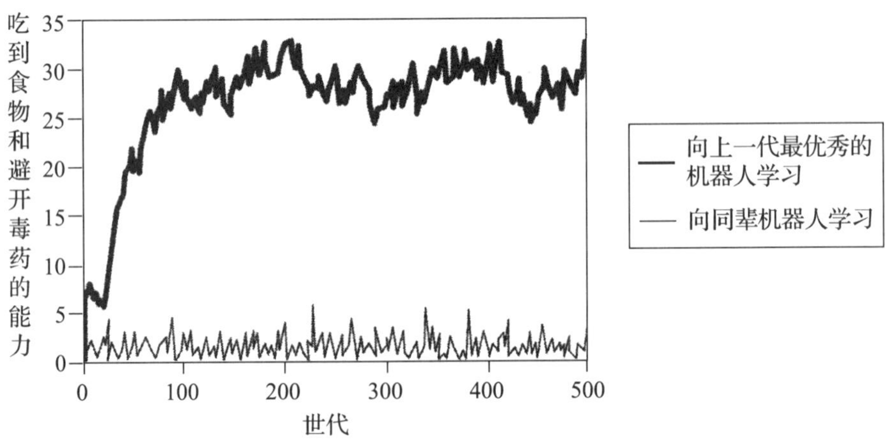

图8－7　向上一代最优秀的机器人和从同辈机器人那里学习的吃到食物令牌和避开有毒令牌的能力的文化演变。

这个结果并不奇怪，因为被选为模范的机器人是成年的已经掌握两种能力的机器人，所以下一代的机器人能从它们身上学到有用的东西。相反地，如果这些机器人学习它们的同代人，同代模范则没有太多东西要教给它们，原因是这些模范的神经网络也存在不规则的连接权重。即使机器人向同龄人学习时有一些有用的行为出现，这个行为也不会被传递给下一代。因为对于同一代的机器人来说，上一代的机器人是成年机器人，而这些机器人不向成年人学习，而是向同龄人学习。机器人学习同龄人时，每一代新机器人都是从零开始，这样就根本没有文化的积累过程。

但即使在食物令牌和有毒令牌的颜色不会一代代随意改变的环境中，向同代学习也会有一些益处。正如生物进化一样，文化进化也需要文化遗传的变种。在生物进化的情况下，这一变种是随机突变强加给遗传基因的，并且在一些情况下会产生更好的基因来帮助进化朝前发展。在文化进化的情况下，学习者不会完全模仿模范机器人，它们还会引进一些变种。这些变种即使是不规则的，也可能会导致更好的行为。如果我们去除噪声，那么它的重要性就会清晰地体现出来。如果我们在生物性传播过程中去除了噪声，那么第二代机器人的基因就会完全拷贝上一代最好的机器人的基因，但进化也就到此终止了，也就不再有更进一步的变化和累计的改善了。这点对于文化进化而言同样适用。如果新一代机器人完全拷贝上一代最好机器人的行为而没有添加丝毫改变的话，那进一步的改善和文化的进化就将无从谈起。

这是从我们的机器人当中发现的。如果去除模仿过程中伴随的不规则噪声，就算新一代机器人模仿到了上一代最好机器人的举止行为，吃食物令牌和避开有毒令牌的能力也不会有所进步。但这也是学习同龄人的一个有用之处。如果我们安排每一代的机器人偶尔学习同龄人，而不是上一代的模范，那么这种学习同代人的行为就有一种正面的意义。再把不规则噪声添加进来，这是所有进化过程所需要的，以此来催生出新的、更好的行为。

但如果经历了几代机器人之后，环境发生了变化，那么向同代学习的重要性就显得尤为突出了。设想在这些机器人所处的环境中的食物令牌是黑色的、有毒令牌是白色的。每一代中年轻的机器人选择上一代中最好的机器人作为典范学习，这样就会出现吃掉黑色令牌和躲避白色令牌的行为。但在几代机器人以后，环境突然改变了，黑色令牌变得有毒，而白色令牌变得可以食用，那么随后发生的情况就很容易预料了。处于变化了的环境中的这一代机器人的行为是灾难性的。它们从上一代那里学习到的行为在新的环境中是不适宜的。此时，机器人所食用的黑色令牌是有毒的，而它们躲避的白色令牌则可以食用。在后续的几代机器人中，由于不断有不规则噪声加入到文化传承过程中，因此，机器人的行为已经越来越适应新环境了。它们成了下一代机器人的模范。然而，这种改进非常缓慢，需要经过几代机器人的努力。

以上描述清晰地体现了在何种情况下学习同代人会变得非常重要。如果在环境改变的情况下，年轻机器人继续学习上一代机器人，那么新的适应行为就会进化得相当迟缓。相反地，如果环境改变了，年轻机器人的学习对象不再是上一代而是同代机器人了，那么适应新环境的行为就会出现得相对快些，不会再历经许多代机器人（如图 8－8 所示）。

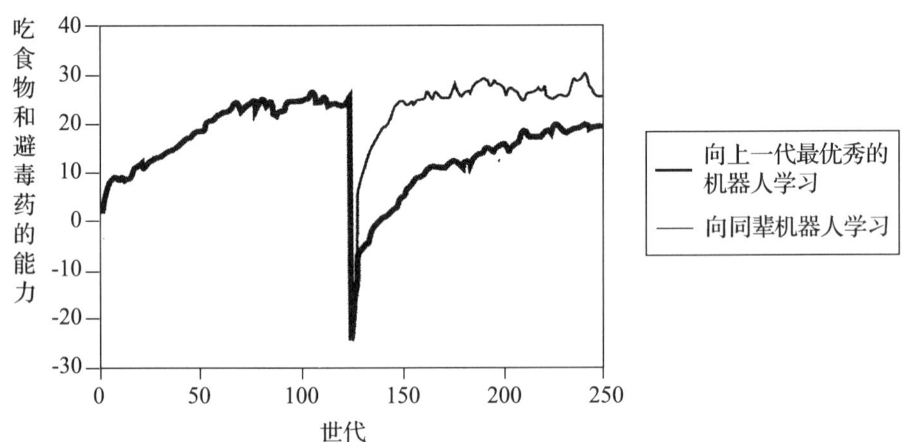

图 8－8　如果历经了 100 代机器人，环境改变了，机器人要是还在向上一代成年机器人学习的话，它们吃掉新的食物令牌和避开新的有毒令牌的能力就会比向同代学习花费更多时间来获得。

这些机器人告诉我们一些有关当今社会的趣闻。传统社会里，年轻人向上一辈学习。当今社会里，年轻人趋向于学习自己的同龄人，而不是向上一辈学习。因此，我们的机器人能够让为这种现象担心的父母和老师感到欣慰。年轻人向同代人学习的趋势在当今社会这样快速变换的环境中也许存在适应性价值，原因是上一辈的人或许没有太多东西教给年轻人，所以向他们学习就变得失去了意义。

但我们的机器人告诉我们，同代人传承（即学习同龄人）和跨代人传承（即学习成年人）必须量力而为。如果年轻人只学习同代人，那就将不会有文化的进化，因为过去出现的一些恰当行为得不到保护和发扬。相反，如果完全没有同代传承，年轻人只向上一辈学习，那么对于新环境的适应能力就会出现得非常缓慢并且还会带来许多问题——我们的机器人继续吃黑色令牌（尽管黑色已经成为有毒的令牌）和避开白色令牌（尽管它们现在会带给机器人维持生命的能量）。所以解决此问题的方案是要同时拥有适当比例的同代传承和跨代传承。如果环境变化很快，正如今天一样，那就需要加大同代传承的比例。跨代传承确保了有用信息的存在和进化过程的累积；但同代传承清除了不再适用但尚存于世的行为，促进了新的且更加适宜的行为的出现。

5. 人工制品的发展

人类不同于其他非人类动物，大多数的人类行为是从其他个体那里学习来的，这些行为不能遗传，也不能通过与自然环境的互动而学到。但人类区别于其他非人类动物的另一个行为源于他们向他人学习的能力。人类能够创造各种各样的手工制品，并且他们的存活和安康取决于他们创造有用的手工制品的能力。那么向他人学习和制作手工制品究竟是怎样联系到一起的呢？

制作手工制品与行为的文化传承是以多种方式联系在一起的。使用手工制品是需要一定能力的。要使用锤子，就要会用它把钉子钉到墙上；要使用花瓶，就要会用它储存东西并能将其完好无损地从一个地方转移到另一个地方。至于电脑或移动电话，也要知道怎么用它们才行。因此，人工制品是人类行为文化传承的载体。如果一个个体制作了一件手工制品，而使用这件手工制品需要某些行为或能力的话，那么另一个想使用这件制品的个体就要获得这些行为和能力。这样一来，新的行为和能力就会从一个个体传递给另一个个体，然后这些能力和行为就随着这些手工制品一起在社会上传播开来。

人工制品和行为文化传承联系起来的另一种方式是人工制品的制造。制造一件手工制品需要一些具体的能力，并且这些能力是一个个体通过观察另一个个体制作手工制品并对其进行模仿而学到的行为。但被文化传承的不单单是这些使用和制造人工制品的行为和能力。这些人工制品本身也会被文化传承。在这种情况下，文化传承变为技术传承。人类不单复制其他人的行为，还复制其他人制作的手工制品。他们看到一个人工制品并照样子做一个。

文化传承和技术传承的相同点还不止这些。有文化进化和文化新行为的出现（本章第 3 部分），也有技术进化和新人工制品的出现。人工制品的出现改善了人类的生活，但前提条件是这些人工制品必须是好的制品。最初，一群人类个体所制造的制品可能不是很好。但如果被下一代复制的制品是上一代制作出来的最好的，并且下一代在复制过程中做一些改变，那么，至少在一些情况下，人工制品会比原来的复制对象要更好，人工制品的质量会一代一代地有所改进。这就是技术进化。我们的下一批机器人会重现技术的传承和进化，展示在较大群体中生存是如何加快技术进化的。

新机器人拥有一种生物上进化过的能力——能找到环境里的食物令牌。但它们也制作盛放食物的容器（如瓶子）用来存储、烹调和转移食物令牌。这些瓶子相当有用，因为一个机器人如果使用这些瓶子，就能增加它从环境里找到的食物中摄取的能量，从而增加存活和繁衍的机会。然而瓶子也不完全相同。瓶子的不同特征决定了它们的不同质量。不同的瓶子保存或烹调食物的容量不同，运送食物的难易程度也不同，坚固程度也就不同。最好的瓶子可以使机器人从食物中摄取更全面的能量；而低质量的瓶子对食物中所含的自然能量却几乎没什么促进作用，当盛有食物的瓶子破损时甚至会导致能量的损失。在这种情况下，机器人的存活和繁衍概率取决于两种能力：找寻食物的能力以及制造并使用高质量容器的能力。（我们假设每个机器人只使用自己制作的瓶子，没有机器人专门制作瓶子并卖给其他机器人。机器人的专门化及机器人之间的交换参见第十章）。在环境里找到食物是生物上进化的结果，而制作瓶子的能力是从其他个体那里学来的，也会进行文化进化。机器人制作自己的瓶子不是从零开始的，而是复制前一代机器人所制造的瓶子。这不是行为的文化传承，而是人工制品的文化传承。

机器人的神经网络由两个模块组成（如图 8－9 所示）。

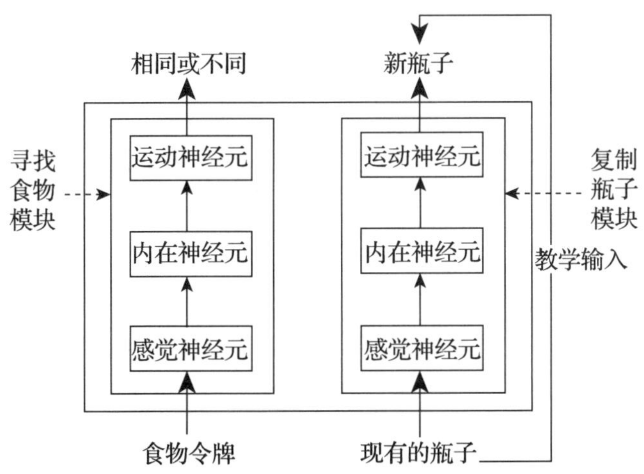

图 8－9 仿制现有的瓶子的机器人的神经网络。左边模块用来寻找食物，右边模块用来复制现有的瓶子。

一个模块控制着机器人寻找食物时的行为。这个模块的感觉神经元为最近的食物令牌的位置编码。运动神经元为机器人的行动编码，使得它们接近并收集食物令牌。这部分神经网络的连接权重是遗传得来的，它们在整个机器人的生命中都不会变化。在初始群体中，机器人找寻食物的神经模块连接权重是不规则的，但找到食物的能力却在世世代代中得到了生物上的进化，这些机器人继承了父母的连接权重，同时还伴随着不规则的基因变异。

机器人神经网络的另一模块控制着机器人复制一个现有的瓶子时的行为，这个模块的连接权重并不是通过遗传获得的，而是在机器人出生时就随机分配的。机器人看见一个瓶子，做出回应，制作出另一个跟被选为模范的瓶子相似的瓶子。机器人制作瓶子的神经模块有感觉神经元，这些感觉神经元为被选为模仿对象的瓶子的特征进行编码。这个神经模块还有运动神经元，为机器人按照模范制造出一个新瓶子的行动编码。机器人之所以学会了复制现有的瓶子，是因为它在比较瓶子原型和自己制作的瓶子的时候，它的控制瓶子制作的那个神经模块的连接权重逐渐改变了，使复制品变得越来越相似于原型。（我们使用逆向传递的算法促使机器人学着复制作为模范的那个瓶子。）

首先，我们制造了几种不同的瓶子。我们随意地决定哪几个作为好的瓶子，也就是可以让使用它们的机器人提高生存和繁衍概率的瓶子。（瓶子的特性可能跟它们的材质和形状有关。）我们对比了两个群体的机器人。在一个群体中，被选为模范的瓶子是这个机器人群体中的一个家长制作的。机器人并没有去寻找存在于群体中最好的瓶子，而是复制了自己家庭中所使用的瓶子。在另一群体中，被选为模范的瓶子是在整个群体里可以找到的最好的瓶子。

结果如何呢？结果是受限于家庭以内的技术传承不如在整个群体内的技术传承有实效。如果机器人照着自己父母制作的瓶子进行复制，那么复制出的瓶子的质量在最初的几代中就只比复制对象稍好一点，接着便会稳定在很低的水平上。相反，如果复制对象是这个群体中可以找到的最好的瓶子，那么经过世世代代以后，复制品的质量会持续改善，最后会处于较高水平（如图 8 - 10 所示）。

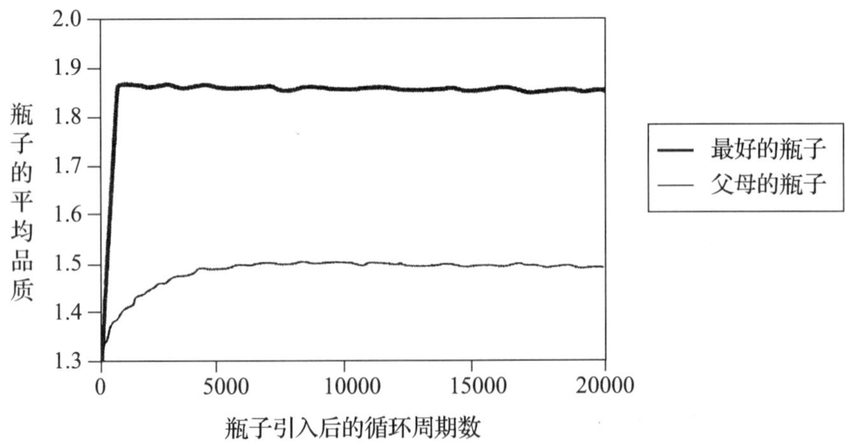

图 8 - 10　模仿整个群体里能找到的最好瓶子而制作出的瓶子，要好于模仿父母的瓶子所制作出的复制品。

这些结果说明什么呢？机器人的父母既然能拥有子女，那么这就意味着它们所制作的瓶子并不太糟糕，因为机器人存活和繁衍的概率既要依赖于找到食物的能力，又要依赖于食物容器的质量。既然繁衍后代需要依赖于两个因素，那么机器人的父母繁衍后代可能不是因为它们能制作高质量的瓶子，而是因为它们寻找食物的能力。在任何一种情况下，即使父母的瓶子质量再好，也并不能说明群体中不存在拥有更好的瓶子的机器人。就像向父母学习一样，家庭内部的技术传承并不能实现从学习对象中选择模范这一点。一个机器人不得不复制家长制作的瓶子。相反，整个群体范围内的技术传承允许机器人选择群体内最好的瓶子作为范例，这些瓶子或许好于家庭里使用的瓶子。这就可以预测出：如果群体中（而不是家庭中）最好的瓶子被选为复制对象，技术进化和更广泛的文化进化就会更快、更好。这一预测已经被我们所获得的结果证实了。

如果机器人复制了父母制作的瓶子，那么它就不用做出选择了。如果技术和文化传承发生在家庭以外，那么如何选择复制对象就将成为问题。我们的机器人选择群体中最好的瓶子，这里说的“最好的瓶子”指的是最大地增加机器人生存和繁衍概率的瓶子。但决定哪些瓶子是最好的人却是我们这些研究者们。如果让机器人自己来选择要复制的瓶子将会怎样？机器人怎么知道哪些是最好的瓶子？

机器人可能会尝试所有现成的瓶子，然后再选择最好的瓶子来作为要复制的典范。但这是个漫长且不可能完成的任务。一定有捷径可循。一个捷径是观察不同的机器人所拥有的能量。一个机器人的能量——即健康或财富——并不难了解。并且一个有很多能量的机器人很可能使用的是好瓶子。机器人使用观测到的能量来作为瓶子质量的代用品，并且在选择要复制的瓶子时，它们会使用能量多的机器人的瓶子作为参考标准。

这个选择标准可能操作起来很简单，但它比起尝试所有的瓶子这个最终标准来却显得缺少很多信服力。一个机器人有大量的能量，可能是因为它拥有好瓶子，也可能是因为它很擅长寻找食物，但它的瓶子质量却不一定很好。从我们的机器人身上你会发现这些。我们对比两个群体的机器人。在两个群体中，机器人都从它们群体里所有的瓶子中来选择需要复制的瓶子。在一个群体中，机器人选择的复制对象实际上是那些可以最大限度地增加自己的存活和繁衍机会的瓶子。但在另一个群体中，机器人选择的复制对象是那些拥有最大能量（财富）的机器人所使用的瓶子。正如我们所预计的，两种情况下，瓶子的质量在世代机器人的繁衍过程中不断提高，这是对比那些以家庭中的瓶子作为复制对象的情况来说的。但是比起第二个群体，第一个群体的瓶子质量的改善要快得多。如果机器人有高级别的能量，它就可能会使用好的瓶子，但采纳这个评判标准是存在局限性的。问题在于，对于机器人和我们人类来说，通过尝试所有可能的范例来选出复制对象，虽然是更直接和更有效的标准，但却是不现实的。这不可避免地使技术进化和更广泛的文化进化达不到完美状态。

拿人类和这些机器人进行比较会发现一些有趣的现象。人类也会选择复制，甚至是购买最富有的人或有声望的、看起来生活得更好的人的手工制品，即使他们根本不知道这些人使用的手工制品是不是最好的。人类是社会性动物，对他们来说，使用上述手工制品本身就是有益处的。人类从其他同类那里获得了大多数他们想要的东西，而其他人类得知他们使用的制品来自富人或有声望的人后，就更加愿意提供给他们所需的器物了。

但在整个人类社会中，特别是今天的社会中，选择手工制品的标准又有被其他标准所取代的趋势。这个新标准即复制和使用群体中大多数人所使用的手工制品。这就是从众标准。我们会在下一部分中讨论这个文化和技术进化的标准。

正如我们所见，如果技术传承受限于家庭内部，那么技术进化速度比起延伸到整个群落的技术进化而言就会更慢，所以制作出的瓶子的质量也会更差。但问题并不是要让家庭同群体相比较并得出什么结果，而是要看复制对象的选择范围到底有多大。即使机器人走出家庭去选择复制对象，机器人所处群体的规模对技术进化也会有影响。

如果我们比较处于较小群体中的机器人和处于较大群体中的机器人，就会发现这个结果。两种情况下，机器人选择的复制对象来自整个群体范围之内，而复制品的质量会随着世世代代的繁衍而提升。但如果机器人所处的群体更大的话，那么瓶子的质量会提高得更快，并会达到一个相对较高的水平。（如图8－11所示）

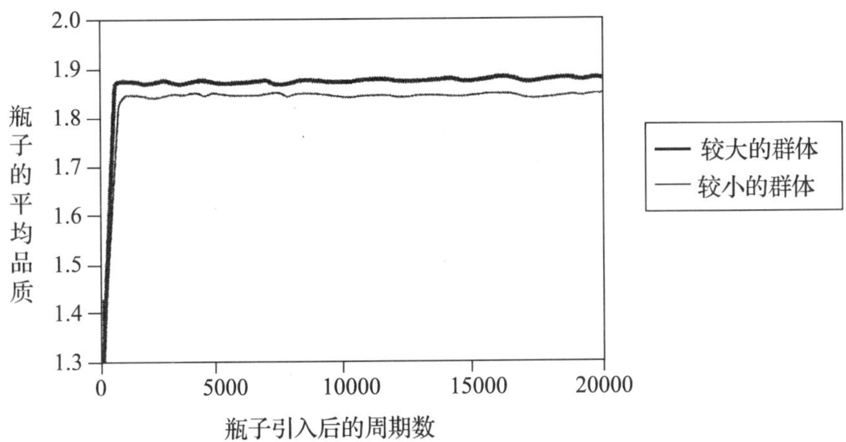

图 8－11　基于群体规模的瓶子质量的演变。规模大的群体比规模小的群体拥有质量更好的瓶子。

这是我们在对比大群体和多个小群体的机器人数量后所证实的。起初，大群体的机器人和这些小群体的机器人总数一样多。但不久后，生活在大群体中并选择去复制该群体中现有的最好瓶子的机器人数量，就超过了那些生活在分开的小群体中并选择去复制自己的小群体中最好的瓶子的机器人数量的总和（如图8－12所示）。

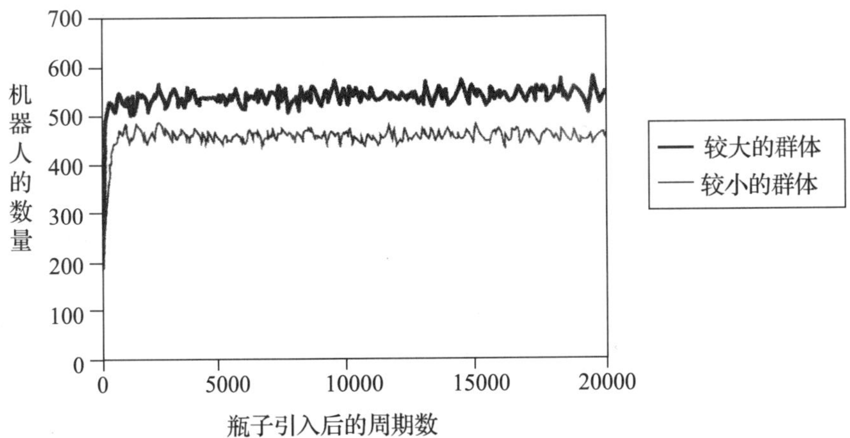

图 8－12　大群体中居住的机器人的数量，比许多小群体中居住的机器人的数量总和要多。这些机器人对群体内存在的最好的瓶子进行复制。

这就解释了为什么在历史上人类社会的规模不断增加。更大的群体提供了更大数量的不同行为和手工制品以作为选择模仿对象的范围。这样就促成了更为有效行为和更好人工制品的出现。人类社会规模的增大开始于农业和畜牧业的发展（这些都需要特定的行为和手工制品），并随着不同种类的技术制品数量的不断增加而持续增大。

有意思的是，不仅群体规模促使技术制品的发展，而且技术制品也会促使群体规模的增大。如果我们对比两个群体里的机器人——群体一的生活环境中有食物令牌和生产食物的工具，而群体二的生活环境中只有食物令牌，就会发现群体一的规模大于群体二，因为食物生产工具增加了提供给机器人的食物令牌的数量，那么群体一中的机器人就会吃得更多、活得更长。在人类历史上，就曾发生过类似情况，在当今社会上，类似情况发生的概率更高。

6. 文化

对于像人类一样的天生就能向他人学习的动物来说，社会互动必然会导致文化同质。不同特征（行为和手工制品，如果这些术语可以转化为机器人用语、信仰和价值观）的一组个体向其他个体学习，从而逐渐地拥有相同或相似的特征。一组个体通过互相学习别人的特征而形成的群体的共享特征就是文化。文化出现并得以继续，是因为尽管向他人学习需要互动，但是互动可以是间接的。如果甲和乙互动、乙和丙互动，那么甲也就和丙有互动。这就意味着共有的文化可以出现在一系列的个体身上，即使这些个体从没和其他个体互动过。

按照惯例，社会互动依赖于空间。如果两个个体住得比较接近的话，那么他们就更有可能一起互动——尽管对于今天的人类来说，这种说法变得越来越不真实。这一部分中我们会描述具有空间邻近性的两个机器人的互动，并且研究这种文化的影响。

向父母学习的和复制父母制作的瓶子的机器人是没办法选择它们要学习的模范的。他们只是复制父母的举止行为以及家庭中现有的瓶子。但我们也描述了能够选择自己学习范例的机器人。他们寻找并学习家庭内外的上一代中最好的机器人或寻找群体中最好的瓶子来进行复制。但对于选择学习范例来说，除了“寻找和复制最好的”以外，还有另一个标准——从众标准，即“复制身边大多数人的行为”。如果使用了这个标准，就不存在评估什么是好的、什么是坏的、什么该复制、什么不该复制这些问题了，你只要做大多数人做的事情就行了。这种从众标准应用起来很容易，因为你可以很容易就看到身边的大多数人在做些什么。这个标准也可以作为判断行为好坏的替代准则。如果大多数个体都以某种方式表现的话，那么这种行为就很可能是好的，或者至少不是不好的行为。另外，这个从众标准是自我强化的，因为如果一个个体选择模仿大多数人的行为的话，那么这多数人的群体也就自动扩充了。

这个决定学习目标的从众标准还有另一个更具体的优势，这个优势也解释了为什么人类常常采纳这一标准。对于所描述的机器人来说，它们模仿的行为和复制的瓶子直接增加了它们存活下去和提高生活质量的可能性。即使对于独自生存、需要在没有外部帮助的情况下发展寻找食物和制作瓶子的能力的机器人来说，有能力寻找食物以及制作并使用可以储存或运输食物的瓶子也是一种优势。然而，人类不会单独居住，他们和其他人居住在一起，并且他们的生存和安康大部分还依赖于其他人。为什么群居使得在文化传承中采纳从众标准如此有益于人类自身？答案是，从众标准保证了群体中的所有个体均具有相同的行为、使用相同的手工制品、拥有相同的信仰和价值观。行为、信仰、价值观和手工制品的统一是非常好的事情。原因有二：首先，这使得一个个体能够轻而易举地预测出另一个个体的行为举止，这又使得他们之间的互动和根据别人的行为来协调自己的行为更加容易。其次，这在群体中创造出一种身份感，这种身份感在与其他群体竞争（例如和其他群体发生战争）时会更有优势。

我们现在描述采用从众标准学习其他个体的机器人。在这里，具体行为或具体手工制品不是我们的兴趣所在，我们只想复制这些文化的出现。这些文化作为某些特性而被整个机器人群体共享，这些机器人比我们描述过的其他机器人更抽象。事实上，这些新的机器人更多的是作为媒介而不是机器人存在的，因为它们没有身体，它们的行为也不在于整个身体的运动。每个机器人都有一组文化特性，这些特性可以是行为举止、手工制品、信仰或价值观。我们可以使用一连串的比特来表示这组特性，这里的比特表示为0或者1。如果机器人拥有一个特殊的特性，那么代表它的特性的比特串有一个值，即1；如果机器人没有这个特性，这个值就是0。另外，机器人和其他个体的互动可能会导致其特性的改变，而改变特性的规则就是从众标准。每次随意地选择比特串中的一个比特，观察身边大多数机器人中的这一比特值，并且采纳这个值。如果你身边的机器人有一个特性（1），而你没有（0），那么接纳这一特性（将你的比特值从0改为1）；如果它们没有这个特性（0），而你有（1），那么放弃这一特性（将你的比特值从1改为0）。如果你的特性和身边大多数机器人的特性一样，那就不要做任何改变。

尽管这些机器人不是真正的机器人，而是没有身体的媒介，但它们生存在物理空间中，而我们想要探索的是在文化出现的过程中物理空间的作用。我们的问题是：机器人和谁互动？机器人和身边的机器人互动吗？或者机器人的互动是不依赖于物理距离的？在这里，我们将文化定义为一组从其他个体身上学来的、群体中的机器人都拥有的特性。向身边的机器人学习，比起向居住在任何地方的机器人学习，有哪些重要意义呢？

这些机器人所居住的环境由许多方形小屋组成，每一间小屋里住着一个机器人。我们曾说过，这些机器人完全是抽象的。它们是由比特串组成的，比特串代表它们的行为、手工制品、信仰和价值观。一个机器人只能和邻近的八个小屋中的机器人互动。起初，机器人比特串中的每个比特值——0或1都是随意分配的，所以机器人各有各的特性。后来，由于从众原则（对于每一个特性，如果它的值不同于身边大多数机器人的特性值，那么你就要改变你的特性值，相反地，原来的特性值就可以保留。），机器人改变了自己的特性。但是，几个循环周期之后，就没有更多的变化了。剩下的就是我们要找的机器人的文化。由于机器人会模仿身边其他个体的特性，所以许多邻近生活的机器人就有着相同的特性，即同样的比特串。

但如果我们期望的是，从众标准会促使一个同质文化的出现，那我们的期望就不会得到满足了。虽然有一定数量的文化会出现在相邻居住的机器人群体中，但文化也不会以单一的形式存在于所有机器人当中（如图 8－13 所示）。为什么？从众标准促使局部机器人文化的出现。在局部文化出现后，要创建一个统一的文化已经太迟了。设想机器人甲（属于某种文化）的居住地邻近机器人乙（属于另一种不同的文化）。机器人乙则象征着一种为机器人甲而改变的压力。但这个压力会被一种保守的压力所吞没。这保守的压力来自大量其他与甲互动且共享同一文化的机器人群体。局部文化被稳定而顽固的界线所分离，这使得一种同质文化的出现成为泡影。

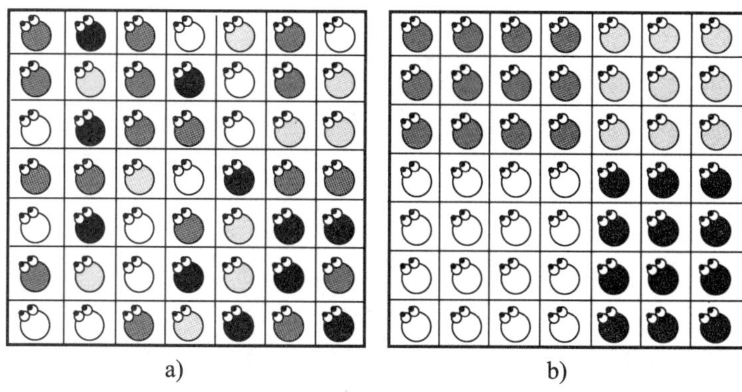

图 8－13　起初，拥有不同特性（白色、黑色、浅灰色或深灰色）的机器人随意地分布在环境（a）中。

这些机器人学习身边的其他个体。最终，我们发现环境中形成了四种不同的文化（如图 8－13b 所示）。

文化特性的改变不单是因为个体间的互动，也由于其他因素而引起，例如文化传承中的错误（即一个个体不精确地复制了另一个个体的一个文化特性）和新特性（包括新行为、新的手工制品、新信仰和新价值观）的产生。我们通过向机器人之间发生的文化模仿过程中添加不规则噪声来捕捉改变的所有因素。在每个周期里，可能会出现这样的状况：任一机器人的任一特性（比特）值会自动地从 1 变为 0 或从 0 变为 1。这些内在的改变对于局部文化之间的联系和单一全球文化的出现来说具有什么样的重要性？对于文化传承的特性来说，它们的内在变化会导致文化本身缺少内部同质性，并且会导致不同邻近文化间的文化界线更具有穿透性。另外，我们实际上在机器人中间发现了更多的文化同质性。尽管局部文化的数量减少了，但文化的界线却仍然存在。我们看不到一个统一的文化出现。

其他因素也能影响文化和文化的变化。例如环境包括山脉、沙漠、海洋和河流，这些都给社会互动带来了阻碍，也给文化影响也带来了阻碍。我们对这些社会互动的地理障碍进行了重现，将它们表示为分割线，这些分割线将相邻的屋子分开，使得线两边的社会互动变得无法进行。然而我们却发现局部文化的数量在增加（如图 8-14 所示）。（这些机器人重现了许多历史现象：如在巴布亚新几内亚岛的领土上有许多不同的语言存在，因为岛上有许多个被高山分隔开的山谷。）

另一个影响文化现象的因素是领土扩张——群体扩张到新的地域。我们通过在环境中的众多屋子中的一间放置一个机器人并空置其他所有屋子的方式来重现领土扩张。

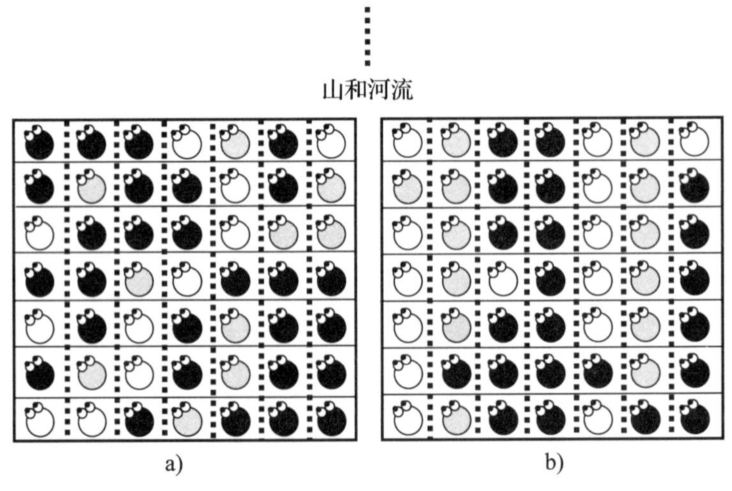

图 8-14　机器人靠近其他机器人居住，但却被山或河流分隔开来，这使得它们之间的互动变得困难或无法进行（a），但却导致了反映环境属性的局部文化的出现（b）。

机器人的一个后代被放置在围绕父母屋子的八间屋子中的一间当中。这个后代机器人继承了父母的文化特性，即父母的比特串。然后，新机器人再繁衍出它的一个后代，再把这个后代放置在靠近它父母屋子的一间（空）屋子里。这样重复几个周期，扩张到新区域的过程也一直进行着，直到所有的屋子里都装满机器人。（注意，当一个家长机器人死去后，就会将一个后代放在它的屋子里。）那么领土扩张对文化和文化改变起到什么重要作用呢？如果所有的互动都在文化相同的机器人之中进行，那么就将不会有文化的创新，文化改变也就是不可能发生的。最终，所有机器人会具有相同的文化，这文化就是最初那个机器人的文化。（如图 8－15 所示）

但如果我们以不规则噪声的形式加入内在的文化改变，我们就会发现也有许多不同的文化出现，并在邻近文化间有稳固的界线。这一文化多样性的形成是由地理障碍（如山脉、河流和海洋）的存在而促成的。这些机器人复制了另一个重要的文化现象：在许多情况下，存在于某一特定领土的不同部分中的不同文化源自单一的局部文化。这个局部文化逐渐扩张到整个区域中，并形成了各种不同的文化。（我们会在本章最后一部分再回到这一现象上继续研究。）

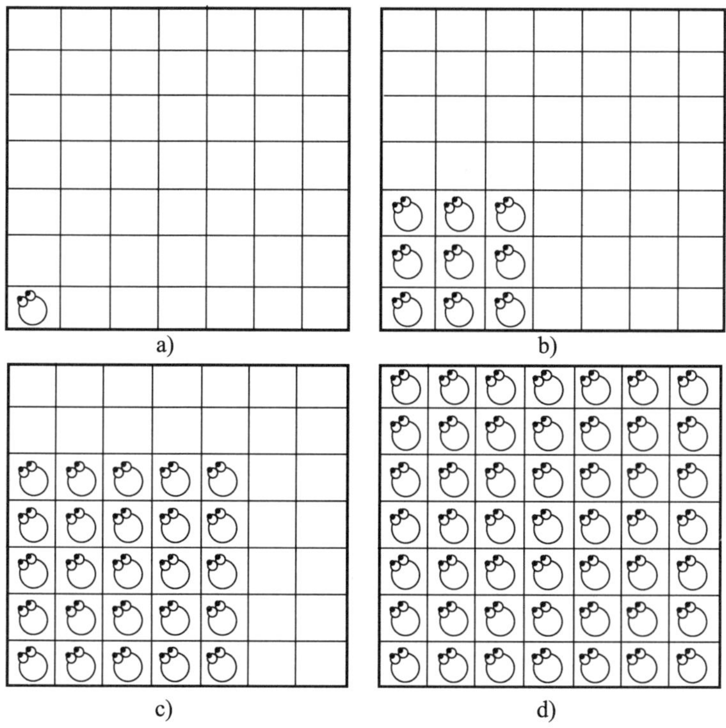

图 8－15　具有相同文化的机器人逐渐进行领土扩张的四个阶段。

在领土扩张这种新情况下的内在文化变化（添加不规则噪声促成的）是不同的。这之前的情况是：所有的小屋子里已经住满了机器人，添加不规则噪声使得不同的局部文化在数量上有所减少。在地理扩张的新情况下，不规则噪声增加了文化的多样性。当极度的文化异质性作为初始条件时，内在的文化变化侵蚀着顽固的文化界线，并导致了更大的文化一致性和更少的局部文化数量。相反地，有种情况是所有的局部文化都源自一个单一的初始文化，在这种情况下，内在的文化变化导致文化异质性和更多的文化区域（如图 8－16 所示）。

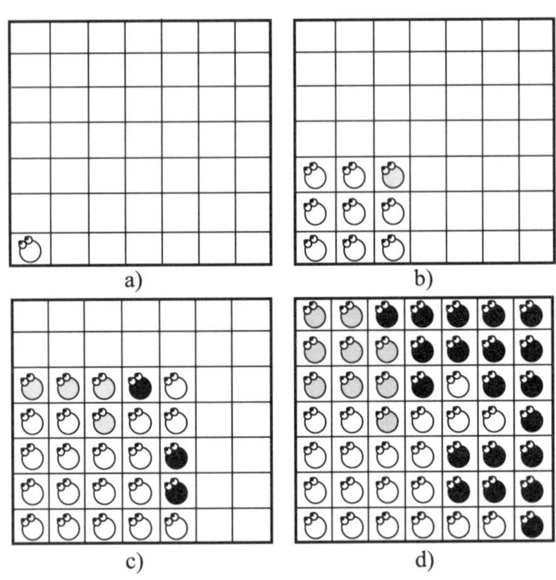

图 8－16　内在的文化变化致使出现不同的文化，而这些不同的文化都源自于同一文化。

7. 文化进程中空间作用的逐渐减弱

前面章节所描述的机器人只和住在邻近屋子的机器人互动。因此，空间对它们的相互学习和多种文化的产生起到了决定性的作用。过去，空间邻近性是同其他个体互动和学习他人的一个重要前提。除了领土扩张和经济交换以外，只有住得近的人才可以在一起互动，而且他们的行为、手工制品、信仰和价值观也会变得和邻居相似。今天，交通、运输和信息新技术的创造使得过去作为社会互动先决条件的空间逐渐地失去了重要性。两个个体能够在一起互动并且能够互相影响，即使他们在物理空间上并不邻近。事实上，今天的技术使得与地球上任何人互动已成为可能。因此，重要的是与谁互动，而不是两个互动的个体位于何处。如果机器人能够和地球上任何地方的其他同类交流和学习，那么机器人文化的重要性将是什么呢？

我们下面要说的机器人更为抽象，因为它们只是作为节点网络中的节点而存在。连接两个节点（即两个机器人）的链路的存在表明了两个机器人在一起互动。但我们并不知道这两个机器人的物理位置，也不知道它们之间的物理距离。网络有拓扑结构而没有位置布局。这个拓扑结构详细说明了一个机器人和其他哪一个机器人互动。位置布局会指明机器人在什么物理空间中，但对这些机器人来说，空间位置和空间距离与社会互动无关。因此我们的机器人网络不需要位置布局，只需要拓扑结构。

对于不依赖于物理空间互动的机器人来说，它们形成的网络的一个重要意义与间接的文化影响有关。对于那些只有在物理空间上彼此靠近时才会互动的机器人来说，物理空间决定了，一个机器人如果要影响别人或被别人影响必须得经过多少个中间人。假设在两个机器人之间有 50 个屋子，那么这两个机器人就只有穿过这 50 个中间的机器人才能相互影响，这就意味着它们相互影响的可能性很小。对于那些互动不受空间限制的机器人来说，情况是不同的。任何机器人都可以经过数量有限的中间机器人来与任何一个其他机器人互动。

我们建立了通过双向链路相互连接的一个机器人网络，这个双向链路代表了互动的机器人对数。正如我们的上一代机器人一样，每个机器人（媒介）都是一个比特串，这一比特串指定了这个机器人所具有的文化特性。一开始，机器人具有随意的比特串，因此它们有各种各样的混合特性。在每个周期里，每个机器人都与同一链条上相连的机器人互动，并且这些互动可以修改机器人的比特串，即机器人的文化特性。跟我们的上一代机器人一样，变化的规则是从众原则：从一个机器人比特串里随意选择一个比特，如果大多数由一个链路连接到这个机器人上的机器人都有一个不同的比特值，那么这个比特值将从 0 变为 1 或从 1 变成 0。否则，该比特值保持不变。

正如上一代住在物理空间里的机器人一样，起初它们没有文化。每个机器人都有自己的与众不同的不规则比特串。由于文化就是一组成对互动的机器人所拥有的相同的比特串，所以这些机器人根本没有文化。但后来，文化变化的从众原则逐渐导致了互动机器人的成组出现，这些成组的机器人具有相同的比特串，即相同的行为、相同的手工制品、相同的信仰和相同的价值观。另外，我们还找到一个有趣的不同点，那就是，只有这些机器人在物理空间上互相接近时才能进行互动。那些只和物理空间相邻的机器人互动的机器人最终创造了许多不同的文化。这些不依赖于物理空间而进行互动的新机器人最终都拥有一种单一的同质文化（如图8－17所示）。

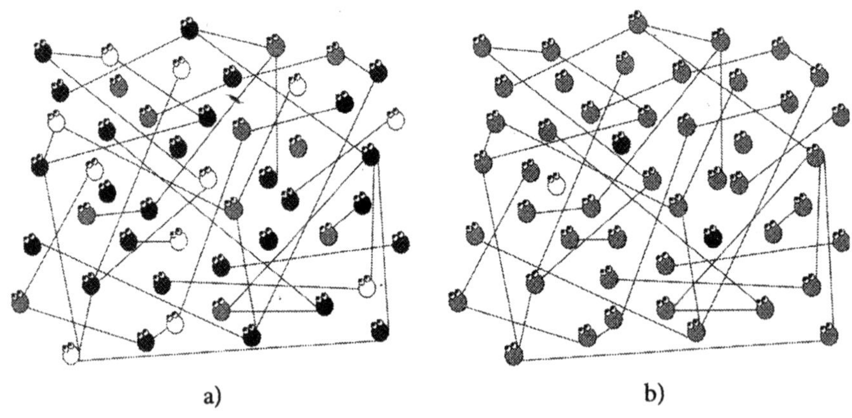

图8－17　那些不依赖于自身物理空间（a）而向其他机器人学习的机器人最终拥有了同种文化（b）。

另一个有趣的结果是关于这个同质文化的出现所需的时间的。我们建立了不同的机器人网络。一些网络有较少的链路，一些有较多的链路。这就意味着在第一种网络中，机器人与较少的其他个体互动；在第二种网络中与其互动的机器人数量较多。我们发现的是，单一同质文化可以出现在任何情况下，然而在有更多机器人互动的网络中，这种文化出现得更快。

如果我们想要了解现今的人类的话，那么这就是非常有趣的解答。对比过去的人类，今天的人类大多能够不受空间的限制而自由地与其他同类交流互动，并且一个人的互动和交流的对象始终在增加。交流和互动以各种各样的形式进行。交流可以是直接的一对一交流、（基于媒介的）一对多交流和新的（基于互联网的）多对多交流。互动可以是与其他个体的双向直接互动，也可以是与其他个体使用相同的手工制品，因为使用相同的手工制品需要相同的举止行为。交通、运输和信息传输技术的提高导致所有类型的交流和互动的加强。我们的机器人告诉我们，交流和互动的加强导致了单一同质文化的出现。

显然，现今发生的文化同质化过程是一个循序渐进的过程，并且这个过程还没有完成。物理空间和距离在人类交际和互动中仍然起着一定的作用，因此，它们的存在仍然会阻碍单一同质文化的出现。我们可以用我们的机器人来重现这一种现象。在以上所描述的网络中，我们改变着机器人中链路的数量，但在所有的网络中，链路是完全独立于物理空间存在的。我们现在建造了其他机器人网络。在这些网络中，如果两个机器人在物理空间上相互接近，那么这两个机器人就更可能联系在一起，并因此而一起互动。物理空间在一些网络中比在另一些网络中起着更加重要的作用。我们还发现，在空间对于决定两个机器人能否互动起着较为重要作用的网络中，单一的同质文化的出现要花费更多的时间。但如果空间不再作为社会互动的唯一决定性因素而存在时，单一文化在所有情况下都会出现。

8. 文化全球化

如果全球化被定义为地球上的人类的单一同质文化的逐渐出现，那么我们在这里谈论的就是全球化了。但我们的机器人网络中存在一个问题。机器人网络在开始的时候是不具有文化的。每个机器人在最初时有一个随机分配的比特串，然后一种单一的同质文化出现了，机器人网络也随后出现了。相反地，全球化正发生在现今多元文化的世界中。因此，为了复制全球化，我们必须以多个网络为着手点。并且每个网络都应有它不同于其他网络文化的地方。然后我们必须复制属于所有机器人的单一的、统一的文化。

我们创建了两种分离的网络，网络中有内部链路但没有外部链路。一个网络的机器人与同网络内的其他机器人互动，但它们不与其他网络的机器人互动。我们给所有的两个网络的机器人分配了一串任意的比特串，并且针对学习其他个体的行为指定了从众标准：在每个循环周期中，如果与大多数机器人的比特值不同的话，那么这个机器人的比特值（即文化特性）就会被改变。不出所料，几个循环周期过后，属于同一网络的机器人拥有了同质文化。对于其他网络的机器人也是如此。但同样在预料之中的是，两种文化是不同的。一个网络中的所有机器人都拥有相同的比特串，但这个比特串却不同于其他网络中的机器人的（如图 8－18 所示）。

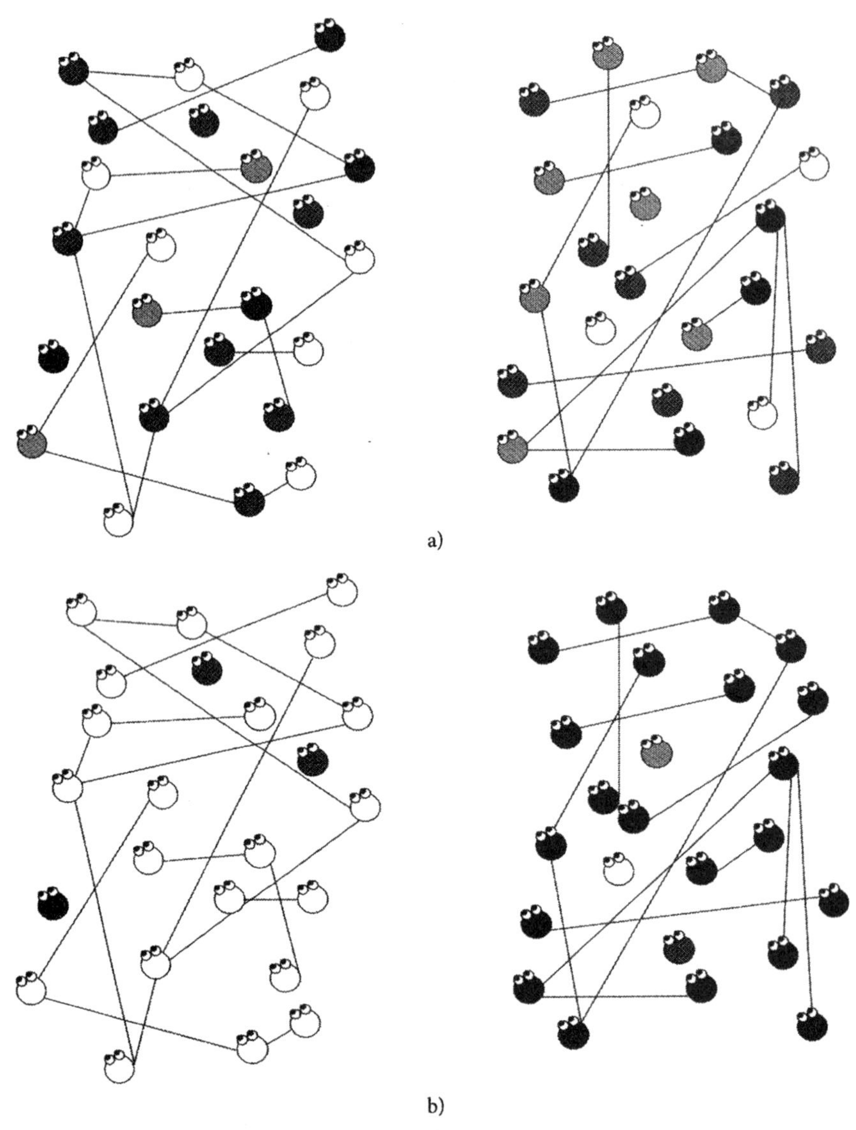

图 8－18　两个群体中没有互动（a）的机器人所形成的文化是不同的—— 一个白色文化，一个黑色文化（b）。

我们的下一个问题是：在两种不同的文化出现在两个分离的机器人网络之后，如果我们允许这两个网络中的机器人进行互动，那么会发生什么？

由于机器人的特性受到来自其他文化机器人的影响，所以不同网络间的互动就在两种文化中引入了外来的文化特性。但如果学习其他个体的标准是从众原则，那由于两个机器人的原始文化已强大到可以阻挡外来文化特性的入侵，那么上述的情况就不会造成重大的影响。然而，只有在网络间链路（即文化间互动）的数量受限时，上述情况才会被视为准确（如图 8 - 19a 所示）。如果网络间的链路数量增加了（即来自一种文化的机器人和来自其他文化的机器人的互动增多，如图 8 - 19b 所示），我们就会发现所有机器人都会具有一种单一的、统一的文化。

对于统一文化的出现，有一个临界值。如果文化间的互动次数低于这个临界值的话，这两种文化就会继续保持分离和不同。但如果文化间的互动次数增加到高于了这个临界值，我们就会看到这个单一的全球文化的出现。（现今社会就发生着这样的事。）另一个在单一文化出现中起到作用的因素是两个网络间的内部连通（即链路的平均数）。如果两个网络的内部连接更加密切（即内部更加紧凑）的话，我们就会发现文化全球化的速度会下降。

其他因素也会降低或提高文化全球化的速度，例如人口因素。婴儿时期的人类和较少的个体互动（相较于成人期）。这些个体，如父母、兄弟姐妹，是那些在空间上相邻的，但是当他们长大时，情况就改变了。为了复制这些因素，我们在我们的机器人里加入了一些新的因素。到目前为止，我们所讨论的机器人都是完全抽象的。它们不但没有生活在物理空间中，而且也没有身体和头脑，也没有生命和生命经历。我们现在建造一些有生命经历的机器人。它们出生，它们和其他所有机器人一样生活了几个循环周期，然后它们死去，并被其他有不规则比特串的机器人所代替。一个机器人的生命被分为两个时期——婴儿期和成人期。从婴儿期到成人期发生改变的就是和其互动的机器人。在婴儿期时，婴儿机器人只和少数的成年机器人互动，并且这些成年机器人与婴儿机器人都属于同一网络，它们组成了机器人家庭。当婴儿机器人长成为成年机器人时，机器人链路的数量在增加。机器人和许多其他个体互动。这些链路把同种和不同种文化的机器人连接在了一起。我们发现了婴儿机器人和家庭的存在减缓了文化全球化的进程。文化全球化需要大量的文化间的连接来完成。

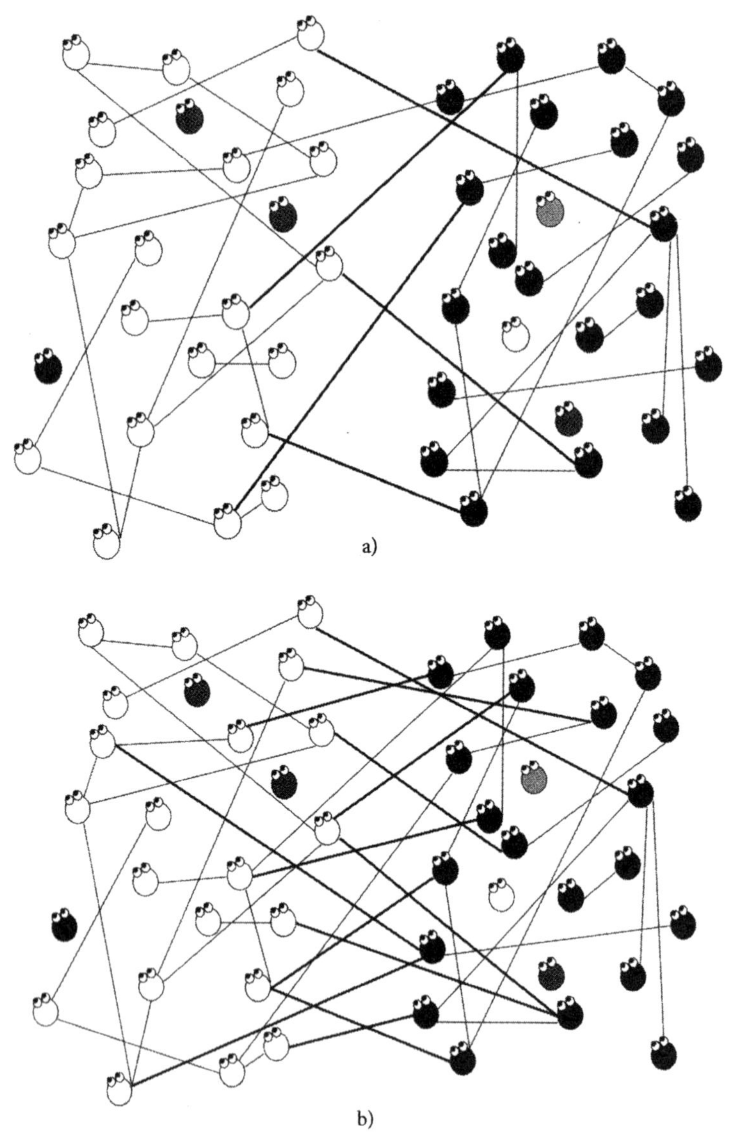

图 8-19　有不同文化的两个群体的机器人之间互动的次数要么较少（a），要么较多（b）。

人类生命历史的另一个阶段——青春期对文化全球化有着正面的影响。我们建立了两个机器人的新网络。在新网络中，机器人的生命被分为两个阶段——青年阶段和成年阶段，而不是童年时代和成年时代。青年阶段的特征是，在这个阶段中，一个机器人有连接另外的拥有同样文化的两个青年机器人的链路（不是成人）和连接拥有其他文化的任何机器人。就像今天的社会一样，青年人趋向于和其他青年互动，而不是和成人互动，就如我们在第 5 部分里描述的青年机器人一样。它们趋向于与同住的、稍远的个体互动，通过各种各样的沟通技术。我们发现，和儿童相反，青年加速了文化同质性的过程，并且即使在文化之间的链路较少时，全球文化也同样会出现。

但减缓全球化的另一因素是公共机构的出现，如教会或国家，这些机构对于人类社会的文化特性有所影响。在我们的模式中，用网络中单一的超级节点来代表这些机构。这些节点构成了机器人群体。这些超级节点用一条链路来连接群体中所有的机器人。这就意味着超级节点的比特串影响着所有群体中机器人的比特串，但并不受群体中机器人的比特串的影响。不出所料，这些超级节点的影响将要放慢文化全球化的进程，因为教会和国家趋向于强迫信奉者或公民做一些行为，并且不同国家和不同教会强加在受众身上的是不一样的。

当两种文化互相影响到一定程度时，这些相互的影响便会导致单一同质文化的出现，于是就导致了两件事情发生。我们会看到第三种文化的出现。这种文化不同于这两种原始文化。或者更可能发生的是，其中一种文化战胜了另一种文化，进而变为这两个群体的文化（如图 8 - 20 所示）。

如果两个网络有相同的规模和相同的内部连接性，并且由于机器人遵循着从众标准来向其他个体学习，那么我们就可能得到所有的结果。这个标准并不是基于一个特性的价值，它只是基于带有此种特性机器人的数量。如果与某个机器人互动的大多数机器人都具备某种特性，那么这个机器人就会采纳这一特性，而不考虑它的价值。但是，机器人在采纳与它互动的人的特性时，可能会用其他标准。第 3 部分和第 6 部分中所描述的机器人就是应用的其他标准。它们以不同机器人所具有的能量（健康）为根据，然后依样模仿这些拥有更多能量的机器人，或者复制这些有更多能量的机器人所制造或使用的瓶子。

这种文化学习标准的采用可以被解释为，为什么今天我们对全球化的称呼事实上应该是西方化。西方和非西方的人们在察觉这种事实时会遇到困难，因为西方人不想被看作是将自己的文化强加在其他人身上，并且非西方人也不想被人们看作是放弃了自己的文化。文化全球化对于全人类来说是一种单一的、统一的文化出现。但这种全球文化是什么呢？这种全球文化就是西方文化。西方文化是关于更强的能量，即更富有、更自由、更长寿、更好的医疗等。并且这种文化也迫使非西方人采用西方文化。（但西方文化的全球化却意味着，西方国家将会继续在经济上和政治上处于支配地位。）

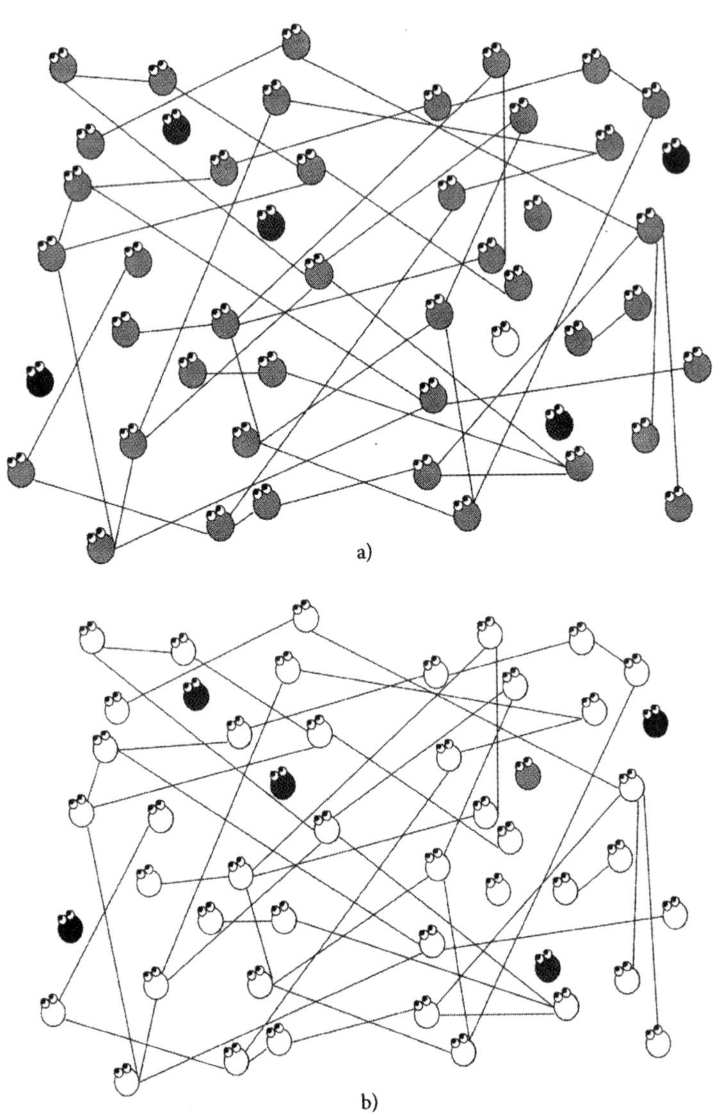

图 8－20　当来自不同文化（黑色和白色）的两个群体的机器人之间的互动在数量上增加时，那么一种单一的文化就将形成，并作为新的文化（灰色）（a）出现或两个群体中的任意一个文化（白色）（b）。

拥有自己的文化的机器人应该帮助我们确认或推翻这两种假设（预测），这两个假设分别是经济和技术全球化将会导致文化全球化，以及西方文化将成为全球文化。

但直到西方文化成为全人类的单一文化时，地球将住满拥有不同文化的人，并且我们必须复制不同的人类文化，即西方文化、中国文化、印度文化、非洲文化等。人类文化是非常复杂的现象，在机器人中复制不同的人类文化是非常困难的任务，即使我们已经准备好了接受所有的简化模式。但在机器人中复制不同的人类文化却有一个重要优势。科学家，在这种情况下是人类学家，属于具体文化。这种文化直到最近才主要以西方文化的形式出现。尽管他们付出了努力，但他们却只能用西方人的世界观来观察其他文化。如果我们建立了机器人文化（这种文化复制了不同的人类文化），我们就能用中立的眼光从外界观察这些文化，包括西方文化，这可能会帮助我们真正地了解不同的人类文化。

文化全球化是一个非常有趣的现象。我们最遥远的人类祖先有一种单一的文化或既少又相同的文化。未来可能会发生：所有人类会重新拥有一种单一文化，机器人应该帮助我们预测这种单一文化是否将会成为西方文化（如图 8-21 所示）。

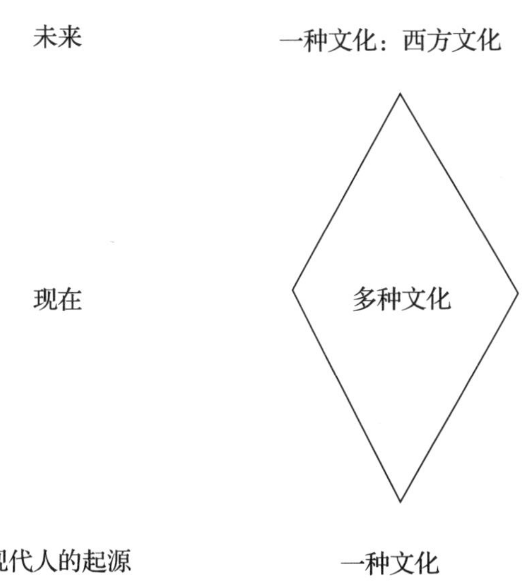

图 8-21　当现代人出现时，就有一种单一的人类文化出现。这种文化后来发展成了今天的许多不同的文化。全球化可能导致人类回到单一文化，这种单一文化会是西方的文化。

我们谈论过的关于文化的话题也适用于语言，并且自从语言成为一种最重要的文化成分以后，这种现象才变得不让人惊奇。今天，人们说的许多种不同的语言都是来自共同祖先的有声或手势语言。在下一部分中，我们将描述西方语言增多的模拟，这个模拟过程开始于一种出现在几万年前的单一语言。如今的全球化暗示了，在未来，所有居住在地球上的人都可能只会说一种单一的语言——英语，或一种叫作“世界语”的英语形式的语言。

但英语的全球化会比西方文化的全球化花费更多的时间。人类在生命的最初几年学习语言，那时候他们只和说着他们语言的邻近少数人（大多数是他们的父母和兄弟姐妹）进行互动。正如我们将在第 9 部分中展示的，这可能暗示了文化学习的滞后性，但更多地暗示了语言的均化。人类可能会创造一些技术，这些技术会使刚出生的婴儿暴露在英语的语言环境中学习英语。当上述情况出现时，经过几代人的传承，英语就会变成所有人类的第一语言。

9. 印欧语言的扩张

我们描述一种对真实历史过程的模拟来结束这一章的研究。这一历史过程的模拟，即印欧语言在欧洲的扩张。（我们暂时忽略印欧语言在亚洲的扩张。）根据对历史记载的理解，大约一万年以前，一群居住在安纳托利亚（今天土耳其的领土）的人类拥有了自己的文化。一种特殊的语言开始扩张到欧洲，并在 3000 ~ 4000 年后侵入了几乎整个欧洲。我们在计算机中复制这一事件，因为在模拟中没有机器人，甚至没有作为网络节点的机器人。机器人是完全虚拟的，我们只能数出在一个特定区域内居住着多少机器人。以机器人的方式研究人类需要付出巨大的代价，但其优势是向我们展示了这种方法能够延伸到发生在巨大空间和时间里的人类现象中，并同样能够复制真正的历史现象。此外，还有另一个优势会引起印欧机器人的兴趣：它们展示给我们，外界属性是如何影响（和已经影响了）文化扩张的过程和单一文化发展成不同文化的方式。

我们把整个欧洲和古安纳托利亚区域划分为方形屋子，并通过使用真实的历史或地理数据给每间屋子分配了一个生存指标，这指标估量了对于人类生存来说这间房间有多适合。这个指标依赖于四个因素：山脉、河流、年度降雨量和农业和动物饲养地形的适应。“印欧人”最初居住在位于安纳托利亚的一个单独屋子里。印欧人扩张的总原则是，住在一个屋子的人数取决于邻近屋子的可居住指数。如果邻近的屋子是空的（这些屋子非常适合居住），那么更多的人就会住在一个房屋里。当住在一个屋子的人数超过一个给定的临界值时，屋子里的一些人就会霸占邻近屋子中的一间（假如新屋子中没有印欧人居住，我们便不考虑其他人种，并且它的可居住指数不是很低）。有高山或沙漠的屋子有一个非常低的可居住指数，因此它们趋向于容纳扩大了的印欧人群。反之，印欧人就会扩张到有河、充足的雨水和其他因素（农业和动物饲养）的屋子里。一些屋子里是海，考虑到这些屋子不易被穿越，所以扩张的印欧人要使用船只穿过这些屋子来到达海洋另一面的区域。

把时间分为年，可知印欧扩张的过程持续了几年，因为印欧人已经扩张到绝大部分欧洲的可居住地。带来的第一个结果是，我们模拟印欧人扩张到欧洲所花费的时间大概相当于事实上所花费的时间——3000 或 4000 年。图 8 - 22 展示了 6 张连续的模拟印欧人扩张到欧洲的照片。

但更有趣的结果是关于扩张的方向。我们假设，开始的时候欧洲是无人居住的——这当然不是事实。这意味着印欧的扩张并不一定是人的扩张。但它可以是一场文化扩张，也就是说，与印欧人相接触的原住民已经接纳了印欧文化特性。换句话说，占据一个空屋子并不意味着人的入侵，而是文化特性的入侵。文化特性最好的历史见证就是语言，并且这个历史见证主要是关于多种语言在今天的欧洲是多么相似，同时也是关于那些我们留作历史数据的在过去使用的语言。语言学家建造了一棵机器人的语言树。

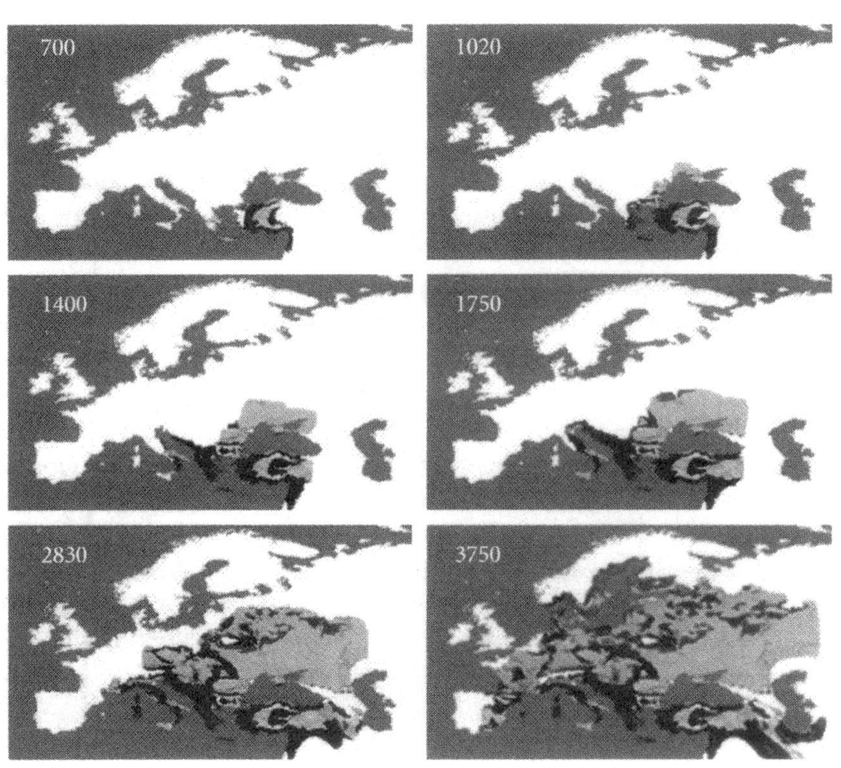

图 8－22　六张关于印欧扩张到欧洲的模拟连续快照。每个图形中的数字表示从古安纳托利亚（土耳其）扩张的开始到现在的持续的年数。

我们拥有最好历史证据的文化特性就是语言，并且这些历史证据主要涉及欧洲如今所说的语言以及过去所说的语言，它们之间是多么相似。语言学家建造了一棵带根的“语言树”，描述了住在安纳托利亚的人们原来所说的语言。每个连续的分支都代表着一种公共的古语言分离成两种语言的时刻。这两种语言既不同于古语言，又互不相同（如图 8－23 所示）。

这些印欧机器人会引起人们的兴趣，因为它们不但复制了一个重要的历史现象，而且还展示了我们人类居住的环境属性如何影响其文化和语言的发展。（这也适用于第 7 部分中所描述的机器人。）它们令人感兴趣的另一个原因是，它们不但展示了如何复制文化聚合和均化，而且展示了文化的分歧和新文化的创造。正如我们在第 6 部分所看到的，如果是两个分离的网络，它们将会有不同的文化。但如果我们添加足够数量的网络间链路，这两个网络里就会出现一种单一的、统一的文化。但在过去，往往是一种单一文化分离成多种文化，这个过程可以通过以下步骤来重现：先构建一个只有单一文化的机器人网络，然后逐渐切断某些链路，直到原来单一的网络分离成有着两种不同文化的两个网络。

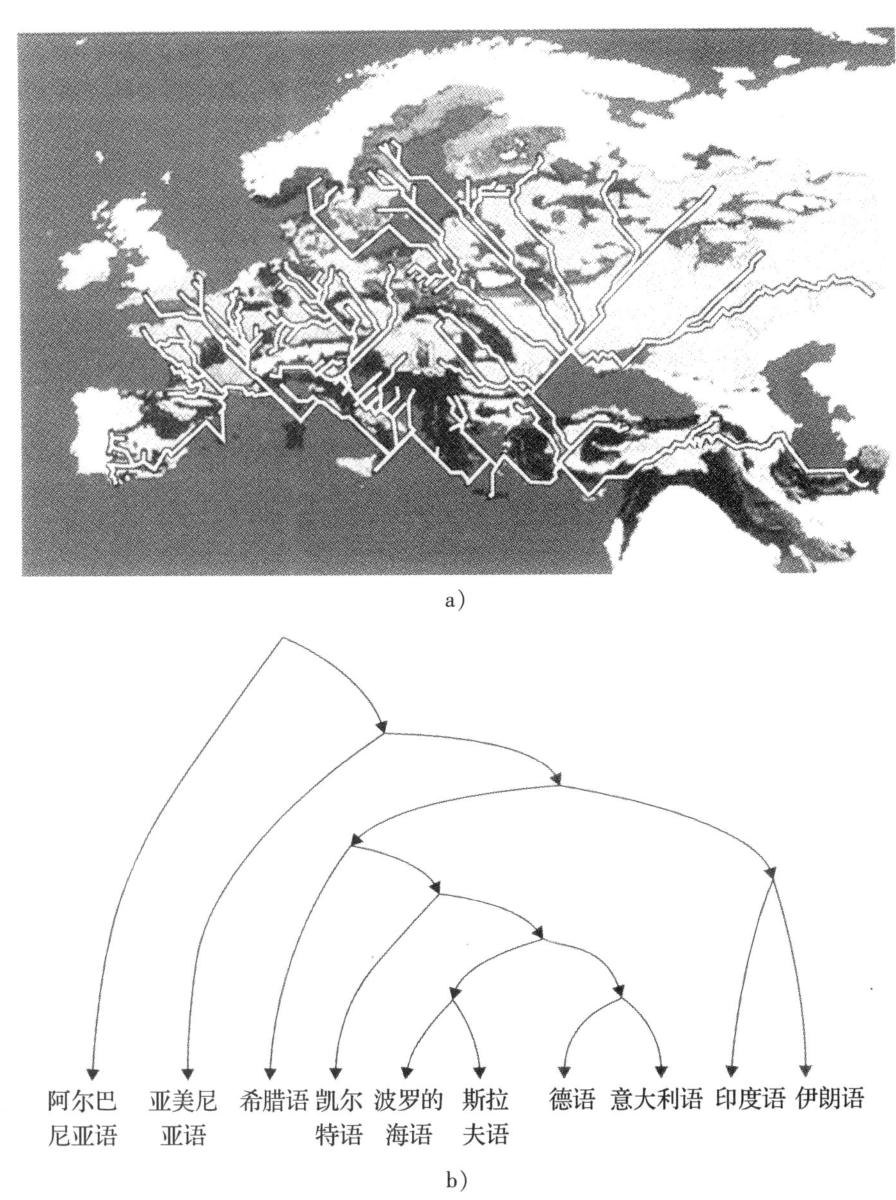

图 8-23　模拟的（a）和真实的（b）印欧语言树。

我们对拥有自身文化的机器人做最后的评论。如果我们想通过建造机器人来了解人类，那么建造相互学习的机器人并发展它们的文化就是非常重要的，因为文化是重要的人类现象，它在某种程度上决定了人类如何表现和生活。人类是唯一的为自己改建生存环境（物理环境和文化环境）的生物物种。其他生物物种都是选择适应环境。人类创建了自身生存的环境，因此，他们和他们的环境会一起改变和共同适应。未来的机器人会复制这一过程，即人类环境是如何从自然环境逐渐变成填满城市和技术的人工环境的。了解这些现象是非常重要的，因为今天的人类以一种递增的速度来改变自己的环境，这有可能给他们自身带来特殊的问题。

第九章　有财产的机器人

关于人类，让 ME 印象深刻的另一件事是：他们不会马上使用或消耗所获得的任何物品，而是会把这些物品储存在只有他们才能使用的外部储备里，这样一来，他们就可以随时使用或消耗这些物品。借助外部储备，人类在困难时期和困难环境下能够生存，能够与其他人交换物品，并能够对生活做出更长期的打算。并且，ME 确信，外部储备解释了人类生活和人类社会的诸多方面。

人类的外部储备不是个人储备，而是家庭储备，每一个家庭成员都有权使用。并且，ME 认为这是人类居住在家庭中的重要因素。家庭储备使继承所有物成为可能。父母死亡后，储存在家庭储备中的物品不会消失，而是会转移到其后代的家庭储备中。家庭储备还解释了人类社会中贫富差距巨大的原因，因为在人类社会中，财富是个人外部储备中所包含的物品数量和价值。有外部储备的另一个结果是，外部储备往往是位于环境中特定位置的物理结构，这就解释了定居生活、农村生活和城市生活。

家庭储备指的是多个个人可以使用的储备。但是这些个人必须拥有相同的基因，通常来说，就是特指父母和他们的后代。原因在于，把一个人的物品放入共有储备中意味着其他个人将可以使用其物品，但像所有的动物一样，人类在一般情况下并不愿意把自己的物品给其他个人，除非其他个人与他们有相同的基因。

但是，ME 还发现，由没有基因关系的人类组成的大群体确实有共有储备或中央储备，群体中的所有成员都会把自己的一些物品拿出来放入储备中——好比纳税——然后再把这些所有物重新分配给群体中的所有成员。中央储备可以生产个人不能生产的物品，惩罚损害他人的行为，对其他群体发动战争，把其他群体的物品占为己有，并保卫自己的群体免受其他群体的损害。

1. 外部储备

一些动物会把它们在环境中找到的食物储存起来，以后再吃，但是大多数动物马上就会吃掉能够找到的食物。但人类不同，因为他们拥有外部储备，他们把包括食物在内的所有物品都放入外部储备中，这样他们就可以随时使用这些物品了。“外部储备”这种说法是笼统而抽象的，并捕捉到了“拥有”这个概念。个人外部储备属个人所有，也就是说其他人没法使用。同样的表述也适用于“物品”的概念，物品指人类想要拥有的一切，因为它能提高人类生存和繁衍的机会并改善人类的生活水平。（有关物品的内容，参见第十一章“机器人经济”。）外部储备是一种重要的人类适应性变化，它们是非人类动物和人类之间的本质区别之一。外部储备可以减轻暂时性物品缺乏所带来的后果，因为当环境中仅有极少的食物时，人类可以吃储备中储存的食物。可移动的外部储备使旅行、迁徙和重新在某地定居成为可能，因为人们可以随身携带食物。作为物理结构，位于特定位置的外部储备是定居生活以及房屋、村庄和城市发展的起源。通过储备物品，个人能够专门生产一种物品，然后再通过物品交换而从其他个人那里得到其他物品。通过外部储备，人类有可能继承物品，而不仅仅是继承基因和文化，从而能够用已有物品来生产新的物品、接受更大跨度的时间观念（包括预测和规划未来），以及获得身心自由，从而为艺术、宗教、哲学和科学等纯理论性事业而献身。实际上，人类除了被称为“知道的动物（智人）”“会说话的动物（语言人）”或“制造手工艺品的动物（工匠人）”以外，还可被称为“会储存/拥有的动物”。

基于上述原因，如果必须用机器人来帮助我们了解人类，那么构建有外部储备的机器人就是很重要的。本章我们将描述有外部储备的机器人，它们会把在环境中找到的食物放到储备里。这里所描述的机器人就是我们通常所说的机器人，它们生活在有食物令牌的环境里，而且必须吃掉食物令牌来维持生命。但是，与其他机器人不同的是，当一个机器人拿到一个食物令牌时，它不会马上就吃掉这个令牌，而是会把它放到外部储备里。我们描述的机器人拥有三种不同的外部储备：个人储备、家庭储备和中央储备。个人储备指仅有一个机器人会将其在环境里能够找到食物放进储备里，也只有这一个机器人能够吃到这个储备里的食物。

家庭储备就是指一组有亲属关系的机器人——即一个机器人家庭——把它们的食物放进储备里，并且所有家庭成员都能够吃家庭储备里的食物。中央储备就是指一个机器人群体的所有成员把在环境中找到的（某些）食物令牌放到储备里，并且中央储备里的所有食物令牌会被重新分配给每一位群体成员。

人类有家庭储备，而没有个人储备，因为人类生活在家庭中。我们构建有个人储备的机器人只是为了更好地理解外部储备的适应值。（但是在当今社会，越来越多的个人独自生活，可以说这些个人是拥有个人储备的。）中央储备即（政治性）国家。从家庭储备到中央储备的改变是人类社会历史的一个决定性事件——人类学家将其称为从家庭级别的社会到国家级别的社会的过渡。但是中央储备不能代替家庭储备，现代人类社会同时拥有家庭储备和一个中央储备。

2. 个人储备

为了理解拥有外部储备的后果和优势，我们会对没有外部储备的机器人和有外部储备的机器人进行比较，然后确定第二种类型的机器人可以做哪些第一种类型的机器人所不能做的事。我们从个人储备开始探讨，即一个机器人把在环境中能找到的食物令牌放到储备中，并且只有这个特定的机器人可以吃到这个储备里的食物令牌。正如我们之前所说的，个人储备在人类中并不很常见，因为人类生活在家庭中，他们拥有家庭储备，而不是个人储备。但是我们要从个人储备开始探讨，因为个人储备比家庭储备简单，并能更好地说明拥有外部储备的优势。

我们已经了解的机器人是没有外部储备的机器人。它们生活在拥有食物令牌的环境中，每一个食物令牌都提供一定的能量，当机器人吃这些食物令牌时，食物能量就会添加到机器人身体里所储存的能量中。机器人的行为受神经网络控制，神经网络里有视觉神经元，它们为最近的食物令牌位置进行编码；另有一个触觉神经元，当机器人拿到一个食物令牌时，该触觉神经元就会被激活；还有一个饥饿神经元，它的激活水平反映了机器人体内当前的能量水平。当机器人的身体碰到一个食物令牌时，我们就认为这个食物被机器人吃掉了。

我们现在构建另一批机器人，它们与先前的机器人不同，因为它们有外部储备，会把在环境中找到的食物放到里面。当没有外部储备的机器人碰到食物令牌时，它们会自动吃掉食物令牌。新的机器人不吃食物令牌，而是会把食物令牌放到外部储备中（如图9-1所示）。

这些机器人的神经元网络有一个额外的运动神经元，它将对机器人吃掉外部储备里的一个食物令牌的行为进行编码——前提是外部储备不是空的（如图9-2所示）。

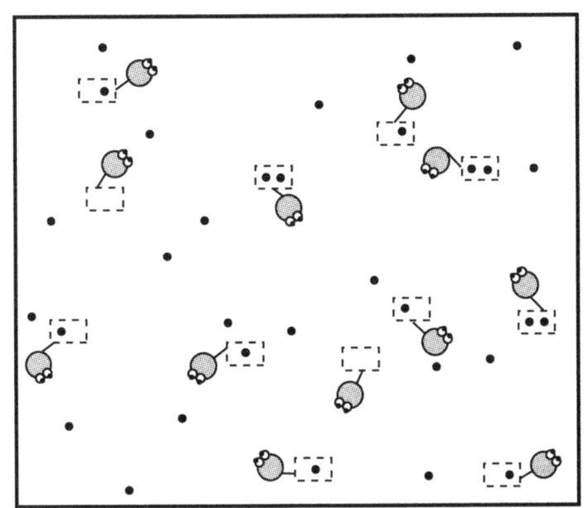

图9-1　机器人的个人储备可能包含不同数量的食物令牌，因为机器人收集环境中的食物令牌的能力会有所不同。

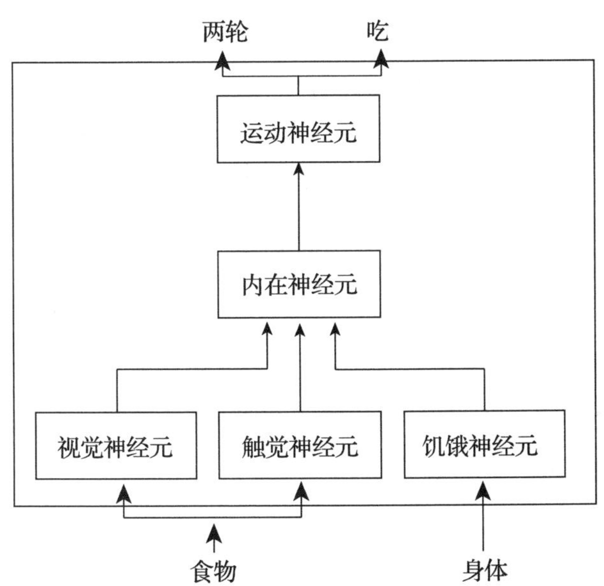

图9-2　拥有个人储备的机器人的神经网络。当一个机器人找到一个食物令牌时，它会自动将食物令牌放到它的外部储备里，只有在身体发出饥饿信号时才去吃食物令牌。

两批机器人生活在相同的环境里。机器人身体里的能量可能从1（最大能量）降到0（没有能量）；当能量为0时，机器人就会死亡。刚出生时，机器人的能量处于最高水平，但是在每一个周期中，能量都会以固定量减少。所有食物令牌都包含相同的能量，但是，当一个机器人吃掉一个食物令牌时，机器人的体内能量就会接近最高水平，包含在食物令牌中的部分能量就会被消耗掉。

在寿命方面，拥有外部储备的机器人与没有外部储备的机器人相比有何差异？图9－3给出了答案。有外部储备的机器人比没有外部储备的机器人活得更长，而且适应性更强。

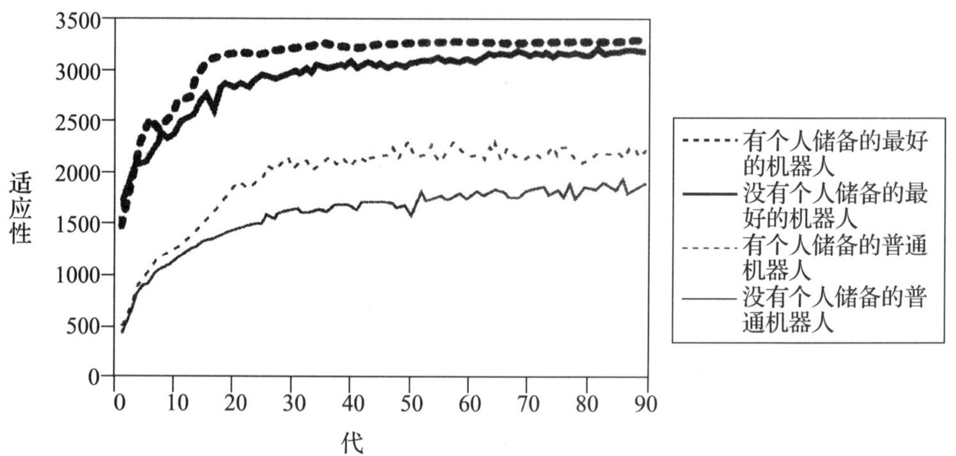

图9－3　有个人外部储备和没有个人外部储备的机器人的适应性（寿命）。

为什么拥有外部储备会使机器人活得更长？答案是储备起到了安全网的作用。机器人会发现自己处于食物很少的一部分环境中。如果机器人没有外部储备，它们体内的能量就可能降至零，机器人就会死亡。相反地，有外部储备的机器人能吃到其外部储备中的食物，这样它就能够依靠更多的食物来到达其他食物更多的环境中。外部储备降低了机器人对环境的依赖。

拥有外部储备还有另一个优势。正如我们之前所说的，如果机器人在其体内的能量接近其最高水平时吃掉一个食物令牌，包含在食物令牌里的一部分能量就可能会有损失。因为有饥饿神经元，所以机器人知道自己体内包含多少能量，并且此信息会影响机器人的行为。而实际上，我们发现，这两种类型的机器人对饥饿的反应有所不同。在看见食物令牌时，没有外部储备的机器人如果饿了，就会接近并吃掉食物令牌。然而，如果机器人不饿，它就倾向于不接近食物令牌，因为吃掉这个令牌会意味着浪费食物令牌中的至少一部分能量。（过度进食也可能是危险的，但我们不在这些机器人里重现过度进食的消极影响。）

如果我们在计算机屏幕上观察这些机器人，我们就会看到，当它们不饿时，它们几乎停止活动，或转圈，或围着食物令牌活动而不去碰它们。它们只在饥饿的时候才接近并吃掉食物令牌，这样一来，包含在食物令牌中的能量就不会被浪费掉。

拥有外部储备的机器人的行为是不同的。这些机器人总是一看到食物令牌就立即接近它们。对于这些机器人来说，拿到食物令牌并不意味着吃掉食物令牌，而是要把这些食物令牌放到它们的外部储备里；而且，无论饥饿与否，它们都会这样做，而不用担心浪费食物令牌中的能量。只有当机器人饿了，它们才会决定吃掉存放在外部储备里的食物令牌。实际上，机器人的“进食”运动神经元只有在饥饿状态下才易被激活。拥有外部储备的机器人始终处于活跃状态，并且无论饥饿与否，它们都会对环境进行探索。没有外部储备的机器人的行为依赖于它们的身体状态（饥饿水平），这导致了它们整体上的活跃度较低，且探访的环境区域更少。有外部储备的机器人对于自己身体状态的依赖较小。它们总是非常活跃，在收集包含在环境中的能量（所有包含在食物令牌里的能量）方面也比没有外部储备的机器人要好。它们总是能够安排好能量，而不会浪费能量。（如果我们要添加一个运动消耗，这就将会是拥有外部储备的机器人所特有的一种消耗，但是储备物品所带来的优势要比这些消耗大得多。）

为了更好地理解两种类型的机器人行为的差异，我们进行了两个实验室实验。在第一个实验中，我们把机器人放入一个空环境中，通过计算机器人在固定数量的周期中所访问的环境的不同部分（计算机屏幕上不同的像素）的数量，来测量它们的探索行为。其中，访问的像素越多，就意味着更为活跃且更具探索精神。结果显示，有外部储备的机器人比没有外部储备的机器人更活跃且更具有探索精神。在另一个实验中，我们确定了机器人是如何对食物令牌做出反应的。环境中包含一个单独的食物令牌，我们计算出机器人为拿到食物令牌要花费的周期数量。在第二个实验里，我们改变了机器人的饥饿水平，并测试了机器人在饥饿和不饥饿时的表现。结果如何？没有外部储备的机器人饥饿时，会快速拿到食物令牌；但当它们的饥饿水平降低时，它们就会犹豫，拿到食物令牌所花费的时间也更多。相反，无论有外部储备的机器人的饥饿水平如何，总是能快速拿到食物令牌。这清楚地表明，有外部储备的机器人受身体状态的制约更小，在收集包含在环境中的能量时也更为高效。这些都是典型的人类特征。

因为我们的机器人是神经机器人，由于我们的机器人是具备神经系统的机器人，所以我们可以确定这两种类型的机器人是否不但在行为上存在区别，而且在大脑活动方面也存在区别。正如我们之前所说的，除了具有能让机器人看到食物令牌的视觉神经元以外，机器人的神经网络中还有一个触觉神经元和一个饥饿神经元。当机器人拿到（触碰到）一个食物令牌时，触觉神经元就会被激活。饥饿神经元的激活水平会反映了目前包含在机器人体内的能量总量。当机器人体内充满能量时（不饿），能量水平为1，而机器人的激活水平会随着能量的消耗（饥饿水平提高）而逐渐降低。我们对有外部储备和没有外部储备的机器人体内的这两个神经元的激活水平进行测量，但这些测量不是在实验室进行的，而是当机器人处于自然环境中时进行的。

图9－4展示了两个机器人的结果（一个有外部储备，另一个没有外部储备）。没有外部储备的机器人只有在其体内能量接近于零（也就是非常饿）的时候才会去拿食物令牌。有外部储备的机器人拿食物令牌的行为（其触觉神经元被激活）不受其饥饿水平的影响。结果，有外部储备的机器人所收集的食物令牌（8个）比没有外部储备的机器人所收集的食物令牌（2个）要多。对于有外部储备的机器人来说，图9－4还显示了对吃掉存放在机器人储备里的一个食物令牌的行为进行编码的运动神经元的激活水平。只有在饥饿神经元发出饥饿信号时，这个神经元才会被激活。这就意味着，只有在机器人饥饿时才会吃存放在储备里的食物令牌。

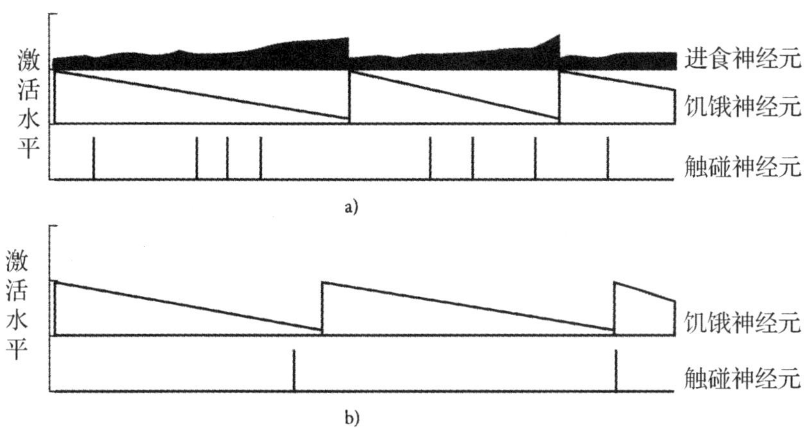

图9-4　有外部储备（a）和没有外部储备（b）的机器人神经网络的饥饿神经元和触碰神经元激活水平。对于有外部储备的机器人，我们还展示了进食神经元的激活水平。

拥有外部储备会使机器人寿命更长，这就是外部储备的价值所在，也正是因为如此，我们才期望在前提条件合适的情况下，那些最初没有外部储备的机器人种群会在经过几代繁衍之后能够变成拥有外部储备的机器人种群。（人类的外部储备是随着文化演进而非生物进化发展出来的，尽管可能有生物性的前提条件。）然而，任何行为的适应值（在此案例中指储备食物的行为）都不是绝对的，而是与动物生活的特定环境相对的。所以我们会问：外部储备适合哪种环境？我们预测拥有外部储备适合中等难度水平的环境，而不适合太容易或太困难的生存环境。考虑到环境中包含的食物令牌的数量，我们的机器人会生活在一个中等难度的环境中。而且，正如我们所看到的，在这种环境中，拥有外部储备会增加机器人的寿命。但如果机器人生活的环境中包含更多的食物令牌，其外部储备就可能不会形成，因为这种环境中不需要外部储备。当机器人需要食物时，就会找到食物。相反，在食物非常少的环境里，外部储备也可能不会形成，因为机器人必须马上吃掉所有它能找到的食物，但不能储备食物。

为了检验这个预测，我们使机器人生活的环境发生进化。新的环境中与上述机器人所在的环境包含同样数量的食物令牌，但是大小不同。上述机器人所处的环境是一个1000×1000像素的正方形。现在，我们在比原始环境小（500×500像素）和比原始环境大（5000×5000像素）的环境里使有外部储备和没有外部储备的机器人发生进化。因为两个环境中都包含着与原始环境同样数量的食物令牌，所以与原始环境相比，小环境中的食物密度较大，而大环境中的食物密度较小。因此，与原始环境相比，在小环境中生活较容易，在大环境中生活最困难。

图9－5显示的结果与我们的预测一致。在中等难度的环境里，外部储备是有用的；但是在生活非常容易和非常困难的环境中，外部储备是无用的。在非常容易和非常困难的环境里，有外部储备和没有外部储备的机器人的寿命基本相同。因此，在这些环境里，有无外部储备均没有什么影响。

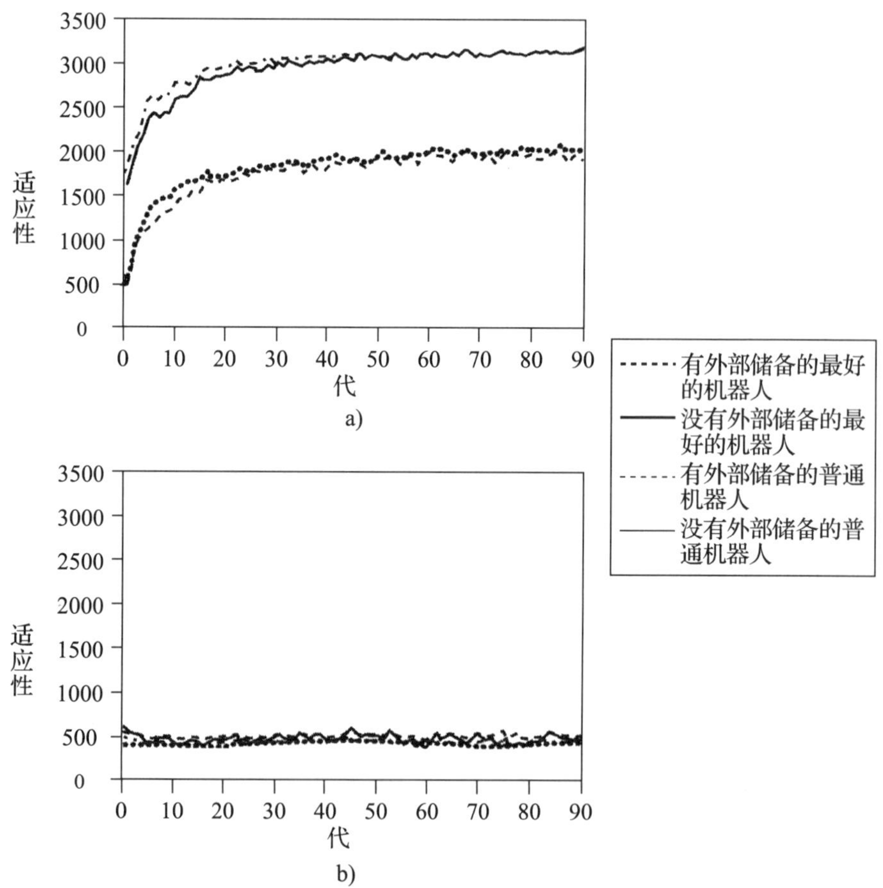

图9－5　在比图9－1的环境更容易的环境（a）和更困难（b）的环境里，有外部储备的机器人和没有外部储备的机器人的适应性。在困难的环境里，机器人的生命在整个进化过程中始终都非常短暂。

这也许告诉了我们一些关于人类发展形成外部储备的环境的有趣信息。这类环境是温带环境，而无论是在食物很多的非常温暖的环境里，还是在食物很少的非常冷的环境里，发展外部储备的压力都较小。

有外部储备可能会带来其他优势。到目前为止，我们所描述的机器人都生活在到处都可以找到食物令牌的环境中。

然而，在真实环境中，食物不可能平均分布在环境的所有部分中，而是在有的部分可以找到食物，在有的部分找不到食物。我们的下一组机器人表明，拥有外部储备在这些更复杂的环境中可能非常有用。

新机器人生活的环境有两个包含食物的区域，两个区域之间隔着很大的空间，这个空间里没有食物，机器人如果想要从一个食物区域移动到另一个食物区域，就必须穿过两个区域间的空间。像以前一样，当一个机器人拿到食物令牌后，根据其类型，它或者马上吃掉食物令牌，或者把食物令牌放到外部储备里，食物令牌消失，不会被新的食物令牌代替。

因此，一个区域中的食物令牌的数量是逐渐减少的，直到用尽。因此，如果机器人想进食，它就必须去另一个区域。显然，这个环境比上述环境还要困难，毕竟在上述环境中到处都可以找到食物。

在新的环境中，我们使数量相同的两种类型的机器人发生了进化——一种有外部储备，另一种没有外部储备。结果显示，与处在食物随处可见的环境中相比，在新的环境中，有外部储备的机器人的优势更为明显。在有两个食物区域的环境里，有外部储备的机器人和没有外部储备的机器人的寿命长度差异比上述环境里的区别更大（如图 9-6 所示）。

如果我们计算一下不是出生在某食物区域，但却吃到该食物区域里面的至少一个令牌的机器人的数量，我们就会发现，几乎所有没有外部储备的机器人都不能到达另一个食物区域并进食其中的食物令牌。相反，对于能够储备食物的机器人来说，能够到达另一个食物区域的机器人数量会逐代增加，最后，将会有超过20% 的机器人能够穿过两个食物区域之间的空白空间，到达另一个区域。

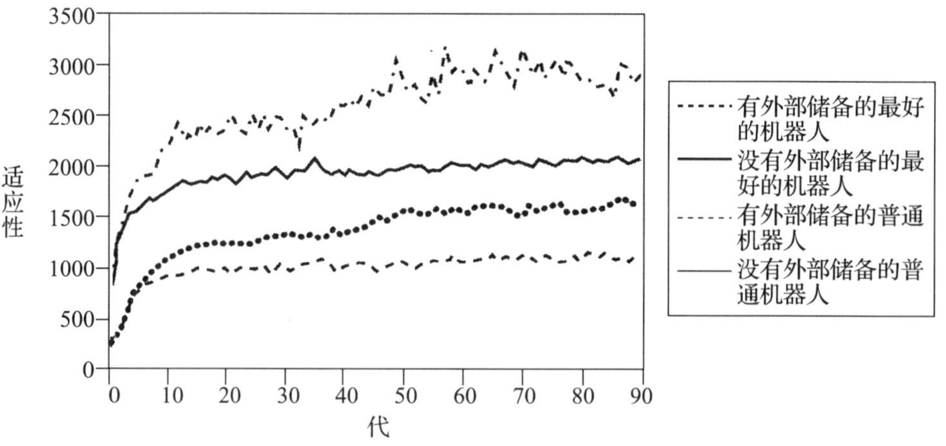

图9-6　在包含两个被一个空间分开的食物区域的环境中，有外部储备的机器人和没有外部储备的机器人的适应性。

没有外部储备的机器人无法到达另一个食物区域，因为要到达另一个食物区域，它们必须穿过一个没有食物的空白空间。如果在穿越空白空间时，机器人没有包含所需食物的外部储备，它们就会在到达另一个食物区域之前死亡。这就影响了机器人探索环境的能力。通过使用其他机器人所做的实验，我们通过计算处在空的环境里的机器人所访问过的像素的数量，来测量其探索这个环境的能力。我们发现，拥有外部储备的机器人比没有外部储备的机器人的探索能力更强。

这与我们利用上述机器人得出的结论相似，但是现在区别更大，原因也可能不同。在一个食物区域中有许多食物令牌，因此，只要机器人仍然在食物区域内，就没有发展探索环境能力的压力。但是，正如我们之前看到的，没有外部储备的机器人不能走出其出生时的食物区域，因此，这些机器人不可能进化出探索空白环境的行为。相反，拥有外部储备使其他机器人有可能穿过两个食物区域中间的空白空间，这些机器人因而进化出了探索空白空间的能力。在远古时代，人类可能也发生过这种进化。

所以，拥有外部储备并不是在所有环境中都一样有用。外部储备效用不仅依赖于环境的本质特性，还依赖于机器人的适应模式。想象一下，一个机器人群体生活在拥有食物令牌和水令牌的环境里，为了维持生命，机器人必须进食食物令牌、饮用水令牌。机器人有两个内部传感器，一个传感器告知它们自己身体的当前的能量水平，另一个传感器告知当前水的水平。机器人的大脑利用这些信息指导机器人走向身体当时更需要的令牌。我们使机器人在两个不同的环境中进化。在一个环境里，食物令牌和水令牌分布在整个区域中。在另一个环境里，食物令牌存在于环境的一个区域里，水令牌则存在于另一个区域里，两个区域被一个空白空间隔开。

结果显示拥有外部储备（一个储备食物，一个储备水）对机器人来说更有利（如图 9－7 所示）。如果这两种令牌遍布在整个环境中，那么没有外部储备的机器

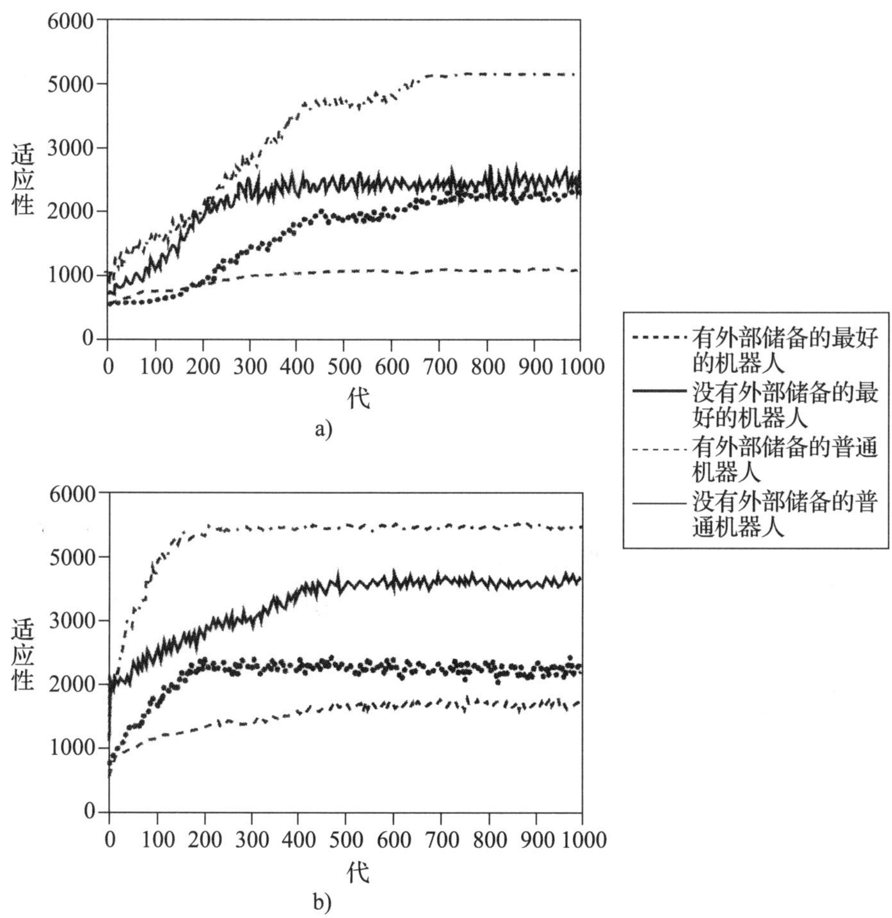

图 9－7　有两个外部储备（一个储备食物，一个储备水）的机器人和没有外部储备的机器人的适应性。食物令牌和水令牌随机分布在整个环境中（a）或分别分布在环境中的两个独立区域中（b）。

人需要吃而不是喝，它就会寻找食物令牌并忽略水令牌；需要喝水而不是吃食物的机器人就会寻找水令牌而忽略食物令牌。（这些机器人与第二章描述的机器人相似。）但是有食物储备和水储备这些外部储备的机器人，能把食物令牌和水令牌都放进自己的储备里，并根据自身需要吃或喝这些令牌——这是一种更有效的行为策略。

拥有外部储备，这对生活在另一个环境中的机器人来说，优势更为突出。在那个环境里，食物令牌在一个区域里，水令牌在另一个区域里。在这种环境中，当没有外部储备的机器人的身体需要水时，却处在包含食物令牌的区域里，是件非常糟糕的事，或者反之亦然。为了得到水令牌，机器人必须穿过两个区域中间的空白空间，还要冒着拿到水令牌之前便死亡的危险。相反，拥有两个外部储备的机器人在穿过空白空间时，会通过喝存放在储备里的水令牌来维持生命（如图 9-8 所示）。

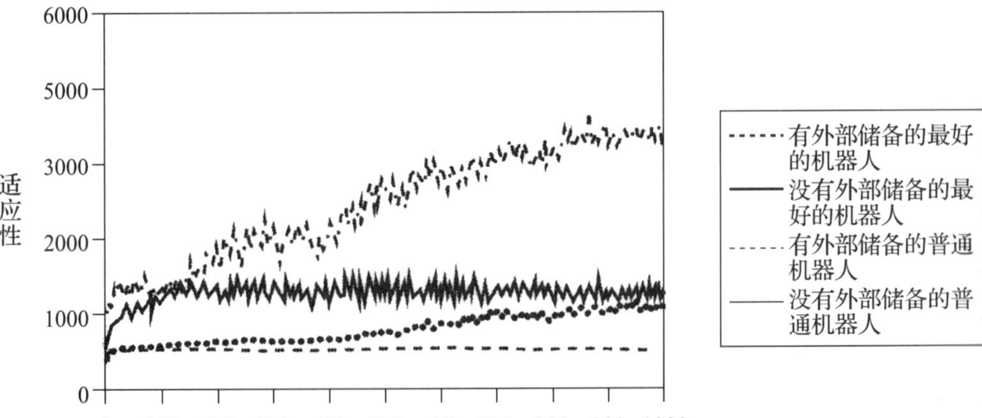

图 9-8　与图 9-7b 中相同的机器人生活在食物区域和水区域距离更远的环境里。

所以，如果食物令牌和水令牌分布在环境中的被空白空间隔开的不同区域里，拥有外部储备就会非常有用。很明显，在两个区域之间，空白空间的大小是一个关键因素。两个区域之间的距离越大，拥有外部储备就会变得更有优势。通过使机器人生活在一个食物区域和水区域之间的距离比上述环境更大的环境中，我们取得了这一发现。在这个环境中，同时拥有食物外部储备和水外部储备的优势更为突出，并且拥有两个外部储备的普通机器人的寿命，与没有外部储备的最好的机器人的寿命相等。

到目前为止，我们描述的机器人的外部储备是个人储备：每一个机器人都有自己的储备，只有这个机器人自己才能够吃到存放在储备里的食物。但是人类没有个人储备，但有家庭储备。下一部分讲的就是有家庭储备的机器人。

3. 家庭储备

家庭储备是指一个机器人家庭中的所有成员都把能够在环境中找到的食物放到这种储备里，并且所有的家庭成员都吃它们家庭储备中所存放的食物（如图9－9所示）。一个家庭由两个或多个有相似基因的机器人组成。因此，家庭中可能包括父母和子女、同胞、祖父母、孙辈、堂兄弟姐妹、叔伯等。

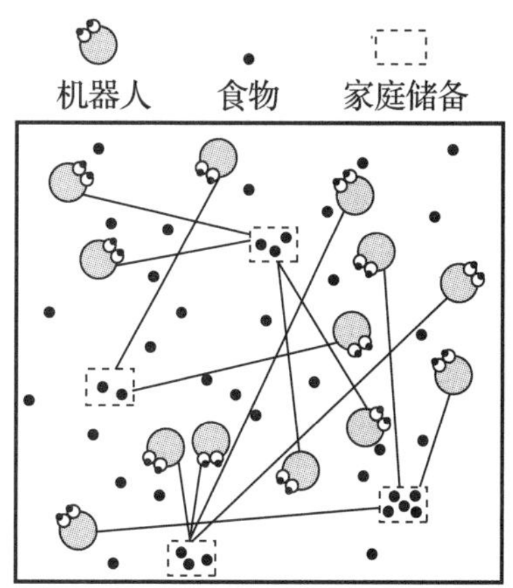

图9－9　有家庭储备的机器人。机器人把它们从环境中找到的食物放到它们的家庭储备里，当它们感到饥饿时，就会吃掉存放在家庭储备里的食物。

在个人储备的机器人和有家庭储备的机器人之间存在重大区别。拥有个人储备的机器人会自动将它们在环境中所找到的食物放到自己的外部储备里，而有家庭储备的机器人则可以决定是把它们在环境中找到的食物放到它们的家庭储备里，还是马上吃掉。机器人的神经网络有一个额外的输出神经元，即“食物储备”神经元。这个神经元对在家庭储备里储备食物的行为进行编码，只有在此神经元的激活水平高于0.5时，机器人才会把在环境中找到的食物令牌放到它的家庭储备里。如果“食物储备”神经元的激活水平低于0.5，机器人就会马上吃掉食物令牌（如图9-10所示）。

因为机器人家庭的另一个成员可以吃掉这个机器人放到其家庭储备中的食物，因此我们让这个机器人来决定是否做出这种利他行为。

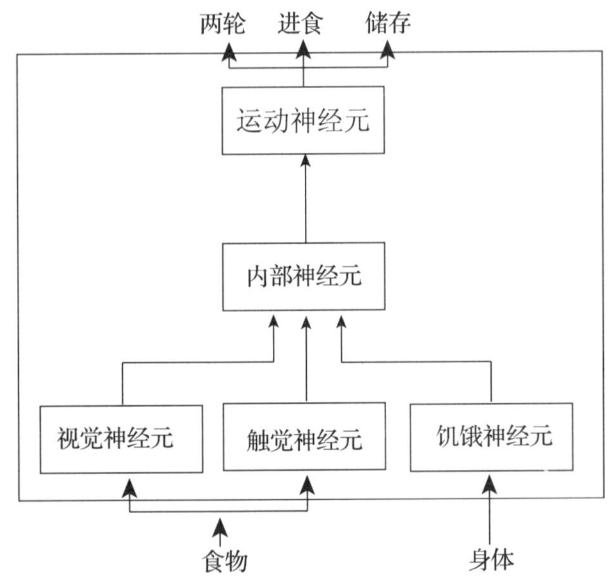

图9-10　有家庭储备的机器人的神经网络。这些机器人自动决定是否把它们在环境里找到的食物放到它们的家庭储备里。

在其他方面，这些新的机器人也与上述机器人不同。我们所有的机器人，只要活着，就会定期繁衍后代。然而，有个人储备的机器人的后代是虚拟机器人，它们只有在上述整代机器人都死亡后才会变成真实的机器人。而对于有家庭储备的机器人来说，一个后代机器人出生后，马上便与其他机器人一起被放到环境里，而这意味着后代机器人和父母、同胞及其他亲属生活在一起。这就产生了一个重要的结果：对于有个人储备的机器人来说，其种群规模是固定的，机器人寿命越长，其后代在下一代机器人中占的比例越大。而对于有家庭储备的机器人，其种群规模可以在进化中发生变化。我们以一定数量的机器人开始，这些机器人的年龄是随机确定的，因此，有些机器人年轻，有些机器人年长。机器人数量的增减取决于机器人的死亡时间和机器人生产的后代数量。这就改变了我们衡量适应度的方式。对于上述机器人而言，适应度是单个机器人的属性，也是其后代在下一代机器人中所占的比例。对于新机器人来说，适应度就是通过机器人的种群规模来衡量的。如果机器人数量更多，这就意味着机器人的行为更好，能更好地适应环境。一如往常，初始种群机器人的神经网络只有随机连接权重，因此，机器人并不是很擅长寻找食物。它们寿命短，产生的后代很少，结果种群规模迅速下降。然后，最佳机器人的选择性繁殖以及机器人遗传得来的基因会随机突变，会逐步产生更擅长寻找食物的机器人，因此，机器人的寿命会延长，后代也会增加。这就引起了机器人数量的增加，直到机器人数量达到一个稳定值，这个值反映了环境的“容纳量”—— 即根据存在于环境中的总食品数量，能够生活在这个既定环境中的机器人的最大数量。

这些机器人有家庭储备，但没有个人储备。家庭储备基于一条简单的规则发挥作用——父母与子女分享自己的储备。一个机器人和它的后代把在环境中找到的食物放进同一个外部储备——家庭储备——然后共同进食存放在家庭储备里的食物。我们进化出了拥有不同家庭储备的不同类型的机器人。我们的研究是从家庭储备终生不变的机器人开始的。子女机器人从不离开其父母的家庭储备。它们不创造自己独立的家庭储备，而是继续使用其父母的储备，即使成年并拥有了自己的后代之后也是如此。而它们的后代还会使用其祖父母的家庭储备，或者曾属于其已死亡祖父母的家庭储备。这些机器人会发生什么情况？

初始种群的每个机器人都有自己的家庭储备，但是大多数家庭储备之后消失了，因为大多数机器人都找不到食物，没有留下后代就死亡了。这就意味着大多数遗传谱系消亡了，并且在特定数目的世代之后，所有活着的机器人都是第一代机器人中的一个或少数几个祖先的后代。

在家庭储备方面，这意味着最后只剩下一个或少数几个家庭储备，并且这些家庭储备非常大，因为它们既由基因上关系紧密的机器人（如父母和子女）使用，还由基因上关系稍远的机器人（叔伯、堂表兄弟姐妹、远房堂表兄弟姐妹等）使用。

机器人生活在一个季节性的环境中。当机器人拿到食物令牌时，可以决定吃掉食物令牌或把食物令牌放到它的家庭储备里，但在这两种情况下，食物令牌都会消失。食物令牌的数量会逐渐减少，只有在新的季节开始后，才会有新的食物令牌出现。在这种环境里，外部储备非常有用，因为在一个季节的末尾，环境中的食物令牌所剩无几，但是机器人可以吃它们外部储备里存放的食物令牌。但是有家庭储备的机器人与有个人储备的机器人不同。拥有个人储备的机器人会自动将它们在环境中找到的食物放到自己的外部储备里，而新机器人则可以自由决定是把食物放到它们的家庭储备里，还是马上吃掉食物。这些机器人会怎么做？它们是把食物放到家庭储备里——这意味着这个食物有可能被其他机器人吃掉——还是马上吃掉食物？

在进化过程中，机器人的行为发生了改变。最初，只有许多小的家庭储备，那时的机器人倾向于不马上吃掉在环境中找到的食物，而是把食物放到它们的家庭储备里。但是，随着家庭储备数量的减少和规模的扩大，机器人更喜欢马上吃掉在环境中找到的食物了。并且，由于机器人不再把自己的食物放到家庭储备里，所以家庭储备消失了。

为什么机器人会这样做？正如我们之前所说的，经历一定数量的世代之后，所有的机器人往往在基因上都存在联系，因为它们都是最初一代机器人中的一个或几个成员的后代。并且，正如我们之前还提到的，这就意味着在整个种族中只有一个或少数几个非常大的家庭储备。然而，分享这少数几个家庭储备的机器人的基因关系已经非常远了，因此，如果一个机器人把它的食物放到家庭储备中，它的利他行为对象就是在基因上与其相去甚远的机器人。根据亲缘选择理论，这种降低自己的繁殖机会而提高其他机器人的繁殖机会的利他行为，只会向与其基因关系密切的个体显示。这些机器人的行为与亲缘选择理论相吻合。当家庭储备变得非常大，并且其中包括许多基因关系较远的机器人时，机器人便不再把食物放进它的家庭储备里，而是更愿意立即吃掉在环境中找到的食物。

图 9－11 显示了找到食物令牌后不吃，而是把食物令牌放进家庭储备里的机器人的百分比。最初，此比例一直增加，50 代后，85% 的机器人会把食物储备在

规模仍然很小且数量很多的家庭储备中。再之后，当家庭储备变得非常大且数量非常少的时候，该比例迅速下降。最后，不到 10% 的机器人会把食物令牌放进它们的家庭储备里，而剩下的 90% 的机器人则更倾向于立即吃掉食物令牌。

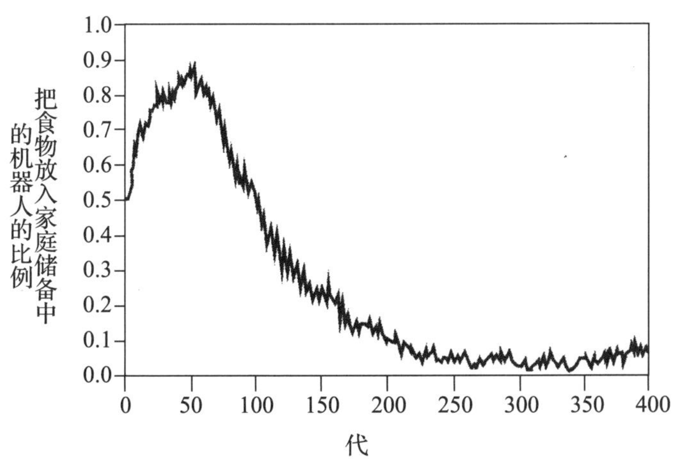

图 9－11　400 个世代中把食物放进家庭储备中的机器人的比例。

这些机器人告诉我们，如果后代机器人一生中都在使用其父母的家庭储备，并且不创造自己的家庭储备，那么在它们成年后并拥有了自己的后代之后不久，整个机器人群体就会只有一个家庭储备了。群体中所有机器人共享的外部储备都可被称为群体储备。但即使群体的成员是同一个祖先的后代，其基因关系也非常远了，因此，亲缘选择理论预测：群体储备不应存在。这就是我们的发现：当家庭储备变成群体储备后，机器人就不再把食物放进群体储备里了，群体储备就消失了。（人类确实拥有被称为“国家”的大规模群体储备，而这就引出了人类如何能够拥有国家的问题。我们将在本章稍后的部分和下一章再探讨这个问题。）

但是这就产生了一个问题，因为与机器人不同的是，人类有家庭储备。所以，我们应如何改变我们的机器人并使它们也拥有家庭储备呢？我们构建了另一个机器人种群。在这个种群中，机器人后代不是整个一生都使用父母的家庭储备，而是当它们长大成人（年龄为 1000 个周期时，即其生命上限 2000 个周期的一半）后，机器人就会离开其父母的家庭储备，并创造自己的家庭储备。如今情况发生了根本性变化。家庭储备保持较小的规模，而最终却会有数量众多的家庭储备。

最终，把食物放进家庭储备而不是马上吃掉的机器人的比例达到了近90%（如图9-12所示），这样家庭储备变成了该机器人种群的永久特征。

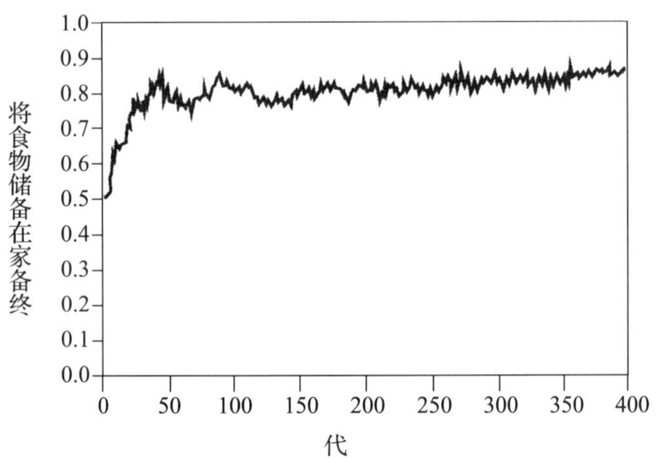

图9-12 把食物储备在小规模家庭储备（因为家庭储备里的食物仅由基因关系很近的机器人分享）中的机器人的比例。

结果还是可以用亲缘选择理论解释。亲缘选择理论预测个体会倾向于越来越少地以利他行为来对待与其基因关系越来越远的个人，但却将对血缘关系近的个体表现出利他行为。成年后离开父母的家庭储备并创造自己的家庭储备的机器人所拥有的家庭储备不仅规模小，更重要的是，这种家庭储备只由血缘关系紧密的机器人分享，因为只有父母及其未成年后代才能分享同一个家庭储备。这会说服机器人把食物放到它们的家庭储备里。父母帮助其未成年的子女，未成年的子女也帮助其父母和同胞。

外部储备很有用，因为，当环境中几乎没有食物时，机器人可以吃外部储备中存放的食物，这就减少了因缺少能量而死亡的可能性。这还引出了一种预测：小规模家庭储备将引起种群规模扩大——这是一种适应措施。正如我们之前看到的，群体储备消失的原因在于，机器人不愿意为与其存在较远基因关系的个体所分享的储备做贡献。小规模的家庭储备不会消失，而且，由于外部储备是一个有用的适应措施（因为机器人可以通过吃外部储备中存放的食物来生存），所以机器人的种群规模应该会扩大。这就是我们的发现（如图9-13所示）。在常见的初期波动之后，对于在成年后创造自己的家庭储备的机器人，其种群规模的值达到了 75 ~ 80 个个体；而对于从未离开初始家庭储备的机器人，其相应的值只有大约 30 个个体。

成年后离开父母的家庭储备并创造自己的家庭储备的机器人，其家庭储备规模小，因为只有父母和其未成年子女分享同一家庭储备（如图 9 - 13 所示）。

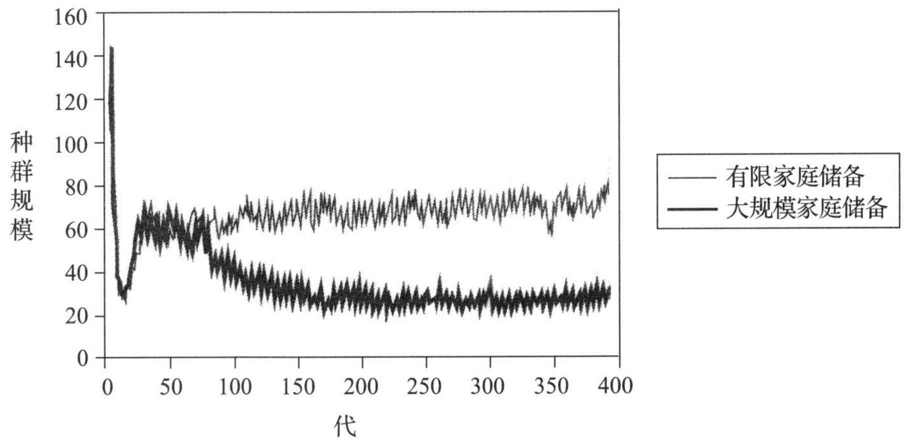

图 9 - 13　终生分享同一个家庭储备（大规模家庭储备）的机器人和成年后离开其父母家庭储备并创造自己的家庭储备的机器人（有限家庭储备）的种群规模。

但是，分享同一储备的机器人的有限数量本身就解释了共享储备的适应值及其继续存在的原因呢，还是共享储备的适应值要求存在基因关系的机器人分享该储备呢？为了回答这一问题，我们演化出了另一个机器人种群，在这个种群里，一个新的机器人出生后，它不会被分配到其父母的家庭储备里，而是会被分配到另一个随机选择的机器人的家庭储备里。换句话说，新出生的机器人由其他机器人“领养”。和前述机器人一样，在它们成年之后，这些机器人便会创造自己的家庭储备。因此，一个储备由相同有限数量的机器人分享。但是现在，这种储备是领养家庭储备，因为这些分享同一储备的机器人没有基因关系。在这个储备不是（基因上的）家庭储备，且在它们放到储备里的食物会被没有相同基因的机器人吃掉的情况下，这些机器人——父母和其收养的后代——还会把它们的食物放到共同的储备里吗？答案就在图 9 - 14 中。该图显示了当储备是由相同的、有限的几个机器人共享的情况下它们向储备中放入食物的倾向，但是一种情况是机器人有基因关联，而另一种情况是机器人没有基因关联。

区别是显而易见的。与数量有限的有血缘关系的其他机器人会分享一个储备的机器人，比起数量有限但没有血缘关系的机器人来说，分享储备的机器人更倾向于把自己的食物放到储备里。基因家庭储备与领养家庭储备不同。

但有意思的是，这些机器人并不会完全忽视它们的领养家庭储备。当储备是群体储备时，把食物放进储备的倾向几乎为零；当储备是“领养”家庭储备时，把食物放到储备里的倾向比储备是基因家庭储备要低很多，但并非是零。

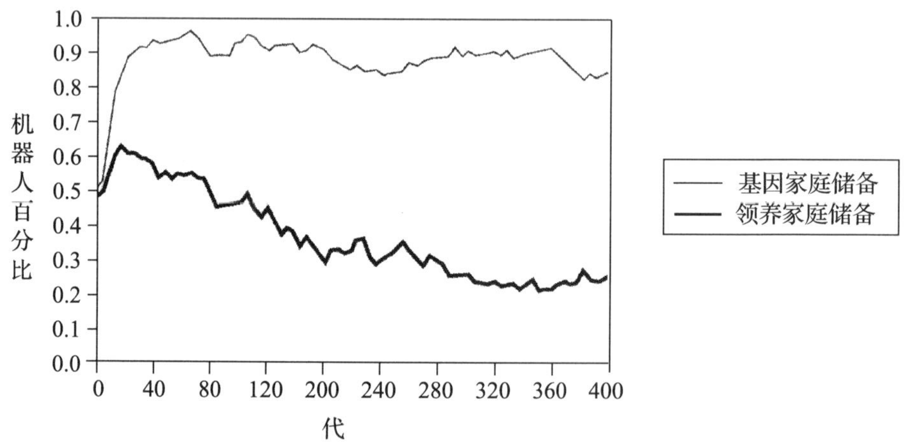

图 9－14　将食物放进家庭储备的机器人百分比（储备分别为基因家庭储备和领养家庭储备）。

无论具体性质如何，外部储备都是有用的，因为它们能够帮助机器人在艰苦环境中生存。尽管在许多情况下，被领养的机器人和领养它们的父母并不会把食物放到领养家庭储备中，但它们似乎是出于某种压力，不让它们的领养家庭储备彻底消失。这是为什么呢？储备的规模可能是一个关键因素。我们的机器人不会把它们的食物放到群体储备里，因为群体储备非常大，这就意味着一个机器人放到群体储备的食物可能会被另一个机器人吃掉。领养家庭储备规模小，因此，如果一个机器人把自己的食物放到领养家庭储备里，则极有可能是它自己吃掉储存的食物。因此，领养家庭储备可能对于机器人来说仍是起到“安全网”的作用。对于把领养的后代当成是亲生后代以及把养父母当成亲生父母的行为，它们拥有的更多是一种“心理”特征。当然可能还有其他的解释，但为了检验这些解释，我们需要构建“心理上”更复杂的、有动机和情感的机器人（见第二章）。然而，我们预测这些更具“心理”特点的解释仍将是基于亲缘选择理论。

所以，家庭储备只有局限于基因非常相似的个体上时，才是有用的适应措施。但是为什么人类用家庭储备取代了个人储备呢？正如我们之前看到的，个人储备可以发挥“安全网”的功能，所以我们应该问这样一个问题：家庭储备能比个人储备更好地发挥“安全网”的作用吗？由于种群规模是我们衡量适应性的标准，所以为了回答这个问题，我们需要看一下在这两个案例中的机器人的种群规模。我们演化出了两个机器人种群，一个有个人储备，另一个有（小规模）家庭储备，并且我们确定了两个种群的最终规模。我们发现，有个人储备的机器人比有家庭储备的机器人略有优势（如图 9－15 所示）。

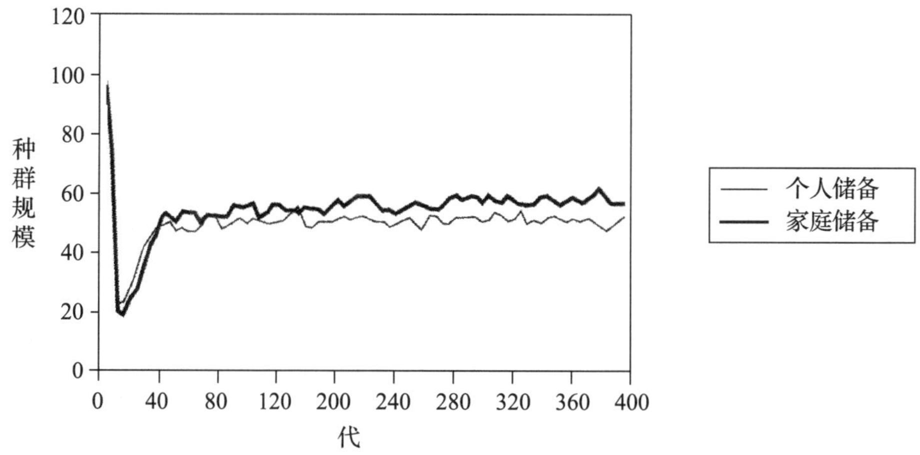

图 9－15　拥有个人储备的机器人和拥有家庭储备的机器人的种群规模。

这个结果很有意思，它可能揭示了关于家庭储备的一个重要的事实，更笼统地说，是关于可分享的外部储备的事实。如果机器人有家庭储备，即使某个机器人不太擅长寻找食物，也可以享有平等的生存机会，因为它可以吃存放在家庭储备里的食物。而对于有个人储备的机器人来说，这是不可能的事。一个不擅长寻找食物的机器人即使有个人储备，也会死亡，因为它的个人储备会耗尽。这就意味着有家庭储备的机器人受到的选择压力比有个人储备的机器人要小，而这种较小的选择压力会转化成水平较低的寻找食物的能力，因此也就缩小了机器人的种群规模。为了验证这种假设，我们把两个种群的机器人带到了实验室中。实验室中包含一定数量的食物令牌，在此，我们对机器人获得食物令牌的能力进行测量。结果显示，有家庭储备的机器人获得的食物令牌比有个人储备的机器人获得的食物令牌少。有家庭储备就意味着依赖于他人生存，这就降低了选择压力，从而对进化良好的寻找食物的能力造成不利影响。（我们将在下一部分的讨论中央储备时再探讨这一现象。）

但是很明显，这些结果引出了一个问题。如果个人储备和家庭储备的适应值基本相同，或是个人储备甚至比家庭储备略有优势，那么为什么所有的人类群体都拥有家庭储备而不是个人储备呢？答案就是人类独有的一个特点。在出生后的很长一段时间中，人类婴儿无法喂养自己，因此，如果得不到照料，他们就会死亡。他们必须靠其他人来喂养，这些人就是他们的父母。根据亲缘选择理论，父母会喂养不能自理的子女，因为这是保证自己的基因在未来世代中仍能存在的唯一方式。对于人类来说，光有后代还不够。

为了把基因传给未来世代，人类必须在其后代出生后喂养他们很长时间，因为，如果不这样做，其后代在达到繁殖年龄前就会死亡，这样一来，父母和子女共有的基因就将会丢失。（在第二章和第七章，我们已经描述了机器人必须喂养它们的后代，才能把自己的基因一代一代传下去。）

为了验证这一想法，我们演化出了两个新的机器人种群，这些种群中的机器人在出生后大概 300 个周期之内不会运动，因此不会自己喂养自己。它们活到能够移动并且寻找食物的年龄的唯一机会，就是吃存放在家庭储备中的食物。我们对两个种群的机器人进行了比较，一种是有家庭储备的机器人，另一种是有个人储备的机器人，而结果非常明显。与有个人储备和不能自理的后代机器人种群规模相比，有家庭储备和不能自理的后代机器人的种群规模更大（如图 9－16 所示）。这告诉我们，家庭储备存在于人类之中并且对他们非常重要的原因在于，人类在出生后很长一段时间内都依赖父母。这些可能还表明了父母和子女之间关系不对称的原因。（关于这个问题，请看下文。）

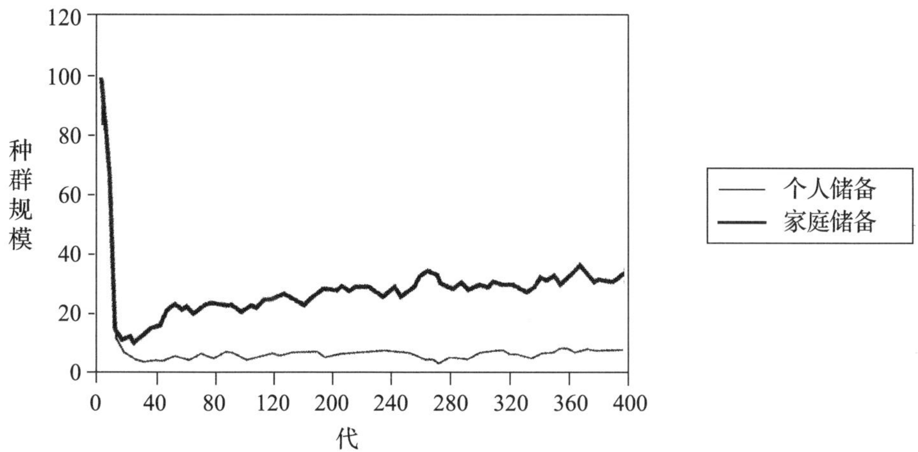

图 9－16　有家庭储备的机器人的种群规模和有个人储备的机器人的种群规模（在出生后的 300 个周期内，后代机器人不会喂养自己）。

在本章一开始，我们就已经讲过了外部储备是重要的人类适应措施，因为这是许多典型的人类现象的起源，在解释人类社会的许多方面时都必须涉及。其中一个现象是经济遗产。如果机器人没有可以放入食物的外部储备，那么这个机器人死亡后，不会发生什么特别现象，因为这个机器人没有留下食物。但是，如果机器人有外部储备，那么它死亡后，存放在其外部储备中的食物就可能由其后代机器人继承，即转移到后代的家庭储备中。在目前所描述的机器人中，一个机器人死亡时，其所有的机器人后代都已经拥有了自己的家庭储备，存放在父母储备的食物就消失了。

我们现在构建另一种类型的机器人。当机器人死亡时其储备还未耗尽，存放在其储备中的食物就会被转移到其成年后代的储备里——尽管这只会在这个机器人的所有后代都已长大成人并已经离开了父母的家庭储备去创造自己的家庭储备的情况下发生。

经济继承对于人类社会的组织和运作有许多重要的影响，但是我们在这里只考虑对机器人财富差距造成的影响。财富是机器人外部储备中的食物令牌数量。家庭储备可能包含数量基本相同的食物令牌（财富差距小），或是一些家庭储备中包含的食物令牌比其他家庭储备多得多（财富差距大——富有家庭和贫困家庭)。两个家庭储备间的财富差距从根源上是由两个家庭中的机器人寻找食物的能力决定的。但是经济继承也可能对机器人种群的财富差距造成影响。那么会造成什么影响呢?答案取决于经济继承的实现方式。机器人死亡后,其外部储备中的食物可能被平均分配给机器人所有的后代,也可能被一个后代继承——例如,最年长的一个。这两种不同的继承体制会造成什么后果?如果死亡的父母只把食物留给一个后代,那么这个机器人家庭储备中的财富的差异就会比把食物平均分配给所有后代要大。最年长机器人对父母食物的选择性继承造就了少数富有的机器人和大量贫穷的机器人。相反,如果死亡机器人遗留下来的食物平均分配给了其所有后代,则经济继承对财富分配就没有影响,财富分配与没有经济继承的机器人种群相同,甚至可能导致财富分配更为平等(如图 9-17 所示)。

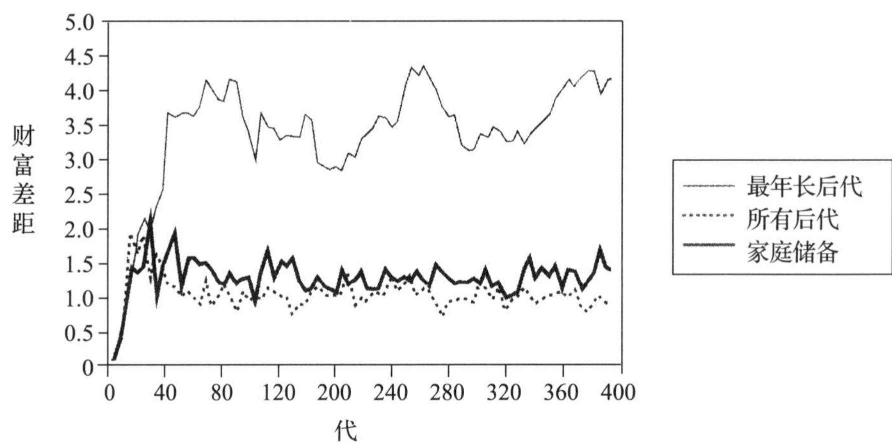

图 9-17 由最年长机器人继承父母的所有食物、父母食物被平均分配给机器人所有后代以及没有经济继承的机器人种群中的财富差距。

在过去,许多人类社会都采取了已故父母的所有财富都由最年长后代(男性)继承的体制,但是在现代西方式社会,实际上也并不完全如此,法律上主张更加公平的继承体制。这就引发了一些有趣的问题。在现代人类社会中,财富的分配远谈不上平等,因此在社会中肯定有其他因素引起了财富分配不平等的现象。一个因素是现代社会已经减少了每个个体的后代数量。人类寿命更长,但后代更少,因此,即使是平等继承体制也不能缩小财富的差距。这一现象已在经济发达社会出现了，现在正在新兴社会中发生。

但是，能解释现代人类社会财富差距增大的关键因素是财富总量的增加。如果财富总量很小，就不可能有很大的财富差距，因为所有个体只拥有生存所绝对必需的财富。但是财富总量的增加引起了财富差距的增大，甚至在采用平等继承体制的情况下也是如此。富人的后代在父母死后可以平等地继承大量财富，而穷人的后代在其父母死后却只能继承极少财富，因此财富差距依然存在，甚至会扩大。由于各种原因，现代社会的财富总量比以往的社会更大，但最重要的原因是，在现代社会中，物品被用来生产新的物品。对于我们的机器人来说，食物是唯一的物品；但是对于人类来说，许多东西都是物品。如果我们的机器人能够通过使用储存在它们家庭储备里的物品来生产新的物品，那么经济继承（无论以何种方式实现）就会增大财富差距，因为从父母那里继承更多物品的机器人将能生产更多的物品，所以财富会不断积累，财富差距也会加大。

经济继承是指在父母机器人死亡后把食物从父母的家庭储备里转移到其后代的家庭储备里。但是即使是父母还活着，有些食物也还是可以从父母的储备里转移到其成年后代的储备里（不以任何东西作为交换）。想象一下，后代机器人的储备里没有食物，因此，这个机器人面临着和其未成年子女一起死亡的风险。这时，父母的储备里的一些食物会被转移到其子女的储备里吗？机器人后代已经有了自己的家庭储备，但是因为它与父母有着相同的基因，所以这可能会驱使父母机器人把一些食物送给它们的成年后代。为了检验这一想法，我们对两个机器人种群进行了比较。在一个种群中，当一个机器人的家庭储备耗尽时，什么事都没发生，机器人和其未成年的后代全部死亡；在另一种群中，当一个机器人的家庭储备耗尽时，一些食物自动从父母的家庭储备中转移到其后代的家庭储备中，这样一来，其后代——和其后代的后代（它们的孙辈）——都能存活。我们对比了两个种群的规模，结果如图 9 - 18 所示。

如果种群中的机器人在其成年子女需要帮助时提供帮助，那么与无视其需要帮助的成年子女的机器人所在的种群相比，前者的规模要大于后者。

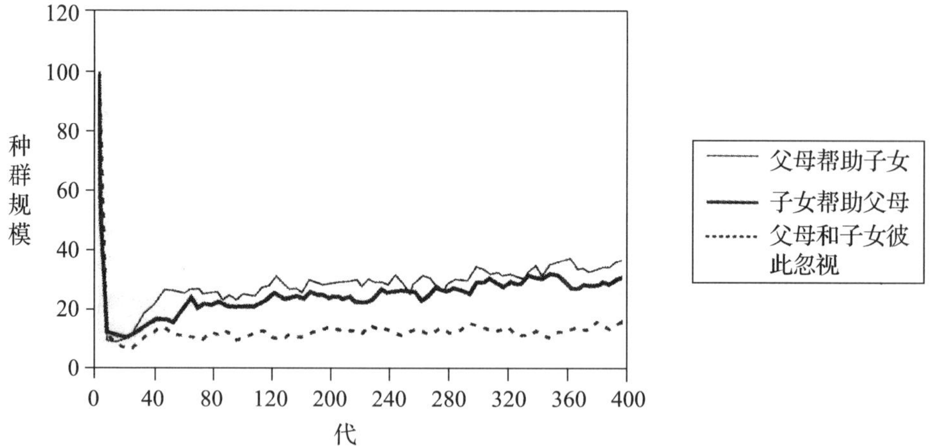

图 9－18　三个机器人种群的种群规模：父母帮助其成年子女，成年子女帮助其父母，父母和子女彼此忽视。

通过亲缘选择理论也可以预知这个结果。个体的最终“目标”是其基因在未来世代将会继续存在。因为其子女的基因是其基因的副本（基因突变除外），通过给其子女一些维持生命所需的食物，机器人可以保证其基因将继续是种群基因库中的一部分。通过把自己的食物给需要食物的成年子女，机器人不仅帮助了其子女，还帮助了其孙辈维持生命——这也是可以通过亲缘选择理论来预测的。（关于这一点，请参见第七章对机器人家庭的介绍。）

种群规模是我们衡量这些机器人适应度的标准，因为对于把自己的食物提供给有需要的成年子女的机器人来说，其种群规模比不这样做的机器人的种群规模要大，我们预计，机器人将进化出把自己的食物提供给有需要的成年子女的行为。现在我们问相反的问题：已拥有自己的家庭储备的子女机器人会帮助其因储备里没有食物而正面临死亡威胁的父母吗？为了回答这个问题，我们也对两个机器人种群进行了比较。在一个种群里，当子女机器人离开了父母的家庭储备，建立了自己的家庭储备后，两个储备所有的联系就不存在了，父母和子女彼此无视。第二个种群与之前的一个种群相反，在那个种群里，父母会把自己的食物给有需要的子女；现在，当一个机器人的储备耗尽时，其成年子女会把自己的部分食物给父母。结果表明，在这种情况下，帮助需要帮助的父母的行为也会导致种群规模的增长（如图 9－18 所示），尽管增长的幅度要比父母帮助有需要的子女的种群增长的幅度小。

亲缘选择理论预计父母将帮助其需要帮助的成年子女。但是为什么成年机器人也应该帮助需要帮助的父母呢？这个问题很有趣，因为大多数人类确实会帮助他们需要帮助的父母，他们倾向于这样做，直至父母死亡。亲缘选择理论也解释了这种行为。成年机器人会出于三个原因来帮助其需要帮助的父母：① 父母可能在未来的某些场合中帮助其子女；② 父母可能会产生其他与该机器人有同样基因的后代（即其同胞），该机器人对自己的基因副本能继续存在于其同胞中非常感兴趣；③ 机器人可以保证其已有的同胞存活，它们尚未成年，因而还生活在父母的家庭储备里。亲缘选择理论直接产生了这些预测，但是（在这种情况下也是），对于更具有“心理”的特征来说，可能还会有其他的解释，该特征更为间接地衍生于亲缘选择理论。例如，为了提高获得父母帮助的概率，子女机器人必须表现出对其父母的关心，而为了表现对父母的关心，它必须帮助需要帮助的父母。

相似的事情也发生在同胞机器人之间。想象一下两个已经有自己家庭储备的同胞机器人。如果两个机器人中，一个机器人的储备里没有食物了，它的同胞会给它一些食物来维持生命吗？亲缘选择理论预计，在这种情况下，同胞还是会彼此帮忙，尽管同胞间因为互相竞争父母的食物会使局面变得更为复杂。

为了比较三个不同类型的帮助——父母帮子女、子女帮父母、同胞帮同胞——会导致什么后果，我们采用了另一个更直接的方法。我们构建三个不同的机器人种群，我们给机器人的基因型中添加了一个基因，这个基因可以对机器人帮助有需要的亲属的可能性进行编码，这样，我们就能看到基因值在一代代传承的过程中如何变化。结果就是，在父母帮助其子女的种群之中，基因的演化值是最高的，子女帮助父母的种群稍微低些，在同胞之间互相帮忙的种群更低——尽管在最后一种情况中，基因的演化值并不是零（如图9－19所示）。

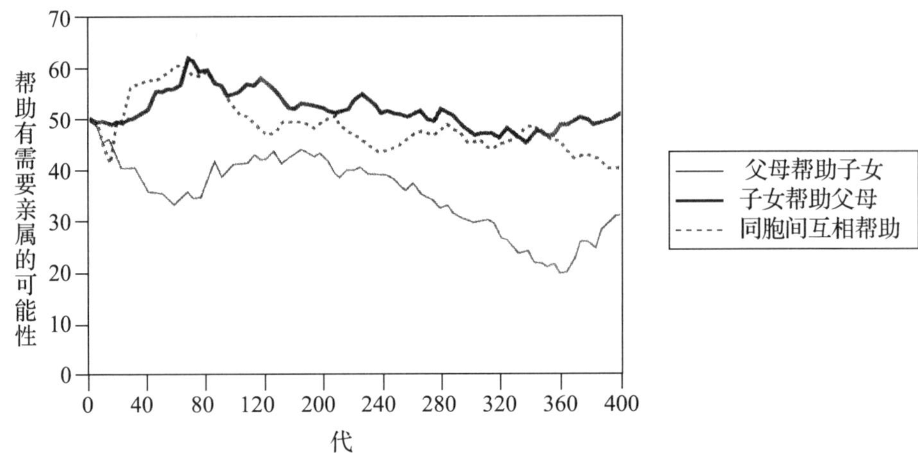

图 9-19　对帮助有需要的亲属的可能性进行编码的基因值演化变化：父母帮助子女的情况稍微多于子女帮助父母的情况。同胞之间互相帮忙的情况少得多，尽管在这种情况下可能性并不是零。

到目前为止，外部储备已经是抽象实体了，旨在再现所有权现象。如果机器人或机器人家庭可以吃存在于外部储备里的食物，而其他机器人不能吃里面的食物，那么机器人或机器人家庭就拥有了一个外部储备。但真正的外部储备往往是实体结构，比如说存在于特殊地点并且不能被轻易地从一个地方移到另一个地方的房子和仓库中。如果外部储备是抽象实体，它们就不会对机器人的运动施加任何限制。对于机器人来说，唯一的问题是在环境中寻找食物。找到食物后，它们会自动将食物“放”到外部储备里。但如果外部储备是实体结构（例如房子），这就限制了机器人的运动。机器人必须在环境中移动以寻找食物，但是它们还必须不断回到房子里储存食物或吃掉存放在房子里的食物。很明显，这会耗费时间和精力。实际上，如果机器人不仅能看到食物令牌，还能看到它们的房子，我们预计机器人就只会在它们房子周围的空间中寻找食物——除非房子周围食物太少。对于这些机器人来说，环境不再是单一性质的空间。环境会被分为它们房子近处的环境和其他环境（如图 9-20 所示）。

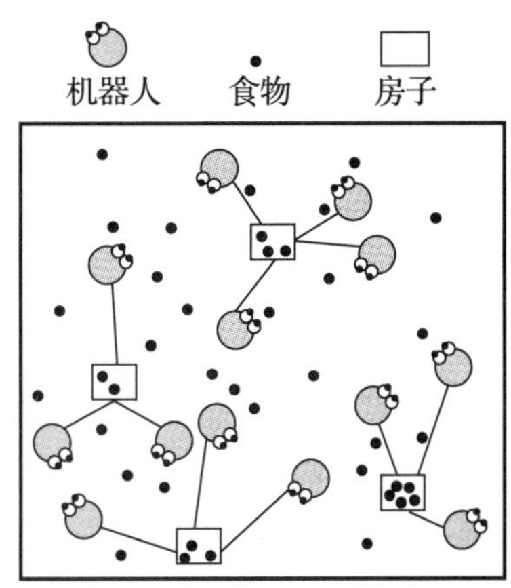

图 9-20　家庭储备是房子的机器人倾向于生活在其房子附近。

这就产生了多种重大影响。在专门介绍机器人家庭的第七章中，我们已经看到了机器人如何获得利用实体标记回到其房子中的能力，而这可能在其头脑中创造了一个更加清晰的实体环境地图。但是其他影响更具社会性和政治性。如果家庭储备彼此间离得太近，这可能会导致过度拥挤，且机器人的家庭储备周围的食物会被耗尽。因此，我们预计，如果我们在机器人的基因类型里加入一个基因，并对机器人成年后放置家庭储备（房子）的地方进行编码，并且让其基因值进化，基因就将会编码出一个离其他现有家庭储备足够远的距离。另一个影响涉及土地拥有权。机器人房子周围的空间变成了机器人的空间，所有权扩展到了多块土地上。我们的机器人被我们硬连接为尊重所有权。它们不能吃另一个机器人外部储备里的食物，也不能在另一个机器人房子周围的土地上寻找食物。但如果让它们自由决定是否尊重所有权，就会出现问题。非人类动物会直接保护它们拥有的东西，古代人类也是如此。一些物品的所有者会亲自负责防止其他个体拿走自己的食物。在更近的人类社会中，所有权保护是最重要的产物之一，它由中央储备（国家）生产并分配给群体中的所有成员。在第七章里，我们描述道：如果一些机器人损害其他机器人，那么这些机器人就会受到国家的惩罚。在本章最后一部分，我们描述了有中央储备（即国家）的机器人。

正如我们之前所说的，如果外部储备是实体结构，就会导致地理性分散。机器人把自己的外部储备放在离其他机器人的外部储备较远的地方，是为了不打扰其他机器人或不被其他机器人打扰，因此，机器人更喜欢生活在环境中的不同地方。但是，如果外部储备是家庭储备，那么实体结构的家庭储备反而能导致地理性集聚。我们的机器人会帮助其由于缺少食物而面临生命危险的成年子女，这意味着，如果一个成年机器人的家庭储备里没有食物了，储存在其父母储备里的一些食物就会被转移到子女的储备里。同理，机器人也会为其需要帮助的父母或同胞提供帮助。如果外部储备是抽象实体，那么把食物从一个储备转移到另一个储备就是纯粹的虚拟行为——对于我们的机器人来说正是如此。但是，如果外部储备是处于特定位置的实体结构，那么把食物从一个储备转移到另一个储备的代价可能就会很大，并且要求两个实体的距离也不能太远。为了解决这一问题，我们可能要在机器人的基因类型里加入一个基因，这个基因能规定机器人成年后自己的家庭储备要建在离父母的家庭储备多远的地方。正如我们之前看到的，因为帮助自己的父母或被自己的父母帮助能够提高适应度，所以，如果实体位置接近是帮助和被帮助的先决条件，那么我们预计该基因就将演化出一个值，在两个家庭储备间规定一个较短的距离。且这个值的影响范围将会扩展到同胞机器人的家庭储备，因为同胞机器人的家庭储备距离它们父母的家庭储备近，所以彼此也都会离得近。这就导致了机器人村落的出现，一个村落就是一组有基因关联的机器人的家庭储备（房子），这些家庭储备彼此间的空间距离将很近。

但是作为实体结构的外部储备可能会有其他地理因素的影响。如果一开始在整个环境里随机分布着特定数量的机器人，那么这些机器人的家庭储备也将会随机分布在整个环境里。然而，随着一代代的传承，许多机器人谱系都逐渐消亡了，最后只剩下一个或少数几个谱系，一个谱系就是从初始种群的一个机器人那里传承下来的一组机器人。实际上，就是由于子女机器人把其家庭储备建在离其父母的家庭储备近的地方，所以才导致了机器人村落出现在了环境中的一个特定区域中，这个区域靠近谱系的初始祖先的居住地和家庭储备所在地。再者，这赋予了最初非结构化的环境一个结构：这个环境被分成有机器人居住的部分和其余没有机器人居住的部分。但是这种状况可能会有改变。过分拥挤会导致一些机器人搬到环境中尚未有机器人居住的区域，这些机器人可以在这个区域中创建与父母和同胞家庭储备距离较远的家庭储备，并且其家庭储备会逐渐发展成新的村落。最初居住在新村落中的机器人与居住在原有村落中的机器人有基因上的联系，但随着一代代传承，遗传距离不断增大。（在前一章结尾部分讲述了对印欧人种及其语言扩张的模拟。）

这并不一定意味着这两个村落必然会忽略彼此。它们可以以多种方式互动。它们可以交换食物。（有关物品交换的内容，参见关于机器人经济的第十一章。）或者一个村庄可以试图通过使用武力（即战争）来占有另一个村庄的食物，或者两个村庄可以结成联盟或融为一体，以便对第三个村庄发动战争。（对于发动战争的机器人，参见关于机器人政治的第十章。）如果机器人有男女之分，那么新家庭储备就可能由一个男机器人和一个来自不同村庄的女机器人创建，这样一来，两个村庄就通过这种间接方式建立了基因联系。在某些情况下，一个村庄变得越来越大，变成了小城镇或城市，而这必然会导致居住在城镇或城市中的机器人之间的遗传距离越来越远。

外部储备可能已经成为许多人类适应性变化的原因和结果。预测和规划未来的能力可能已成为构建外部储备的前提条件，但是这种能力也可能是拥有外部储备的结果，因为拥有外部储备的优势会对发展和锻炼预测和规划未来的能力造成压力。（关于预测和规划，请参见专门介绍精神生活的第五章。）

物品生产的专业化可能已经成为构建用于存放专门生产的一种物品的外部储备的原因，这样就能用它们与其他物品进行交换；但是这种专业化也可能是外部储备造成的结果，因为只有拥有外部储备才可能拥有能够与其他物品交换的物品。（关于专业化和交换，请参见第十一章机器人经济。）与非人类动物相比，人类拥有的不同事物（即物品）的数量更多，这可能是导致外部储备出现的原因，因为人类可以把所有物品都放进外部储备中。但这种因果关系也可以是反向的，即人类拥有的不同事物（即物品）的数量的增加可能是拥有外部储备的结果。［对于与非人类动物相比，人类拥有的事物（即物品）数量更多这个问题，请参见第十一章机器人经济。] 外部储备可能有利于技术的发展，因为如果人们不能储存人工制品以便将来所用的话，那么对制造人工制品进行的投资就没有多大意义了。但同样，技术的发展可能也是实体储备（例如陶器、房子）发展的原因，因为实体储备是技术性的人工制品。经济遗产及其对于人类社会的经济和政治组织造成的众多影响，可能是外部储备出现的一个原因，但是它们也可能是拥有外部储备的结果。最后，居住在实体外部储备（房子）的环境里，可能导致了所谓的人种的“驯化”，与之相伴的是社会和非社会环境的转变以及社会世界的划分(公共世界和私人世界)。与此同时，这些“心理”改变可能导致了实体储备的构建，这是一种受到保护的私人生存环境。简而言之，毫无疑问，外部储备造就了我们人类。

4. 中央储备

我们的家庭储备由有密切基因联系的少数机器人分享。蚂蚁有很大规模的家庭储备，但是蚂蚁有很多后代，因此，它们的大家庭储备也是由关系紧密的个体所分享的。人类的后代数量少，因此，他们的家庭储备规模也小。

但是人类会有规模非常大的外部储备（在现在社会中有几百万个体），而且这种储备由基因上没有联系的个体所分享。这些规模非常大的社会储备被称为“国家”。如果我们的机器人必须是类人机器人，我们就必须构建机器人“国家”——由没有基因关联的机器人组成的有一个可分享储备的群体。我们把这个可分享储备称为群体的“中央储备”，构建拥有中央储备的机器人群体是发展机器人政治的第一步。(下一章将专门介绍机器人政治。)

在上一部分，我们已经看到了无基因关联机器人的大规模储备趋向于消失，因为机器人不会把它们的食物放到一个大量无基因关联机器人都可以进入的外部储备里。那么，国家是怎样出现并一直存在的呢？为了回答这个问题，我们必须先看一下拥有一个中央储备的优势。群体中的所有成员都要把自己的一些食物放到中央储备里面，然后再把中央储备里的食物重新分配给群体中的所有成员。

我们对两个机器人种群进行了比较：一个有中央储备，一个没有中央储备。环境被分成了许多单元格，其中一些单元格中包含食物令牌（如图 9－21 所示）。

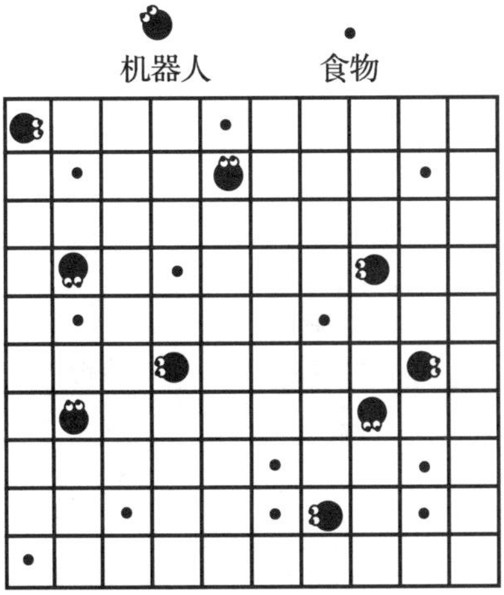

机器人　食物

图 9－21　机器人的环境由许多单元格构成，一个机器人或一个食物令牌占一个单元格。

机器人没有轮子，我们不重现允许机器人在环境中移动自身位置的物理运动。借助视觉神经元，机器人能看到离自己最近的食物令牌，它们可以依靠运动神经元做出可能的反应：它们移动到自己前方的单元格中，向左或向右旋转 90°，或什么都不做。当机器人进入包含食物令牌的单元格后，食物令牌就会消失，因为机器人拿到了它。因此，食物令牌的数量会逐渐减少。但环境是季节性的，每个季节开始后，新的食物令牌就会出现在环境中的单元格里。在所有其他方面，这些机器人都和我们之前所述的机器人相似。它们身体里有一定的能量，在每一个周期里消耗固定量的能量；如果能量达到零位，它们就会死亡。一如既往地，在最初的几代中，机器人数量有所减少，因为机器人不擅长获得食物，所以它们死得早，后代也很少。然后，最佳机器人的选择性繁衍加上随机突变，使机器人获得了找到食物令牌的能力，它们的数量再次增长，直到达到平稳程度。

正如我们之前所说的，我们对两个机器人种群进行了比较。没有任何类型的外部储备的机器人种群会马上吃掉在环境中找到的食物令牌，而另一种有中央储备的机器人则把自己能在环境中找到的一部分食物放到中央储备里（如图 9－22 所示）。但是不由机器人决定是否把自己的食物令牌放入中央储备中。我们对它们硬连接，只允许它们吃掉自己在环境中找到的四分之一的食物令牌，剩下的四分之三要放到中央储备中——这就如同 75% 的税率。中央储备定期把食物令牌重新平均分配给群体里的所有成员。

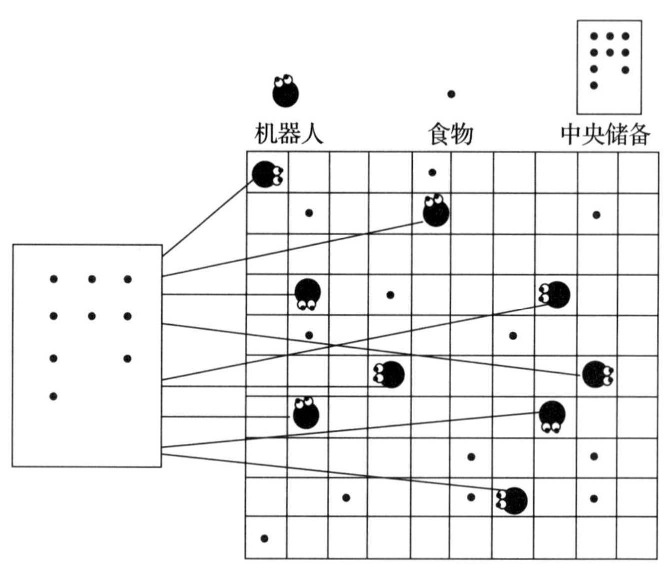

图 9－22　与图 9－21 中的机器人相同，但这些机器人拥有中央储备，并会把在环境中能找到的部分食物放到中央储备里。

结果如何呢？种群规模可以衡量这些机器人适应度，图 9－23 显示了两个机器人种群的种群规模随时间变动的情况。

最初，由于机器人不能找到食物令牌，所以两个种群中的机器人数量出现下降，之后又增长，直到达到稳定值。这个稳定值取决于环境中所包含的食物的数量。但是两个种群的机器人数量的增加幅度是不同的。没有中央储备的机器人的数量比有中央储备的机器人的数量增加得要快，尽管最终两个机器人种群的规模相同。如何才能解释这些结果呢？原因就是中央储备的存在降低了机器人面临的选择性压力。如果机器人没有中央储备，那么机器人生育后代的机会就完全取决于其寻找食物的能力。这些机器人没有任何形式的外部援助，它们只能依靠自己。相反，如果机器人有中央储备，它们多半靠中央储备重新分配的食物生活，那么其繁衍机会就依赖于其他机器人和它们寻找食物的能力。（正如我们之前看到的，从一定程度上来说，家庭储备也会有这种情况。）机器人对自己的命运无须承担太多责任，并且发展良好的寻找食物的能力的选择性压力也降低了。甚至不太擅长寻找食物的机器人也能生存和生育后代，因为它们能吃到由中央储备重新分配的食物。因为选择性压力减小，拥有中央储备的机器人进化寻找食物的能力所用的时间，就会比没有中央储备的机器人所用的时间多（如图9－23所示）。

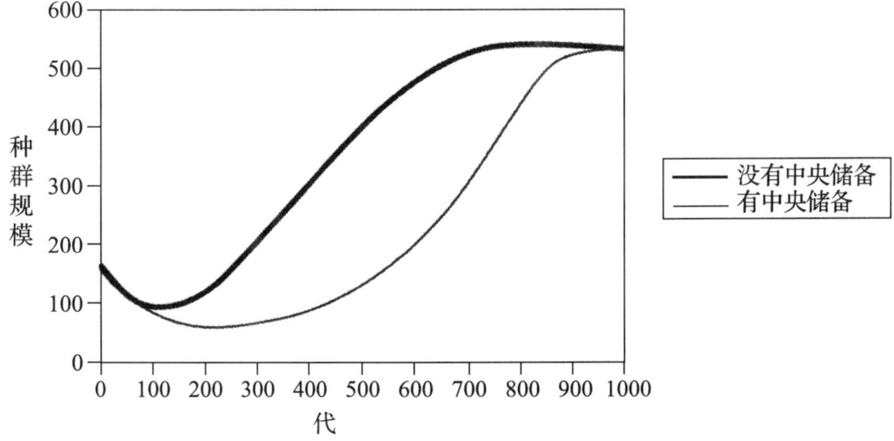

图9－23　没有中央储备的机器人，和有中央储备，并把自己75%的食物给中央储备的机器人的种群规模演化。中央储备再重新把食物平均分配给群体的所有成员。

这也正是我们把机器人带入实验室并测试其寻找食物的能力所得出的结论。实验室里包含一定数量的食物令牌，我们计算固定时间内机器人拿到的食物令牌的数量。没有中央储备的机器人的后代寻找食物令牌的能力，比有中央储备的机器人后代寻找食物的能力增长得快——尽管在这种情况下，最终两种类型的机器人寻找食物的能力相同（如图9－24所示）。

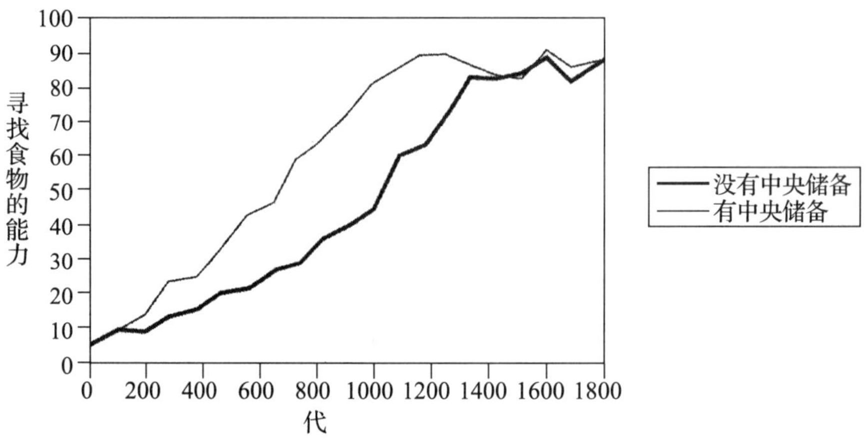

图 9-24　实验室里有中央储备的机器人的后代和没有中央储备的机器人的后代吃掉食物令牌的数量。

结果可能看起来并不是那么重要，因为最后，有中央储备和没有中央储备的两个种群的规模以及寻找食物的能力相同。这个结论可能是错误的。时间很重要。如果两个种群的机器人为了环境中包含的食物进行竞争，没有中央储备的机器人可能会赢得竞争。因为在许多世代里，它们寻找食物的能力都比有中央储备的机器人强。它们吃到的食物更多，后代也更多。因此，没有中央储备的机器人可能会存活下来，有中央储备的机器人却可能会消亡。

所以，个体生存策略（没有中央储备）比基于中央储备存在的策略更胜一筹，因为个人生存策略创造了更大的选择性压力，这种压力导致寻找食物能力的更快速进化。但是如果事实真是如此，我们要如何才能解释，为什么大多数人类生活在拥有中央储备（即国家）的群体之中呢？一个答案就是，像所有的外部储备一样，中央储备在困难环境和困难时期里具有重要意义。我们做了另一个模拟，在这个模拟中，在机器人进化出了寻找食物令牌的能力；并且在其种群规模达到稳定值后，环境发生了改变，变得不如之前优越了——在每个季节开始出现的食物减少了，因此在季节末，环境里的食物就非常少了。过去，机器人在食物贫乏的季节末期能够生存下来；而现在，它们发现自己在这个时期能找到的食物非常少，有消亡的风险。这时拥有中央储备就显现出作用了。个人主义的机器人在面对消亡时没有太多应对方法。如果环境真的变得很糟糕了，那么没有中央储备的个人主义机器人很有可能会消亡。相反，有中央储备的机器人可以保护自己免受由环境改变带来的消极影响，因为在严酷的冬季，它们可以吃由中央储备重新分配的食物，从而存活下来。

这就是我们的发现。环境恶化后，没有中央储备的机器人和有中央储备的机器人的种群规模都发生了变化。但是，没有中央储备的机器人在新的不利环境下没有太多办法，因此走向消亡。相反，有中央储备的机器人避免了消亡。因为新环境的承载能力差，它们的种群规模变小了，但它们仍能够生存下来（如图9－25所示）。

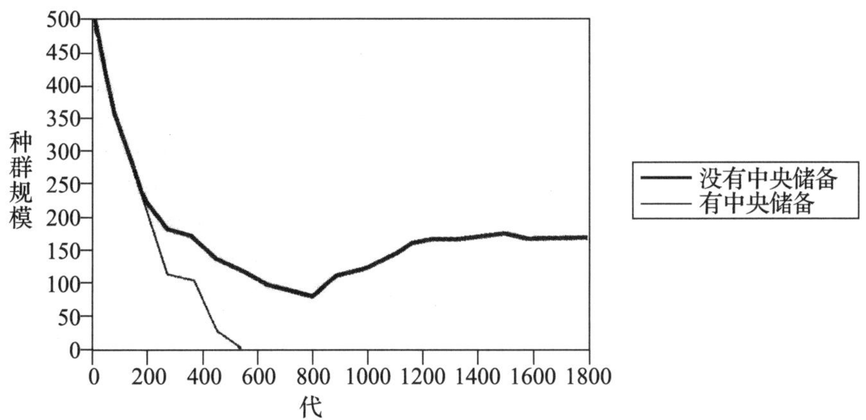

图9－25　在环境恶化的情况下，有中央储备的机器人的数量减少，但是能够生存下来，而没有中央储备的机器人会消亡。

因此，中央储备出现的一个可能原因就是，中央储备使处于困难环境和困难时期的机器人有可能存活下来。如果一个种群从一个较有利的原始环境中迁移到了不太有利的新环境中，那么中央储备可能就是一种有用的适应性变化——这可能就是某些古代人类种群中曾经发生的变化。或者，新环境从本质上并不比原始环境更恶劣，但是可能会带来新的问题，因为这是新的环境，所以种群必须适应新环境。中央储备可能会帮助机器人在这段适应新环境的时间中生存下来。或者，中央储备可能对穿过包含食物的环境区域间的空白空间有用，因为机器人在穿过空白空间时可以吃由中央储备重新分配的食物。正如我们之前看到的，个人储备也可以做到这一点，但是中央储备比个人储备规模更大，也更丰富，这使得机器人不但可以有足够的食物穿过两个区域间的空白空间，还可以在空白空间通过采用获得食物的新方式（例如，灌溉农业）定居下来，但这需要时间来发展。

但是，如果中央储备是有用的适应性变化，那么它们真的会出现并成为种群或机器人的稳定财产吗？中央储备的存在无疑是取决于，机器人是否愿意拿出自己的一些食物交给中央储备。我们的机器人把四分之三的食物令牌都给了中央储备，但是它们并不是自动决定这样做的，这是我们为其硬接接的，所以它们才把食物交给了中央储备。但是硬接接只是暂时的研究策略，因为在生活规律和行为上，没有什么是可以设定的，相反，一切都是演化出来的或习得的。所以我们的下一个问题是：如果我们让机器人自己决定是否把食物交给中央储备，会发生什么情况？

为了让机器人自己决定，我们在机器人的基因类型里添加了“社会基因”。该基因会对机器人是否把食物交给中央储备的倾向性进行编码。（这个基因与拥有家庭储备的机器人的基因相似。）在不同的机器人身上，基因值在 0 和 1 之间变化，0 意味着当机器人找到一个食物令牌时，它把食物令牌交给中央储备的可能性为 0，也就是说，机器人是完全自私的。而基因值为 1，意味着机器人把食物令牌交给中央储备的可能性是 100%，也就是说，机器人是完全无私的。用人类的表达方式来说，“社会基因”值高的机器人会给国家交税，“社会基因”值低的机器人趋向于不向国家交税。它们不劳而获——从中央储备里拿走食物，却不为中央储备做贡献。

原始种群的机器人的“社会基因”值是随机的，这意味着有些机器人的社会责任感更强，更愿意把食物交给中央储备；而其他机器人的社会责任感较弱，不太愿意把食物放入中央储备。当机器人生育出后代后，后代机器人会遗传父母的“社会基因”值，但一些随机的基因突变可能会导致它们的社会责任感强于或弱于其父母。也就是说，它们把食物令牌交给中央储备（交税）的倾向会更强或更弱。

我们预测，活得更久、后代更多的机器人的社会性较弱。也就是说，这些机器人的“社会基因”值更低，因此，它们给中央储备的食物更少。我们为什么会做出这样的一个预测呢？如果机器人没有社会责任感，不把其食物交给中央储备，那么这个机器人就会同时吃到自己在环境中找到的食物和由中央储备重新分配的食物。因此，与其他社会责任感更强、把自己的食物交给中央储备的机器人相比，这种机器人会有更多的后代。结果证实了预测。自私的机器人比有社会价值观的机器人生育了更多的后代。在一定数量的世代之后，几乎所有的机器人都不会再把食物交给中央储备了，因此，中央储备消失了。机器人种群变成了没有中央储备的个人主义机器人的种群。

这与我们在从未离开其父母的家庭储备，也不创造自己家庭储备的机器人身上的发现极为相似。几代之后，家庭储备变得非常大，而且由基因关系非常远的机器人共同分享。结果，它们不再往家庭储备里放食物，因为家庭储备已经变成了群体储备。出现这种相似性并不意外。所有人类群体都可以说是由有基因关联的个人组成，因为所有人类都有一个共同的基因本源。但是人类的基因关系小得趋近于零，所以他们彼此间的关系就像没有基因关联一样。在我们的机器人中，家庭储备出现并保持存在，是因为把自己的食物放到家庭储备中会增加其他与贡献者拥有相同基因的机器人的生存机会。但是有了中央储备之后，情况就不同了。如果机器人可以自由决定是否把自己的食物放到中央储备里，那么中央储备就不会出现了，因为把自己的食物放到中央储备中就能增加没有基因关联的机器人的生存机会，而大多数的机器人并不愿意把自己的食物给没有基因关联的机器人。

但是中央储备还带来了其他问题。我们的机器人的身体在每一个周期内都会消耗一定量的能量，因此，对于这些机器人来说，寻找或者不寻找食物并没有什么不同，因为无论它们找不找食物，它们都会消耗同样多的能量。（记住，这些机器人有可能看到了食物令牌，但却什么都不做。）我们现在构建另一个机器人种群，它们只有在寻找食物时，才会消耗自身能量；如果它们什么都不做，那么它们身体内的能量就会保持不变。我们再一次对比两个种群的机器人，一个种群有中央储备，另一个没有中央储备。在两个种群中，机器人不自己决定是不是把自己的食物放到中央储备里，而是被我们硬接接，把一部分食物放到中央储备里。我们想知道的是，它们是愿意寻找食物（它们工作）还是更喜欢不去寻找食物（它们不工作）。

这些机器人会怎么做呢？答案是，没有中央储备的机器人极少选择不去工作，因为它们的生命完全取决于它们寻找食物的能力，如果它们不工作，它们就吃不到食物，并因而死亡。这与有中央储备的机器人情况不同。许多机器人选择不工作，因为这样它们就能避免消耗它们自身的能量，而且它们还能吃到从中央储备里重新分配到的食物。问题是，如果越来越多的机器人选择不参加工作，那么机器人在环境中寻找到的食物就会变得非常少，因此，中央储备就会耗尽，就没有食物可以被重新分配了。最终结果是中央储备消失，机器人消亡。

所以，有两个原因可以导致中央储备消失。如果机器人能够自由决定是否把自己的食物放到中央储备里，它们就不会把自己的食物放到中央储备里（即它们不纳税），并且会同时吃自己的食物和从中央储备里重新分配的食物。如果我们把机器人硬接接，让它们把自己的食物交给中央储备，但是寻找食物会消耗很大，那么这些机器人就不会再寻找食物了，因为它们什么都不用消耗就可以吃到从中央储备里重新分配到的食物。在这两种情况下，这些自私的行为会慢慢扩散到机器人种群中，这样中央储备就消失了。这就导致了一个悖论。在过去的 5000 年里，越来越多的人生活在拥有中央储备的群体里，即国家当中。群体里的所有成员都把自己的一部分物品交给国家，然后再由国家将这些物品重新平均分配给群体中的所有成员。如果就像我们的机器人告诉我们的一样，中央储备不能存在，那么怎么可能出现这种情况呢？

如果我们考虑到对于群体里的机器人而言，拥有中央储备是一个很大的优势，那么这个悖论尤其令人烦恼。中央储备使某些机器人有可能存活下来，而没有中央储备这些机器人就会死去。机器人可能天生就没有寻找食物的能力，或可能老了以后就失去了寻找食物的能力。或者机器人可能生了病，因而无法在环境中移动着去寻找食物。在所有这些情况下，如果其他机器人不为这个机器人提供食物，它就会死亡。机器人的亲属可能会为这个机器人提供一些食物，它们通常也会这样做。（参见关于家庭储备的章节。）然而，在许多情况下，不能靠机器人的亲属来解决这个问题，因为遇到困难的机器人可能没有活着的亲属，或者其亲属没有足够的食物来分给无能力、年老或生病的机器人。

中央储备的另一个优势是可以促进物品生产专业化的发展。对于机器人来说，食物是唯一的物品。但是人类有许多不同种类的物品，而不仅仅是只有食物。如果一些机器人专门生产一种物品，而其他机器人专门生产其他物品，那么，如果这些机器人把自己生产的物品放到中央储备里，中央储备就可以在所有机器人中重新平均分配物品，所有的机器人就都能拥有所有类型的物品。中央储备在物品交换中发挥了中介的作用，这可能是古代国家出现的一个重要推动力。（我们在介绍机器人经济的第十一章中描述了专门生产各种不同物品的机器人。）

但是，拥有中央储备最重要的优势就是，中央储备可以生产那些机器人单独工作时所不能生产的物品。例如，使其他机器人的行为具有可预测性和可靠性的规则系统、道路及其他基础设施、卫生和教育系统，定义、发现和惩罚伤害其他机器人的行为的机制，以及进行进攻性或防御性战争的能力。中央储备从群体中所有成员那里（以税收的形式）收集物品，并用这些物品生产新的物品，然后再提供给群体里的所有成员。

考虑到中央储备的所有这些优势，如何才能克服阻碍中央储备出现和得到维护的一些障碍，从而使得像所有（现代）的人类群体一样的机器人群体拥有一个中央储备（即国家）？答案就是“首领”机器人，它们有权利使群体里所有的机器人做必需的事情，以保证中央储备存在。我们在下一章“机器人政治”里将描述有一个“首领”的机器人群体。

第十章　机器人政治

ME 知道中央存储区或人类所说的“国家”的存在，是因为它们可以为群体所有成员生产出有价值的物品。但是它也清楚中央存储区存在一个问题：必须依照规则来运作，因此，必须有人来制定这些规则并且保证使用它们来惩罚那些不尊重规则的成员。关于这个问题，人类找到了解决方法：他们创造了政治首领。政治首领决定中央存储区的运行规则，使其社会所有成员都根据规则行事。

但是，这又提出了另一个问题：谁是首领？在历史进程中，人类社会已经尝试了很多方法来解决这个问题，在现代西方社会以及那些想要成为西方社会的群体里，首领则是由社会所有成员选出来的。问题就是首领必须是领袖。他们必须知道什么是公共利益，并且必须想要实现公共利益。ME 发现，从这个意义上来讲，那些首领往往不是领袖，尤其是在这样复杂的社会中，很难知道什么是公共利益；并且在拥有这么先进的通信技术的社会里，即使他们不是领袖，首领候选人也可以轻易说服社会成员去选他们。

当 ME 抵达地球时，它发现人类正在尝试用另一种方案来解决这个问题：使用新的数字通信技术来创立一个没有首领的社会，在这个社会里，所有社会成员都可以直接促使形成社会运行的最佳规则。ME 认为，至少到目前为止，这一解决方案是有问题的，因为数字信息社会不可能明白什么是公共利益，也不可能做一些只有首领可以做的事情，比如，惩罚那些损害他人以及制造与其他群体战争的行为。

1. 首领机器人

从前面一章里我们已经知道，对于一个机器人群体来说，拥有一个中央存储区是非常有利的，群体里所有的成员都供给存储区一些食物，存储区再把这些食物重新分配给群体里的所有成员。但是我们也知道，对于中央存储区的存在来说，有两个障碍。如果可以自由选择供给或不供给中央存储区食物，那么大多数机器人会选择不把食物供给中央存储区——它们尽可能地不纳税——而且，如果可以自由选择去或者不去找食物，大多数机器人都不会去找食物——它们不想工作——因此，它们就没有食物可以供给中央存储区，并且还会依靠中央存储区重新分配的食物来生活。在这两种情况下，中央存储区会被吃空并且消失。这些障碍要如何克服才能使机器人群体有一个中央存储区呢？

答案是需要首领或进行统治的机器人。首领机器人是拥有权力的机器人，它可以使一个机器人群体里的所有成员做它们应该做的，以此使中央存储区一直存在——这也说明了为什么所有的人类社会在达到一定规模时，都会有首领。对所有或几乎所有的社会动物来说，权力是一个重要的现象，但是权力对于人类的社会生活尤其重要。甲使用一系列不同的手段来让乙做甲希望乙做的事情，这就是通常所说的社会力量。首领的权力是政治权力。政治权力是统治所有社会成员的权力，它建立在惩罚不按首领要求做事的社会成员的基础上。

但是，首领机器人还有另外一个任务需要完成，这个任务来源于中央存储区的一个特点，该特点使中央存储区区别于家庭存储区。与家庭存储区不同，中央存储区在明确的规则基础上运作。一个机器人必须把一定比例的食物交给中央存储区？所有的社会成员都必须按同样的比例把食物交给中央存储区，还是富有的机器人必须要比贫穷的机器人交得更多？中央存储区收到的食物要重新分配给谁？是否必须要平等地重新分配给所有机器人？首领机器人如果必须要成为类人首领机器人，那么收集和再分配食物的规则只是它们必须制定和实施的许多规则之一。现代人类社会的生活被各种明确的规则管理着，因为只有这个社会在明确的规则的基础上运作，社会成员才能预测并信赖其他社会成员和中央存储区自身的行为，这样，中央存储区和整个社会才能恰当地运作。首领机器人的任务是制定这些规则，对不遵守规则的社会成员加以惩罚，以此保证大家遵守这些规则。

找到社会运行的最佳规则本身就是一项非常困难的任务，而中央存储区必须为了公共利益而运行，这使任务变得越加困难——它必须使所有社会成员（包括未来成员）受益。公共利益的含义很难确定，不同的人可能有不同的观点。对于人类来说，食物并不是唯一的利益。类人机器人必须向共同存储区交钱，即它们必须缴税；共同存储区必须将这些钱用于生产新的物品：医院、学校、公路和其他基础设施。中央存储区应该生产哪些物品并分配给所有社会成员？哪些物品应该由“私有”的机器人组织生产并出售给能够购买它们的社会成员（有关生产物品的私有机器人组织，请参见下一章机器人经济）。机器人的利益可能存在巨大差异，因此，它们对于中央存储区的运行规则也会有不同的观点。例如，在家庭存储区存有更多食物的机器人（富有机器人）可能倾向于社会成员向中央存储区缴纳低比例的食物（低税率），并且所有机器人纳税的百分比相同（相同税率）；而家庭存储区存有较少食物的机器人（贫穷机器人）倾向于对所有机器人征收高税率，且对富有机器人征收的税率要比贫穷机器人高。由于机器人可能存在不同类别，而每种类别都有与其他类别不相同的利益，因此可能出现其他方面的巨大差异。出于这样或那样的原因，机器人会对公共利益有不同看法，所以定义公共利益的责任只能由首领机器人承担。

定义公共利益一直都是一项困难的任务，但现在这项任务变得更加困难了，因为现代社会比过去的社会更复杂。现代社会有着许多不同类别的个人、活动和物品，并形成了非常复杂的因果关系网。其中一个例子是决定财政制度。在现代社会，纳税人的类别分为许多种，税种也有许多。对于首领机器人来说，定义财政制度是非常复杂的任务，因为每一个决策都有利有弊（在20世纪初，讲述美国财政规则的书只有400页，而现在，有关美国财政规则的书已经超过了70000页）。当然，这只是说明现代社会更为复杂的一个例子，我们将使用一种非常简单、抽象的模型来了解关于这种复杂性方面的问题。

在一个社会里，会发生一定数量的可能事件，其中有一些是好的有一些是坏的。事件之间是有因果联系的，这意味着当一个事件发生时，其他事件也会发生。所以，当首领机器人决定一个事件发生时，这个事件导致的所有直接和间接的结果便都会发生。过去的人类社会更加简单，可能发生的事件较少并且事件之间的因果联系也较少。当今社会更加复杂，因为可能事件的数量和事件之间的联系都比以前要多得多（如图10－1所示）。

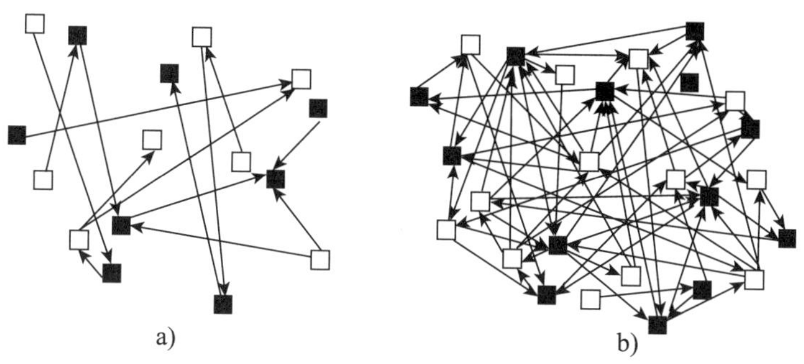

图 10-1　在一个社会里，一些可能发生的事件是好的（白方块），一些是坏的（黑方块），事件之间通过因果关系相联系（箭头）。和当今社会（b）相比，过去社会（a）有更少的事件和更少的事件之间的因果联系。

生活在有较少的事件和事件之间的因果联系较简单的社会中，与生活在有更多事件和事件之间的因果联系更加复杂的社会中有什么结果呢？设想一下，在一个机器人社会里，首领机器人决定让一件好的事件发生。如果我们重复一定次数，并且每次随机抽取首领机器人决定发生的好的事件，我们就会发现，在可能事件和事件间的因果联系都较少的社会里，首领机器人决定做什么事情并不是很困难，所以它的所作所为会有更多好的结果。但是在当今更加复杂的社会里，有很多可能的事件和事件之间的因果联系，无论首领机器人做什么决定，所导致的好结果和坏结果都没有太大差别（如图 10-2 所示）。

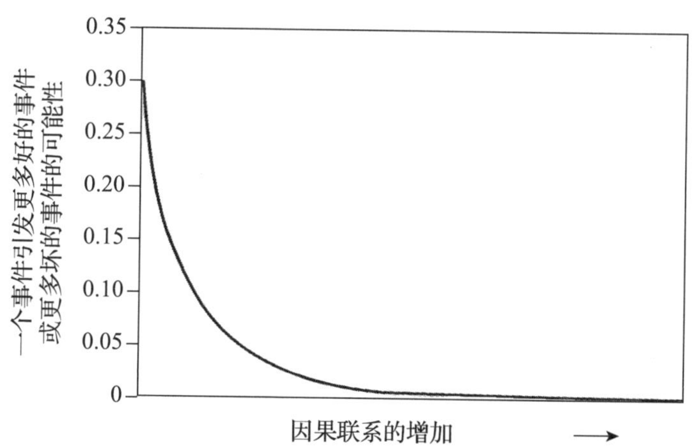

图 10-2　随着事件数量和事件之间因果联系的增加，一个事件引发更多好的事件或更多坏的事件的可能性变为 0，首领机器人因而很难决定该做什么。

这是一个非常抽象的人类社会模型，但它告诉我们，在当今复杂的社会中，人们要解决一个问题时往往会制造出其他的问题，人们也很难选出能让中央存储区为公共利益服务的运行规则。因此，选择合适的个体作为社会的首领在当今复杂的社会中显得尤为重要。由于首领会死亡或离任，所以选择社会的首领便成了一个反复出现的问题。一位首领死亡或离任，另一位就必须代替前任。在历史的长河中，人类社会已经尝试了多种解决这一问题的方法。首领可能是通过武力成为首领的；或者，他们可能是前首领的儿子；在少见的情况下，也可能是前首领的女儿；或者是前首领指定的人选。近来，解决此问题的办法是，社会的所有成员选择首领。一定数量的个人声明，如果他们成为社会的领袖他们会做什么；所有超过一定年龄的社会成员来为这些人中的某一位投票，得票最多的人成为社会的领袖。这个解决了社会首领选举问题的方法被称为民主。

所有这些选举社会首领的方法都有其局限性，它们不能保证首领会采用最佳规则来运行中央存储区，即实现公共利益的规则。虽然非民主的方式有很多缺陷，但即使采用民主的方法来选择社会的首领也有其局限性，其局限有三。

第一个局限是，首领候选人希望被选为首领。成为社会首领能够满足人类对于权力的渴望——能够让别人去做希望让他们做的事情——还有很多其他的好处，因此，首领候选人会尽全力地使自己当选。首领候选人不会尝试寻找实现公共利益的社会运作规则；取而代之地，如果能够增大被选的可能性，他们就会提出迎合某一群人利益的计划。一旦他们当选首领，就会采取有利于推选他们的那群人的决议。或者，首领候选人会用各种手段来说服社会成员投票支持他们。为什么这会成为一个问题呢？因为首领候选人可能会说服选民去相信某些社会运作规则是好的规则，尽管这些规则并不符合他们的利益。劝诱他人做对他们无利的事情是人类社会生活中的常见策略，现代通信技术和营销技巧使得这一策略变得十分强大。首领候选人的当选是基于他们说服社会成员投票支持他们的能力，而不是基于他们寻求最佳社会运作规则的能力。

民主政治的第二个局限是，即使首领候选人向选民提出了完善的计划方案，大多数选民也无法真正理解它们，因此他们无法选出其中的最佳者。当今社会十分复杂，大多数成员并没有必要的时间、动机和背景知识去理解何为最佳的社会运作规则。选民在不了解社会如何运作的情况下投票，因此，他们无法基于候选人的计划方案来辨别首领候选人的优劣。他们根据自身利益、事先形成的观点和思想意识以及首领候选人说服他人的能力进行投票。

民主政治的第三个局限是，社会公民无法直接参与到探寻最佳社会运作规则的活动当中。他们通常不知道一位领导候选人在选举时做出的承诺最终在其当选后是否兑现了。即使承诺没有兑现，他们也丝毫没有办法。

尽管存在着这么多局限，民主政治在当今仍然被视作选择社会首领的最好方法。这或许是既成事实，但并不妨碍我们尝试着克服这些局限。在本书的最后一章中，我们将重新面对民主政治作为选择社会首领的方法所存在的问题，并提议使用类人机器人来解决它们。

2. 首领和领袖

作为选择社会首领的一种方式，民主政治最大的局限体现在首领和领袖的区别上。正如我们说过的，首领候选人因为想要竞选成功，所以并不一定会提出有利于公共利益的中央存储区运作规则，他们的提议更多的是为了讨好选民、投选民所好。这样看来，他们是首领，却不是领袖，因为他们没有领导群众而是被群众领导。但当中央存储区需要为公共利益服务时，首领就必须是领袖。古希腊哲学家亚里士多德在他的《论政治》一书中写道，首领是“能够运用智慧去做出预期”的个人。我们对于这句话的理解是，首领必须懂得什么是公共利益并且必须引领整个社会朝着利于公共利益的方向前进。我们研发的下一批机器人展示给人们的是一个了解公共利益的机器人如何使整个机器人团体受益。

机器人群体生存的环境中存在猎物，猎物很强大，机器人群体里所有的机器人都必须接近它才能攻击和捕杀它（猎物是不会移动的目标）。对这些机器人来说，一起接近猎物是公共利益，因为这是它们食用猎物的唯一方式。机器人拥有视觉传感器，能看到猎物，但是它们只有在接近猎物时才能看得清。所以，当机器人看不到猎物时，它们就只能在环境中随机移动，直到偶然间看到猎物。（这些机器人中的个体在看到猎物后接近猎物的行为是硬连接的。）机器人的生活是由一连串片段组成的。在每个片段的起点，机器人无处不在，当所有的机器人都接近猎物以便捕杀猎物时，片段结束（如图 10-3 所示）。

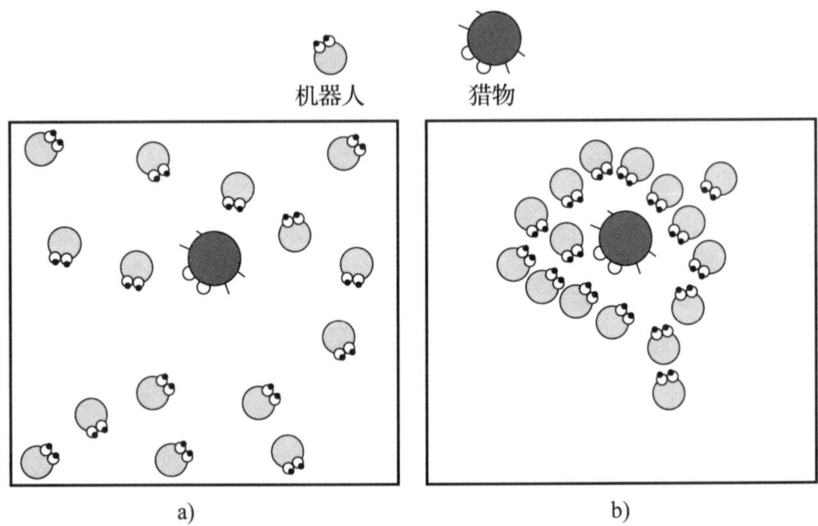

图 10-3　机器人生存在一个存在单个巨大猎物的环境中（a），为了攻击和捕杀猎物，机器人们必须全部接近它（b）。

机器人捕杀猎物要花费相当长的时间，这是因为，为了攻击猎物，它们必须要等群体中的最后一个机器人接近猎物。如果我们用群体中最后一个机器人接近猎物所用的周期数来衡量机器人的成功，我们就会发现，这些机器人通常需要 5427 个周期来捕杀猎物。

这是我们的第一种机器人。第二种机器人则不完全具备相同的视觉性能，但机器人群体中的一个机器人能从更远的地方看到猎物（如图 10-4 所示）。群体中有一个具备更佳视觉的成员会造成什么后果呢？结果是没有优势。能从更远的地方看到猎物的单个机器人通常比其他机器人更早接近猎物。但是作为一个群体，机器人接近并捕杀猎物所花费的时间和前面提到的机器人近似一样长——5459 个周期。

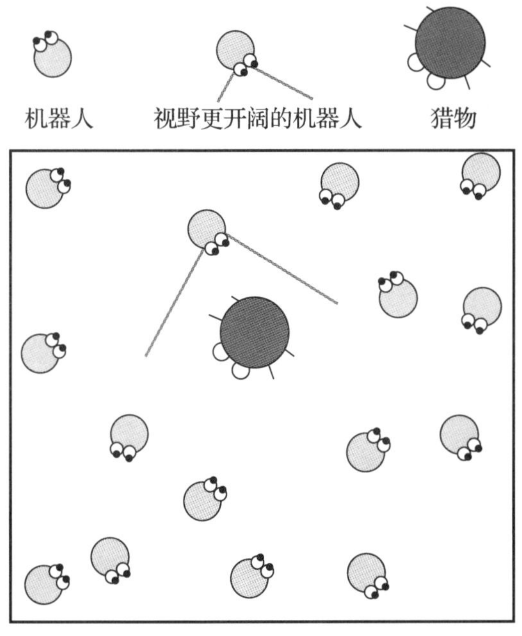

图 10-4　一个机器人比其他机器人的视野更开阔。

在第三类机器人中，有一个机器人是这个群体的首领，前面提到的机器人能看到猎物，但是看不到彼此。而这些新的机器人虽然看不到彼此，但是它们能看到首领机器人，因此，它们跟着首领机器人在环境中移动。（机器人们跟随首领机器人是被硬连接的。）这些机器人会发生什么？即使首领机器人和其他机器人在相同的距离内看到了猎物，有首领的机器人到达猎物的时间也少于没有首领的机器人所用的时间：最后一个机器人只用了 1800 个周期来接近猎物。因此，对于这些机器人来说，即使首领机器人并不比其他机器人好，它看到猎物的距离也和其他机器人相同。有一个首领也是有其优势的，这个优势就是，这些机器人并没有像没有首领的机器人那样彼此独立地探索环境，而是作为一个群体共同探索环境，即使机器人间看不见彼此，只能看到首领，但是它们一起移动，因为它们都跟随着首领。

作为一个群体来移动是有优势的，因为，当群体中的一个机器人，并不一定是首领机器人，看到了猎物时，其他机器人都很接近，它们也都会很快看到猎物（如图 10-5 所示）。

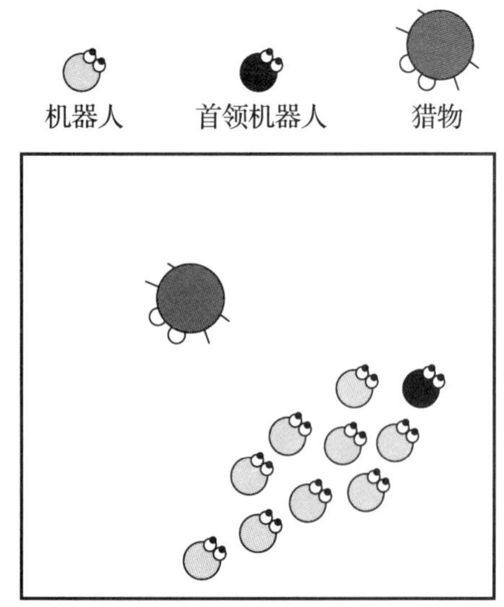

图 10－5　一个机器人是首领，群体里的其他机器人跟随着它，尽管大家视野都一样。

这些机器人用更少的时间抵达猎物，是因为它们有一个首领？还是因为它们作为一个团体整体移动？我们的机器人看不见彼此，但如果它们能看见彼此，即便是没有首领，它们也能作为一个团体整体移动。某些动物就是如此。一个个体看到另一个个体时的反应，就是留在这个个体附近。因此，即使没有首领，所有个体也会形成一个团体一起移动。对这些动物来说，一起移动是一种适用性的体现，因为这样更容易发现和杀死猎物——就像在这些机器人身上看到的——或是避免被捕食者杀死——就像我们在第六章中看到的那些具备“信息中心”功能的机器人团体。

但是，如果没有首领，也有可能形成一个团体一起移动，那为什么还需要首领呢？为了回答这个问题，我们建构了第四种类型的机器人。像第二种类型的机器人一样，团体中有一个机器人比其他机器人拥有更好的视觉能力。只不过现在，这个机器人就是这个团体的首领。其他机器人跟随这个机器人移动，因为它是首领；而现在，这个首领能从更远的距离看到猎物（参见图 10－6）。

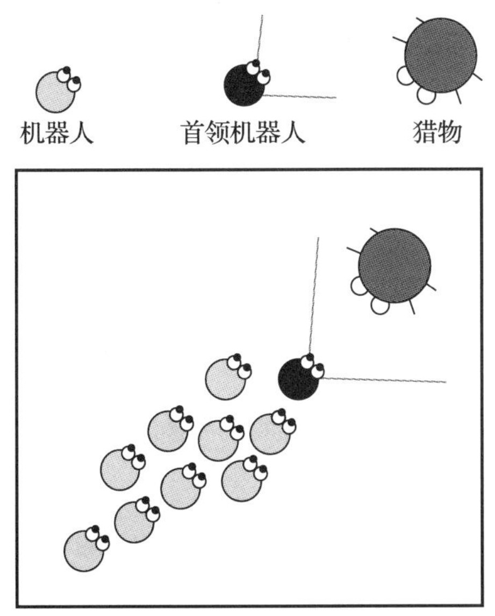

图 10－6　比其他机器人视野更开阔的机器人就是群体首领。

这些机器人获得了最好的成绩：团体中的最后一个机器人抵达猎物仅用了657 个周期。首领机器人迅速发现了猎物，因为它从较远距离处便发现了猎物，从这个意义上来说，它也是一名领袖。因为其他机器人跟随首领或领袖，所以团体中的所有机器人都能用短得多的时间来抵达猎物。

所以，亚里士多德说得对：首领必须是领袖。如果一个群体里所有的机器人都能从远处看得见猎物，它们就不需要首领。但对于人类来说，一个群体里的所有成员都能看见远处并能“聪明地先发制人”的情况鲜有发生。我们的机器人不是都能从远处看见猎物的，这样，拥有一个能做领袖的首领尤其有用，因为它能比该群体中的其他成员看到更远的地方。重要的是，在该群体里，首领和领袖必须是同一个机器人，而不是既有首领又有领袖。

对于这些机器人，我们来决定它们是否应该有一个首领或领袖，以及哪个机器人来做这个首领或领袖。下一步是制造一些能自发学到领袖或者追随者行为的机器人。新的机器人像之前的机器人那样是捕食者，但又有所不同，因为它们所生存的环境里的许多小猎物也是机器人，它们能逃脱捕食机器人以防被它们杀害。（如图 10－7 所示）

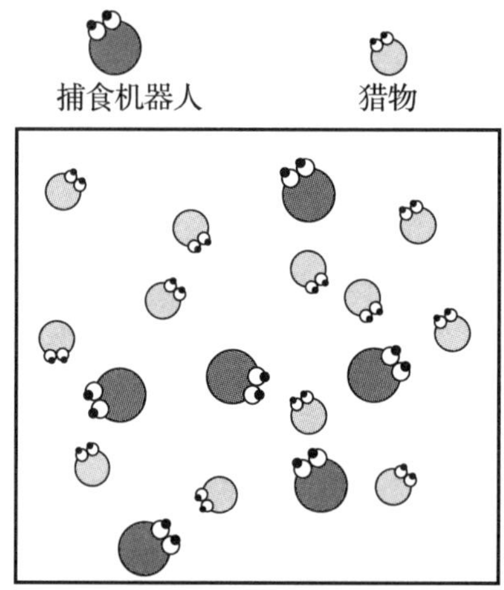

图 10-7　捕食机器人生存的环境里有许多比它们小的猎物机器人，捕食机器人必须要接近并捕杀它们，以存活和繁殖。

捕食机器人和猎物机器人都会一代又一代地进化——共同进化——它们的行为。捕食者逐步进化它们接近并捕杀猎物的能力；猎物会逐步进化它们逃脱捕食者的能力，然而最好的捕食者仍会接近并捕杀不擅长逃跑的猎物。一个捕食者对环境的适应性体现在它一生中杀死过多少猎物上；而猎物的适应性体现在它能存活多久而不被捕食者杀死上。猎物们有视觉传感器，使它们看得见捕食者。捕食者们也有视觉传感器，使它们既看得见猎物，又看得见其他捕食者。但是捕食者和猎物们的视觉传感器的作用范围都有限，因此，捕食者可能看不见任何猎物，只能看见它的同类——即其他捕食者。

我们发现，在进化后期，当捕食者看到猎物时，它会忽视其他捕食者，努力接近猎物。但是当捕食者没有看到任何猎物，只看到一个或更多同类时，我们发现了一个有趣的现象。一些捕食机器人会忽视其他捕食者，自动探索环境，寻找猎物，而其他捕食者则会跟随那些起着领袖作用的捕食机器人。这就像我们之前的有领袖的机器人一样，但不同的是，究竟是当领袖还是当跟随者，不是由我们采用硬接接的方法决定的，而是进化过程中的自然结果。捕食机器人不仅仅只是进化出了看到猎物时接近并捕杀它们的能力，另外一些机器人（领袖）还进化出了自动探索环境找寻猎物的行为，还有一些机器人（跟随者）则进化出了跟随领袖的行为。

如果我们观察捕食者机器人在自然环境中的行为，我们就会看到这些差异，但是，我们是通过在实验室里测试这些机器人来更准确地决定某一个捕食者是领袖还是跟随者的。我们做了两个实验。在一个实验里，我们把一个捕食机器人放入一个完全空的环境里，通过计算该机器人逗留过的环境的不同部分—— 即计算机屏幕上的像素——来测算该机器人探索了环境中的多大范围。有些机器人移动的方式使它们难以探索到环境中的大部分地方，而其他的机器人则探索了更多地方。这是第一个实验。在第二个实验中，我们将第一种机器人（非探索型）和第二种机器人（探索型）放在同一个环境中，发现非探索型机器人跟随着探索型机器人在环境中移动，结果它也像探索型机器人那样探索了环境（如图 10－8 所示）。

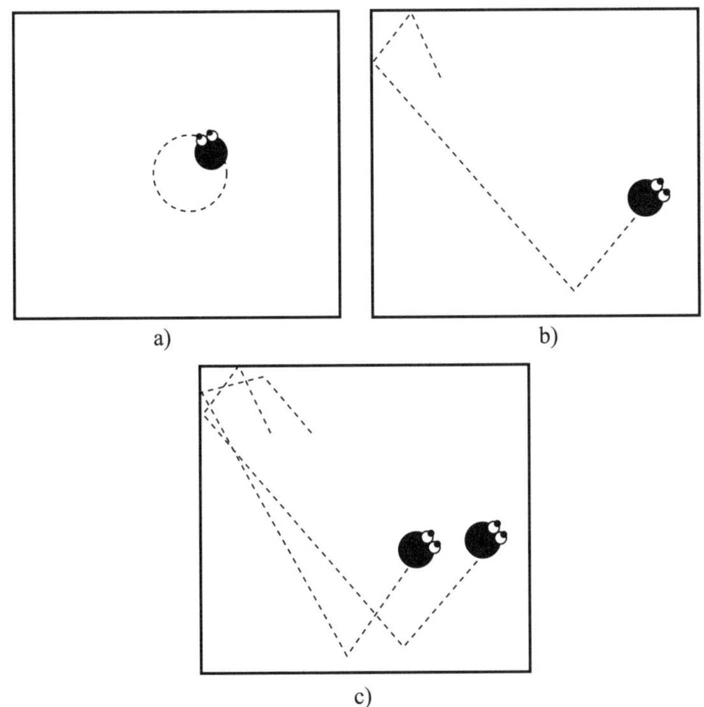

图 10－8　一个机器人探索了空的环境中的一小部分（a），另一个机器人更加有探索精神（b）。如果我们把它们两个放在一起，第一个机器人就会跟随第二个机器人，也探索了环境（c）。

做领袖是有用的，因为领袖们自发地探索环境，所以它们更容易找到猎物。为什么做跟随者也有用？假设一个机器人在某个时间并未看到任何猎物。如果机器人在这种情况下的反应是不去探索环境，那么它就会死掉，因为它可能再也看不见猎物，也没有食物吃了。在看不见猎物的时候能够探索环境，这对我们的机器人来说至关重要。如果它们独自生存，那所有的捕食机器人就都需要进化出探索环境的行为。然而我们的捕食机器人不是独自生存的，它们跟同类生活在一起，这使得它们能够为这个问题找到社会解决方案。一些捕食机器人进化出了领袖的行为：它们忽略自己的同类，自发地探索环境、搜寻猎物。其他捕食机器人则进化出了跟随者的行为：它们跟随领袖，这样一来，它们也探索了环境。当然，还有第三种不幸的机器人，它们既不自发地探索环境，也不跟随探索环境的同类——但是这些机器人不大可能长寿。

因此，即使它们自发地进化出不是被我们硬连接的行为，一些机器人也会成为领袖，而另一些也会成为跟随者。我们不能说这些机器人有公共利益，因为它们互相竞争猎物的数量，每个机器人都要吃猎物，而跟随者会追随着领袖，因为它们会发现这种行为很有用。然而，如果机器人群体有一个公共利益，那么就要选择一个既是领袖又是首领的机器人。

3. 无首领

但是，也许有另一个解决方案来实现公共利益——废除首领，代之以群体中所有成员之间的交流。为了考察其可能性，我们先回到这样一种机器人上，它们必须都要靠近猎物，才能攻击和捕杀大猎物。这些机器人看不到彼此，也不互相交流。当一个机器人看到猎物时，它只会靠近猎物。但是现在我们要问了：如果一个机器人看到猎物后，把猎物所在的位置传达给其他机器人，会发生什么？有了交流，机器人们能实现公共利益吗？（对这些机器人来说，公共利益即它们都靠近了猎物，能够攻击并捕杀它，而且不需要首领。）

为了考察交流帮助实现公共利益的可能性，我们回到前面提过的机器人。它们都一样，视觉有限，没有视觉比它们好的首领可以跟随，也就无法更迅速地接近猎物。这些机器人要花许多时间才能接近猎物，因为它们会做的唯一一件事就是在环境里随机移动，直到它们恰好看见猎物。由于攻击和捕杀猎物需要所有的机器人都靠近猎物，所以先到的机器人必须等到组里最后一个成员接近猎物——而这需要时间。我们现在加入交流这个环节。当一个机器人看见猎物，它将猎物所在的位置传达给其他机器人，这样，其他机器人就会停止在环境里随机移动，立刻靠近并抵达猎物所在的地方。（机器人们是被硬连接的，如果它们知道猎物的位置，它们就会靠近并抵达猎物所在地。）我们构造了两种类型的机器人，它们拥有两种不同的交流系统中的一种，一种更古老，一种更现代。古老的交流系统依靠空间邻近——两个机器人只有在物理空间上接近时，才能相互交流。现代的交流系统不需要空间邻近：两个机器人不管在哪里，都能相互交流（如图10－9所示）。

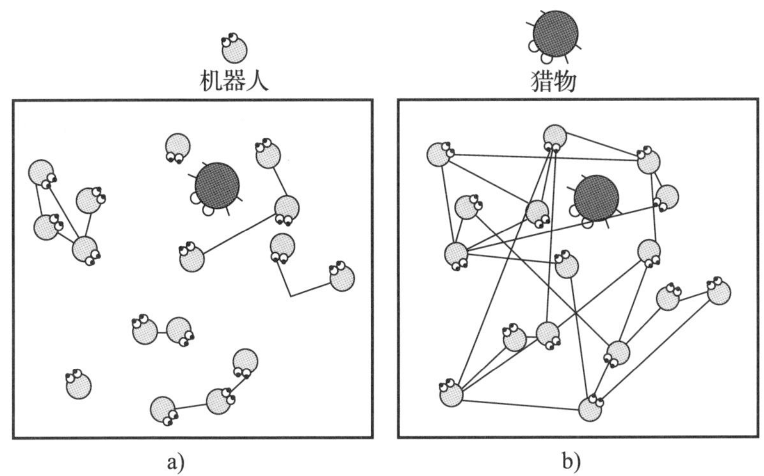

图10－9　（a）古老的交流系统：机器人只跟离自己近的机器人交流。（b）现代的交流系统：机器人可以不管空间距离跟所有其他机器人交流。

交流有用吗？一个交流系统比另一个更好吗？对于这些机器人来说，成功是通过测量组里最后一个机器人抵达猎物所在地所需要的时间而确定的。我们之前看到，对于没有交流的机器人来说，最后一个机器人需要5427个周期才能接近猎物。而交流大大减少了这个数字。如果交流系统是更古老的那种，即机器人只有离对方很近的时候才能交流，那么组里最后一个抵达猎物的机器人需要 720 个周期。如果机器人们使用更现代的、不需要考虑空间的交流系统，所需时间甚至更少——95 个周期。

考虑到这些结果，我们可能会下一个结论：交流使首领成为多余的。如果没有交流，当一个机器人纯粹由于侥幸而看见了猎物时，这对于解决所有成员得靠近猎物这一集体问题不是特别有用。但是如果有交流，这个机器人就可以把猎物的位置传达给其他机器人，这样，所有的机器人就可以很快地抵达猎物所在地，而不需要首领。发生改变的是组里的结构。如果有首领，这个组就是垂直结构。首领在结构的最顶端，告诉其他机器人它们必须做什么。我们之前也看到，这对组是有用的，尤其当这个首领是领袖，又比其他机器人看到更远的地方。相反，如果没有首领，组里的结构就纯粹是水平的。任何一个机器人都没有权力指挥其他的机器人，任何一个机器人都不需要比其他机器人看得更远，因为交流代替了首领以及视觉差异。交流在所有的情况下都是有用的，但如果交流系统是现代的，不考虑物理空间，那么机器人群体就能相当快地解决同时接近猎物的问题。并且，有意思的是，如果机器人跟所有其他机器人都有交流，那么首领甚至对整个组有破坏作用。在每个机器人都能与其他所有的机器人交流而且又没有首领的组里，最后一个抵达猎物的机器人所花的时间只有 95 个周期。如果我们增加一个首领，这个时间就变成了 679 个周期。在一个人人都能与其他人交流的社会中，首领不仅无用，而且有害。

就是为什么互联网可以被看成是一个没有首领的完全水平的社会的基础，在这里，中央储备的运转规则都是直接由公民决定的，即电子民主。但是电子民主也有它的问题。今天的社会非常复杂，大部分公民都没有必要的时间、动力和知识来确定能够让社会为了公共利益而运转的最佳规则。如前所述，在代议民主制（有首领的民主）中也存在这个问题。但是对于一个以互联网为基础的水平的社会来说，这个问题更严重。在这里，互联网跟当今一样，只是交流和协调的工具。我们的机器人生活在一个简单的环境中，即使它们随意探索，其中的一个机器人也能够轻而易举找到猎物，并且告诉其他机器人猎物的所在地。然而，如今的人类生活在一个复杂得多的环境中，要找到使得中央存储区为公共利益而运转的规则是很困难的。尤其是，如我们在本章第 1 部分看到的，在复杂的社会里，所有决定所产生的结果往往都既有利又有弊。如果互联网仅仅是一个交流协调的工具，不为所有的公民提供知识和解释，那么一个以互联网为基础的水平的社会就无法运转，因为零知识加零知识依旧是零知识。（在第十五章，我们将讨论类人机器人怎样帮助人类解决这个问题。）

完全水平的社会，还有其他的问题。第六章里我们看到，在人类社会里损害他人的行为无法避免，如果不能阻止这些行为，人类社会就面临分解的风险，因为居住在一起弊大于利。

为了将这个问题与水平对垂直社会的问题联系起来，我们改变了那些必须都集中到大猎物周围以捕杀它的机器人。对于新机器人来说，要捕杀猎物，只要有一定数量的机器人在猎物周围就够了，不需要组里所有的机器人都聚集在它周围。然而，捕杀猎物所获得的食物却被分配到了组里每一个机器人，包括那些没有参加捕杀猎物的机器人。另一个改变是，与之前的机器人不同，新机器人移动时会消耗能量、减弱体质。因此，为了节约能量，有些机器人倾向于不移动、不参与搜寻猎物，因为当猎物被捕杀时，它们同样可以吃到分配给组内所有成员的食物。这是个问题，因为如果太多的机器人不移动，搜寻猎物的机器人就会太少，捕杀不了猎物，大家就都没有食物吃。这个问题跟我们在第九章里讨论的是同一个问题，只有当有一个机器人能发现并惩罚不去搜寻猎物的机器人时，这个问题才能得以解决。该机器人就是这个组的首领。一个没有首领的、完全水平的社会发现并惩罚破坏社会的行为是有更多困难的，因此，完全水平的社会至少现在看起来是不可能的。

还有一个原因说明了首领机器人是有必要的——战争。我们一听到机器人战争，就会立刻想到无人驾驶机、士兵机器人、探测和拆除地雷的机器人、侦查机器人。这些都是帮助人类进行战争的技术，但我们想要的不是这些。人类战争进行了几千年，因此，如果我们要制造机器人来更好地理解人类，就必须制造与其他机器人群体进行战争的机器人群体。

战争分攻击性战争以及预防或防御性战争。个人组成的一个群体企图通过武力占有另一个群体的物品的战争是攻击性的战争，保护自己群体的物品不被侵占的战争是预防或防御性战争。如果一个个体想夺取另一个个体的物品，那么成功的概率取决于这两个个体的体能和技能——这一般发生在非人类动物之间。当整个由个人组成的群体企图通过武力占有另一个群体的物品时，还有其他因素来决定这两个群体谁会赢得战争。

假如两群机器人住在环境里的不同区域中，每个区域里有一种物品。如果机器人们两种物品都想要，那么这两个群体可以交换它们的物品。一个群体把自己的一些物品给另一个群体，另一个群体又把自己的一些物品给第一个群体作为交换。（下一章讲的是机器人经济，我们会描述拿自己的物品与其他机器人交换的机器人，以及从一个群体买进物品并卖给另一个群体的商人机器人。）但是这两个群体还可以采取另一种策略：它们可以尝试占有另一个群体的物品而不提供任何物品作为交换。这就要求对另一个群体开战。战争的结果可能要取决于各种因素，例如，两个群体可获得的战争工具、它们生存的环境的类型以及两个群体的大小，因为大群体比小群体赢得战争的可能性要大。最后这个因素意味着扩大群体的压力。这种压力也许在人类群体从家庭到酋长部落，然后从国家到帝国的发展过程中发挥过重要作用。（见本章最后一部分。）

可是，战争是如何开始的？要回答这个问题，我们就要比较两种机器人。在这些机器人生存的环境里，食物令牌是随机散布的，一种机器人能够自由地在整个环境里找寻食物，另一种机器人则会把环境分成四个区域，在一个区域里出生的机器人不能进入其他区域，吃在那里发现的食物。每隔一段时期，机器人生育一个后代，由于生存时间更长的机器人生育更多的后代，所以在接下来的几代里，两种机器人的总数会发生变化。最后，这两种机器人群体的规模有多大？能够自由地在整个环境里寻找食物的机器人比不能在自己出生的领域外寻找食物的机器人的数量要多。（如图 10 - 10 所示）。

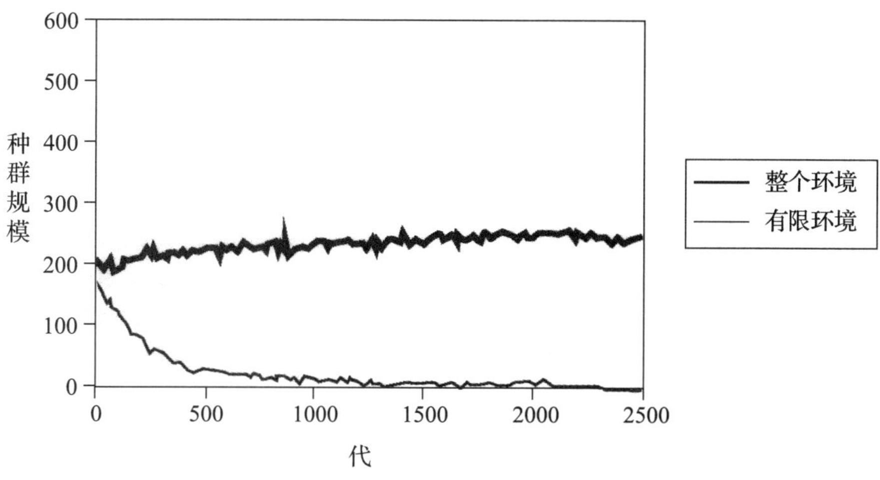

图 10－10　可以在整个环境中寻找食物以及只能在有限环境中寻找食物的机器人数量。

解释如下：由于食物令牌是随机散布在环境里的，所以可能有时候一个区域里的食物少，而另一个区域里的食物更多。当这种情况发生时，可以在整个环境中寻找食物的机器人能够从食物少的区域移动到食物多的区域，这样，它们可以一直有东西吃，并存活下来。对于不能在自己出生的领域外寻找食物的机器人来说，这是不可能的。而且，如果它们刚好在食物暂时较少的区域中，它们就会早死，生育极少的后代。因此，生存在四个小区域中的机器人总数要比领地与整个环境相一致的机器人的总数小。模拟实验到此结束，但我们认为，由于生存在更大领地代表着一种优势，所以机器人群体会努力扩大它们的领地。如果它们的领地的周边环境已经被其他机器人占据了，它们就会与其他机器人进行战争以夺取它们的领地。（见本章最后一部分描述的古南伊特鲁里亚人类定居变化的模拟实验。）

我们在此讨论战争，是因为战争必定需要首领来协调与其他群体交战的群体里的各成员的活动。该群体的首领必须以必要的速度来制订和改变作战计划，并且要立刻被处于战争状态的群体里所有成员所服从。因此，没有首领的水平社会无法发动战争—— 这也会是水平社会的一个重要优势。

战争和水平社会还有一个联系。发动战争以夺取另一个群体的物品是一种具有社会破坏性的行为，破坏者和被破坏者不属于同一群体，而是两个不同群体的成员。发生在群体内部的其他破坏性行为可以由该群体的首领进行惩治，而一个群体对另一个群体的社会破坏性的行为却不可能得到惩治，因为没有首领有权惩罚一个攻击其他社会的社会。因此，人类社会将在很长一段时间里继续发动战争——直到所有人都成为一个群体的成员。（然而人类同一个群体的不同部分还是会发动内战。）

战争已经在人类社会中发挥了重要作用，并将继续发挥这种作用。战争的起因是什么？为何两个群体可以在战争中结成同盟来对抗第三个群体？决定战争最后结果的因素是什么？在人类历史进程中，战争发生了怎样的变化？替代战争的其他方法以及战争的未来前景是什么？如果我们想了解以上这些问题，我们就必须构造发动战争的机器人群体。这是将来的任务，但是我们已经做出了尝试，再现了古代社会里一些战争的影响，我们在下一部分，也就是本章最后一部分将描述我们所做的这种尝试。

4. 古南伊特鲁里亚人类定居的历史变化

古南伊特鲁里亚是意大利的一部分，位于罗马北部，延伸大约 6000 平方公里。大约在公元前 2000 年末，这个地区的人类定居发生了一个变化，即从大量的小定居点——村庄——到少量大定居点——原城市中心——的过渡，那些定居点逐渐被有更高防御潜力和更好领地控制的位置所替代。

我们在计算机里再现了这些历史现象。我们把整个古南伊特鲁里亚地区分成正方形的单元，根据真实的地理数据，我们用两个变量来描绘每个单元：资源的存在和防御潜力。这两个变量的值都在 0 和 1 之间，0 表示该特定的单元没有资源，该单元的地理特征使其无法防御外来的攻击；而 1 表示该单元有许多资源，并且很容易防御外来的攻击。

在模拟的古南伊特鲁里亚，有一定数量的人类定居点，每个定居点都有一定数量的居民和“控制区”，“控制区”的大小由居民的数量和资源的存在所决定。收集到控制区的资源被定居点的居民分配，以计算其提供给每一个居民的能源总量。根据考古数据，每一个定居点都有一个特定的地理位置。公元前 2000 年伊始，有大量的小定居点，其地理位置有限或者没有防御潜力；而在公元前 2000 年末，定居点的数量急剧减少，定居点都坐落于有很高防御潜力的位置上——高原顶端，完全与山谷的地面隔离开来，周围有陡坡的保护。模拟实验有一系列周期，每个周期对应两年。在每个周期内，每个定居点会清点居民的数量，决定其控制区，通过用控制区收集的资源除以居民数量的方法来计算出能提供给每个居民的能量。然后，根据这些数据，定居点决定该做什么。

定居点做什么呢？有些定居点在居民人口和控制区规模上均有增加，这意味着能提供给每个居民的能量保持不变或增加了。其他定居点居民人口增加了，但控制区的规模保持不变，因为在它们的控制区旁边有另一个定居点的控制区。对这些定居点来说，情况比较严重。能提供给每个居民的能量减少了，因此，居民人口也减少，直到该定居点消失。要避免彻底瓦解，定居点有两个选择。居民们可以迁移到有更多资源可提供的新地点；或者定居点——也许通过跟其他定居点结盟——可以对另一个定居点发动战争，夺取其控制区。

结果，在模拟的过程中，定居点数量减少，每个定居点的居民平均数量增加了，这跟历史数据相吻合（如图 10－11 所示）。

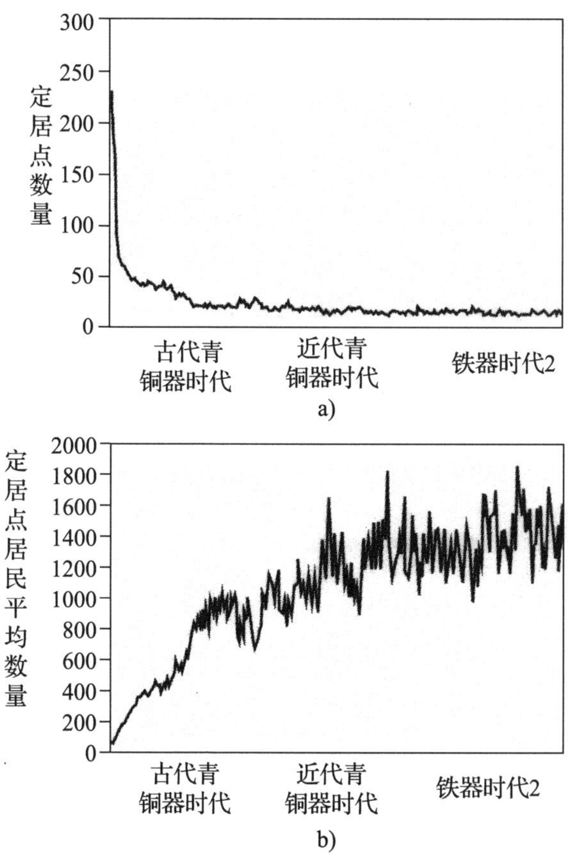

图 10－11　古南伊特鲁里亚定居点数量减少（a）。某定居点居民平均数量增加（b）。

我们的模拟试验也再现了公元前2000年末期古南伊特鲁里亚人类定居点地理位置的改变。我们从考古数据中了解到，这些定居点不仅倾向于在数量上减少，居民数量增多，而且倾向于转移到有更高防御潜力的地理位置上。这在我们的模拟试验中也重现了（如图10－12所示）。

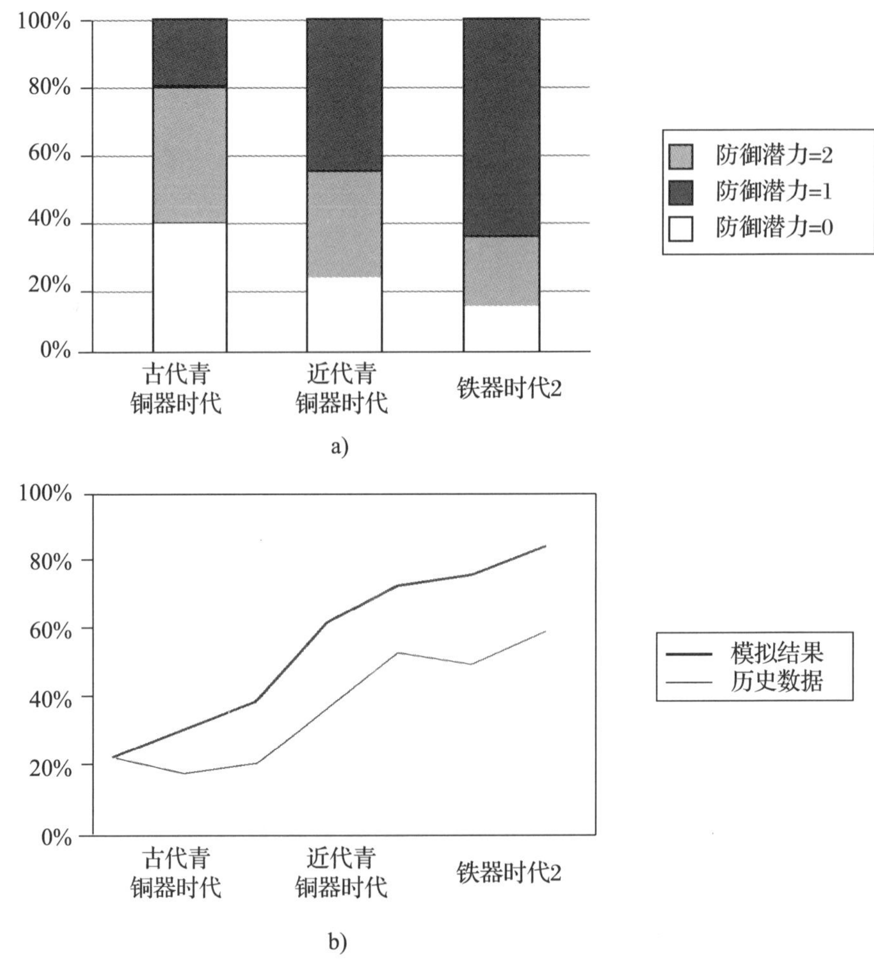

图10－12　人类定居点从古代青铜器时代到近代青铜器时代到铁器时代2在防御潜力上有所增加（a）历史数据和模拟结果的比较（b）。

有趣的是，公元前2000年末，整个模拟的南伊特鲁里亚被细分为四个大的控制区，分布在四个历史上的原城市中心周围，分别是真正的南伊特鲁里亚的奥维多、塔奎尼亚、赛威特力和维奥（如图10－13所示）。这表明，战争是人类历史上的一个重要因素，因为一个中心有必要防御其他中心的攻击，这迫使该中心迁移到防御潜力更高的位置上。

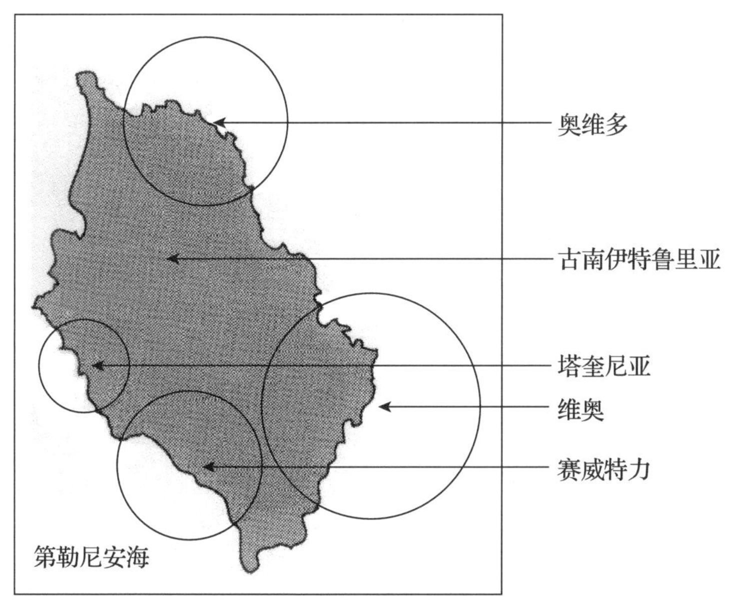

图 10－13　公元前 2000 年末古南伊特鲁里亚的四个原城市中心。

然而这个模拟试验的有趣之处还在于，它允许我们通过构造重现现实的人工制品来表明一个重要的、有关努力了解现实的方法论方面的看法。在模拟试验中，在第二个千年的进程中，将定居点定位在有较高防御潜力的地区的这种趋势有所增加——这跟历史数据相吻合。但是在模拟试验中，这种增长非常迅速——而这与那时该地方实际发生的情况并不吻合，因为考古数据告诉我们，只有在第二个千年末期，人类定居点才迅速减少，居民人数才迅速增加。为什么说这很有趣呢？正如我们在第一章提到的，一个人工制品的行为表现是从理论中推论并预测出来的，而该理论已经被用来构造了这个人工制品——这些预测必须与实际经验的数据相吻合。如果我们发现人工制品的行为与现实中不完全一样，我们就必须要通过引入其他因素、增加或减少不同因素所占权重以及其他方式来改变原来的人工制品，直到它的行为表现与真实现象更匹配。如果我们能成功做到这一点，我们就会对我们的制品使我们真正地理解并解释现实更有信心。在我们的古南伊特鲁里亚人类定居点历史变化的模拟试验中缺了什么？我们可以不断改变我们的模式，直到它与历史数据相配，并以此来测试各种各样的假设。

这对本书所描述的所有机器人都适用。本书描述的所有机器人再现了一些有关人类行为和人类社会功能的非常基本的现象。但是，如果机器人的所作所为与人类的有所不同，我们也不能放弃用机器人再现人类这个项目，而是必须改变我们的机器人，直到它们表现得跟人类一模一样。

第十一章　机器人的经济

ME 在观察人类时，脑海中闪过一个念头：与非人类动物相比，人类还需要多少东西。非人类动物仅仅想要赖以生存和繁衍后代的必需品，而人类则想要各种物品，并且在人类历史的进程中，他们想要的物品数量急剧增加。非人类动物的物品局限于自然界中已经存在的东西，而人类却总是生产新物品，并且会创建由个体组成的组织，以生产个人无法单独生产的物品。同时，人类互相交换各自的物品，这样他们就可以专门生产某一种物品，因为他们可以从其他人那里获取所有其他的物品。

物品的交换对人类社会有许多影响。某些人（商人）专门促进物品的交换，他们从生产物品的人那里获取物品，再将这些物品带给需要的人。此外，人类还发明了货币，这是一种与其他商品的“使用”方法不同的商品，货币仅仅在所有商品交换过程中进行交换，其作用是促进商品交换。因此，每个人都想拥有货币。拥有了货币，他们就可以获得（几乎）所有的商品。人类还发明了借款，相比仅仅使用自己的钱，每个个体或者每个由个体组成的组织都能够生产和购买到更多的商品。但是，特别吸引 ME 注意的是最近的一项发明：市场营销。因为卖方采取各种措施以促使买方产生购买他们所销售商品的动机，所以，最近人类渴望拥有的商品数量极大地增加了。

1. 商品

所有的行为本质上都具有经济性，因为所有的行为都与商品相关。商品是指动物和人类试图通过自己的行为而拥有的任何东西。非人类动物的商品仅限于它们赖以生存和繁殖的必需品，譬如食物、水、配偶，以及保护自身以避开捕食者和其他危险。对于人类而言，大多数作为商品的东西都是与生存和繁殖间接相关的，这也解释了为什么与非人类动物相比，对人类来说，这么多数量的不同东西是商品。这是一个重要的区别，但我们的定义却是完全普遍和纯行为的：如果一个动物（非人类或人类）试图通过其行为拥有 X，那么对这个动物来说，X 就是一件商品，而无论 X 是什么，也无论 X 对它来说是商品的原因是什么。人们认为动物和人类需要或想要那些对他们来说是商品的东西，我们在某些情况下会用到这些词语。但是，我们的定义是基于行为的，与需要或想要没有任何联系。

提及商品，人们自然而然地会想到经济学，因为经济学是商品的科学。不过，经济学家关心的是人类的商品，而不是其他动物的商品。这些商品可以买卖，价值可以以货币的形式而不是其他类型的商品来衡量，属于现代市场经济而非其他类型的人类经济。要理解人类的经济行为，需要一种关于商品的普遍科学，其适用于非人类动物和人类，还适用于各种商品，并且适用于各种类型的人类经济。人类与非人类动物不同，因为非人类动物从自然界中获得商品，而人类通过商品交换而从其他人那里获得大部分商品。因此，不同于非人类动物的经济，人类的经济是一种社会经济，人类社会是调控商品交换的复杂组织。但是，若想要理解人类经济，我们就必须采用比经济学观点更广泛的视角。

机器人经济的概念听起来十分陌生，而且由于现在的机器人没有任何商品，所以这个概念对现在的机器人而言没有太大意义。现在的机器人并不会因为它们能够通过自己的行为而拥有这个或那个东西而采取行动，而是会依照我们的决定去行动。什么东西对于一只动物或一个人来说是商品（他们试图通过自己的行为拥有的东西）取决于他们的动机，而当今的机器人没有动机（见第二章）。它们行动的目的是为了满足我们的动机。因此，现在的机器人不可能拥有商品，也不可能拥有经济。建立机器人经济是未来的一项任务。在本章，我们将对这一任务加以说明。首先介绍的是从自然界获得商品的机器人，因为它们更像非人类动物，而不是人类。然后我们转向人类的经济现象：商品的交换、生产不同商品的专业分工、货币的产生和商品的价格、工人和私营企业、金融经济和市场营销（不是市场）经济。本章主要是理解当今与非人类动物相比，作为人类的商品的东西的数量有了巨大的增长。

2. 价值

如前所述，如果一个个体试图通过自己的行为拥有 X，那么 X 对该个体来说就是一件商品。现在，我们要说：如果 X 对一个个体来说是一件商品，那么 X 对该个体就有价值。关于商品对一个个体有价值，还有什么要补充的呢？答案是那种价值可以被衡量。这可以在相对意义上加以衡量：两件东西对一个个体来说都是商品，但是对该个体来说，其中一件比另一件更有价值。并且，若存在一种衡量工具——货币，一件商品的价值就可以在绝对意义上加以衡量。货币是商品交换的前提，因为一件商品的绝对价值是一个个体为了从另一个个体那里获取这件商品，而愿意给予另一个个体的货币数量。本章的后面部分将介绍交换商品并开发货币的机器人。本部分中的机器人并不从其他机器人那里获取商品，而是从自然界中获取商品——但是，这些商品对它们来说有不同的价值。

为了衡量一件商品对于另一件商品的价值，我们要考察机器人的喜好。如果一个机器人可以从商品 X 和商品 Y 中做出选择，并且这个机器人选择了商品 X，而不是商品 Y，那么对于这个机器人来说，商品 X 就比商品 Y 更有价值。我们设计了一个机器人群体，在它们的环境里有两种食物令牌——灰色的和黑色的，并且这两种食物令牌含有不同的能量——灰色的令牌含有一个单位能量，黑色的令牌含有两个单位能量(如图 11－11 所示)。

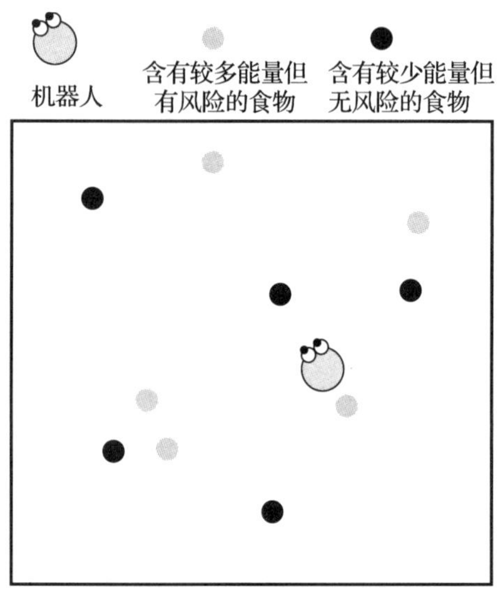

图 11－1　这些机器人生活在有着黑色和灰色的食物令牌的环境里。黑色的令牌含有两个单位能量，而灰色令牌只含有一个单位能量。

根据进化的结果，我们发现，这些机器人吃掉的黑色令牌比灰色令牌多，这意味着与灰色令牌相比，它们更喜欢黑色令牌。然而，为了更好地衡量机器人的喜好，我们需要观察机器人在实验室里表现如何。在实验室里，一个机器人面前有一个黑色令牌和一个灰色令牌，且距离相同，我们发现这个机器人接近并去取了黑色令牌，而不是灰色令牌。由于以下原因，这是一种更好的测量机器人喜好的方法。机器人所在的环境里含有同等数量的灰色令牌和黑色令牌，但是，如果灰色令牌比黑色令牌多许多，那么在机器人的一生里可能就会吃掉更多的灰色令牌。然而，我们预测，在实验室里，与灰色令牌相比，机器人依然更喜欢黑色令牌。

但是，令牌的价值不仅仅取决于令牌中含有能量的数量。如果说 X 对于一个个体而言是商品，就等同于说该个体有拥有 X 的动机。但是，正如在第二章看到的，一个动机的力量取决于该个体其他动机的力量。因此，一件商品对于一个个体的价值，不仅仅在于拥有 X 的动机的力量，而且还在于该个体的其他动机的力量。我们的机器人的另一个动机是想节省时间。正如在第二章看到的，如果机器人需要吃喝来维持生存，并且饥饿和口渴的程度相同，那么在实验室里，如果食物令牌比水令牌更接近，它们就会喜欢去食物令牌那里，而不是水令牌那里，因为去更接近的令牌那里可以节省时间。在这里，我们继续这些实验，我们给一个机器人群体设计了一种环境，在这里黑色令牌和灰色令牌含有相同数量的能量（一个单位），并且正如所预期的，我们发现，在它们的自然环境里，机器人吃掉的黑色令牌和灰色令牌的数量几乎相同。然而，在实验室里，如果灰色令牌比黑色令牌距离更近，它们就会选择灰色令牌，并且反之亦然——如果黑色令牌比灰色令牌更近，它们便会选择黑色令牌。而且，如果我们始终保持一种令牌与机器人的距离相同，在不同的试验中，我们逐渐增大其与另一种令牌的距离，机器人对第一种令牌的喜好就会逐渐增强（如图 11 -2 所示）。

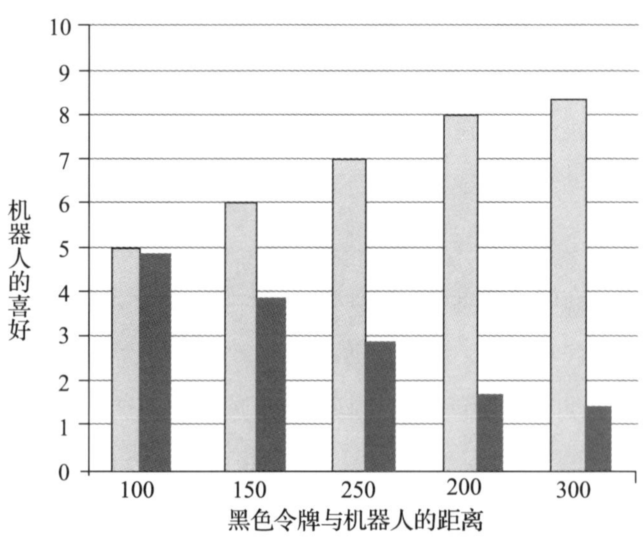

图 11-2　如果这些黑色令牌和灰色令牌含有相同数量的能量，并且和这些机器人距离相同，它们便没有了特别的喜好。但是如果它们距离黑色令牌越来越远，它们会更喜欢灰色令牌。

这些机器人很有趣，因为它们证实了商品概念的普遍性。对机器人来说，不仅仅食物令牌是商品，它们的时间也是一种商品（“时间就是金钱”）。它们选择节省时间的方式行动——按照我们的定义，时间也就成了一种商品。这些机器人喜欢去距离它们近的令牌那里，因为这样可以节省时间，它们可以用这些时间去吃掉其他的令牌。时间被看作是一种商品这一点提醒了我们，一件商品不仅仅是机器人想要拥有的东西，它同样也可以是机器人不想失去的东西。机器人可以做一些事情来使自己拥有 X，它也可以做一些事情使自己不失去 X。在这两种情况下，X 对这个机器人来说都是一件商品。

在决定一件商品对于一个个体的价值的时候，该个体的不同动机相互作用，而要看出它们如何相互作用，我们就要回到在黑色令牌含有两个单位能量、灰色令牌只含有一个单位能量的环境里生活的机器人那里。这些机器人同样有节省它们的时间的动机。事实证明，在实验室里，如果我们逐渐加大两种令牌与机器人间的距离，因而延长了获取食物令牌的时间，机器人对具有更多能量的黑色令牌的喜好会略微减弱（如图 11-3 所示）。

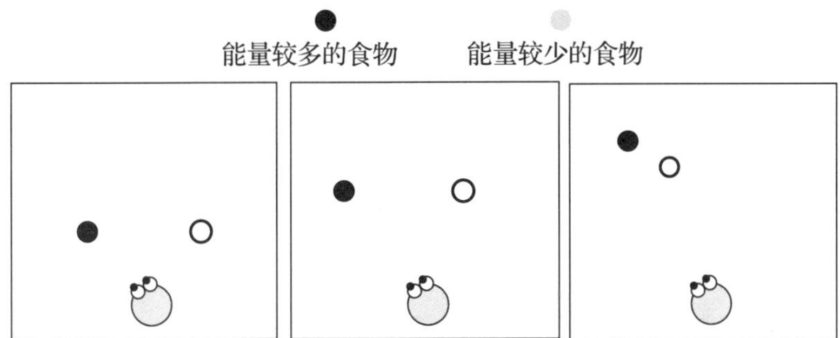

图 11－3　拥有更多能量的黑色令牌和能量较少的灰色令牌和机器人之间的距离相同，但是，在不同的试验中我们会逐渐增加这个距离。

在衡量令牌对机器人的价值时，获取两种令牌所需时间的增加会降低含有不同数量的能量令牌的重要性（如图 11－4 所示）。

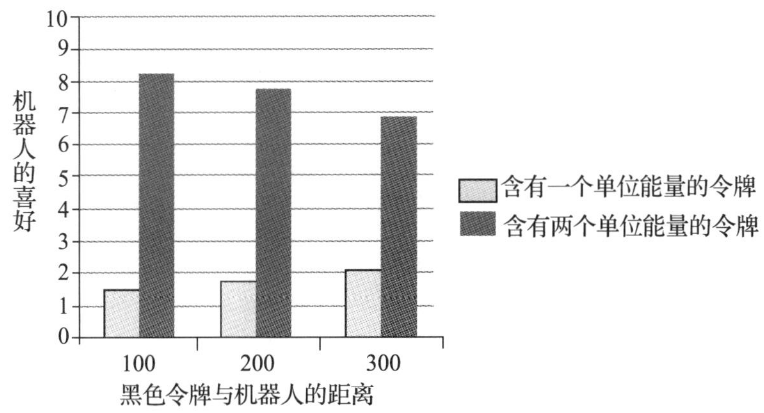

图 11－4　这些机器人很明显更喜欢有更多能量的黑色令牌，而不是能量较少的灰色令牌，但是，如果我们同时增大两个令牌与机器人之间的距离，机器人对有更多能量的黑色令牌的喜好便逐渐减少了。

由另一项实验可以看出节省时间的动机的重要性，能量较少的灰色令牌与机器人始终保持相同的距离。在不同的试验中，我们逐渐增加机器人与含有更多能量的黑色令牌的距离。尽管黑色令牌距离比灰色令牌距离更远，这些机器人依然更喜欢黑色令牌，但是，前提是其与黑色令牌的距离不太远。如果黑色令牌距离机器人非常远，它们对于黑色令牌的喜好会消失，这些机器人在实验中一半次数是去含有更多能量的黑色令牌那里，一半次数是去能量较少的灰色令牌那里。（这就是所谓的“平衡点”。）如果我们进一步增加机器人与黑色令牌的距离，这些机器人的喜好反转，它们变得更喜欢去能量较少的灰色令牌那里，而不是有更多能量的黑色令牌那里（如图 11－5 所示）。

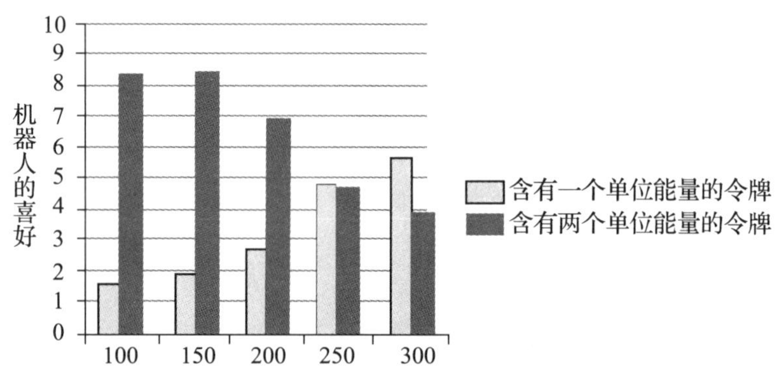

图 11－5　如果含有更多能量的黑色令牌距离机器人不是太远，与能量较少的灰色令牌相比，机器人更喜欢黑色令牌。但是当机器人与黑色令牌的距离变得太远时（300 像素），它们会选择灰色令牌。

另一个有趣的问题是，黑色令牌和灰色令牌含有能量的差别是否为相对差别或绝对差别在确定令牌的价值时更为重要。我们比较生活在两个不同环境里的两个机器人群体。一个环境与以前相同：灰色令牌含有一个单位能量，而黑色令牌含有两个单位能量。在另一个环境里，灰色令牌含有三个单位能量，而黑色令牌含有六个单位能量。它们相对差别相同（在两种情况下，黑色令牌含有的能量都是灰色令牌含有能量的两倍），但是绝对差别不同：在一个环境里，绝对差别是一个单位（2－1＝1），而在另一个环境里是三个单位（6－3＝3）。在第二个环境里的机器人的存活时间要比在第一个环境里的机器人长，因为在它们的环境里，其能量的总数量比其他机器人所处的另一个环境的多。但是，尽管它们能存活得更久，但生活在第二个环境里的机器人吃的令牌却比生活在第一个环境里的机器人吃得少。由于它们唯一的问题就是生存，所以生活在富裕环境里的机器人可以吃更少的食物令牌生存下来。

至此，我们所介绍的机器人就像非人类动物一样，因为它们通过自己的行为试图拥有的仅仅是它们赖以生存和繁衍后代的必需品。人类（尤其是现在的人类）则不同，因为对于绝大多数人来说，问题不是生存和繁衍后代，而是拥有尽可能多的且比别人多的商品。我们接下来介绍的机器人更像人类，区别在于适应度的标准不同。对于先前的机器人来说，适应度的标准是它们生命的长度——更长的寿命、更多的后代。新型机器人的寿命相同，而在所有机器人等长的一生中，繁殖后代的机器人能够积累更多能量。

我们对这些更像人类的机器人提出了相同的问题：在确定令牌的价值的时候，它们含有的能量的相对差别和绝对差别哪个更重要？为了解答这个问题，我们比较了灰色令牌含一个单位能量和黑色令牌含两个单位能量的机器人与另一群新环境里的机器人，新环境里包含五个单位能量的灰色令牌和六个单位能量的黑色令牌。绝对差别相同——均为一个单位（2 - 1 = 1；6 - 5 = 1），但相对差别小很多。对于第一类机器人，相对差别是 100%（2 与 1 的相对差别为 100%）；然而，对于新型机器人，相对差别只有 20%（6 与 5 的相对差别仅为 20%）。那么，我们问题的答案是什么呢？答案就是，两种令牌的价值取决于能量数量的相对差别，而不是绝对差别。如果这些机器人吃掉黑色令牌只比吃掉灰色令牌多 20% 的能量，那么，这些机器人依然更喜欢黑色令牌，但这种喜好不是很强烈。这很有趣，因为它表明了机器人的喜好取决于它们的总体适应模式。对于这些机器人，为了比其他机器人繁衍更多的后代，它不一定要吃得很多，但它必须比其他机器人吃得更多。因此，如果黑色令牌给它们提供比灰色令牌多 100% 而不是 20% 的能量时，它们对于黑色令牌的喜好会更强烈。

其他因素也会影响机器人的喜好，因而也会影响令牌对机器人的价值。其一是环境中所含令牌的总数。目前，我们介绍的机器人所在的环境中包含十个令牌——五个灰色令牌和五个黑色令牌。我们设计另一个机器人群体，生活在一个含有二十个令牌——十个灰色令牌和十个黑色令牌的环境里。在富含更充裕食物的这种环境里，机器人的喜好会是什么结果呢？与我们的预期相反，不管我们数在自然环境里被机器人吃掉的灰色令牌和黑色令牌的个数，还是测试实验室里的机器人，事实是这些机器人对含有更多能量的黑色令牌的喜好都变得更加强烈。原因在于，当食物越充裕时，机器人的行为会更加挑剔。如果环境里只有少量食物，这些机器人倾向于吃任何种类的食物，它们对具有更多能量的黑色令牌的喜好不会十分强烈。相反，如果环境里食物充裕，它们就会选择吃什么食物，于是对黑色令牌有了更强烈的喜好。对于那些寿命长度为适应标准的动物机器人来说，实验结果依然如此；不过，对于那些问题是要比其他机器人积累更多商品的类人机器人来说，这正是它们的典型特征。

另一个价值可被衡量的商品是避开危险。因为非人类动物和人类都想方设法避开危险，所以避开危险对他们来说是一件商品。接下来介绍的机器人倾向于避开危险。我们设计一个机器人群体，在它们的环境里，含有更少能量的灰色令牌总是含有一个单位能量，然而，一部分黑色令牌含有两个单位能量，另一部分黑色令牌不含任何能量——因为这些黑色令牌看起来都是相同的，所以这些机器人事先并不知情。如果一个机器人吃掉一个灰色令牌，它肯定会获得一个单位能量，但是，如果它吃掉一个黑色令牌，它可能会获得两个单位能量或者零能量（如图 11－6 所示）。

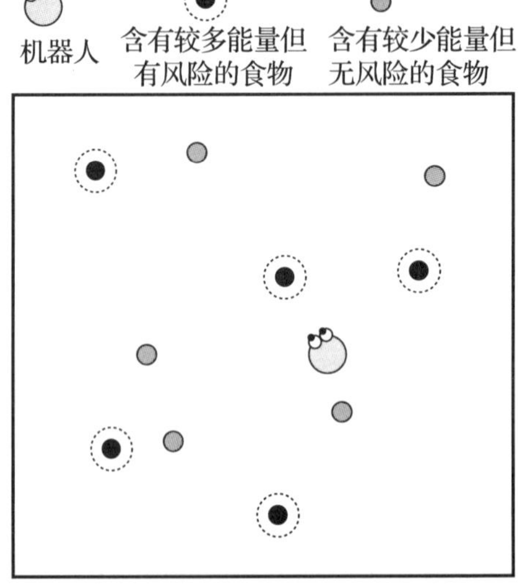

图 11－6　这些机器人生活的环境里有总是含有一个单位能量的无风险的灰色食物令牌，以及含有两个单位能量或者零能量的有风险的黑色食物令牌。

这些机器人会如何选择呢？这些机器人会喜欢能量较少但无风险的灰色令牌，还是含有更多能量但有风险的黑色令牌？如果 50% 的黑色令牌含有两个单位能量，而另外 50% 不含能量，那这些机器人便没有喜好。它们吃的灰色令牌和黑色令牌数量基本相同，而且，当把它们带入实验室试验时，它们去灰色令牌和黑色令牌那里的概率基本相同——假设两种令牌和机器人的距离相等。但是，如果我们改变黑色令牌不含能量的概率，情况就会不同。如果 75% 的黑色令牌含有两个单位能量，只有 25% 的不含能量，那么与少能量的灰色令牌相比，这些机器人会更喜欢多能量的黑色令牌，因为这些黑色令牌风险不高。但是，如果情况反转，它们吃黑色令牌获得零能量的概率是 75%（高度风险）时，它们更喜欢含有较少能量的灰色令牌。这些机器人的行为对环境的概率结构非常敏感。

规避危险是一件商品，因为这些机器人趋于避开危险，相比于任何其他商品，这件独特商品的价值取决于多种因素——我们已经认识到了一种因素——坏事情实际发生的概率。如果风险只有 50%，那么机器人愿意冒险获得零能量；但若风险更高则不会。另一个因素是有风险的黑色令牌里所含的能量数量。如果灰色令牌含有一个单位能量，而黑色令牌含有的能量不是两个单位，而是十个单位，那么在实验室里，即便黑色令牌含有零能量的概率是 75%，这些机器人也依旧更喜欢黑色令牌，而不是灰色令牌。如果回报很多，我们的机器人就会准备好做风险大的事情——这让我们想起了当今的金融经济。

但有趣的是，风险同样能提高一个个体动机的力量，因而也提高了商品的价值。这就是我们下面的机器人所要展现的。这些机器人的行为并不是由连续的一代又一代机器人进化而来的，而是在实验室里习得的。我们把一个机器人放在走廊的起点，在走廊尽头有一个食物令牌，但是这个走廊很长，机器人只有接近这个食物令牌的时候才能看到它。使用另一种学习算法——强化学习算法，我们使这些机器人学着穿过走廊从而到达这个食物令牌点。在开始的时候，这些机器人根本不动，或是犹豫地沿着走廊来回移动。最后，它们径直穿过走廊，到达走廊的尽头，吃掉了这个食物令牌。但是，我们让这些机器人在两种不同的环境下学习。第一种环境下，机器人总能在走廊的尽头找到一个食物令牌（如图 11-7 所示）。

图 11-7　一个机器人被放置在一条走廊的开端，在所有试验当中走廊的尽头都有一个食物令牌。这个机器人必须到达这个食物令牌点，但是只有当它离令牌很近的时候它才能看到食物令牌。

在第二种环境下，一半情况下走廊的尽头有一个食物令牌，而另一半情况下那里则什么都没有，而且这连续两种不同类型的试验是随机的。因此，在第二种环境里，这些机器人有在走廊尽头可能找不到任何食物令牌的风险（如图 11-8 所示）。

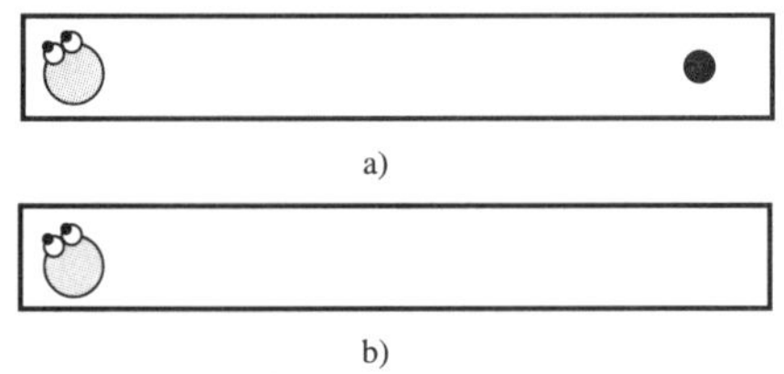

图 11-8　在一半的试验中走廊的尽头有一个食物令牌（a），在另一半中那里什么都没有（b）。这两种类型的试验随机进行。

如果我们用满足这种动机所花的时间来衡量一个动机的力量，我们发现在只有 50% 概率获得食物的情况下，机器人穿过走廊所花的时间要比概率为 100% 在走廊尽头获得食物令牌的情况下用的时间少。我们的结论是，风险增强了这些机器人吃的动机。这些结果与在实验室里真实的老鼠的行为相同。人和老鼠的区别在于，如果为了规避风险而不去走廊尽头，老鼠可能会死，而人类会做风险更大的事情，因为即使他们失败一般也不会死去。

我们以四条关于商品和其价值的一般性结论来结束本部分。第一个是关于方法论的结论，它与实验室中的行为与自然环境中的行为的关系有关。心理学家倾向于认为，人类在实验室里与现实生活中的行为是相同的，而且他们相信，他们在实验室里的发现可以用于推断现实生活。这对于非常简单的行为和非常基础的能力来说可能是正确的；但是对于大多数行为来说，这可能并不正确。行为取决于所在的环境，而自然环境与实验室环境是两种截然不同的环境，我们不能期望人类在自然环境中与在实验室环境中的行为一致——特别是因为，与实验室的环境不同，人类的自然环境是一个社会环境。（第七章所介绍的男性机器人和女性机器人在自然环境与实验室环境里的行为就有差异。）谈到商品及商品的价值时，这一点十分重要，因为经济学家和其他社会科学家最近采用了实验方法来研究人类行为和商品的价值，而他们在实验室里的发现与现实世界里发生的可能并不相符。实验室的实验——对人类和机器人——都是有用的，但是我们必须注意到其局限性。

我们的第二个结论是关于商品价值在不同个体之间的差异。在相同环境里生存的机器人趋于拥有相同的喜好，但是由于没有两个完全相同的机器人，所以机器人的喜好具有个体之间的差异。我们发现，一个机器人比另一个机器人更看重时间的价值，那是因为在实验室中，第一个机器人总是倾向于接近更近的食物令牌；而对第二个机器人来说，食物令牌的距离并没有对喜好有多大的影响。一个机器人对环境里的灰色令牌和黑色令牌的数量相当敏感，而另一个机器人对灰色令牌和黑色令牌的数量拥有几乎相同的喜好。在第七章中我们知道男性机器人比女性机器人更趋于采取冒险的行为，而这意味着商品价值在机器人中有差异——在这种情况下，规避危险——不仅仅是不同个体之间存在差异，也在性别之间存在差异。（关于不同个体之间有差异的机器人，见第十二章。）

我们的第三个结论是，拥有较少商品的机器人可以告诉我们关于拥有很多商品的人类的那些事情。我们以两种适应标准来设计机器人——生命的长度或在所有寿命相同的机器人里它们可收集的能量数量——并且，就像我们所说的，第一类机器人与非人类动物相像，而第二类机器人与人类相像。非人类动物只想要生存和繁衍的必需品，而人类渴望拥有比其他人更多的商品。非人类动物之间的竞争是生物学上的竞争（谁拥有更多的后代），而人类之间的竞争几乎完全是社会的竞争。人类渴望拥有比其他人更多的商品，这就是人类总想拥有新商品的原因。如果我们把食物令牌理解成货币，人类就像那些基于他们一生中能够获取的总能量来繁衍的机器人，因此，这些机器人对能量抱有“无限的”欲望。在现代经济体制下，人类对于货币的欲望是“无限的”，因为他们可以用货币交换形形色色的商品（我们会在本章后面部分介绍交换商品和开发货币的机器人）。

最后我们第四个结论是，对于个体而言最初不是商品的某物体可能会成为商品。我们的机器人的行为完全由它们的基因决定。什么是一件商品，这件商品对机器人的价值是什么都纯粹取决于基因因素，并且在一个机器人的一生中都不会改变。这对于我们的机器人来说是一种限制，因为对于人类来说，几乎所有的商品最初都不是商品，但是这些东西因为其经历变成了商品。我们已经在第三章介绍的可以进化和学习的机器人中认识到了这点。在自然环境中，这些机器人的行为已经进化了，它们接近并且吃掉黑色令牌，因为这些黑色令牌含有能量，因此，这些令牌对于它们来说是最初的（基因的）商品。然后我们把这些机器人带到实验室里，并给它们一种从未见过且不含能量的灰色令牌。起初，这些机器人忽视灰色令牌，因此，这种灰色令牌对于它们来说不是一件商品。但是当它们接触到这个灰色令牌的时候，一个黑色食物令牌显现出来，它们便逐渐学会靠近并接触这个灰色令牌，这种灰色令牌对它们来说已经成为一件商品。这提醒我们，市场营销是当今人类经济的一个至关重要的组成部分，市场营销使用各种方法让我们把一件过去对于我们不是商品的东西当作商品。

3. 专业化和商品的交换

在前面部分介绍的机器人经济是一种个体经济。每一个机器人独自生活在自己的环境当中，而只有当一些东西对于机器人来说是商品，且可以由机器人的喜好衡量商品价值的时候，我们才能谈到机器人经济。非人类动物有一种个体经济，而人类的经济是一种基于商品交换的社会经济。非人类动物从自然中获取所有商品，人类通过商品交换从其他人那里获取几乎所有商品，一个个体把他的商品给予另一个个体，作为交换，第二个个体把他的商品给予第一个个体。一些非人类动物会将自己的商品给予其他个体，但是一般这只发生在另一个个体在基因上与给予者有联系，例如，它是给予者的后代。而且并没有立即回报：另一个个体不给第一个个体任何东西来交换第一个个体给他的东西。这种类型的给予在基因上有关系的人类之间同样会发生（见第七章关于机器人家庭的内容），但是人类的特殊之处在于，人类的大多数商品是从非亲属的个体那里获得的，用以交换他们给其他个体的商品。

这就是商品的经济交易。人类有另外一种——非经济的——交易形式：互惠。一个个体将他或她的商品给予另一个个体，希望今后能够从另一个体那里获得某种商品。互惠不同于经济交易。互惠基于希望获得回报，而回报的东西事先并未指定。在商品的经济交易中，没有必要期望获得回报，因为商品的交换是同时进行的，交易中涉及的商品是已知的且非常明确的。此外，还有另一个差别，在互惠中，一个个体将他或她的商品给予另一个个体，并不期望特定的个体给予回报，但是其他个体会因为他或她作为“给予者”的声誉而给予回报。商品的经济交易不同，因为它只是两个特定个体之间的交易，并且它能给一个人“给予者”的声誉的可能性几乎为零。在本章介绍的机器人之间商品的交换是一种经济交易，而不是一种基于回报的交易。

外部储备的存在使商品的交换成为可能。只有当商品没有急用的时候，一个机器人才会把它的商品给另一个机器人，因此，它会把商品存放在外部储备里以便将来使用。考虑到这些机器人为了存活必须吃两种不同种类的食物，因此，如果一个机器人立即吃掉它在环境里找到的食物——就像绝大多数非人类动物那样，它就不能用这种食物与另一个机器人交换其他种类的食物，因为它没有食物给予另一个机器人。交换只有在两个机器人都有外部储备的时候才有可能发生，它们把自己的食物存放在外部储备里，就可以用一种食物同其他机器人交换另一种食物。在第九章里我们提到，外部储备造就了人类，外部储备造就人类的原因之一就是它们使商品交换成为可能。商品交换对人类十分重要，因为这不仅可以看出经济的观点，而且商品交换需要社会接触和互动。例如，当不同文化背景的人交换他们的商品时，他们不仅仅交换商品，而且会在文化上相互影响（关于拥有文化的机器人，见第八章。）

但是外部储备本身并不能解释商品的交换。另外一个前提是专业化。专业化意味着一个机器人专门寻找一种食物，而另一个机器人专门寻找另一种食物，但两个机器人都可以吃到两种食物，因为它们用一种食物去交换另一种食物。如果两个机器人都寻找两种食物，就没有了交换的必要。只有当一个机器人专门收集一种食物，且外部储备里富有这种食物，而另一个机器人专门收集另一种食物，其外部储备里富有另一种食物时，商品交换才有意义。外部储备、商品交换和专业化是人类的三种适应性，三者紧密联系、互相制约，每种适应性都对其他两者的出现造成压力。商品的交换以外部储备和专业化的存在为先决条件，外部储备和专业化之所以兴起是因为它们使商品的交换成为可能，这就是三种人类的适应性有可能共同发展的原因。

我们下面介绍的机器人再现了专业化和商品的交换。这些机器人生活在一个有两种类型的食物——黑色和白色的食物令牌的环境里，而且这些机器人为了生存必须要吃掉两种类型的食物。这个环境是季节性的，机器人在环境里收集到的令牌并不是立即被新令牌代替，新的令牌只有在下个季节开始时才会再次出现。一个机器人以固定的时间间隔繁衍一个后代，因此，一个机器人的适应性即是它的寿命长度——寿命更长的机器人给它的后代留下更多的基因。起初，人口数量很少，因为这些机器人不擅长收集食物令牌，因此，它们的寿命很短，几乎无后代。然后，最优秀的机器人的选择性繁殖和随机突变引发的继承连接权值的增加使机器人更加优秀，人口规模会增大到一个受环境特征（环境里食物的数量和季节的长度）影响的稳定值。如果食物充裕的季节短，人口规模就会比食物缺乏季节长时更大。

除食物的充裕程度和季节的长短这两个因素之外，另一个因素是食物令牌在自然环境里的分布。我们比较了两个机器人群体。一个群体生存在黑色令牌和白色令牌随处可见的环境里；而在另外一个群体生存的环境里，黑色令牌在一个区域，白色令牌在另一个区域，这两个区域被空白区域分隔开（如图 11 -9 所示）。

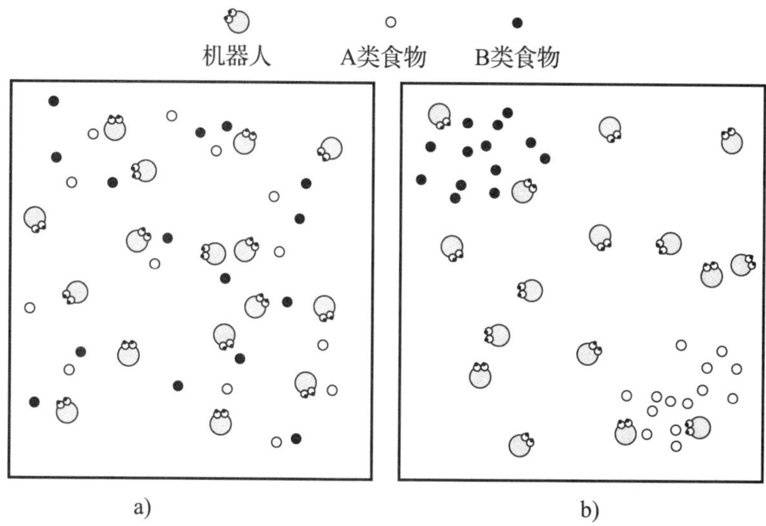

图 11－9　在一个环境里，黑色令牌和白色令牌分布在整个环境当中（a）。在另一个环境里，黑色令牌和白色令牌在两个中间有间隔的不同区域（b）。

演变的结果是：我们发现在同质环境里生存的机器人的人口规模要比生存在有两个食物区域的环境里的机器人的人口规模更大。如果这些黑色令牌和白色令牌在两个单独的区域里，那么这些机器人在穿越两个不同区域中间的空间时会有生命危险。此外，如果环境的确很艰苦，总体食物稀少，季节很长，两个食物区域的间隔空间很大，这些机器人就会灭绝，因为它们会因过早死亡而不能产生后代。在随处可以找到两种食物的环境里生存的机器人就不存在这些问题，对它们来说生存和繁衍后代都更加容易。

这些机器人不做交易。就像前面部分的机器人一样，它们有个体经济。每个机器人直接收集它们为了生存必须要吃的食物，而且，即使这些机器人有能帮助它们在穿越两个食物区域的中间空间时生存的外部储备，对于这些机器人来说，生存也依然很困难。

现在我们创建另一个机器人群体，与先前的机器人相似，但是与先前的机器人不同的是，它们用一种食物与其他机器人交换另一种食物。在每个周期里，我们随机选择两个机器人，如果它们的外部储备是互补的，这两个机器人就会进行交易（如图 11－10 所示）。

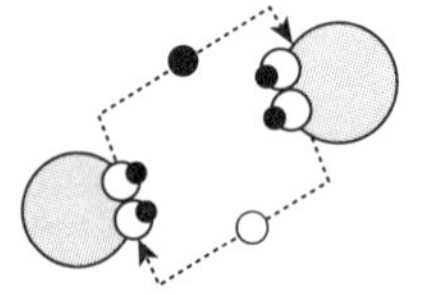

图 11-10　两个机器人用一种食物交换另一种食物。

拥有互补的外部储备是指一个机器人的外部储备含有比白色令牌更多的黑色令牌，而另一个机器人的外部储备含有比黑色令牌更多的白色令牌。交换意味着一个黑色令牌从第一个机器人的储备那里转移到第二个机器人的储备里，而一个白色令牌从第二个机器人的储备那里转移到第一个机器人的储备里。（我们将机器人“硬连接”，以使它们在储备互补时做出交换，这些机器人自主决定是否交换以及交换什么，见本部分后面的部分。）

用一种食物交换另一种食物的结果是什么呢？这些机器人为了生存需要吃黑色和白色两种令牌，因此，如果一个机器人的外部储备里只有两种令牌中的一种，没有了食物的交换这个机器人就有消亡的危险。相反地，如果这个机器人交换它的食物，这个机器人就可能生存下来，因为它可以用一种令牌的食物从另一个机器人那获取另一种令牌的食物。如果两个食物区域之间的距离很大，我们预期这些交换食物的机器人就会有更大规模的群体，并能够避开灭绝的危险——事实上，这正是我们发现的。最后，交换食物的机器人的群体拥有了 300 个个体，而不交换食物的机器人却只有 200 个个体。在第九章，我们将外部储备称为“安全网”，因为当这些机器人在环境里找不到食物的时候，它们可以吃储存在外部储备里的食物。交换商品是另一种更有效的“安全网”。如果一个机器人的储备里只有一种食物，它就有生命危险，但它可以用它的食物从其他机器人那里交换到另一种食物。我们注意到，一个机器人用一个黑色令牌与另一个机器人交换一个白色令牌（反之亦然），并不是因为它希望另一个机器人生存下来，而是因为它自己想生存下来。商品的交换是一只慈爱的“无形的手”，使两个机器人都能够活下来。

现在我们提出另一个问题：商品的交换是否会导致专业化？我们是否发现了一些机器人专门收集黑色令牌，而其他机器人专门收集白色令牌？如果没有交换就不可能有专业化。这些机器人必须吃两种食物令牌，因此，如果没有交换，一个机器人就不能专门收集黑色令牌而忽视白色令牌，反之亦然。但是，如果机器人之间有可能用一种食物交换另一种食物，那专业化还会不会出现呢?

无论它们交换或是不交换食物，生存在随处可找到两种食物的环境里的机器人都能存活，我们在这些机器人中找不到任何形式的专业化。一个机器人可以在它的外部储备里拥有比白色令牌多的黑色令牌，反之亦然，但是没有机器人真的只专门收集一种食物。对于另一类机器人来说情况略有不同，在这类机器人的生活环境中黑白令牌分别分布在不同区域，而且两个区域间几乎没有任何种类的食物。正如我们看到的，在这个环境中是否用一种食物交换另一种食物变得异常重要。因此，对于不做交易的机器人来说，处境是很困难的。这些不做交易的机器人必须不断地从一个区域移动到另一个区域，它们冒着生命危险穿越两个区域间的空间。对于用一种食物交换另一种食物的机器人来说，情况便不同了。这些机器人之所以能够存活，是因为一个缺乏一种食物的个体能够从其他机器人那里获取这种食物。商品的交换是否伴有专业化的现象呢？答案是肯定的。一些机器人自发地专门收集黑色令牌，而其他机器人则专门收集白色令牌，然后它们再用一种令牌交换另一种令牌（如图 11－11 所示）。

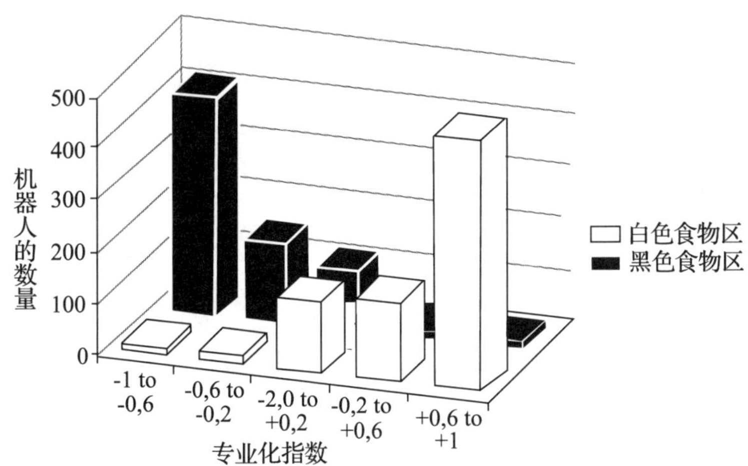

图 11－11　在这个环境里的一半数量的机器人在一个区域专门收集黑色令牌（专业化指数 = －1），而另外一半数量的机器人在另一个区域里专门收集白色令牌（专业化指数 = +1）。

原则上，专业化是由基因或环境造成的。基因的专业化是指，一个机器人从出生时就有去寻找一种食物并忽略另一种食物的遗传倾向。环境上的专业化是指，出生在含有一种食物的区域里的机器人在这个环境里专门收集这种食物，尽管它没有专门收集这种或那种食物的遗传基因。我们的机器人的专业化是环境上的，而不是基因上的，这是被事实证明了的。如果我们把这些机器人带到一个实验室里，那里有一个黑色令牌和一个白色令牌，它们会不表现出任何的专业化或是喜好，而是漠不关心地走到黑色令牌或是白色令牌那里。因此，专业化并没有植入它们的基因中。而且，事实上，人类的专业化主要归因于学习。生产一种食物需要特殊的技能，而这些技能是由学习获得的，而不是来自基因遗传——尽管在各种学习和各种行为中，遗传基因会起到作用。因为一个个体不可能学到生产该个体想要获得的商品所需的所有技能，所以他或她专门生产一种商品，并从其他个体那里获取其他商品。

在我们介绍的机器人生活的环境里有两种不同种类的食物，并且它们需要吃两种食物才能生存下来。我们现在建造一种新型机器人，它们生活在只有一种食物的环境里，这些机器人只需要吃这一种食物就能存活。但是这些机器人生活的环境中还含有一定数量的工具令牌，它们可以让机器人从食物令牌里获取更多的能量。吃掉一个食物令牌可以给这个机器人的体能增加一个单位能量，而获取（获得）一个工具令牌本身并不能增加机器人的体能。但是，如果当一个机器人获取一个食物令牌时，它同时还拥有一个工具令牌，那么这个机器人就能够用这个工具令牌从食物令牌里提取三个单位能量，而不是一个单位能量。因此，工具令牌对机器人来说是有用的，我们预期机器人会开始学会收集它们。（正如第七章中的机器人的食品制造工具，这些工具只能使用一次，然后必须丢弃。）这些工具令牌类似于第八章中描述的机器人的瓶子。唯一的区别在于，那些瓶子是机器人模仿已有的瓶子制造的，而这些工具令牌是像食物令牌一样在环境里找到的。

与前面的机器人类似，我们让这些机器人生存在两种不同的环境里进化。在一个环境里，食物令牌和工具令牌在整个环境里随处可见，而在另一个环境里，食物令牌分布在一个区域里，工具令牌分布在另一个区域里（如图 11－12 所示）。

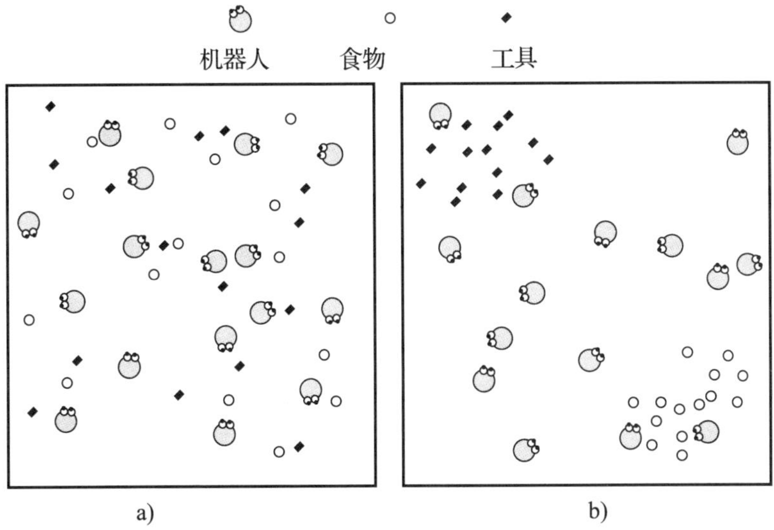

图 11－12　机器人生活在含有食物令牌和工具令牌的环境里。在一个环境里食物令牌和工具令牌随处可见（a）而在另一个环境里，它们分布在两个区域里，中间被一个空白空间分隔（b）。

在这两个环境里我们分别设计两种不同的机器人群体。一种机器人群体不做交易，而另一种机器人群体用食物交换工具。试验结果与先前的机器人的试验结果有许多相似之处。在食物和工具随机分布的环境里，用食物交换工具的机器人的人口规模更大，但是即使是那些不做交易的机器人也能够存活，因为它们可以只吃食物令牌，而不去收集工具令牌。对于生活在食物令牌和工具令牌分别在两个单独区域里的环境里的机器人来说，试验结果依然如此，但是它们告诉了我们一些新的、有趣的发现。与往常一样，我们多次重复了这种模拟试验。我们发现在这些重复的试验中，绝大多数机器人在食物的区域中聚居，对工具没有任何兴趣——它们都是农民，但是在其他重复的试验中，一些机器人生活在食物的区域中——农民，而另一些机器人生活在工具的区域中——工匠，并且农民和工匠用食物交换工具。后面的这些机器人的人口规模最大，这也解释了为什么专业化和商品交换是有用的适应性（如图 11－13 所示）。

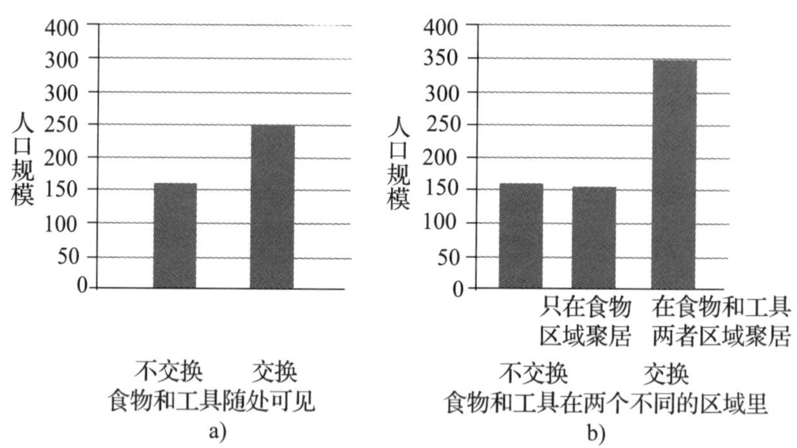

图 11－13　在食物和工具令牌随处可见的环境里，不用食物交换工具和用食物交换工具的机器人的人口规模（a）在食物和工具令牌分布在两个不同区域的环境里，不交换和交换的机器人的人口规模（b）。

现在我们回到用一种食物交换另一种食物的机器人身上。在之前的机器人实验中，我们把一些交易硬连接。在每个周期里，随机地选出群体里的两个机器人，如果它们的外部储备是互补的——一个机器人拥有比白色令牌多的黑色令牌，而另一个机器人与之相反——两个机器人之间的交易就自然而然地产生了。但是类人机器人应该在没有我们干预的情况下也能做交易。它们应该能够自主地选择用哪个令牌交换另一个令牌，而且它们能够决定是接受还是拒绝一个交换的提议。我们接下来的机器人展现了这种能力。

这些新型机器人比先前的机器人更加抽象，它们没有身体，并且不在一个环境里生存，对于这些机器人来说，食物的获取是在非常抽象的方式下实现的。这些机器人必须吃黑色和白色两种令牌，因为黑色和白色令牌里含有两种不同种类的能量，机器人生存需要这两种能量。在每个周期里，随机选择一个黑色令牌或白色令牌，并将它加入所有机器人的外部储备中，而且这些机器人吃掉的一种或其他种类的食物也是随机选择的。即使食物的获取是抽象的，还是由我们硬连接而成的，这些机器人也没有专门获取一种或是另外一种食物。对于这些机器人来说，交换它们的食物仍然是有用的，因为食物的交换可以使它们避免外部储备中的一种或是另一种令牌为零的风险，令牌为零的后果是它们也许难以幸免于难。新发现的是，这些机器人主动提议与另一个机器人做交易（用一个黑色令牌换取一个白色令牌，反之亦然），而另一个机器人自主地决定接受或是拒绝这项交易。获取食物的行为是抽象的，是我们硬连接而成的，但是提出做一笔交易与接受或是拒绝一笔交易都由机器人的神经网络控制。

机器人的神经网络由两个模块组成。当一个机器人向另一个机器人提出进行交易时，一个模块控制着这个机器人的行为。当这个机器人接收到进行交易的提议且它必须决定接受或是拒绝这个提议时，另一个模块同样控制着这个机器人的行为。在这两种情况下，这个机器人需要知道此刻它的外部储备中黑色和白色令牌的数量，因此，两个模块的感觉神经元将机器人现有的外部储备中的黑色和白色令牌的数量编码。如果一个机器人被（随机地）选派为交易提议者，这个机器人就会用自己的神经网络的第一个模块和这个模块的输出神经元指定它要从另一个机器人那里得到的两种令牌中的一种，以交换该令牌。相反地，如果这个机器人被选派成为交易接受者的角色，就会使用第二个模块。当它的输出神经元决定接受或是拒绝这笔交易时，第二个模块的感觉神经元不仅仅编码机器人外部储备的当前内容（像第一个模块），而且还编码了另一个机器人要求做交易的那个令牌（如图 11－14）。

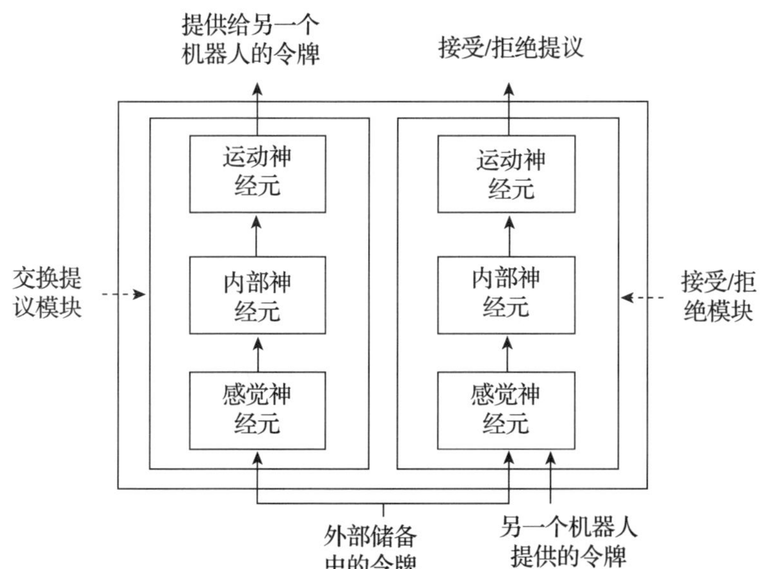

图 11－14　这些机器人的神经网络由两个模块组成，一个模块用来提议向另一个机器人用一种食物交换另一种食物，另一个模块用来接受或拒绝另一个机器人的交换提议。

初代机器人在它们神经网络的两个模块中具有随机连接权值，因此，这些机器人不能向其他机器人提出适当的交换提议，也不能合理地接受或是拒绝其他机器人提出的交换提议。即使这些机器人的外部储备里拥有的黑色令牌比白色令牌更多，它们也可能还会要求换取黑色令牌；即使它们的储备里拥有的黑色令牌比白色令牌更少，它们也可能会接受交换黑色令牌的提议——这些都是适应不良的表现。但是它们的神经网络的这些连接权值会连续发展几代，最终，这些机器人获得了以下能力：即它们要求换取它们当时更加需要的食物令牌，并且只接受能够提供给它们更加需要的食物种类的交换提议。

这些机器人是再现进行交换能力的第一步。现在我们进行第二步。这些机器人决定向另一个机器人要哪个令牌——一个黑色令牌或一个白色令牌，它们也能决定接受或拒绝另一个机器人提议的一笔交易，但是在所有交易中，用一种令牌交换另一种令牌是自动进行的。这种限制必须消除，因为商品交换的一个重要特性就是交换中的这两种商品的数量，例如机器人可能用两个黑色令牌交换一个白色令牌，反之亦然。因此，我们建造另一种机器人，它们的神经网络具有输出神经元，能够指定用多少一种类型的令牌以换取一个另一种令牌，而且只有当这些机器人同意这个数量的时候才会进一步进行交换。因为商品的交换是另一种衡量商品价值的方法，所以它很重要。在前一部分里，商品的价值是根据喜好程度来衡量的。一个机器人看到一个黑色令牌和一个白色令牌，如果这个机器人接近那个黑色令牌而非那个白色令牌，那么对于这个机器人来说，这个黑色令牌就比这个白色令牌更有价值。但是商品的价值同样也能在与其他商品交换时进行衡量。如果一个机器人接受用两个白色令牌交换一个黑色令牌，那么对于这个机器人来说，黑色令牌的价值就是白色令牌价值的两倍。我们在所谓“兑换率”的基础上衡量商品的价值——两个黑色令牌交换一个白色令牌——这引入了一个重要的新概念。根据喜好衡量的商品价值是单个个体对商品的价值衡量。它也告诉了我们关于展现喜好的特定个体的一些情况：不同的人喜好不同，它同样存在于非人类动物的个体经济中。相反，在商品交换的基础上衡量商品的价值告诉了我们有关整个个体社群而非特定个体——即社会的一些事情。如果一个机器人被提议用两个白色令牌来交换一个黑色令牌，这个机器人可以拒绝这个交易，但是，如果另一个机器人提供三个白色令牌用来交换这一个黑色令牌，它便可以选择去和另一个机器人进行交易。如果所有机器人都这样做，黑色令牌和白色令牌的兑换率就是一个黑色令牌兑换三个白色令牌。兑换率是衡量白色令牌和黑色令牌对于机器人的价值的一个社会尺度。

如果我们回到不仅仅有食物令牌，而且还有能够让机器人从食物令牌里提取更多能量的工具令牌的环境里，商品的价值与商品交换的紧密联系就可以从中体现出来。这个情景十分有趣，因为食物和工具之间是不对称的。对于需要两种食物才能生存的机器人来说，两种食物都是必需品。现在情况不同了，若一个机器人的外部储备中只含有食物而没有工具，即使它因为缺少工具而不能从食物令牌里提取更多能量，这个机器人也仍然可以吃它的食物令牌生存。但是若一个机器人的储备中只有工具而没有食物，它便会因为没有吃的而死去。农民机器人可以在没有工具的情况下生存，但是工匠机器人没有食物就不能生存。用食物交换工具对农民机器人是有利的，但是用工具交换食物对工匠机器人则是必需的。这对于食物的价值和工具的价值是有影响的。我们将这些机器人硬连接，让它们用一个食物令牌交换一个工具令牌，但如果让它们自由决定多少食物令牌换取多少工具令牌，我们就能预测农民机器人会从工匠机器人那里要求获得更多的工具令牌以交换一个食物令牌。这仅仅是一个预测，因为我们并没有真正制造这样的机器人。

但是这种食物和工具之间的差别提出了一个有趣的问题。在我们简单的情景中，食物比工具具有更多的价值，因此农民机器人比工匠机器人拥有更大的交换力量。而在现代人类社会中，我们的发现却是相反的。那些生产使其他商品增值的商品的人，趋于比那些生产仅能直接被消费的食物或其他商品的人拥有更大的交换力量。所以我们应该做什么来使工具比食物更有价值，并且使工匠机器人比农民机器人拥有更大的交换力量呢？工匠机器人应该改进工具令牌，使它能够从食物令牌里提取更多的能量。与固定的食物价值相比，通过这种方式，工具的价值将无限增加，并且工匠机器人将拥有比农民机器人更大的交换力量。当然，这些工匠机器人可以创造新商品——农民机器人想要的新商品——这可以无限地增加它们的交换力量。

我们通过不把机器人的交易硬连接，而是让它们自主地决定是否交换以及交换什么，从而使我们的机器人更加真实。但是在我们的机器人中，仍然有一些我们不太喜欢的事情：两个机器人可以在物理空间中所处的地方独立地做交易。这很明确地是一个限制，因为，为了交换食物和其他商品，两个机器人必须在物理空间里与对方相近。人类已经通过选定特定的交易地点——市场解决了这个问题。在机器人的环境里，设置一个机器人从各地都能看到的路标，市场就可以再现。当一个机器人想做交易时，它可以去这个路标（市场），在这里有其他准备做交易的机器人。我们没有制造这些机器人，但是我们制造了其他机器人，以另一种方式解决了必须接近其他机器人进行交易的问题。至今，我们介绍过的所有交易都基于一个假设，一个机器人向另一个机器人要一个令牌，因为它想吃掉（食物）或是利用（工具）它。但是人类也进行着另外一种交易。一个个体通过交易从另一个个体那里获取一个商品，但是该个体并不想消费或是以其他方式利用它。它只想用这个商品与第三个个体进行交易。做这种事情的人被称作商人。我们会在下一部分介绍商人机器人。

4. 商人机器人

因为食物或工具是物理实体，所以如果想进行交易，两个机器人就必须靠近对方，而且只有在这两个机器人在物理空间里靠近对方时，食物和工具才能从一个机器人那里转移到另一个机器人那里。到目前为止，我们忽略了空间距离的要求。当我们选出两个机器人进行一笔交易时，我们假设它们在物理空间里距离对方很近，所以它们可以直接进行交易；或是它们离对方足够近，能够在一个市场里遇到其他机器人并与它们进行交易。我们不想再做这些假设。新的问题出现了，而制造商人机器人可以解决它。

一些机器人生活在含有黑色食物令牌和白色食物令牌的环境里。这些黑色令牌和白色令牌拥有同样多的能量值，但是这两种令牌在两个不同的区域中，中间隔着一大片空白区域。在一个区域里生活的机器人收集一种令牌，在另一个区域里生活的机器人收集另一种令牌。这些机器人是生产者机器人。这些生产者机器人可以仅靠吃在各自区域里的食物令牌生存下来，但是如果它们吃两种食物的话，就会活得更好——拥有更多生存和繁殖的机会。问题在于两个食物区域距离很远，排除了这些机器人从一个区域走到另一个区域的可能性。这个问题可以靠创建另一个机器人群体（商人机器人）来解决。这些商人机器人在环境里的一个区域和另一个区域之间来回穿行，带着它们的外部储备中的黑色和白色两种令牌（如图 11－15 所示）。当它们在黑色区域时，它们从那里的生产者机器人处获得黑色令牌以交换白色令牌。当它们在白色区域时，它们从生活在那里的机器人处获得白色令牌以交换黑色令牌。这些商人机器人并不直接生产任何食物，但是它们生产那些生产者机器人想要获得的另一种商品——吃到两种食物的可能性。

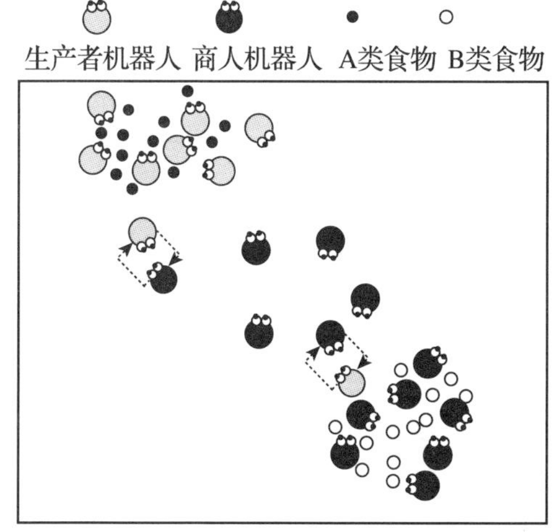

图 11－15　这些生产者机器人生活在有两个完全不同的区域环境里，其中含有两种不同种类的食物。这些商人机器人在一个区域和另一个区域中来回穿行，用一种食物与生产者机器人交换另一种食物。

生产者机器人是我们的基础机器人。它们的行为被一个神经网络控制着，这个神经网络的进化连接权值使它们可以收集各自区域里的食物令牌。这些商人机器人没有收集食物的神经网络，但是它们有一个与生产者机器人进行交易的神经网络。在每个周期里随机选择一个商人机器人，使其去黑色区域或是白色区域中努力与生活在那里的生产者机器人进行交易。但是，由于商人机器人的神经网络允许它们决定交易条件，所以我们发现这些商人机器人不是用一种令牌与生产者机器人交换另一种令牌。这些商人机器人要求用多于一个的一种令牌交换一个另一种令牌。原因很清楚，就像生产者机器人那样，商人机器人需要吃食物令牌生存，因此，它们必须要求获得多于一个的一种食物令牌来交换一个另一种令牌，因为如果不这样交易，它们就没有收获、没有吃的。控制商人机器人行为的神经网络将商人机器人的外部储备中现在有多少数量的两种令牌作为输入信息，并将这个特定的商人机器人的交换率作为输出信息——商人机器人为了交换另外一种令牌，而想要从生产者机器人那里获取的一种令牌的数量（如图 11－16 所示）。

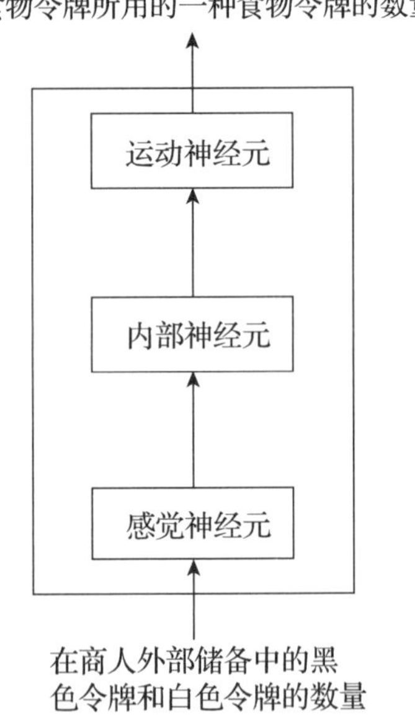

图 11－16　一个商人机器人的神经网络输入的是其外部储备中黑色令牌和白色令牌的数量，而输出的是这个商人机器人想要从一个生产者机器人那里获得的以交换一个另一种令牌的令牌数量。

当这些商人机器人的交换行为在一个含有进化连接权值的神经网络的控制下时，我们把生产者机器人的交换行为硬连接。我们确定了生产者机器人为换取一个其他种类的令牌而愿意提供的最大令牌数量。只有当商人机器人提出的兑换率比这个数量少时，交易才会发生，否则交易不会发生。在开始的时候，商人机器人并不擅长提出合适的兑换率，因为它们的神经网络具有随机连接权值，它们要求了太多的一种令牌来交换极少的另一种令牌——因此很少出现交易。但是，在经历过几代之后，它们逐渐能够提出合适的兑换率了，这使得生产者机器人和商人机器人都能吃到两种令牌。

从包括商人机器人的机器人经济中，我们发现了许多有趣的结果。第一个结果是，商人机器人最后提出的兑换率比生产者机器人接受的最大兑换率略微低一点——正如我们先前所说，这个兑换率是由我们决定的而且对所有生产者机器人都是相同的。换句话说，这些商人机器人可以从生产者机器人那里获取令牌，对它们——商人机器人来说是可能的最好条件。第二，一般的商人机器人比一般的生产者机器人拥有更多的“财富”，这些“财富”是一个机器人外部储备里含有的两种食物令牌的数量。第三，商人机器人之间的财富不平等现象比在生产者机器人之间的要多。商人机器人中有少数非常富有的机器人和许多贫穷的机器人，但生产者机器人之间的贫富差异并不大。第四，最好的生产者机器人的生存时间更长并能拥有更多的后代，而最好的商人机器人则生存时间较短，拥有更少的后代。如果我们拥有具有经济遗传的机器人，这会十分有趣（见第七章）。由于一个机器人的后代不仅继承了其父母的基因而且也继承了其父母外部储备里的食物令牌，所以商人机器人的策略是给少量后代留下许多的令牌，而生产者机器人的策略则是给大量后代留下少量令牌。这也关系到我们的最后结果。虽然刚开始时我们决定商人机器人和生产者机器人的数量相同，但到了最后，商人机器人的数量要比生产者机器人少。这些结果很有趣，因为虽然是从极其简单的机器人那里获得的结果，但它们仍让我们以一种潜在的有用方式审视人类社会和人类经济。

5. 货币的出现

至此发生在两个机器人之间的交易都是易货贸易。这些机器人可以用拥有的商品交换其他商品，但它们也可以直接吃掉或是利用这些商品。人类在过去曾经有过易货贸易，但易货贸易在今天基本已消失了，因为它们发明了一种新型商品，不可以被直接使用或是吃掉，只能用于交换其他商品。这种商品就是货币。我们接下来介绍的机器人就将开始发展货币。

至此，我们介绍的机器人只需要两种商品来生存并能活得更好，要么是两种食物，要么是食物和工具。由于它们只需要两种商品，所以当两个机器人聚在一起进行交易时，它们的需求是互补的先验概率较高。一个机器人有较多的一种商品，而另一个机器人有更多的另一种商品，因此，这两个机器人可以进行交易。但如果这些机器人需要或是想要 10、100 或是 1000 个不同种类的商品来实现更好地生存的目的，那么，当一个机器人提供外部储备中数量最多的那种商品给另一个机器人，以交换外部储备中数量最少的商品，并且另一个机器人恰好有互补的需求，这种事情将变得越发不可能。许多交易的提议会被拒绝，而这些机器人也不能从交易当中获利。

这个问题要如何解决呢？答案是货币。货币是促进商品交换的一种商品。无论一个机器人要求获得另一个机器人的什么商品，这个机器人在交易中都只提供一个相同的商品。而另一个机器人在交易中可以随时接受这种特别的商品。这种可以在所有交易中交换的商品就是货币。

在我们的机器人中自然而然地出现了货币。我们建造一种新型机器人，它们需要不是两种而是八种不同种类的商品来生存和繁衍后代。我们不去再现获得这八种商品的机器人行为。在每个时间步长中，随机选择八种商品中的一种商品，加入到所有机器人的外部储备中以模拟机器人独立获取商品。而且，在每个时间步长中，一个机器人随机选择消费八种商品中的一种商品；但这似乎是不可能的，因为这个机器人的外部储备中如果没有了这种特定的商品的话，这个机器人就会死去。在所有交易中，我们把一个机器人向另一个机器人要求的商品进行硬连接，这个商品就总是这个机器人最需要的商品。因此，一个机器人唯一必须要做的是决定用哪种商品做交换。这些机器人的神经网络与那些提议、接受或是拒绝商品交换的机器人的神经网络相同，都由两个模块组成的（如图 11 －17 所示）。

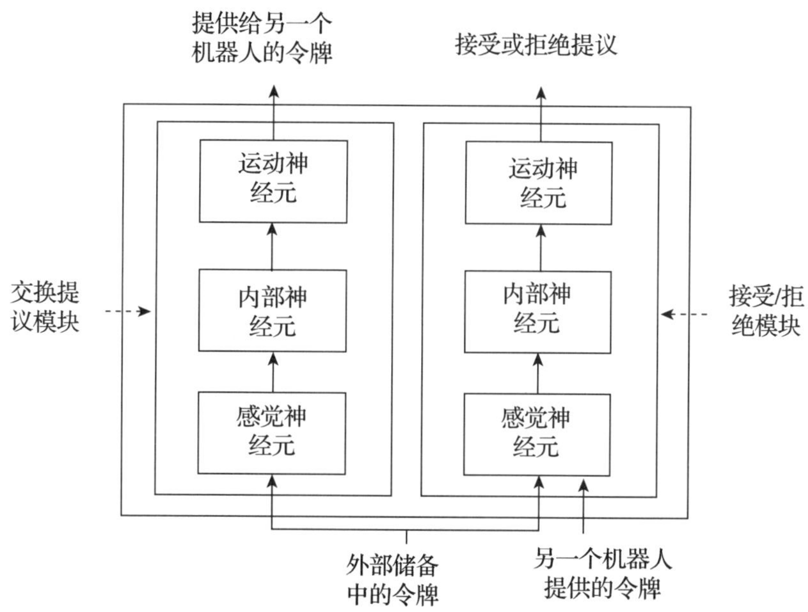

图 11－17　这些机器人的这个神经网络最终用食物交换货币。交易提议模块决定给另一个机器人哪个令牌，而接受模块或拒绝模块分别决定接受或拒绝另一个机器人的提议。

两个模块中的输入神经元将机器人现有储备中的八种不同商品中的每种商品的数量编码。一个模块的输出神经元将这个机器人为了获得自己想要的商品而提供给另一个机器人的商品进行编码——也就是我们所说的，硬连接的商品是机器人外部储备中较少的商品。当这个机器人提议与其他机器人做交易时，正是这个神经模块控制着机器人的行为。当一个机器人必须决定接受或拒绝其他机器人提出的交换时，控制着这个机器人行为的神经模块的输入神经元，不仅将这个机器人外部储备的状态进行编码，也将对其他机器人提议的交易进行编码，输出神经元还会将机器人接受或是拒绝这个交易的决定进行编码。

最初，这些机器人的神经网络的连接权值是随机的，因此，这些机器人倾向于提供任何一种商品来交换对方要求的商品，由于其他机器人可能不需要这种特定的商品，因此几乎没有成功的交易。然后，最佳机器人的选择性再现导致了一种截然不同的行为。这些机器人倾向于总是提供一种相同的商品来交换它们要求获得的商品，并且它们总是接受用这种特定的商品来交换对方要求的商品（如图 11－18 所示）。

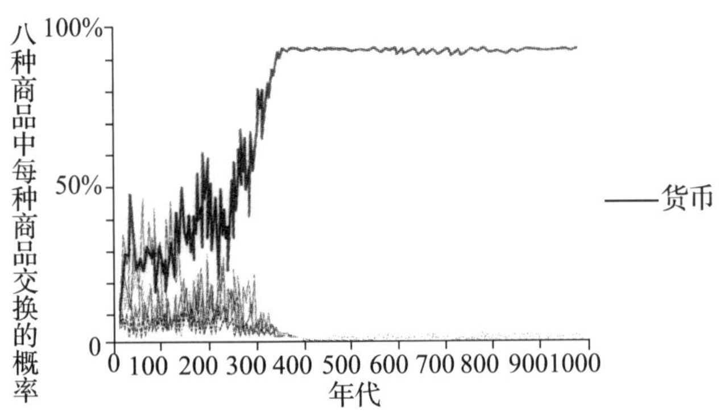

图 11－18　起初，八种商品都可以用来交换其他商品，但在经过 200～300 代之后，只有一种商品（货币）趋于在所有交易中被提供和接受。

这种商品就是货币。货币是这些机器人可以在所有交易中交换的商品。可能有人认为，为了交换自己想要的商品，一个机器人会提供自己外部储备中数量最多的商品，而另一个机器人则只有在自己的外部储备中缺少这种商品时才会接受这个交易。但事实并非如此。即使货币并非是这个机器人外部储备中数量最多的商品，货币也依然在交易中被提供；即使这个机器人的外部储备中已经有大量的货币了，它也依然在交易中被接受。由于货币可以换取其他所有商品，所以每个机器人总是需要货币，因为有了它，这个机器人就能从其他机器人那里获得任何商品。有了货币，想做交易的两个机器人——买方和卖方——的外部储备不互补也能成功进行交易，这就是货币为什么促进了商品的交易。随着货币的出现，成功交易的数量也随之增加，而且这些机器人更健康了——存活的时间更长了（如图 11－19 所示）。

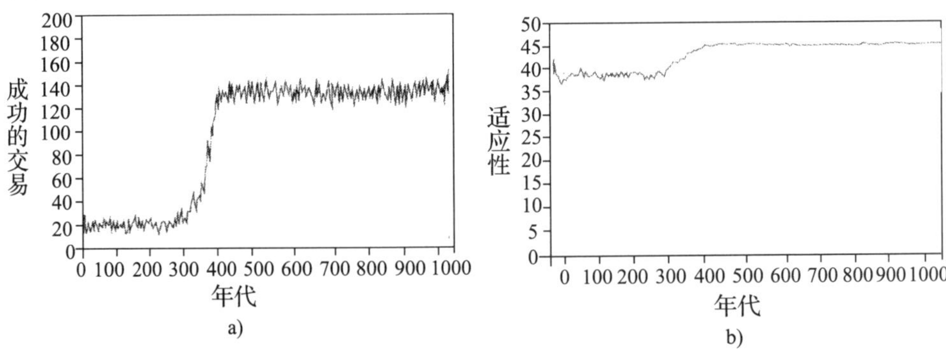

图 11－19　随着货币的出现，成功交易的数量随之增加（a），而且这些机器人更健康了——存活的时间更长了（b）。

这些机器人告诉了我们许多有趣的事情。当机器人中交换的不同商品的数量变得非常多的时候，货币自然而然地产生了，而这些机器人之间并没有任何明确协议。而且货币的出现往往很突然。对于几代机器人来说，不存在货币，在这个意义上讲，没有单个的商品可以在所有交易中进行交换，而且成功交易的数量也微乎其微。然后，在几代之后，一个特殊的商品在大多数交易中被交换了，而且成功交易的数量变得更多了。这揭示了货币的社会属性。某种东西是货币，并不是因为它的固有属性，而是因为所有机器人都认同它是货币。而这发生得很突然，因为只有当数量足够多的机器人认可这种商品是货币时，它才成为货币，这里的“足够”意味着一个能跨过或不能跨过的门槛。一个机器人可以用货币与另一个机器人交换它想从另一个机器人那里获得的任何商品，因为它“知道”另一个机器人肯定会接受货币。而其他机器人总会接受货币，是因为它“知道”有了货币以后它就可以与其他机器人在未来的交易中交换任何商品。

货币的社会属性意味着货币的使用是任意的。任何东西都可以成为货币，只要它是在所有交易中被交换的一种商品。事实上，在不同的模拟试验中，八种商品中的哪种商品成为货币是不同的。在现实中，货币倾向于拥有特定的物理属性——它占用空间很少，便于运输，并且不会恶化变质——因为这些特性促进了商品的交换。我们已经忽视了这些货币的物理属性，因为它们对我们的机器人意义不大。但我们不能忽视货币的另一种属性，因为它是货币的本质——货币拥有相同的单位（欧元、美元、英镑、日元），它们可以被计算。货币的这种属性很重要，由于拥有可以被计算的单位，所以货币成为衡量一件商品的绝对价值而不仅是相对价值的工具。这是我们在下一部分将要讨论到的。

6. 货币和物价

我们在前文介绍的机器人用一个单位的货币购买一个单位的任何货物，因此，所有商品的价值对它们来说都是相同的。但是我们可以设计，使机器人自主决定用更多单位的其他商品来交换一个单位的一种商品。实际上，在第 5 部分中介绍的机器人中，如果食物令牌 A 在环境中数量很少，或是它与食物令牌 B 相比对机器人的生存更重要的情况下，它们用一个食物令牌 A 交换两个食物令牌 B。正如我们说过的，这给了我们衡量商品的价值的标尺。如果一个单位的第一种商品可以交换两个单位的第二种商品，那么第一种商品的价值就是第二种商品价值的两倍。

然而，这只是商品价值的一种相对尺度，因为商品的价值只有在相对于另一种特定的商品时才能确定。货币能够衡量一件商品的绝对价值，因为所有商品的价值都是一个机器人为获得该商品而必须给予另一个机器人的货币数量。这就是商品的价格，而我们接下来的机器人拥有的商品都有一个价格。

这些新型机器人分为两种，卖方机器人和买方机器人，而且这里有两种商品——苹果和货币。卖方机器人给买方机器人苹果以换取货币，而买方机器人给卖方机器人货币以换取苹果。一个单位的商品“苹果”是一千克苹果，而一个单位的商品“货币”是一个货币单位（比如，一欧元）。在所有交易中，只有一千克苹果被买卖，但是这一千克苹果可以换取一个或更多的货币单位（一元或更多欧元）。我们的问题是：什么决定了在一次交易中多少货币单位可以换取一千克苹果？换句话说，什么决定了苹果的价格？

正如我们先前所说的，这里有两个独立的机器人群体——卖方机器人和买方机器人。卖方机器人的基因编码了其要求买方机器人用多少货币单位来换取一千克苹果。买方机器人的基因编码了买方准备给予卖方多少货币单位来交换一千克苹果，即买方愿意支付多少货币来交换一千克苹果。这些机器人的行为并不是受一个神经网络控制的，而是直接受它们的基因控制。卖方机器人的基因编码了它要求买方机器人为换取一千克的苹果所需支付的货币单位的数量。买方机器人的基因编码了它为换取一千克苹果愿意支付的货币单位的数量。在每个周期里，分别从卖方机器人和买方机器人两个群体中分别随机选出一个机器人来，我们来比较它们的基因。如果编码在卖方机器人基因里的一千克苹果的价格不高于买方机器人基因里所编码的价格，那么这两个机器人就可以进行交易。如果卖方机器人要求的价格比买方机器人愿意支付的价格更高，这笔交易就不会发生。然后我们继续下一个周期，再选择一个新的卖方机器人和一个新的买方机器人。

进化过程分别发生在卖方机器人和买方机器人两个群体之中。伴随着其遗传基因随机变化的不断增加，这些卖方机器人和买方机器人进行选择性地繁殖。对于卖方机器人繁殖的选择标准，是一个卖方机器人在它的一生中卖出了多少千克的苹果和它卖出这些苹果的价钱（如我们所说，这已在它的基因中编码）。假设有两个卖方机器人，它们销售出的苹果数量相同，基因中编码的价格更高的机器人拥有更多的后代，因此它们从卖出的苹果中挣得更多。买方机器人的适应性是一个买方机器人在一生中买到的苹果的千克数和为买这些苹果所付的价钱。假设两个买方机器人，它们购买的苹果数量相同，其中购买每千克苹果付钱较少的机器人——基因中编码的价格——比付钱更多的机器人更有可能繁殖后代。显然，编码在卖方机器人和买方机器人的基因里的价格不能过高，也不能过低。对于卖方，如果编码在它们基因里的价格过高，它们就会卖不出它们的苹果；如果过低，它们从售出的苹果中就不能挣到很多钱。对于买方，如果编码在它们基因里的价格过高，它们会为购买苹果花费过多的货币；而如果价格过低，它们就会买不到苹果。

最初的卖方和买方群体的基因都是随机的，而这意味着卖方和买方两者都不擅长买卖苹果。卖方要么是因为要价过高而售不出多少苹果，要么就是售出了许多苹果却几乎挣不到钱。买方要么是因为愿意支付的价格过低使卖方无法接受而几乎买不到苹果，要么就是花费过多货币购买许多苹果，因为它们愿意支付的价格很高。然后，这种形势开始转变。由于最佳卖方和最佳买方的选择性繁殖和遗传基因中的随机突变的增加，卖方和买方两者的基因逐步改善，直到人口达到一个稳定状态。当人口达到一个稳定状态时，我们发现，成功交易的数量比刚开始时增加了许多，而且这对于卖方机器人和买方机器人来说都有益处。所有事情都在尽可能地完善。卖方机器人要求一个价格，比买方机器人为购买一千克苹果而愿意支付的价格稍低，而这使得卖方机器人能够售出它们的苹果并挣到尽可能多的钱。买方机器人打算支付比卖方机器人要求的价格略多的钱来购买一千克苹果，这使它们能够不花费太多的钱并买到这些苹果。交换一千克苹果所支付的货币单位的数量——苹果的价格——变得稳定，而且它对于所有卖方机器人和买方机器人都几乎相同。

这个价格是什么？什么决定了这个价格？答案是卖方机器人和买方机器人的数量。如果卖方比买方多，那么一千克苹果的价格更低；而如果买方比卖方多，那么一千克苹果的价格更高。换句话说，一件商品的价格是这件商品的卖方和买方相对数量的一个函数。我们的机器人在每次交易中必须只买一千克苹果，而卖方可以销售的和买方可以购买的苹果总量没有限制。如果我们建造更现实的机器人，我们估计会发现，商品的价格是经济学家们所称的需求和商品供给的函数。

我们的卖方机器人和买方机器人在一个对称的状态中，因为两种机器人分别对另一种机器人拥有相同的“权利”。但是这对于人类中的卖方和买方并不适用，未来的机器人应该告诉我们为什么这种情况不适用，而且在多少种不同的情况下不适用。卖方机器人在每个机器人能够销售的苹果的数量和价格方面与其他机器人互相竞争。一个卖方机器人不能以比另一个卖方更高的价格售出它的苹果，因为如果它这么做，买方机器人就会去买另一个机器人的稍便宜的苹果。但是，卖方机器人之间会就一个不能再低的特定苹果销售价格达成一致——这会给不能买到更低价苹果的买方机器人带来损失。这就是为什么法律会制裁这些明确的协议，经济学家把它称为“卡特尔”。卡特尔在我们的机器人中不可能发生，因为我们的机器人不知道其他机器人制订的价格，而且只有在遗传到下一代的时候它们才可以调整这些苹果的销售价格。但是，如果卖方机器人能够知道其他卖方机器人制订的销售价格，就有可能导致自发的卡特尔的发生，尽管这给买方机器人造成了损失，但却不会被法律制裁。所有的机器人都会以相同的高价售出这些苹果，因为它们知道——没有任何明确的协议——没有其他任何机器人会以更低的价格来销售这些苹果。

当然，买方机器人也可以这么做。如果它们知道所有卖方机器人销售的价格，它们就不会购买要价比其他卖方机器人更高的机器人所销售的苹果。但是卖方和买方之间的情况并不是对称的。第一，在现实世界里，商品的质量不同；而且虽然卖方知道它们销售的商品的质量，但买方却不知道它们所购买的商品的质量。第二，买方可能急需一些商品，而且它们可能没有时间去询问许多不同的卖方以得知这个商品的价格。第三，这也是最重要的原因——卖方可以用各种不同的市场措施来增强买方的购物动机，然而买方却不能增强卖方销售的动机，因为对卖方来说，赚取金钱的动机已经足够强大了。

根据买方愿意提供的用于交换一件商品的货币数量来衡量这件商品的价值有三个重要的结果。第一，作为表达喜好的特定个体的函数，在喜好的基础上衡量一件商品的价值（这件商品比那件商品更有价值，因为它更喜欢这件商品，见本章第 2 部分）会有不同的结果。一个机器人比起 Y 来更喜欢 X，但另一个机器人比起 X 来更喜欢 Y，而且同一个机器人在不同的情况下也可以有不同的喜好。（记得我们说过的关于实验室里的行为和现实生活里的行为。）因此，根据喜好衡量的商品价值不是一种对商品价值的普遍的或“客观的”衡量方法。相反地，用买方为得到一件商品而愿意给予卖方的货币数量来衡量这件商品的价值，是一种无关购买商品的特定个体的普遍的或“客观的”衡量方法。

第二，基于喜好衡量的商品价值信息不够充分，因为喜好不一定可以“传递”。如果一个个体比起 Y 来更喜欢 X，而它比起 Z 来更喜欢 Y，那么这个个体比起 Z 来未必更喜欢 X。因此，我们需要比较所有成对的商品，从而确定这些商品的价值。此外，根据喜好衡量的商品价值告诉我们，一个个体比起 Y 来更喜欢 X，但没有告诉我们这种喜好有多强烈。相比之下，用价格表示的一件商品的价值不仅告诉了我们商品 X 比商品 Y 更有价值，而且还告诉了我们商品 X 比商品 Y 高出多少价值。而在这里，这种价值可以传递。如果 X 的价值高于 Y 的价值，而 Y 的价值高于 Z 的价值，那么 X 的价值必定高于 Z 的价值。

第三，根据喜好衡量的商品价值告诉了我们，与另一个特定的商品相比，这件商品的价值是什么；而不是与其他所有商品相比，这件商品的价值是什么。相反地，用价格衡量的商品的价值告诉了我们，这件商品相对于其他所有商品的“绝对”价值。而这对于现代人类经济来说是一个重要规定。

在本章开头部分我们说过，行为本质上是经济的，因为它与商品的获取有关。我们是否应该做出结论——每个商品都应该有一个由特定数量的货币单位衡量的价值，货币数量是个体为换取这件商品而愿意给予另一个体的数量？答案是否定的，因为人类并非从其他人那里获取所有的商品，而且，即使它们从其他人那里获取商品，获取这些商品的目的也并非是换取货币。经济学只关心从其他人那里获取的用于换取货币的商品，而这是一个严格的限制，因为——正如我们在本章开头所讲的——要想理解人类的经济行为，需要的是一种关于商品和商品价值的普遍的科学。但是，经济学中只研究用于换取货币的商品，这一事实有另一个后果。经济学影响到人类社会如何组织和如何运作，事实上，它创造了现代人类经济。但最为重要的是，经济学推动了人类将所有商品都看作是用以换取货币的商品。“我们都知道这些东西的价格，却不知道它们的价值”，托尼·朱特——一位政治学者，而非经济学家——曾如是写道。这可能对人类和人类社会不利。为了真正了解并创建不损害人类利益的人类经济，我们需要一个关于商品的普遍的科学，而机器人应该为我们提供一种包含经济学，却不限于经济学的关于商品的普遍科学。

7. 企业家机器人和工人机器人

目前，所有的商品都是由个体机器人生产的。一个机器人探索环境并收集它在这个环境中能找到的食物和工具。但是在人类经济中，很多商品并不是由单个个体，而是由许多个体组成的组织生产的，它们被称为私营企业。发展一个机器人经济的下一步是创造一个机器人组织，由许多机器人共同工作来生产那些单个机器人独自工作所不能生产的商品。私营企业是独特的人类，因为它们基于组织进行商品的交换，而商品的交换只存在于人类当中。有两种商品在一个私营企业中进行交换：用工作来换取货币。工人给企业所有者打工；作为交换，企业所有者给予工人一些货币。

我们接下来的机器人再现了这种商品的交换。这里有两个独立的机器人群体：工人机器人和企业家—所有者机器人。工人机器人为企业家机器人生产商品（比如汽车），而企业家机器人给工人机器人发工资。所有机器人的外部储备中都有一定数量的货币单位，而且在每个时间步长中，一个机器人消费一个货币单位来购买东西以维持生存。当这些机器人的外部储备中的货币单位数量为零时，他们就会死亡，所以它们必须恢复自己外部储备中的货币单位。工人机器人通过给企业家机器人打工来恢复它们的货币单位，企业家机器人通过出售工人机器人生产的汽车而恢复其货币单位。企业家机器人给每个工人机器人一定的货币单位，以换取工人机器人的劳动。因此，一个企业家机器人不仅因为购买东西维持生存而消费自己的货币单位，还因为要给工人们发工资而消费货币（如图 11-20 所示）。

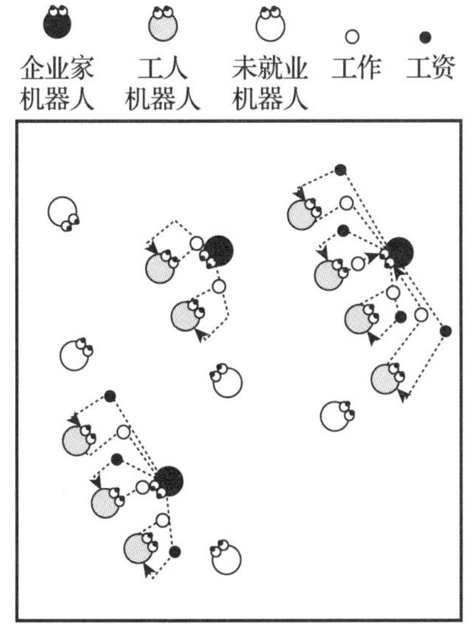

图 11-20　企业家机器人给工人机器人货币以换取它们的工作。还有一些工人机器人没有工作。

什么决定了两种机器人繁殖的机会（生命的长度、后代的数量）？一个工人机器人的繁殖机会首先取决于它能够为一个企业家机器人工作（找工作）的能力；其次，在于一个工人机器人能够从这个企业家机器人那里获取的货币单位的数量（它的工资有多高）。一个企业家机器人的繁殖机会取决于动用尽可能低的工资雇佣尽可能多的工人机器人来生产和销售更多汽车的能力。我们不会再现汽车市场本身。企业家机器人生产的汽车都以相同的价格售出，并且所有生产的汽车都会被售出。由于市场有一个固定的规模，所以一个企业家机器人的成功与否是以它的市场份额（这个企业家机器人生产的所有汽车的市场比例）来衡量的。

企业家机器人和工人机器人两者的适应性都取决于它们如何与另一类的机器

人进行交易。比如买卖苹果的机器人，企业家机器人和工人机器人的行为都已在它们的基因中编码了。一个企业家机器人的基因指定了这个企业家机器人准备给这个工人机器人的最高工资，以换取工人的工作。一个工人机器人的基因指定了这个工人机器人为一个企业家机器人工作而愿意接受的最低工资。但是，由于工人机器人联系一个企业家机器人来找到一份工作需要成本，所以一个工人机器人的基因同样指定了它找工作时联系的企业家机器人的数量。当一个未就业的工人机器人联系一个企业家机器人（随机选择的）时，若这个企业家机器人愿意付给工人机器人的最高工资高于工人机器人所能接受的最低工资，那么这次联络就是成功的。否则，这次联络失败，这个工人机器人就必须联系其他企业家机器人。工人机器人为一个企业家机器人工作固定数量的周期，所有机器人都如此，之后它们就失业了，必须再去寻找其他的雇主。

起初，所有的机器人的基因都是随机的，因此，几乎没有机器人找到工作，也几乎没有企业家机器人找到为它们工作的机器人。工人机器人和企业家机器人的寿命都很短，只留下很少的后代，因此，它们的数量都在减少。后来，连续几代以后，工人机器人和企业家机器人变得更擅长于用劳动换取金钱，它们的数量增加，直至到达一个稳定值。最开始，工人机器人和企业家机器人的数量是相同的；但到了最后，企业家机器人的数量比工人机器人少，因为一个企业家机器人雇佣着许多工人机器人。由于拥有更多后代的企业家机器人雇佣了更多的工人机器人（因而可生产更多的汽车），所以这些成功的企业家机器人愿意付给工人机器人的最高工资在整个企业家机器人群体中逐渐传播开来。在工人机器人中也一样，那些拥有更多后代的工人机器人往往是那些被雇佣的而不是失业的机器人，因此，所以这些成功的工人愿意接受的最低工资，以及在它们无工作时联系的企业家机器人的数量也会被整个工人群体采用。

当一切都稳定下来时，情况会是怎样的呢？情况对于工人机器人是不利的。企业家机器人付给工人机器人的工资仅仅比工人机器人的生存所需略多一点。而且其他结果也朝着同一方向发展。正如我们所说，一个企业家机器人的成功与否是由他所占的市场份额来衡量的。如果我们扩大市场的规模——更多的汽车被卖出和买入——我们发现企业家机器人的财富（用它们外部储备里的货币单位的数量来衡量）增加了很多，而工人机器人的财富却保持不变。经济的发展增加了企业家机器人的财富，但却没有增加工人机器人的财富。

但是情况并不简单，因为在基于私营企业的经济中，不同种类的机器人的利益交织十分复杂。这些企业家机器人与工人机器人在工人的工资方面互相竞争。企业家机器人想付尽可能低的工资，而工人机器人则想要尽可能高的工资，而企业家机器人往往会胜利，因为它们比工人机器人拥有更多的财富。但是在两种机器人内部同样会有竞争。一个企业家机器人与其他企业家机器人互相竞争，看谁拥有更多的工人机器人，并以此制造和销售更多的汽车，从而拥有更大的市场份额。这些工人机器人之间互相竞争，看谁能找到一份工资合适的工作。

但是，更有趣的是，在两种机器人之间同样有利益上的一致。企业家机器人需要工人机器人来生产和销售汽车，而工人机器人需要被雇佣来获取工资。如果其中一种机器人出现了问题，另一种机器人同样也会出现问题。不同的和趋同的利益之间的复杂交织是现代人类社会的特点。

总之，我们的机器人情景对企业家机器人比对工人机器人更有利。但是工人机器人可以做一些事情来改善它们的状况。正如我们看到的，如果每个工人机器人都单独与一个企业家机器人就其愿意支付给工人机器人的工资进行谈判，那这个企业家机器人就只付给这个工人机器人仅仅比其生存所需稍多一点的工资。但是这些工人机器人有一种可以减轻劣势的可能：它们可以在内部达成协议，在联络企业家机器人找工作时要求相同的最低工资。换句话而言，这些工人机器人可以成立机器人工会。我们设计另一种情景，在所有工人机器人的基因里指定相同的最低工资，我们发现，有了机器人工会后，企业家机器人付给工人机器人的工资更高了。原因很明显，如果一个工人机器人单独与一个企业家机器人就工资进行谈判，那这个工人机器人要求过高的工资就是没有意义的，因为这个企业家机器人可以找另外一个可以接受低工资的工人机器人。但如果这些机器人成立了工会，情况就不同了，企业家机器人不能拒绝雇佣一个要求高工资的工人机器人，因为其他工人机器人也会要求同样高的工资。因此，如果企业家机器人想雇佣工人机器人生产汽车的话，它们就必须接受工人机器人要求的更高工资。

但是成立工人机器人工会的策略有两个局限。第一个局限是必须有足够多的工人机器人遵守使这个策略生效的协议。如果数量达不到要求并且工会的机器人成员太少的话，这些企业家机器人就会寻找其他工资要求较低的工人机器人，通过这种方式，它们能够付更低的工资。图 11－21 说明了工人机器人的工资随着加入工会的工人数量的增加而增加，但如果该工会的机器人太少，工资就会保持在很低的水平上。

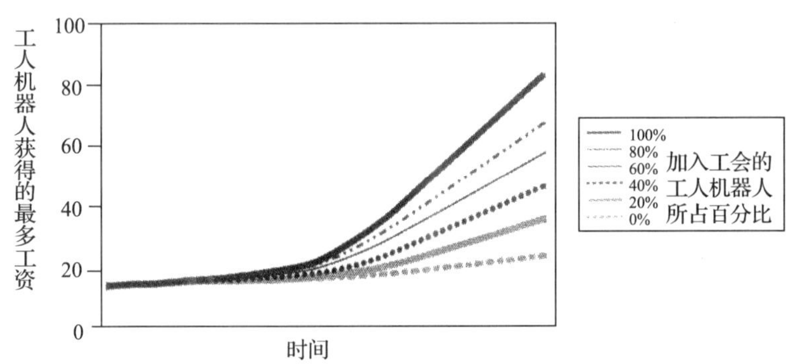

图 11－21　只有当 50%以上的工人加入工会时，工人机器人从企业家机器人那里获得的工资才会逐渐提高

第二个更严重的局限是，那些加入工会的工人机器人不能要求过高的工资，因为如果它们这样做的话，这些企业家机器人就会没有足够的钱支付工资，它们会选择关闭企业，这将导致工人机器人失业。

如果我们从更广泛的视角来看待有着企业家和工人机器人的社会，那么基于私营企业的经济的复杂性就会变得更加明显。我们曾假设过企业家机器人生产的汽车在一个市场售出，但是我们没有说明是谁买了这些汽车，还有这些汽车的价格是多少。很显然，如果一个企业家机器人售出了它的汽车，那就必定有购买它的这些汽车的机器人。谁买了这些企业家机器人出售的汽车？正如我们看到的，在一个基于私营企业的经济中，组成这个社会的大多数机器人都属于工人机器人这类。因此，汽车的大多数买方是工人机器人。在人类社会中有许多不同种类的商品，不仅仅有汽车，而且生产汽车的工人机器人可以购买其他工人机器人生产的商品，但是问题依然存在。这揭示了另一个更加微妙的利益冲突，它存在于基于私营企业的经济中。这不仅是企业家机器人和工人机器人之间，或是同一种类机器人之间的利益冲突，而且在工人机器人内部仍有利益冲突，这种冲突是它们作为工人的利益和作为买方的利益之间的冲突。作为工人，这些机器人想要更高的工资，而这促使企业家机器人以更高的价格销售它们的产品。但是由于工人机器人同样是买方机器人，所以它们希望商品的价格更低，而不是更高。

情况越来越复杂。正如我们所说，在工人类别和企业家类别之间，不仅仅有利益的冲突，也有利益的趋同，因为企业家机器人需要工人机器人来生产汽车，而工人机器人需要从企业家机器人那里获取工资。但是利益的趋同超越了这些。在基于私营企业的经济中，尽可能增加生产和售出商品的数量和种类，符合企业家机器人和工人机器人的利益。如果商品的数量和种类增加了，企业家机器人就可以获得更多的利润，而工人机器人则可以更容易地找到工作并挣到工资，有了工资它们就可以买更多的商品。另一种利益的趋同是，虽然在用工作换取工资时，企业家机器人是工人机器人的对手，但是企业家机器人是必须被保护和帮助的对手，因为它们是工人机器人作为买方想要购买的商品的生产者和销售者。利益冲突和趋同的混合解释了，为什么基于私营企业的经济体是如此复杂并充满固有冲突；同时也解释了，为什么它生产了如此多的商品以至于人类——和经济学家——无法想象一个截然不同的经济。机器人经济可以帮助我们理解现代人类经济的复杂性，而由于当今的经济趋于全球化，这就增加了它的复杂性，即一个全球性经济的复杂性。

在我们结束有关机器人私营企业这一部分之前，我们想要提及另一种生产商品的组织：国家。在之前的章节里，我们曾介绍了国家作为一个中央储备，一个社会里所有的成员会把自己的一部分商品供给中央储备，然后中央储备再把这些商品重新分配给这个社会中的所有成员。但是国家并不是简单地把从其他社会成员那里获取的商品进行再分配，它还用这些商品（税金）来生产新的商品——卫生系统、养老金系统、教育系统、司法系统和行政架构。所以很自然地问到，作为生产商品的组织，国家和私营企业相比如何呢？国家和私营企业相似，因为它们都付给工人机器人工资，使其生产它们生产的商品（公营工人）；而国家又和私营企业不同，因为国家不会在市场上销售自己的产品。

我们通过创建一个公营机器人企业再现这些现象，这个企业就如我们已知的私营企业，公营企业的唯一例外就是各公营企业不会在一个市场上互相竞争，而且它们不像企业家或所有人机器人那样在企业的经济表现中拥有私人利益，因而为最佳的经济表现而工作。另一个区别是，公营企业的人数是固定的，它们不会为了生存和繁殖而互相竞争。

结果是什么呢？一个结果是工人机器人从公营企业获得的工资比从私营企业获得的工资高，因为管理公营企业的机器人并不是用自己的钱来支付工人工资，因此，它们对支付低工资没有兴趣。第二个相关的结果是，公营企业的失业员工比私营企业的失业员工少，因为公营企业接受失业工人提出的任何工资要求——在国家预算之内——而在私营企业中却不同。

但是在没有私营企业的社会中，并不是所有情况对于工人机器人来说都会更好。工人机器人同样是买方机器人，而且私营企业生产的汽车的数量和工人能购买的数量远比公营企业生产的汽车数量多（如图 11 - 22 所示）。原因在于，对于所有者（企业家）机器人来说有着增加企业的汽车产量的压力，因为正是这个数量决定了它们的个人财富和繁殖的成功，而这种压力在公营企业中并不存在。

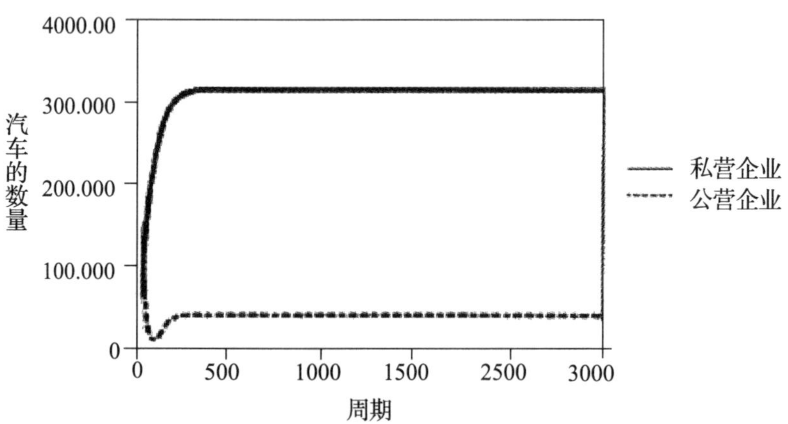

图 11 - 22　在 3000 个周期中，私营和公营企业所生产的汽车数量。

私营企业的另一个优势是，它们给更多的工人提供了生活的收入。在模拟开始的时候，机器人的数量是1000。最后，私营企业中这个数量多于3000，而公营企业人数只剩下300。私营企业倾向于雇佣更多的工人，因为它们想要生产和销售更多的汽车；而公营企业只对生产固定数量的汽车感兴趣，因为公营企业中没有那些想通过生产更多汽车来挣得更多的所有者，也不会与其他公营或是私营企业互相竞争。

因此，我们的机器人告诉我们，当私营企业必须高效地生产它们的商品时，公营企业（更普遍地，国家）却并非如此。私营企业生产的产品售出的价格必须比生产它花费的钱多，否则，这个企业就会倒闭。国家却不同，国家不会非常高效地工作，因为它们不会倒闭，而且没有任何人在它们的表现效益中拥有个人利益。因此有关它们的工作表现的问题便产生了，而机器人将会帮助我们理解这个问题，并找到新的解决方法。

8. 对于人类来说，是商品的东西在增多

正如我们在本章开头部分所说的，与非人类动物相比，对于人类来说，更多的东西都是商品。非人类动物想要的东西甚少，这些东西与它们的生存和繁殖的能力密切相关，而且这些东西大同小异。相比之下，那些对人类来说是商品的东西并不是很直接地关系到它们的生存和繁殖；而且，在人类历史进程中，这些商品的数量日益增加，直到今天的爆发。在本章和其他章节中介绍的机器人再现了一些历史性的变革，这些变革导致了对人类来说是商品的东西的增加，而且在最后的这部分里，我们会总结这些历史性变革。

＊ 商品的生产

对非人类动物来说，它们的商品是在自然中找到的，因此它们局限于自然中存在的东西。对人类来说，几乎所有的商品都不是自然中存在的，而是由其他人类生产的。并且，由于人类用已有的商品来生产新的商品，所以这逐渐增加了对它们来说是商品的东西的数量。在第七章中，我们介绍了利用工具生产新食物的机器人，而这一章中的机器人，则利用工具从食物中提取更多的能量，在这两种

情况下，工具已经存在，而这些机器人仅仅是需要发现它们的效用，结果，工具变成了它们的商品——它们想要拥有的东西。在第八章中我们介绍了通过复制已存在的瓶子来制造新瓶子的机器人。因此，仅仅是因为这些机器人生产了它们，所以瓶子是存在的商品。瓶子是非常古老的人工制品。今天，科技的不断进步引起了人类生产的商品数量的持续增加。

＊ 专业化和商品的交换

非人类动物通过它们的工作直接获取它们的商品，因此，对它们来说是商品的东西受它们的时间和技能的限制。人类从其他人类那里获取大多数的商品，这使专门生产一种商品并从其他人类那里获取其他所有商品成为可能（第3部分）。因此，商品的交换是极大地增加对于人类来说是商品的东西数量的另一因素。

＊ 货币

易货贸易——用任一商品交换其他任何商品，仅当两个尝试做交易的个体有着互补的需求时才有可能形成。如果A需要一件B拥有的商品，而B需要一件A拥有的商品，交易便得以进行。易货贸易的问题是，随着不同的商品数量的增加，互补需求的条件越发难以满足，因此，交易必定会受到限制。货币之所以能解决这个问题，是因为货币在所有交易中都会被自发接受（第5部分）。因此，货币是另一个强大的机制，它能够促进商品的交易，使商品的数量和种类都有所增加。

＊ 私营企业和国家

另一个增加对人类来说是商品的东西的数量和种类的因素，是商品的生产方式。在非人类动物中，每个个体单独工作以获取它需要的商品，因此，非人类动物的商品受单一个体获取的商品的总数量的限制。人类创造了组织，组织生产的商品数量比组织成员单独工作生产的商品数量更多（第7部分）。这对于私营企业和国家来说都是事实。一个企业家给他或她的工人分发货币，从而换取他们的工作，这使这名企业家能够生产种类繁多且大量的商品。社会成员把他们的一些商品交给中央储备（纳税），中央储备用这些商品生产新商品，然后再分配给社会里所有的成员。

＊ 金融经济

在一个市场上，所有东西都可以用货币买到，如果一个人没有足够的货币来购买 X，这个人就不能拥有 X。这个问题可以通过创造另一种商品来解决——借款。A 从 B 那里借款，他给 B 一些货币（利息）来为自己的借款付费。借款在现代人类经济中是一个十分重要的商品，以至于这些经济几乎全部基于借款，而不是自身所拥有的货币。私营企业为了生产商品而借款以购买他们生产商品的必需生产资料。第 6 部分中介绍的这些企业家机器人付给工人机器人的工资，只是所有生产成本的一部分。其他成本是原材料和生产技术的成本、行政费用，研究费用、分销费用和市场费用。如果一个企业家机器人没有足够的货币来支付所有的这些费用，它就有两种选择。它可以卖掉企业的一部分并与其他企业所有者分享所得，或者是向专门负责借款的机器人组织——银行和其他金融企业借款。这提高了其生产商品并持续生产新商品的能力。

不仅仅是企业家机器人，买方机器人和中央储备本身——国家——都可以借款。如果一个机器人想购买一些商品——比如说，一套房产——但是它没有足够的货币来购买这套房子，那这个机器人可以从银行借款购买这套房子。如果税收不能给国家提供足够的货币来生产它们希望生产的所有商品并分配给它的公民，国家就会向个体机器人或是金融企业借款。（国家同样可以“印刷”新的货币，但是这会导致货币的贬值——一定数量的货币可以购买的东西减少了——而这会给整个经济造成损害。）甚至银行和其他金融企业也会借款，但是它们不是为了生产真实的商品，而是要把这些钱借给私营企业、买方、国家或是其他银行。它们就像第 4 部分介绍的用黑色食物交换白色食物或是用白色食物交换黑色食物的商人机器人一样。唯一的区别是，银行和其他金融企业是用货币来交换货币。

但是金融经济超过了借款的范畴。借款必须在借方和贷方双方均同意的一段时间内还清，而借方可能会在这个时间内无法把货币归还给贷方。因此，借款给别人便有贷方无法取回他借给借方的货币的风险。金融经济创造了另一种商品来解决这个问题——保险项目。贷方从一家保险公司买到保险项目，这意味着，如果贷方在指定的时间内没有从借方那里收回贷款，保险公司就会把货币还给贷方。保险项目是独立于借款而存在的一种商品。可能会发生许多对人类不利的事情——死亡、被抢劫、出意外或是患病，这都是糟糕的事情，而风险是这些事情实际发生的概率。保险项目意味着，如果一件糟糕的事情发生了，该个体就可以从保险公司那里获取一部分货币，前提是该个体必须从保险公司那里购买保险项目。该个体把他的一部分货币支付给一家保险公司，这家保险公司便会给予该个体保险项目。保险项目独立于借款，但是借款本身存在不能按时还款的风险，因此，贷方会从保险公司那里购买保险项目。而且，考虑到在当今人类社会中借款的重要性，所以说借款的保险项目是另一种重要的商品，它在当今人类经济中被买卖。

但是保险项目并不是其他商品中的一种，它是金融经济的本质。金融经济创造了另一种新商品，就像货币一样，它只能交换而不能被使用或是消费——金融商品。一件金融商品是一个文件，它证明了文件的所有者是一个企业一部分的所有者，或是一个企业或国家的放款人，或是向他人销售过保险项目的人。这些金融商品就像真实商品一样进行买卖。如果 A 卖给 B 一件金融商品，B 就成了公司的部分所有者，或是借款给企业或国家的贷方，或是卖给其他人保险项目的卖方。金融经济多数存在于买卖金融商品的所谓的“金融市场”中。

但是金融商品不同于真实的商品。所有被买卖的商品都可以改变价值（用货币单位衡量），而这个价值主要取决于多少人买卖这些商品。但是真实商品的价值（例如第 6 部分中的苹果）却改变不大且不经常改变，因为真实商品使具有内在和相当稳定力量的需求得到满足。金融商品的价值改变更大且更频繁，因为想要买卖金融商品的人的数量的改变——简直——是时时刻刻的。这就是金融市场比经济市场更加不可预测和不稳定的原因。现代通信技术增强了它们的不可预测性和不稳定性，也使金融商品的价值是否改变以及如何改变的消息可被立即获知。结果金融经济创造了另一种金融商品：保险项目，以防一个金融商品失去它的价值。金融商品的保险项目无限地增加了金融商品的数量，而绝大多数经济变成了只能买卖的金融商品的经济，而不再是可以使用和消费的商品的经济。

经济学倾向于使金融商品的交换融入真实商品的交换中，因为金融商品产生于真实商品比金融商品更重要的时代。但是金融经济与真实的经济不同，并且更难以理解和控制。未来的机器人应该能够创造并交换金融商品，以帮助我们更好地理解金融经济与真实的经济的区别，和它对于人类越发重要的结果是什么。

✱ 市场营销

但是真正可以解释对于当今的人类来说是商品的东西具有如此大的数量——据有关统计，不同商品的数量达到100亿——是另一个现象，它是当今社会的一个特征——市场营销。市场营销以社会生活的一种机制为基础——我们在第六章已经讨论过：如果你想要使别的个体以满足你的动机的方式行动，那就只能改变另一个个体的动机。市场营销是这种重要机制在基于私营企业的经济中的一种应用，它使一个市场经济转变成为一个营销经济。在一个市场经济中，卖方销售的东西是买方已经想要购买的，因此这些东西对他们来说已经是商品了。在营销经济中，卖方改变买方的动机，因此买方被诱导去购买卖方想要销售的东西。由于市场营销依靠的可能是社会生活的基础机制，所以市场营销使一个市场经济转变为一个营销经济，而一个营销经济使整个社会转变为一个市场营销社会——在这个社会中生产的任何东西都是用来销售的。

市场营销揭示了用商品交换货币的一个重要方面。人类使用各种手段来增强其他个体想要他们提供的商品的动机的力量。如果交易是用一个真实的商品来交换另一个真实的商品（易货贸易），那么情况会是对称的。交易中的双方参与者都试图让另一个个体相信他们销售的商品是很好的，而且双方参与者彼此都有相同的权利。但是当用商品来交换货币时，卖方和买方的关系就不再是对称的了，比起买方，卖方拥有更多权利。卖方使用各种手段创造或加强买方购买他们销售的东西的动机。他们花费许多货币来发明新商品，告知买方这些商品的存在，把他们的商品和买方想要的商品联系起来，并收集买方的各种信息以了解他们是谁、他们想要什么。但买方却不能做这类的事情，因为他们对卖方并不了解，而且卖方赚取货币的动机已经存在了，并且总是很强烈，以至于买方不能使它更加强烈。买方唯一可以做的事情是不购买卖方提供的商品，但是市场营销使买方很难做到这点。正是这种卖方和买方的不对称，解释了当今的人类经济为什么是营销经济，而不是市场经济。

这引发了一个有趣的问题。金融或是市场营销哪个是可以解释人类渴望拥有的东西的数量增加的最重要因素——在经济发达的社会，或是更客观地，在所有人类社会中？借款来生产更多的商品和新商品当然至关重要，但是生产出的商品必须能够卖掉，人们购买如此多的商品是因为市场营销说服了他们购买所有这些商品。因此，我们问题的答案是，市场营销比金融更为重要。经济学家研究实体经济和金融经济——尽管如我们所说，与金融经济相比，他们更了解实体经济——但是他们却完全忽视了市场营销，而唯一知道市场营销是什么的人，是研究市场营销并成为市场营销专家的人。经济学家认为，他们的社会角色是给社会提出建议，来增加国内生产总值——生产的商品总数。国内生产总值依赖于实体经济，但是，在经济发达的社会，它越来越依赖于金融经济，甚至是市场营销。没有经济学家真正希望限制金融经济，甚至没有人——经济学家或是非经济学家——考虑过限制市场营销。

经济学家——和其他所有人——对市场营销习以为常，因为他们知道，市场营销是增加国内生产总值的关键因素。但是经济学家不能理解市场营销，因为它操控着买方的动机，一个个体拥有的动机如何在他的一生中由于经验而改变，经济学家对此一无所知。经济学家假定一系列固定的动机，每个都有固定的力量，而他们却只对于一个个体如何“理性地”满足这些动机感兴趣。但是人类的行为更多地是由他们的动机决定的而非他们的认知技巧，这也是经济学无法理解当代经济的原因。

我们尚未建造出通过买卖金融产品并进行市场营销以说服其他机器人购买它们所销售商品的机器人。但是，考虑到这些现象在当今人类社会中的重要作用，建造具备金融经济特性并进行市场营销的机器人，是机器人人类科学最重要的任务之一。

第十二章　存在个体差异的机器人和病理机器人

当 ME 观察人类的时候，发现没有两个人是完全相同的，它认为了解人类多么不同于了解他们有什么共同点同等重要。因此，若要像人类一样，ME 的机器人就必须各不相同，并且在各个方面都存在差异。它们必须具备不同的身体和大脑、不同的能力、不同水平的同种能力、不同的动机以及不同的气质和个性。此外，造成这些差异的原因对 ME 也很重要。ME 要建造的是具有不同基因的类人机器人和因生命中所具有的生活经历而使其不同的机器人。

ME 发现的关于人类的另一件事是，他们中的一些人有时会患病，这种身体或精神状态让他们无法过上正常的生活，使他们感觉糟糕和恐惧；在某些情况下，疾病可能会危及生命。因此，ME 认为，要了解人类，不仅要建造像人类一样的机器人，还必须让这些机器人患有和人类一样的病症，因为通过这些疾病，我们可以更多地了解人类。尽管 ME 知道人类是肉体，因而人类所有的病症也都是肉体上的病症，但 ME 仍对行为和精神上的病症感兴趣。ME 还发现，人类不是简单地接受他们的病症，而且研究各种方法和技术来治疗这些病症。因此，ME 希望制造机器人“医生”，它们使用这些方法和技术来治疗生病的机器人。

1. 当今的机器人科学忽略个体差异

通过观察真实的动物，我们知道了每个个体都是不同的，其行为方式也不同于同一物种的其他所有成员。这意味着，如果要建造类似真实动物的机器人，那么没有两个机器人会完全相同且具有相同的行为方式。但这并不适用于当今的机器人科学。当今的机器人科学旨在构造能做具体事情，对人类有用的机器人。一旦我们制造出的机器人能有我们感兴趣的行为，我们就很满意了。目前的机器人科学是一种应用性的工程学科。如果必须借助机器人来实现我们的实际目标，就如同制作所有的工业人工制品，我们可以设计一个机器人原型，然后再制作一些与原型机器人完全相同的再现品。而如果必须借助机器人解释真实动物的行为，这就不可行，因为在真实动物中，每个个体与同一物种的所有其他个体不同。通过研究个体如何不同于所有其他个体，我们可以了解很多关于动物行为的知识。我们必须建造许许多多属于同一个“物种”，但又各不相同的机器人，我们不禁要问：个体间的多样性是通过何种形式表现的？造成多样性的原因是什么？这会造成什么结果？为什么一个特定的行为特征趋于伴随另一种特定的特征一起出现？制造存在个体差异的机器人作为一种技术，对于机器人来说并没有多大意义，因为不同的个体机器人是不可预测的、不可靠的，而没有人会购买一辆既不可预测又不可靠的汽车。但对于机器人科学来说，没有两个机器人是完全相同的，研究机器人的差异与研究其共同点同等重要。

进化机器人科学的研究对象是存在个体差异的机器人种群。机器人之间的这种差异很重要，因为进化依赖于机器人中佼佼者的选择性繁殖，以及对机器人后代添加的随机变量，这让机器人后代会不同于其父母和兄弟姐妹。尽管个体差异对进化机器人科学来说必不可少，但进化机器人科学研究的重点并不真正在于个体差异。对于进化机器人科学而言，个体差异仅仅是一种用于制造具有期望行为的机器人的工具。研究机器人之间的差异，并不是研究机器人的内在重要特性，而是揭示需要分析和解释的重要现象。进化机器人科学对制造一个机器人感兴趣，即上一代中最优秀的个体。同一代的其他机器人或其他代的机器人的行为不是当今进化机器人科学研究的主题。

人们在建造学习型机器人时也会忽略个体差异。机器人刚开始学习时，神经网络中的连接权值是随机的，因此，每个机器人会以不同的方式学习，最后，每个机器人必然会具有不同的行为。但有人认为这种变化是“随机噪声”。为了限制“随机噪声”的影响，研究人员在一定数量机器人的神经网络中，设置了不同的初始连接权值，并让它们完成相同的学习任务。研究者感兴趣的是机器人的平均表现水平，而不是它们不同的学习方式和不同的机器人在学习结束时的不同行为。

集体机器人科学也忽略了个体差异。集体机器人科学建造数组机器人，通过互相协调和交流，集体机器人完成了单一机器人无法独立完成的任务。但机器人往往全部是相同的，即使它们有不同的行为，也是由于外部环境，而非机器人不同的特性。在某些情况下，研究人员会让小组中的机器人充当不同的角色，但角色是由机器人自发选择的，且不同的机器人在充当同一角色时也存在差异。

因此，运用机器人研究个体行为的差异仍然是未来的一项任务。机器人研究人员应该向心理学家学习，因为许多心理学家（尤其是实验心理学家）认为个体差异只是“随机噪声”，他们试图通过计算统计平均值来消除“随机噪声”，但也有许多心理学领域专门研究个体差异。一些心理学家在研究能力方面具有个体差异（一个个体具有比另一个个体更强的某种能力）和气质或性格差异（一个个体的性格与另一个个体不同）。此外，能力和性格不是单一维度的，而是多维度的。一些心理学家甚至认为，智力也不是一种可以通过智力测验来测量的单一维度，因为智力可以分为不同类型——语言、空间、数学、实践、社交、情商。一个个体可能在某种智力上比另一个体出色，而在另一种智力上却不及其他个体。气质和性格都较难界定和识别，但众所周知，每个人都有他或她自己的气质和性格。

社会心理学家十分重视个体差异，这是有道理的，因为对人类而言，其他人的差异比共同点更重要。社会生活是社交互动，如果一个个体可以自由选择互动对象，那么他就将选择具有特定特征的个体，其他个体亦是如此。例如，如果两个个体一起工作时需要彼此互动，那么他们或多或少地会乐意与对方互动，因为他们拥有各自的性格特征。喜欢彼此性格的人会成为朋友。对于恋人来说，美在二人关系中发挥着重要作用，因为它与性对象的选择密切相关；但美的形式多种多样，且不同类型的美意味着不同的性格。第七章中描述的雄性机器人和雌性机器人之所以不选择伴侣，是因为所有的雄性机器人都是完全相同的，而雌性机器人也同样如此。但真实动物的个体差异较大，尤其是人类，性格和个性在选择伴侣以及维持性关系方面发挥着重要作用。存在个体差异的机器人应该有助于我们理解这个角色，并预测两个机器人何时将成为朋友或永久性伴侣。

心理学的另一个子学科是临床心理学，重点研究人类个体的独特性及其成因。临床方法对于研究心理障碍和精神疾病以及治疗方法尤为重要。如所有药物治疗方法一样，在精神病治疗中，每个病人都是或者应该是独特的。（关于病理机器人，请参阅本章后面的内容。）

2. 不能仅仅局限于适应性的研究

如果我们想通过制造机器人来研究个体之间的行为差异，就必须建造许许多多具有个体差异的机器人，而不是单一的机器人。这就是进化机器人科学的研究范畴。在进化机器人科学中，是从具有随机基因的机器人群体开始研究的。由于机器人的基因决定机器人的行为，所以每个机器人的行为都不同于所有其他的机器人。机器人基于适应性标准有选择地繁衍后代，后代机器人在继承父母基因的同时，其基因也会发生随机变异，这保证了机器人在所有后代中保持个体差异性。如果观察上一代的机器人，我们就会发现，它们的适应性不同，因此个体不同。两个机器人的适应性不同，不是因为它们本身不同，而是因为它们的生活环境不同——一个食物多，一个食物少。但是，人类可以改变自己生活的环境。对于人类而言，这意味着不同的能力与性格会造就不同的适应性（财富）。一个类人机器人生活在环境中几乎没有食物的部分，它可能会耕作及生产新的食物，但前提是它拥有必要的能力和性格。

但是无论如何，要了解行为上的个体差异，仅仅了解适应性的差异是不够的。我们不禁要问：适应性相同的机器人的行为相同吗？为什么一个机器人比另一个机器人更有适应性？不同适应性的机器人的行为是怎么样的呢？

要回答这些问题，我们要再看一看生活在食物令牌随机分布的环境中的基础机器人。适应性标准是指在等长的寿命中机器人进食食物令牌的数目。因为第一代机器人神经网络中的连接权值是随机的，所以它们进食的食物令牌很少且在接近和找到食物令牌后，无法在看到食物令牌时做出反应。在几代机器人后，它们的适应性将逐步增加，直至达到一个稳定值。机器人进化了进食食物令牌的能力。这时，我们停止演化进程，检查上一代机器人，发现每个机器人的适应性往往会与其他机器人不同。这显然是个体间变异的一个重要层面。事实上，正是这种变异为进化提供了可能性。但如果我们要研究行为上的个体差异，适应性却没有揭示机器人的行为方面的太多问题。因此，我们的研究不能仅仅局限于适应性。通过观察机器人在自然环境中的行为，我们可以发现，两个机器人的适应性可能相同，但行为却可能不同。但如果在一切可操控的实验室里研究机器人的话，我们就能更精确地测量机器人行为的差异。

在自然环境中，机器人会遇到两种情况，它必须针对这两种情况做出适当的反应。当一个机器人看到食物令牌时，它必须做出反应，靠近并获取食物令牌。但在有些情况下，食物令牌太远以至于机器人看不到，这时，机器人的行为同样要适当——它必须探测环境，发现食物令牌。靠近并获取食物令牌和探测环境是两种不同的能力，这两种能力可以通过实验室的精密方法测量。为了测量第一种能力（获取食物令牌的能力），我们将机器人置于仅有一个食物令牌的环境中，这个食物令牌在机器人可见的距离内，然后计算出机器人获取食物令牌所用的周期数量。为测量第二种能力（探测环境的能力），我们将一个机器人置于一个空的环境中，再计算机器人到达的不同区域的数量（即计算机屏幕上不同像素的数量）。靠近并获取食物令牌和探测环境是两种不同的能力。两个机器人的适应性可能相同，但是这些能力却可能不同。一个机器人看到食物令牌后会很快得到它，但如果机器人看不到食物令牌的话，就不会过多地探测环境。另一个机器人看到食物令牌时要花更多的时间才能找到它，但如果它看不到任何食物令牌，就会善于探测环境。这两个机器人有相同的适应性，但它们的行为和能力却不相同。

这同样适用于适应性不同的机器人。如果一个机器人比另一个机器人更善于发现食物令牌，或者更善于探测环境，或者这两种能力都比较强，那么它的适应性也就更强。个体差异可能会更加细微。两个机器人到达同一个食物令牌的时间可能相同，但二者的行为却不同。一个机器人会直奔食物令牌，但它的行动却比较缓慢；而另一个机器人会沿着一条间接的路线靠近令牌，但它的动作更快。上述两个机器人会在相同时间内到达食物令牌处，但它们的行为不同。

另一个有趣的问题是，机器人生活的特定环境是否影响机器人不同的能力。

为了回答这个问题，我们做了一个生态实验，研究生活在两个不同的环境中的两个机器人群体。在第一个环境中，当机器人进食食物令牌时，食物令牌消失；另一种食物令牌则出现在一个随机选择的位置上，从而使食物令牌的总数始终相同。另一个环境是季节性的环境，机器人吃掉一个食物令牌后，环境中存在的食物令牌的总数减少，食物令牌只能在下个季节开始时再重新出现。在第二个环境中，尽管获取食物令牌的能力仍然很重要，但是机器人的探索能力却更为重要，因为在一个季节的末尾，环境中的食物令牌很少，机器人此时很可能会看不到任何食物令牌。

这些机器人清楚地表明，适应性取决于不同的能力，且这些不同的能力可以分别定量测定。但是，行为（行为风格）也可能存在定性的差异，这无法通过适应性反映出来。例如，一个机器人可以从右侧接近食物令牌，而另一个机器人则从左侧接近食物令牌。这本身可能不会导致二者在适应性（被吃的食物令牌数量）方面的差别，尽管如此，这同样是两个机器人之间有趣的差异。另一个例子涉及封闭环境的墙壁。当机器人撞到墙时，它弹回的方向是随机的，或取决于它撞击墙的方向。如果机器人具有红外神经元可以感知自己与墙壁的距离，那么两个机器人可能有相同的适应性，但它们的行为风格会不同。一个机器人倾向于在环境中避开墙壁移动，而另一个机器人则有行为策略，包括撞击墙壁和反弹。尽管这些行为存在差异，但两个机器人进食食物令牌的数量相同，因此，它们具有相同的适应性。但是，如果仅仅关注机器人的适应性，我们就会忽略其行为中一些有趣的事情。

未转化为适应性差异的行为差异对于机器人可能很重要，因为环境变化时，机器人就必须适应新的环境，这些差异此时可能会发挥一定的作用。在原来的环境中，接触墙壁对适应性没有影响；但在新环境中，由于环境已被寄居在墙上的危险昆虫入侵了，所以接触墙壁就会降低机器人的适应性。在旧环境中，机器人的适应性仅取决于它生命中进食的食物令牌的数量；但在新环境中，机器人的适应性取决于两种能力：进食的能力和避免接触墙壁的能力。两个机器人在旧环境中可能具有相同的适应性，但在新环境中却未必有相同的适应性。在旧环境中，与运用撞击墙壁和反弹行为策略的机器人相比，运用避让墙壁行为策略的机器人将拥有更多的适应性。这是生物学家眼中预适应的示例：在一个环境中存在的一种行为或能力并不会影响一个个体的适应性，但是当环境发生变化时，这种行为或能力就会影响适应性。以避让墙壁为行为策略的机器人能预适应新的环境。

如果说，简单动物的生存环境和适应模式已经相当复杂了，那么机器人的生活环境和适应模式就更加复杂，因此越发难以通过机器人的适应性来了解它们的行为。第二章中描述的机器人必须具备两种动机才能满足生存和繁殖的需求，因而，机器人必须具备两种能力：它们必须能够进食和饮水、进食和躲避捕食者猎杀、进食和交配、进食和哺育后代、进食和在身体受到物理伤害时保持静止。即使我们知道两个机器人具有相同的适应性，我们对它们的行为也还是知之甚少。以必须依靠进食和饮水才能生存的机器人为例。一个机器人更擅长进食，而另一个机器人更擅长饮水，将两个机器人置于有一个食物令牌和一个水源令牌的实验室中，通过测量两个机器人获取两种不同类型令牌的时间，就可以了解它们的行为状况。假定维持机器人生存的食物和水源充足，那它们的寿命可能相同，并且具有相同的适应性；但两个机器人的行为方式不同，也不具备同样的能力。这同样适用于其他机器人。一个机器人可能擅长进食，但它不太擅长躲避捕食者；而另一个机器人则在没有捕食者的情况下进食不多，当捕食者到来时它更善于逃离。一个机器人进食很多，因而寿命更长，但它不善于寻找配偶；而另一个机器人进食不多，寿命短暂，但它能在维持生存之前就频繁交配，产生很多后代。这同样适用于必须进食和哺育后代的机器人。一个机器人可能进食很多，因而寿命很长，并产生许多后代，但它不哺育后代会导致后代在性成熟前就早夭。另一个机器人进食少，因而寿命短，但会哺育后代，因此，在它短暂的一生中，它所能产生的少量后代也更有可能活到可繁殖后代的年龄。最后，对于那些身体受到物理伤害时就必须停止运动的机器人来说，一个机器人进食很多，但感到疼痛时继续运动；而另一个机器人则正好相反——进食不多，但它在感到疼痛时却会谨慎保持不动。在所有这些情况下，通过了解机器人的适应性，我们依然无法更多地了解机器人的行为。只有通过实际观察和测量机器人在自然环境或实验室中的行为的方法，我们才可以知道机器人的实际行为以及不同机器人的行为差异。

在第七章中，我们已经知道，雄性机器人和雌性机器人的行为不同。雄性机器人的行为不同于雌性机器人，因为相比之下，雄性更容易被异性吸引。但我们也发现，雄性机器人之间存在个体差异。尽管所有的雄性机器人都必须进食、交配，以求生存并留下后代，但是有些雄性机器人却更善于进食，而另一些雄性机器人在接近雌性机器人并与之交配的方面则做得更好。在繁殖时期，所有雌性机器人往往不会有过多的活动，但有些雌性机器人比其他雌性机器人活动得更多。尽管她们进食很多，但这些雌性机器人对雄性机器人却缺乏吸引力。

一旦我们区分了不同的能力和不同的行为风格，我们就会发出这样的疑问：从适应性的角度看，哪种能力或行为方式更重要？是看到食物令牌后更善于接近并获取食物的机器人的适应性更强？还是在看不到食物令牌时更善于探测环境的机器人的适应性更强呢？是更善于进食食物令牌的机器人，还是更善于避开布满危险昆虫的墙壁的机器人？是更善于进食食物令牌的机器人，还是更善于躲避捕食者的机器人？雄性机器人是更容易被具有繁殖能力的雌性吸引，但对食物不太感兴趣？还是对雌性不太感兴趣，而是对进食更多的食物和更长的寿命感兴趣呢？运动的速度对机器人的适应性到底有多重要？低适应性的机器人可能会忽略食物令牌，快速运动，而另一个具有相同低适应性的机器人虽然会被食物令牌吸引，但动作很慢，所以进食也不多。

在进化机器人科学中可以定下这样一个测定适应性的标准，例如，机器人在相同寿命里进食的食物令牌总数。然后通过“适应性曲线”我们就能了解后续几代机器人适应性增加的情况。但从机器人身上我们不仅要了解适应性的演变，更要了解其行为的进化。如果机器人的适应性取决于不同的能力，例如，在看到食物令牌的情况下获取食物令牌的能力，以及在未看到食物令牌的情况下探索环境的能力，我们不仅要注意机器人的适应性的进化，而且要注意机器人的不同能力是如何进化的。例如，在给定相同适应性曲线的条件下，适应性机器人探索环境的能力，可能比获取食物令牌的能力更早进化（这可以通过在实验室中测量连续几代机器人的这两种能力来确定）。

要研究行为的进化，而非适应性，我们建造的机器人要生活在食物令牌随机分布的环境中，且该环境中要包含捕食者生活的区域（如图 12－1 所示）。机器人有一个嗅觉神经元，进入捕食区时，该神经元就会被激活，因此，机器人能确定自己是在捕食区之内还是之外。

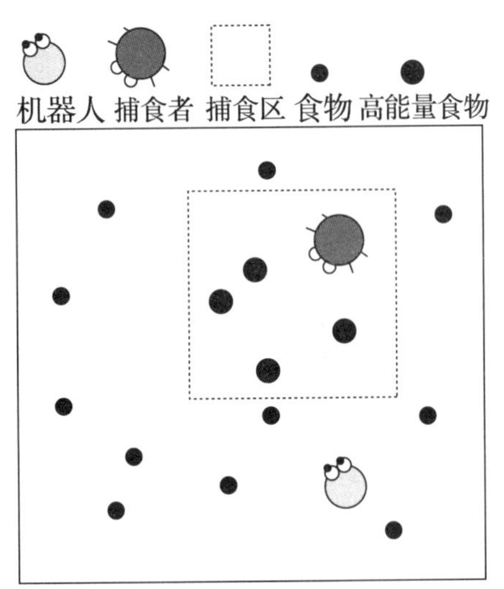

图 12－1　机器人生活在一个食物令牌随机分布的环境里。有一个区域中的食物令牌包含更多的能量，但捕食者也生活在该区域，它可以接近并杀死侵入到捕食区中的机器人。

问题在于，捕食区内的食物令牌比区域外的食物令牌包含更多的能量。因此，机器人面临着一个困境：是应该冒着被捕食者猎杀的风险进入捕食区进食更好的食物？还是应该忽略捕食区，只在捕食区外进食能量较低的食物？这些机器人的适应性曲线是常见曲线，在机器人初代时上升，然后达到一个稳定的水平。但是，我们很难通过这条曲线了解机器人的行为。再看进化结束时的机器人（1000 代之后），我们会发现，机器人已经发展出了更为谨慎的策略，它们避开捕食区，只进食捕食区之外的能量较低的食物令牌。但在前 200 代机器人当中，进入捕食区的行为更加频繁，这种行为只是在进化的后期才消失。机器人行为中的这种变化表现为逃避捕食者的能力。在实验室实验中，机器人生活的环境中没有食物，只有捕食者，通过测试连续几代机器人，我们发现，前 200 代的机器人比后几代的机器人更善于逃避捕食者，这是由于进入捕食区的策略对前200代机器人会产生压力，迫使它们进化出逃避捕食者的能力。而后几代的机器人不会进入捕食区，这种压力也便不复存在，因此在实验室中它们不是很擅长逃避捕食者。这些机器人清楚地表明，为了了解行为的演变以及它为什么这样演变的原因，我们不能仅仅局限于研究适应性，还要研究连续几代机器人在自然环境以及在实验室实验中的实际行为。

这些都只是我们机器人可能存在的个体差异的一部分。就第五章中能够预测其行动后果的机器人而言，一个机器人可能比另一个机器人更善于预测自己行为的后果，也更善于利用这些预测来决定做什么；而另一个机器人则不善于预测，但它却比第一个机器人更善于做正在做的事情。这也适用于想象和回忆。一个机器人可能比另一个机器人更多地想象和回忆过去的事件，因而具有更丰富的精神生活。或者假定它们的生活经历相同，快乐的机器人倾向于想象未来美好的事件；并记住过去美好的事件；而不快乐的机器人往往会想象未来糟糕的事件，并记住过去糟糕的事件。

3. 动机是个体差异的来源

动机是个体差异的丰富来源。到目前为止，我们已经讨论过的个体差异大多是机器人能力方面的差异。虽然机器人甲和机器人乙可能具有相同的适应性，但它们却是不同的，因为二者所擅长的事情不同。但是，从第二章我们知道，一个机器人的行为不仅由自身能力决定，还由其动机决定。通过实验室测定，两个机器人逃避捕食者的能力可能同样出色，但一个机器人进食的动机生来就比另一个机器人强。因此，只有当捕食者非常接近时，第一个机器人才会停止寻找食物并逃跑；而第二个机器人会在捕食者一出现时就立即逃跑。这表明，个体差异可能是动机上的差异。两个机器人可能在动机上存在差异，因为它们有不同的动机；或者因为它们具有相同的动机，但动机的强度却不同。在这两种情况下，这些差异会通过行为反映出来。

正如第二章中所说，一个动机的存在与否是通过观察机器人的行为来确定的，要看机器人是否做一些事情来满足动机。对机器人的生存和繁殖来说，动机是必不可少的，因此所有个体都有动机。但是，由于动机的内在强度不同，所以两个具有相同动机的机器人也可能不同。动机没有绝对强度，一种动机的强度只能通过它相对于其他动机的强度来进行测量。我们可以让机器人在能满足两个不同动机的动作之间做出选择，并通过确定机器人所选择的动作来测量两个动机的相对强度。例如，一个机器人既有进食动机又有饮水动机，将它放到一个食物令牌与水令牌前，观察机器人是否靠近并获取食物令牌或水令牌。（有关此实验，请参见第二章。）在其他一切条件相同的情况下，即机器人到两个令牌之间的距离相等，该机器人由大脑向身体下达的饥饿和干渴的信号相等（也就是当前体内能量和水分相等），如果机器人接近食物令牌，那么它的进食动机的固有强度就大于饮水动机的固有强度。而另一个机器人的做法可能是相反的，那么这个机器人的饮水动机比进食动机更强。（动机的强度与机器人经济一章中所讨论的商品价值大同小异。）

这同样适用于在第七章中所描述的雄性机器人和雌性机器人。与进食相比，两名雄性机器人可能都更喜欢交配，但是当它们看到一个雌性机器人时，其中一个雄性机器人在不是非常饿的情况下就会完全忽略食物，而另一个机器人则更看重食物，在改变行为时也会显得比较犹豫。类似的事情也发生在雌性机器人身上。繁殖时期的雌性机器人往往不会过多地活动，而是等待雄性机器人接近并与其交配。但食物对一个繁殖期的雌性机器人的吸引力可能更大，而处于繁殖期的另一个雌性机器人则趋于完全忽略食物，为了让雄性机器人更容易地接近雌性机器人，它几乎完全停止了运动。

个体间动机的差异其实是性格或个性的差异，但性格和个性的差异不仅仅在于不同机器人的不同动机的强烈程度不同。一个机器人的动机可能普遍比另一个机器人的更加强烈。对于一个机器人来说，有些东西比其他东西更有价值；而对于另一个机器人来说，所有东西的价值或多或少都是相同的。或者可以说，一个机器人的性格是各种具有特定强度的动机的总和。

机器人必须再现心理学家所说的能力与技能，以及个性与性格上的个体差异。

能力和技能的差异主要涉及大脑负责认知的半球，而性格或个性差异则主要涉及大脑负责动机或情绪的半球。因此，这也是我们建造的机器人的大脑拥有两个半球的原因。

4. 学习和个体差异

本书中所描述的大多数机器人的行为完全是先天性的。机器人的遗传基因指定了机器人神经网络的连接权值，由于机器人的连接权值在寿命期限内不发生改变，因此机器人的行为在整个生命过程中都保持相同的方式。但是，没有哪个动物的行为是完全与生俱来的。所有动物都会学习，通过学习，它们的能力和动机都会发生改变。学习能提高动物的能力，让动物掌握新能力，但也改变动物动机的强度，并让动物产生新的动机。未经学习的两个机器人可能具有相同的能力和动机，但通过学习，二者的能力和动机可能会有所不同。一个机器人可能会学习如何接近新型食物令牌，而另一个机器人则不学习这种行为，这样一来，两个具有相同能力的机器人（从这个观点看，是相同的两个机器人）就不同了。在第三章中，我们已经描述了能够学习新能力的机器人，在全书中也多处提到了能够获得新动机的机器人。在这里举一个机器人学习新动机的简单例子。一个机器人发现，一种特定的令牌虽然不是食物，但却可以让获取食物变得更加容易，因此，机器人会产生获取这种令牌的动机，这种动机也会决定机器人的行为。（对于人类而言，这种令牌就是工具。但人类不是“发现”工具，而是“制造”工具。）获取这种令牌的动机是后天习得的，它因基因遗传的进食动机而产生。

学习增加了个体差异，因为它为个体差异的存在创造了更多可能性。如果两个机器人仅具有一种能力，那么它们的区别就仅限于它们拥有的这种能力的强度的差异。但是，如果机器人学习新的能力，二者间可能存在的个体差异的数量就会增加。动机也同样如此。如果一个机器人获得了寻找工具的动机，它就有了寻找食物和寻找工具的两种动机；而另一个机器人只具有寻找食物的动机，或第二个机器人可能获得从第一个机器人那里获得工具以换取食物的动机。（关于进行交易的机器人，请参见第十一章中的机器人经济。）

学习新的行为和新的动机是产生个体差异的丰富来源。两个机器人的先天行为和动机可能相同，但不同的生活经验却会让它们产生不同的行为和动机，这是满足先天动机的方法。

学习给个体差异带来的另一个重要结果与文化有关。人类大部分的行为是通过模仿其他人学会的，两个机器人生活在不同的文化中，每个机器人模仿自己文化中的机器人，因此这两个机器人可能会有不同的行为。所以，学习带来的行为差异不仅仅局限于个体之间，还有可能存在于不同的文化之间。（关于文化机器人，参见第八章）

先天遗传的和后天习得的个体差异在人类社会生活中都发挥着关键作用，因为即使两个个体产生互动，互动方式也取决于他们个体的特点。个体差异可能是行为或身体方面的差异。在第十章中的“机器人政治”部分我们已经知道，一个机器人可能被其他机器人跟随，这样，它就可以生存，因为在搜寻猎物的时候它可以探索更宽广的环境。但个体差异不仅表现为行为上的差异，而且表现为身体方面的差异。虽然一个机器人的行为不同于其他所有的机器人，但由于它们身体相同，因此看起来也一模一样。未来的机器人将不仅需要不同的行为，而且需要有具有个体差异的身体，这样一来，一个机器人才能当面“识别”出另一个机器人个体。个体差异和文化间的差异（包括与年龄有关的差异和性别差异）在人类社会生活中十分重要，身体和行为上有差异的机器人可能会比纯粹的机器人告诉我们更多关于人类的事情。

5. 为什么构造病理机器人?

病变的个体与健康的个体不同，因此在同一章节中，我们会同时谈到病理机器人和存在个体差异的机器人。动物和人类均有各种病症，因此，如果机器人要像真实的动物和人类一样，就应该也患有各种病症。同样地，这也符合我们“一个机器人/诸多现象”的原则，同一个机器人可能健康或生病，生病了也可能会有不同的特征，这也可能是由不同的原因造成的。但是，不同的机器人的生病的方式取决于机器人本身。

病症这种状况或多或少直接或间接地损害了个体的生存和繁殖的机会，减少了个体的福利。病症可能存在于身体或行为中。身体病状的例子有骨折、心脏病、胃溃疡等；行为病症的例子有失明、失语、单侧性忽视、抑郁症、精神分裂症以及与大脑老化相关的病变。我们主要研究机器人行为的病症，但机器人是以行为仅能通过考察身体和大脑得以解释的行为理论为基础的，并且由于身体和大脑是物理实体，所以行为的病症必然是由身体的病症导致的。我们必须制造表现出行为病症的机器人，但我们也必须再现这些疾病的物理或化学基础。这是对“一个机器人、许多现象”原则的另一种运用。与只能再现行为病症的机器人相比，能同时再现行为病症及其物理和化学基础的机器人更受欢迎。损伤机器人神经网络的一部分会产生一种类型的病变行为。我们会产生这样的疑问：机器人神经网络中受损伤的位置与真实大脑中产生病变行为的损伤位置是对应的吗？产生神经病变的原因与产生精神病变的原因相同吗？精神病症和心理病症可能是具有特定经历的产物，也可能是基因作用的结果。在大部分情况下，它们是两者共同作用的结果。可以通过操控机器人的基因和经历来确定精神病症和心理病症的源头吗？

如果建造具有实际应用的机器人，建造病理机器人就毫无意义。那为什么要建造实用性大减的病理机器人呢？只有当我们把了解动物和人类的行为作为最终目的时，病理机器人才有意义。但病理机器人也并非毫无实用价值。人类病态的行为或表现出病态行为的倾向也许与人类创造力的最高表现形式有关，所以在未来，具有创造力的机器人有着十分有趣的用途。病理机器人学可以帮助我们更好地理解甚至是治愈人类行为上的病症。（此部分内容见第 7 部分）

6. 神经病变（神经病理学）和精神病变（病理学）

病理机器人学必须要回答的首要问题之一，是关乎神经病变和精神病变之间的区别。神经病变的例子包括各种形式的失语、视觉识别物体或人脸的问题以及注意力忽视和运动障碍。精神病变的例子包括病态焦虑、双极综合征、强迫症、抑郁症和精神分裂症。这种区别的基础是什么？造成神经病变和精神病变的原因不同，诊断和治疗所需要的能力和手段也不同。病理机器人学可以解释这些差异吗?

我们已经说过，对于机器人学而言，神经和精神病症之间的区别不在于是否具有物理基础，因为机器人是物理实体，所以机器人内部或机器人与外部的非物理环境之间的相互作用没有太大意义。那么，我们如何解释神经病变和精神病变二者的区别呢？有种解释认为，神经病变是大脑认知半球的病变，而精神病变是大脑动机与情绪半球的病变。机器人的大脑与人脑相似，具有动机和认知两个层面的功能。精神病变是动机层面的病变，这种病变改变机器人动机的强度，导致其行为受到错误动机的控制。（这种错误的动机与机器人的生存和繁殖机会相左，或者更主观地说，与机器人的福利状况相左。）神经病变是认知水平的病变，无论机器人试图用行为满足何种动机，是满足动机的能力总会削弱。

如果神经病变是大脑认知半球的病变、精神病变是大脑动机半球的病变，那么这或许可以解释为什么情绪与精神病变具有特定的关系。在第二章中我们已经知道，情绪是大脑动机半球中的一部分。当机器人决定在某个特定时刻用何种动机控制自己的行为时，情绪能帮助机器人做出更恰当的决定（情绪是大脑中情绪回路状态的表现，情绪回路又是机器人神经网络的一部分）。因此，精神病变是情绪的病变。精神病变与机器人神经网络中情绪回路的失常有关。神经病变和所有的病变一样，都会产生情绪方面的后果，但神经病变本身并不是情绪病变。

建造一个有神经病症的机器人比建造有精神病症的机器人更容易。我们可以建造一个天生没有视力的机器人或让一个机器人在特定的年龄丧失视力，以观察盲人机器人的行为是否像人类中的盲人；或者建造丧失了听力的机器人，观察它如何跟同样丧失了听力的机器人和听力正常的机器人交流；或者破坏机器人神经网络中特定的区域，以观察这些破坏给机器人的行为所带来的后果。例如，机器人虽然变得不能说话了，但它却明白其他的机器人在说什么（布洛卡失语症）；或是机器人能流利地说话（尽管说话内容几乎毫无意义），但它却不明白其他的机器人在说什么（韦尼克失语症）；或是进一步断开机器人神经网络的连接，以观察机器人是否表现出与大脑老化相关的病变。（在第四章“语言机器人”部分，我们已经用这种方法再现了老年人说话比理解话语更困难的情况。）

建造具有精神病症的机器人是一项更具挑战性的任务，但在本书中描述的有些机器人会自发地表现出类似于精神病症的行为。精神病症可能由动机上有冲突性的刺激所致，这就是在一些机器人身上发生的事，它们生活的环境中包含一个区域，该区域中的食物令牌可以为机器人提供更多的能量，但该区域中也生活着捕食者（见本章第2部分）。如果捕食者运动迅速、非常危险，机器人就会避开捕食区，只进食捕食区外能量较低的食物令牌。但是，如果捕食者不那么危险，最优秀的机器人就会进入捕食区，寻找并进食能提供更多能量的食物令牌，并在捕食者靠近它们之前离开。能力较差的机器人的情况不同。它们要么完全避开捕食区，要么进入捕食区，但由于它们不能足够快地逃离捕食区，所以最终难逃一死。

这些都是“正常”的行为。但也有一些机器人在进入捕食区后，会闻到具有捕食者特征的气味，便停止移动，因此，它们很容易被捕食者猎杀。显然，捕食区的气味是动机上有冲突性的刺激。这是一个积极的刺激，因为它暗示着区域里有能提供更多能量的食物，同时它又是一个消极的刺激，因为它暗示着捕食者的来临。一些机器人对这一冲突做出的反应是种病态行为，类似于一种强烈的压抑状态。这些机器人的情绪回路失常。如果消除它们的情绪回路，就好比对机器人进行药物治疗，那么它们的行为就不会那么病态。

对于生活在有食物和水的环境中的机器人来说，冲突性动机在病变行为中同样在发挥作用。在实验室的实验中，将食物和水的令牌放在离机器人相同远近的地方，通过改变机器人饥饿和口渴的程度，我们发现，如果机器人的这两种需求中有一种更为强烈，它就会在那一刻选择身体更需要的那种令牌。但有趣的是，在机器人身上能量和水分保持相同水平的情况下，该机器人如何应对。如果它们既不饿，也不渴，运动又会产生消耗，机器人就往往保持不动，这显然是适应性的行为。但有趣的是在机器人既非常饥饿又非常渴的情况下所发生的事情。大多数的机器人会随机选取食物令牌或水令牌，但有些机器人却根本不动——它们瘫痪了。很显然，这种行为是适应不良，它类似于两种不同但都非常强烈的动机之间的冲突所引起的人类病态行为。

神经病变与精神病变之间的另一个区别与这两类病症的病因有关。这两种病变可能是由基因遗传造成的，但除了这些遗传基础，机器人生命周期中所发生的各种事情都可能导致机器人的神经或精神病变。然而，造成这些病变的原因往往是不同的。机器人的神经网络可能会因外部环境的事件而遭受某些物理损害（例如身体创伤会损伤大脑），机器人身体内部事件（例如血液循环问题引发的大脑损伤）或脑内事件（例如与年龄相关的退化），以上这些事件可能导致神经病变。因此，如果要建造神经病变的机器人，我们必须“损伤”机器人的神经网络，消除它的感觉、运动、内部神经元或神经元之间的部分连接，或把噪声水平提高到能激活神经元的水平。精神病变往往是由另一种原因造成的。机器人特定的生活经历使机器人产生某些精神病变，改变了机器人的神经网络。机器人的一些神经元或连接被消除，或在运行中增加噪声并不会损伤机器人的神经网络，但机器人的生活经历使其神经网络获得产生精神病变的连接权值。或者说，受损的是神经网络中情绪回路的运行，而这种损坏可能与机器人的生活经历互为因果。

非人类动物有精神病变和神经病变，但人类的精神病变更加复杂，因为人类有非常丰富的精神生活。精神生活是人脑自发产生刺激的过程，包括记忆、想象，而且像所有的刺激一样，这些自发产生的刺激影响不同动机的强度。该过程往往是循环性的。大脑自发产生的刺激会影响个体的动机强度，这反过来又会唤起其他自发产生的刺激。如果自发产生的刺激对个体动机强度产生的影响是不健康的或不具有适应性，那么个体就会产生负面情绪和病变行为。

病理机器人学应该有助于回答有关神经病变学和精神病变学的其他研究问题，在结束本部分之前，列出其中的一些问题。

我们已经提出了两个区分神经病症和精神病症的标准。第一个标准是，神经病症是大脑认知半球的病症，而精神病症是大脑动机和情绪半球的病症。第二个标准是，神经病症可能是由个体的生活事件造成的，而不是后天习得的，也与个人的生活经历无关；但精神病症是后天习得的（遗传倾向除外），与个体的生活经历相关。这两种不同的标准之间的关系是什么？为什么认知病症基本上独立于生活经历，而动机和情绪病症与生活经历有关系呢？

另一个研究问题是神经系统如何参与到这两类行为病变中。大多数神经病症是由神经系统的部分区域在细胞水平上的破坏造成的，而精神病症则一般与神经系统在细胞层面受到的损伤无关，是由神经系统失常以及神经系统与身体其他部位在分子层面的相互作用失常所导致的。（此区别详见第二章动机和情绪部分）此外，神经病症往往与皮质及其普遍认知功能受损有关，而精神病症则往往涉及次皮质结构及其动机和情绪功能。可以用病理机器人帮助回答这些有意思但困难的问题吗？

我们已经区分了身体上的和行为上的病症，而身体上的病症会导致行为上的病症，行为上的病症也可以引起身体上的病症。我们应该让机器人再现身体与精神之间的双向作用，并帮助我们更好地理解为什么及何时身体不适会导致精神疾病，以及精神疾病何时又会导致身体上的病状。这同样适用于神经病症和精神病症的区别。大脑由两个半球构成，即认知半球以及动机和情绪半球，两个半球相互作用，对于两个半球上的病症来说同样如此。老人们很难记住事物，可能对此会产生消极的情绪反应。这种情绪反应让他们更难记住这些事物，因为他们的大脑在处理情绪反应时无法记忆。

我们已经介绍了神经病症和精神病症，但行为病症还有另外一种形式：心理障碍。精神病人找精神病医生看病，患有心理障碍的人去看心理医生。这种区别可能是模糊的，因为心理障碍可能只是一种不太严重的精神病症形式而已，但病理机器人应该表现出这两种形式的病症。要了解行为和个体间行为的差异，患有心理障碍的机器人可能与患有精神病状的机器人同样重要。精神分析学家认为，心理障碍是由“无意识”的原因造成的。人类可能无法记住往事，因为这些往事会让他们产生强烈的负面情绪。这会导致心理障碍，因为如果不有意识地回忆这些会导致负面情绪的往事，负面情绪状态就不会消除。精神分析学家还认为，通过谈话来唤醒病人对这些往事的意识，可以消除或减少心理障碍。机器人可以帮助我们重现这些现象吗？

这告诉了我们神经病症与精神或心理病症之间的最后一种区别，它涉及治疗方法。神经病症具有抗药性，利用康复技术可以缓解，但一般不会消除病症。相比之下，通过药物治疗和心理治疗（即病人和治疗师之间语言与非语言的互动）可以减轻，有时甚至可以消除精神病症和心理病症。这是什么原因呢？这是另一个机器人应该帮助我们解答的问题。在下一部分中，也就是本章的最后一部分中，我们将再次探讨治疗方法。

7. 预测、诊断、预后及治疗

非人类动物使用不同的策略来尽量减少与疾病相关的危险，并从中康复（在第二章，我们描述了身体受损后会停止移动的机器人）。从古老的原始方法到今天极其复杂的科学技术，人类已经开发出了各种方法和技术来处理人类身体和行为的病症。机器人能帮助我们理解医疗行为这种人类行为吗？该任务可细分成两个步骤：第一步，我们这些研究人员充当医生，病理机器人充当患者；第二步，构造两个机器人，使其分别充当医生和患者。

医生要做四件事。第一，在个体病症还没有表现出来之前做出预测（预测）。第二，根据症状，将病症归入有效类别中（诊断）。第三，预测病程（预后）。第四，治愈疾病（治疗）。（预防也应该加入到这个列表中。）衡量是否成功建造了类人机器人的方法之一，是我们这些研究人员能否针对具有行为病症的机器人做好以上四项工作。我们收集机器人个体的各种信息——基因、大脑、生活经历、目前的行为、精神生活等。基于这些信息来预测机器人将患上某些疾病，并将疾病归入到某个诊断范畴中，预测病程并治愈疾病。如果对各种机器人的行为病症都能做到这些，我们就能更加确信自己建造出的机器人真的像人类。

第二步是制造机器人医生。医疗行为是一种人类的行为，我们应该能够再现这种机器人行为，使其如其他所有人类行为一样。机器人医生的神经网络接收到各种关于机器人患者的信息，在该信息的基础上，机器人医生再决定收集其他信息，直到能够对患者的疾病进行分类、预测疾病未来的发展过程以及采取特定措施来治愈疾病。当然，这些都是非常复杂的行为，需要逐步推进。如今，协助人类医生诊断疾病的工具越来越复杂，常常借助于计算机的帮助，但这些工具却缺乏医生的“临床眼”，往往减少了医生和病人之间的互动。机器人医生也应该做到能直接诊断机器人病人并与之交谈。成功建造类人机器人的关键，就是让机器人拥有人类医生的“临床眼”。

第十三章　拥有艺术、宗教、哲学、科学和历史的机器人

当ME观察人类时，它很快就发现，除许多实践活动和实际利益以外，人类还有艺术、宗教、哲学和科学。艺术、宗教、哲学和科学均不是实践活动（虽然科学也非常实用），但它们是人类的典型特征，如果这些人造的人没有艺术、宗教、哲学和科学，ME就不能声称制造了人造的人。人类一般不会要求科学家解释这些人类活动，但他们会询问哲学家、神学家和历史学家。ME是一名科学家，它想要用了解所有其他人类现象的方式来了解艺术、宗教、哲学和科学——通过建造拥有艺术、宗教、哲学和科学的机器人。它想了解为什么人类拥有艺术、宗教、哲学和科学，这些人类活动之间有何关系，它们的不同表现形式是什么，它们是如何在人类社会历史中变化的及其原因，以及它们的未来会怎样。ME不是哲学家，它不想确定艺术、宗教、哲学或科学的“本质”是什么，因为对于ME，根本就不存在“本质”。ME想要建造一种机器人，它们能表现出说英语的人用“艺术”“宗教”“哲学”和“科学”等词汇所描述的行为。

ME造访地球时，还了解到人类社会并不是一成不变的。人类拥有自己的历史，ME想要解释这一历史。ME深知对人类社会的历史进行解释是一项艰巨的任务，因为人类社会是非常复杂的实体，每一部分都与其他部分不同。但ME认为，使用机器人再现过去人类社会的历史是了解人类和其社会的必要条件。

1. 本章简介

本章专门讨论拥有艺术、宗教、哲学和科学的机器人以及拥有一段历史的机器人社会。拥有艺术、宗教、哲学和科学的机器人与具有实际应用功能的机器人大不相同，这解释了为什么建造这类机器人看起来如此荒唐。但机器人人类学不可忽视这些现象，因为它们是人类适应模式的一个重要组成部分。实际上，我们尚未建造出拥有艺术、宗教、哲学和科学的机器人，但我们有一些关于如何建造这类机器人的假说，我们将在本章中简要介绍这些假说。

人类适应模式的另一个重要组成部分是，人类生活在与动物社会不同的社会中，这种社会不断发生变化，并且有自己的历史。由于人类的行为取决于他们生活的社会，所以我们必须了解这些变化和这一历史；而要了解这些变化和历史，我们就必须在计算机中再现。我们已经在本书的其他章节中描述了关于人类历史现象的一些模拟实验，我们将在本章中讲述另一种模拟实验。但我们特别感兴趣的是，如何通过模拟历史创造历史，进而改变历史学科。

2. 拥有艺术的机器人

艺术是人类的一个重要组成部分，如果我们的目标是通过建造与人类相似的机器人来了解人类，那么我们的机器人就必须拥有艺术。我们何时有理由说机器人拥有艺术了呢？我们使用一个实用且具有操作性的有关艺术的定义。拥有艺术的机器人，指的是会花费大部分时间来了解其他机器人创造的事物（视觉影像、声音、书面文本）的机器人，并且无论是创造这些事物的机器人（艺术家），还是了解这些事物的机器人（公众）都有不可轻松识别的目的。本书中描述的机器人均具有非常实际的动机，但要被称为人，机器人还必须拥有创造或了解那些没有任何实际意义的人工制品的动机。为什么机器人应该具有此动机呢？此动机的适应价值是多少？为什么机器人要从实践活动中抽出一些宝贵时间来创造艺术品或欣赏其他机器人创造的艺术品？要回答这些问题，我们必须从只做实事的（与非人类动物相似的）机器人说起，经过连续数代更替，机器人一定会进化（在基因和文化方面）出创造艺术品和欣赏艺术品的行为。

创造艺术品需要手工和认知技能，但艺术并不属于大脑认知部分，而是属于动机和情感部分。正如我们在第二章中所述，动物和人类在两个层面上运行——动机层面和认知层面。善于在动机层面上运行比善于在认知层面上运行更重要。因为，若机器人未在既定的时间内用自己的行为来恰当地选择动机，即使机器人能够做满足其动机而必须做的事情，机器人生存和繁殖的机会也可能会大打折扣。在动机层面上运行良好非常重要，所以进化在大脑中产生了一个特殊回路，以帮助动物和人类做出更好的动机选择。这一神经回路状态被称为情感状态或情绪，第二章中描述的机器人表明了大脑中拥有情感回路的适应优势。看到可能会成为配偶的对象会唤起一种情感状态，这种情感状态会使机器人更可能追求交配的动机，而非其他动机。看到捕食者会唤起一种情感状态，这种情感状态将增加机器人不再继续寻找食物转而逃离捕食者的可能性。看见自己的后代会唤起一种情感状态，这种情感状态会使机器人喂养孩子，并一直待在孩子附近，而不是去做其他事情。

情感状态是感觉到的状态，因为情感回路会影响身体的内部器官和系统，反过来，这些内脏器官和系统又会向生物体的头脑发送感觉输入信息。但生物体的情感状态也会改变其身体的外貌和行为，因此，生物体不仅自己能主观感觉到情感状态，而且还能让其他生物体感觉到。在许多动物身上，外部的“情感表达”是情感回路对身体影响的无可避免的副产物，不具有任何功能价值或适应价值。但对于人类这种生活在主要由人组成的环境中的、非常社会性的动物而言，情感表达是社交互动和社会生活的一种重要机制。表达自己的情感状态可以让其他人了解自己的情感状态，这提高了其他人帮助自己满足动机的可能性。此外，如果我们知道另一个人的情感状态，我们就可以预测其行为，我们就可以调整自己的行为来适应他，这是群居生活中两个非常重要的先决条件。人类会产生情感“共鸣”，这可以被理解为，如果一个人察觉到另一个人表达出的外部情感状态，这个人就往往会表现出同样的情感状态。这种可能涉及许多个体的情感状态的分享，可以帮助协调人与人之间的行为，从而实现某种共同目标。

艺术品表达情感，这可以被理解为，艺术品可以在创作艺术品的艺术家和公众当中引起情感状态。我们关于艺术适应价值的假说是指：艺术有助于人类培养情感，而情感又可以帮助他们在一生中更好地做出恰当的动机决策。这就是艺术的生存和繁衍价值、艺术的进化源头、艺术在人类生活中有如此重要且普遍地位的原因。如果艺术家在艺术品中表达情感状态，那么艺术家的情感状态就会被表达得更清楚、更细腻。如果公众欣赏艺术品，则公众的情感状态就会被表达得更清楚、更细腻。此外，艺术品使人类能够获得他们想要的情感状态，而无论人类何时想要获得这种情感状态，这都使人类在日常生活中能够获得没有相关危险的情感状态，使隐藏于其情感生活中的东西显现出来，使他们能与其他人分享情感状态，从而使自身不再感到孤独。根据印度密教经典的传统，审美体验是指“独立了解与我和我的东西有关的任何事物”。艺术品使人类拥有了情感状态，而无须在日常生活中持续关注自己以及伴随情感状态的“我的东西”是什么。

有些动物拥有看起来像艺术的行为（如鸟类的鸟巢装饰），但艺术特指人类现象。艺术是情感培养，这种假说可以解释为什么只有人类才拥有艺术吗？与非人类动物相比，人类拥有大量不同的动机和非常丰富的社交生活，这必然造成人类的动机选择比非人类动物的动机选择更困难。但除行为之外，更重要的是，人类还拥有精神生活（请参见第五章）。大脑接收到的刺激因素，不仅可能来自外部环境或来自身体内部，而且大脑还会以图像、记忆、预测和思考的形式而自行产生刺激因素。由于不同动机的强度会受到大脑接收到的刺激因素的影响，而大脑自己产生的刺激因素会使动机决策变得更复杂、更困难。事实上，人类为了帮助自己而做出复杂的动机选择，他们拥有非常丰富的情感状态。艺术可以让这些情感状态表达得更清楚、更细腻。由于精神生活不仅能够使人类在真实世界中生活，而且还能够使人类在大脑想象的可能世界中生活，所以艺术品不仅能够使他们在可能的认知世界中生活和学习，而且还能够使他们在可能的情感世界中生活和学习。

考虑到人类的这些特征，为了培养情感而创造艺术品的假说可以解释为什么只有人类才拥有艺术。如果我们建造与人类相像的机器人，且这类机器人还拥有丰富的动机和情感、丰富的社交生活、丰富的精神生活以及建造图像、声音和语言的艺术品的能力，我们就能预测机器人将自动发展出创造艺术品和欣赏这些艺术品的倾向，因为艺术能够使情感状态被表达得更清楚、更细腻，从而变得更有用。

艺术是情感培养的假说，指的是一种关于如何真正建造拥有艺术的机器人的假说。我们从并不拥有艺术的机器人开始，然后艺术品在机器人当中逐渐开始出现，经过一代又一代，它们不断发展进化。虽然人类拥有艺术，而非人类动物没有艺术是由基因造成的，但是艺术品是从文化角度逐渐发展来的，而非从生物学角度。有些机器人（“艺术家”）选择它们同一代或以前代系的机器人创造的某些艺术品，并复制这些艺术品。但它们会对这些复制的艺术品略做改变，以创造表达自己情感状态的新艺术品。其他机器人（“公众”）则欣赏它们同一代或以前代系的机器人所创造的艺术品，但它们也会进行挑选——它们选择想要欣赏的艺术品。这将使某些艺术品变“美”、变“永恒”，使其他艺术品变“丑”、变得容易被忘记。

作为情感培养的艺术必定与人类喜欢艺术品的观点不同，因为艺术品能够使他们有积极的情感——他们想要拥有的情感。许多艺术品会引起消极情感，如恐惧、焦虑和悲伤。艺术美与非艺术美不同：一个丑陋的女人或不幸福的男人的肖像也可能是非常美的艺术作品，而一个美丽女人或幸福男人的肖像却可能是丑的艺术。

我们还没有真正造出拥有艺术的机器人，但我们可能会造出这类机器人；如果一系列问题我们都能够解答，我们就有了已经成功造出拥有艺术的机器人的证据。这类问题如下：

拥有艺术的机器人也必须用欣赏没有任何实际意义的艺术品的相同方式，来欣赏诸如花和自然景观等实物。但艺术品与作为审美观照实物的花和自然景观不同。艺术品是由人类（艺术家）创造的，它们使情感状态能在艺术家和公众之间分享成为可能，而花和自然景观并不是由任何人创造的。因为艺术使人类的情感被表达得更清楚、更细腻，所以它就具有适应性吗？（花和自然景观也可以做到这一点）或者因为艺术使同艺术家分享情感状态成为可能，所以它就具有适应性吗？当人类把花和自然景观视为艺术时，他们是否“认为”某人（上帝或大自然）因为想要与人类分享情感而创造出了花和自然景观呢？

做运动和观看其他人做运动、打扑克、下象棋或玩其他游戏，这些行为就像创作艺术作品和欣赏艺术作品一样，因为它们也缺乏实用价值。但是，我们还应该问：什么原因造成了游戏不同于艺术？游戏和观看其他人游戏可能仅涉及一些特定的情感状态（与实现目标和战胜他人有关的那些情感状态），而艺术使表达各种情感状态成为可能。游戏也许可以提高实现目标和战胜他人的能力，但这对艺术却不适用，而密教经典将审美体验解释为“独立了解与我和我的东西有关的任何情感联系”，但这种解释并不适用于游戏和观看其他人游戏。另一种不同体现在游戏可以改善大脑的认知部分（更好的行为和更好的认知技能）上，而艺术品不能改善大脑的认知部分，只能改善动机和情感部分。

听音乐不仅指听见音乐，而且还意味着听众所扮演的积极角色。即使音乐没有任何实际意义，听音乐的机器人也一定会对听到的音乐做出反应。如果我们在人们听音乐时进行观察，就会看到他们倾向做如下三件事：①他们身体的某些部位（头、脚、手）有节奏地动起来，重现或预想他们正在聆听的音乐的节奏；②他们通过大声地自唱或更多时候的低吟来重现或预想音乐的旋律；③他们露出通常由音乐表达的情感状态所引起的面部表情和身体姿势。制造可以做出①和②动作的机器人可能没有那么困难。制造可以做出③动作的机器人非常难，但并不是不可能的任务。制造可以做出①和②动作的机器人可能仅仅是“认知”机器人。可以做出③动作的机器人一定是拥有情感状态的机器人，而且这种机器人能够对听到的音乐做出反应，随着音乐在它们体内引起的情感状态而活动面部和全身的肌肉。

艺术品引起的反应集中在其“形式”上，并且忽视其可能的用途和实际的意义。由于它们引起的反应集中在其“形式”上，所以我们可以认为，好的艺术品是指拥有“好的形式”的人工制品。但什么是“好的形式”？如果“形式”和“好的形式”是从数学角度来解释的，那么艺术属于大脑认知部分。但这是真的吗？因为艺术品拥有数学家所描述的“好的形式”，所以人类就拥有艺术吗？或者因为艺术品有助于人类培养情感，所以人类就拥有艺术吗？人类喜欢具有“好的形式”的事情，因为“好的形式”允许他们预测和控制这些事情，这可以诱发他们体内的积极情感。但是具有“好的形式”的许多事情并不是艺术，从数学意义上来说，许多艺术品并没有“好的形式”。艺术不属于大脑认知部分，人类将艺术用于培养情感状态，并不是因为艺术是“好的形式”。

如果艺术在忽视某事物可能的用途和实际意义的同时向人们揭露该事物，则艺术类似于科学。科学家通过关注现象并忽视其实际意义的方式来对现象做出反馈。从这种意义上来说，艺术和科学是“推测性的”，但是艺术品一般均被大脑动机和情感部分处理过，而事实和现象则均经过科学家大脑的认知部分处理过。艺术需要情感参与，而科学需要情感抽离。科学家头脑处理现象的实际目的至少有一个——能够预测现象，而艺术品甚至没有这种实际意义。

艺术和科学之间的另一种差异是，同为人类的艺术家和科学家均想获得社会的认可，但艺术家在认可和参与外，还不希望获得来自其他艺术家和其公众的任何东西，而科学家则希望获得来自其他科学家的批评和反对，从而改善他们的工作。艺术创造是一种个体的人类活动，即使在一起演奏音乐或一起跳舞也不例外；而科学则是一种社会性的活动。

但艺术和科学之间另有最重要的差异，这种差异可以帮助我们更好地了解对于人类来说现实世界是什么。人类对日常生活中事情的反应方式不仅是根据由科学确定的事物定义所决定的，而且是由处于事物四周的可以被称为“光环”的事物决定的。事物的“光环”不仅是指事物在人类当中所引起的情感反应，还指事物不位于人类的“外部”，而是位于人类的“内部”。事物和人类“在一起”，事物“就是”人类。对于人类，事物没有明确的边界，随着时间推移不会保持不变（即使事物没有发生变化），不会独立于背景，与作为内在属性的其他事物有关。正是事物四周的“光环”，解释了对于人类而言“象征”之所以如此重要的原因；以及语言中充满了隐喻和比喻的原因，这语言甚至可能是最基本的、最原始的隐喻和比喻。

艺术使事物在时间周围的“光环”更易被理解，也更明确，而科学则摧毁了事物四周的“光环”。一个人可以相信在人类大脑中的事物四周拥有“光环”，但实际上，事物四周没有任何“光环”，但这会造成错误地分配“主要”和“次要”角色。主要角色是指事物四周拥有“光环”，但最近一项特殊的人类活动——科学使事物四周的光环不复存在。许多当代艺术（从未来主义、立体主义和抽象主义到当代工艺美术）试图抓住科学和技术周围所拥有的“光环”。

艺术作为社会、文化、时代和其与其他人类活动（如宗教和政治生活）关系的函数而变化，艺术一开始就与所有这些人类活动的开端互相交织在了一起。机器人不仅从整体上再现了艺术，还再现了艺术在不同的社会、文化、时代及其与其他人类活动的关系中表现自己的不同方式。要建造拥有艺术的机器人，我们的机器人不仅需要再现生物学家、神经系统科学家和心理学家所研究的现象，而且还需再现史前历史学家、历史学家和社会科学家所研究的现象。

拥有艺术的机器人还可能为我们讲述关于当代艺术的趣事。可以使用机器人检验的假说是指起着分享情感工具的作用且被公众所欣赏的艺术品。艺术品一定是文化遗传体系的变种，就像生物体是遗传基因的变种一样。由于当今社会往往拒绝传统和遗传体系，所以我们不禁要问：当今社会可以创造出艺术品吗？当今的许多艺术均可在市场上售卖，也就是说，艺术品的创造是以“售卖”（确确实实的售卖）为目的的，而非通过艺术品来表达某种事物。如果当今创造的艺术品不是遗传表达体系的变种，而是市场上售卖的产品而非艺术，那么它们是否会得到后代人的欣赏？

通过建造拥有艺术的机器人，我们能够回答其他问题，其中许多问题都涉及人类中个体间的差异。（关于存在个体间差异的机器人，请参见上一章。）我们可以预测哪个机器人将成为艺术家吗？为什么有些机器人欣赏艺术品，而另一些机器人却不欣赏呢？为什么有些机器人喜欢某种形式的艺术（如音乐），而其他机器人却喜欢另一种艺术形式（如视觉艺术）呢？为什么有些机器人倾向于阅读枯燥乏味的小说，而其他机器人则倾向于读诗歌呢？为什么诗歌常常会被阅读和重读许多次，而小说却不大会呢？诗歌与宗教的倾向和态度的联系多于小说吗？为什么诗人会从“声音”中获得灵感，而小说家却不大会呢？高雅艺术和流行艺术之间的差异是什么？为什么有些机器人喜欢高雅艺术，而其他机器人更喜欢流行艺术呢？

其余有趣问题可以通过建造男性机器人和女性机器人艺术家获得答案。（关于男性机器人和女性机器人，请参见第七章。）为什么男性艺术家比女性艺术家多呢？这是因为男性在气质方面比女性更多变，且男性艺术家比普通男性拥有更多女性特征吗？这同样适用于艺术的公众。喜欢艺术的男性比不喜欢艺术的男性具有更多的女性气质特征吗？男性和女性之间的差异是否具有生物学基础，或者这种差异是否是由人类社会和人类文化的组织方式引起的？如果人类社会和人类文化发生变化，这些差异会消失吗？

最后一个问题是，人类艺术品与人体、其感觉和运动器官以及人类特定的适应模式的具体特征有何种关系。通过制造机器人来了解生物体行为的一大优势是：我们可以建造与任何现有生物体不同的机器人。拥有与人类身体和人类的感觉和运动器官不同的机器人是否会创作与人类艺术品不同的艺术品？哪些类型的艺术品是由不具有类似人手的机器人、具有逊于人类视觉能力和超越人类嗅觉能力的机器人、喜欢我们不喜欢的声音的机器人、在空气和水之类媒介中而非在地表上移动的机器人所创作的？这对机器人的适应模式同样适用。独自生活的机器人能否创作艺术品？哪些类型的艺术品是由无性繁殖的、不需要照顾后代的、不回忆过去并不想象未来的机器人创作的？如果这些机器人创作与人类艺术品不同的艺术品，那么人类是否会喜欢这些机器人的艺术品？机器人艺术家创作的艺术品是否会给人类艺术家提出新的艺术品类型？

3. 拥有宗教的机器人

建造拥有宗教的机器人并非易事，但考虑到宗教在人类适应模式中的重要性，要将我们的机器人称为人，它们就必须拥有（一定已经拥有）宗教。宗教就是相信不能被认识和理解的事物的存在，如同相信我们认识和理解的日常生活中世界的存在一样。宗教在不同社会和不同时期表现为不同形式，并且与魔法、巫术、神话、社会礼仪和社会权利有紧密联系。我们必须做的是从与非人类动物类似的、不拥有宗教的机器人开始，然后经过在生物和文化方面的数代发展，这些机器人必定会发展出宗教信仰和宗教活动，当机器人社会变得与“现代”人类社会相似时，许多机器人必须不再拥有宗教信仰。与拥有艺术的机器人一样，拥有宗教的机器人是指未来机器人，但我们能够做出关于宗教的某些假说，并通过制造机器人来进行检验。

有一种假说是基于这样一个事实：与非人类动物相比，人类可以将环境中存在的许多常规现象装进自己的大脑，因为人类不仅会根据环境采取行动，而且还可以预测和控制其行为所产生的后果。因此，人类能够解释现在正在发生的事情、过去发生的事情以及预测将来会发生的事情。但人类很快就会发现自己的知识存在诸多局限性。人类无法解释和预测许多发生了的或可能发生的事情，人类提出了许多自己无法回答的问题。要克服这些局限性并感到更舒适，人类就会想象存在着并不属于这个世界的实体，这些实体知道他们无法知道的事情，并解释他们无法解释的事情。

该假说将宗教与大脑认知部分、人类认识的事物和不认识或无法认识的事物联系起来。另一个假说将宗教与大脑的动机和情感部分联系起来。人类渴望获得他们不可能拥有的许多事物（例如，他们自己和所爱的人长生不老），他们害怕自己和所爱的人可能遭遇的事情，一般来说，他们希望现实与事实真相不同。要拥有渴望获得的事物和避免害怕的事物，人类想象存在着可以实现愿望和平息恐惧的实体，他们请求这些实体来帮助实现他们的愿望。

宗教与（或曾经与）艺术有联系。宗教和艺术同时出现，它们在现代社会才分开。但宗教和艺术在人类生活中扮演着不同的角色。艺术指的是情感培养，并是对各种各样的情绪（不论是积极的还是消极的）的情感培养。宗教是一套让人类避免消极情感的信仰和活动，可能会使人们变得幸福。

关于宗教的其余假说均具有社会和政治性质。宗教是指一套共同的信仰、价值观和活动，人类喜欢住在具有共同信仰、价值观和活动的社会中，因为通过这种方式，他们可以了解和预测与其住在一起的其他人类的行为，因为宗教让人类社会团结在一起，这能够使该社会与其他社会更好地进行竞争。宗教还与人类社会拥有“首领”的需要有关，“首领”告诉社会成员必须做什么，“首领”运用（或在过去使用）宗教让人们服从。（对于“首领”机器人请参见第十二章政治机器人学。）

考虑到各种不同宗教在人类社会中扮演过的和继续扮演的各种角色以及宗教和人类社会的历史性变化，这些关于宗教的假说可能都是正确的。但这些假说现在仍然是假说。要检验这些假说，我们必须建造融入这些假说的机器人，并看看这些机器人是否发展宗教以及它们在所生活的不同社会中发展何种宗教。我们的机器人还应该再现宗教在人类社会历史中的变化过程，这应该有助于回答这个问题：由于现代社会拥有科学（声称知道有关现实状况的所有可被认识的东西）和技术（能够让人类更好地控制其生活和未来），所以宗教人士的数量是否会在现代社会中有所减少？

机器人应该再现各种宗教，它们应该能够使我们理解：为什么不同社会拥有不同宗教。例如，西方宗教是以人类为中心的，上帝的儿子就是人类，上帝本身就与人类相像，而不像猫、或猴子、或大自然、或整个现实世界。上帝创造了世界，就像人类创造自己生活的环境一样；上帝无所不知，人类也想要无所不知；上帝无所不能，人类也想要无所不能；上帝以人类想要被其他人喜爱的方式喜爱人类。拥有宗教的机器人应该有助于我们回答这个问题：为什么西方宗教这么以人类为中心？

如果我们建造拥有宗教的机器人，我们就可以做和对拥有艺术的机器人所做事情相同的事情。我们可以制造某方面与人类不同的机器人，并观察这些机器人的宗教是什么。

不管怎样，机器人宗教科学都特别重要，因为宗教几乎不可避免地会引起支持或反对宗教的态度。机器人可以使人类科学家以科学要求的必要分离方式来考察宗教。

4. 使用机器人研究形而上学

有些人是哲学家，因此有些机器人一定是哲学家。通过这些机器人，我们能过更好地了解哲学同宗教和科学有何不同、为什么哲学发源于其发源地、为什么哲学几乎等同于西方哲学以及哲学随时间流逝如何发生变化。但这并不容易做到。在本部分中，我们不会讲述研究哲学的机器人，因为我们并没有建造这些机器人，但我们将尽力说明机器人是如何帮助人类研究哲学的。

哲学家研究的一件事情是试图确定现实世界的基本构成要素——物体、属性、行为、事件、状态、过程、类别、部分、整体、时间、空间、质量、数量、意志、自由意志等，他们将此事业称为形而上学或“第一哲学”。但哲学家也是人，不论他们对现实世界的基本构成要素可能做出何种结论，我们都应该问：这些结论是否独立于“哲学家也是人”这一事实之外？想象一下，如果哲学家是昆虫哲学家、或狗哲学家、或黑猩猩哲学家，那么现实世界的基本构成要素对人类哲学家以及对虫子哲学家、狗哲学家或黑猩猩哲学家来说是否一样？若不一样，我们是否有权称人类知道现实世界的基本构成要素是什么，而虫子、狗和黑猩猩却不知道呢？只有人类研究形而上学及更广泛意义上的哲学，因为哲学均是言语活动，而只有人类拥有语言。但是，或许当哲学家研究形而上学时，他们实际上在做的并不是试图确定现实世界的“真正”构成要素，而是在描述一种特定的动物物种——智人——的现实世界的基本构成要素。这扩展到人类之间的差异，人类具有不同的年龄，拥有不同的文化，能说不同的语言，而且还拥有不同的个性和病状。其形而上学是否依赖这些因素，并随着这些因素发生变化？婴儿刚出生时并没有“物体”的概念，但他们在出生后的几个月内会逐渐获得这一概念。“意志”的概念和“时间”的观念在不同的文化中是不同的。中国人也许无法辨别物体及其属性，因为汉语不对名词和形容词作区分。患有孤独症的人可能没有未患孤独症的人所拥有的“其他人类”的相同概念。天生失明的人认为的形而上学，可能与未失明的人认为的形而上学不一样。

这也适用于哲学家。哲学家不是普通的人类，当他们试图确定现实世界的基本构成要素是什么时，他们的行为表现是专家，而非普通人类。如果我们想要知道对于人类来说现实世界的基本构成要素是什么，我们就应该询问普通人类，而非哲学家。问题在于，普通人类可能无法理解该问题，因此他们可能无法回答该问题。

但该问题是根本性的问题。“现实世界的基本构成要素是什么?”，这个问题的答案必须用语言并通过语言分析（哲学家称之为“概念”）来回答吗？也许，要知道对于人类来说，现实世界的基本构成要素是什么，我们不应该使用语言，而应该观察人类的行为方式以及人类大脑如何运行。只有人类拥有语言，如果我们仅仅可以通过使用语言来回答现实世界的基本构成要素是什么这个形而上学的问题，那么对于动物而言，它们就不可能知道现实世界的基本构成要素是什么，因为动物没有语言。如果我们想要知道对于动物和人类来说现实世界的基本构成要素是什么，我们就应该忽略语言并观察其行为及大脑。

研究哲学与语言存在内在联系，如果哲学家被禁止使用语言回答形而上学的问题，他们就将对这些问题失去兴趣。与哲学不一样，科学与语言没有联系。如果关于现实世界的基本构成要素对于这种或那种动物来说是什么的任何科学理论被视为是正确的，那么对这些科学理论应该能够进行预测，且预测必须符合可观察到的关于动物行为和大脑的客观事实。这种方法的一个重要优势是，我们可以采用一种非常有用的科学工具——对比方法。我们不仅可以对人类，还可以对其他动物提出“现实世界的基本构成要素是什么?”的问题；我们还可以对不同类型的动物提出该问题；我们还可以解释，为什么对于这种或那种动物而言，现实世界拥有这种或那种基本构成要素。

对于形而上学，这种对比方法分为两个步骤。第一步是通过观察动物的行为和大脑，而非询问动物，找出对于动物来说现实世界的基本构成要素是什么，因为在后一情况当中，我们仅能从人类（更准确地说，是从一小部分人类——哲学家）那里获得答案。第二步是关键步骤，这一步是使用机器人来研究形而上学。我们应该尝试通过建造行为类似于特定动物（例如，人类）的机器人，来回答对于该动物来说现实世界的基本构成要素是什么这一问题。我们能够不通过观察动物的行为和大脑，而是通过观察再现动物的机器人的行为和大脑确定什么是动物而认为的形而上学。

这具有许多优势。我们可以更好地研究再现某种特定动物的机器人的行为和大脑，因为机器人是由我们建造的，我们可以随意拆卸和操纵机器人，从而更好地了解，对机器人（以及对机器人再现的动物）来说，现实世界的基本构成要素是什么。另一个优势是，当我们不使用真正的动物而使用机器人时，我们可以在现有动物范围以外使用这个比较方法。我们可以建造与任何现有动物都不相似的机器人，并预测在给定机器人的特定身体和大脑的情况下，对机器人来说现实世界的基本构成要素是什么，然后再观察我们的预测是否正确。通过建造机器人研究形而上学的最后一个优势是，由于我们的机器人不是由我们的编程而表现出这种或那种行为，而是在特定环境中自己进化或学习到这一行为的，这便使我们可以将各类机器人认为的现实世界的基本构成要素与特定环境和机器人的特定进化历史联系起来。这点非常重要，因为任何动物的形而上学都是该动物的整体适应模式和其物种进化历史的结果。

通过使用机器人来研究形而上学，我们能够回答如下一些问题。对于机器人来说，某事物什么时候“存在”？什么时候可以说机器人生活在一个“物体”的世界中？“物体”一定拥有心理学家让·皮亚杰所谓的“物体恒存性”吗？“物体恒存性”如何在机器人的一生中有所发展？动物机器人拥有“物体恒存性”吗？对于机器人来说，物体什么时候拥有组成部分和属性？对于机器人来说，空间和时间存在吗？机器人能否辨别活动和事件？它能否辨别质量和数量？机器人有意志吗？它有自由意志吗？对于机器人而言，“我”和“我的”存在吗？没有语言的机器人的形而上学和有语言的机器人的形而上学一样吗？

建造机器人作为研究形而上学的工具可将形而上学转变成科学。但像哲学家那样研究形而上学，其本身就是一项重要的人类活动。如果要将我们的机器人称为人，那么有些机器人（机器人哲学家）自己就应该研究形而上学，它们应该像人类哲学家研究形而上学那样（使用语言）来研究形而上学。此外，形而上学只是哲学的一个组成部分，哲学还有其他组成部分和其他目标。譬如宗教，哲学家将现实世界作为一个整体进行观察，试图发现生活和现实世界作为一个整体的“意义”是什么。它们的另一个目标是找出（并告诉其他人）对人类而言什么是“好生活”。我们可以制造机器人哲学家，理解为什么（有些）人是哲学家。但我们必须记住，人类活动随时间的推移并不会保持不变，且人类活动不是永恒的。哲学起源于宗教，然后成为独立的人类活动，现在与科学越来越接近。建造机器人哲学家也许可以帮助我们预测哲学的未来，或许可能预测哲学没有未来。

5. 研究科学的机器人

要建造研究科学的机器人，我们必须从最基本的一般性问题开始：为什么（大多数）动物拥有大脑？大脑有什么用途？所有动物都需要了解自己生活的环境，以便在这种环境中生存和繁殖。但了解环境指的是什么？了解环境是指将环境中和与环境的相互作用中存在的共变装进大脑。动物的环境包含许多共变：X是一种情况，Y也是一种情况，则X和Y可能是各种情况。它们可能是事件——当一个事件发生时，另一个事件也可能发生，它们可能是物体的组成部分或属性：当物体拥有一个组成部分或一种属性时，便也拥有另一个组成部分或另一种属性；它们可能是行为或行为的结果——当一种特定行为实施时，某特定事件会随后发生。共变可能更复杂，当X以某种特定的方式发生变化时，Y也可能以某种特定的方式发生变化。或者共变可能涉及两件以上的事情，一件事情发生之后，仅在某种情况下可能随之发生另一件事情；一种行为发生之后，仅在某种情况下随后产生效果。X或Y可能不仅仅是外部环境的组成部分，而且还可能是动物身体上的事件或状态。当动物身体内发生某事时，也可能发生其他事；当动物做某事时，不仅是外部环境，而且动物身体内都可能发生其他事。

大脑是专门将动物环境中存在的共变融入其结构和运行方式的器官。所有生物体（甚至植物和水母之类的无脑动物）都将其环境中存在的共变融入自己的身体，因为这是在此环境中生存和繁衍的必要条件。但是，有些动物拥有专门记录和保存这些共变迹象的器官，这一器官就是大脑。这也是大脑之所以发生了进化以及（大多数）动物之所以拥有大脑的原因。

下面我们给出一些示例。其中一些示例适用于所有动物，而一些仅适用于人类，但我们使用的“动物”一词也包括人类。通过将环境中存在的共变融入动物的大脑，当一件事情发生且该动物察觉到该事情时，该动物便会知道还会发生另一件事物。当动物做某事时，它知道做完这件事之后，还将会发生某件特定的事情。如果动物知道某物体有某种属性，它就还知道该物体还有另一种特定属性。当动物看到某物体的一部分朝某方向移动时，它就知道该物体的其余部分也会朝着相同的方向移动。当动物看见某物体在空间中以特定的速度移动时，其大脑便会知道该物体随后会到达什么地方。当动物看见一个三维物体时，它仅从一个特定角度就能看见该物体且仅看见该物体的某些部分；当动物转到物体的另一边（若是人类，他们可以用双手旋转物体）时，它还能知道该物体的形状。当动物看见某物体时，如果动物身体和该物体零距离接触——动物触摸该物体，它就知道自己将获得触觉。当动物触摸某物体时，触觉不仅来自触摸该物体的身体部位，而且来自该物体，动物知道自己触摸了自己的身体，这可能是知道自己拥有身体的开始。

我们有什么证据表明，动物大脑融入了环境中以及在动物与环境的相互作用中存在的共变？第一种类型的证据是行为方面的。如果我们观察动物的行为，我们就会发现，当 X 发生时，动物会为 Y 做准备。当动物看见捕食者时，动物知道自己可能会遭到该捕食者的猎杀，它会逃走。如果发生闪电，一些人会用手堵住耳朵。当 X 发生、Y 不发生时，动物会非常吃惊。如果人类从某个角度看见某物体，然后绕着该物体观察，若他们看见的与他们预期的不同，他们就会非常吃惊。这在其他情况中也同样适用。物体的一部分朝一个方向移动，而物体的其余部分不朝相同的方向移动；物体和身体零距离接触，但没有来自物体的触觉。

另一种类型的证据更直接，因为证据就是神经。如果我们检查动物的大脑，我们就会发现，如果 X 在动物环境中随着 Y 共同变化，那么当动物觉察到 X 时，大脑中发生的事情，就与 X 不随着 Y 共同变化时大脑中所发生的事情不同。通过建造逐渐进化或学习行为的机器人，可以看到这一点。如果机器人生活在 X 随着 Y 共同变化的环境中，并且机器人的行为经过数代的发展进化，我们就会发现，当机器人觉察到 X 时，初代机器人大脑中发生的事情与上一代机器人大脑中发生的事情会有所不同，因为在进化过程中，机器人已经将 X 和 Y 之间的共变融入了大脑。这对学习型机器人同样适用。如果它们生活在 X 随着 Y 共同变化的环境中，在学习之前，它们觉察到 X 时，大脑中发生的事情与学习结束时大脑中所发生的事情不同。在这两种情况中，解释说明完全一样。只有机器人大脑将 X 和 Y 之间存在的共变融入其结构和运行方式中，机器人才能生存、繁衍，并过上优裕的生活。

所有动物生来就拥有已经融入了环境中存在的一些共变的大脑，因为这些共变在基因中进行了编码。但其他共变是在生活中通过学习获得的，它们是由个体在环境中的特定的生活经历引起的。正如我们在本书中多次所说的，这对所有动物都适用，但对人类却特别适用，因为人类的行为大部分是学习所得，而不是通过基因遗传所得。与非人类动物相比，人类将所处环境中存在的，以及在他们与环境相互作用的过程中出现的更大数量的共变融入自己的大脑中。这就是人类大脑（相对于身体尺寸）比大多数动物的大脑更大的原因。

人类和非人类动物之间的另一种差异是人类拥有语言，人类通过语言可以将环境中存在的但未直接经历过的共变融入大脑，因为其他人会告诉他们这些共变是什么。因为人类可以从其他人那里了解他们所知道的共变，而且（正如我们在专门讲解语言的第四章中所观察到的那样）语言能够使人类在大脑中拥有更丰富且更清楚的有关其环境的模型，从而将环境中存在的更丰富且更清楚的一套共变融入大脑，所以语言非常重要。通过使用语言来表达共变，人类发现某些共变会随着其他共变而共同变化，他们通过使用已知的共变来发现新的共变，他们确定更加普遍的共变，这些共变可以解释更加具体的共变。单一个体可以做到这一点（推理），通过与其他个体的口头沟通也可以做到这一点（讨论）。在这两种情况中，语言可以使融入人类大脑中的共变系统变得更庞大、更强大。

最后一个差异是人类拥有心理学家所谓的内在动机，内在动机是指并不是为了达到某种实际结果而做事情的动机，而是为了了解环境中和与环境的相互作用中所存在的共变。其他动物也有内在动机，但人类却最具代表性，因为人类有双手，他们用手可以做各种事情，然后观察自己所做的事情会产生何种结果。

人类和非人类动物之间的这些差异解释了：与大多非人类动物不同的人类之所以建造人工制品并发展技术的原因。正如我们所说，将环境中和与环境的相互作用中存在的共变融入大脑，这是在环境中行为表现恰当的必要条件，这对所有动物都适用。但当大脑中包含的共变足够丰富且足够复杂时（由于是在人类大脑中），人类不仅可以使用这些共变与环境产生直接的相互作用，而且还可以使用这些共变建造人工制品和发展技术，这些人工制品和技术会帮助人类以更好的方式与环境进行相互作用。建造更好的人工制品和发展更好的技术的愿望是寻找环境中存在的共变，并将这些共变融入大脑的强大压力。

这是科学的开始。科学是旨在获取环境中存在的共变的一种人类活动。科学家不仅对碰巧观察到的共变感兴趣，而且还在寻找新的共变。他们会问：如果 A

发生了，会发生什么？如果 A 随着 B 共同变化，那么能够使 A 随着 B 共同变化的 A 的特定属性是什么？如果 A 随着 B 共同变化，还有什么也会随着 B 共同变化？如果 A 通常随着 B 共同变化，但这在某种特定场合中不适用，那为什么 A 在该特定场合中不会随着 B 共同变化？如果 A 随着 B 共同变化、B 随着 C 共同变化，那么 A 也会随着 C 共同变化吗？

所有这些活动都是由语言促进的，语言在两个方面对其起促进作用。语言帮助科学家清楚地确定 A、B 和 C 是什么。一般来说，语言清晰地表达了科学家头脑中的现实世界的模型（关于这一点，请参见第四章）。而且，通过使用语言，科学家能够根据特定的共变来推导出更加普遍的共变，还能建立共变系统。语言促进科学的另一方式是语言是一种沟通工具，通过使用语言，科学家可以与其他科学家合作，可以与其他科学家沟通研究成果，可以与其他科学家讨论工作。语言能够使人类科学家掌握的关于现实世界的知识成为社会知识。

但科学的两个最重要的特征分别是；第一，科学不是以定性的方式，而是以定量的方式观察环境；第二，科学不会限制自己寻找环境中存在的共变，不过科学可以解释这些共变的理论。

数字和数量在人类日常生活中也发挥着非常重要的作用（例如，在测量时间和空间范围时，或在与其他人交换物品时），但是数字和数量“是”科学。数字和数量使通过社会共同的（客观）方法观察环境成为可能，因为大家必然会在数字和数量上达成共识。它们使以下这些行为成为可能：获取事物之间的共变和事物数量间的共变、量化共变发生的概率、发现大量观察资料中存在的共变，通过使用强大的数学工具，在已知的共变基础上发现新的共变，这使得从共同变化的事物中提取共变成为可能。

但是科学并不是数学。除积累大量定量数据集和对该数据集（由于计算机的出现，现在已经成为“大数据”）进行数学运算并发现数据中存在的共变和规律以外，科学还发展用于解释这些共变关系的理论。科学不仅会发现现实世界中存在的共变，而且还是找出共变存在的原因。有些理论通过使用数学符号来表达，其余理论则通过使用语言进行表达。现在，科学理论也可以通过建造基于计算机的人工制品（其表现方式与科学家想要解释的现象类似）来进行表达，这种表达科学理论的新方式可能是所有科学理论的未来。

科学的另一个特征是科学与技术有联系。对于实际应用来说，这种联系一般是双向联系。科学是发展新技术的必要条件，而技术对于科学来说也是必不可少的，因为技术使制造科学仪器成为可能，这样一来，科学家就可以通过科学仪器更好地捕捉环境中存在的共变了。技术和实际应用对科学也都非常有用，因为判断科学是否能真正解释现实世界的一个重要标准就是科学构造有用的技术和具备实际应用的能力。这也适用于机器人人类学，尽管机器人人类学应该对人类非常有用，但这不仅是因为机器人人类学带来了更好的实际应用，还是因为它有助于人类了解和（可能）解决当今困扰他们的难题。（关于这一点，请参见本书的最后一章）。

自（某些）人类研究科学以来，（某些）人类机器人也必定会研究科学，如果我们能够建造研究科学的机器人，那么这些机器人科学家就可以成为人类科学家群体中的普通成员，并与人类科学家合作推进科学进步。

但是研究科学的机器人也将帮助我们回答一个非常重要的问题：科学真的向我们展示了现实世界是什么样子吗？现实世界是科学家告诉我们的现实世界吗？或者科学描述的现实世界形象取决于科学家是人类这一事实？人类的身体、大脑和感觉及运动器官与其他动物的身体、大脑和感觉及运动器官不同吗？正如形而上学的情况那样（请参见上一部分），我们应该采用比较的方法。我们建造研究科学的不同机器人，具有不同身体、不同大脑以及不同感觉和运动器官的机器人，然后我们观察这些不同的机器人科学家为我们描述的现实世界形象，是否与人类科学家为我们提供的现实世界形象一样。到目前为止，科学向我们展示的现实世界是什么样子已成为一个哲学问题。而使用了机器人，它就变成一个科学问题。

科学家是人类，他们就必定从人类的角度来观察现实世界。如果我们问“为什么世界是数学的世界？”（正如有些物理学家和哲学家所问的那样），答案就是人类让世界成为数学世界，因为人类进行计算和测量。非人类动物不进行计算和测量，对于它们来说，世界就不是数学世界。一般来说，我们应该问：“科学真的告诉了我们现实世界是什么样子的吗，或者它只是告诉了我们在人类眼中现实世界是什么样子?”与全人类一样，人类科学家也是以人类为中心的。他们在宇宙中寻找那些吃喝或多或少与人类相似、拥有人类智力或者更高智力、拥有与人类技术相同的技术或更发达技术的其他生物体，他们甚至研究这些非地球上的生物体是否像人类那样有好有坏。但我们不知道宇宙中其他地方的现实世界从140亿年前的开端起都发生了何种变化，我们也不能假设现实世界发生变化的方式在宇宙中各个地方或多或少都是一样的。我们不知道到处出现的生物有机体是否是从无机质进化而来的，也不知道它们的进化史是否会最终导致智人或类似智人的某种动物的出现。

6. 拥有历史的机器人

根据“如果想了解X，你就必须知道X是如何成为现在的样子的”的原则，如果我们想要了解动物和人类，我们就必须知道它们的历史——其物种的生物史和个体史。这对动物和人类都适用，但是人类生活在对其行为发挥决定性作用的复杂社会中，因为人类社会不断变化，所以如果我们想要了解人类行为形成的原因，我们就必须知道人类社会的历史。

社会和社会历史是非常复杂的现象，它们是独特现象，这是大多数历史学家认为人类社会历史只能被叙述，但不能像现实世界中所有其他现象那样被解释的原因。历史学科是按照时间顺序对一系列事件、战争、重要人物以及经济、政治和宗教机构的描述。历史学家“解释”过去（不论“解释过去”可能是什么意思），但不同历史学家给出的解释也不同，很难知道哪种解释是正确的。历史学家通过专业知识来收集和分析过去的文献并描述和叙述过去，而不是像科学试图解释现实世界那样解释过去。历史学科与语言有内在联系，更具体地说，是与书面语言有内在联系。历史学家阅读过去的历史书籍并检查和讨论过去的书面文献，再以著书的方式展现他们的工作成果。历史学家用书面语言辨识历史已达到如此程度，以至于对于他们来说，历史就是具有书面语言的社会历史，而没有书面语言的社会历史就不是历史，而是史前历史或早期历史。此外，历史自出现以来，一直扮演着塑造该学科固有特征的角色。过去的“记忆”旨在确定和保存群体身份以及对一个特定民族、文化和政治团体的归属感。历史往往是“我们的历史”，与其他的历史截然不同。历史很可能会牵涉意识形态斗争，因为人类将历史用作一种工具，以使对现在的不同解读合法化。

通过建造能再现这种历史的机器人来研究人类社会的历史会改变这一切。机器人必须解释人类历史，而不是讲述人类历史。解释人类历史本身就是一项困难的任务，因为人类社会是非常复杂且独一无二的实体。机器人人类学对这种复杂性和独特性有何解释？对于复杂性，我们的机器人就是科学理论，所有科学理论都使现实世界变得简单，它们让我们了解并解释现实世界，仅仅是因为它们使现实世界变得简单。所以人类社会的复杂性并不是问题。当然，科学理论必须进行恰当的简化才能帮助我们了解和解释现实世界（此处为人类社会和人类社会的历史）。对于独特性，人类社会和人类社会的历史是独一无二的，这一点是客观事实；所有机器人个体都是独一无二的，所有机器人社会也都是独一无二的，它们可以帮助我们了解人类社会为什么是独一无二的以及在哪些方面是独一无二的。

如果我们通过建造机器人社会来解释人类社会的历史，那么机器人社会就不仅是再现了过去的事件、机构和重要人物，而且还能确定那些说明过去的人类社会为什么是这个样子的、为什么在不同地方和不同时期是不同的，为什么以在过去数年、数百年和数千年那样变化的方式进行变化的原因、机制和过程。机器人的历史不再使用（书面）语言进行表达，但它却是人类社会过去的非语言理论。我们在计算机屏幕上清清楚楚地“看到”机器人社会如何变化、何时发生变化、为什么发生变化以及变化的方式。机器人社会成了虚拟实验室，在实验室中，我们操纵自己所认为的历史现象的成因条件，并观察我们的解释（像在真正的实验室中一样）是否正确。机器人社会还可以用来研究所谓的“反事实历史”，我们改变已知在某社会历史中发挥作用的一个因素，预测该社会的反事实历史将会怎样，我们通过观看计算机屏幕（并采取定量手段）来验证我们的预测是否正确。

可以用三种不同的方法来研究机器人人类社会历史。我们可以构造与过去存在的任何特定的人类社会类型不相符的机器人社会。这些类型的机器人社会再现人类居所、人类技术、经济交流、货币、金融机构、政治机构、艺术、宗教、哲学和科学的出现和历史变迁。（本书中描述的一些机器人试图以非常简单的方式来再现这些现象。）或者我们可以比较不同的机器人社会来了解这些现象是如何产生的，以及它们在不同类型的人类社会中是如何变化的。最后，我们可以建造再现独特历史现象的机器人社会（如第八章中所描述的公元前 9000 年至公元前 5000 年，印欧语系的语言在欧洲的扩张；或者第十章中所描述的公元前 2000 年古代伊特鲁里亚南部的人类居所的变化）。第三个例子是亚述帝国自公元前 14000 年开始在西亚的扩张和最终在公元前 8 世纪中叶的崩溃。我们在此处简称为“最后的模拟”。

在公元前 14 世纪，亚述从底格里斯河上游（现在的伊拉克北部地区）开始扩张，700 年后（公元前 8 世纪初），他们控制了古代中亚的大部分地区。为了模拟亚述帝国的兴起和扩张过程，我们将古代中亚的整个地区分成大小相同的网格状区域，并使用真实的历史数据，我们向每个区域分配三个指示符号（可以是从 0 到 1 中的三个数字）。第一个指示符号代表区域的物理渗透性——拥有高山和沙漠地区的区域比拥有丘陵和可耕种平原的区域渗透性要低。第二个指示符号代表区域的政治渗透性——那些已经被其他人占领的区域更难渗入。第三个指示符号代表区域内存在的自然资源的数量——拥有更多自然资源的区域对扩张中的亚述帝国更有吸引力。

在模拟的初期，亚述帝国位于底格里斯河上游附近的区域。经过数个时期后，他们扩张到了之前未被他们占领的附近区域。从最初的区域开始，生活在区域中的亚述人会自问：是否存在未被占领的附近的区域？他们向未被占领的区域扩张，更容易进行物理性和政治性渗透，并会拥有更多的自然资源。既定区域内的亚述人扩张到新区域的可能性还取决于第四种因素：生活在该区域的亚述人的扩张军力。由于通信和交通成本，这种军力扩张因新区域与底格里斯河沿岸亚述人早期区域之间的物理距离而减弱；如果已被亚述人占领的区域拥有许多自然资源，那么这种军力扩张将会更迅猛。

每一个模拟周期都包括固定的年数，在每一个周期内，计算机都会更新亚述帝国的边境。用这种方法，我们获得了一系列模拟亚述帝国的地图。当我们将最终的模拟地图与真正的亚述帝国的最终历史地图相比较时，我们会发现这两份地图非常相似（如图 13 - 1 所示）。这意味着我们已经确定了决定亚述帝国扩张的、说明历史事件发生原因的主要因素。

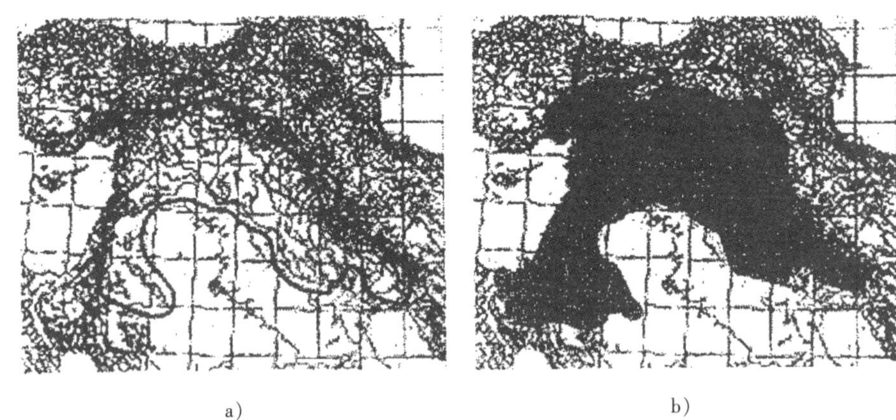

a) b)

图 13-1 公元前 7 世纪中叶，亚述帝国的历史地图（a）和模拟地图（b）。

我们所有的模拟——以及我们所有的机器人——都可以随时改变和改进。在亚述帝国扩张的情况下，我们可以改变与每个区域相关的三个指示符号的值，或者根据历史数据来增加其他变量，以观察模拟是否更接近历史事件。例如，我们的模拟应该能够再现某种历史现象，但在当前的版本中，这种模拟还不能实现。在公元前 7 世纪后半叶，亚述帝国随着边界的急速缩小而崩溃瓦解。根据真实的历史数据，我们可以形成有关帝国崩溃的许多假说，并可以将这些假说纳入模拟中。亚述帝国的崩溃可能是由于外部原因（如其他政治集团的出现和打压或者气候的突然变化）而引起的。或者它可能是由内部原因（如政治斗争、无法适应庞大的帝国或者行政机构和军事机构过度扩张）引起的。如果我们将这些假说纳入模拟中却未成功再现亚述帝国的崩溃，我们就可以再次根据历史数据将出乎意料的、独特的因素（如亚述帝国中的权力斗争和皇帝个人的软弱）嵌入模拟中。

但历史学科不仅仅是研究人类社会中发生的历史变化。历史学家不仅研究过去的社会，还研究过去的历史学家如何解释过去的社会，因为这些解释本身就是有趣的文化现象。然后，他们会给出自己的解释，当然，这些解释是现代的解释，因而往往不同于古人的解释。类人机器人必须再现所有这些现象（过去的人类社会、对这些社会的过去的解释以及现代历史学家的解释），因为它们都是有趣的经验主义现象。

人类社会不仅有过去，而且他们想要拥有过去，这是他们保留过去各种痕迹（遗迹、书面文件、人工制品和传统）的原因。这对想要记住自己过去的人类个体也同样适用，因为他们的过去创造和维护自己的个体身份，当他们变老时，他们会知道自己的未来是有限的，他们拥有的只是过去而已。机器人必须再现所有这些现象，但再现人类社会历史的机器人社会却并不一定是关于我们社会的记忆，不一定是保护我们文化和社会身份的工具，但它们却一定是解释所有人类社会历史的工具，就像科学理解所有现实世界——完全公正且缺少价值。这在现在特别重要，因为对人类而言，全球化正在创造一个单一的人类社会和单一的人类文化。

机器人人类社会历史是一个非学科的人类社会历史，这解决了历史学家必然要面对的另一个问题：人类社会各不相同，每个社会都有很多组成部分——如社会、经济、政治、宗教和文化组成部分。如果按照每个历史学家都独自收集数据、解释数据以及和研究相同事物的同事讨论数据这种传统方式来研究历史的话，就必然会导致专业化。有些历史学家专门研究某个社会，而另一些历史学家专门研究其他社会；有些历史学家专门研究某个社会的某个时期，而另一些历史学家专门研究相同社会的另一个时期；有些历史学家专门研究社会的某个组成部分，而另一些历史学家则专门研究其他组成部分（经济、政治、生活、文化）。历史仅仅是研究人类社会历史的众多科学学科之一。除社会历史学家之外，还有史前历史学家、早期历史学家、考古学家、碑铭研究家、古生物学家和研究古代气候条件的学生。这是一个问题，因为研究从最初以来的人类历史、比较不同的社会历史、研究各种过去的“文件”、了解某个社会的完整历史以及检查不同的社会组成部分的相互作用，都是了解人类社会是什么和人类社会为什么会那样变化的必要条件。通过制造机器人来研究历史可以解决这个问题，因为机器人社会和机器人社会的历史变化是基于计算机的人工制品，机器人可以储存大量的各类信息，并找出这些不同类型的信息之间的各种关系。研究历史不再是单个人的工作，它变成了双方的工作：一方为一起工作的众多学生，另一方为计算机。

通过构造机器人社会来解释人类社会的历史，从更广泛的意义上来讲是非学科的。人类是人类过去的产物，但人类的过去不仅是指过去人类社会的历史，而且还指人类的生物历史。人类历史于另一时间过程（生物进化）结束时开始，如果我们想要通过了解人类的过去而了解人类，我们就必须认识到：人类过去的开端并不是人类社会历史的开端。人类社会是由人类组成的，人类不仅是社会和文化的实体，而且还存在着身体、头脑以及身体和头脑与物理环境间的物理作用。因此，如果我们对人类社会的历史感兴趣，我们就必须忽略社会科学和生物科学之间的差异，机器人应该有助于我们将人类的生物及社会文化的历史整合在一起。

介于生物学和历史学之间的一个现象是，人类的生物和文化差异。在计算机中，通过在一个特定环境中逐渐进化出机器人群体，然后将其中的一些机器人放到一个新的环境中，而其余的机器人仍待在原来的环境中，我们可以再现物种的生物进化树。因为两种环境是不同的，两个子群体的基因差异逐渐变大，直至机器人被分为两个不同的物种，这意味着一个物种的成员与另一个物种的成员进行交配却无法拥有后代。这个过程会重复许多次，机器人的原始群体进行进一步分化。最终，我们可以看到不同的机器人物种的完整进化树。我们可以发现两个机器人物种的基因有何联系，从它们属于相同物种开始已经过去了多长时间，以及进化树如何获得所有分支。

我们可以对人类社会的文化进化树进行相同的研究。我们从一组具有相同文化的机器人开始，因为它们通过模仿其他机器人的行为来学习行为。之后，该组的某些成员进入一个新环境，与该组的其他成员分开；由于文化和机构改变的方式与基因变化的方式大体相同（关于这一点，请参见专门讲述文化机器人的第八章，特别是关于印欧语系诸语言的历史性差异的模拟），所以这组机器人的文化和机构会不同于最初那组机器人的文化和机构。

尽管由于在过去 5 万至 10 万年间人类对不同环境的生物性适应，人类身体的某些特征有所变化，但人类仍然属于同一生物物种，只是人类的文化使他们变得不同了而已。但是研究他们的生物史和过去的历史可以阐明是什么让人成为人——有手、离开森林、拥有语言、用语言自言自语、通过模仿他人进行学习以及发展文化、建造人工制品、住在房子里、储存商品、交换商品等。机器人和机器人社会可以帮助我们回答这些问题，并确定生物、社会和历史方面的因素。

第十四章　类人机器人是未来的机器人

人类是非常复杂的动物，并且无论一个人用何种方法来研究人类，他们都是非常难以认识和理解的。古希腊哲学家赫拉克利特说过：自然“喜欢把它自己藏起来”。但是，科学在经过五个世纪的发展之后，ME 认为不是自然，而是人类“喜欢把他们自己藏起来”。ME 确信只有当科学建造了像人一样的机器人时，科学才可能理解人类，但是，它也知道类人机器人是未来的机器人，而它已经做过的事情只是迈向机器人人类学的第一步。类人机器人应该真正像人类一样。无论人类做什么、想什么、感受到什么，类人机器人都也应该这样做、这样想和这样感受。它们必须像人类的一副眼镜一样，通过这副“眼镜”，人类可以看到自己从整体上是什么。对许多人来说，无论在科学内部还是科学外部，类人机器人看起来都像是科幻小说，但是类人机器人是科幻小说形成的科学。

1. 一门有关人类及其问题的新科学

类人机器人是一门新型的、统一的且真正科学的关于人类和人类社会的科学。新的，是因为它不是用文字或数学符号来表达它的理论，而是通过建造人工制品来再现人类和人类社会。统一的，是因为它是一门无学科的关于人类的科学，它的人工制品必须再现所有不同的人类现象，这在传统上是以单独的科学学科进行研究的。真正科学的，是因为其所用的词语的含义是以这些人工制品如何制作和运作而详尽定义的——这使人类科学与自然科学相似，而自然科学所用的词语的含义是以科学家从他们的角度观察到的和他们所计算和测量的东西而定义的。从另一种意义上来讲，机器人人类学是真正科学的。科学必须从外部来观察自己研究的对象，而只有机器人人类学可以让人类从外部来观察自己。

但是机器人人类学还需要相当长的一段时间来发展和巩固自身。现如今，几乎所有机器人研究都致力于机器人实际应用，只有很少的经费用于机器人科学，这就是问题所在。因为研究人类和人类社会的传统学科，需要相对较少的钱来做实验和收集实验数据，而机器人人类学则需要大量的金钱，以获得必要的计算机专业技能和必要的物理工具。再一个问题就是，机器人人类学将取代已建立的科学学科，取消古老的传统，并提出组织问题，譬如如何培训研究人员去制造类人机器人，如何让心理学家、人类学家、社会学家、经济学家、政治学家、历史学家团结合作。这就解释了，为什么机器人专家及人类学和人类社会学的传统学生可能会认为本书是本“奇怪”的书。

其他阻碍机器人人类学发展的原因是具有更多的心理和社会性质。类人机器人可以去他们不被允许去的地方，这些机器人就是说明人类是复杂生理机体的直接证据，可是这却违背了人类希望自己不仅仅是一个生理机体的深切渴望。人类可能并不想有人建造类人机器人。

这些都是从外部出发来解释为什么机器人人类学需要时间进行发展。但这里也存在一些内部原因，对任何类型的科学来说，人类和人类社会都是非常复杂的现象，通过机器人及机器人社会再现并研究人类和人类社会的科学仍处于起步阶段。在本书中，我们已经描述了作为这个研究计划的一部分的机器人，但我们的机器人却只能再现数量极其有限的人类现象，而且他们在再现这些现象时做了各种简化。

由于上述所有原因，类人（非人形）机器人不可能是未来的机器人。但我们能够且应该探索这个研究计划，我们将通过列出一些需要做的事情来结束本书。

2. 还需做什么

建造机器人时，我们尝试遵循“一个机器人、多种现象”的原则，我们将其解读为建立在科学基础上的一般原则以及“一个理论、多种现象”的一个特殊实例。为了了解现实，同一个理论应该解释尽可能多的不同现象。为了更好地了解人类和人类社会，同一个机器人或机器人集体应该尽可能多地再现人类不同的行为方式和人类社会的方方面面，但仍需做大量工作。我们在整本书中列出了一些仍需再现的现象，而在本章中我们将讨论更普遍的机器人的局限性。

我们的机器人能够再现一定数量的人类现象，但他们是分别地再现这些现象。我们应该做的是：制造能够同时再现所有这些不同现象的机器人。相同的机器人应该有许多不同的动机和情感，他们应该进化、发展和学习，还应该拥有语言和精神生活；他们应该住在一起并有社交互动；他们需要分性别并居住在家庭里；他们应该向其他机器人学习并发展文化；他们应该储存商品，专门生产一种商品，并从其他机器人那里获取其他商品；他们应该发展货币并拥有经济，还应该拥有一个使他们的社群聚集在一起的中央存储机构和一名能使中央存储机构恰当运作的"首领"；他们应该有艺术和宗教，还应该研究哲学和科学；他们的社会应该有一段人类自身属性和实践行为的历史，人类之所以是人类，就是因为他们的自身属性及实践行为决定的。要制造具备自身属性和实践行为的机器人和机器人集体且使其同时出现，虽然这很艰难，但计算机有足够的能力帮我们完成这项任务。

我们所有的"机器人"都应该成为真正意义上的机器人，他们都应该有身体和大脑，并在物理环境中居住。在很多情况下，我们建造机器人并使其再现单个个体的行为，并用更为抽象的"代理人"再现社会现象，这些"代理人"没有身体和大脑，也不在物理环境中居住。即使他们忽略"代理人"的身体和大脑，更普遍地说，也就是他们自身行为的生理基础，基于代理的社会模拟也是有用的。但是人类有身体和大脑，还在物理环境中居住。如果有人感兴趣的是人类社会现象，那么人类的身体、大脑及居住在物理环境中就仍然极为重要。因此，"代理人"应该逐渐成为机器人。利用有身体和大脑的机器人来构建人造的社会，从而再现人类社会（包含复杂的社会、经济和政治制度），这绝非是一项简单的任务。但是，如我们所说，计算机有强大的记忆和处理能力，总有一天我们会建立起真正的机器人社会，因为他们对理解人类社会来说必不可少。

通过比较"代理人"和"机器人"，我们发现有个重要的问题需要进行明确地讨论。机器人人类学显然就是人类的唯物主义科学。人类就是身体，他们的社会就是人类之间的互动。我们的原则是：如果你想要了解 X，则必须再现它成为

X 的过程。同理，如果想要了解人类，我们也要再现人类如何从自然和简单的物理实体成为他们自己的过程。但是机器人人类学并不是人类的还原论学说，实际情况是逐步出现更复杂的实体——从原子到分子、分子到细胞、细胞到多细胞生物体、个体生物体到个体社会，想要了解实体的一个等级就要先了解其先前的等级。因为新实体的出现的事实，一个等级的实体不能“还原”到先前等级的实体。新实体的“出现”表明，一个实体不仅仅是各个部分的简单组合，其属性不能通过各个部分的属性来推断。随着时间的推移，实际情况逐渐变得越来越复杂，当前的现象还原到更为古代的现象也越来越少。正如我们所说，机器人人类学是人类的唯物主义科学，但“唯物主义”是指两个不同的方面。一方面，物理学家研究的是唯一存在的事物。从“唯物主义”的这个意义上讲，机器人人类学不是唯物论的，因为它承认物理学家研究之外存在的事物，而且物理学家不理解这些事物。但是如果唯物主义采纳“如果你想了解 X，则必须再现它成为 X 的过程”的原则，机器人人类学就是唯物论的。存在于世的一切事物，皆来源于当今物理学家所研究的对象，如果我们想要了解存在的任何事物，就必须回到物理实体上。

另一件需要做的事情涉及机器人自身。我们的机器人不是通过物理实现的，而只是在计算机内被模拟。但这并不重要，因为计算机能够模拟物理——就有机体来说，也能模拟生物和化学实体，而且能模拟出我们想要的各种细节。但在很多情况下，研究物理实体机器人而不是模拟机器人能告诉我们一些新东西，也能提出新问题。

更严重的是，我们有一项障碍，即我们的机器人（多数情况下，是模拟的 E-puck 机器人）的身体与人类身体大不相同。用研究机器人的方法研究人类，是在假设拥有人类身体的基础上进行的，而该假设决定了人类如何表现及他们的“大脑”如何运转。如果我们问“有非人类身体的机器人能表现得和人类一样且拥有类似人类一样的‘头脑’吗?”答案是不能。因此，未来的类人机器人将必须拥有和人类更相似的身体——有腿、胳膊、手，还要有像人类一样的感觉器官，身体的各个部分也可能会移动。

我们的原则“如果想要了解 X，你不仅要再现 X，还要再现它成为 X 的过程”

这也同样适用于身体。我们必须从建造有身体的机器人群体开始，机器人的身体要与人类和黑猩猩最后的共同祖先的身体相似。然后，经过几代的更替，机器人的身体和当今人类的身体越来越相似。通过改变机器人生活的环境（因为环境会自发变化、有些机器人会搬到新的环境中、机器人会改变物理环境并开发新技术、机器人能在瞬息万变的社会环境中生活），我们应该有能力再现南方古猿、原始人类和现代人类的不同身体，同时也要再现他们行为和适应模式的变化。

但该身体不仅仅应该具有身体、感觉器官和运动器官的外部形态，还应该具有内部器官和系统，因为行为不仅仅是大脑和外部环境相互作用的结果，也是大脑和身体内部器官及系统相互作用的结果。“内部机器人学”和“外部机器人学”一样重要（详见第二章），但本书所描述的机器人除大脑外，还主要忽略了身体的内部组成——尽管机器人要有动机和情感、精神或心理的病理状态、艺术和宗教，但身体内部组成也特别重要。

大脑是我们的机器人唯一具有的内部器官。但是和人类甚至是更简单的动物的大脑相比，我们机器人的大脑被极度简化了。我们机器人的大脑与人类的大脑如此不同，这违背了“一个机器人、多种现象”的原则，因为类人机器人不仅要再现人类的行为，还要再现其大脑。

目前，我们做的诸多工作都是通过在计算机中模拟大脑来对其进行研究，该计划被称为计算机神经科学。有两种不同的方法制造与真实大脑相似的人造大脑的机器人，而区分的方法是看这种方法从哪儿开始、在哪儿结束。典型的情况是，一种方法是从真实的大脑开始建造人造神经网络，其结构再现了神经科学家所了解的一部分大脑的情况——大脑不同的部分，以及这些部分是如何连接在一起的，不同部分和不同神经元的性能是什么；然后，观察行为现象，这种行为现象可通过利用具有更真实神经网络的机器人得以再现。（如图 14－1 所示）

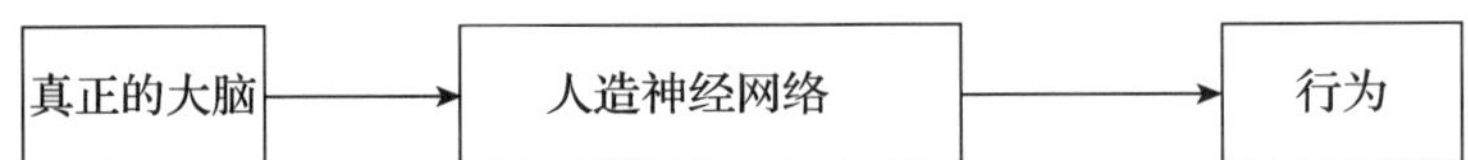

图 14－1　从真正的大脑开始，建造人造神经网络——可以再现神经科学家了解的大脑；然后，试图通过这个更加真实的人造神经网络来找出能够再现的行为。

另一种方法是从拥有非常简单的神经网络的机器人开始，该神经网络仅反映最基本和最具普遍性的事实，即我们了解的真正的大脑是由突触连接的神经元组成的。然后，通过添加模块，增加模块间的连接，增加神经网络的不同模块和神经元的性能（这会扩大机器人可再现行为的范围），我们逐步改造神经网络。一旦完成这些步骤，就要观察真正的大脑，观察人造神经网模块是否会对真正大脑的不同部分做出回应，这些模块是否以大脑不同部分连接在一起的方式连接起来，以及神经网络的人造神经元是否具有像真正大脑的神经元一样的性能（如图14－2所示）。

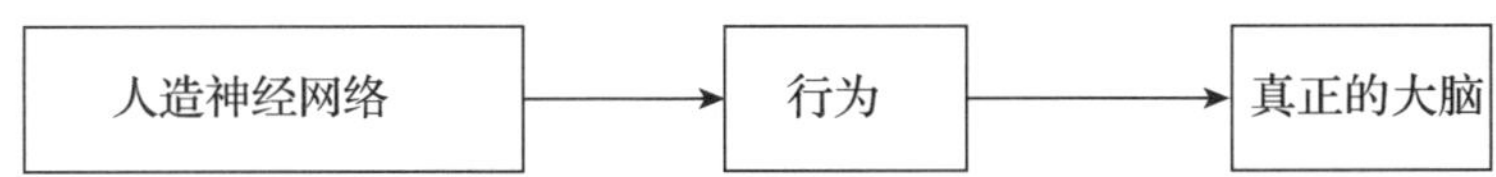

图14－2　从一个非常简单的人造神经网络开始，逐步地使人造神经网络变得更加复杂，以便其可以产生越来越多不同的行为，然后观察新的人造网络是否与真正的大脑相似。

第二种方法更好地阐释了大脑之所以具有这样的结构的原因，而不是仅把大脑的结构当作既定事实。这种方法与理论上对机器人的看法更为一致。神经机器人是行为和大脑在理论上的结合，他们必须对行为和大脑进行预测。一旦我们制造出能够再现特定动物的行为的机器人，我们就会问：机器人神经网络能反映出已知的经验事实（即支配这种行为的动物大脑）吗？我们应该怎样改变机器人的神经网络，使它能够再现动物行为并与其大脑相匹配？机器人的神经网络能提出有关真正大脑的新假设吗？它能告诉我们在真正的大脑中应该寻找什么吗？

现在，随着更加高级的计算机的产生，计算机神经科学也可以通过另一种方式进行研究。计算机能收集并处理大量关于大脑的数据，许多研究项目均尝试在计算机内再现整个人类大脑。但是能够做到在计算机中再现整个大脑却并不意味着我们已经了解了大脑。要了解大脑，仅研究它是不够的。大脑是生物实体，如果我们想要了解生物实体，就必须了解它们的功能。大脑的功能是产生行为，大脑进化成为它们所成为的大脑是因为它们所产生的行为。所以，要了解大脑，只了解大脑是由多少个神经元组成的、存在多少种不同的神经元、它们是怎样连接在一起的、在大脑中会发生什么化学和电学反应过程是远远不够的。但对于研究这个极其复杂的物体如何产生行为却是必要的。为了理解并解释事实，科学需要数据和理论。在我们的例子中，理论必须能预测大脑结构和运行方式是如何产生行为的。神经机器人很重要，因为它们是行为和大脑在理论上的结合。

此外，未来的机器人必须要有神经网络，它不仅要能再现大脑，还要能再现整个神经系统。目前的神经网络是大脑的模型，而行为不仅是大脑的产物，还是整个神经系统的产物，它由中枢部分（大脑和脊髓）以及周围部分（自主神经系统，包括交感神经、副交感神经和肠道子系统）组成。未来机器人需要具有的神经网络不仅能再现大脑，还能再现整个神经系统，这样，我们就能发现：那些拥有更加逼真的神经系统的机器人，他们能做拥有“传统”的神经网络的机器人所不能做到的事情。

这一更大的现实要求我们不仅仅要关注大脑的不同部分（尤其是不对称的两半球）和整个神经系统的不同部分，还要关注大脑和神经系统是物理实体的事实。神经网络能再现大脑，但却在很大程度上忽略了大脑是存在于空间和时间里的物理实体。神经网络（包括我们的机器人的神经网络）往往是纯拓扑结构，是由一定数量的以一定方式连接在一起的神经元组成的，但神经元在物理空间中的位置，这个神经元和另一个神经元之间的距离有多远，以及作为物理实体的真正大脑的其他空间属性，往往会被忽略，尽管它们对了解大脑如何运转以及如何控制行为可能比较重要。这也适用于时间，多数神经网络的活动（包括我们机器人的神经网络）是一系列抽象的输入及输出周期，但是神经网络对输入形成反馈的输出所耗费的时间（也就是心理学家说的反应时间）却一般不做考虑。即使是最新式的机器人，也不可能对行使之前想到的反应、行为和活动进行区分。大脑中关于时间的另一个重要方面是记忆。因为神经系统能够学习，而且输入及输出周期发生的事情会留下痕迹，而这些痕迹会影响神经网络回应下一周期输入的方式，所以有些神经系统会有某种形式的记忆。但记忆有不同的形式，包括我们的机器人在内的多数机器人都不能再现这些不同的形式。

人类大脑由七百万年前人类和黑猩猩的共同祖先的大脑进化而来，所以它不仅有个体历史，还有进化历史。未来的类人机器人必须再现人类大脑的进化过程，尤其是大脑尺寸的大幅增加。大脑是身体的器官，专门合并其结构和运行共变的方式。共变存在于动物所处的环境中，使动物在环境中的行为表现可以保证其拥有生存和繁衍的机会。和其他动物，甚至是与它们相似的物种相比较，会发现人类大脑合并有大量的共变，他们的很多行为的唯一目的是发现这些共变。什么导致了人类大脑尺寸的增大？是制造工具、语言，还是更加复杂的社会生活？我们能建造出可以再现人类身体、大脑和适应模式共同进化的机器人吗？进化神经网络结构（我们在第三章中已见到了这种工作的一个例子）而不是任意地决定这个结构，目前仍有大部分工作要做。

机器人的另一个局限性与遗传学有关。我们的机器人的基因编码了连接权值和神经网络的其他参数，在某些情况下，它们直接把行为编码成数字，表示机器人做出一个特殊行为的可能性。真实动物的基因型是一个非常复杂的化学实体，从基因型到表现性状的映射也是一个非常复杂的过程。此外，大部分动物（包括人类）进行有性繁殖且一个个体的基因是双亲基因型不同部分的重组。但几乎所有的机器人都是单性的，甚至第七章中描述的女性机器人和男性机器人的后代也没有基因型（其双亲基因类型的重组）。作为在进化过程中产生新事物的一种机制，基因重组只是基因突变的一种更强的形式吗？或者和基因突变相比，基因重组在进化中发挥着不同的作用吗？未来的机器人也应该有基因重组和基因突变。

我们的机器人只是部分地遵循“想要了解 X，则必须再现它成为 X 的过程”的原则，这也同样适用于其他情况。我们的大部分机器人在一生中会进化却不会改变，如果我们想要建造类人机器人，这也没什么意义，因为几乎所有的人类行为都是学习而来的，而不是基因遗传得来的。（但是，虽然大多数人类行为是学习而不是遗传所获，但是智人的生物进化在人类行为和感觉中仍然发挥着决定性作用。）我们有些机器人既能进化又能学习，基因中的编码影响了它们学习的内容和方式，但在多数情况下，我们的机器人要么进化要么学习，或者其神经网络的连接权值发生进化，并同时学习其他连接权值。在所有情况下，我们的机器人的进化都从零开始的（即对初代机器人的神经网络随机分配连接权值），但所有进化过程都是从过去进化过程的结果开始的。只是对于我们的一部分机器人来说，经过几代机器人后，环境发生了改变，它们必须从旧环境中进化出的连接权值开始适应新环境。只有这样才可能再现重要的进化现象，比如在旧环境中没有，但却在新环境中获得适应值的行为；或在旧环境中已经拥有，但在新环境中获得一种新的适应功能的行为。

另一个我们几乎完全忽略的非常重要的现象是发展。动物基因中被编码的不仅是动物的初始状态，还是很多动物一生中都会发生的变化的程序，动物一生中的行为会发生改变不仅是因为学习，还是因为这个发展的过程。发展及其与学习的相互作用是很重要的现象，如果我们想要了解人类行为，那么用机器人来再现人类在一生中最初几个月或几年内如何变化就尤为重要。

比较法对于了解所有动物（包括人类）来说很重要，因此，如果我们想了解人类，就不仅要建造类人机器人，还要建造机器黑猩猩、机器狗、机器鱼和机器鸟。不但动物是生物体，植物也是。植物和动物的不同点是，植物不能从一处移动到另一处；但植物和动物的相同点是：它们诞生、生长、死去，并与环境相互作用。所以，要想了解人类和其他动物，就还要建造植物机器人。

如果我们建造出的机器人能够再现不同种类的动物（包括不存在的动物），那么我们就能找出很多有趣问题的答案。这些问题之一就与时间有关。虽然每个动物都存在于时间中，但只有一些动物有“时间感”。什么是有“时间感”呢？只有人类有“时间感”吗？只有他们有“心理过去”和“心理未来”吗？这些都是既难又不清楚的问题。机器人应该将这些问题转化成行为和大脑活动，从而使问题更容易、更清楚。

所有动物都要经历进化、学习与发展。但是人类也是其他时间历程的产物，时间历程指社会的历史、文化和技术的历史、物理环境的历史。历史之所以变化是因为人类改变了它们，未来的机器人应该再现所有这些历史。我们用机器人以一种极其简单的方式来再现过去的一万年里，人类社会所发生的一些历史性变化，如食品生产、食品储备、工具制造、商品继承、商品交换以及“首领”的出现。但是，如第十三章提到的，由于人类社会的独特性和诸多决定它们变化的原因及变化方式的因素，人类社会的历史提出了许多特殊问题。我们已经模拟了过去真实的人类社会所发生的一些历史性变化（伊特鲁里亚人类定居的变化和亚述帝国的扩张）和一些真实的人类语言中所发生的一些历史性变化（印欧语言），但是，相对于这些社会和语言实际发生的事情，这些模拟都极其简化，它们再现的只是人类社会和人类语言，而不是组成这些社会和讲这些语言的个体。

当今的人类社会由许多不同的部分组成，它拥有不同的制度：宗教、道德、艺术、政治制度、司法制度、经济制度。但在“原始的”人类社会中，所有这些部分和制度都混在一起，如果“若想要了解 X，我们必须要了解 X 的形成过程再现”这一原则是正确的，我们就必须建造像“原始”人类社会一样的机器人社会——像上个世纪初期研究的爱斯基摩社会，然后再现它们是如何成为由独立的部分组成的社会的。（而且，或许学校的学生们应该不只学习现代社会和相对较近的历史，还要学习“原始”社会。）

机器人的另一个局限是，它们自身及它们居住的环境都很简单。行为存在于动物和环境的相互作用中，因此，我们得以只需研究非常简单的行为。未来的类人机器人必须居住在更加复杂的环境中（即包含很多不同事物的环境），居住在他们自己建造的高楼、城市以及汽车的环境中。此外，我们有许多机器人是独居的，甚至当它们和其他机器人住在一起时，它们之间的互动也非常有限。人类是极其社会化的动物，他们生活在非常复杂的社会环境中。我们在第六章末（关于社会机器人）探讨过使人类的社会环境与非社会环境如此不同的原因，但实际生活在社会环境中的类人机器人是未来的机器人。重要的是，类人机器人的环境必须不仅是个体机器人的环境，还应是复杂的机器人组织（机器人机构）的环境。

书中描述的机器人最严重的局限是，我们很少将我们机器人的行为和大量经验数据相比较，经验数据是传统行为和社会科学在过去两个世纪中积累的关于人类行为和人类社会的数据。正如我们在本书开头所说的，机器人的行为和机器人社会的运作是经验性的预测（它来源于应用在机器人和机器人社会中的理论）。因此，人类行为的机器人科学和人类社会要求我们：通过存在于人类行为和人类社会中的经验数据来比较机器人的行为和机器人社会。只有这样做，才能说我们的机器人和机器人社会阐明了人类和人类社会，我们才能有希望与研究人类的传统学科建立对话机制。

所以，与其说本书描述的机器人是这个研究计划的实际结果，不如说这些机器人是这个研究计划的说明。从某种意义上来说，我们的有些或很多结果可能是错误的，一旦错了，我们不应停止建造机器人，而是要从错误中汲取教训，以建造出更好的机器人。尽管我们的机器人有这么多局限性，但我们仍希望我们已经证明了机器人人类学的可能性，并且对于人类之所以有这样的行为表现以及人类社会之所以这样运转，也给出了更好的解释。机器人人类学不能忽视研究人类和人类社会的传统学科。这些学科不仅是经验数据的丰富来源，还是各种理论的丰富来源。机器人人类学必须提供一个针对理论的清晰的实证检验，而这些理论是由最重要的在世或已故的心理学家、人类学家、社会学家、经济学家和政治学家提出来的。但我们确实相信机器人人类学是一场“科学革命”，是对于科学如何研究人类的一次根本性变革。它是一场科学革命，因为它不仅通过单词或数学符号，还通过建造行为表现像人类和像人类社会一样运转的人工制品来阐释它的理论。德国诗人约翰·沃尔夫冈·冯·歌德写道“所有理论都是灰色的，唯有生活之树常青。”理论是“灰色的”，因为它们抽象且“寒冷”；而生命是“金色的”和“愉悦的”，因为它像一棵树一样有自己自主的生活。机器人人类学理论像树一样翠绿，尽管它们是“人造树”。

第十五章　类人机器人如何为人类所用

ME 知道类人机器人在人类的眼中会像恶魔一样，因为它们无情地“证明”了人类只是一具具躯体而已。因此，ME 不确定人类是否喜欢它正在做的事。但是 ME 是人类的主人，尽管它对于制造机器人很感兴趣，但这纯粹是出于理解人类这一科学目的。ME 还想成为对人类有用的火星人。ME 对它的机器人可能引发的新实际应用并不太感兴趣，它感兴趣的是，它的机器人如何才能帮助人类更好地理解现在乃至将来有可能面临的众多难题，或许还可帮助人类找到解决这些问题的方法。ME 深信，如果它的机器人能帮助人类理解自身的问题并找到解决方案，这将间接证明它的机器人能够阐释人类。

1. 类人机器人应对人类有实际用处

这可能是本书的结尾，但是我们想通过回到最初的问题来结束本书：为什么要制造机器人？在本书第一章中，我们已经对科学机器人和实用机器人做了区分。机器人可以用于实际应用，而且应用领域会越来越多。但是在这本书里，我们的兴趣不在于实用机器人，而在于科学机器人，因为科学机器人可以帮助我们理解人类和人类社会，就像科学能够解释所有其他现实现象一样。科学机器人和实用机器人应该互相交流，因为科学机器人可以提出新的实际应用，实用机器人可以向科学机器人提出新的问题，并可以测试科学机器人是否优良。但是科学机器人必须与实用机器人区分开来，因为它们有不同的目标，这就决定了要使用不同的研究日程，并应采用不同的成功标准。

实用机器人对于人类来说非常有用，这就是我们制造它们的原因。但是除了帮助人类更好地理解自身这一纯科学目的之外，科学机器人还能否对人类有其他用处呢？建造科学机器人的研究人员是否应该活在“象牙塔”里，而忽略了“象牙塔”之外的世界和社会问题呢？我们不这样认为。作为对本书的总结，我们将从五个方面来列举科学机器人可能给人类带来的影响，而不仅仅是局限在帮助人类更好地认识和了解自身这一点上。如果机器人能够在一个或更多的此类方面对人类有用，这就将是一个重要的证明，就说明机器人确实能够帮助我们了解人类和人类社会。

2. 机器人使人类在不受自身欲望和恐惧影响的情况下认识自身成为可能

正如本书第一章所讲的，当人类研究自己的时候，他们容易被自己的欲望和恐惧所影响，只看到自己所希望的自己，而不是真实的自己——这就成了他们获取认识和了解自己的障碍。在自然科学诞生之前，也就是伽利略的 *sensate esperienze*（感官体验）和 *certe dimostrazioni*（数学猜想与证明）取代所有的宗教和哲学信仰之前，他们对自然的认识也是如此。机器人人类科学可以为人类科学做同样的事情。理论机器人使不受宗教、哲学信仰、欲望、恐惧和价值取向影响的人类研究成为可能。如果我们制造出像人类一样的机器人，那么人类就像这些机器人——我们就可以从一个完全客观的角度来审视这些机器人以及它们的大脑、它们的行为和它们的社会，这相当于开展伽利略的感官体验和数学猜想与证明。这里有一个经典问题的列表，类人机器人可以帮助我们解答这些问题，而不会受到我们的成见和价值观的影响。

人类是非人灵长类动物进化过程的产物吗？

人类是基因编码的产物还是他们居住的特定社会和文化环境造就的结果？

基因上长期分离的人类是否不仅在身体上不同，而且在思想上也不同呢？

男人和女人的不同是因为基因不同吗？还是因为所处的社会和文化使他们变得不同呢？

造成个体之间差异的原因有哪些？

人类是自私的还是利他的？能否说自私是编码在基因里的，而利他主义是在生活中习得的？还是说两者都由基因遗传呢？利他主义只限于亲属之间吗？

在哪些条件下，人类不进行竞争而是进行合作？

通过制造多种类人机器人，包括作为进化过程结果的机器人，出生时带有遗传基因但是在生活中习得了大多数行为的机器人，男性和女性机器人，个体间存在差异的机器人，居住在特定社会、文化和经济系统中的机器人，以及居住在可以相互竞争或合作的群体中的机器人，我们能够为这些问题找到明确而详细的答案。在大多数情况下，答案不仅仅是“是或否”，而是我们会明确地知道从哪个角度来讲答案是“是”，从哪个角度来讲答案是“否”。在所有情况下，答案都会忽略我们的欲望、恐惧和价值观，因为只有在制造过程中不掺杂任何关于人类的成见，机器人才真正可能与人类相似。

在不受我们的成见和价值观的影响下，回答这些问题通常不仅仅是对科学家有用，而且对人类也有用。以科学认识现实的方式去认识现实并不一定会带来幸福，但却可以帮助人类找到许多问题的解决方案。这里有一个例子，如果你问科学：是否人人平等，科学会回答你“不是”；但是如果你想要人人平等，科学却可以建议你如何实现人人平等。

3. 机器人可以帮助人类识别在生物和文化之间可能发生的冲突以及这些冲突对其幸福的影响

人类是两个不同历史进程的产物：生物进化和文化进化。人类的行为是其出生时遗传的基因及其在生活中向其他人学习的结果。基因和文化都会改变，从基因方面来说，是选择性繁殖和基因突变增加的结果；而从文化方面说，是文化特质的选择性传输和新文化特质创造的结果。就此而论，这两大历史性变化的过程都非常相似。但是从其他方面来说，它们却是不同的，而其中一个最重要的差异就是基因和文化变化的速度。生物的进化是缓慢的，对于人类来说，基因上的变化可能需要花几千年才能成为其基因型的永久特征。文化变化只需要几年时间，而现在只需要几个月甚至几天时间。造成这一差异的因素有两个。一个因素是，个体的基因仅是另外两个个体（即该个体的父母）的基因创新重组的结果，而个体的文化特质则是许多个体（目前所有居住在地球上的人类）的文化特质创新重组的结果。导致生物进化与文化进化变化节奏存在差异的另一个因素就是，文化特质的一个重要类别就是人类创造的人工制品，这些人工制品逐渐构成了人类居住的环境。如今，人工制品在经济系统的压力下迅速改变，而经济系统的基础正是不断创造新物品。行为是生物对生存环境的一种适应。然而，虽然非人类动物的环境在世代之间基本不变，但是人类的社会环境、文化环境、技术环境却在一代代地发生变化，甚至在个体的生命过程中也都会发生变化。这就解释了，为什么大多数非人类动物的行为是通过基因遗传得到的，而大多数人类的行为却是在生活中习得的。非人类动物的基因能够包含在静态的环境中生存所需的所有信息。几乎所有的人类行为都需要学习，因为他们生活的环境总是在变化。

如果人类的行为是其基因和文化的结果，而且这两种人类适应模式的组成部分以不同的速度变化，那么这两种组成部分会发生冲突吗？如今，提出这个问题特别重要，因为正如我们之前所说的，文化变革的节奏如今变得越来越快，新兴文化（或是未来可能兴起的文化）可能包含与人类基因编码相互冲突的成分。（我们正在谈论西方文化，但我们假设西方文化迟早将成为生活在地球上的所有人类的文化。关于这一点请参见第 8 章。）如今出生的人类或多或少地都拥有与其几万年前的祖先相同的基因，但是他们居住的环境却与其祖先的居住环境差别很大。人类的基因会与今天人类的生活方式产生冲突吗？会与他们的文化和经济体系强加给他们的行为、信仰、感觉和人工制品发生冲突吗？而且，如果存在这样的冲突，会让人类不幸福吗？

这里对人类基因中编码的本能与现在人类生活的文化可能出现的反差进行了一些假设。

大多数人类可能生来就在基因上遗传了一种需求——拥有后代并照顾后代。如今，拥有后代的人类的数量正在不断减少。

大多数人类可能生下来就需要与不同性别的个体长久地生活，结为伴侣，共同拥有后代，一起照顾共同的后代。如今，单身生活的人类数量正在上升，两个个体一起生活的时间正在减少。

人类可能与生俱来就有接受别人照料的需要，例如在年幼的时候以及衰老或患病时，并且不会给出任何东西作为交换。如今，在许多情况下，他们只能用金钱来换取这种照料。

女人可能在基因上与男人不同，但是当今社会迫使女人像男人一样，因为当今社会是男人创造的社会，也是为男人创造的社会。

人类可能生来就需要在与自然的（像人类一样拥有生命，但不是由人类创造的）接触中生活。如今，超过一半的人都居住在城市里，而且这个数字还在不断上升。

人类可能生来就不需要在特定年龄前为他们应该做的事情做出决定，而是由他们的父母来告诉他们应该做的事。如今，父母和老师，以及从更普遍意义上来说，成年人的权威正被越来越多的儿童和青少年所拒绝，而且这一现象正日益低龄化。

人类可能生来就不需要完全自由的感觉。如今，最大的自由可能就是人类的基本抱负。

人类可能生来就需要与他人生活在一起，彼此帮助，需要有作为社会一员的感觉。而如今，在城市和经济体制中的生活迫使人类产生了极端个人主义。

群体之间的生物竞争可能创造了一种随基因遗传的倾向，即拥有群体身份。但如今，全球化和其他社交网络技术的发展可能导致出现单一社会，它包含所有人类并可能使群体身份变得过时。

人类可能生来就需要保护他们过去的痕迹及其群体过去的痕迹。而今天的文化倾向于抹去所有类型的过去。

就像非人类动物一样，人类生来就倾向于在得到自己需要的东西时感到满足。而如今，经济迫使人们不断追求新东西，而从不会为自己已经拥有的感到满意。

人类可能生来就有相信超自然生物、超自然世界和灵魂永生的倾向。而如今，科学使得人们不可能再接受这类信仰。

人类可能生来就倾向于相信他们不能彻底了解自己居住的世界，而且他们的生活总是有一些神秘色彩。而如今，这些信仰日益被科学和计算机实现的“大数据”采集所驳斥。

人类可能生来就需要与他人在一起。如今，互联网和新型数字技术可能会给人这样的感觉，即始终与其他人在一起，但仍感觉孤独。

人类可能生来就需要拥有私人生活。而如今，由于互联网和新型数字技术，人们可能不再拥有私生活。

我们不知道这些假设是否正确，但是类人机器人却可以帮助我们验证这些假设。我们让一个机器人种群在与我们人类祖先居住的环境相似的环境中进化，之后，环境发生变化，变得与当今人类居住的环境相似。“古代”机器人在一个环境中生活并进化，在这个环境中：

它们结为伴侣并拥有后代。

它们愿意与同一位伴侣长期生活在一起，因而它们能一起照顾他们共同的子女。

当它们年老或生病时，它们会被伴侣、后代和其他亲属照顾。

它们居住的地方不仅靠近它们的伴侣和后代，还靠近与它们基因关系相对较远的机器人。

它们居住的地方非常接近大自然。

成年机器人（父母或其他成年机器人）告知青少年机器人它们应该做什么，并且青少年机器人也倾向于去做被告知的事。

机器人想要的物品数量有限，它们得到这些物品之后就会感到满足。

它们倾向于对其他社会成员表现出利他行为，因为这会提高与其他社会成员竞争胜利的机会。

它们保留着过去的痕迹和他们群体过去的痕迹。

它们拥有想象中的过去和想象中的未来；它们期望死后继续活着；它们信仰超自然生物的存在，并希望在有需要的时候或有危险的时候得到超自然生物的帮助，并在不守规矩时受到超自然生物的惩罚。

它们生活在自己无法认识的世界里，并且不能科学地理解这些话语的意思。

它们与其他机器人生活在一起，从不单独生活。

它们有私生活。

在这种环境下，机器人进化出了许多基因遗传的需求，而“现代”机器人创造的生活环境难以满足这些需求。现代环境使机器人能够满足许多在过去环境中一般得不到满足的重要需求，比如拥有更多的食物、更长的寿命、更尖端的医疗、越来越多的实用技术，而且“现代”机器人的环境必须再现当今人类环境的这一方面。但我们不禁要问：机器人环境的这种改变会带来什么后果？“现代”机器人幸福吗？

重申一下，我们在这里提出的，只是对可能在基因遗传需求和现在及将来人类居住的环境之间发生冲突的假设。我们必须抛弃所有的成见，用机器人来尽可能客观地检验这种假设。我们必须从机器人幸福的角度，在两种类型的环境中找到适当的平衡。（当然，这就要求我们对机器人的幸福有一个衡量标准。）我们的假设并不意味着人类必须“根据自然”生活，人类有一种适应模式，其中一个重要的组成部分就是他们可以改变自己生活的环境。这个人工环境不仅是物理环境或技术环境，还是在文化上塑造过的信仰、行为和价值观的环境。人类不能“回归自然”，因为自然不是他们“自然的”环境，也许他们可以创造一个让他们生活得更幸福的环境——类人机器人可以帮助我们发现这样的环境应该是什么样的。

4. 机器人可以帮助人们理解科学对其生活的影响

在人类生存的历史中，没有科学的时间比较长。智人 15 万年前就出现在了东非，但是直到 2000 ~ 3000 年前，科学才开始在希腊和欧亚大陆的其他地方出现，只是在过去 500 年里，科学才在西方世界成为“现代”科学。如今，在经济压力和不断开发新技术的愿望的推动下，科学发展的速度一直在加快，对人类生活的影响也越来越大。科学为人类生活带来了积极影响，因为科学让我们知道了现实世界实际上是什么样子的，还因为科学能够构建可以帮助人类活得更长且更好的有用技术。但是，除了这些明显的好处外，仍有必要问这样一个问题：科学对人类生活有什么影响？

如果我们想知道科学对人类生活的影响，我们就必须在完全客观的状态下解决问题，忽略价值观、欲望和恐惧。我们不能支持或反对科学，也不能依靠推理来判断科学对人类生活的影响是好还是坏，我们不能对科学充满热情或沉迷于科学。我们必须把这个问题作为一个纯粹的科学问题来解决。我们就科学对人类生活的影响提出若干假设，但是需要实证的数据才能知道这些假设是对还是错。

人类拥有各种关于世界和自身的信仰，但如果这些信仰违背了科学探知的现实，那么科学就很难接纳这些信仰。这并不仅适用于对超自然实体和超自然世界的宗教信仰，还适用于人类对自身及其社会的各种信仰。只有少数人类（其中大部分是科学家）真正了解科学所认知的现实，但这些可以通过媒体传播出来，因而从原则上来说，每个人都可以通过学校教育的延伸和面向所有儿童的科学教育来获得这些知识，而存在的众多基于科学的技术也证实了这些认识。科学在大多数人的眼里都威力无穷。科学赢得了极大的尊重，因为它通常在其从业人员（科学家）中达成了共识，而这在社会生活的其他方面非常罕见。还有一个原因是，科学取得了持续和累积的进步，而这对于其他人类活动来说似乎是无法实现的。因此，人类将继续拥有各种关于世界和自身的信仰，但在过去他们可以自由地选择信仰，而如今他们必须考虑科学告诉他们的事实。

这不仅是个信仰问题。人类之所以会有关于世界和自身的信仰，是因为拥有这些信仰会使他们更幸福。因此，如果科学迫使他们放弃所珍视的关于世界和自身的信仰，他们就可能会失去许多幸福。科学忽视而且必须忽视其关于现实的发现对人类是好还是坏。但是，如果科学告诉人类他们只是物质实体，死后没有生命，没有可以超越生命界限和世界的超自然生物和超自然世界，他们是动物的一种而且拥有非人类祖先，他们对孩子和朋友的爱仅是他们的基因倾向于复制自身的结果，他们是自私的而不是利他的，他们不是世界的中心，人类不能忽略科学告诉他们的知识，这就会使人类不如以前幸福。科学的力量变得如此巨大，以至于人类可能会产生对科学的恐惧，对科学无所不知的能力产生恐惧。

科学擅长做出预测，而其获得实证数据证实预测的能力是科学力量的最明显证明。这再一次对人类的生活产生了影响。通常，科学做出预测的能力对人类是有用的，但是在某些情况下，科学却是个麻烦。例如，如果科学预测他们将会生病或将来会发生其他糟糕的事——尤其是在科学本身不能做什么去阻止这些未来事件发生的情况下。人类一直在“预测”未来的事件，但是这些预测却并没有科学根据，因此，人类可以自由地做出各种预测，自由地相信或不相信别人做出的预测。但科学的预测则不同。科学必须做出预测，科学不能选择做哪一种预言，所有人类，只要他们得知了科学的预测，就必须相信这些预测。

人类拥有丰富的精神生活，包括生活在想象的世界中，回忆想象中的过去的世界，相信想象中的未来的世界。科学让人更难做到这一点，因为科学把什么是真、什么是假、什么是现实、什么是想象界定得很清楚。在过去，人类对于现实知之甚少——或对于科学而言的现实是什么知之甚少，因此想象中的世界和现实世界的界限就很模糊，就更容易相信想象中的世界。如今，科学总是更清楚地知道什么是现实，科学定义了什么是现实，而对于人类而言，相信想象中的世界就变得更难了。

在过去，哲学和人文在人类生活中发挥着重要作用。哲学家试图找到现实的终极“真相”、生活和现实的“意义”以及“美好生活”是什么。历史学家把对过去的人类社会——尤其是“文明的”人类社会——的历史叙述放到一起并且“解读”这些历史，经常用历史去确认民族、文化或政治社群的身份，并且在许多情况下是确认它们的优越性。知识分子讨论并记录关于人类和人类社会的一切，提出并捍卫对社会现象的解释和对社会问题的解决方案。艺术生和文学生分析、讨论并解释艺术和文学作品以及艺术传统和运动。哲学家、历史学家、知识分子、艺术专业学生写的书许多人都不会读，但是在学校和大学会教授这些书，所以它们对全社会有间接的影响。

随着科学的进步，哲学和人文学在社会中的角色和地位正在发生变化。由于科学，哲学有遭到摈弃的趋势。因为，如果科学理论做出的预测被实证数据所证实，那么就证明了理论的正确性；而哲学对现实的说法总是有争议，不可能就众多不同的哲学理论哪一个是正确的达成一致。科学与哲学的另一个不同是，科学把事实与价值观分开，然而在哲学中，事实与价值观却非常紧密地联系在了一起，几乎不可能区分开来。因为科学研究表明，只有我们把事实和价值观区分开来，把现实与我们期望的现实区分开来，才能真正认识现实，而这种旨在认识现实的企图可能意味着哲学的末日。哲学可能作为旨在讨论价值观的企图幸存下来，但要实现这些价值观，我们就必须了解现实，而了解现实的是科学，而不是哲学。

科学对于哲学还有一种影响。哲学的一个重要分支以科学作为其研究对象。科学哲学是一种哲学思考，其思考对象有：什么是科学？科学的“基础”是什么？科学能知道现实的什么？过去的科学是如何变化的而如今又是如何继续变化的？是什么使一些学科不同于其他学科？科学使我们能够拥有科学的科学。科学——而不是哲学——将告诉我们作为一种人类活动的科学是什么。此外，更重要的是，科学还将告诉我们什么是哲学。哲学科学能对人类为什么有哲学做出清晰且明确的假设，并能够用关于人类进化、人体和大脑以及社会和文化环境的客观数据对这些假设进行验证。哲学科学的存在对哲学将会有怎样的影响尚不清楚，但是，如果科学告诉我们什么是哲学，我们就可能无法再以过去的方式看待哲学。

对于其他人文学科（历史学家、知识分子、艺术专业学生）而言，科学正在日益侵入这些领域。科学表明，人类社会的历史不仅可以得到叙述和解读——也就是历史学家所做的，还能像科学解释其他所有的现实现象一样得到解释。历史学家将继续收集并解释过去的人类社会的书面文件和其他人工制品，但正是科学使我们能够真正理解和解释过去的人类社会。知识分子将继续学习和解读社会，并对社会应如何组织提出建议。但是科学更了解社会，因为它明确区分了事实与价值观，并告诉我们该做什么以真正改变社会。对于艺术类学生来说，他们的工作将继续在其本身的“艺术家”范畴内，他们要做的还是“艺术”本身。但是，科学会利用自己的工具去逐渐理解艺术及其在人类意识、大脑和社会中的根源。而且，如果科学告诉我们为什么人类会创造艺术品并受到艺术品的影响，我们可能就无法再像过去那样看待艺术品了。

科学可能不仅对如何学习和理解艺术造成影响，还会对艺术本身产生影响。正如我们在第十一章中所讲的，科学毁掉了事物周围的“光环”，然而艺术展现了这种“光环”，而艺术品——这种人工制品使与他人分享这种“光环”成为可能。通过毁掉围绕在事物周围的“光环”，科学让创造艺术品变得更加困难。

哲学和人文学科对其过去尤其感兴趣，但对于科学来说，过去是不存在的，科学只是最近的科学。科学和技术不断取得进步，但哲学和人文学科却无法做到这一点，并且，它们目前还与营销经济一起对当今人类的独享利益负责。

科学的强大力量之一就是使构建各种技术成为可能，这些技术都具有有用的实用和经济价值。实际上，科学对人类生活的影响主要是间接影响——科学总是创造新技术，而这些技术构成了人类生存的新环境。这具有重要意义。科学需要自由，科学家必须自由地研究一切，他们认为这对理解现实非常重要。鉴于科学和技术之间的紧密联系，这种自由为技术所继承，这就是为什么技术在今天变成了“出柙的猛虎”——想去哪就去哪，人类没有力量指引它的发展方向或在必要时阻止它的发展。

科学是思维认知部分的胜利。思维的认知部分进入一个人的大脑，这种共变关系存在于环境中，存在于人与环境的交互之中，正如我们在第十三章中所说的，科学是一种专门捕捉和解释这种共变关系的人类活动。人类思维继续由两部分组成，一半是认知部分，另一半是动机和情绪部分，但是思维的动机和情绪部分却必须意识到认知部分重要性的大幅提升，这隐含在科学的不断进步之中。

价值观属于思维的动机和情绪部分，但是科学与价值没有关联，并且必须与价值没有关联，因为只有它忽略了价值、欲望和恐惧，才能认识和理解现实。由于科学对人类生活的影响越来越大，它对价值观的态度会转变成人类社会的“文化氛围”，人类将不得不做出选择——忽视科学（例如，科学必须谈及的个体间差异、性别差异、种族差异、公正、暴力和战争）或者抛弃他们的价值观。

在过去，人会谈及“两种文化”（自然科学文化和人文文化），之后，人类创造出了“第三种文化”，即对社会和其未来感兴趣的自然科学家的文化。最近，“两种文化”已经变成了“三种文化”——自然科学、人文学科以及介于两者之间的行为和社会科学。但是，如果我们关于科学对人类生活影响的假设是正确的，那么不久之后，人类及人类社会就将只有“一种文化”——科学文化，即形成清晰明确的理论，以及收集为证实源于这些理论的定量预测的事实。

机器人人类学促进了这一单一文化的产生。正如我们试图在本书中所展示的那样，机器人人类学将把人类的科学变得如自然科学般强大。传统行为与社会科学的弱点使得人类能够在不考虑科学的情况下看待自身和社会。机器人人类学将使这种方式变得更加困难。诗人托马斯·斯特尔那斯·艾略特写道：“人类不能承受过多现实。”而科学告诉人类现实是什么样子。总体而言，诗人对科学的描述是正确的，当机器人要向人类揭示它们到底是什么时，诗人的话尤其正确。

再次重申，这些仅仅是关于科学对人类生活的影响的假设，而机器人人类学应该帮助我们验证这些假设。我们构建没有科学的类人机器人社会，然后，科学逐步出现并持续发展，而且发展速度越来越快。没有科学的机器人的生活是什么样子的？有科学的机器人的生活是什么样子的？我们所做的关于科学对人类生活的影响的假设是对还是错？如果我们对机器人的幸福有一个衡量标准，我们就可以说机器人是幸福还是不幸福，我们还可以知道科学是让人类幸福还是不幸福。

5. 作为选民工具的机器人社会

当今很多国家的一个重要问题——同时也是最关键问题就是，公民对候选人进行投票，要求当选人就一些问题做出决策，但是对于大多数问题，公民却并不了解也不理解，因此，他们是根据自己的意识形态、个人利益和短期利益以及候选人说服他们的能力进行投票的。当今的社会非常复杂，对于社会必须如何运作的决策可能引起许多结果，不可避免地，有好结果也有坏结果。（关于这一点，请参见第十章，此章专门介绍政治机器人。）大多数选民并不知道这种复杂性，了解和理解社会运行方式的传统工具（如书籍、报纸、讲座和电视）所使用的沟通工具是语言，语言无法激发人们的兴趣，并且超出了大多数选民的理解能力，还把读者或听众置于被动地位。如今，因特网使信息交流、提出想法并与他人讨论以及组织政治活动变得更加容易。（关于交流在帮助机器人群体达到其目标方面的作用，可参见第十章。）这就是所谓的“电子民主”。但是电子民主并没有真正“赋予”公民权利，因为公民仍不理解社会的运行方式，也不了解该如何改变社会从而使其更好地运作。因此，从当前的形态来看，电子民主不能代替传统的代议制民主。

为了真正改变政治生活，电子民主需要“数字环境”。数字环境是完全摆脱了成见和意识形态的计算机模拟，公民借此能够了解和理解人类社会的运行方式以及做出不同决策所可能导致的结果。每个人都可以使用任何设备来访问数字环境，并且数字环境是非语言的，具有很强的互动性，还像电脑游戏一样吸引人。数字环境像实验室一样运行。在数字环境中，使用者（单独或与其他人一起）执行了行动 X，观察行动 X 的结果，找出为获得所希望的结果而必须要做的事，并对不存在但是有可能存在的社会进行试验。数字环境是没有老师的学习环境，这就使通过实践学习并理解成为可能，而不是通过他人告知进行。千年以来，人类一直通过实践来进行学习和理解，而由于人类需要学习和理解的内容非常复杂，所以口头语言成了学习所必需的工具。如今，计算机能够让人们在不使用语言的情况下学习和理解。学习者之所以能够学习和理解，不是因为他们阅读或听到了什么言语，而是因为他们进行了实践，并看到了实践的结果。数字环境可能非常简单或更为真实，而且对不同类型的用户来说，还可能有不同的版本。它们是新型学习的基础，从学校到大学、从各种工人的职业养成到培训和再培训。而且对于政策制定者、公共管理者和私营企业来说，数字环境也可能很有用。但它们对于民主社会政治生活的意义才是最重要的。数字环境重现了经济系统、金融系统、财政系统、司法系统、政治和行政系统、国家使用纳税人钱款的方式、人类行为对环境的影响以及全球化及其影响，通过访问数字环境，选民可以与这些数字环境进行互动，而通过这些互动，选民可以了解并理解议题是什么并可以做出的不同选择。选民虽然不能要求政治候选人更好地解释他们将要做的事，但却可以建议政治家应该做什么以及他们应该解决哪些问题。选民还能了解政治家当选之后做了什么或者没做什么。这样一来，选民才可以像“真正”的公民那样投票，他们也将更有兴趣投票。数字环境将政治变成了政策。虽然科学可能对政治作用不大，但对政策却十分有用。

6. 难题

最后，机器人可以帮助人类更好地理解他们现在面临的和未来将会面临的许多难题，并可能帮助人类找到解决问题的方法。难题是难于识别、理解和解决的问题。这些问题难于识别，因为我们不愿意用解决难题所需的根本性方法去思考，还因为我们常常会相信我们已经有了解决难题的方法。难题难于理解，因为它们是多种原因和因素相互作用的结果，并且这些因素看起来超出了我们的认知能力，而且科学及其分学科并没有为解决这些难题做好准备。难题难于解决，因为它们要求在社会和经济系统、我们的生活和我们的思想中进行彻底的改变。难题是当今居住在地球上的所有人类的问题。某个特定国家或世界上某个特定部分遇到的特定问题不是难题，即使在某些地方和国家中，难题可能更为严重。难题是政治性的吗？这取决于“政治性”的意思。如果“政治性”指的是政治制度，那答案就是否定的，因为政治制度倾向于忽视难题，并且不具备解决难题的能力。如果“政治性”指的是“polis”（希腊语，意为“城市”），即社会的所有成员——并且，实际上指的是人类社会的所有成员——那答案是肯定的：它们是最重要的政治性问题。

难题是未来的问题。未来必然与现在不同，无论我们喜欢与否。因此，难题需要新方法和新心态，因为正如阿尔伯特·爱因斯坦所说的，“存在于当今世界上的问题不能由创造这些问题的思考水平解决”。然而，指导我们研究的古神必然是像古罗马神杰纳斯那样。杰那斯有两张脸，一张脸面向过去，另一张脸面向未来。难题是未来的问题，但是它们有很长的过去。

这里有一系列难题：

市场经济是可能的最好的经济吗？我们能为当今的社会设想一个非市场经济的经济体系吗？

要确保实体经济有足够的资源来生产所有的产品，金融经济是必不可少的。是否能找到一种途径，在保证实体经济能够进行所有必要投资的情况下，避免出现当前每个人所看到的金融经济中的过多的风险和不当行为？

在当今世界上，发生的大多数事情是由银行和金融机构决定的，它们变成了“超国家机构”——其力量超过了国家。这会造成什么后果？

在现代经济中，信息是否已经成了最重要的商品？经济学是否已做好了应对信息经济的准备？

是经济学创造了现代经济吗？如果是这样，如果我们想改变现代经济，经济学经济应如何改变呢？

营销是否是实体经济和金融经济的“第一推动力”？

营销已经由纯经济现象变成了一个包罗万象的现象，它正在把整个社会转变成一个营销社会。其结果是什么？

许多行业（经济学家、医生、心理学家、教师、记者、媒体人、营销人员）中都存在利益冲突，解决这些冲突能帮助社会理解和解决自身的许多问题，但是人们却宁愿不这么做，因为这会损害他们的利益。我们如何才能解决这些冲突？

正如我们所知，教育机构已经走到了其漫长历史的尽头。我们如何才能构建一个更适合当今社会的新教育系统？新数字技术在这个新系统中将发挥什么作用？

我们应该既改变学生的学习方式又改变学生的学习内容吗？

新数字技术是否正在创造新的“思维生态”和新的社会生活？这会造成什么后果？

如果我们能够制造具有类似人类思维（既有认知部分又有动机及情绪部分）的人工制品，会造成什么后果？我们应该制造这样的人工制品吗？

计算机对科学和技术有什么影响？

科学和技术是否使人类社会变得过于复杂，从而导致人类无法理解？

技术的发展能否受到引导？

如今，经济、科技、文化等领域正在逐步实现全球化，但是政治权利继续掌握在作为地方实体的国家手中，这种不对称性造成了许多问题。我们应该做些什么？我们是否应该，或者说我们是否能够达成全球主权国家的目标？

西方文化正成为地球上所有人类的文化，事实真的如此吗？“全球西化”将导致什么后果？

对于非西方国家来说，是否有可能在拥有个人自由、消除贫困以及拥有现代医学和现代技术的同时，仍保留其传统文化？还是说对其文化的记忆只能变成可以像其他可以被“卖掉”的商品或心灵疾病一样的东西？

人类的自私行为有必要吗？我们如何才能降低人类行为的自私程度？

战争是否将不复存在？

造成民族优越感（即对于本群体成员和其他群体成员所采取不同行为的趋向）的原因是什么？全球化会增加不同群体之间的接触，在此过程中，我们如何才能避免这一趋势的消极后果？

危害他人的行为在人类社会中有重要的影响，并且，由于人类社会变化的速度越来越快，总是会出现危害他人的新行为类型。我们应该如何调整我们的法律体系，以便能够处理危害他人的新行为形式？

我们如何才能不通过惩罚手段来约束具有社会危害性的行为？

人类行为对环境的影响日益增加，这对人类而言是一种危险。我们如何才能减弱这种影响及其结果？

城市改变了人类的生活方式。这些改变造成了哪些结果？如何避免其中不好的结果？

是否有可能设计这样一个社会：在这个社会里，女人不比男人力量弱，但也不会被迫像男人一样？女人是应该成为战士还是消除战争？

社会应如何对待个体间的差异（各种类型的差异）？

西方的文化是自由的文化，而居住在西方式社会中的人真的自由吗？

自由被理解为个人完全不受限制会为个人带来幸福吗？

现在的青少年趋向于拒绝所有的权威（父母、老师、成人和历史），并在没有任何外部“框架”（除了同龄人和媒体）的情况下成长。这种成长方式会产生什么结果？我们如何避免其中的消极结果？

我们如何在保留民主制度优势的同时避免其缺陷（例如政治领导人趋于做选民想让他们做的事，而不追求“公共利益”这一事实）？政治领导人怎样才能有比当政时间更加长远的眼光？

人类能生活在一个没有“首领”（这个首领有权力让他们做他们必须做的事）的大社会中吗？电子民主可以取代代议制民主吗？电子民主要取得成功，公民是否需要更好地了解和理解现实？

保卫一类人并反对另一类人（例如穷人对抗富人、弱者对抗强者、无自由的人对抗剥夺他们自由的人）是否已成为过去，因为当今所有人类都有同样的问题，他们中的大部分都必须保护自己？

如何衡量“进步”？是否可以这样说：科学是唯一可以促成进步的东西，因为每一天我们都会了解有关现实更多的情况（从科学理解现实的角度来说）；而对于技术来说，这不一定是正确的，因为技术上的进步意味着技术让我们生活得更好，但技术让我们过上更好生活的说法却并不总是正确的？

我们如何才能解决科技对社会影响越来越大和几乎所有社会成员对科技知之

甚少这两个事实之间的矛盾？

人类社会的管理者忽视了大多数困扰当今人类的严重问题，也就是我们所说的难题。如何才能改变这种状况？

应该创造哪些新机构来帮助社会管理者更多、更好地使用科学和技术？这些机构是否应同时包括自然科学和行为以及社会科学？

艺术、宗教和哲学的未来是什么样的？

人类的未来会是什么样的？如果我们想影响他们的未来，是否应该从外部把西方文化看成是很多文化中的一种，并且西方文化未来必然会变成另一种文化？

人类是处于现实进化总体进程的顶点，还是只处于这个进程的一个阶段中？他们能否预测下一个阶段是什么？他们能否控制下一个阶段是什么？

如果这些都是难题，那么难题必然需要关于人类行为与社会的科学做出贡献，甚至那些看上去属于自然科学专属领域的科学也需要做出贡献，它们的技术（例如，涉及环境、能源、医疗、运输、土地使用、自然资源利用的技术）也拥有重要的行为学和社会学意义。因此，我们应该要求机器人人类与人类社会科学帮助我们确定、理解并尽可能地解决这些问题。我们必须建造想象中的机器人社会，以便能够对难题的解决方案进行试验。类人机器人是一种较好的人类行为与社会的科学，但是它们也应该让我们能够建立起科学乌托邦。从某种意义上说，创造未来一直是去想象一个理想国，但“乌托邦”这个词却表明这是一个不存在也不可能存在的社会，这就是为什么人们认为理想国是无意义的，并且对其抱有讽刺的态度。如今，“乌托邦”的含义发生了变化。在过去，我们只拥有存在的和不存在的东西。而现在，还有第 3 种可能：有些东西能在计算机中存在。机器人社会存在于计算机中。通过建造机器人并对其进行分析和实验，我们可以看出机器人社会能否在计算机外成为现实？为什么不能？它们会产生何种结果？我们应如何改变它们才能使它们得以实现并产生积极的结果？

难题仍是难题。但是，正如希腊哲学家赫拉克利特所说：“如果你不对不能指望的事抱有希望，你就不会实现它。”类人机器人正好能帮助我们对不能指望的事抱有希望。

参考文献及补充书目

下面列出了一些更为详细的参考文献，它们与书中描述的研究相关，按照不同的主题分类。某些主题还列出了一些与其他作者的研究相关的补充文献。

在“自然”环境中生活

Parisi, D., Cecconi, F. & Nolfi, S. (1990). Econets: Neural networks that learn in an environment. *Network*, 1, 149 – 168. DOI: 10.1088/0954-898X/1/2/003

Nolfi, S. & Parisi, D. (1993). Self-selection of input stimuli for improving performance. In G. A. Bekey (Ed.), *Neural networks and robotics* (pp. 403 – 418). Berlin: Kluwer. DOI: 10.1007/ 978-1-4615-3180-7_ 23

Parisi, D. (1994). Are neural networks necessarily passive receivers of input? In F. Masulli, P. G. Morasso & A. Schenone (Eds.), *Neural networks in biomedicine* (pp. 113 – 124). Singapore: World Scientific.

Parisi, D. & Cecconi, F. (1995). Learning in the active mode. In F. Moràn, A. Moreno, J. J. Merelo & P. Chacòn (Eds.), *Advances in artificial life. Third European Conference on Artificial Life*(pp. 439 – 462). London: Springer.

Menczer, F. & Belew, R. K. (1996). From complex environments to complex behaviours. *Adaptive Behaviour*, 4, 317 – 363. DOI: 10.1177/105971239600400305 Parisi, D. (1997). Active sampling in evolving neural networks. Human Development, 40, 320 – 324. DOI: 10.1159/000278734

* * *

Duchon, A. P., Kaelbling, L. P. & Warren, W. H. (1998). Ecological robotics. *Adaptive Behaviour*, 6, 473 – 507. DOI: 10.1177/105971239800600306

Arkin, R. C., Cervantes-Perez, F. & Weitzenfeld, A. (1998). Ecological robotics: A schema-theoretic approach. In R. C. Bolles, H. Bunke & H. Noltemeier (Eds.), *Intelligent robots: Sensing, modelling and planning* (pp. 377 – 393). Singapore: World Scientific.

Ikegami, T. (2009). Rehabilitating biology as a natural history. *Adaptive Behaviour*, 17, 325 – 328. DOI: 10.1177/1059712309340855

知识的具象、以行动为基础的特性

Nolfi, S. & Parisi, D. (1999). Exploiting the power of sensory-motor coordination. In D. Floreano, J-D. Nicoud, &F. Mondada (Eds.), *Artificial Life* 1 (pp. 173 – 182). London: Springer. DOI: 10.1007/3-540-48304-7_ 24

Schlesinger, M., Parisi, D. & Langer, J. (2000). Learning to reach by constraining the movement search space. *Developmental Science*, 3, 67 – 80. DOI: 10.1111/1467-7687.00101

Borghi, A. M., Di Ferdinando, A., & Parisi, D. (2002). The role of perception and action in object categorization. In J. A. Bullinaria & W. Lowe (Eds.), *Connectionist models of cognition and perception* (pp. 40 – 50). Singapore: World Scientific.

Di Ferdinando, A. & Parisi, D. (2005). Internal representations of sensory input reflect the motor output with which organisms respond to sensory input. In A. Carsetti (Ed.), *Seeing and thinking* (pp. 58 – 63). Berlin: Kluwer.

Caligiore, D., Borghi, A. M., Parisi, D. & Baldassarre, G. (2010). TRoPICALS: A computational embodied neuroscience model of experiments on compatibility effects. *Psychological Review*, 117, 1188 – 1228. DOI: 10.1037/a0020887

* * *

Steels, L. (1994). The artificial life roots of artificial intelligence. *Artificial Life*, 1, 75 – 110. DOI: 10.1162/artl. 1993.1.1_2.75

Chiel, H. & Beer, R. (1997). The brain has a body: Adaptive behaviours emerge from interactions of brain, body, and environment. *Trends in Neurosciences*, 20, 553 –557. DOI: 10.1016/ S0166-2236 (97) 01149-1

Metta, G. & Fitzpatrick, P. (2003). Better vision through manipulation. *Adaptive Behaviour*, 11, 109 – 128. DOI: 10.1177/10597123030112004

Chemero, A. & Turvey, M. T. (2007). Gibsonian affordances for roboticists. *Adaptive Behaviour*, 15, 473 – 480. DOI: 10.1177/1059712307085098

Pfeifer, R. & Bongard, J. C. (2007). *How the body shapes the way we think*. Cambridge, MA: MIT Press.

进化与学习

Cecconi, F. & Parisi, D. (1991). Evolving organisms that can reach for objects. In J. A. Meyer & S. W. Wilson (Eds.), *From animals to animals* 1 (pp. 391 – 399). Cambridge, MA: MIT Press.

Parisi, D., Nolfi, S. & Cecconi, F. (1992). Learning, behaviour, and evolution. In F. Varela &P. Bourgine (Eds.), *Toward a practice of autonomous systems* (pp. 207 – 216). Cambridge, MA: MIT Press.

Nolfi, S., Elman, J. L. & Parisi, D. (1994). Learning and evolution in neural networks. *Adaptive Behaviour*, 3, 5 – 28. DOI: 10.1177/105971239400300102

Lund, H. H. & Parisi, D. (1995). Pre-adaptation in populations of neural networks evolving in a changing environment. *Artificial Life*, 2, 179 – 197. DOI: 10. 1162/artl. 1995. 2. 2. 179

Parisi, D. & Nolfi, S. (1996). The influence of learning on evolution. In R. K. Belew & M. Mitchell (Eds.), *Adaptive individuals in evolving populations* (pp. 419 – 428). Readings, MA: Addison-Wesley.

Miglino, O., Nolfi, S. & Parisi, D. (1996). Discontinuity in evolution: How different levels of organization imply pre-adaptation. In R. K. Belew & M. Mitchell (Eds.), *Adaptive individuals in evolving populations* (pp. 399 – 415). Readings, MA: Addison-Wesley.

Elman, J. L., Bates, E. A., Johnson, M. H., Karmiloff-Smith, A., Parisi, D. & Plunkett, K. (1996). *Rethinking innateness. A connectionist perspective on development.* Cambridge, MA: MIT Press.

Nolfi, S. & Parisi, D. (1997). Learning to adapt to changing environments in evolving neural networks. *Adaptive Behaviour*, 5, 75 – 98. DOI: 10. 1177/105971239600500104

Nolfi, S. (2000). How learning and evolution interact: The case of a learning task which differs from the evolutionary task. *Adaptive Behaviour*, 7, 231 – 236. DOI: 10. 1177/105971239900700205

Nolfi, S. & Floreano, D. (2000). *Evolutionary robotics: The biology, intelligence, and technology of self-organizing machines.* Cambridge, MA: MIT Press.

Calabretta, R., Nolfi, S., Parisi, D. &Wagner, G. P. (2000). Duplication of modules facilitates the evolution of functional specialization. *Artificial Life*, 6, 69 – 84. DOI: 10. 1162/106454600568320

Di Ferdinando, A., Calabretta, R., & Parisi, D. (2001). Evolving modular architectures for neural networks. In R. French & J. Sougné (Eds.), *Proceedings of the sixth neural computation and psychology workshop: Evolution, learning, and development* (pp. 253 – 262). London: Springer.

Parisi, D. (2003). Evolutionary psychology and Artificial Life. In S. J. Scher & F. Rauscher (Eds.), *Evolutionary psychology: Alternative approaches* (pp. 243 – 265). London: Springer. DOI: 10. 1007/978-1-4615-0267-8_ 12

Calabretta, R. & Parisi, D. (2005). Evolutionary connectionism and mind/brain modularity. In

W. Callabaut &D. Rasskin-Gutman (Eds.), *Modularity. Understanding the development and evolution of complex natural systems* (pp. 309 – 330). Cambridge, MA:

MIT Press.

Floreano, D., Dürr, P. & Mattiussi, C. (2008). Neuroevolution: from architectures to learning. *Evolutionary Intelligence*, 1, 47 – 62. DOI: 10. 1007/s12065-007-0002-4

* * *

Ackley, D. H. & Littman, M. L. (1992). Interactions between learning and evolution. In Langton, C., Farmer, J., Rasmussen, S. & Taylor, C. (Eds.), *Artificial Life* 2(pp. 487 – 510). Redwood City, CA: Addison-Wesley.

Cliff, D., Husbands, P. & Harvey, I. (1993). Explorations in evolutionary robotics. *Adaptive Behaviour*, 2, 73 – 110. DOI: 10. 1177/105971239300200104

Harvey, I., Di Paolo, E., Wood, R., Quinn, M. & Tuci, E. (2004). Evolutionary robotics: A new scientific tool to study cognition. *Artificial Life*, 11, 79 – 98. DOI: 10. 1162/1064546053278991

发展

Cangelosi, A., Parisi, D. & Nolfi, S. (1994). Cell division and migration in a 'genotype' for neural networks. *Network*, 5, 497 – 515.

Nolfi, S., Miglino, O. & Parisi, D. (1994). Phenotypic plasticity in evolving neural networks. In D. P. Gaussier & J-D. Nicoud(Eds.), *From perception to action* (146 – 157). Los Alamitos, CA: IEEE Computer Society Press.

Nolfi, S. & Parisi, D. (1995). Evolving artificial neural networks that develop in time. In F. Moran, A. Moreno, J. J. Merelo, & P. Chacòn(Eds.), *Advances in Artificial Life. Proceedings of the third European conference on Artificial Life* (pp. 353 – 367). London: Springer.

Parisi, D. (1996). Computational models of developmental mechanisms. In R. Gelman & T. K. Au(Eds.), *Perceptual and cognitive development* (pp. 373 – 412). San Diego, CA: Academic Press.

Parisi, D. &Nolfi, S. (2001). Development in neural networks. In J. P. Mukesh, V. Honavar & K. Balakrishan(Eds.), *Advances in evolutionary synthesis of neural networks*(pp. 215 – 246). Cambridge, MA: MIT Press.

Schlesinger, M. & Parisi, D. (2001). The agent-based approach: A new direction for computational models of development. *Developmental Review*, 21, 121 – 146.

Parisi, D. & Schlesinger, M. (2002). Artificial Life and Piaget. *Cognitive Development*, 17, 1301 – 1321.

Cangelosi, A., Nolfi, S. &Parisi, D. (2003). Artificial life models of neural development. In Kumar, S. & Bentley, P. J. (Eds.), *On Growth, form, and computers* (pp. 339 – 354). San Diego, CA: Academic Press.

Schlesinger, M. (2003). A lesson from robotics: Modeling infants as autonomous agents. *Adaptive Behavior*, 11, 97 – 107.

Schlesinger, M. (2004). Evolving agents as a metaphor for the developing child. *Developmental Science*, 7, 158 – 164.

Schlesinger, M., & McMurray, B. (2012). The past, present, and future of computational models of cognitive development. *Cognitive Development*, 27, 326 –348.

Cangelosi, A. & Schlesinger, M. (2014). *Developmental robotics: From babies to robots*. Cambridge, MA: MIT Press.

动机与情感

Cecconi, F. & Parisi, D. (1992). Neural networks with motivational units. In *From Animals to Animats* 2(pp. 167 – 181). Cambridge, MA: MIT Press.

Parisi, D. (1996). Motivation in artificial organisms. In G. Tascini, F. Esposito, V. Roberto&P. Zingaretti (Eds.), *Machine learning and perception*(pp. 3 – 19). Singapore: World Scientific.

Mirolli, M. & Parisi, D. (2003). Artificial organisms that sleep. In W. Banzhaf, T. Christaller, P. Dittrich, J. T. Kim, & J. Ziegler(Eds.), *Proceedings of the seventh European conference on Artificial Life*(pp. 377 – 386). London: Springer.

Parisi, D. (2004). Internal robotics. *Connection Science*, 16, 325 – 338. DOI: 10. 1080/ 09540090412331314768

Ruini, F., Petrosino, G., Saglimbeni, F., & Parisi, D. (2010). The strategic level and the tactical level of behaviour. In Gray, J. & Nefti-Meziani, S. (Eds.), *Advances in Cognitive Systems* (pp. 271 – 299). Herts, UK: IET Publisher. DOI: 10. 1049/PBCE071E_ ch10

Parisi, D. & Petrosino, G. (2010). Robots that *have* emotions. *Adaptive Behaviour*, 18, 453 – 469. DOI: 10. 1177/1059712310388528

Saglimbeni, F., & Parisi, D. (2011). Input from the external environment and input from within the body. In G. Kampis, I. Karsai, & E. Szathmáry (Eds.), *Advances in Artificial Life. Darwin meets von Neumann* (pp. 148 – 155). London: Springer. DOI: 10. 1007/978-3-642-21283-3_ 19

Parisi, D. (2011). The other half of the embodied mind. *Frontiers in Psychology*, 69, 1 – 8.

Petrosino, G. , Parisi, D. & Nolfi, S. (2013). Selective attention enables action selection: Evidence from evolutionary robotics experiments. *Adaptive Behaviour*, 21, 356 - 370. DOI: 10. 1177/1059712313487389

* * *

Arbib, M. A. & Fellous, J. M. (2004). Emotions: From brain to robot. *Trends in Cognitive Sciences*, 8, 554 - 561. DOI: 10. 1016/j. tics. 2004. 10. 004

Ziemke, T. (2008). The role of emotions in biological and robotic autonomy. *Biosystems*, 91, 401 - 408. DOI: 10. 1016/j. biosystems. 2007. 05. 015

Cos, I. , Canamero, L. & Hayes, G. (2013). Learning affordances of consummatory behaviours: motivation-driven adaptation for motivated agents. *Adapative Behaviour*, 18, 285 - 314. DOI: 10. 1177/1059712310375471

Cos, I. , Canamero, L. , Hayes, G. & Gillies, A. (2013). Hedonic value: enhancing adaptation for motivated agents. *Adaptive Behaviour*, 21, 465 - 483. DOI: 10. 1177/1059712313486817

语言

Parisi, D. (1997). An artificial life approach to language. *Brain and Language*, 59, 121 - 146. DOI: 10. 1006/brln. 1997. 1815

Cangelosi, A. & Parisi, D. (1998). The emergence of a 'language' in an evolving population of neural networks. *Connection Science*, 10, 83 - 97. DOI: 10. 1080/095400998116512

Parisi, D. & Cangelosi, A. (2002). A unified simulation scenario for language development, evolution, and historical change. In A. Cangelosi & D. Parisi (Eds.), *Simulating the evolution of language* (pp. 255 - 275). London: Springer. DOI: 10. 1007/978-1-4471-0663-0_ 12

Cangelosi, A. , & Parisi, D. (2004). The processing of verbs and nouns in neural networks: Insights from synthetic brain imaging. *Brain and Language*, 2, 401 - 408. DOI: 10. 1016/ S0093-934X (03) 00353-5

Mirolli, M. & Parisi, D. (2004). Language, altruism, and docility: How cultural learning can favour language evolution. In J. B. Pollack, M. Bedau, P. Husbands, T. Ikegami & R. A. Watson (Eds.), *Artificial Life* 9 (pp. 182 - 187). Cambridge, MA: MIT Press.

Mirolli, M. & Parisi, D. (2005). How can we explain the emergence of a language that benefits the hearer but not the speaker? *Connection Science*, 17, 307 - 324. DOI: 10. 1080/ 09540090500177539

Mirolli, M. & Parisi, D. (2006). Talking to oneself as a selective pressure for the emergence of language. In A. Cangelosi, A. D. M. Smith & K. Smith (Eds.), *Proceedings of the sixth inter-national conference on the evolution of language* (pp. 182 – 187). Singapore: World Scientific.

Mirolli, M., Cecconi, F., & Parisi, D. (2007). A neural network model for explaining the asymmetries between linguistic production and linguistic comprehension. In S. Vosniadou, D. Kayser, & A. Protopapas (Eds.), *Proceedings of the European Cognitive Science Conference* 2007 (pp. 670 – 675). Hillsdale, NJ: Erlbaum.

Floreano, D., Mitri, S., Magnenat, S. & Keller, L. (2007). Evolutionary conditions for the emergence of communication in robots. *Current Biology*, 17, 514 – 519. DOI: 10. 1016/j. cub. 2007. 01. 058

Mirolli, M. & Parisi, D. (2008). How producer bias can favour the evolution of communication: an analysis of evolutionary dynamics. *Adaptive Behaviour*, 16, 27 – 52. DOI: 10. 1177/ 1059712307087597

Uno, R., Marocco, D., Nolfi, S. & Ikegami, T. (2011). Emergence of proto-sentences in artificial communicating systems. *IEEE Transactions on Autonomous Mental Development*, 3, 146 – 153. DOI: 10. 1109/TAMD. 2011. 2120608

* * *

Steels, L. (2011). Modeling the cultural evolution of language. *Physics of Life Reviews*, 8, 339 – 356. DOI: 10. 1016/j. plrev. 2011. 10. 014

Steels, L., & Loetzsch, M. (2012). The Grounded Naming Game. In L. Steels (Ed.), *Experiments in cultural language evolution.* Amsterdam: John Benjamins. DOI: 10. 1075/ais. 3

Yuruten, O., Sahin, E. & Kalkan, S. (2013). The learning of adjectives and nouns from affordances and appearance features. *Adaptive Behaviour*, 21, 437 – 451. DOI: 10. 1177/1059712313497976

在人类心灵中，语言对世界的影响

Cangelosi, A. & Harnad, S. (2000). The adaptive advantage of symbolic theft over sensorimotor toil: grounding language in perceptual categories. *Evolution of Communication*, 4, 117 – 142. DOI: 10. 1075/eoc. 4. 1. 07can

Cangelosi, A. & Parisi, D. (2001). How nouns and verbs differentially affect the behavior of artificial organisms. In J. D. Moore & K. Stenning (Eds.), *Proceedings of the 23rd annual conference of the Cognitive Science Society* (pp. 170 – 175).

Hillsdale, NJ: Erlbaum.

Mirolli, M. & Parisi, D. (2005). Language as an aid to categorization: A neural network model of early language acquisition. In A. Cangelosi, G. Bugmann & R. Borisyuk(Eds.), *Modelling language, cognition and action. Proceedings of the ninth neural computation and psychology workshop*(pp. 97 – 106). Singapore: World Scientific.

Mirolli, M. & Parisi, D. (2009). Language as a cognitive tool. *Minds and Machines*, 19, 517 – 528. DOI: 10. 1007/s11023-009-9174-2

Massera, G., Tuci, E., Ferrauto, T. & Nolfi, S. (2010). The facilitatory role of linguistic instructions on developing manipulation skills. *IEEE Computational Intelligence Magazine*, 5, 33 – 42. DOI: 10. 1109/MCI. 2010. 937321

Mirolli, M. & Parisi, D. (2011). Towards a Vygotskian cognitive robotics: The role of language as a cognitive tool. *New Ideas in Psychology*, 29, 298 – 311. DOI: 10. 1016/j. newideapsych. 2009. 07. 001

精神生活

Cecconi, F. & Parisi, D. (1990). Learning to predict the consequences of one's own actions. In R. Eckmiller, G. Hartmann & G. Hauske(Eds.), *Parallel processing in neural systems and computers*(pp. 237 – 240). Amsterdam: Elsevier.

Caligiore, D., Tria, M., & Parisi, D. (2006). Some adaptive advantages of the ability to make predictions. In *From Animals to Animats* 9(pp. 17. – 28). London: Springer. DOI: 10. 1007/ 11840541_ 2

Parisi, D. (2007). Mental robotics. In Chella, A. & Manzotti, R. (Eds.) *Artificial Consciousness* (pp. 191 – 211). Exeter, UK: Imprint-Academic.

社会性

Cecconi, F., Denaro, D., Parisi, D. & Piazzalunga, U. (1994). Social aggregations in evolving neural networks. In C. Castelfranchi & E. Werner(Eds.), *Artificial social systems*(pp. 41 – 54). London: Springer. DOI: 10. 1007/3-540-58266-5_ 3

Baldassarre, G., Nolfi, S. & Parisi, D. (2003). Evolving mobile robots able to display collective behavior. *Artificial Life*, 9, 255 – 267. DOI: 10. 1162/106454603322392460

Radicchi, F., Castellano, C., Cecconi, F., Loreto, V., & Parisi, D. (2004). Defining and identifying communities in networks. *Proceedings of the National Academy of Science*, 101, 2658 –2663. DOI: 10. 1073/pnas. 0400054101

Castellano, C., Cecconi, C., Loreto, V., Parisi, D. & Radicchi, F. (2004). Self-contained algorithms to detect communities in networks. *Eur. Phys. J. B.*, 38, 311 –

319. DOI: 10. 1140/ epjb/e2004-00123-0

Parisi, D. & Nolfi, S. (2006). Sociality in embodied neural agents. In R. Sun (Ed.), *Cognition and multi-agent interaction: From cognitive modeling to social simulation*(pp. 328 – 354). Cambridge: Cambridge University Press.

Baldassarre, G., Parisi, D. & Nolfi, S. (2006). Distributed coordination of simulated robots based on self-organisation. *Artificial Life*, 12, 289 – 311. DOI: 10. 1162/artl. 2006. 12. 3. 289

Mitri, S., Wischmann, S., Floreano, D. & Keller, L. (2012). Using robots to understand social behavior. *Biological Reviews*, 88, 31 – 39. DOI: 10. 1111/ j. 1469-185X. 2012. 00236. x

Nolfi, S. (2012). Co-evolving predator and prey robots. *Adaptive Behavior*, 20, 10 – 15. DOI: 10. 1177/1059712311426912

Lettieri, N. & Parisi, D. (2013). Neminem laedere: An evolutionary agent-based model of the interplay between punishment and damaging behaviour. *Artificial Intelligence and Law*, 21, 425 – 453. DOI: 10. 1007/s10506-013-9146-y

* * *

Bonabeau, E., Dorigo, M. & Theraulaz, G. (Eds.). (1999). *Swarm intelligence: From natural to artificial systems.* Oxford: Oxford University Press.

Fong, T., Noubakhsh, I. & Dautenhahn, K. (2003). A review of socially interactive robots. *Robot-ics and Autonomous* Systems, 42, 143 – 166. DOI: 10. 1016/ S0921-8890(02)00372-X

Epstein, J. K. & Axtell, R. (2006). *Generative social science. Social science from the bottom up.* Princeton, NJ: Princeton University Press.

家庭

Menczer, F. & Parisi, D. (1992). A model for the emergence of sex in evolving networks: Adaptive advantage or random drift? In F. Varela & P. Bourgine(Eds.), *Towards a practice of autonomous systems* (pp. 337 – 345). Cambridge, MA: MIT Press.

Parisi, D., Cecconi, F. & Cerini, A. (1995). Kin-directed altruism and attachment behaviour in an evolving population of neural networks. In N. Gilbert, & R. Conte (Eds.) *Artificial societies: The computational simulation of social life* (pp. 238 – 251). London: UCL Press.

Pedone, R. & Parisi, D. (1997). In what kinds of social groups can "altruistic" behaviors evolve? In R. Conte, R. Hegselmann, & P. Terna (Eds.), *Simulating social* phenomena (pp. 195 – 201). London: Springer. DOI: 10.1007/978-3-662-03366-1_ 16

Floreano, D., Mitri, S., Perez-Uribe, A. & Keller, L. (2008). Evolution of altruistic robots. *Computational Intelligence: Research Frontiers*, 232 – 248, LNCS 5050.

Mitri, S., Floreano, D. & Keller, L. (2011). Relatedness influences signal reliability in evolving robots. *Proceedings of the Royal Society B*, 278, 378 – 383. DOI: 10.1098/rspb. 2010.1407

Da Rold, F., Petrosino, G., & Parisi D. (2011). Male and female robots. *Adaptive Behaviour*, 19, 317 – 334. DOI: 10.1177/1059712311417737

* * *

Todd, P. M. & Miller, G. F. (1993). Parental guidance suggested: How parental imprinting evolves through sexual selection as an adaptive learning mechanism. *Adaptive Behaviour*, 2, 5 – 47. DOI: 10.1177/105971239300200102

文化

Cecconi, F., Menczer, F. & Belew, R. (1995). Maturation and evolution of imitative learning in artificial organisms. *Adaptive Behavior*, 4, 29 – 50. DOI: 10.1177/105971239500400103

Denaro, D. & Parisi, D. (1996). Cultural evolution in a population of neural networks. In M. Marinaro & R. Tagliaferri (Eds.), *Neural nets* (pp. 100 – 111). London: Springer. Parisi, D. (1997). Cultural evolution in neural networks. *IEEE Expert*, 12, 9 – 11. DOI: 10.1109/ 64. 608170

Ugolini, M. & Parisi, D. (1999). Simulating the evolution of artifacts. In D. Floreano, J. -D. Nicoud, & F. Mondada (Eds.), *Advances in Artificial Life* (pp. 489 – 498). London: Springer. DOI: 10.1007/3-540-48304-7_ 67

Parisi, D., & Ugolini, M. (2002). Living in enclaves. *Complexity*, 7, 21 – 27. DOI: 10.1002/cplx. 10010

Parisi, D., Cecconi, F., & Natale, F. (2003). Cultural change in spatial environments: The role of cultural assimilation and internal changes in cultures. *The Journal of Conflict Resolution*, 47, 163 – 179. DOI: 10.1177/0022002702251025

Acerbi, A. & Parisi, D. (2006). Cultural transmission between and within generations. *Journal of Artificial Societies and Social Systems*, 9(1).

Cecconi, F., Antinucci, F., Parisi, D., & Natale, F. (2006). Simulating the expansion of farming and the differentiation of European languages. In B. Laks & D. Simeoni(Eds.), *Origins and Evolution of Language* (pp. 234 – 258). Oxford: Oxford University Press.

Acerbi, A., Ghirlanda, S. & Enquist, M. (2014). Regulatory traits: Cultural influences on cultural evolution. In S. Cagnoni, M. Mirolli & M. Villani (Eds.), *Evolution, complexity, and Artificial Life* (pp. 135 – 148). London: Springer. DOI: 10.1007/978-3-642-37577-4_9

* * *

Curran, D. & O'Riordan, C. (2006). Increasing population diversity through cultural learning. *Adaptive Behaviour*, 14, 315 – 338. DOI: 10.1177/1059712306072335

Nehaniv, C. L. & Dautenhahn, K. (2007). *Imitation and social learning in robots, humans, and animals*. Cambridge: Cambridge University Press. DOI: 10.1017/CBO9780511489808

<u>经济与政治生活</u>

Parisi, D. (1997). What to do with a surplus. In R. Conte, R. Hegselmann, & P. Terna (Eds.), *Simulating social phenomena* (pp. 133 – 151). London: Springer. DOI: 10.1007/978-3-662-03366-1_10

Cecconi, F. & Parisi, D. (1998). Individual versus social survival strategies. *Journal of Artificial Societies and Social Simulation*, 1(2).

Parisi, D. (1998). A cellular automata model of the expansion of the Assyrian empire. In S. Bandini, R. Serra & F. S. Liverani (Eds.), *Cellular Automata* (pp. 194 – 200). London: Springer.

Delre, S. A. & Parisi, D. (2007). Information and cooperation in a simulated labour market: A computational model of the evolution of workers and firms. In M. Salzano & D. Colander (Eds.), *Complexity hints for economic policy* (pp. 181 – 200). London: Springer.

Gigliotta, O., Miglino, O., & Parisi, D. (2007). Groups of agents with a leader. *Journal of Artificial Societies and Social Simulation*, 10, 1 – 10.

Cecconi, F., di Gennaro, F., Parisi, D. & Schiappelli, A. (in press). Simulating the emergence of proto-urban centres in Ancient Southern Etruria. In J. A. Barcelò (Ed.), *Mathematics and Archaeology*. Enfield, NH: Science Publishers.